国家科技重大专项

大型油气田及煤层气开发成果丛书

（2008—2020）

卷 46

安岳特大型深层碳酸盐岩气田高效开发关键技术

熊建嘉　胡　勇　彭　先　常宏岗　冯　曦　谢南星　等编著

石油工业出版社

内 容 提 要

"十二五"至"十三五"期间，安岳气田磨溪寒武系龙王庙组、高石梯—磨溪震旦系灯影组特大型碳酸盐岩气藏建成年产天然气150亿立方米的示范工程，这是我国深层碳酸盐岩气藏开发的标志性进展，同时也是世界寒武系、震旦系特大型气藏高效开发的典型。本书从埋藏演化超过5亿年的低孔非均质气藏精细描述、开发有利区优选、低幅构造超压强水侵气藏整体治水、大斜度井和水平井优快钻井与提高单井产量、特大型含硫气田完整性管理及安全清洁开发保障技术升级等方面，介绍了安岳气田示范工程建设的核心技术。

本书适用于气田开发技术人员及管理人员阅读，也可作为石油高等院校相关专业师生的参考书。

图书在版编目（CIP）数据

安岳特大型深层碳酸盐岩气田高效开发关键技术 /
熊建嘉等编著 .—北京：石油工业出版社，2023.4
（国家科技重大专项·大型油气田及煤层气开发成果丛书：2008—2020）
ISBN 978-7-5183-5509-9

Ⅰ．①安… Ⅱ．①熊… Ⅲ．①碳酸盐岩油气藏 – 气田
开发 – 研究 – 安岳县 Ⅳ．① TE344

中国版本图书馆 CIP 数据核字（2022）第 137916 号

责任编辑：何　莉　李熹蓉
责任校对：刘晓婷
装帧设计：李　欣　周　彦

出版发行：石油工业出版社
　　　　　（北京安定门外安华里 2 区 1 号　　100011）
　　　　　网　　址：www.petropub.com
　　　　　编辑部：（010）64523535　　图书营销中心：（010）64523633
经　　销：全国新华书店
印　　刷：北京中石油彩色印刷有限责任公司

2023 年 4 月第 1 版　　2023 年 4 月第 1 次印刷
787×1092 毫米　开本：1/16　印张：29.25
字数：670 千字

定价：290.00 元

《国家科技重大专项·大型油气田及煤层气开发成果丛书（2008—2020）》

编委会

主　任： 贾承造

副主任： （按姓氏拼音排序）

常　旭　陈　伟　胡广杰　焦方正　匡立春　李　阳
马永生　孙龙德　王铁冠　吴建光　谢在库　袁士义
周建良

委　员： （按姓氏拼音排序）

蔡希源　邓运华　高德利　龚再升　郭旭升　郝　芳
何治亮　胡素云　胡文瑞　胡永乐　金之钧　康玉柱
雷　群　黎茂稳　李　宁　李根生　刘　合　刘可禹
刘书杰　路保平　罗平亚　马新华　米立军　彭平安
秦　勇　宋　岩　宋新民　苏义脑　孙焕泉　孙金声
汤天知　王香增　王志刚　谢玉洪　袁　亮　张　玮
张君峰　张卫国　赵文智　郑和荣　钟太贤　周守为
朱日祥　朱伟林　邹才能

《安岳特大型深层碳酸盐岩气田高效开发关键技术》

◇◇◇◇◇ 编写组 ◇◇◇◇◇

组　长：熊建嘉　胡　勇

副组长：彭　先　常宏岗　王　锐

成　员：（按姓氏拼音排序）

陈　艳	陈昌介	陈京元	邓　惠	冯　曦	古　冉
郭贵安	韩　嵩	何金龙	姜　艺	焦艳军	赖　强
李玥洋	刘　畅	刘海峰	鲁　杰	鲁洪江	罗寿兵
莫　林	彭　达	戚　涛	孙风景	谈健康	陶夏妍
汪传磊	汪福勇	王　娟	王　磊	向启贵	肖富森
谢　明	谢南星	熊　杰	鄢友军	颜晓琴	杨长城
杨兆亮	杨震寰	曾　冀	张　春	张华义	张凌帆
赵梓寒					

丛书·序

能源安全关系国计民生和国家安全。面对世界百年未有之大变局和全球科技革命的新形势，我国石油工业肩负着坚持初心、为国找油、科技创新、再创辉煌的历史使命。国家科技重大专项是立足国家战略需求，通过核心技术突破和资源集成，在一定时限内完成的重大战略产品、关键共性技术或重大工程，是国家科技发展的重中之重。大型油气田及煤层气开发专项，是贯彻落实习近平总书记关于大力提升油气勘探开发力度、能源的饭碗必须端在自己手里等重要指示批示精神的重大实践，是实施我国"深化东部、发展西部、加快海上、拓展海外"油气战略的重大举措，引领了我国油气勘探开发事业跨入向深层、深水和非常规油气进军的新时代，推动了我国油气科技发展从以"跟随"为主向"并跑、领跑"的重大转变。在"十二五"和"十三五"国家科技创新成就展上，习近平总书记两次视察专项展台，充分肯定了油气科技发展取得的重大成就。

大型油气田及煤层气开发专项作为《国家中长期科学和技术发展规划纲要（2006—2020年）》确定的10个民口科技重大专项中唯一由企业牵头组织实施的项目，以国家重大需求为导向，积极探索和实践依托行业骨干企业组织实施的科技创新新型举国体制，集中优势力量，调动中国石油、中国石化、中国海油等百余家油气能源企业和70多所高等院校、20多家科研院所及30多家民营企业协同攻关，参与研究的科技人员和推广试验人员超过3万人。围绕专项实施，形成了国家主导、企业主体、市场调节、产学研用一体化的协同创新机制，聚智协力突破关键核心技术，实现了重大关键技术与装备的快速跨越；弘扬伟大建党精神、传承石油精神和大庆精神铁人精神，以及石油会战等优良传统，充分体现了新型举国体制在科技创新领域的巨大优势。

经过十三年的持续攻关，全面完成了油气重大专项既定战略目标，攻克了一批制约油气勘探开发的瓶颈技术，解决了一批"卡脖子"问题。在陆上油气勘探、陆上油气开发、工程技术、海洋油气勘探开发、海外油气勘探开发、非常规油气勘探开发领域，形成了 6 大技术系列、26 项重大技术；自主研发 20 项重大工程技术装备；建成 35 项示范工程、26 个国家级重点实验室和研究中心。我国油气科技自主创新能力大幅提升，油气能源企业被卓越赋能，形成产量、储量增长高峰期发展新态势，为落实习近平总书记"四个革命、一个合作"能源安全新战略奠定了坚实的资源基础和技术保障。

《国家科技重大专项·大型油气田及煤层气开发成果丛书（2008—2020）》（62 卷）是专项攻关以来在科学理论和技术创新方面取得的重大进展和标志性成果的系统总结，凝结了数万科研工作者的智慧和心血。他们以"功成不必在我，功成必定有我"的担当，高质量完成了这些重大科技成果的凝练提升与编写工作，为推动科技创新成果转化为现实生产力贡献了力量，给广大石油干部员工奉献了一场科技成果的饕餮盛宴。这套丛书的正式出版，对于加快推进专项理论技术成果的全面推广，提升石油工业上游整体自主创新能力和科技水平，支撑油气勘探开发快速发展，在更大范围内提升国家能源保障能力将发挥重要作用，同时也一定会在中国石油工业科技出版史上留下一座书香四溢的里程碑。

在世界能源行业加快绿色低碳转型的关键时期，广大石油科技工作者要进一步认清面临形势，保持战略定力、志存高远、志创一流，毫不放松加强油气等传统能源科技攻关，大力提升油气勘探开发力度，增强保障国家能源安全能力，努力建设国家战略科技力量和世界能源创新高地；面对资源短缺、环境保护的双重约束，充分发挥自身优势，以技术创新为突破口，加快布局发展新能源新事业，大力推进油气与新能源协调融合发展，加大节能减排降碳力度，努力增加清洁能源供应，在绿色低碳科技革命和能源科技创新上出更多更好的成果，为把我国建设成为世界能源强国、科技强国，实现中华民族伟大复兴的中国梦续写新的华章。

中国石油董事长、党组书记
中国工程院院士　　戴厚良

石油天然气是当今人类社会发展最重要的能源。2020年全球一次能源消费量为 134.0×10^8 t 油当量，其中石油和天然气占比分别为 30.6% 和 24.2%。展望未来，油气在相当长时间内仍是一次能源消费的主体，全球油气生产将呈长期稳定趋势，天然气产量将保持较高的增长率。

习近平总书记高度重视能源工作，明确指示"要加大油气勘探开发力度，保障我国能源安全"。石油工业的发展是由资源、技术、市场和社会政治经济环境四方面要素决定的，其中油气资源是基础，技术进步是最活跃、最关键的因素，石油工业发展高度依赖科学技术进步。近年来，全球石油工业上游在资源领域和理论技术研发均发生重大变化，非常规油气、海洋深水油气和深层—超深层油气勘探开发获得重大突破，推动石油地质理论与勘探开发技术装备取得革命性进步，引领石油工业上游业务进入新阶段。

中国共有 500 余个沉积盆地，已发现松辽盆地、渤海湾盆地、准噶尔盆地、塔里木盆地、鄂尔多斯盆地、四川盆地、柴达木盆地和南海盆地等大型含油气大盆地，油气资源十分丰富。中国含油气盆地类型多样、油气地质条件复杂，已发现的油气资源以陆相为主，构成独具特色的大油气分布区。历经半个多世纪的艰苦创业，到 20 世纪末，中国已建立完整独立的石油工业体系，基本满足了国家发展对能源的需求，保障了油气供给安全。2000 年以来，随着国内经济高速发展，油气需求快速增长，油气对外依存度逐年攀升。我国石油工业担负着保障国家油气供应安全，壮大国际竞争力的历史使命，然而我国石油工业面临着油气勘探开发对象日趋复杂、难度日益增大、勘探开发理论技术不相适应及先进装备依赖进口的巨大压力，因此急需发展自主科技创新能力，发展新一代油气勘探开发理论技术与先进装备，以大幅提升油气产量，保障国家油气能源安全。一直以来，国家高度重视油气科技进步，支持石油工业建设专业齐全、先进开放和国际化的上游科技研发体系，在中国石油、中国石化和中国海油建立了比较先进和完备的科技队伍和研发平台,在此基础上于 2008 年启动实施国家科技重大专项技术攻关。

国家科技重大专项"大型油气田及煤层气开发"(简称"国家油气重大专项")是《国家中长期科学和技术发展规划纲要(2006—2020 年)》确定的 16 个重大专项之一,目标是大幅提升石油工业上游整体科技创新能力和科技水平,支撑油气勘探开发快速发展。国家油气重大专项实施周期为 2008—2020 年,按照"十一五""十二五""十三五"3 个阶段实施,是民口科技重大专项中唯一由企业牵头组织实施的专项,由中国石油牵头组织实施。专项立足保障国家能源安全重大战略需求,围绕"6212"科技攻关目标,共部署实施 201 个项目和示范工程。在党中央、国务院的坚强领导下,专项攻关团队积极探索和实践依托行业骨干企业组织实施的科技攻关新型举国体制,加快推进专项实施,攻克一批制约油气勘探开发的瓶颈技术,形成了陆上油气勘探、陆上油气开发、工程技术、海洋油气勘探开发、海外油气勘探开发、非常规油气勘探开发 6 大领域技术系列及 26 项重大技术,自主研发 20 项重大工程技术装备,完成 35 项示范工程建设。近 10 年我国石油年产量稳定在 $2 \times 10^8 t$ 左右,天然气产量取得快速增长,2020 年天然气产量达 $1925 \times 10^8 m^3$,专项全面完成既定战略目标。

通过专项科技攻关,中国油气勘探开发技术整体已经达到国际先进水平,其中陆上油气勘探开发水平位居国际前列,海洋石油勘探开发与装备研发取得巨大进步,非常规油气开发获得重大突破,石油工程服务业的技术装备实现自主化,常规技术装备已全面国产化,并具备部分高端技术装备的研发和生产能力。总体来看,我国石油工业上游科技取得以下七个方面的重大进展:

(1)我国天然气勘探开发理论技术取得重大进展,发现和建成一批大气田,支撑天然气工业实现跨越式发展。围绕我国海相与深层天然气勘探开发技术难题,形成了海相碳酸盐岩、前陆冲断带和低渗—致密等领域天然气成藏理论和勘探开发重大技术,保障了我国天然气产量快速增长。自 2007 年至 2020 年,我国天然气年产量从 $677 \times 10^8 m^3$ 增长到 $1925 \times 10^8 m^3$,探明储量从 $6.1 \times 10^{12} m^3$ 增长到 $14.41 \times 10^{12} m^3$,天然气在一次能源消费结构中的比例从 2.75% 提升到 8.18% 以上,实现了三个翻番,我国已成为全球第四大天然气生产国。

(2)创新发展了石油地质理论与先进勘探技术,陆相油气勘探理论与技术继续保持国际领先水平。创新发展形成了包括岩性地层油气成藏理论与勘探配套技术等新一代石油地质理论与勘探技术,发现了鄂尔多斯湖盆中心岩性地层大油区，支撑了国内长期年新增探明 $10 \times 10^8 t$ 以上的石油地质储量。

（3）形成国际领先的高含水油田提高采收率技术，聚合物驱油技术已发展到三元复合驱，并研发先进的低渗透和稠油油田开采技术，支撑我国原油产量长期稳定。

（4）我国石油工业上游工程技术装备（物探、测井、钻井和压裂）基本实现自主化，具备一批高端装备技术研发制造能力。石油企业技术服务保障能力和国际竞争力大幅提升，促进了石油装备产业和工程技术服务产业发展。

（5）我国海洋深水工程技术装备取得重大突破，初步实现自主发展，支持了海洋深水油气勘探开发进展，近海油气勘探与开发能力整体达到国际先进水平，海上稠油开发处于国际领先水平。

（6）形成海外大型油气田勘探开发特色技术，助力"一带一路"国家油气资源开发和利用。形成全球油气资源评价能力，实现了国内成熟勘探开发技术到全球的集成与应用，我国海外权益油气产量大幅度提升。

（7）页岩气、致密气、煤层气与致密油、页岩油勘探开发技术取得重大突破，引领非常规油气开发新兴产业发展。形成页岩气水平井钻完井与储层改造作业技术系列，推动页岩气产业快速发展；页岩油勘探开发理论技术取得重大突破；煤层气开发新兴产业初见成效，形成煤层气与煤炭协调开发技术体系，全国煤炭安全生产形势实现根本性好转。

这些科技成果的取得，是国家实施建设创新型国家战略的成果，是百万石油员工和科技人员发扬艰苦奋斗、为国找油的大庆精神铁人精神的实践结果，是我国科技界以举国之力团结奋斗联合攻关的硕果。国家油气重大专项在实施中立足传统石油工业，探索实践新型举国体制，创建"产学研用"创新团队，创新人才队伍建设，创新科技研发平台基地建设，使我国石油工业科技创新能力得到大幅度提升。

为了系统总结和反映国家油气重大专项在科学理论和技术创新方面取得的重大进展和成果，加快推进专项理论技术成果的推广和提升，专项实施管理办公室与技术总体组规划组织编写了《国家科技重大专项·大型油气田及煤层气开发成果丛书（2008—2020）》。丛书共 62 卷，第 1 卷为专项理论技术成果总论，第 2～9 卷为陆上油气勘探理论技术成果，第 10～14 卷为陆上油气开发理论技术成果，第 15～22 卷为工程技术装备成果，第 23～26 卷为海洋油气理论技术装备成果，第 27～30 卷为海外油气理论技术成果，第 31～43 卷为非常规油气理论技术成果，第44~62卷为油气开发示范工程技术集成与实施成果（包括常规油气开发7卷，煤层气开发5卷，页岩气开发4卷，致密油、页岩油开发3卷）。

各卷均以专项攻关组织实施的项目与示范工程为单元，作者是项目与示范工程的项目长和技术骨干，内容是项目与示范工程在2008—2020年期间的重大科学理论研究、先进勘探开发技术和装备研发成果，代表了当今我国石油工业上游的最新成就和最高水平。丛书内容翔实，资料丰富，是科学研究与现场试验的真实记录，也是科研成果的总结和提升，具有重大的科学意义和资料价值，必将成为石油工业上游科技发展的珍贵记录和未来科技研发的基石和参考资料。衷心希望丛书的出版为中国石油工业的发展发挥重要作用。

国家科技重大专项"大型油气田及煤层气开发"是一项巨大的历史性科技工程，前后历时十三年，跨越三个五年规划，共有数万名科技人员参加，是我国石油工业史上一项壮举。专项的顺利实施和圆满完成是参与专项的全体科技人员奋力攻关、辛勤工作的结果，是我国石油工业界和石油科技教育界通力合作的典范。我有幸作为国家油气重大专项技术总师，全程参加了专项的科研和组织，倍感荣幸和自豪。同时，特别感谢国家科技部、财政部和发改委的规划、组织和支持，感谢中国石油、中国石化、中国海油及中联公司长期对石油科技和油气重大专项的直接领导和经费投入。此次专项成果丛书的编辑出版，还得到了石油工业出版社大力支持，在此一并表示感谢！

中国科学院院士　贾承造

《国家科技重大专项·大型油气田及煤层气开发成果丛书（2008—2020）》

❖❖❖❖❖ 分卷目录 ❖❖❖❖❖

序号	分卷名称
卷 29	超重油与油砂有效开发理论与技术
卷 30	伊拉克典型复杂碳酸盐岩油藏储层描述
卷 31	中国主要页岩气富集成藏特点与资源潜力
卷 32	四川盆地及周缘页岩气形成富集条件、选区评价技术与应用
卷 33	南方海相页岩气区带目标评价与勘探技术
卷 34	页岩气气藏工程及采气工艺技术进展
卷 35	超高压大功率成套压裂装备技术与应用
卷 36	非常规油气开发环境检测与保护关键技术
卷 37	煤层气勘探地质理论及关键技术
卷 38	煤层气高效增产及排采关键技术
卷 39	新疆准噶尔盆地南缘煤层气资源与勘查开发技术
卷 40	煤矿区煤层气抽采利用关键技术与装备
卷 41	中国陆相致密油勘探开发理论与技术
卷 42	鄂尔多斯盆缘过渡带复杂类型气藏精细描述与开发
卷 43	中国典型盆地陆相页岩油勘探开发选区与目标评价
卷 44	鄂尔多斯盆地大型低渗透岩性地层油气藏勘探开发技术与实践
卷 45	塔里木盆地克拉苏气田超深超高压气藏开发实践
卷 46	安岳特大型深层碳酸盐岩气田高效开发关键技术
卷 47	缝洞型油藏提高采收率工程技术创新与实践
卷 48	大庆长垣油田特高含水期提高采收率技术与示范应用
卷 49	辽河及新疆稠油超稠油高效开发关键技术研究与实践
卷 50	长庆油田低渗透砂岩油藏 CO_2 驱油技术与实践
卷 51	沁水盆地南部高煤阶煤层气开发关键技术
卷 52	涪陵海相页岩气高效开发关键技术
卷 53	渝东南常压页岩气勘探开发关键技术
卷 54	长宁—威远页岩气高效开发理论与技术
卷 55	昭通山地页岩气勘探开发关键技术与实践
卷 56	沁水盆地煤层气水平井开采技术及实践
卷 57	鄂尔多斯盆地东缘煤系非常规气勘探开发技术与实践
卷 58	煤矿区煤层气地面超前预抽理论与技术
卷 59	两淮矿区煤层气开发新技术
卷 60	鄂尔多斯盆地致密油与页岩油规模开发技术
卷 61	准噶尔盆地砂砾岩致密油藏开发理论技术与实践
卷 62	渤海湾盆地济阳坳陷致密油藏开发技术与实践

在四川盆地，形成了我国最早和产量规模最大的碳酸盐岩天然气生产基地，过去的主产层系主要为三叠系、二叠系和石炭系。"十二五"初期，中国石油西南油气田公司在川中地区先后勘探发现了震旦系灯影组和寒武系龙王庙组气藏，揭开了我国深层海相古老地层特大型碳酸盐岩气藏开发的序幕。

"十三五"期间，国家科技重大专项"大型油气田及煤层气开发"以安岳气田为重点设立了"四川盆地大型碳酸盐岩气田开发示范工程"项目，由中国石油牵头，联合国内天然气开发优势科技力量开展大规模攻关，突破了磨溪寒武系龙王庙组特大型低幅构造超压强边水侵气藏控水高产稳产开发、高石梯—磨溪震旦系灯影组特大型古岩溶低孔强非均质气藏规模效益开发的技术难关，建成迄今国内最大的碳酸盐岩气田，探明储量 $1 \times 10^{12} m^3$，年生产规模 $150 \times 10^8 m^3$，成为世界寒武系、震旦系特大型碳酸盐岩气藏高效开发的典型成功案例。

安岳气田碳酸盐岩气田高效开发既有与寒武系和震旦系气藏特征紧密相关的特殊技术意义，也对广泛存在的低孔隙度、水侵活跃气藏、特大型含硫气田高效安全清洁开发具有普遍性启示作用。本书以安岳气田磨溪寒武系龙王庙组气藏、高石梯—磨溪震旦系灯四段气藏为典型实例，围绕碳酸盐岩气藏高效开发的热点技术主题，从开发地质、气藏工程、钻采工程、地面工程、安全环保、信息化建设等方面介绍最新技术进展。希望该书能对从事碳酸盐岩气田开发的研究和管理人员有所帮助，促进我国天然气开发水平提高。

本书由熊建嘉、胡勇担任编写组组长，负责全书内容设计、优选、审定和统稿，彭先、常宏岗、王锐参与统稿修改。前言由熊建嘉编写；第一章主要由胡勇、彭先、陈京元编写，罗寿兵参与编写；第二章主要由彭先、郭贵安、杨长城编写；第三章主要由肖富森、彭达、赖强、陶夏研、鲁杰编写，韩嵩、谢冰、白利参与编写；第四章主要由胡勇、冯曦、邓惠、张春编写，王娟、赵梓寒、戚涛、姜艺、鄢友军、鲁洪江参与编写；第五章主要由王锐、谢南星、孙风景、杨兆亮、曾冀、汪传磊、熊杰编写，陈艳参与编写；第六章主要由常宏岗、何金龙、陈昌介、颜晓琴、莫林、谢明编写，焦艳军、杨震寰、古冉参与编写；第七章主要由向启贵、刘畅、张凌帆、王磊、刘海峰编写，林冬、唐霏、汪传磊、郑鹤参与编写；第八章主要由熊建嘉、张华义、汪福勇、李玥洋编写，何东溯、徐雯琦参与编写；第九章主要由张春、邓惠、谈健康编写，邹子涵参与编写。

感谢"四川盆地大型碳酸盐岩气田开发示范工程"项目组全体攻关人员对本书形成所做出的技术贡献。由于书中内容涉及碳酸盐岩气藏开发的疑难问题和研究前沿，受笔者水平所限，难免存在不足和疏漏之处，敬请读者批评指正。

目　录

第一章　特大型碳酸盐岩气藏开发概况

特大型碳酸盐岩气藏是全球天然气产量贡献的主力军，也是油气科技工作者重点关注的研究对象。全球范围内，特大型级别以上的大气田占碳酸盐岩气田可采储量的70%以上，研究特大型碳酸盐岩气田的地质特征、开发难点以及开发技术十分必要。国内在四川盆地、塔里木盆地和鄂尔多斯盆地等盆地中相继发现一大批大型及特大型碳酸盐岩气田，成为我国天然气产量贡献的主阵地。四川盆地面积约 $18 \times 10^4 km^2$，含油气层系多，油气资源丰富，以天然气资源为主，是一个典型的富气盆地，震旦系—下古生界特大型气田是近年来川油人通过不懈攻关突破后获得的重大发现。本章简要阐述了全球特大型碳酸盐岩气田的基本概况，介绍了国内大型碳酸盐岩气田的分布与开发概况，重点介绍了碳酸盐岩气藏精细描述技术、钻井与完井工艺技术、地面集输与净化技术、含硫气藏安全环保技术、特大型气田信息化建设等5个方面主体开发技术现状。

第一节　全球特大型碳酸盐岩气藏开发概况

参考国内 DZ/T 0217—2020《石油天然气储量估算规范》，借鉴国际通行做法，同时充分考虑我国碳酸盐岩气藏开发实际情况，形成国内碳酸盐岩气藏类型划分方案（表1–1–1），拟定天然气可采储量超过 $2500 \times 10^8 m^3$ 的气藏为特大型气藏。

表 1–1–1　碳酸盐岩气藏类型划分

划分依据		气藏类型
圈闭成因类型		构造气藏、岩性气藏、地层气藏、裂缝气藏、构造—岩性、构造—地层、地层—岩性等复合圈闭气藏
储层特征	储层岩石类型	石灰岩气藏、白云岩气藏
	孔隙度 /%	特高孔隙度气藏（≥15）、高孔隙度气藏（10～<15）、中孔隙度气藏（5～<10）、低孔隙度气藏（2～<5）、特低孔隙度气藏（<2）
	渗透率 /mD	特高渗透率气藏（≥500.0）、高渗透率气藏（100.0～<500.0）、中渗透率气藏（10.0～<100.0）、低渗透率气藏（1.0～<10.0）、特低渗透率气藏（0.1～<1.0）、致密气藏（<0.1）
	储集类型	孔隙型气藏、孔洞型气藏、裂缝型气藏、裂缝—孔隙型气藏、裂缝—孔洞型气藏、孔隙—裂缝型气藏
	储层成因类型	沉积型气藏（礁滩储层，准同生白云岩）、成岩型气藏（埋藏白云岩、热液白云岩）、改造型气藏（风化壳、潜山岩溶、层间岩溶、顺层岩溶）

续表

划分依据		气藏类型
气体组分	H₂S 含量 / (g/m³)	微含硫气藏（<0.02）、低含硫气藏（0.02～<5.00）、中含硫气藏（5.00～<30.00）、高含硫气藏（≥30.00）
	CO₂ 体积分数 /%	微含 CO₂ 气藏（<0.01）、低含 CO₂ 气藏（0.01～<2.00）、中含 CO₂ 气藏（2.00～<10.00）、高含 CO₂ 气藏（10.00～<50.00）、特高含 CO₂ 气藏（50.00～<70.00）、CO₂ 气藏（≥70.00）
相态特征		干气藏、湿气藏、凝析气藏、水溶性气藏、水合物气藏
驱动方式		气驱气藏、弹性水驱气藏、刚性水驱气藏、底水气藏、边水气藏
压力系数		低压气藏（<0.9）、常压气藏（0.9～1.3）、高压气藏（1.3～1.8）、超高压气藏（≥1.8）
可采储量 /10⁸m³		特大型气藏（≥2500.0）、大型气藏（250.0～<2500.0）、中型气藏（25.0～<250.0）、小型气藏（2.5～<25.0）、特小型气藏（<2.5）
千米井深稳定产量 / 10⁴m³/（km·d）		高产气藏（≥10.0）、中产气藏（3.0～<10.0）、低产气藏（0.3～<3.0）、特低产气藏（<0.3）
可采储量丰度 / 10⁸m³/km²		高丰度气藏（≥8.0）、中丰度气藏（2.5～<8.0）、低丰度气藏（0.8～<2.5）、特低丰度气藏（<0.8）
埋藏深度 /m		浅层气藏（<500）、中浅层气藏（500～<2000）、中深层气藏（2000～<3500）、深层气藏（3500～<4500）、超深层气藏（>4500）

据不完全统计表明，全球范围内已发现大型碳酸盐岩气藏超过 100 个，其可采储量占总天然气可采储量的 45.26%。在已经发现的大型碳酸盐岩气藏中，有 2 个巨型气藏、9 个特大型气藏、84 个大型气藏，巨型气藏和特大型气藏的可采储量分别占碳酸盐岩大气藏可采储量的 55% 和 22.89%。世界 10 大气藏中 5 个为碳酸盐岩气藏，包括排名前两位的诺斯气藏和南帕尔斯气藏，可采储量分别为 $28.32 \times 10^{12} m^3$ 和 $13.03 \times 10^{12} m^3$。全球 28 个沉积盆地发现碳酸盐岩大气藏，其中发现大气藏最多的盆地为中东地区的扎格罗斯盆地（25 个）、波斯湾盆地（16 个）和中亚的卡拉库姆盆地（11 个），其中前两个盆地的碳酸盐岩大气藏个数占总个数的 43.25%，碳酸盐岩大气藏可采储量占天然气可采储量的 76.4%。世界最大的诺斯气田和南帕尔斯气田皆位于中东地区的波斯湾盆地。

国外碳酸盐岩大气藏层系分布广泛，主要分布于二叠系—新近系，分布于白垩系、侏罗系、新近系和三叠系的大气藏分别为 19 个、19 个、17 个和 16 个。尽管碳酸盐岩大气藏主要分布在白垩系和侏罗系，但天然气储量却主要集中在三叠系和二叠系，这两个层系的天然气储量占碳酸盐岩大气藏总储量的 70.13%。

在国外已发现的碳酸盐岩大气藏中，构造气藏个数占 83.1%，储量占 87.7%；地层—构造复合圈闭型气藏个数占 10.99%，储量占 7.24%；生物礁气田个数占 3.1%，储量占 4.22%。

国外碳酸盐岩大气藏的储层埋深为 549～6057m，但集中分布在 2000～3500m，中深层大气藏个数占碳酸盐岩大气藏个数的 42.1%。

第二节　中国碳酸盐岩气藏开发概况

中国的大型碳酸盐岩气藏主要发育在海相碳酸盐岩中，海相碳酸盐岩分布范围较广，总面积超过 $450×10^4km^2$，其中：陆上海相盆地 28 个，面积约 $330×10^4km^2$；海域海相盆地 22 个，面积约 $125×10^4km^2$。截至 2012 年，国家新一轮油气资源评价表明，中国陆上海相碳酸盐岩油气资源丰富，预测石油地质资源量为 $340×10^8t$、天然气地质资源量为 $24.3×10^{12}m^3$，探明石油地质储量 $24.35×10^8t$、天然气地质储量 $1.7×10^{12}m^3$。我国碳酸盐岩气藏探明储量主要分布在四川盆地、鄂尔多斯盆地和塔里木盆地，其储量分别占碳酸盐岩总天然气储量的 58.57%、23.38% 和 12.99%。

与国外相比，中国碳酸盐岩储层时代古老，多发育于古生界和中生界中下部，位于叠合沉积盆地的深层，如塔里木盆地寒武系—奥陶系，鄂尔多斯盆地下奥陶统，四川盆地震旦系、寒武系、石炭系、二叠系和三叠系。它们经历了多旋回构造运动的叠加和改造，具有沉积类型多样、年代古老、时间跨度大、埋藏深度大、埋藏—成岩历史漫长、储层成因机理复杂的特点。已探明的天然气储量主要分布在奥陶系、寒武系、震旦系、三叠系、石炭系和二叠系等层位。在中国的碳酸盐岩气藏天然气探明储量中，以中深层和超深层占优势，分别占总储量的 42.63% 和 36.86%，深层和中浅层分别占 14.14% 和 6.34%，浅层极少分布。从各个盆地的天然气探明储量情况来看，四川盆地从超深层至中浅层均有分布，鄂尔多斯盆地以中深层为主，塔里木盆地以超深层和深层为主。

归纳中国已发现的 16 个大型碳酸盐岩气田的基本特征：（1）中国的大型碳酸盐岩气田发育在 3 个大型克拉通盆地海相碳酸盐岩沉积地层中，16 个大型碳酸盐岩气田中，鄂尔多斯盆地仅发现 1 个气田（靖边气田），塔里木盆地发现 3 个气田（塔中 I 号气田、和田河气田、塔河气田），其余 12 个大型气田均发育于四川盆地。（2）16 个气田中，仅 3 个气田的可采储量超过 $2500×10^8m^3$，达到特大型气田的规模，包括鄂尔多斯盆地靖边气藏、四川盆地安岳龙王庙气田和普光气田。（3）主力气层为奥陶系（靖边气田马家沟组、塔中气田鹰山组和良里塔格组）、寒武系（安岳气田龙王庙组）、三叠系（飞仙关组、雷口坡组）、二叠系（长兴组）、震旦系（灯影组）及石炭系（川东黄龙组）。（4）圈闭类型包括构造圈闭（威远构造圈闭、铁山坡构造圈闭、渡口河构造圈闭、和田河构造圈闭）、岩性—构造圈闭（磨溪龙王庙岩性—构造圈闭、大天池岩性—构造圈闭、磨溪雷口坡岩性—构造圈闭）、构造—岩性圈闭（普光构造—岩性圈闭、元坝构造—岩性圈闭、安岳高石梯构造—岩性圈闭、龙岗构造—岩性圈闭），以构造与岩性的复合圈闭为主，其次为地层圈闭（风化壳、古潜山）和岩性—地层复合圈闭（靖边岩性—地层复合圈闭、塔中 I 号岩性—地层复合圈闭、塔河岩性—地层复合圈闭、安岳高石梯岩性—地层复合圈闭）。（5）储层沉积相为台地边缘礁滩、台内缓坡颗粒滩以及蒸发潮坪，储层岩性为生物礁云岩、鲕粒云岩、砂屑云岩、生屑云岩、岩溶角砾岩、泥粉晶云岩、膏质云岩等，三叠纪以后以石灰岩为主，为生物礁灰岩，鲕粒灰岩、砂屑灰岩，发育溶蚀孔隙型、溶蚀孔洞型、裂缝—孔洞型储层。（6）中国大型碳酸盐岩气藏含硫较为普遍，H_2S 含量 $0.7\sim205g/m^3$，中、高含硫气藏较多。

第三节　碳酸盐岩气藏开发主要技术及发展简况

一、碳酸盐岩气藏精细描述与开发预测技术

气藏精细描述是针对已开发气藏的不同开发阶段，充分利用地震、地质、岩心、测井、生产动态和测试资料，对气藏构造、储层和流体等开发地质特征做出认识和评价，建立精细的三维地质模型，通过数值模拟、生产历史拟合，即用动态资料来验证和修正地质模型，最终形成较为精准的三维可视化地质模型，为气田开发调整和综合治理提供可靠的地质依据。碳酸盐岩气藏精细描述技术的核心是储层识别与预测技术。

碳酸盐岩储集空间复杂，描述储层孔、洞、缝分布特征及对储层综合评价难度大。除采用常规测井技术识别外，成像测井技术可直观显示气井裂缝、溶洞等地质特征，定量计算裂缝的各种参数，与常规测井相结合，有效解决了气井储层识别的难题。

目前应用于碳酸盐岩储层预测的地球物理方法主要有：AVO分析、波形分类技术、地球物理反演技术、多波多分量地震技术、频率差异分析技术、三维相干体技术、方位角分析技术和地震属性技术。充分利用岩心、测井资料，地震、地质、动态分析相结合，综合预测有效储层的分布。师永民、陈广坡等（2004）综合应用地震属性参数分析、古地貌恢复、应变量分析裂缝预测，井约束条件下的全三维波阻抗反演以及多参数融合储层评价等多种技术，在塔里木盆地碳酸盐岩储层预测中取得了较好的效果。

储层地质建模是油气藏描述工作中的重要内容，实现定量化表征储层几何形态、物性参数空间分布，为油气藏数值模拟研究提供地质模型，它是否逼近真实地下地质体属性空间分布直接决定了生产历史拟合的效果和生产指标预测的精度。储层建模方法是在地质统计学理论的基础上发展起来的预测空间变量分布的一种方法。近10年来，储层建模作为一种新的研究思路和方法，正不断地受到人们的重视，成为国内外油气勘探和开发研究工作的一个重点和热点。

当前国内外储层建模的突出特点和趋势是：从定性到定量、从宏观到微观、从确定性建模到随机建模，单学科与多学科相结合，传统方法与新技术、新理论相结合，采用一系列数学方法，利用计算机技术来实现储层在三维空间的立体显示和任意切片。近年来，储层建模领域出现了一些新的研究热点，一些其他学科知识（如分形几何、模糊数学以及人工神经网络、退火模拟等人工智能技术）与储层建模原有的地质统计学相结合，不断改进建模方法。如利用分形几何学进行储层物性预测、几何形态描述及分形模拟等，形成了一个重要的新分支——分形地质统计学；将善于处理非线性、高维数据的神经网络与地质统计学有机结合起来，能提高定量储层模拟的质量。

尽管目前已有很多数学方法成功地应用于定量储层地质建模中，但不难发现，近年来数学表征方法的发展始终是以地质统计学的发展为主线的，这也是目前最为流行的储

层数学描述方法，几乎在储层建模的全过程中都得到了广泛的应用。在国内，裘择楠教授在数十年对我国河流相砂体储层非均质模式研究的基础上，提出我国陆相盆地中 6 种河流砂体的三维网格化储层概念模型。这一概念模型的建立正式标志着定量储层地质模型在我国的诞生。虽然我国储层地质建模技术起步比较晚，但经过一大批储层研究人员的不懈努力，目前在许多关键技术上已经取得了突破。经过近 20 年研究和攻关，国内形成了比较沉积学建模技术、高分辨率层序地层对比技术、井约束下的地震反演技术、随机模拟技术等一整套的技术和方法。国内典型代表学者总结了储层定量评价和计算机模拟技术，包括储层随机建模方法、湖盆三角洲沉积过程的数值模拟、储层裂缝定量模拟、油气储层综合评价等。吴胜和等（2017）讨论了储层建模的目的和意义、储层模型类型、储层建模流程及建模策略，对各种建模方法进行了叙述和对比。穆龙新等（2000）总结了储层精细研究的特点和内容、理论基础和方法、储层非均质性表征及定量建模、应用露头和现代沉积进行类比性储层地质建模、露头研究成果的应用。他们总结了国内外研究河流、三角洲等沉积储层的各种定性和定量地质知识库，储层预测方法尤其是随机建模的基本理论和应用。耿丽慧、侯加根（2015）提出以溶洞型储集体成因特征为前提实现地质约束，考虑建模软硬数据的相对性，进行多类多尺度数据整合，形成了较完善的溶洞型储集体形态模拟方法。多点地质统计学方法、溶洞型储集体充填程度及充填物类型属性表征有助于建立更准确的地质模型。胡向阳（2013）以塔河碳酸盐岩缝洞型油藏为原型，提出了多元约束碳酸盐岩缝洞型油藏三维地质建模方法，即在古岩溶发育模式控制下，采用两步法建模：第一步，建立 4 个单一类型储集体模型：首先利用地震识别的大型溶洞和大尺度裂缝，通过确定性建模方法，建立离散大型溶洞模型和离散大尺度裂缝模型；然后在岩溶相控约束下，基于溶洞发育概率体和井间裂缝发育概率体，采用随机建模多属性协同模拟方法，建立溶蚀孔洞模型和小尺度离散裂缝模型。第二步，采用同位条件赋值算法，将 4 个单一类型模型融合成多尺度离散缝洞储集体三维地质模型。

在开发实验与开发动态预测方面，随着开发对象愈加复杂，微观渗流机理实验平台逐渐从常温低压条件发展到超高压、高温多功能驱替实验平台，以适应储层类型多样和超高压力、温度条件。在开发动态预测方面，数值模拟作为主要预测技术手段，通常采用正交网格、角点网格等结构化网格表征裂缝，无法真实反映复杂裂缝几何形态，建立的裂缝模型无法满足多尺度缝洞型有水气藏精细动态预测，网格精细程度无法满足精细开发要求。由于非结构化网格表征裂缝更为灵活、真实，且可以适应几何形态十分复杂的裂缝系统，基于非结构化网格的精细数值模拟正逐步适应当前大型气藏精细开发指标预测，目前处于发展完善中。此外，在当前信息化条件下，气藏—井筒—地面"一体化"协同智能跟踪分析技术已初见雏形，在国内外大型油气田中已得到一定应用，指导油气田优化开发，助推开发管理转型升级。

二、碳酸盐岩气藏钻井与完井工艺技术

碳酸盐岩气藏的地质条件复杂，给钻井和完井带来了较大的挑战：（1）产层埋藏深，温度高，对钻井工艺和工具要求高；（2）地层岩石可钻性差，机械钻速低；（3）地层压

力难以准确预报，地质设计与实钻差异很大；（4）纵向上存在多产层、多压力系统，井控风险大；（5）碳酸盐岩气藏普遍含硫，安全钻完井难度大。

进入21世纪以来，以欠平衡/气体钻井提速、水平井提高单井产量、PDC钻头的集成应用为代表，不断推出配套新技术。2006年在LG1井应用气体钻井和常规成熟技术集成配套，在非储层上部井段采用空气钻井提速，在须家河组储层段采用氮气钻井提速，在深部碳酸盐岩储层采用PDC+螺杆钻具配合抗高温"三强"（强抑制、强封堵、强润滑）钻井液提速，仅用145天，便安全、优质、快速地钻达井深6530m，创造了四川油气田超深井钻井最快纪录。在罗家寨气田和铁山坡气田，形成了适用于"三高"（高温、高压、高含硫）气井的安全管柱、射孔、酸化、测试配套技术。在新疆油田塔里木地区，取得了一系列碳酸盐岩钻完井技术成果，包括直井井口位置平移技术、井身结构优化技术、深井超深井钻井提速技术、钻井液技术、精细控压钻井技术、超高温水平井技术、碳酸盐岩安全钻井井控技术、缝洞型储层安全试油完井技术等综合配套技术。在长庆油田奥陶系碳酸盐岩气藏勘探开发过程中，通过技术引进与自主研发，形成了以优化井身结构和喷射钻井为主要内容的优选钻井参数、欠平衡钻井、钻井液、完井液、固井和井控等一系列钻完井技术，钻井速度不断加快，各项经济技术指标大幅提高。

碳酸盐岩气藏开发逐步延伸至深层，同时开发井型逐渐以大斜度井和水平井为主，在钻井方面，结合地质特点和已钻井测井资料建立了地层三压力剖面，指导形成了安全快速适用的井身结构系列；形成以"五段制优化井身结构剖面设计、耐高温高可靠性测量工具、先进减摩降扭工具"为主的大斜度井和水平井配套技术，有效解决深层碳酸盐岩大斜度井和水平井摩阻扭矩大的难题；研发非平面齿PDC钻头，配合大扭矩螺杆，进一步强化钻井参数，实现难钻地层机械钻速的不断提高；创新精细控压压力平衡法固井技术，在满足压稳防漏与顶替效率的前提下，精确设计窄安全密度窗口地层固井施工参数，确保超长裸眼段实现一次性上返，有力扭转"正注反挤"固井可能导致的重大安全隐患。

三、碳酸盐岩气藏地面集输与净化技术

基于含硫气田所具有的腐蚀性问题，目前国内外解决含硫气田腐蚀问题主要以材质防护和工艺防护两种手段为主，其中材质防护主要是采用以镍基合金为主的高耐蚀材料作为管线材质，更多的是应用于井下油管选材；在地面集输工艺，最常被采用的就是碳钢＋缓蚀剂，配备相应监测/检测效果评价体系的防腐技术。含硫气田开发以季铵盐和咪唑啉类化学物质作为缓蚀剂主剂应用较为广泛，国内外大多含硫气田地面集输系统以腐蚀速率小于3mil[1]/a（0.076mm/a）为腐蚀控制目标。

目前川中龙岗礁滩气藏和安岳龙王庙气藏地面集输系统在开发过程中均采用缓蚀剂＋碳钢的防腐方案。通过腐蚀挂片、探针、超声波定点测厚等技术监测/检测地面集输系统腐蚀控制效果，结果显示该防腐方案和工艺可以有效地控制气田整体腐蚀速率低于0.076mm/a，无局部腐蚀发生，腐蚀防护效果优良。

---

❶　1mil=0.0254mm。

随着气田开发的不断深化，地面系统出现了一些新情况和新问题，如上游清管时管道中的复杂有机物容易通过雾沫夹带的形式到达再生塔，导致脱硫溶液的拦液发泡，严重影响安全生产。缓蚀剂防腐技术作为一种防止管线内腐蚀的手段，已经广泛应用于天然气工业之中，近年随着科技的发展，人们愈加重视经济性，缓蚀剂发展也由单一功能的单剂逐步向多功能、多效果的复合药剂发展。对油气田生产和化学品使用过程中对于生产系统的适应性也成为缓蚀剂发展的迫切需要。

项目针对管线清管后残液起泡情况，从开发新型缓蚀剂降低雾沫夹带现象入手，基于官能团增效原理，在以咪唑啉为主剂的基础上引入具有抑制起泡功能的聚醚支链，并结合新研发的缓蚀剂建立了相应的配套应用体系，最终成功解决了这个问题，在确保缓蚀率90%的前提下，可降低残液起泡性90%以上，保障了大型碳酸盐岩的安全高效开发。

安岳特大型深层碳酸盐岩气田天然气净化采用胺法脱硫 + 常规/低温克劳斯硫黄回收 + 低温还原吸收尾气处理工艺。现有低温加氢催化剂虽然能将装置尾气中的二氧化硫浓度降低到960mg/m³以下，但很难达到新标准低于400mg/m³的要求。同时，尾气处理工艺脱硫段脱硫后的尾气中H_2S含量通常都在200mg/m³以上，无法达到标准要求。针对此难题，以活性氧化铝为载体，采用分步浸渍技术，均匀分散钴钼等多种稀土元，研发出了低温深度加氢水解技术；通过引入自主研发的结构型添加剂，改善脱硫溶液的选吸能力，提高溶液对H_2S的脱除效果，研究开发出了加氢尾气深度脱硫溶剂技术。

醇胺脱硫溶液受原料气携带物污染，导致天然气脱硫装置出现发泡、脱硫性能变差、腐蚀等问题，是影响天然气净化过程稳产、上产的主要因素。针对此瓶颈难题，发明了致泡物脱除与无机热稳定盐转化技术，国内外首次实现受污染胺液复活后，其腐蚀、发泡、脱硫性能全面恢复至新鲜胺液水平。同时，在净化厂循环水系统方面，开发了无磷缓蚀阻垢剂，缓蚀率大于90%，阻垢率大于85%，循环水水质大幅提高。

技术所开发的催化剂与溶剂和建设的胺液净化工业装置在安岳特大型深层碳酸盐岩气田全面工业应用，确保了2套大型尾气处理尾气达标排放和4套装置661m³严重受污染胺液的高效复活。其中排放尾气二氧化硫浓度低于200mg/m³，复活后胺液腐蚀性杂质脱除率大于96%，致泡性杂质脱除率大于98%，有效保障了天然气净化装置的高效平稳运行。

四、碳酸盐岩含硫气藏安全环保技术

碳酸盐岩含硫气藏开发过程中硫化氢的高致命毒性等风险因素，给地面集输系统安全运行带来了较大的挑战：（1）输送工艺复杂，介质腐蚀性强，管道和站场设备完整性检测评价技术不能照搬长输管道；（2）相对长输管道完整性管理体系相对完善，且已形成系列标准，气田内部集输管道的完整性管理体系还不完全成熟，仍在摸索；（3）气田企业回注井数量大，存在泄漏影响地下水环境的风险，国内无系统地从源头到末端全过程的回注井生态环境保护及风险控制技术体系；（4）高温高产量气井噪声超标严重，个别气井超标幅度高达25dB（A），存在噪声超标排放的情况，噪声治理技术有待优化；

（5）伴随着自动化管理水平的提高，含硫气藏无人值守站站场气体泄漏检测技术不完善，安全预警系统待优化。

从2006年开始推行管道完整性管理以来，以内腐蚀直接评价技术、管道定量风险评价技术、复杂载荷管道剩余强度评价技术等为代表，不断完善完整性管理配套技术。2015年完整性管理全面推广到公司地面集输系统，形成了适用于含硫气田地面集输系统的完整性管理体系和配套技术系列。同时，业内专家及各大高校开展研究，探讨了回注井的选择原则、无人值守站远程监控终端的设计与实现和包括入口管道、节流阀、测温测压套在内的工艺改造降噪技术。

在西南油气田龙王庙气藏，取得了一系列完整性管理及安全环保技术成果，包括大型整装气田地面集输系统完整性管理体系，以及基于失效数据库的管道定量风险评价技术、基于腐蚀数据库的内腐蚀直接评价技术、复杂载荷下含缺陷管道剩余强度评价技术、基于风险的站场完整性检测评价技术、完整性数据管理及整合对齐分析技术、基于模拟预测技术的地下水监测技术、高温高产量站场噪声综合治理技术、无人值守站安全预警技术等综合配套技术。

碳酸盐岩气藏由于其特殊的成藏环境，天然气中往往含有较高的硫化氢和二氧化碳等组分，尤其硫化氢具有剧毒、高腐蚀的特点，给气田安全开发带来挑战。含硫气藏开发难度大，安全环保要求高，地面系统管理需采取更安全高效的技术手段。普光气田为典型的高含硫化氢碳酸盐岩气藏，在完整性管理方面，通过开展腐蚀评价进行管材优选，筛选和应用缓蚀剂，加强腐蚀监测的技术手段实施地面集输系统完整性管理。采用抗硫钢＋缓蚀剂内防腐技术与外涂层＋阴极保护的外防腐技术，集成了腐蚀监测与检测体系，形成了湿气集输综合防腐技术体系。在安全环保方面，通过合理设置应急站加强应急管理能力，同时在噪声治理方面进行了一些探索。

五、特大型气田信息化建设

"十三五"以来，西南油气田全面贯彻中国石油天然气集团有限公司建设"共享中国石油"的总体部署，通过两化融合管理体系贯标与持续实施，着力基础建设、数据整合、应用集成和体系保障，全面建成物联网系统和数据整合应用平台，建立覆盖勘探、开发、生产运行、经营管理、项目协同研究以及综合移动办公等全业务的信息支撑平台。打造了信息化条件下的新型能力，建成了3个领域基础设施；集成了3类油气生产数据；建成了2个数字化气田示范（大竹采输气作业区、磨溪龙王庙组气藏）；形成了8大业务领域专业应用。积极推进数据、技术、业务流程和组织结构核心4要素的互动创新和持续优化，助力公司生产、经营管理提质增效、稳健发展。全面建成以"岗位标准化、属地规范化、管理数字化"和"自动化生产、数字化办公、智能化管理"两个"三化"为特色的油气田，目前总体建成数字化油气田。

智能气田基础平台：以梦想云和数据湖为基础，建设智能气田基础平台，形成智能气田应用开发环境、三维展示环境、数据环境、计算及存储资源整合环境。

勘探开发一体化模型：建立气藏数字孪生模型、井筒数字孪生模型、地面数字孪生模型、一体化耦合模型、全景展现、经济模型，实现模型自动更新、耦合、可视化。

勘探开发一体化智能化协同平台：随着大数据、云计算、物联网、人工智能等信息技术的发展，未来将打造"勘探开发一体化智能化协同平台"，通过提供信息共享、技术创新、生产经营一体化、智能化协同平台或环境，大幅度提升勘探开发数字化、网络化、智能化、一体化水平，促使复杂的计算过程（如建立模型、数值模拟、数据分析和预测等）更加顺畅、智能、高效，加强信息共享、多学科协作，开启勘探开发一体化、智能化新模式。

气田生产智能感知应用：建立气藏、井筒、地面 3D 动态模拟应用，钻井动态、生产工况、设备运行预警报警诊断应用，智能钻井、井控、巡检应用，实时防腐监测，AR 生产现场辅助应用等。

气田生产自动化操控应用：建立主动安防应用、自动化配产、智能跟踪、智能应急处理、运行状态自动诊断、过程操作自动处理、安全联锁与控制、自动调参、页岩气钻井工程设计与地质导向等应用。

智能生产趋势预测应用：建立钻井、工程、气藏、井筒、管网智能跟踪与诊断应用，产量变化原因智能分析应用，动态储量跟踪与标定应用，工况智能预测分析应用，气藏生产能力智能预测分析应用，页岩气体积压裂与压后评估应用。

智能生产优化与决策：建立气井生产优化设计、多相流动自动筛选与优化、地面生产运行智能调配与调度、增压设备建设及能耗优化分析设计、清管措施优化、流动方向模拟及优化、智能开发方案设计、页岩气井位部署优化等智能应用。

智能工作流：建立从气藏、井筒、管网、优化调整、安全、净化和页岩气等多领域的智能工作流，以连续数据流驱动系列专业模型形成前后联动的工作链，并向不同业务层级管理者提供决策建议及远程操作。

智能管理模式变革：建立多专业协同工作环境，建立全程智能气田管理模式新型流程，创新变革管理文化，推动各级部门在智能气田环境下开展协同。

目前油气行业面临着加速数字化、解决变革障碍、共享生态创新、IT 运营模式转变等亟待解决的形势，应积极扩大数字化转型规模，利用技术创新，引领业务变革，以适应企业内外变化。

数字生态系统：数字生态系统利用共享数字平台实现互利的目的，促进了对经典价值链的解构，实现更灵活强大的价值交付网络，从而推进创造新的产品和服务。相关技术包括数字运营、知识图谱、数据合成、分散自治组织。

高级人工智能（AI）和分析：AI 正在向多个方向发展，通过将 AI 技术应用于高级分析，使企业发现更深入的见解、做出预测和提出建议。相关技术包括自适应机器学习、边缘人工智能、边缘分析、可解释 AI、转移学习、生成对抗性网络和图形分析。

后经典计算和通信：下一代技术采用全新的体系结构不仅包括全新的方法，而且还包括可能产生巨大影响的渐进改进。相关技术包括 5G、下一代内存、低地球轨道卫星系统和纳米级三维打印。

人类增强：技术正在加速发展，逐渐实现无缝交互，以帮助人类变得更加健康、更强大和更有洞察力。相关技术包括生物芯片、拟人化、增强智能、情感人工智能、沉浸式工作区、生物技术培育。

感知和移动：通过将传感器技术与人工智能相结合，机器正在更好地了解它们周围的世界，从而能够移动和操纵物体。相关技术包括 3D 传感相机、AR 云、轻型货运无人机、自动驾驶飞行器以及自主驾驶 5 级、4 级。

第二章 安岳气田寒武系和震旦系气藏特征

磨溪区块下古生界寒武系龙王庙组气藏和高石梯—磨溪区块震旦系灯影组气藏是四川盆地特大型气田的典型代表。本章介绍了磨溪区块寒武系龙王庙组气藏和高石梯—磨溪区块震旦系灯影组气藏的勘探开发简况、地质特征与开发难点，为后面开发主体技术攻关形成奠定地质基础。

第一节 勘探开发简况

一、磨溪区块寒武系龙王庙组气藏

1. 勘探简况

安岳气田龙王庙组处在川中加里东古隆起核部，该古隆起一直以来都被地质家认为是震旦系—下古生界油气富集的有利区域。对四川盆地加里东古隆起的勘探始于 20 世纪 50 年代中期，迄今已有半个多世纪的历史。大体可以分为 3 个主要阶段：

第一阶段，威远震旦系大气田发现（1956—1967 年）。1956 年威基井钻至下寒武统，1963 年加深威基井，1964 年 9 月获气，发现了震旦系气藏，至 1967 年，探明我国第一个震旦系大气田——威远气田，探明地质储量 $400 \times 10^8 m^3$。

第二阶段，持续探索加里东大型古隆起（1970—2010 年）。通过持续不断地研究，认识到古隆起对区域性的沉积、储层和油气聚集具有重要控制作用，是油气富集有利区域。同时也持续不断地开展对古隆起震旦系—下古生界的油气勘探工作：

（1）2005 年以前，古隆起甩开预探、资阳构造集中勘探和威远构造寒武系重新认识，但勘探效果不理想，获得女基井、AP1 井等小产气井，资阳构造震旦系获天然气控制储量 $102 \times 10^8 m^3$、预测储量 $338 \times 10^8 m^3$，威远构造钻探寒武系专层井 6 口（WH1 井、WH101 井—WH105 井），仅 WH1 井在龙王庙组测试产气 $12.3 \times 10^4 m^3/d$，产水 $192 m^3/d$。

（2）2005—2010 年风险勘探阶段。在中国石油天然气股份有限公司（以下简称股份公司）风险勘探机制的支持下，通过重新对震旦系—下古生界地层对比、沉积相、储层发育主控因素等综合研究，同时针对震旦系—下古生界的地震资料重新处理解释，编制加里东古隆起区震顶连片构造图，开展了井位目标优选，先后部署了 MX1 井、BL1 井和 LG1 井等风险探井，未获突破。

这一阶段虽勘探未获大的突破，但在近 40 年的勘探、研究过程中不断探索和总结，为加里东大型古隆起高石梯—磨溪区块震旦系—下古生界勘探重大发现奠定了基础。

第三阶段，勘探突破、立体勘探与重点区块评价（2011 年至今）。通过持续不断的研究和探索勘探，逐步深化地质认识和优选钻探目标，终于取得了乐山—龙女寺古隆起震旦系—下古生界油气勘探的重大突破：

（1）高石梯区块震旦系率先获得突破。2011 年 7—9 月，以古隆起震旦系—下古生界为目的层，位于乐山—龙女寺古隆起高石梯构造的风险探井 GS1 井率先在震旦系获得重大突破，在灯影组获得高产气流，灯二段测试日产气 $102 \times 10^4 m^3$，灯四段测试日产气 $32 \times 10^4 m^3$，展现出川中古隆起区震旦系—下古生界领域良好的勘探前景。为了解高石梯—磨溪区块震旦系灯影组及上覆层系储层发育及含流体情况，2011 年磨溪区块部署了 MX8 井、MX9 井、MX10 井和 MX11 井等 4 口探井，高石梯区块部署了 GS2 井、GS3 井和 GS6 井等 3 口探井。同时部署三维地震勘探 $790 km^2$。

（2）磨溪区块龙王庙组再次取得重大突破。2012 年 9 月，位于磨溪构造东高点的 MX8 井试油获气，揭开了安岳气田寒武系龙王庙组气藏的勘探开发序幕，随后 MX9 井、MX10 井和 MX11 井等龙王庙组相继获高产工业气流。为了进一步扩大勘探成果，尽快探明磨溪地区寒武系龙王庙组气藏，2012—2013 年部署三维地震勘探 $1650 km^2$，总计三维地震 $2330 km^2$。磨溪地区先后部署和实施了 MX12 井等 12 口探井，主探寒武系龙王庙组和震旦系灯影组，同时部署了 MX201 井—MX205 井等 5 口针对龙王庙组的专层井，已测试 7 口井均获工业气流。在高石梯区块先后部署和实施了 GS9 井、GS10 井和 GS17 井 3 口探井，主探寒武系龙王庙组和震旦系灯影组。

这一阶段深化了乐山—龙女寺古隆起对油气富集成藏控制作用的认识。指出古隆起对龙王庙组沉积相展布、储层云化和多期岩溶改造、油气聚集成藏有重要控制作用，为龙王庙组的勘探提供了重要理论支撑，明确了下一步勘探方向。同时也为重点评价和探明磨溪区块寒武系龙王庙组气藏奠定了坚实的基础。

截至 2020 年 12 月，安岳气田磨溪区块累计完钻井 70 口，完成试油井 65 口，获工业气井 61 口（探井 / 评价井 24 口、开发井 37 口），获测试产量 $6695 \times 10^4 m^3/d$（其中探井 $1821 \times 10^4 m^3/d$、开发井 $4874 \times 10^4 m^3/d$）。

2013 年 12 月，西南油气田公司根据磨溪区块已完钻的 20 口井单井资料及最新的试油、试井、试采、地震解释成果，提交探明储量 $4403.83 \times 10^8 m^3$，含气面积 $805.26 km^2$。

（1）有效储层下限标准：通过前面多种方法论证确定磨溪区块龙王庙组储层物性下限为孔隙度大于 2%、含水饱和度小于 50%。

（2）含气面积：以测试证实的气井气层段底界对应的龙王庙组顶界构造等高线为计算边界；测试证实的工业气井外推 4.5km；以具有封堵作用的断层为界。根据上述储量含气面积圈定依据，确定 MX8 井区块龙王庙组气藏的含气面积为 $779.86 km^2$，MX21 井区块龙王庙组气藏的含气面积为 $25.4 km^2$。

（3）储层参数取值：有效厚度是在测井解释的单井有效厚度基础上，选用算术平均法和有效厚度等值线面积权衡法综合选值，MX8 井区取 36.4m，MX21 井区取 15.6m；孔隙度以经过全直径和覆压校正后的单井孔隙度为基值，采用算术平均法和体积权衡法综合选值，MX8 井区取 4.8%，MX21 井区取 3.4%；含气饱和度采用算术平均法、孔隙体积权衡法、密闭取心孔隙度与含气饱和度关系、压汞相对渗透率综合孔隙度与含气饱和度关系法综合选值，MX8 井区取 82.3%，MX21 井区取 81.0%；MX8 井区天然气体积系数取值 0.00257，换算因子为 389，MX21 井区天然气体积系数取值 0.00270，换算因子为 370。

（4）地质储量：根据前面确定的参数计算，采用容积法储量计算公式，计算新增天然气探明地质储量 $4403.83 \times 10^8 m^3$；根据磨溪区块龙王庙组气藏天然气分析资料，MX8 井区硫化氢含量为 0.26%～0.78%，平均为 0.54%。二氧化碳含量为 1.67%～2.84%，平均 2.05%，未达到 5%，不需要进行二氧化碳储量计算。据气组分分析资料，烃类总含量 96.20%。根据磨溪区块龙王庙组气藏天然气分析资料，MX21 井区硫化氢含量为 0.17%，未达到 0.5%，二氧化碳含量为 3.48%，未超过 5%，不需要进行硫化氢和二氧化碳储量的计算；据气组分分析资料，烃类总含量 95.77%。

2. 开发简况

安岳气田龙王庙组气藏自 2012 年 9 月以来持续高效开展气藏开发评价工作，获取了大量动静态资料，深化了气藏认识，并于 2012 年 12 月完成龙王庙组气藏试采方案，2013 年 3 月完成龙王庙组气藏开发概念设计，2014 年 3 月完成龙王庙组气藏开发方案。龙王庙组气藏于 2012 年 12 月 5 日开始试采（MX8 井），2013 年 10 月 30 日 $300 \times 10^4 m^3$ 试采净化装置一次成功投运，目前日处理气量 $350 \times 10^4 m^3$，2014 年 8 月底 $1200 \times 10^4 m^3$ 净化装置第一列和第二列投运，目前日处理气量 $630 \times 10^4 m^3$，2014 年 9 月底 $1200 \times 10^4 m^3$ 净化装置第三列和第四列投运，目前日处理气量 $630 \times 10^4 m^3$。

2012 年 12 月 6 日 MX8 井投产以来，磨溪区块龙王庙组气藏共投入生产井 48 口，气田开发经过了试采、产能建设和稳产三个阶段。

第一阶段：试采阶段（2012 年 12 月至 2014 年 2 月）。气藏于 2012 年 9 月发现，12 月完成试采方案编制，设计 10 口井试采规模 $300 \times 10^4 m^3/d$，MX8 井率先投入试采，2013 年 11 月投产 6 口井达到设计试采规模，试采期间投产 9 口井最大试采规模达 $500 \times 10^4 m^3/d$，产能 $635 \times 10^4 m^3/d$，试采期末气藏累计产气 $8 \times 10^8 m^3$，未见地层水。

第二阶段：产能建设阶段（2014 年 3 月至 2016 年 10 月）。2014 年 3 月完成开发方案编制，方案设计开发区面积 $544 km^2$，动用地质储量 $3133 \times 10^8 m^3$，41 口井建成产能 $3300 \times 10^4 m^3/d$（年产能 $110 \times 10^8 m^3$），生产规模 $2700 \times 10^4 m^3/d$（年产规模 $90 \times 10^8 m^3$），稳产期 15.5 年，30 年末采出程度 69.05%。

2016 年投产 41 口井建成产能 $3350 \times 10^4 m^3/d$，日产气量 $2700 \times 10^4 m^3$。

建产期内，自 MX11 井首先产出地层水后，陆续有 10 口气井产出地层水，日产水量最高达到 $300 m^3$；至建产期末，气藏累计产气 $160 \times 10^8 m^3$。

第三阶段：稳产阶段（2016 年至今）。气藏保持年产气 $90 \times 10^8 m^3$ 已稳产 5 年，累计产气 $541 \times 10^8 m^3$，生产效果总体较好。

迄今，气藏投产井 51 口，气水同产井 19 口，排水井 2 口，日产气 2400×10^4～$2800 \times 10^4 m^3$，日产水 1000～1300m³，采气曲线如图 2-1-1 所示。

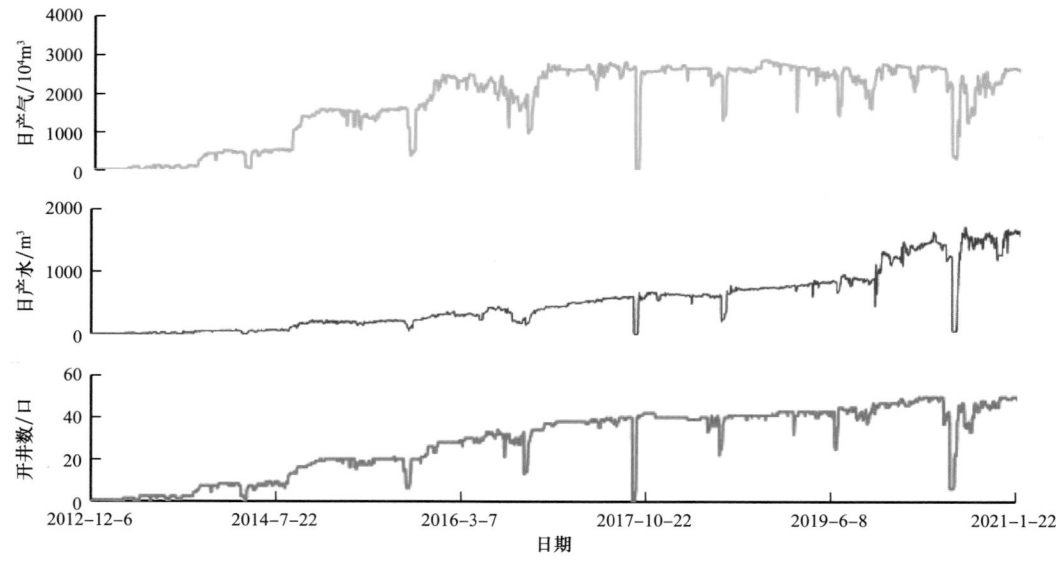

图 2-1-1 安岳气田磨溪区块龙王庙组气藏采气曲线图

二、高石梯—磨溪区块震旦系灯影组气藏

1. 勘探简况

高石梯—磨溪区块震旦系灯影组气藏与磨溪区块寒武系龙王庙组气藏位置叠加，同处于川中加里东古隆起核部，二者的勘探历史基本一致，始于 20 世纪 50 年代。

2011 年，风险探井 GS1 井的突破拉开了高石梯区块震旦系气藏勘探开发的序幕，随后磨溪区块震旦系气藏相继获得突破。

截至 2020 年 12 月底，高石梯—磨溪区块灯四段气藏累计开钻井 174 口，完钻井 160 口，正钻井 14 口。灯四段完成试油测试井 147 口，获工业气井 136 口，累计测试获气 $8036.75 \times 10^4 m^3/d$。

2. 储量探明简况

近年来该气藏探明主要集中在灯影组四段，2015 年首次探明安岳气田高石梯区块 GS1 井区震旦系灯影组四段气藏，含气面积 $411.15 km^2$，天然气探明地质储量 $2170.81 \times 10^8 m^3$。2016 年探明安岳气田磨溪区块 MX22 井区和 MX109 井区震旦系灯影组四段上亚段气藏，其中 MX22 井区含气面积 $416.74 km^2$，天然气探明地质储量 $1225.26 \times 10^8 m^3$；MX109 井区含气面积 $97.69 km^2$，天然气探明地质储量 $302.58 \times 10^8 m^3$。2017 年探明安岳气田高石梯区块 GS19 井区震旦系灯影组四段上亚段气藏，含气面积 $161.93 km^2$，天然气探明地质储量 $385.31 \times 10^8 m^3$。2019 年探明安岳气田磨溪区块 MX52 井区和 MX8 井区震旦系灯影组四段上亚段气藏，其中 MX52 井区含气面积 $111.28 km^2$，天然气探明地质储量 $268.44 \times 10^8 m^3$；MX8 井区含气面积 $248.00 km^2$，天然气探明地质储量 $638.43 \times 10^8 m^3$。2020 年探明安岳气田高石梯区块 GS18 井区震旦系灯影组四段上亚段气藏，含气面积 $329.77 km^2$，天然气探明地质储量 917.37×10^{8}m^3。

截至 2020 年 12 月底，安岳气田震旦系灯影组四段共申报天然气探明地质储量 5908.2×10^{8}m^3（图 2-1-2）。

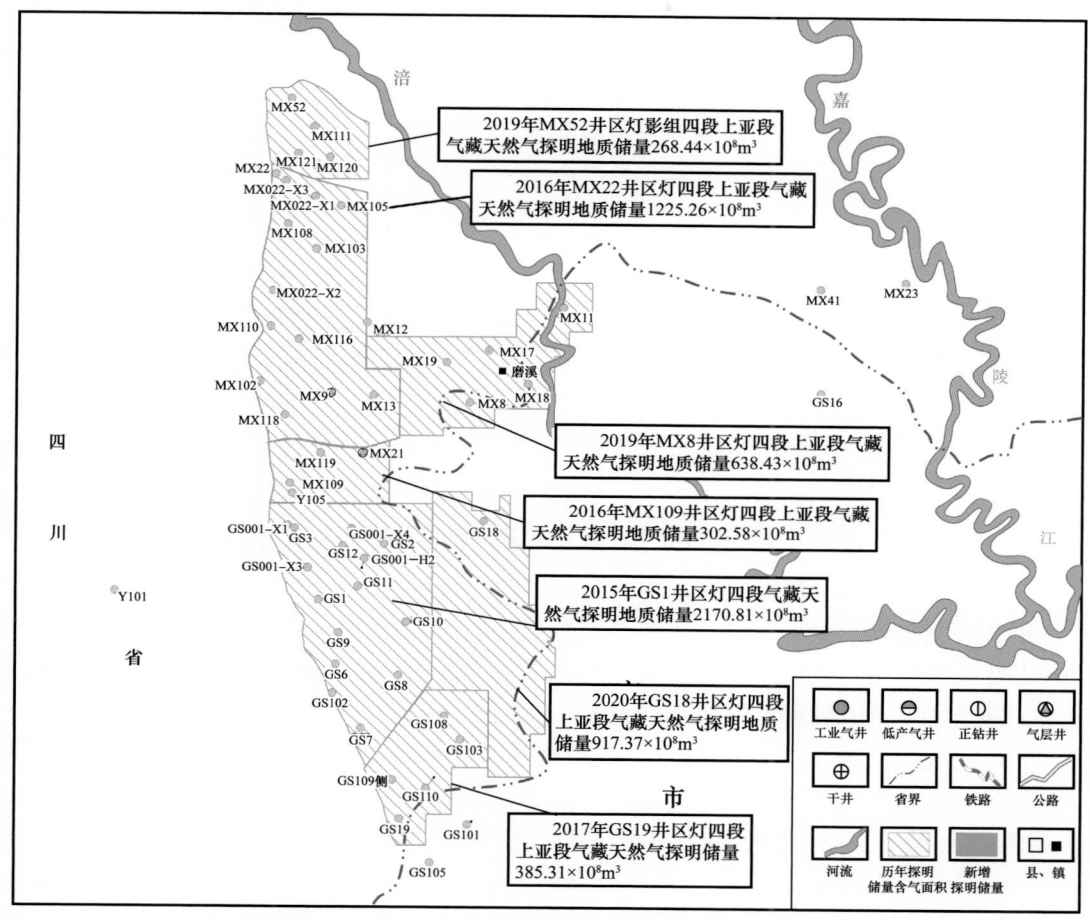

图 2-1-2　安岳气田高石梯—磨溪区块灯四段储量分布图

3. 开发简况

按照"滚动开发、分期开发、立体开发、效益开发"总体思路，2012 年开始历经 5 年开辟两个试采区、一个先导试验区、完成灯四段台缘带试采评价，编制一期和二期开发方案。截至 2020 年 12 月底，气藏累计投入生产井 87 口（探井 15 口、开发井 72 口），累计建成年产气规模 62×10^{8}m^3，开井 81 口，日产气量 1543.22×10^{4}m^3，平均单井日产气 17.74×10^{4}m^3，累计产气 103.03×10^{8}m^3。投产井生产总体稳定，产量和井口油压均未出现较大波动，且均未产地层水（图 2-1-3）。其中一期建产区投产井 42 口，开井生产 41 口，日产气 870.32×10^{4}m^3，累计产气 69.85×10^{8}m^3；二期建产区生产井 41 口，开井生产 38 口，日产气 664.78×10^{4}m^3，累计产气 32.76×10^{8}m^3。

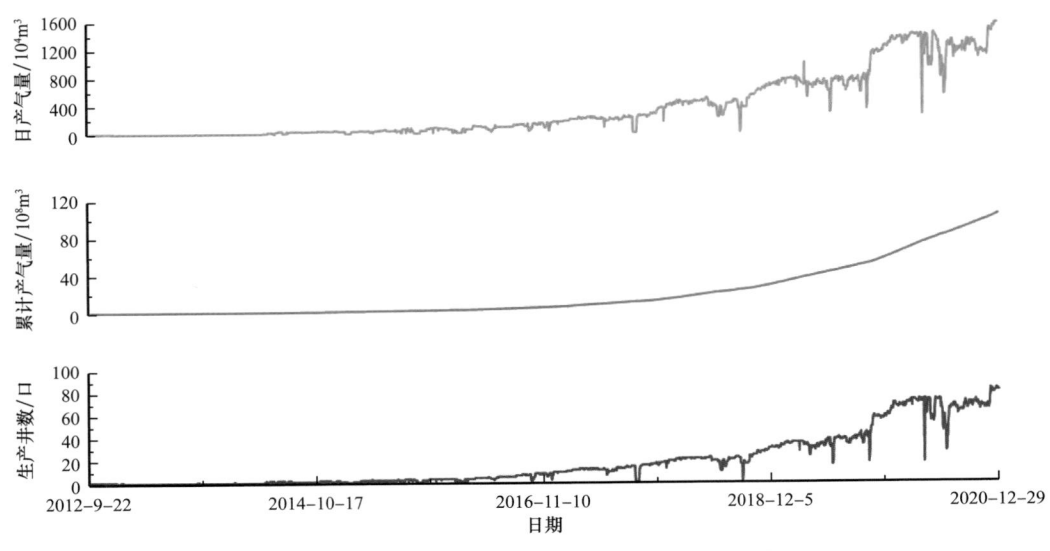

图 2-1-3　高石梯—磨溪区块灯四段气藏采气曲线图

第二节　磨溪区块寒武系龙王庙组气藏特征

磨溪区块寒武系龙王庙组气藏构造位置处于四川盆地乐山—龙女寺古隆起区，为构造—岩性圈闭气藏。气藏总体具有统一气水界面（海拔 –4385m），其主体构造闭合高度 145m，闭合面积 510.9km^2，具有构造平缓、多高点特征（图 2-2-1）。

下寒武统龙王庙组为局限台地台内缓坡浅滩相碳酸盐岩储层。颗粒类型以砂屑为主、发育少量砾屑、生屑、鲕粒及豆粒。砂屑滩单滩体厚度 5～20m，滩体叠置累计厚度 50～70m，储层单层厚度一般小于 10m，储层叠置累计厚度 20～60m。储层岩性以中细晶云岩和砂屑白云岩为主，发育粒间溶孔（洞）、晶间溶孔和裂缝。磨溪区块龙王庙组总体为裂缝—孔洞型储层，缝洞密集发育段主要位于龙王庙组中下部，主要表现为细微裂缝和毫米级的溶蚀孔洞，平面上不同区块，垂向上不同层段缝洞发育程度不均。孔洞型储层总体连续性好，呈"两期两带十区"分布。龙王庙组储层孔隙度一般为 2%～8%，渗透率普遍介于 5～80mD，最高达 535.31mD，属于低孔隙度、中—高渗透率气藏。

龙王庙组气藏的甲烷含量 95.10%～97.98%，C_{3+} 含量低，H_2S 含量 0.38%～0.83%，CO_2 含量 1.67%～3.10%，属于中含 H_2S、中—低含 CO_2 的干气气藏。

龙王庙组气层中部温度为 137.8～144.8℃，地温梯度为 2.3℃ /100m，气层中部压力为 75.72～76.56MPa，压力系数为 1.60～1.65，属高温、高压气藏。

磨溪区块龙王庙组气藏埋深超过 4500m，属于超深层气藏。其探明储量为 4404×10^{8}m^3，可采储量为 3083×10^{8}m^3，属于特大型气藏。储量丰度 5.61×10^{8}m^3/km^2，属于中等丰度气藏。

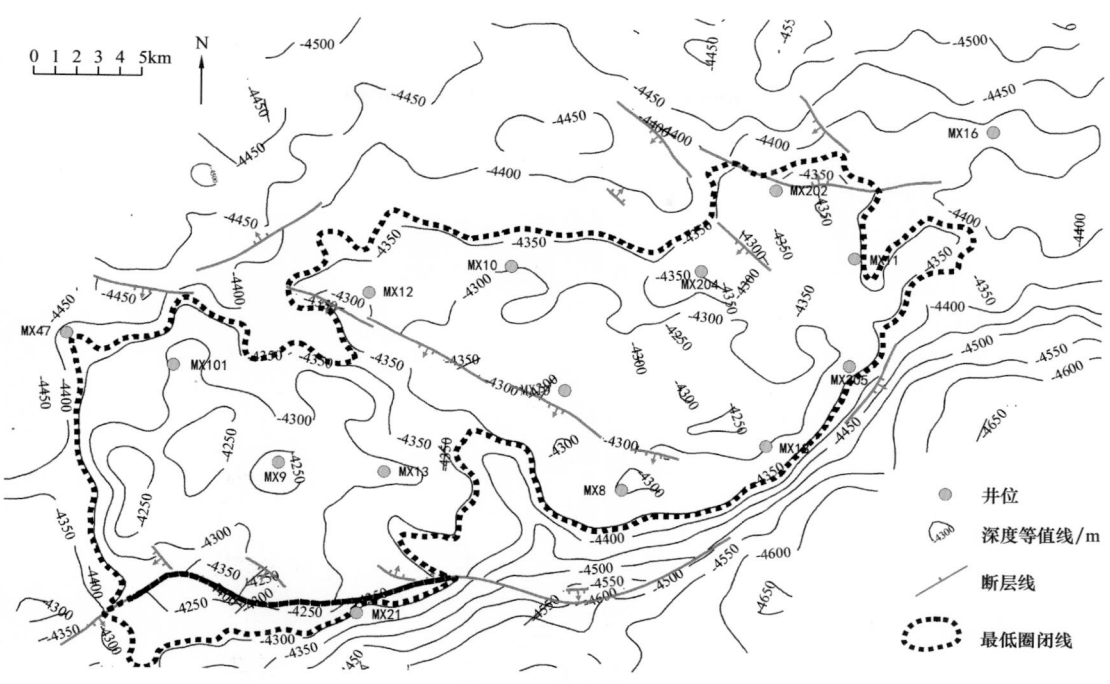

图 2-2-1 磨溪区块龙王庙组顶面构造图

　　龙王庙组气藏气井产能高，平均单井无阻流量为 $520\times10^4\text{m}^3/\text{d}$，井均日产量超过 $70\times10^4\text{m}^3$。井间连通性好，气井稳产能力强，平均井控储量 $70\times10^8\text{m}^3$。44 口开发井动用地质储量 $3133\times10^8\text{m}^3$，开发规模每年 $90\times10^8\text{m}^3$，3 年完成建产，达到了方案设计目标。

　　将龙王庙组气藏与 70 个国外大型碳酸盐岩气藏进行了对标分析，对标参数包括气田基本地质特征、温压和流体特征、气藏开发指标等关键参数。通过分析不同参数"累积大于概率"，可以发现龙王庙组气藏的特殊性（累计概率大于 80% 或小于 20%）。分析认为，磨溪区块龙王庙组气藏的特殊性表现在：（1）发育面积大（超过 85% 的气藏），储量规模大（超过 86% 的气藏）；（2）埋藏深（超过 88% 的气藏），压力高（超过 94% 的气藏），压力系数大（超过 94% 的气藏），温度高（超过 82% 的气藏）；（3）裂缝发育（超过 94% 的气藏），孔隙度低（低于 82% 的气藏）；（4）单井产量高（高于 90.2% 的气藏）；（5）建产周期短 / 开发节奏快（快于 81% 的气藏），采气速度低（低于 88% 的气藏），单井控制面积大 / 井网稀疏（超过 93.3% 的气藏），开发规模大（超过 84% 的气藏）。

　　根据研究成果及我国的天然气国家与行业标准，磨溪区块龙王庙组气藏是一个构造—岩性圈闭、特大型、复杂的碳酸盐岩裂缝—孔洞型气藏，该气藏具有含气面积大，储量规模大，埋藏深度大，高温、高压，不规则的边水和局部水体（图 2-2-2），非均质性强以及中等含硫化氢的特点。但同时也具有储渗体渗透性好，天然气气质好，单井产量高，可以获得较好勘探、开发效益的优势。

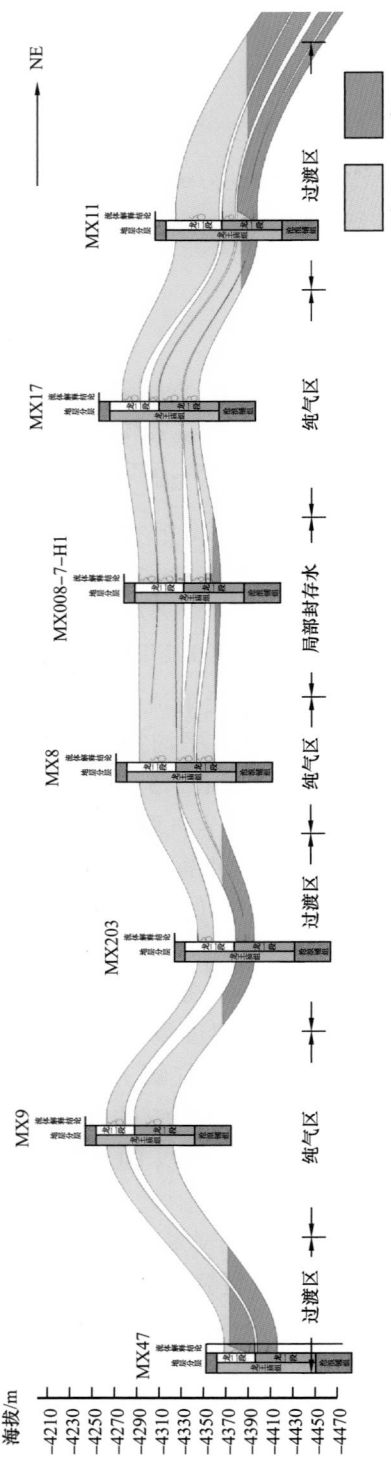

图 2-2-2 磨溪区块龙王庙组气藏气水分布剖面图

第三节　高石梯—磨溪区块震旦系灯影组气藏特征

安岳气田高石梯—磨溪区块震旦系灯影组气藏位于四川盆地中部古隆起平缓构造区威远—龙女寺构造群，自下而上分为 4 段，其中台缘带灯四段为目前主要的开发层系。

一、构造特征

安岳气田灯影组总体构造轮廓表现为乐山—龙女寺古隆起上的北东东向鼻状隆起，由西向北东倾伏，南缓北陡，构造呈多排、多高点的复式构造特征。震旦系顶界在高石梯—磨溪—龙女寺构造形成共圈，共圈高点海拔 −4640m，最低圈闭线 −5000m，闭合度 360m，闭合面积达 3474km²。由北向南主要发育有磨溪区块潜伏构造和高石梯区块潜伏构造。区内下古生界—震旦系主要发育规模不等的正断层，延伸长度大于 1000m 以上断层有 79 条，小于 1000m 断层 155 条，断距大于 50m 断层 38 条。工区内仅近东西向磨溪①号断层规模较大，延伸长度达 53.69km，断距 30～240m，纵向断穿层位多，对高石梯—磨溪构造格局有一定控制作用。断层走向有近北西向、北东向和近南北向 3 组，其中以近北西向和近南北向为主，成排成带分布，大部分向上消失于寒武系，向下消失于灯二段。断层普遍较陡，倾角一般在 60°～80°。

二、地层特征

灯四段地层厚度分布在 261～347m 之间。根据岩性、电性和沉积旋回特征将灯四段分为上、下两个亚段。平面分布上 MX22 井—MX47 井—GS3 井—GS7 井—GS19 井一线以西灯四段被剥蚀形成尖灭，以东区域灯四段沉积受桐湾Ⅰ幕形成的"陡坎"控制，在陡坎东侧 1～20km 内沉积厚度大，经受剥蚀后残余厚度 270～340m。GS2 井—GS3 井—MX9 井—MX22 井一带最厚，向南、向东厚度减薄。灯四下亚段在 AP1 井区最厚，向北东、南西方向逐渐减薄，灯四上亚段厚度总体上呈现由东向西逐渐增加的格局。

三、沉积特征

高石梯—磨溪区块在灯四段沉积期，研究区为碳酸盐岩局限台地环境，可识别出丘滩及丘间 2 个亚相，其中丘滩亚相又可以细分为丘盖、丘核、丘翼和丘基 4 个微相。灯四段碳酸盐岩的有利沉积相组合类型，无论是在垂向演化序列还是平面分异格局上，均表现为丘滩复合体。纵向上，丘滩复合体底部发育以深灰色泥晶白云岩、深灰色含泥质白云岩、硅质白云岩和硅质岩等岩性为主的丘基微相；中下部发育以藻凝块白云岩、藻叠层白云岩和藻纹层云岩等岩性为主的丘翼微相；中上部发育以灰色砂屑白云岩、灰黑色藻砂屑白云岩为主的丘核微相；顶部发育以灰色、灰白色泥晶白云岩、泥晶含粉砂质白云岩为主的丘盖微相。其中，以丘翼微相和丘核微相沉积的藻凝块云岩、藻叠层云岩、粒屑云岩对储层发育最有利。

四、岩溶特征

乐山—龙女寺古隆起区震旦系灯影组沉积物在沉积之后的 570Ma 间经历了桐湾运动、加里东运动、海西运动、东吴运动、印支运动、燕山运动和喜马拉雅运动等多次构造运动，在多期抬升与埋藏的过程中，受到各种有利和不利于储层发育的一系列成岩作用叠加改造，最终形成现今的储层面貌。灯四段经历了同生期—准同生期海底、大气淡水（海岸性岩溶）、混合水成岩作用阶段，浅—中深埋藏期成岩作用阶段，表生成岩作用阶段，具有压实作用、胶结充填作用、溶蚀作用、白云石化作用和交代作用等成岩作用类型。不同成岩阶段、不同成岩类型对储层发育影响和贡献各不相同。

研究表明，高石梯—磨溪区块震旦系灯影组气藏主要有早期岩溶作用、古风化壳期岩溶作用和埋藏期岩溶作用 3 种岩溶作用，其中对储层孔、洞、缝发育起决定性控制的岩溶作用为古风化壳期岩溶作用（表 2-3-1）。

表 2-3-1　高石梯—磨溪区块震旦系灯影组气藏岩溶时间分布特征表

期次	早期	古风化壳期	埋藏期
岩溶序列	早期暴露层间岩溶	表生期	古风化壳埋藏之后
暴露机制	沉积间断	不整合面	构造运动
位置	灯四段内部	距风化壳顶往下 200m 以内，或稍深	距古风化壳各种距离，可深可浅
水来源	大气淡水或混合水淋滤	地表淡水渗流或地下水潜流	冷热淡水酸性水
溶蚀方式	组构选择	有或无组构选择	沿断裂附近前期未完全充填孔、洞、缝溶蚀
形成的储集空间	针孔	大量溶蚀孔、洞、缝	少量溶蚀孔、洞、缝
储层发育及分布	零星低渗储层	溶蚀孔、洞、缝连片发育	靠断裂发育溶蚀孔、洞
构造幕	桐湾运动 I 幕和桐湾运动 II 幕之间	桐湾运动 II 幕、桐湾运动 III 幕	桐湾运动期以后

五、储层特征

1. 储集岩性特征

根据已完钻井岩心描述、岩石化学分析、薄片鉴定、岩心物性测试以及录井资料综合分析，高石梯—磨溪区块灯影组灯四段储层均发育在白云岩中，分析认为，储集岩主要发育在丘滩相中，以凝块云岩、藻叠层云岩、藻纹层云岩和砂屑云岩为主（图 2-3-1）。

2. 储层物性特征

据安岳气田高石梯区块灯四段岩心样品实测物性资料统计，储层段 344 个岩心小柱塞样品孔隙度主要集中分布在 2%～5% 之间，平均孔隙度为 3.85%。储层段 114 个岩心全直径样品孔隙度主要集中分布在2%～5%之间，平均孔隙度为4.38%，属特低孔—低孔储层。据安岳气田高石梯区块灯四段338个岩心小柱塞样品渗透率资料统计，渗透率主要分布在0.001～1mD之间，平均值为0.752mD。储层岩心全直径样品垂直方向渗透率主要分布在0.001～1mD之间，平均值为0.326mD；水平方向渗透率主要分布在0.01～10mD之间，占样品总数的96.55%，最大渗透率21.5mD，平均值为2.63mD。按照气藏渗透率分类，介于0.1～5mD之间，属低渗透储层。根据安岳气田高石梯区块高石7井和高石102井灯四段密闭取心段烘干法测定含水饱和度值分析，含水饱和度介于4.599%～81.31%，主要分布在10%～40%，占样品总数的84.26%，平均为19.44%。

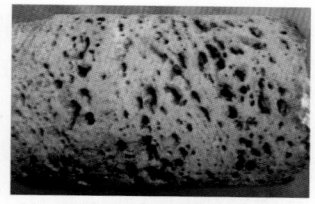  

(a) 凝块云岩，孔洞发育，灯四段，　　　(b) 砂屑云岩，针孔发育，灯四段，　　　(c) 藻叠层云岩，格架孔洞发育，
　　5568.62～5568.73m，MX52井　　　　5419.12～5419.25m，MX22井　　　灯四段，5135.7m，GS2井

图 2-3-1　灯四段储集岩石类型

3. 储集空间类型

碳酸盐岩储层的储集空间类型多样，既有受组构控制的粒间溶孔、粒内溶孔、铸模孔和晶间溶孔等，又有不受组构控制的溶洞、溶缝和构造缝。通过对灯四段野外剖面、钻井岩心及薄片微观的详细观察，根据其成因、形态、大小及分布位置，灯四段储层的储集空间以小型溶蚀溶洞、次生的粒间溶孔和晶间溶孔为主（表 2-3-2）。

表 2-3-2　灯四段储层储集空间类型表

储集空间类型			主要储集岩石类型	发育频率
孔隙	原生孔隙	残余粒间孔	藻黏结砂屑云岩、砂屑云岩、藻砂屑云岩	中—低
		格架孔	隐藻凝块云岩	低
	次生孔隙	粒间溶孔	藻黏结砂屑云岩、砂屑云岩、藻砂屑云岩	高
		晶间孔	残余砂屑粉、细晶云岩	中—高
		晶间溶孔	残余砂屑粉、细晶云岩	中—高
洞穴	原生洞穴	格架洞	隐藻凝块云岩、藻格架云岩	中
			藻叠层云岩	中—低
	次生洞穴	溶洞	隐藻凝块云岩、藻叠层云岩、藻格架岩	高
			泥粉晶云岩	低
裂缝	构造裂缝		不限	不等
	次生溶缝		不限	

4. 裂缝发育特征

根据岩心观察,裂缝在灯四段普遍发育,主要为构造缝、压溶缝和扩溶缝。岩心观察统计,缝密度为1.5~7.51条/m,发育程度总体较高。成像测井解释成果表明,灯四段裂缝产状以斜交缝和高角度缝为主。裂缝走向与最大主应力方向呈锐夹角或一致,即最大水平主应力方向为近北西—南东向;裂缝走向为近东—西向和南东东—北西西向。

5. 储层展布特征

安岳气田高石梯—磨溪区块34口井灯影组储层测井处理解释成果分析和储层对比表明,储层纵向上发育层数多,横向上分布较稳定(图2-3-2)。灯四段储层连片分布,厚度主要在50~100m范围内变化。从连井剖面上可以看出,储层累计厚度大,主要分布在93~256m,灯四段累计厚度41.2~108.14m。区内单井灯四段储层一般发育10~15层,单层厚1.3~27.3m,储层累计厚度69.9~128m,平均孔隙度3.9%~4.3%,按照孔隙度2%、6%和12%标准,以发育Ⅲ类储层为主。其中,灯四段在磨溪区块钻遇储层累计厚度16.9~114.9m,平均值51m;在高石梯区块钻遇储层累计厚度17.6~153.2m,平均值72.8m。灯四段储层发育2~15层不等,主要发育在距灯四顶120m区域,钻遇率主要在50%~100%之间,主要发育5~15层,单层厚度2~10m。

六、温度与压力

根据单井实测温度数据表明,灯四段地层温度在144.18~156.79℃之间,平均153.7℃,地温梯度2.6℃/100m左右,属高温气藏。灯四段地层压力系数在1.03~1.11之间,属常压气藏。

七、流体性质及分布特征

1. 天然气性质

高石梯—磨溪区块灯四段各井间气组分没有明显差异,天然气以甲烷为主,含量90.00%~93.77%;乙烷含量0.03%~0.41%;硫化氢含量0.62%~3.19%,平均1.18%,为中含硫化氢;二氧化碳含量4.11%~8.16%,平均5.77%,为中含二氧化碳;微含乙烷、丙烷、氦和氮;磨溪区块硫化氢含量较高石梯区块高,二氧化碳较高石梯区块略低。

2. 地层水性质

高石梯—磨溪区块灯四段测试见水井4口(GS20井、MX51井、MX102井、MX022-X2井),MDT取得水样井1口(MX22井)。其中,GS20井和MX51井均为酸化后取样,水分析显示为受残酸影响较大,仅MX22井和MX022-X2井样品具有代表性。GS20井水样分析结果为pH值5.5~6,残酸浓度0.08%,氯离子含量46947~52059mg/L,总矿化度46.9~52.1g/L,水样为受残酸影响的地层水。MX22井井下取样器取到了较有代表性的水分析资料,pH值6.95~7.01,溴离子含量322~323mg/L,锶离子含量397~405mg/L,

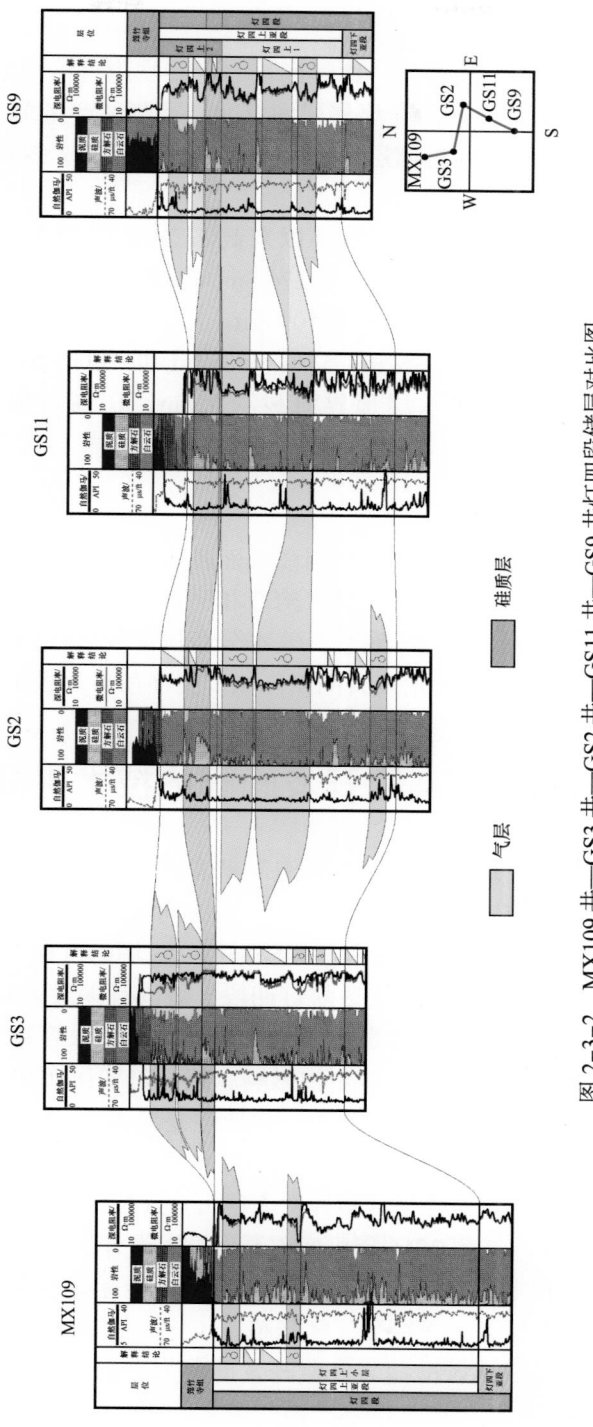

图 2-3-2 MX109 井—GS3 井—GS2 井—GS11 井—GS9 井灯四段储层对比图

氯离子含量 42100～43600mg/L，总矿化度 72.4～75.3g/L。

3. 流体分布特征

完井试油结果分析表明，高石梯—磨溪区块靠近陡坎附近储层发育带气井测试产量高，多在 $20 \times 10^4 m^3/d$ 以上，而远离陡坎储层发育变差，测试产量多在 $10 \times 10^4 m^3/d$ 以下。因此，完井测试显示靠近陡坎附近储层发育带天然气较为富集，这可能与其靠近台内裂陷优质厚层筇竹寺泥岩烃源相关。

高石梯区块仅高石梯潜伏构造圈闭外以东高石 20 井灯四下亚段 5403.5～5428m，5433.5～5438m 和 5445.5～5461m 测试产水 276.8m³/d，测试产水层顶界海拔 –5109.8m，比高石梯—磨溪—龙女寺共圈 –5000m 低 109.8m。磨溪区块仅磨溪潜伏构造圈闭外以北 MX51 井灯四上亚段 5323～5352m、5364～5382m 和 5393～5403m 井段测试产气 $2.1 \times 10^4 m^3/d$，产水 11.4m³/d，气水层顶界海拔 –5028m，比高石梯—磨溪—龙女寺共圈 –5000m 低 28m（图 2-3-3）。

八、气藏类型

钻探成果表明，高石梯—磨溪区块灯四段大面积含气，西部由于灯四段剥蚀尖灭形成地层遮挡，气藏含气面积超出高石梯潜伏构造和磨溪潜伏构造圈闭范围，不受局部构造控制；外围未证实具有统一的边、底水，气水分布可能受岩性圈闭控制，初步认为该气藏为构造圈闭背景下的岩性—地层复合圈闭气藏，应存在多个水动力系统。

第四节　高效开发面临的技术挑战

以四川盆地中部磨溪区块寒武系龙王庙组气藏和高石梯—磨溪区块震旦系灯四段气藏目前的探明储量区为示范工程建设典型工区，并将同层系相邻的其他区块列为地球物理寻找潜力、工程技术研发试验以及示范工程成果推广应用的可选工作区。

磨溪区块龙王庙组和高石梯—磨溪区块灯四段气藏具有深层碳酸盐岩气藏高温高压、含硫化氢和二氧化碳、储层非均质性强、气藏通常与水体接触等共性特征，以及古老地层气藏经历多期构造运动、受早期低等生物影响、超长时期压实和改造导致的储层特殊性，如小尺度缝洞发育、缝洞充填程度不一（连通性差异大）、低孔隙度等。气田所处的川中地区人口稠密，环境敏感性强，生态环境保护压力大，大型高产含硫气田开发长效HSE 风险控制要求高。这些特殊性使气藏开发表现出常规技术难以解决的问题。

尽管磨溪区块龙王庙组气藏 2016 年已实现开发方案设计的 $90 \times 10^8 m^3/a$ 生产规模，但开发过程中水侵影响较预期突出，气藏非均质动态反映也逐渐呈现。该气藏已证实存在水体，开发早期即表现出显著水侵特征，气藏超压（压力系数 1.6）条件下长期水侵规律目前未知。国内大型超压有水碳酸盐岩气藏开发此前为空白，存在认识盲区，未形成配套技术，相关特殊问题可能给气藏长期高产稳产带来不确定性。

2015 年底高石梯—磨溪区块灯四段气藏投产试采井 7 口，日产天然气 $120 \times 10^4 m^3$，

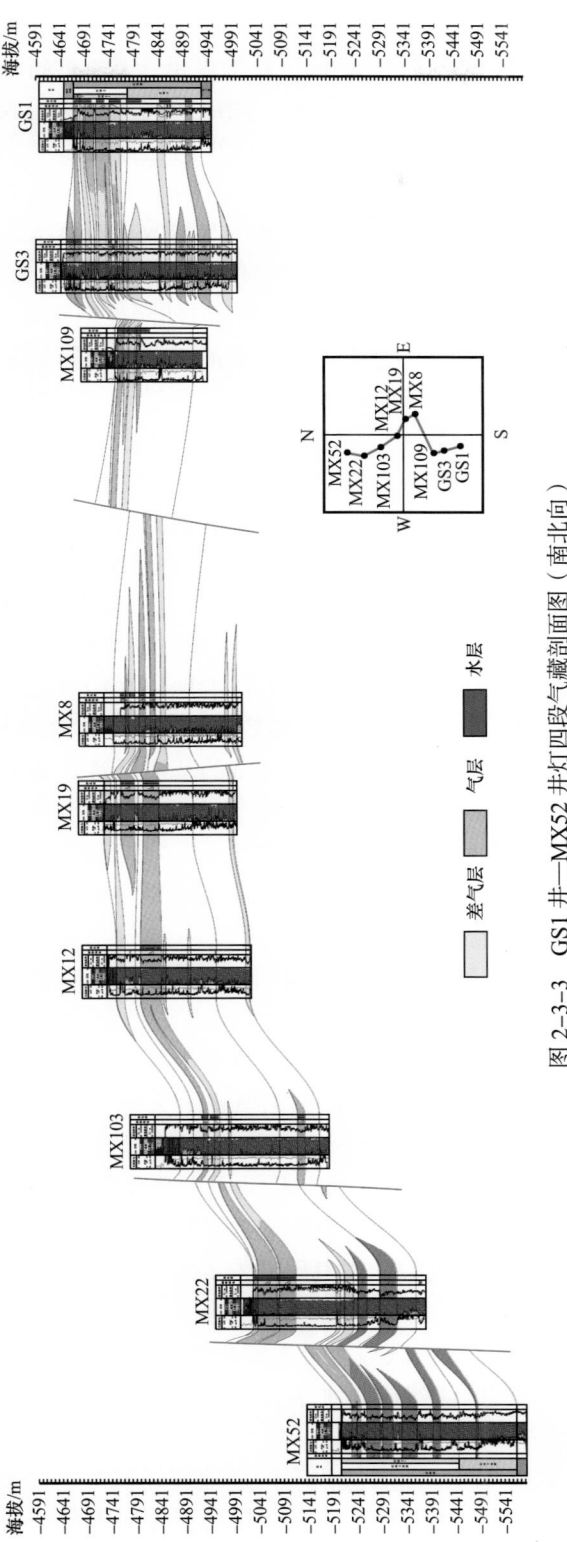

图 2-3-3 GS1 井—MX52 井灯四段气藏剖面图（南北向）

2016年初开始开发方案编制，2020年达到年产$20×10^8m^3$生产规模。然而，高石梯——磨溪区块灯四段气藏80%的天然气储量蕴藏于孔隙度低于5%的特低孔隙度储层中，并且受到沉积作用和岩溶作用等多种因素的影响，储层非均质性强，找到开发"甜点区"的难度极大；同时，气藏埋深介于5000~5500m，纵向上存在多个压力系统，在钻井过程中容易发生垮塌、漏失、井喷等井下复杂情况；目的层钻井安全密度窗口小于$0.1g/cm^3$，并且储层薄而分散，实现优快钻井和理想的增产改造效果难度大。因而，该气藏在评价期钻获气井的有效率低于30%，单井平均配产仅为$13.4×10^4m^3/d$，气藏内部收益率预测值仅为11.8%，实现气藏高效开发的难度大。而国内外同类型气藏，目前仅有俄罗斯西伯利亚地台拜基特盆地的尤鲁勃钦——托霍姆里菲系油气藏、我国鄂尔多斯盆地靖边地区奥陶系马家沟组气藏、塔里木盆地塔中地区奥陶系气藏投入了开发。其中，俄罗斯尤鲁勃钦——托霍姆里菲系储层与我国塔中地区奥陶系储层，均受到断裂与表生岩溶作用的控制，储集空间以数米——数十米级的大型溶洞与断裂为主，靖边地区奥陶系马家沟组储层受到膏云坪与表生岩溶作用的控制，储集空间以石膏溶蚀孔为主。而安岳气田震旦系灯影组储层主要发育于微生物丘滩云岩，储集空间以毫米——厘米级的中、小溶洞为主，与前述3个油气藏相比，其储集条件差，难以达到工业产能，优选开发部署有利区、培育高产井难度大，提高储量动用率和开发井有效率、按期实现预定目标面临严峻挑战。

由于目前世界上已开发的震旦系、寒武系古老地层大型气藏（按国际惯例指可采储量大于$850×10^8m^3$）数量极少，而磨溪区块龙王庙组气藏为国内罕见的大型超压有水碳酸盐岩气藏，高石梯——磨溪区块灯四段气藏为典型的基质低渗透强非均质裂缝——孔洞型碳酸盐岩气藏，其开发规律特殊性有待深化认识，攻关难度大。

与此同时，常规技术对大型高温高压气藏开发风险控制的适应性不足等疑难问题进一步显现，后续开发部署、工艺优选、工程建设均需要针对性调整，保障气田实现大规模高效安全开发及长期稳产的技术需求较高。

为了实现示范工程建设目标，必须解决以下难题：

（1）高石梯——磨溪区块大型碳酸盐岩气田优化开发生产问题。

为了以高石梯——磨溪区块为代表推动我国具有国际水平、能长期规模效益开发的现代化大型气田示范区建设，促进国内碳酸盐岩气藏开发水平的进一步提升，从管理角度看主要需要解决以下问题：

① 磨溪区块寒武系龙王庙组气藏提高储量动用率及有效治理水侵影响确保长期稳产；

② 高石梯——磨溪区块震旦系灯影组气藏开发部署优化及规模效益建产；

③ 高石梯——磨溪区块大型碳酸盐岩气田开发提高本质安全性和开发效益的工程、工艺和管理技术优化。

（2）大型非均质裂缝——孔洞型碳酸盐岩气藏开发技术问题。

为了实现高石梯——磨溪区块建成高水平大型碳酸盐岩气田开发示范区的目标，必须解决以下技术难题：

① 地球物理分析预测方面，深层低幅度构造地震处理解释，裂缝——孔洞型深层碳酸盐岩储层测井有效性评价与流体识别，裂缝——孔洞型深层碳酸盐岩储层有利储集体叠前

叠后综合预测。

② 精细气藏描述与优化开发方面，裂缝—孔洞型储层微观储集空间特征及不同条件下渗流规律实验分析，大型裂缝—孔洞型碳酸盐岩气藏三维地质建模及气水关系精细描述，大型裂缝—孔洞型强非均质气藏岩溶储渗体精细描述及储量分类评价，裂缝—孔洞型气藏不同类型气井稳产能力和动用储量效果预测，大型超压气藏特殊水侵规律认识与治水对策，大型裂缝—孔洞型碳酸盐岩气藏优化开发模式。

③ 高效安全钻完井与采气方面，深层碳酸盐岩气藏优快钻井，深层高密度、大温差、长封固段固井，深层窄安全密度窗口碳酸盐岩气藏钻井储层保护，高温深层裂缝—孔洞型碳酸盐岩储层增产改造，深层含硫气井动态监测和出水气井综合治理，高温含硫深层碳酸盐岩储层开发化学液体体系优化。

④ 地面系统集输、净化方面，含硫气田地面集输管网系统安全运行保障，大产量含硫气田污水处理工艺技术增强适应性，有水、高温、大产量含硫气田缓蚀剂防腐增强适应性，复杂苛刻环境中腐蚀监测，物联技术在数字化气田中的应用，催化剂和脱硫溶剂性能提升、大型含硫气田净化厂尾气二氧化硫减排、胺液净化技术的开发、降低回用水对净化厂循环水系统稳定运行的影响。

⑤ 安全环保方面，大型含硫气田管道和站场检测评价及完整性管理，气田水回注风险评估及跟踪监测，高温高产量气井和站场噪声治理，气田应急体系优化与应用。

第三章　深层低孔隙度小尺度缝洞气藏有利区优选及高产井模式

为有效解决深层低孔隙度小尺度缝洞气藏有利区优选困难、高产模式不清的问题，形成了古岩溶风化壳气藏有利区储层精细描述技术，揭示了藻微生物丘滩岩溶控储机理，明确了5种典型的岩溶储层发育地质模式。突破裂缝—孔洞型有效储层测井评价与流体识别、地震储层描述及烃类检测精度不够的技术瓶颈，提高了裂缝—孔洞型有效储层测井评价与流体识别精度、地震分辨率，实现了碳酸盐岩气藏构造、储层及含气性精细解释预测。建立了有利区划分原则与优质储量分级评价体系，优选开发有利区700km²。建立了高产井地震响应模式，优选开发建产井65口，有效率100%，有效支撑了安岳气田高石梯—磨溪区块震旦系灯四气藏高效建产。

第一节　古岩溶风化壳气藏有利区储层精细描述技术

一、藻微生物丘滩岩溶控储机理

1. 藻微生物丘特征及与岩溶储层发育程度的关系

1）藻微生物丘岩性特征

微生物岩定义为"由于底栖微生物群落捕获和黏结碎屑物质，或者形成利于矿物沉淀的基座，从而导致沉积物聚集形成的有机成因沉积岩"（Burne，1987）。此类沉积岩在四川盆地灯影组中即表现为受前寒武蓝藻细菌控制形成的各类含藻云岩，主要包括藻纹层、藻叠层、藻凝块及藻砂屑4类岩性。

2）藻微生物丘对岩溶储层的控制作用

通过对灯四段中不同藻含量储层可溶性分析及溶蚀实验模拟，分别对藻含量大于50%的藻凝块云岩、藻含量小于10%的藻纹层云岩的成分可溶性进行了分析。通过镜下溶蚀观察可以看出，含藻云岩中主要发生溶蚀的成分是其中的云岩部分，可见明显的溶蚀扩大现象的产生，而藻类的溶蚀程度整体较低。通过对不同含藻量样品进行不同溶蚀时间段的溶蚀量称重，在相同的溶蚀时间内，发现藻含量较高的样品溶蚀后重量减轻最小，溶蚀速率最低。

在此基础上，进一步结合不同藻含量岩类的物性统计可以看出，藻含量最高的藻叠层云岩平均孔隙度达4.35%，明显高于其他类型的云岩（图3-1-1）。同时藻含量相对较高的藻砂屑云岩、藻凝块云岩、藻纹层云岩的孔隙度整体高于其他类型云岩。综上分析，认为是由于藻类的存在，增加了灯影组白云岩的岩石骨架强度，在白云岩发生大型表生溶蚀后，岩溶缝洞得以保存，因此灯影组岩溶缝洞储层多发育于藻含量较高的储层。

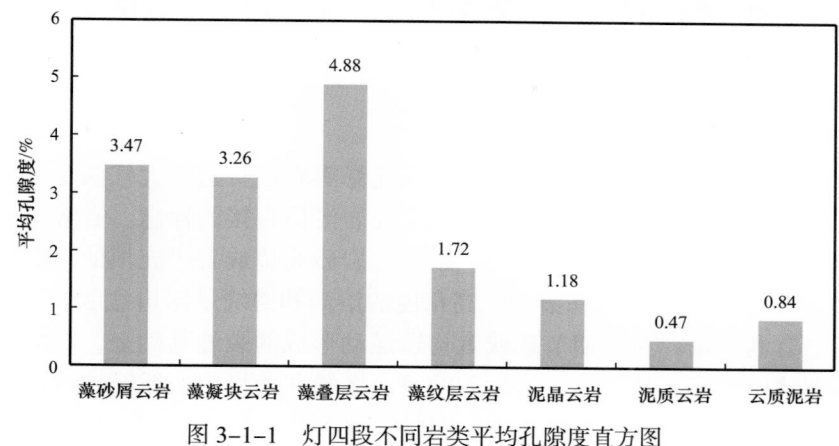

图 3-1-1　灯四段不同岩类平均孔隙度直方图

2. 表生期岩溶作用特征对储层质量的控制作用

1）表生期岩溶作用特征

风化壳期岩溶或称表生期岩溶，发生时间在灯四段沉积后抬升遭受剥蚀至寒武系筇竹寺组沉积之前，属于桐湾运动Ⅱ幕和桐湾运动Ⅲ幕（罗文军等，2018）。按照灯四段沉积完成时间绝对年龄 570Ma、筇竹寺组开始沉积时间绝对年龄 521Ma 估算，区内古风化壳的暴露历史达 49Ma，灯四段与上覆下寒武统筇竹寺组呈假整合接触。受表生期岩溶影响，形成了震旦系内大量的优质岩溶缝洞，其判断的依据如下：

（1）地层的缺失及假整合接触。

在灯影组四段沉积后，桐湾运动Ⅱ幕作用强烈，造成上扬子地区整体抬升，在长时期的风化剥蚀作用下，灯四段广泛遭受剥蚀，其中资阳及其以西地区缺失该段地层，局部地区甚至剥烛至灯二段。桐湾运动剥蚀作用造成了灯四段与筇竹寺组之间的假整合接触，具有明显的岩性变化界面。由于桐湾运动期灯影组经历长时间的风化改造，在不整合面之下，下伏母岩（灯影组白云岩）之上形成原地残积角砾岩、泥质云岩和黏土岩等特殊风化残积层。风化残积层的存在表明灯影组经历了表生期风化作用的改造。

（2）灯影组中可见大量的表生岩溶现象。

根据钻井过程中多次出现井漏、放空现象及岩心溶蚀孔洞特征，认为风化壳岩溶比较普遍，特别在靠近灯四上亚段尖灭线至其东侧 20km 以内，残余地层厚度差异较大，地层厚度在 0～350m 之间。岩溶地貌差异大，必然引起岩溶水水头高度大，影响深度深，导致桐湾运动期表生风化剥蚀强度大，能够形成大量溶蚀孔、洞。

（3）大气淡水淋滤作用的同位素证据。

通过对比现代和古代碳酸盐岩在地表暴露环境淡水成岩作用条件下碳氧同位素变化特征，Allan 等认为暴露于地表受大气淡水和有机质降解影响的碳酸盐岩，其碳氧同位素明显呈现偏负特征，随着深度增加，$\delta^{13}C$ 和 $\delta^{18}O$ 值会增加。因此，当碳酸盐岩地层中出

现 $\delta^{13}C$ 和 $\delta^{18}O$ 值呈负向漂移的时候，一般认为是大气淡水对原碳酸盐岩中碳酸盐置换造成的。故在经历过风化暴露及大气淡水淋滤作用影响的碳酸盐岩中会出现 $\delta^{13}C$ 和 $\delta^{18}O$ 明显偏负的特征。根据峨边先锋剖面的碳氧同位素剖面，发现灯四段顶部存在一个明显的 $\delta^{13}C$ 和 $\delta^{18}O$ 向负偏移的趋势，并在灯四段顶界处达到最大负值，可见灯影组灯四段顶部存在风化暴露及大气淡水淋滤作用。

（4）灯四段风化壳岩溶岩石学特征。

灯四段普遍发育丘滩相白云岩，当长期风化暴露剥蚀且遭受大气淡水淋滤，岩溶作用发生是必然的。岩心及薄片资料是确定风化壳岩溶最直接的标志。岩溶作用在岩心中最常见的识别标志为：被白云石、泥质、碳酸盐岩砂充填或者半充填的溶洞、溶沟、溶缝以及岩溶角砾发育。① 溶缝和溶沟：高角度的溶沟和溶缝是四川盆地灯影组白云岩遭受岩溶作用的有利证据。在早期节理或者构造运动形成的裂缝基础上，岩溶水沿着通道不断作用于裂缝壁扩溶，从而形成溶沟和溶缝。溶缝和溶沟中一般充填渗流粉砂、泥质及白云石等。② 溶洞：四川盆地灯影组灯四段顶部溶洞普遍发育，整体来看大溶洞较少，多为小型溶洞，并且一般表现为充填—半充填特征。③ 岩溶角砾：对于更大型的溶洞，因溶洞上覆地层压力作用，迫使溶洞产生坍塌堆积，在后期成岩作用下形成岩溶角砾岩，成为风化壳岩溶的重要标志——洞穴垮塌堆积角砾岩。灯影组灯四段白云岩受风化壳岩溶作用的影响，在镜下经常观察到岩溶角砾和溶沟、溶孔，溶孔和溶沟中常充填白云石、渗流粉砂及石英等。

（5）灯四段风化壳岩溶钻录井响应特征。

根据钻录井资料显示，研究区在灯四段钻进过程中常发生钻速加快、放空、整跳钻、井漏、气侵等现象；如在高石1井区4口试采井中，有3口在灯四段发生井漏，其中 GS001-H2 井灯四段发生井漏2段，漏失量 6690.7m³；GS001-X4 井灯四段井漏段2段，漏失量 2593m³；大量井漏的现象表明四川盆地灯影组灯四段普遍发育较大规模的岩溶系统（岩溶储集体）。

（6）灯四段岩溶测井响应特征。

常规测井曲线和成像测井对碳酸盐岩岩溶洞穴具有十分明显的响应特征。从常规测井曲线上来看，如果岩溶孔洞处于未充填状态，岩溶井段对应的自然伽马（GR）值变化不大，但是井径增幅比较大，并且声波时差和中子孔隙度测井值会明显升高，同时还会出现深浅侧向电阻率明显降低的特征；风化壳岩溶发育段测井解释孔隙度、渗透率和含气饱和度都有较大幅度的增高。从成像测井结果上看，岩溶洞穴发育井段与上下基岩井段颜色存在较大差异；如果成像测井上出现黑色斑块，反映出该井段存在欠充填溶洞。

（7）灯四段岩溶地震响应特征。

灯四段风化壳岩溶的地震反射特征为楔形地震反射外形、弱振幅弱连续杂乱地震反射结构，见上超和削截地震反射现象；在缝洞预测剖面上，风化壳岩溶表现为缝洞较发育特征。

2）表生期岩溶垂向分带及其识别标志

借鉴国内外学者对风化壳岩溶分带的研究成果，结合灯四段风化壳岩溶自身特殊性，在单井岩溶剖面建立的基础上，将灯四段岩溶带划分为地表岩溶带、垂向渗流带、水平潜流带和深部缓流带。其中水平潜流带发育多期，期次之间划分为过渡亚带（图3-1-2）。

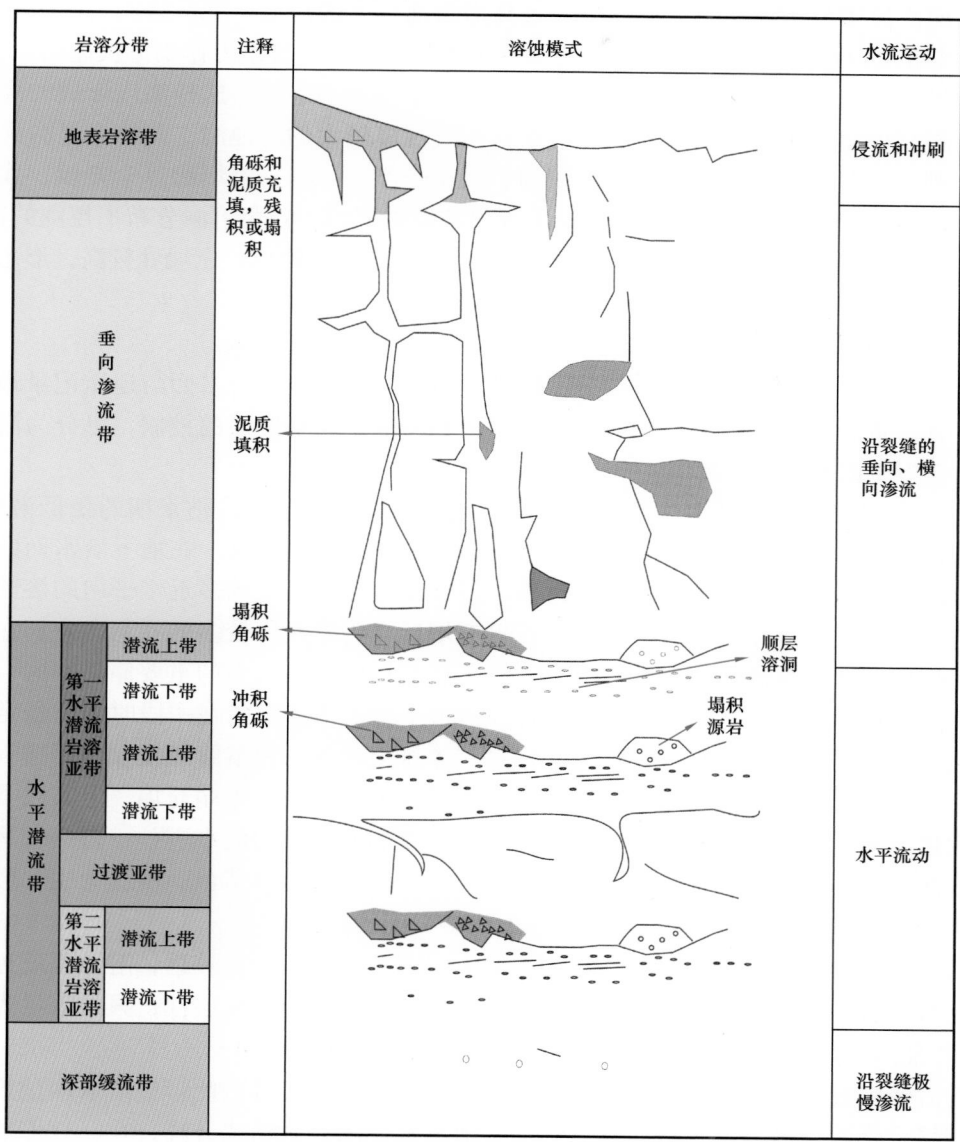

图3-1-2　高石梯—磨溪区块震旦系灯四段岩溶分带模式

（1）地表岩溶带及其识别标志。

　　地表岩溶带位于风化壳最顶部层面上，在地表岩溶带，风化壳表层碳酸盐岩受风化淋滤及地表水流改造而破碎，再经短距离搬运堆积于地势相对较低洼的沟谷中。堆积物包括残积铝土矿、褐铁矿、紫红色氧化层、白云石砾石、岩溶角砾等，均由风化作用造成。地表岩溶带往往溶蚀作用强，形成米级大洞，但在钻井过程中发现这些洞被充填殆尽，在成像测井上表现为暗色大洞显示，GR曲线为高值，电阻率曲线呈现较大正差异。

（2）垂向渗流带及其识别标志。

垂向渗流带位于风化壳表层以下，最高潜水面以上的区域。垂向渗流岩溶带孔隙间被富含 CO_2 的不饱和空气充满，这种不饱和的大气淡水在自身重力作用下快速向下运动，并以溶解作用为主，形成近垂直的高角度溶沟、溶缝及小溶洞。这种渗流形成的溶洞多是沿着裂缝的溶蚀扩大，部分横纵交汇处会形成规模较大的溶蚀洞，其特点是洞的排列极不规则。这些孔洞多被上覆地层沉积物、风化壳产物、围岩垮塌物等全充填，残留空间少，难以发育较好的储层。岩心上会呈现出溶洞被充填，残余溶洞分布不规则的特征。成像测井上表现为橙黄色，以黄色/黑色为主；伽马值整体较低，充填处较高，形态整体呈连续漏斗状；电阻率逐渐增大呈齿状正差异。

（3）水平潜流带及其识别标志。

水平潜流带是含水层的主体部分，位于地质记录最高地下潜水面与地质记录最低排泄基准面之间，受构造变动、季节、气候变化和当地排泄基准面的控制，可分为潜流上带和潜流下带以及中间过渡带。

潜流岩溶带位于潜水面之下深部岩溶带之上区域，其上限是枯水期的最低潜水面。来自渗流带的酸性大气淡水还未达到饱和，CO_2 含量高，分压大，在地下潜水面的衬托下，由近垂直快速运动变为水平缓慢运移，溶蚀作用强，形成较多近水平向的溶蚀孔洞层。这些孔隙在被溶塌角砾、纤状白云石等充填后，仍然残留较多的孔洞，它们在后期的构造作用、埋藏溶蚀作用的配合下，形成了现今灯四段储层中的重要储集空间。潜流带中靠近潜水面位置的溶蚀作用最强，称为潜流上带。潜流上带在一段时间内稳定分布在排泄基准面附近，岩溶水作水平流动，且流体压力增加，使溶解和侵蚀作用增强，是岩溶作用最活跃的岩溶带。其中靠近顶部往往形成上覆岩石的垮塌充填，但其以下可以保留大量的溶蚀孔洞。岩心上主要表现为平行发育的洞，洞的大小不一，自然伽马曲线整体有向上变小的趋势，变化幅度较大，成像测井图像背景以黄色、橙色为主，形状为条带状。由于潜水面随季节性变化，可以形成多个旋回。

潜流下带与潜流上带同属于潜流带，但由于其离潜水面位置较远，溶蚀程度远不如潜流上带，岩心和成像上的标志与潜流上带类似，溶洞呈现出顺层性，只是数量大大减小。GR 曲线上呈现中高值，电阻率曲线呈钟形。

潜流带中过渡亚带指相邻两期潜流上、下亚带间的过渡带，此带中潜水面位置随季节性气候、降雨量等因素变化而频繁移动，地下水流随之脉动式升降，在一处停留时间较短，溶蚀作用差，仅局部见小规模溶洞及构造缝。

（4）深部缓流带。

深部缓流带位于地质记录最低排泄基准面以下，运移到深部缓流带中的大气淡水经途中地下矿物质的不断补给，已处于饱和—过饱和状态，溶蚀能力极弱。同时，水中的溶解物质在适当条件下可沉淀下来充填于早期形成的孔、洞、缝中。由于地下水的运动和交替极为缓慢，岩溶作用微弱，只能形成较少的溶蚀裂隙和孔洞。岩心上见少量溶蚀小洞。

3）表生岩溶作用对储层质量的控制作用

基于岩溶垂向分带识别模式，开展了单井岩溶相带划分，在灯四段中识别出了6套表生岩溶带，并对不同表生岩溶带中的缝洞发育程度进行了分类统计，其中有利于岩溶水体流动的第一潜流岩溶带中储层面洞率明显大于其他岩溶带（图3-1-3）。

在此基础上，进一步统计了不同地貌单元中各类潜流带的发育厚度，处于微生物丘沉积区的上潜流带整体发育程度高于其他区域，原因是微生物丘滩往往是明显的正地貌，有利于表生岩溶流体的流动，此类区域岩溶潜流带发育程度显著高于其他区域。溶蚀发生后，微生物丘沉积区表现为岩溶残丘或岩溶坡折带的古地貌特征（图3-1-4）。

需要指出的是由于灯四上亚段内部发育有一套硅质层，使得岩溶流体难以进入硅质层以下的区域发生充分的溶蚀作用，因此硅质层之下的区域岩溶储层发育程度较低，硅质层上下储层孔隙度差值达到2%。但局部区域由于岩溶期断裂的存在或强烈的岩溶作用将硅质层完全溶蚀，使得岩溶流体进入其下部地层中，此类区域中岩溶储层仍然发育。

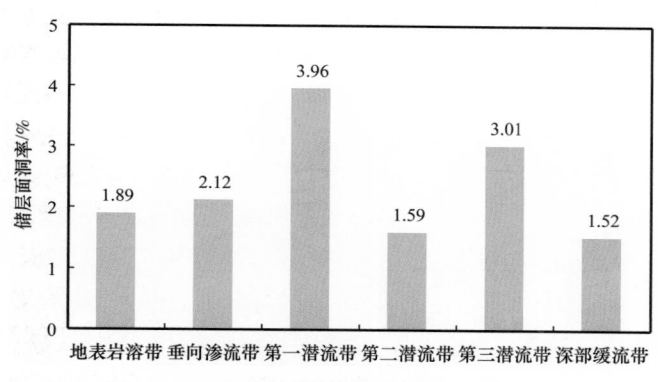

图3-1-3 各岩溶带储层面洞率分布直方图

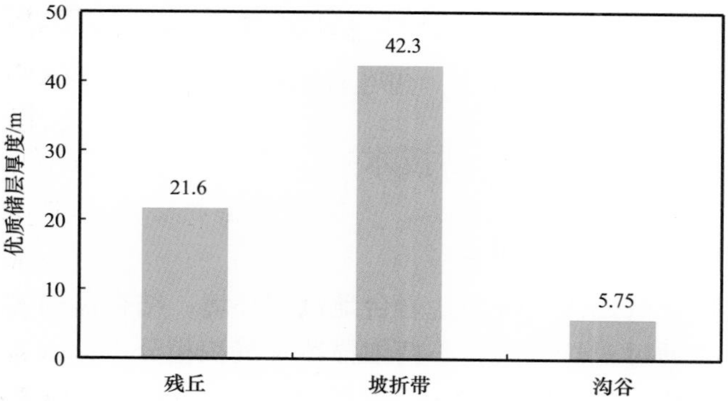

图3-1-4 不同古地貌单元优质储层厚度统计直方图

4）岩溶储层发育模式

综合上文中灯影组优质储层控制因素，在灯影组中总结出了5种典型的岩溶储层发育地质模式（图3-1-5）。（1）藻丘＋残丘模式：主要发育于藻丘发育的古地貌高部位，由于古地貌高部位岩溶流体流动速率较斜坡带相对放缓，因此该位置处的硅质层及其下伏地层往往未被剥蚀，因此硅质层之下往往岩溶储层不发育。但硅质层之上的地层由于受到了较好的岩溶作用，因此岩溶储层整体发育。（2）藻丘＋坡折带＋断裂模式：主要发育于藻丘发育的斜坡地带，硅质层未被剥蚀，硅质层之上残余了薄层的地层。但此类区域发育有岩溶期断层，使得岩溶流体得以借断层通过硅质层进入其下部地层中发生溶蚀作用，最终在硅质层上下的地层中均形成较好的岩溶储层，但硅质层之上的地层被剥蚀程度高，相应的储层也较薄。（3）藻丘＋残丘＋断裂模式：此模式是在藻丘＋残丘模式地质背景的基础上发育岩溶期的断裂，表生岩溶作用一方面在近地表的硅质层上覆地层中发生溶蚀，同时也通过断层进入硅质层下部的地层中发生溶蚀作用，最终在硅质层上、下均形成良好的储层，且硅质层上、下的储层发育厚度均较大。（4）藻丘＋剥缺坡折带模式：多发育于藻丘发育的坡折带地带，由于岩溶流体将坡折带整体剥缺，岩溶流体继续溶蚀下部地层最终在下部残留的地层中形成了良好的岩溶缝洞储层。（5）藻丘＋残丘＋断裂潜流岩溶模式：此模式是在藻丘＋残丘模式地质背景的基础上发育岩溶期的断裂，岩溶流体通过断层进入下部的地层中发生溶蚀作用，由于此处岩溶流体多为水平缓慢运移，形成较多近水平向的溶蚀孔洞层，洞的大小不一。

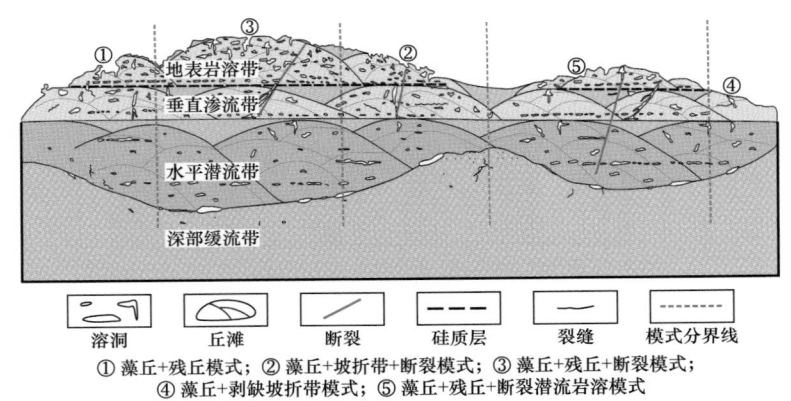

图 3-1-5 灯影组岩溶模式示意图

二、藻微生物丘识别与预测技术

1. 微生物丘单井识别模板的建立

高石梯—磨溪区块灯四段为碳酸盐岩台地沉积环境，结合盆地区域沉积相研究成果及已建立的相模式，通过对灯四段岩心精细描述及沉积相分析，认为安岳气田灯四段主要处于台地边缘相沉积，可在微生物丘中识别出丘滩及丘间2个亚相，其中丘滩亚相又可以细分为丘盖、丘核、丘翼和丘基4个微相（表3-1-1）。

灯四段碳酸盐岩的有利沉积相组合类型，无论是在垂向演化序列还是平面分异格局上，均表现为丘滩复合体。纵向上，丘滩复合体底部发育以深灰色泥晶白云岩、深灰色含泥质白云岩、硅质白云岩、硅质岩等岩性为主的丘基微相；中下部发育以藻凝块白云岩、藻叠层白云岩、藻纹层云岩等岩性为主的丘翼微相；中上部发育以灰色砂屑白云岩、灰黑色藻砂屑白云岩主为主的丘核微相；顶部发育以灰色、灰白色泥晶白云岩、泥晶含粉砂质白云岩为主的丘盖微相。其中，以丘翼、丘核微相沉积的藻凝块云岩、藻叠层云岩、粒屑云岩对储层发育最有利。（1）丘盖：灰色、灰白色层状泥晶白云岩，偶见泥晶含粉砂质白云岩组成，常具有水平层理、鸟眼、干裂等沉积构造。通常发育于地势平坦的水下高地，其动力来自平均海平面的周期性变动，沉积水体较浅，沉积界面处于平均海平面附近，周期性或长期暴露于大气之下，潮汐和波浪作用较弱。局部溶蚀针孔较为发育，可形成储层，成像测井上表现为图像较均一。在 GR 曲线上呈齿状起伏，一般在 10API 左右。（2）丘核：沉积环境具有水体浅，水动力条件相对较强的特点；主要岩石类型为灰色砂屑白云岩、灰黑色藻砂屑白云岩等，原生粒间孔发育，易于形成溶蚀孔洞，是形成物性较好储层的有利沉积微相。成像测井上表现为有均匀分布的小黑斑。在 GR 曲线上呈低值，一般低于 15API。（3）丘翼：常形成于水深适中，水动力较弱，沉积环境稳定且开放的沉积环境，是有利于储层发育的沉积相带。该沉积环境，岩石类型十分丰富，主要发育藻凝块白云岩、藻叠层白云岩、藻纹层云岩等，原生粒间孔发育，易于溶蚀形成中小溶洞，是形成物性较好储层的有利沉积微相。成像测井表现为具有顺层状或者蜂窝状黑色斑块。在 GR 曲线上呈低值平滑曲线，一般低于 15API。（4）丘基：主要由深灰色泥晶白云岩、深灰色含泥质白云岩、硅质白云岩、硅质岩等组成，沉积水体较深，水动力较弱，岩性较为致密，且难以溶蚀，为岩溶底板。成像测井上表现较均一，部分出现黑色条带。GR 值一般高于 40API。

表 3-1-1 安岳气田灯四段沉积体系划分简表

相	亚相	微相	主要岩石类型
台地边缘	丘滩亚相	丘盖	灰色、灰白色泥晶白云岩，泥晶含粉砂质白云岩
		丘核	灰色砂屑白云岩、灰黑色藻砂屑白云岩等
		丘翼	藻凝块白云岩、藻叠层白云岩、藻纹层云岩等
		丘基	深灰色泥晶白云岩、深灰色含泥质白云岩、硅质白云岩、硅质岩
	丘间亚相		深灰色、灰黑色泥、泥质云岩、泥质条带白云岩

2. 微生物丘滩空间识别与刻画技术

基于单井识别结果与生物丘剖面展布特征，开展正演模拟。丘滩储层预测与滩体雕刻采用了由定性到定量逐步推进的研究思路，总体由以下几个技术环节组成：（1）以地震正演对预测方法进行论证；（2）从单井上分析丘滩有利相带与优势地震属性的关联，寻找敏感属性；（3）结合基于神经网络的曲线反演技术对微生物丘展开预测；（4）在地层框架模型中，以体系域为单元，对丘滩及有利丘滩进行空间展布研究和定量雕刻（图 3-1-6）。

1）微生物丘二维正演预测

基于波动方程的地震正演模拟，能够很好地反映地震波在复杂的地下介质中的传播规律，方便人们对地震波在复杂的地下介质传播情况的进行研究，因而在地震正演数值模拟中经常被使用。在模拟过程中最大限度地贴近实际采集环境和处理参数，以期望自定义输入的模型可以客观的在地震剖面中体现出来。

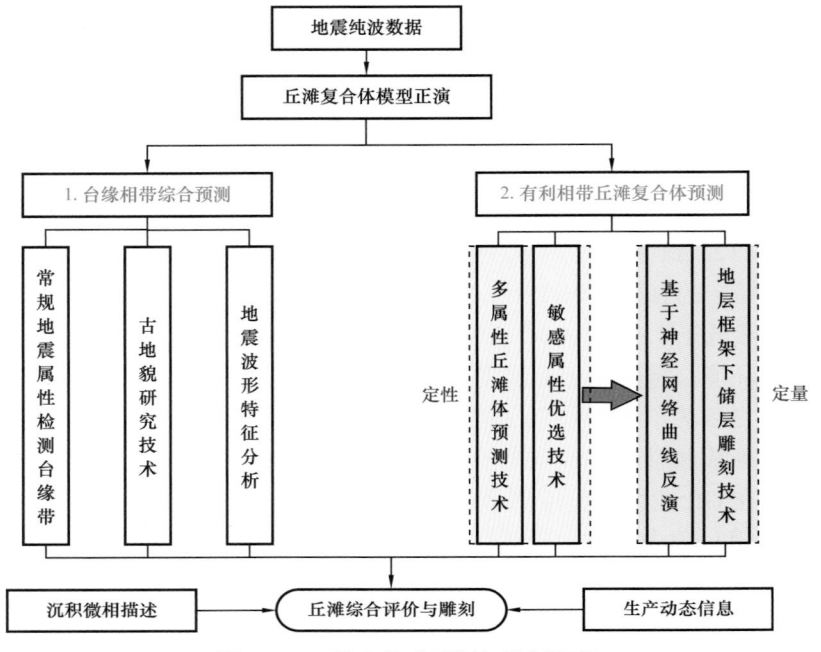

图 3-1-6 微生物丘预测与雕刻流程

地震采数以 20m×20m 面元，2ms 地震采样，剖面深度范围以目的层埋深为参数，以过 MX22 井、MX108 井和 MX103 井地震剖面为样板，并从完井数据中获取目的层的层速度、密度、滩体类型、滩体厚度等关键参数，获取地质模型，模拟丘滩体和缝洞在空间上不同的发育模式和分布特征，并对其进行正演求证，以观测其地震响应，为后续丘滩及缝洞的预测明确研究方向。从模型正演结果来看，对于多层重叠累计厚度超过 60m 的储层，呈现出较弱宽波谷、底部强亮点、顶部弱波峰的特点；对于多层重叠或单层厚度超过 21m 的滩体，呈现出较弱宽波谷、底部亮点、顶部较弱波峰的特点；对于单层厚度小于 21m 的滩体，表现出随着丘滩体厚度递减，地震响应逐渐减弱的趋势。

在此基础上，在多条剖面上开展了井震结合储集体刻画，总结出了粘连、交错、独立、纵向粘连、纵向独立等 5 种组合模式，为丘滩体的空间刻画奠定了基础。

2）敏感属性优选

在以上研究的基础上，进一步利用属性分析技术的关键是属性优选，即从众多属性中选择能够反映和区分丘滩体地质特征的地震属性或属性组合，进而能够最大限度地克服单一属性局限性和降低多属性预测结果的多解性。结合沿轨迹提取的 10 余种属性，优选出能够区分丘滩与丘间的合理属性。

沿井轨迹提取属性计算值，定性分析井点处属性变化规律，可以用于丘滩体的定性分析。经统计，甜点属性、振幅包络属性、相对阻抗等 3 种对于反映微生物丘响应较为敏感，其中甜点属性最能区分丘滩与丘间。

3）神经网络微生物丘定性预测

由于每一种属性只是地震表现出来的一种或几种特征参数的地球物理响应，并不能充分反映整个地层的性质特征。因此运用井属性模型与多种地震属性融合交汇，使得各属性之间相互约束提取地质模型，从而能够更加准确地刻画丘滩体。

在灯四段丘滩体定性预测方面，利用对丘滩敏感的甜点、相对波阻抗和振幅包络等参数进行三参数交汇分析，将这三种属性对丘滩的分选门槛值来圈定符合条件的范围，以此来刻画丘滩储层；结合测井解释结果，设定储层门槛值，对丘滩进行定性预测。

从预测结果来看，灯四段下亚段滩体分布范围较广，沿台地边缘更为发育，厚度也较大；向东发育程度逐渐降低，滩体厚度减薄。而在灯四上亚段，滩体主要在靠近台缘带的 MX118、GS3 及 GS6 等井区发育，向东部台内地区发育程度逐渐降低。

4）丘滩体定量雕刻

根据高石梯—磨溪区块测井解释的沉积微相，认为微生物丘具有低电阻、低自然伽马、高密度、高速度和高孔隙度的特征。其中自然伽马和孔隙度能够较好地区分丘滩与丘间，因此在之前多属性交汇的基础上，进一步开展对微生物丘敏感属性进行优选，认为孔隙度对丘滩和丘间的分选门槛值可设为 1.5%，自然伽马门槛值可设为 32API；同时，对丘滩敏感的甜点属性门槛值可设为 780。三参数交汇，来综合识别丘滩。

由于本区岩层成层性较低，物性含油气性非均质性强。在反演方法的优选上，应摒弃那些基于模型的反演方法以避免因井曲线插值模型带来的假象。本次孔隙度反演和 GR 反演都选用了更适用于碳酸盐岩的神经网络多属性曲线反演。该方法通过模糊数学优选方法对孔隙度敏感属性进行优选，除前期预测 10 种属性外，还增加了对滩体敏感的吸收衰减属性，进行神经网络多属性融合。

该方法在碳酸盐岩丘滩体预测方面具备以下几个优点：

（1）充分利用测井和地震数据的关联性；

（2）可加入多种与目标结果相关的属性进行拟合；

（3）从海量实现结果中人机结合，优选较理想的实现，获得反演结果最大概率；

（4）考虑了不同厚度下振幅与频率之间的关系，将子波分解技术引入反演，有效提高反演结果的分辨率；

（5）多级质控手段，保证了反演结果的稳定性。

在反演过程中，关键的环节之一是选择与孔隙度和 GR 曲线相关性较高的属性（排除两两相似性特别高的属性），按属性与测井曲线的相关性排序。在优选与井曲线相关性较高的属性时，也要考虑到同类属性的重复性，以避免同类属性比重过高而压制其他类别属性，确保以多种敏感属性共同参与神经网络预测。

从预测结果来看，磨溪区块储层发育程度高于高石梯地区。丘滩在靠近西部台缘边界更发育，而丘滩厚度变化受古地貌影响较大，在古地貌斜坡区丘滩厚度相对较大（图 3-1-7）。

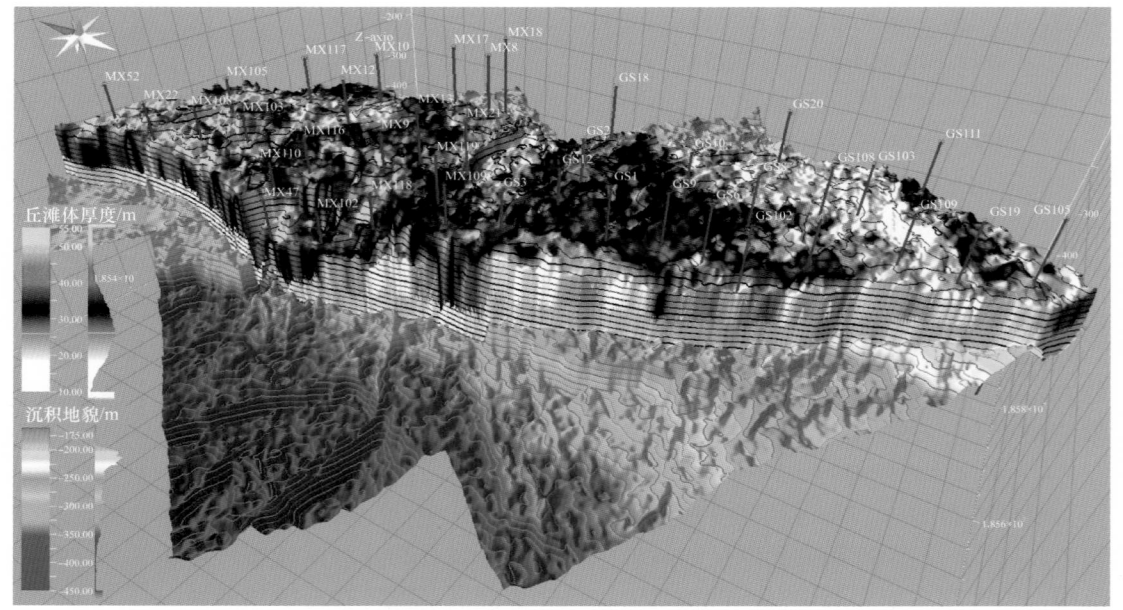

图 3-1-7　四川盆地高石梯—磨溪区块灯四段气藏丘滩体厚度分布

三、剥蚀区岩溶古地貌恢复技术

针对该地区深层（埋藏深度 5000～6000m）古老白云岩缝洞且存在地层剥蚀的情况，在大量的技术调研和应用实践基础上，对古地貌恢复技术进了深入探索。对于剥蚀地层的古地貌恢复一直以来都是业内比较棘手的难题，而且该区目的层局部还存在前积沉积的异常地质体，类似的前积沉积是沉积环境的客观反映。

首先，以印模法和残余地层厚度法古地貌恢复结果为研究基础，优选合理的上覆地层基准面是前期研究的重点（闫海军等，2020）。灯影组上覆的寒武系筇竹寺组—沧浪铺组沉积时期存在一个完整的海侵—海退旋回，主要为补偿沉积，对灯影组的剥蚀古地貌基本填平补齐，并且在筇竹寺组—沧浪铺组沉积晚期，乐山—龙女寺古隆起区构造运动相对稳定；震旦系灯四段沉积时期随着海平面的下降，台地边界整体向东迁移，虽然盆地西部遭受了强烈剥蚀，并且不同位置剥蚀量有差异，但总的来看表层剥蚀厚度基本在 0～50m 之间，而灯四段残余地层厚度在 270～340m 之间。因此，震旦系灯四段底—沧浪铺组顶（即龙王庙组底）的印模厚度能基本反映灯四段沉积前的古地貌特征。加之区内高品质地震资料三维连片覆盖，因而选取沧浪铺组顶界作为古地貌恢复的"基准面"，与灯四段底界的印模厚度趋势来表征灯四段沉积前的古地貌是可行的。

其次，形成灯一段、灯二段和灯三段的地层厚度图，建立趋势约束条件。由于灯四段下伏地层灯一段和灯二段沉积较稳定，后期遭受剥蚀量较小，地层厚度较大，普遍在 400m 以上；且灯三段是离灯四段最近的下伏地层，沉积较稳定，后期遭受剥蚀量较小，该层厚度小，普遍在 20～80m 之间。同时，灯三段与灯四段之间剥蚀程度低，灯四段沉积受其下伏地层古地貌影响较大。因此，灯四段下伏地层厚度变化对灯四段沉积前古地貌存在一定的继承性。结合上一步印模法古地貌恢复结果来分析其与下伏地层厚度之间趋势的差异和吻合之处。

再次，在全三维地质模型的基础上识别出灯四段内部存在的前积沉积层，刻画其分布范围并形成前积层厚度图。这些前积沉积体在磨溪区块灯四段内部普遍存在由西向东的超覆现象，主要是在沉积期受海水进退和古地貌影响形成的进积层。前积沉积层的结构、分布范围和厚度变化直接反映了沉积期的地貌差异。因此，这一沉积现象是研究中重要的参考依据。

另外，古地貌对古缝洞分布的控制作用较明显，前人已认识到最有利于古缝洞发育的部位为古地貌斜坡，这些部位水动力较强，交替活跃，致使水平和垂直形态的缝洞普遍发育，形成叠加的多套水平溶洞层相。岩心分析显示，灯四段大量发育溶蚀孔洞，在镜下薄片上也见到粒间溶蚀孔洞，在古地貌斜坡区域取心段溶洞密度多大于 30 个 /m。

最后，在以上条件建立之后，当印模法与残余地层厚度法古地貌恢复结果趋势变化一致时，可直接使用这两套结果；在印模厚度与灯四段残余地层厚度变化趋势背离时，则重点参考异常沉积体厚度变化趋势和实测缝洞分布规律，对符合这一规律的结果进行加权。最后以完钻井古地貌值对恢复结果进行标定，获得最终古地貌值（图 3-1-8）。

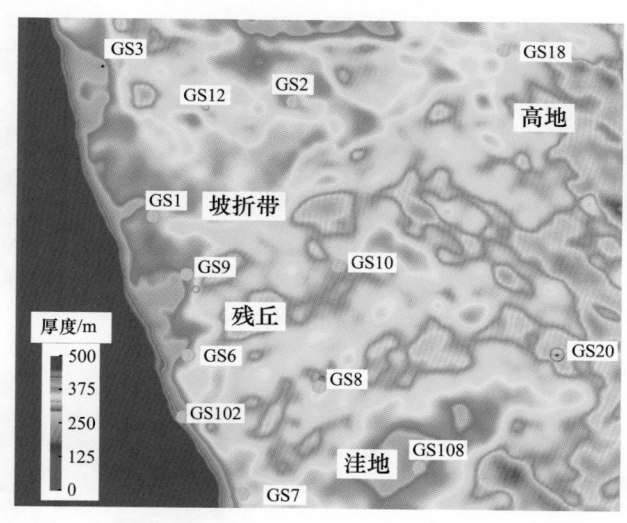

图 3-1-8　四川盆地高石梯—磨溪区块灯四段气藏顶界岩溶古地貌图

第二节　低孔隙度碳酸盐岩气藏沥青质储层测井评价技术

沥青溶解实验是分析沥青对储层物性及测井响应影响最有效的手段，磨溪区块龙王庙组沥青成熟度高，加上储层物性相对较差，沥青溶解难度相对更大，为实现更大程度的溶解沥青，本次实验对沥青溶剂及实验项目进行了优化，实现了焦质沥青最大限度的溶解，明确了沥青的岩石物理特征。

一、沥青溶解实验

1. 沥青溶剂优选

本次研究采取不同的有机溶剂和有机溶剂组合，探讨不同有机溶剂对三种不同成熟度沥青（图3-2-1）的溶解性能，成熟度最低的是准噶尔盆地三台—北三台地区侏罗系沥青（$R_o < 1.0\%$），其次是四川盆地田坝地区出露地表的沥青（$1.2 < R_o < 1.8$），成熟度最高是磨溪区块龙王庙组出现的沥青（$R_o > 2.0\%$）。

实验使用溶剂有：正己烷、二氯甲烷、三氯甲烷、甲苯、苯、丙酮、二硫化碳、N,N-二甲基甲酰胺、N-甲基-2-吡咯烷酮及混合溶剂等。

实验结果表明：成熟度较低的准噶尔盆地三台—北三台地区侏罗系沥青用普通溶剂都可以大部分溶解，四川盆地田坝地区和磨溪区块龙王庙组的沥青成熟度较高，需要极性较强的溶剂才能溶解；单纯溶剂对成熟度高的沥青溶解率低，溶解效果较差，而二硫化碳 +N-甲基-2-吡咯烷酮的混合溶剂对焦质沥青溶解效果相对明显（图3-2-2），本次实验将采用这种混合溶剂对沥青进行溶解。

(a) 准噶尔盆地三台—北三台地区侏罗系沥青 (b) 四川盆地田坝地区沥青 (c) 四川盆地磨溪地区龙王庙组沥青

图 3-2-1 三种不同成熟度沥青岩心照片

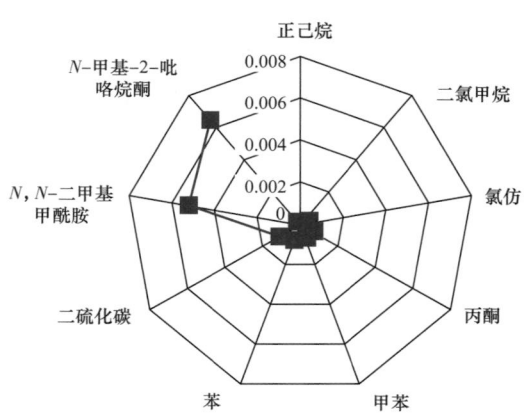  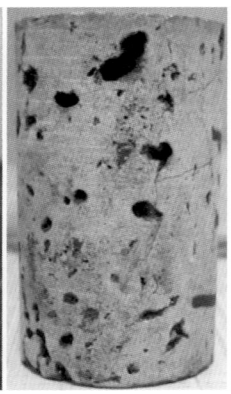

M-1号样品溶解前（左）和溶解后（右）

图 3-2-2 不同溶剂沥青溶解率对比图
（溶解率 = 溶解物质质量 / 样品原始质量）

2. 实验项目优化

本研究重点分析沥青溶解前与溶解后孔隙度、渗透率和孔隙结构的变化特征，明确沥青对储层物性的影响程度；同时重点分析沥青对声波时差、电阻率和核磁共振等测井参数的影响程度，定量评价沥青对测井参数的影响，为龙王庙组含沥青储层测井解释提供可靠的依据。

二、岩石物理特征分析

1. 物性特征

图 3-2-3 为岩样沥青溶解前后气测孔隙度和渗透率对比图，可以看出沥青溶解后岩样物性明显变好，孔隙度增加 0.25%～2.20%，平均增加 1.01%，增幅达 19%；渗透率增加 0.002～0.091mD，平均增加 0.04mD，增幅达 67.3%。由此可见，沥青对储层物性影响较大，不仅会减小储层有效孔隙度，而且会大幅降低储层渗透性。

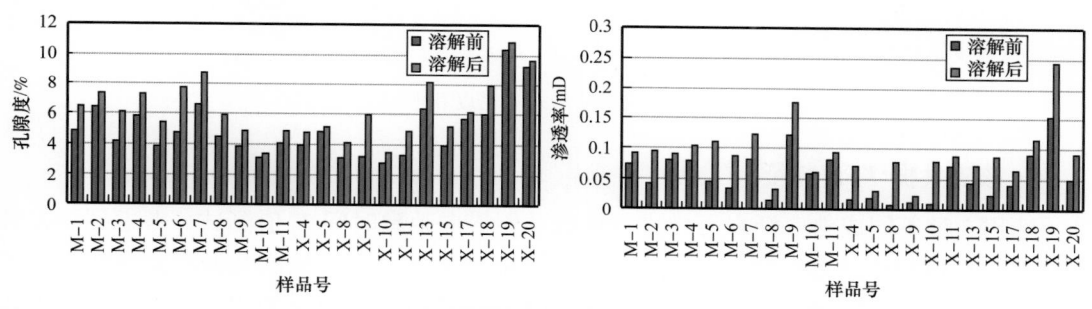

图 3-2-3　沥青溶解前后岩心孔隙度和渗透率对比图

2. 纵横波时差特征

从沥青溶解前后饱含水时纵波时差和横波时差对比图可以看出，溶解后岩样纵时差和横波时差普遍增大；其中纵波时差增大幅度较小，相对增大幅度平均值不足 1%，而横波时差增大幅度相对较大，相对增大幅度平均值达 8.4%；因此，可认为沥青对纵波时差影响较小，但对横波时差影响较大（图 3-2-4）。

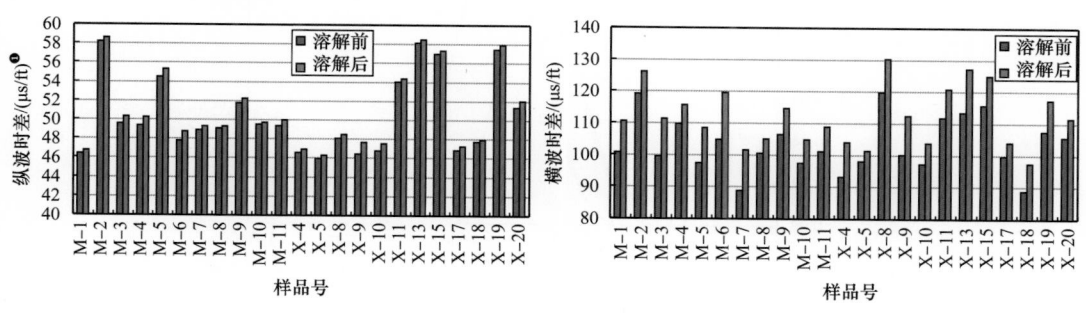

图 3-2-4　沥青溶解前后岩心纵波时差和横波时差对比图

❶　1ft＝30.48cm。

3. 密度和电阻率特征

经实验室测量龙王庙组焦质沥青密度在 1.3g/cm³ 左右，介于地层流体与骨架密度之间；同时，沥青属于不导电的碳氢化合物，电阻率很高。沥青溶解后样品密度降低 0.009～0.032g/cm³，相对降低幅度 0.3%～1.1%，表明沥青对密度影响相对较小。同时沥青溶解后电阻率降低明显，相对降低幅度 24.1%～86.5%，由此可见，沥青对电阻率影响较大（图 3-2-5）。

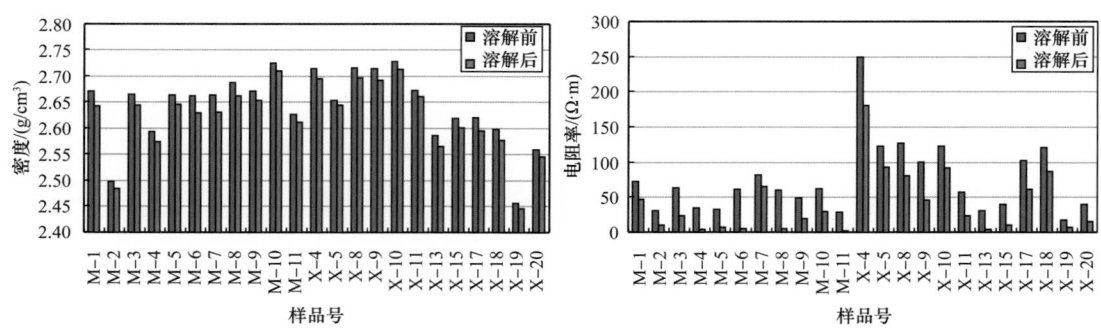

图 3-2-5　沥青溶解前后岩心密度和电阻率对比图

4. 核磁共振 T_2 谱特征

选用 3 种不同成熟度沥青干样进行核磁共振横向弛豫时间 T_2 值测试，考虑到沥青属于重烃，T_2 值较小，为有效探测到沥青干样核磁共振信号，对核磁共振实验参数进行了优化，回波间隔时间采用 0.2ms，等待时间设为 6s，扫描次数设为 256 次。实验结果如图 3-2-6 所示，可以看出沥青核磁共振横向弛豫时间一般小于 3000μs，主峰小于 1000μs，与黏土束缚水 T_2 值分布区间重叠；沥青成熟度越高，T_2 谱峰越靠前。因此可以认为核磁共振有效孔隙度（T_2 值大于 3000μs）不包含沥青信号，反映的是储层有效储集空间大小。

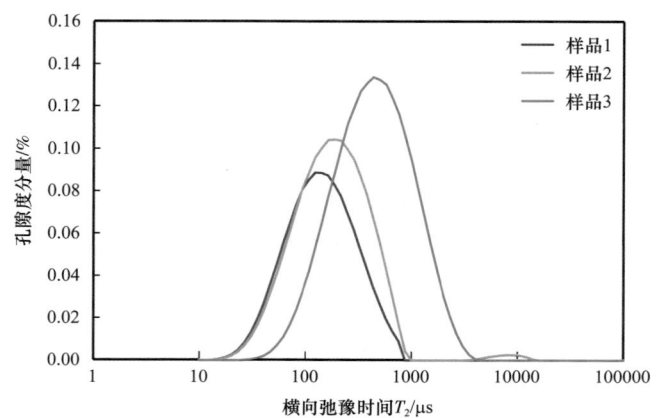

沥青成熟度 R_o 排序：样品1(R_o=2.4%)＞样品2(R_o=1.6%)＞样品3(R_o=1%)

图 3-2-6　不同成熟度沥青干样核磁共振 T_2 值分布范围

上述实验结果表明，沥青对储层测井响应的影响差异较大，对纵波时差和密度的影响相对较小，而对横波时差和电阻率的影响则相对较大；沥青核磁共振 T_2 值则随着沥青成熟度增加而减小。因此，对于含沥青碳酸盐岩储层，按不含沥青储层的测井评价方法计算的有效孔隙度和含气饱和度会偏高，进而导致测井综合解释出现误判。

三、沥青质碳酸盐岩储层测井识别及定量评价

根据上述沥青岩石物理实验结果，提出一种基于常规与核磁共振、阵列声波测井相结合的沥青定性识别、沥青含量及有效孔隙度定量评价、电阻率沥青校正及含水饱和度计算方法，为沥青质碳酸盐岩储层测井评价奠定了扎实的基础。

1. 沥青定性识别

1）纵波时差（AC）与深电阻率（RT）交会法

上述实验表明电阻率对沥青响应很敏感，可以作为判识储层是否含有沥青的主要参数；但在地层条件下，电阻率参数同时也受岩性、物性及流体性质等因素影响，单独采用电阻率参数识别沥青具有多解性。因此，在实际应用中，应综合考虑地层环境因素的影响建立沥青识别图版。

由于磨溪区块龙王庙组岩性为白云岩，应首先排除岩性差异导致的电阻率变化；其次考虑储层物性及天然气对电阻率的影响，选用气井的富含沥青段和不含沥青层段测井响应数据绘制纵波时差与电阻率交会图（图3-2-7）。由交会图可以明显看出，在纵波时差大小即储集层孔隙度基本相同的前提下，受沥青影响，含气层段电阻率明显增高，纵波时差与电阻率之间关系表现为电阻率随声波时差增大而增加或基本保持不变，与不含沥青气层段声波与电阻率关系的双曲线特征存在较大差异。

分界线方程为：

$$\lg R_{tac} = a_2 \cdot \Delta t_c a_1 \tag{3-2-1}$$

式中　R_{tac}——纵波时差反算电阻率，$\Omega \cdot m$；

　　　Δt_c——纵波时差，$\mu s/ft$；

　　　a_1，a_2——常数。

据此在纵波时差与电阻率关系图中拟合一条分界线，并回归出分界线方程[式（3-2-1）]，利用纵波时差反算一条电阻率曲线。当实测电阻率值高于纵波时差反算值，表明储层中富含沥青。

图3-2-8为MX16井龙王庙组沥青识别成果图，如图中第5道所示，当实测深电阻率值大于声波反算电阻率值时充填黑色，表示为富含沥青层段。可以看出，层段 X747～X786m 富含沥青，与岩心薄片分析结果基本一致，证实本文方法在实际应用中的可靠性。

2）核磁共振横向弛豫时间 T_2 谱与自然伽马（GR）结合法

上述实验表明，沥青的核磁共振横向弛豫时间 T_2 值一般小于4ms，T_2 谱靠前，基本与黏土束缚水 T_2 谱重叠，只采用核磁共振 T_2 谱识别沥青发育层存在多解性，需要结合常规自然伽马（GR）排除黏土束缚水对 T_2 谱的影响。

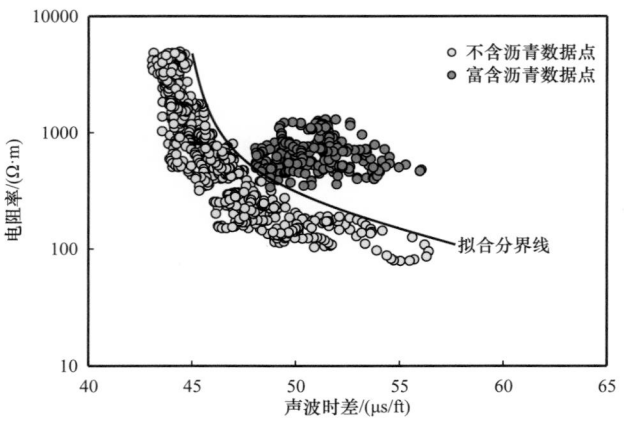

10000
1000
100
10
电阻率/(Ω·m)
不含沥青数据点
富含沥青数据点
拟合分界线
40
45
50
55
60
65
声波时差/(μs/ft)

图 3-2-7　纵波时差—电阻率交会图

深度/m
自然伽马
孔隙度测井
电阻率测井
沥青识别
自然伽马/
0 API 150
井径/
4 in 14
密度/
2.5 g/cm³ 3
中子/
25 % 0
声波/
90 μs/ft 40
浅电阻/
2 Ω·m 20000
深电阻/
2 Ω·m 20000
沥青发育段
声波反算电阻率/
2 Ω·m 20000
深电阻/
2 Ω·m 20000
X750
X760
X770
X780
X790
X800
X758.96m残余砂屑云岩，溶洞被沥青半充填
X763.55m残余砂屑云岩，溶洞被沥青充填
X781.74m残余砂屑云岩，被沥青近全充填

图 3-2-8　纵波时差与深电阻率交会法识别沥青发育层（MX16 井龙王庙组）

从图 3-2-9 可以看出，MX202 井深度段 4646～4665m，核磁共振 T_2 谱表现为双峰结构，T_2 谱低值区（T_2<3ms）面积明显增大，与上下层段存在较大差异；而自然伽马

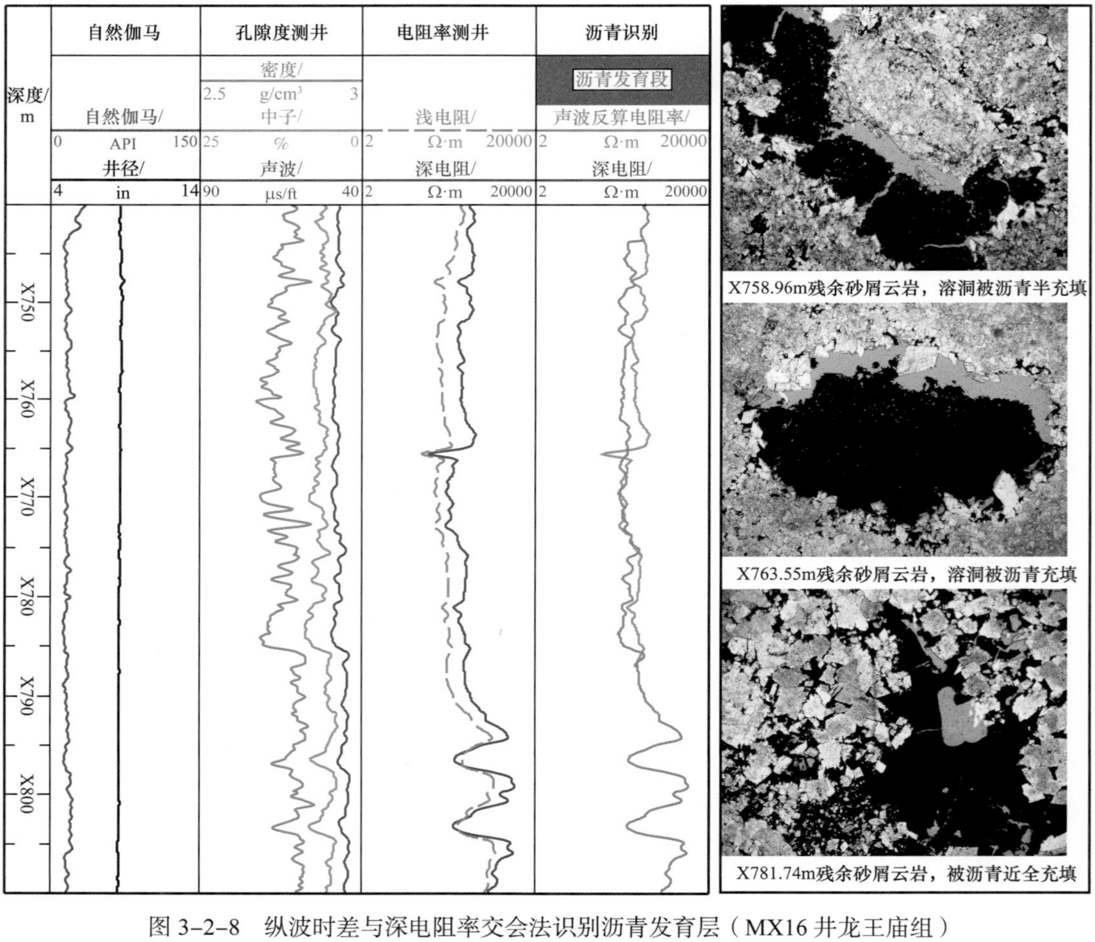

（GR）值表现为相对低值，泥质含量相对较低（小于 5%），曲线形态与上下层段差异不大，表明 T_2 谱低值区（$T_2<3ms$）面积明显增大主要是受该段沥青发育的影响。同时不难看出，核磁共振横向弛豫时间 T_2 谱与自然伽马（GR）结合法识别沥青质储层只适用于泥质含量较低的地层，而对于高泥质含量（相对高 GR 值）适用性差。

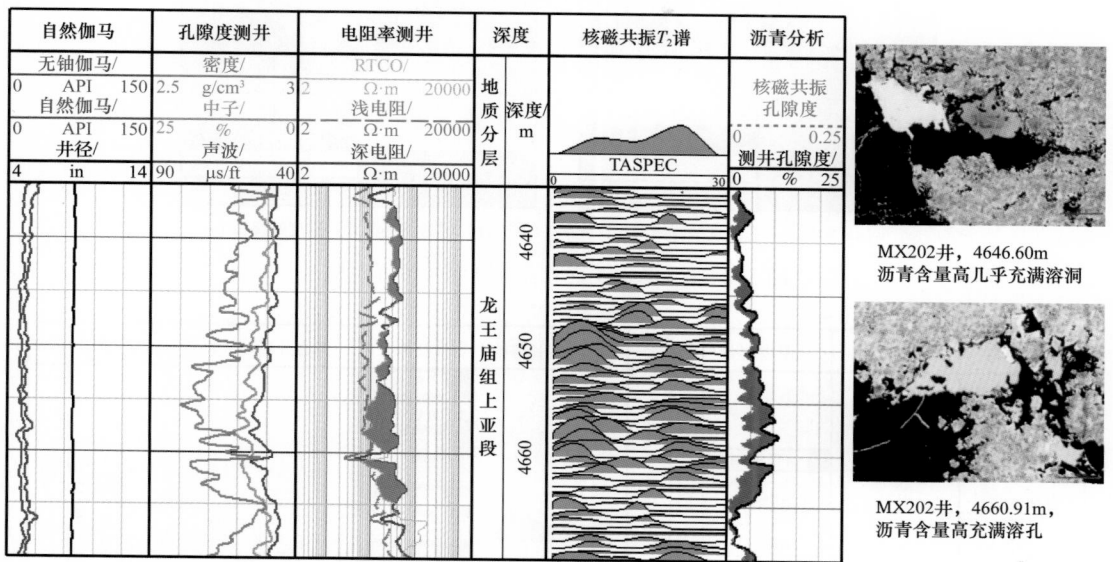

MX202井，4646.60m
沥青含量高几乎充满溶洞

MX202井，4660.91m，
沥青含量高充满溶孔

图 3-2-9　核磁共振 T_2 谱与自然伽马结合识别沥青发育层（MX202 井）

2. 沥青含量及有效孔隙度定量评价

计算地层中的沥青含量是为了更准确地评价储层中有效储集空间的大小，但利用常规测井资料无法通过计算地层中的沥青含量来准确推算有效孔隙度。本文将常规测井与核磁共振、阵列声波测井资料相结合，建立了两种沥青含量及有效孔隙度定量评价方法。

1）常规测井孔隙度与核磁共振孔隙度重叠法

基于沥青质岩石样品的岩石物理特征，分别建立了常规测井孔隙度和核磁共振测井孔隙度解释模型（图 3-2-10）。常规测井孔隙度解释模型把沥青当作有效储集空间的一部分，导致在富含沥青质储集层段测井计算的有效孔隙度偏高；而核磁共振测井孔隙度解释模型则把沥青作为无效孔隙的一部分，核磁共振有效孔隙度基本不受沥青影响，真实反映了储层有效孔隙度大小，因此，可认为常规与核磁共振测井有效孔隙度之差在一定程度上等于储层中沥青质含量大小。

图 3-2-11 为 MX107 井龙王庙组含沥青储层定量评价成果图，第 3 道为含沥青储层定性识别成果道，第 7 道和第 8 道为沥青定量分析成果道。可以看出，深度段 4750～4770m 为沥青富集层段，常规测井计算孔隙度与核磁共振有效孔隙度差异较大，计算沥青含量分布范围为 0.1%～3.6%，平均值为 1.6%，沥青含量计算结果与岩性扫描测井分析有机碳含量一致性较好。

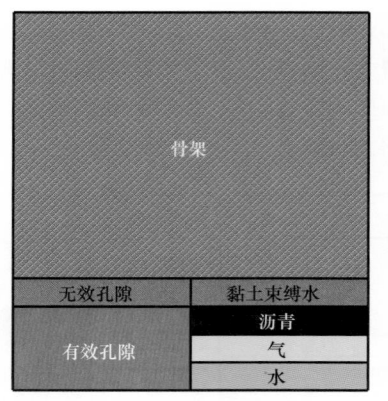 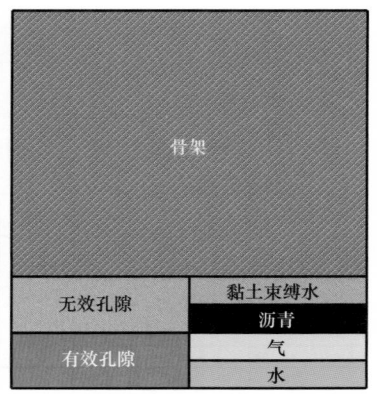

（a）常规测井孔隙度解释模型　　　　　　（b）核磁共振测井孔隙度解释模型

图 3-2-10　沥青及有效孔隙度测井解释模型

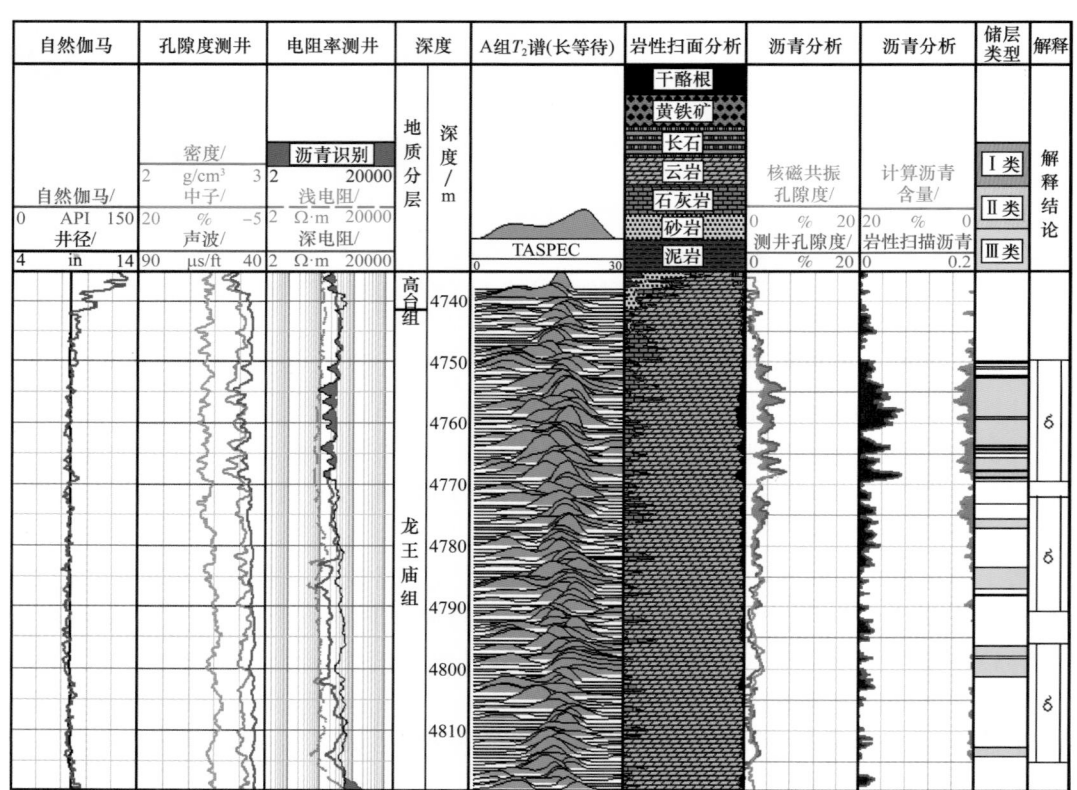

图 3-2-11　沥青含量及有效孔隙度定量评价（MX107 井）

2）常规测井孔隙度与横波孔隙度重叠法

研究表明，利用横波时差计算地层的孔隙度是可行的。横波时差受孔隙流体影响较小，主要受地层岩性影响。由于龙王庙组岩性单一，泥质含量极低（小于 5%），因此，通过进行覆压和氦孔校正后绘制出岩心孔隙度与实测横波时差交会图（图 3-2-12），建立横波时差孔隙度计算公式［式（3-2-2）］。

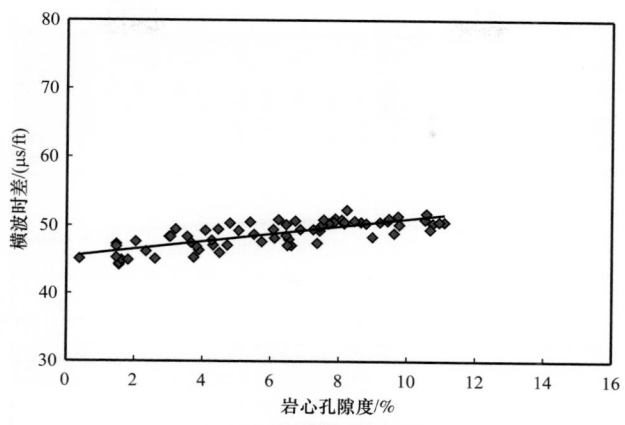

图 3-2-12　岩心分析孔隙度与横波时差关系图

横波时差孔隙度计算公式为：

$$\Delta T_s = b_1 \phi_t + b_2$$

（3-2-2）

式中　　ΔT_s——横波时差，μs/ft；

　　　　ϕ_t——岩心分析孔隙度，%；

　　　　b_1，b_2——常数。

实际计算结果表明，在不含沥青储层段利用横波时差计算孔隙度与常规测井计算孔隙度基本相当；而在富含沥青层段，横波时差值异常减小，导致利用横波时差计算的孔隙度将明显低于常规测井计算孔隙度，反映了地层中没有被沥青充填的有效孔隙度大小，可以认为常规测井计算孔隙度与横波时差计算孔隙度两者之间的差值正好等于储层中沥青含量的大小。

第三节　小尺度缝洞有利区地震识别与预测技术

一、储层地震响应特征

采用等效介质模型，运用 40Hz 雷克子波，开展褶积地震正演模拟（代瑞雪等，2019），与实际高分辨率地震资料对比分析，总结出不同储层组合类型对应的 3 种储层地震响应特征。

第 1 种储层组合类型：对应储层地震响应特征 1。当灯四上 [2] 小层储层垂直厚度大于 27m、灯四上 [1] 小层为致密层或者洞穴型储层时，地震响应表现为"宽波谷 + 双亮点"或者"宽波谷 + 复波"特征，如图 3-3-1 所示。灯四上 [1] 小层"洞穴型"储层由于单层厚度薄，二维地震剖面特征与致密层特征差异较小，通过地震响应特征识别灯四上 [1] 小层"洞穴型"储层难度较大。图 3-3-2 中 GS001-X3 井表现为"宽波谷 + 双亮点"的地震反射特征。

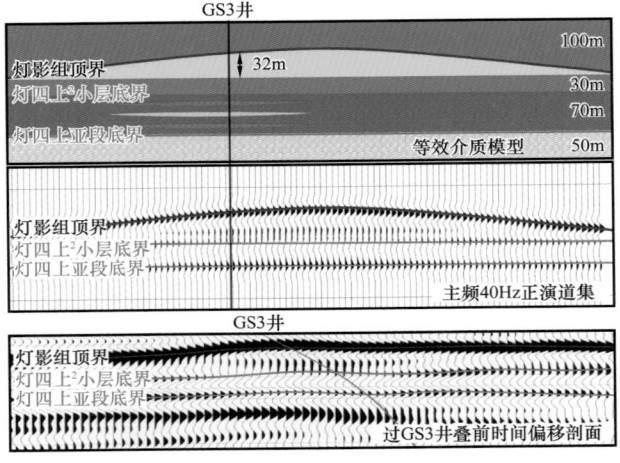

图 3-3-1　第 1 种储层组合类型正演模拟图

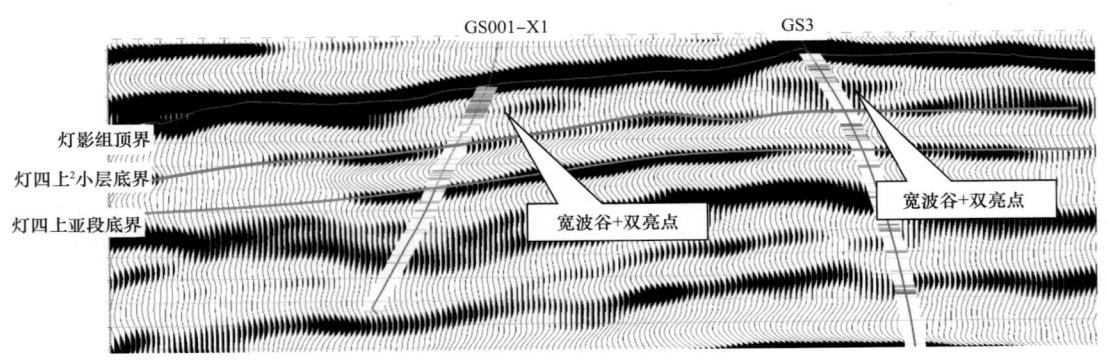

图 3-3-2　过 GS001-X1 井和 GS3 井叠前时间偏移剖面

第 2 种储层组合类型：对应储层地震响应特征 2。灯四上 ^{2} 小层储层与灯四上 ^{1} 小层储层均发育时，地震表现为"宽波谷"反射特征，如图 3-3-3 所示。灯四上 ^{2} 小层储层越薄，灯四上亚段波谷时差越小。GS11 井和 GS1 井由于灯四上 ^{2} 小层储层剥蚀，表现为波谷明显变窄的特征。

第 3 种储层组合类型：对应储层地震响应特征 3。灯四上 ^{2} 小层储层与灯四上 ^{1} 小层致密层表现为"宽波谷 + 亮点"地震反射特征，如图 3-3-4 所示。灯四上 ^{2} 小层储层越薄，"亮点"地震反射与灯影组顶界时差越小。如图 3-3-5 所示，GS001-X3 井表现为地震响应特征 3，储层主要分布在"亮点"之上，可以通过大斜度井或者水平井方式提高单井产能，如图 3-3-6 所示。

二、连井储层地震响应特征

高石梯地区古地貌呈现东南高西北低的特征，依据岩溶古地貌分布及实钻井储层发育规律，建立连井储层地质模型。从地质模型可见，在有利沉积相带与岩溶斜坡带的叠合区域（GS3 井、GS8 井）井区是裂缝—孔洞型储层和洞穴型储层均较发育的区域。运

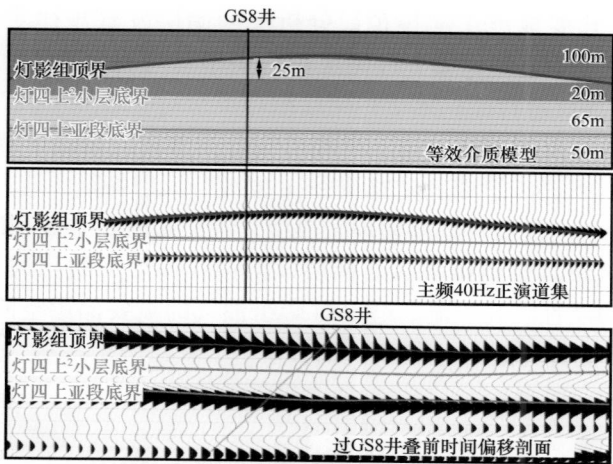

图 3-3-3　第 2 种储层组合类型正演模拟图

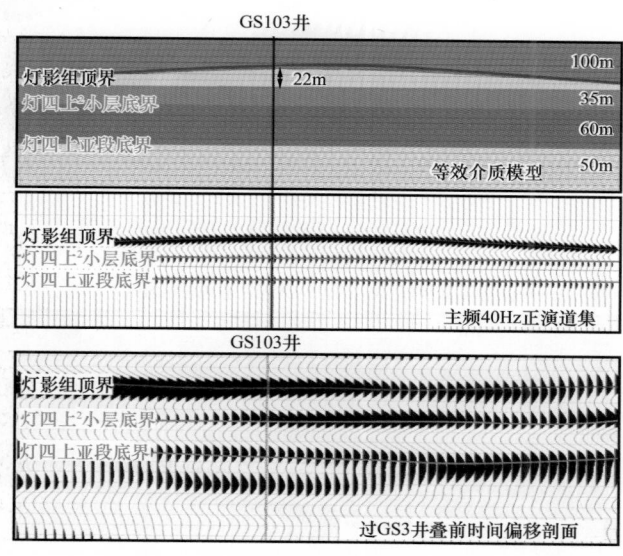

图 3-3-4　第 3 种储层组合类型正演模拟图

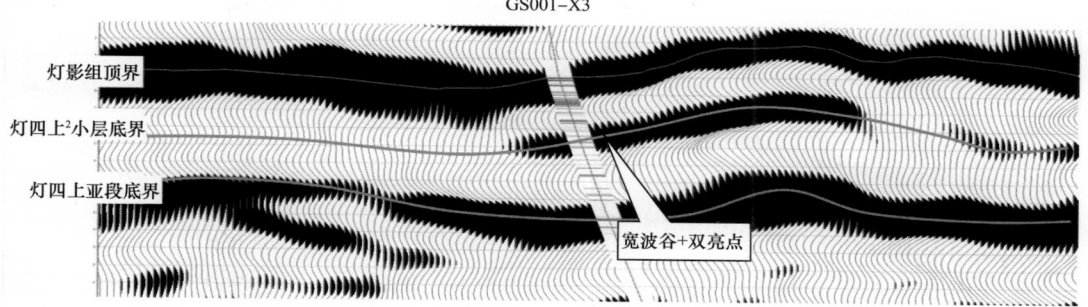

图 3-3-5　过 GS001-X3 井叠前时间偏移剖面

用40Hz雷克子波，开展地震正演模拟，分析不同储层发育规律对应的地震响应特征
（图3-3-7）。由图3-3-7可知：第3种储层组合类型对应岩溶高地，灯四上亚段表现为
"宽波谷 + 亮点"地震反射特征；第2种储层组合类型对应岩溶Ⅰ级斜坡带，灯四上亚段
表现为"宽波谷"地震反射特征；第1种储层组合类型对应岩溶Ⅱ级斜坡带，灯四上亚
段表现为"宽波谷 + 双亮点"或者"宽波谷 + 复波"反射特征。连井模型中地震响应特
征与地质规律吻合较好。高石梯和磨溪地区典型井特征如图3-3-8和图3-3-9所示。

　　高石梯—磨溪区块灯影组碳酸盐岩储层以溶蚀作用形成的孔洞为重要的储集空间，
具有较强的储层非均质性。孔、洞、缝是灯影组油气的重要储渗空间，其发育情况一定
程度上决定了油气产能的高低（肖富森等 2018）。

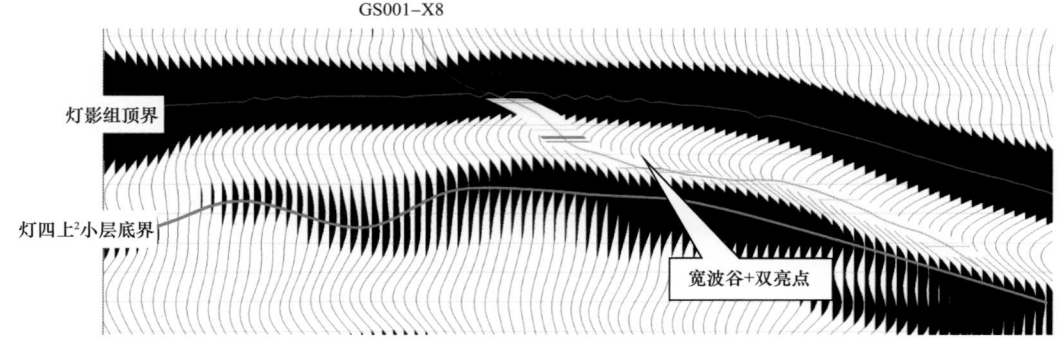

图 3-3-6　过 GS001-X8 井叠前时间偏移剖面

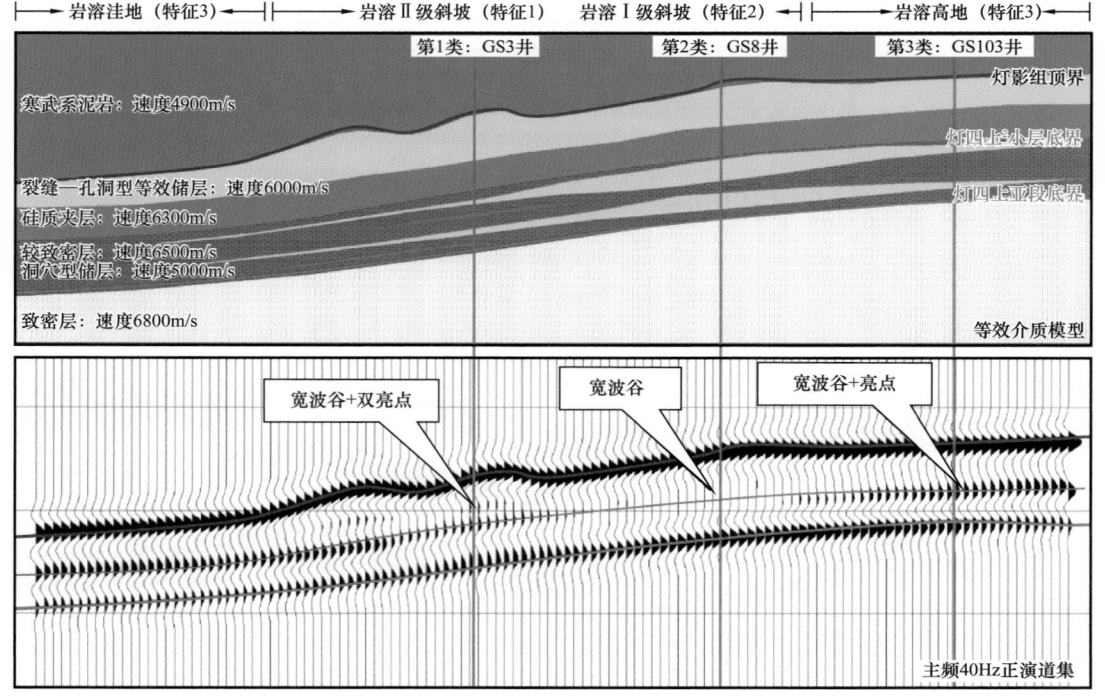

图 3-3-7　连井储层地震响应特征图

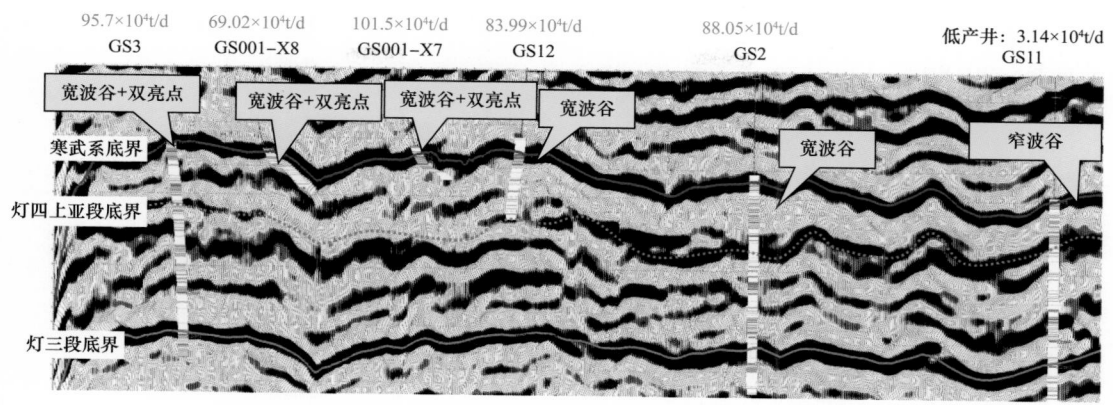

图 3-3-8　高石梯地区连井地震叠前时间偏移剖面

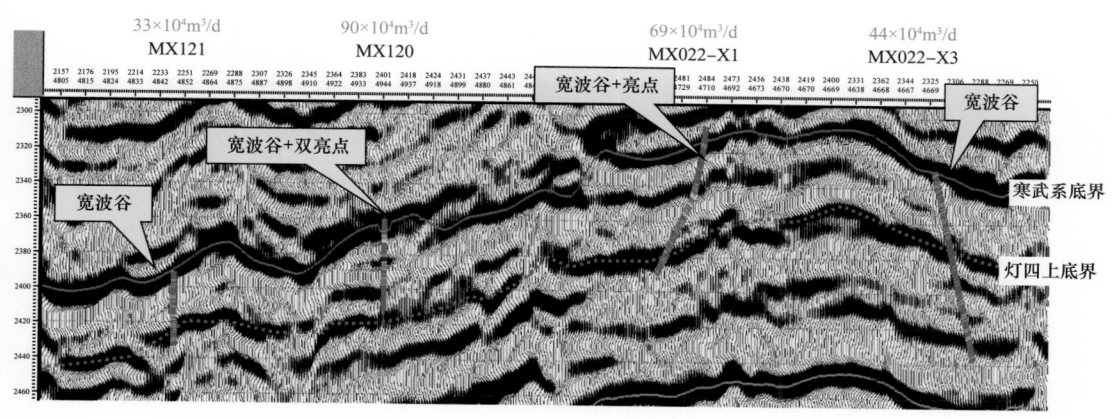

图 3-3-9　磨溪地区连井地震叠前时间偏移剖面

从岩心可知（图 3-3-10），灯影组的岩溶缝洞均为毫米级和厘米级缝洞，为了研究不同的缝洞密度和充填物产生的地震响应的差异，在致密白云岩内设置了直径为 1m 洞群，分别充填气和硅质，通过上述偏移方法得到了对应的偏移剖面（图 3-3-11），从偏移剖面中可以得到以下几个认识：（1）当缝洞组合形态相同时，形成的地震反射形态也是相同的，从图 3-3-12 可见地震反射形态基本一致。（2）缝洞密度相同，充填气的地震反射振幅稍微强于充填硅质的地震反射振幅。（3）充填物相同，缝洞密度越大，地震反射振幅越强。（4）由于缝洞密度和充填物的双重影响，通过目前资料的地震振幅强弱很难判断缝洞发育密度及充填物。

通过测井解释和岩心可知 MX9 井灯四上亚段缝洞较发育，MX12 井硅质较发育，从图 3-3-12 中 MX9 井和 MX12 井连井地震剖面可以看出，其地震响应没有明显的差异，均为较杂乱的中—弱地震反射特征。进一步说明了通过地震振幅强弱很难判断缝洞发育密度及充填物。

为了研究不同流体在地震响应上的差异，如图 3-3-13 所示，建立了等效溶洞含水和含气的地球物理模型，正演模拟得到了对应的单炮炮集，可以看出两个正演道集的振幅能量和形态无明显差异，表明通过现有资料的振幅特征识别流体较难（陈康等，2017；王洪求等，2018）。

图 3-3-10　灯影组岩心缝洞尺度及密度目测图

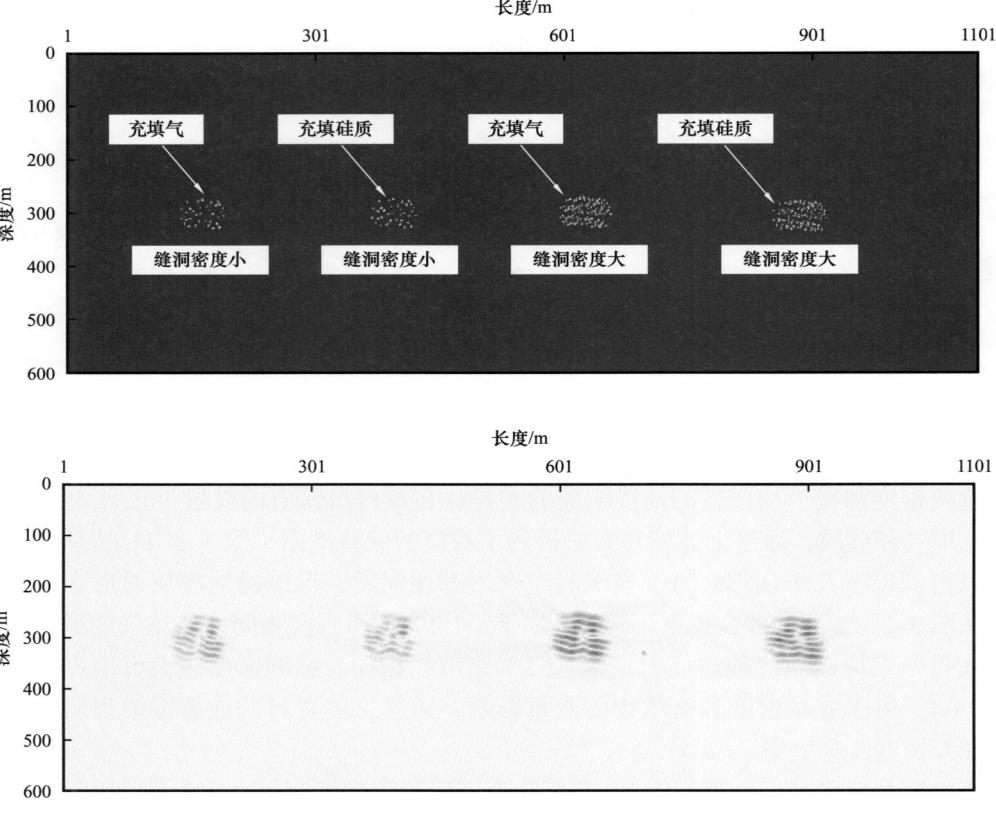

图 3-3-11　不同缝洞密度和充填物的地球物理模型及偏移剖面

　　为了研究不同的缝洞尺度产生的地震响应的差异，设计了不同尺度大小的缝洞，充填低速介质模型，缝洞体正演及偏移（主频 35Hz）结果表明不同尺度的缝洞会产生不同的地震响应，洞直径尺度在 50～100m 时缝洞顶底可分辨，形态清晰；洞直径尺度在 6～15m 时，溶洞多呈串珠状的亮点反射；尺度为 1～2m 的不规则或层状小群洞组合时，地震无法分辨小洞的形态，整体表现为杂乱不规则似层状的反射特征，此特征与实际灯影组缝洞地震响应特征相似程度高，认为该模型的地震响应与灯影组实际资料的地震响应模式等效（图3-3-14）。

通过缝洞地震响应特征分析研究表明，小尺度缝洞产生的杂乱反射特征与灯影组缝洞特征相似，但通过单一的地震振幅信息很难判别缝洞发育密度和缝洞充填物，也很难识别孔隙中含流体的类型，因此灯影组缝洞储层地震响应模式的建立和缝洞储层的识别必须建立在对缝洞发育规律（岩溶）及硅质（沉积）分布规律充分认识的基础上。

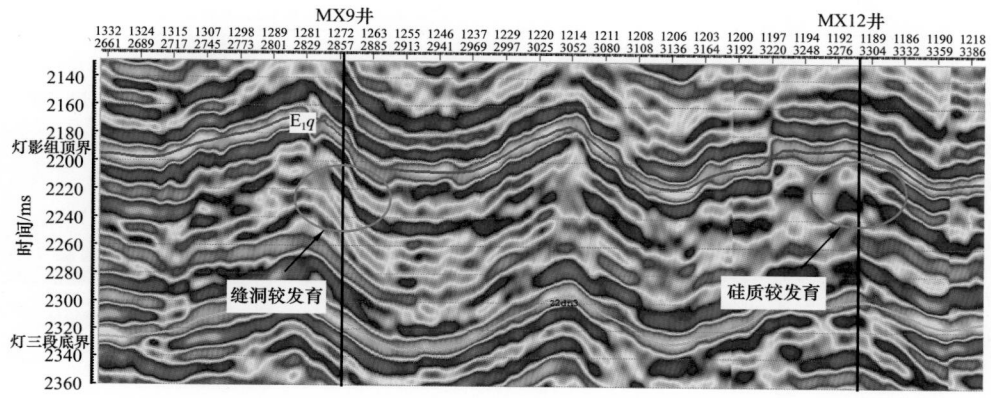

图 3-3-12　MX9 井—MX12 井连井地震剖面

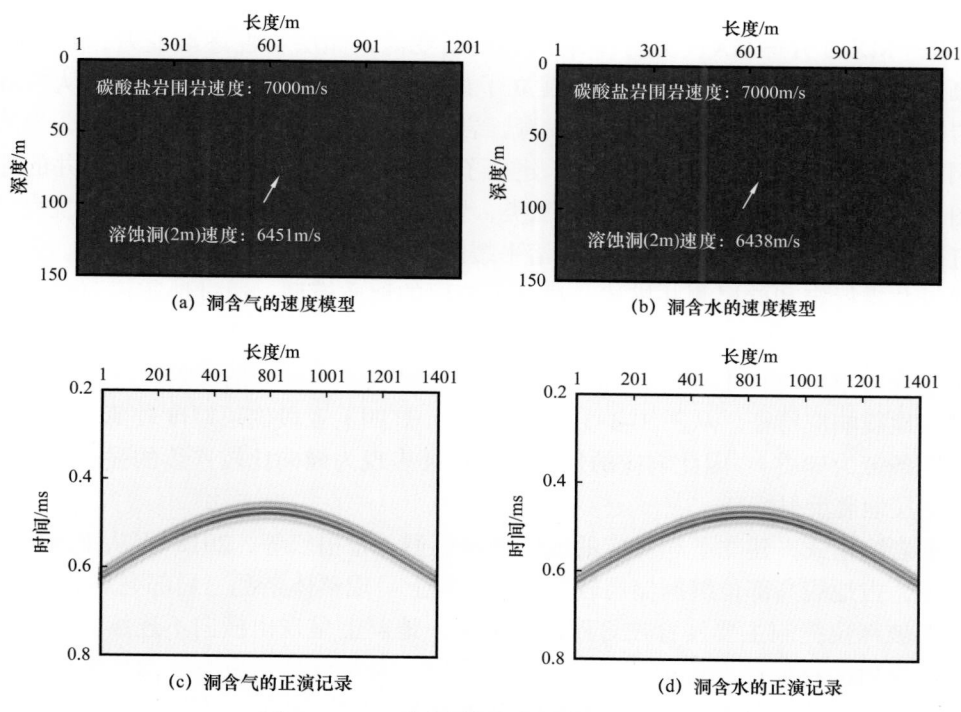

(a) 洞含气的速度模型　　　　　　(b) 洞含水的速度模型

(c) 洞含气的正演记录　　　　　　(d) 洞含水的正演记录

图 3-3-13　不同流体的地球物理特征差异

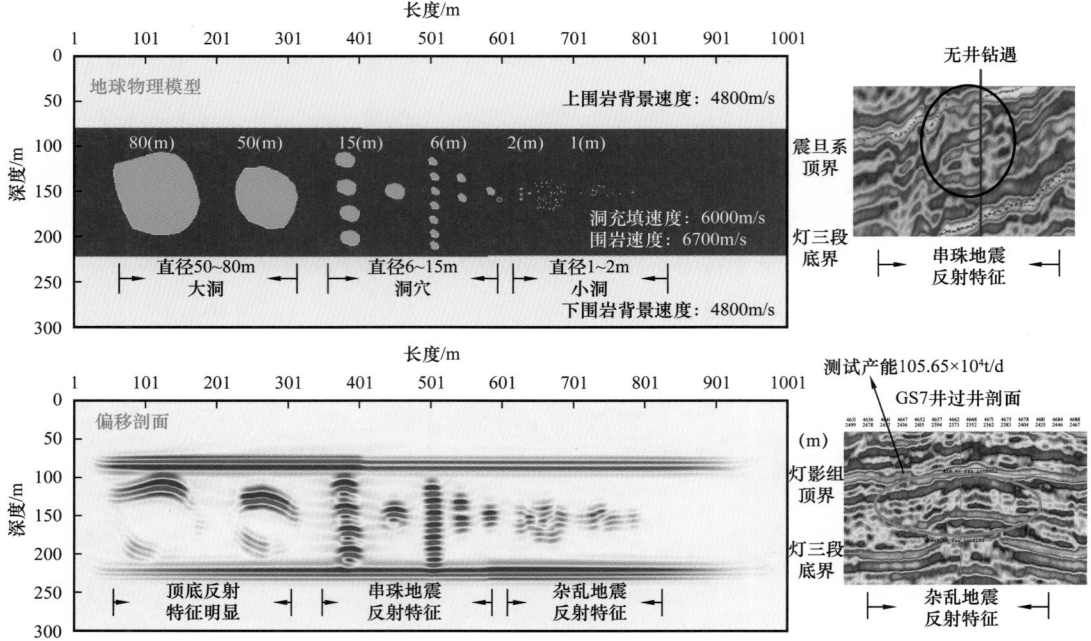

图 3-3-14　缝洞地震反射特征

根据研究区古地貌特征，结合岩心统计和成像测井的缝洞发育情况，建立了该区缝洞岩溶模式。图 3-3-15 的测井连井曲线（灯四段底拉平）可以看出，从 MX22 井—MX12 井—MX13 井—MX11 井灯影组四段逐渐变薄，储层物性逐渐变差，自然伽马含量逐渐升高，根据实际钻井的特征，建立了如图 3-3-16 的岩溶地质模型，从岩溶模式看，岩溶高地和岩溶斜坡整体缝洞较发育，岩溶高部灯四上下亚段缝洞发育，岩溶平缓区缝洞不太发育。依据缝洞岩溶模式，建立了缝洞地质模型，包括单井和连井的地质模型（图 3-3-16）。单井的地质模型包括三类，岩溶高地的灯四上下亚段储层均发育、岩溶斜坡灯四段顶部和中上部储层发育、岩溶平缓区顶部局部储层发育等三种情况。

通过井震标定和储层测井描述，建立了储层的地质模型，通过地震正演模拟得到了储层地震响应特征，从图 3-3-17 可以看出，储层地震模型灯四上亚段储层厚度较大，当缝洞更发育时形成灯四上亚段内部的局部亮点反射或者弱波峰的反射特征，此特征为有利的储层地震响应特征。从图 3-3-18 可以看出，灯四上亚段储层厚度较薄，硅质较为发育（黑色条带为硅质），因此响应的地震反射特征表现为横向比较连续的强波峰反射，为不利的储层地震反射特征。

根据岩溶模式，建立了相对应的地球物理模型（张福宏等，2018），从正演的地震剖面中可见，古地貌高部位缝洞储层较发育，地震上呈现整体杂乱、局部亮点的反射特征；古地貌斜坡部位缝洞主要发育在灯四段中上部，地震上呈现出横向不连续的条带弱反射或者复波反射的特征；古地貌缓坡区缝洞次发育，条带状硅质发育，形成横向连续的强条带振幅反射特征。从 MX22 井—MX10 井连井地震剖面可见，正演结果与实际地震资料吻合很好，同井上的缝洞、岩性分布规律也能形成较好的对应（图 3-3-19）。

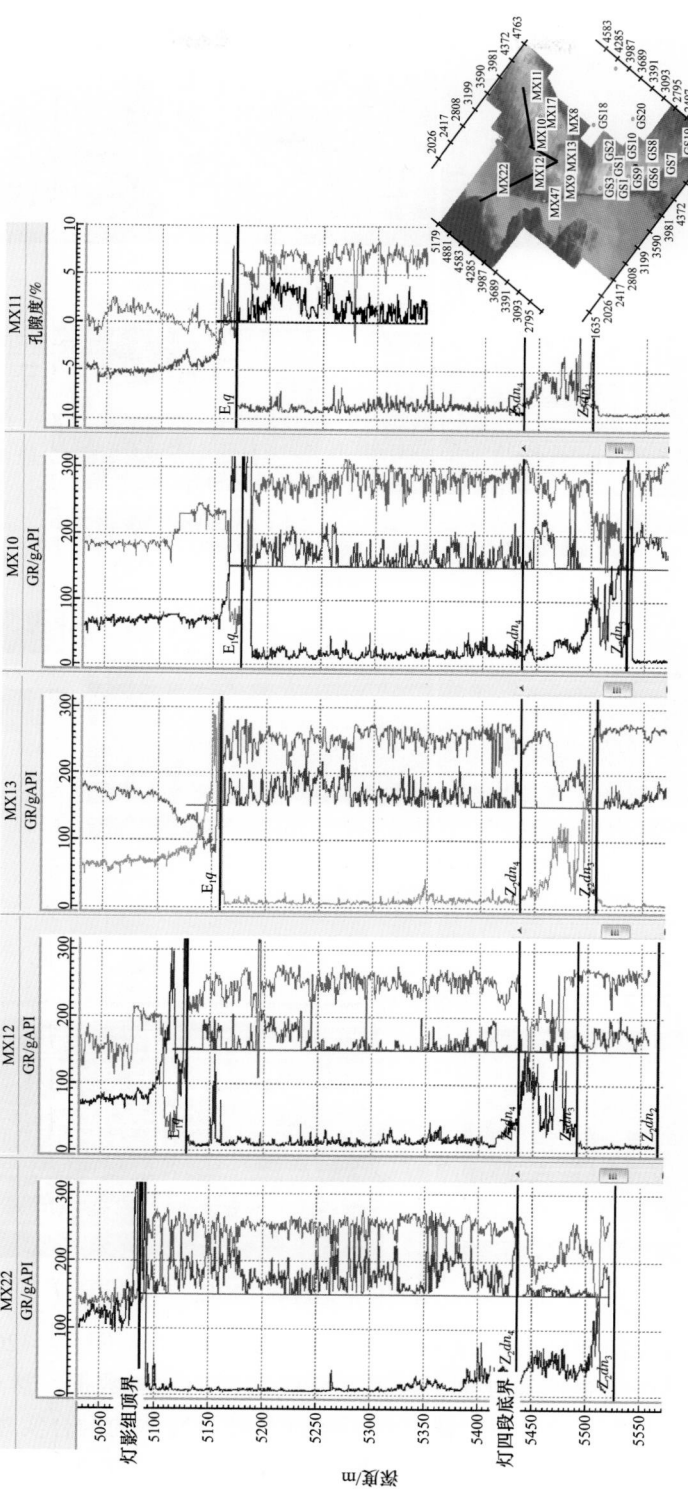

图 3-3-15　灯影组地层特征

灯影组四段缝洞地质模型

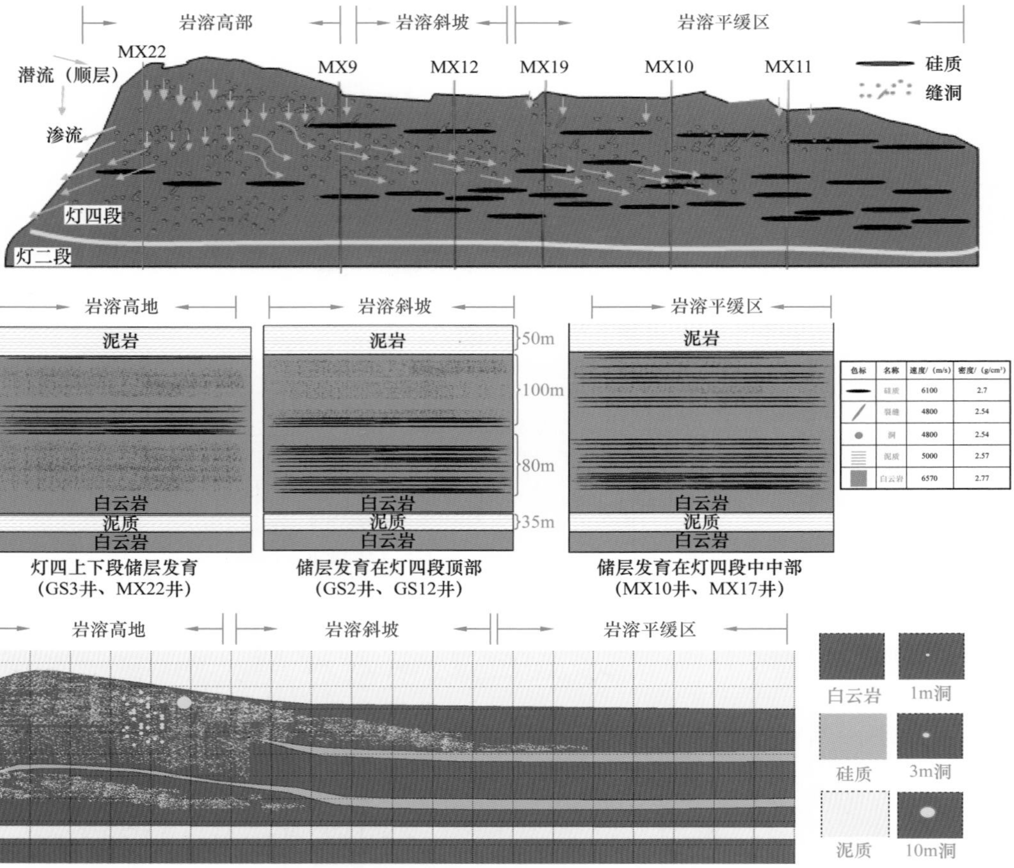

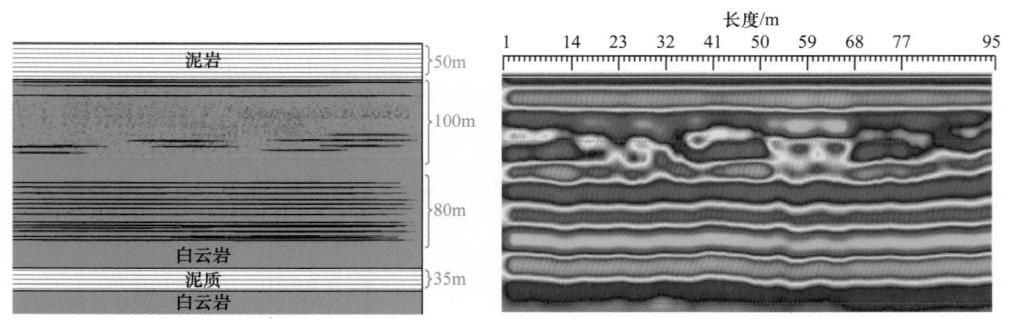

图 3-3-16 灯影组缝洞地质模型

图 3-3-17 有利储层地震响应特征

形成了基于构造导向滤波缝洞预测方法（彭达等，2019）（图 3-3-20），该方法主要是首先通过构造导向增强滤波处理，获取了断裂增强的地震数据，然后针对处理后的地震数据提取了多种不连续性属性体，最后通过多种属性体的融合实现了缝洞预测。图 3-3-21 是 GS1 井、GS2 井和 GS3 井斯通利波评价的溶洞发育段和对应的缝洞预测剖面，过井剖面在缝洞发育段均显示为缝洞预测属性值增大，缝洞预测效果明显。同时根据该方法建议部署了 GS9 井，图 3-3-22 所示，GS8 井灯四上亚段缝洞发育，GS9 井的灯四上下亚段缝洞均较发育，试油结果显示 GS9 井上下亚段分别获得 $67×10^4m^3/d$、$91×10^4m^3/d$ 的工业气流。图 3-3-23 为过 MX47 井—MX12 井—MX10 井缝洞预测剖面，井上已知三口井缝洞发育程度低，与缝洞预测结果一致，因此可见，通过基于构造导向滤波的缝洞预测方法对溶蚀孔洞发育带进行预测是可行的。

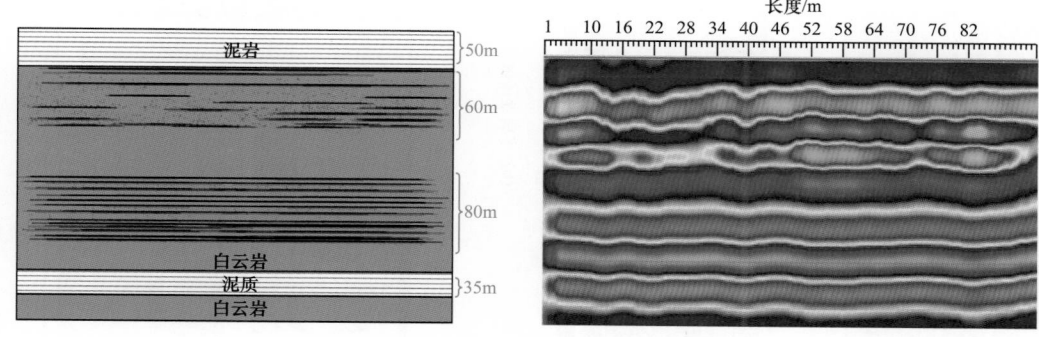

图 3-3-18 不利储层地震响应特征

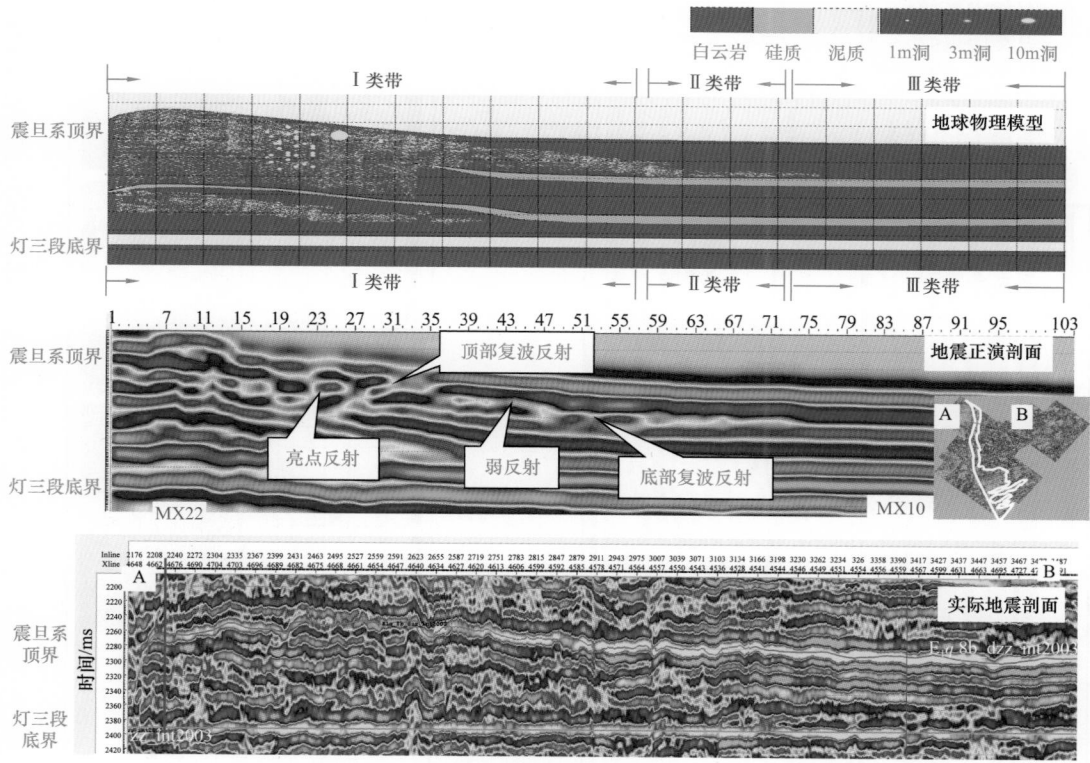

图 3-3-19 灯四段缝洞储层地震响应模式

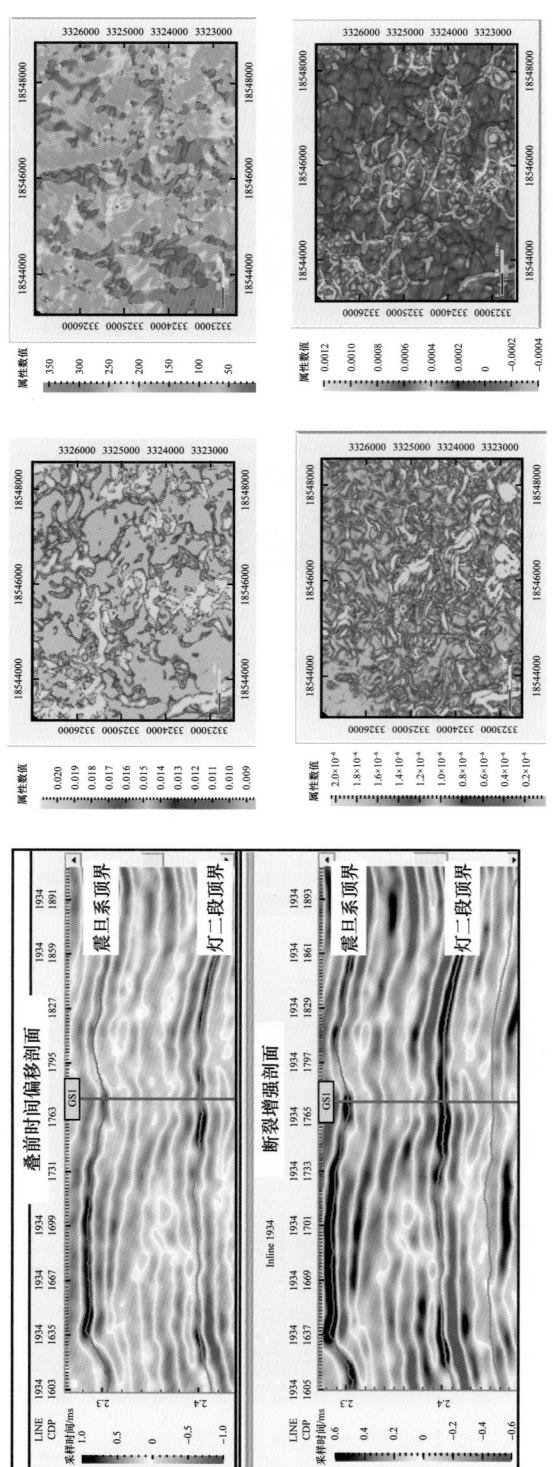

（a）构造导向滤波增强

（b）多属性体融合

图 3-3-20　构造导向滤波缝洞预测方法

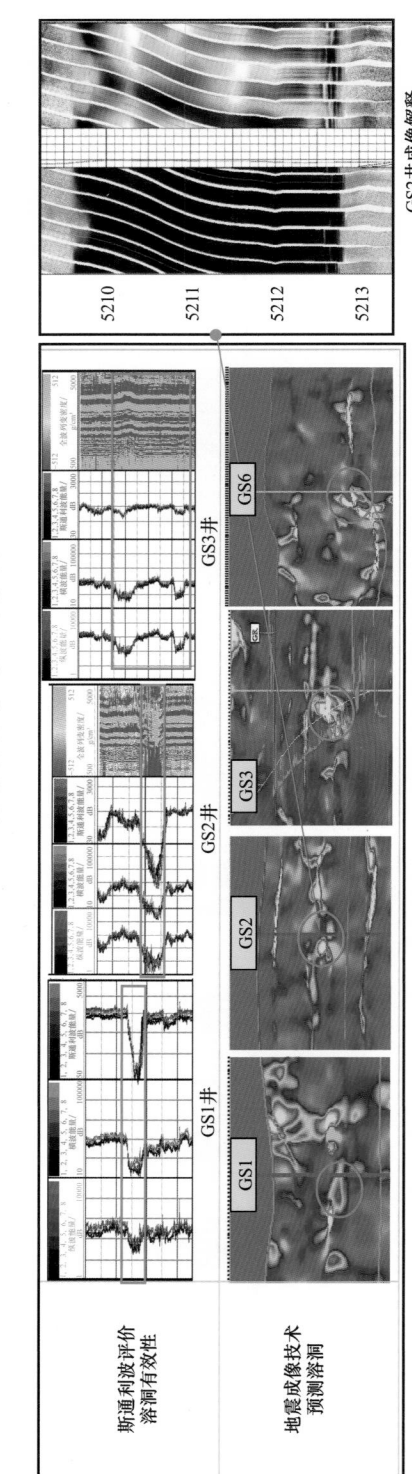

图 3-3-21　缝洞预测与测井评价对比

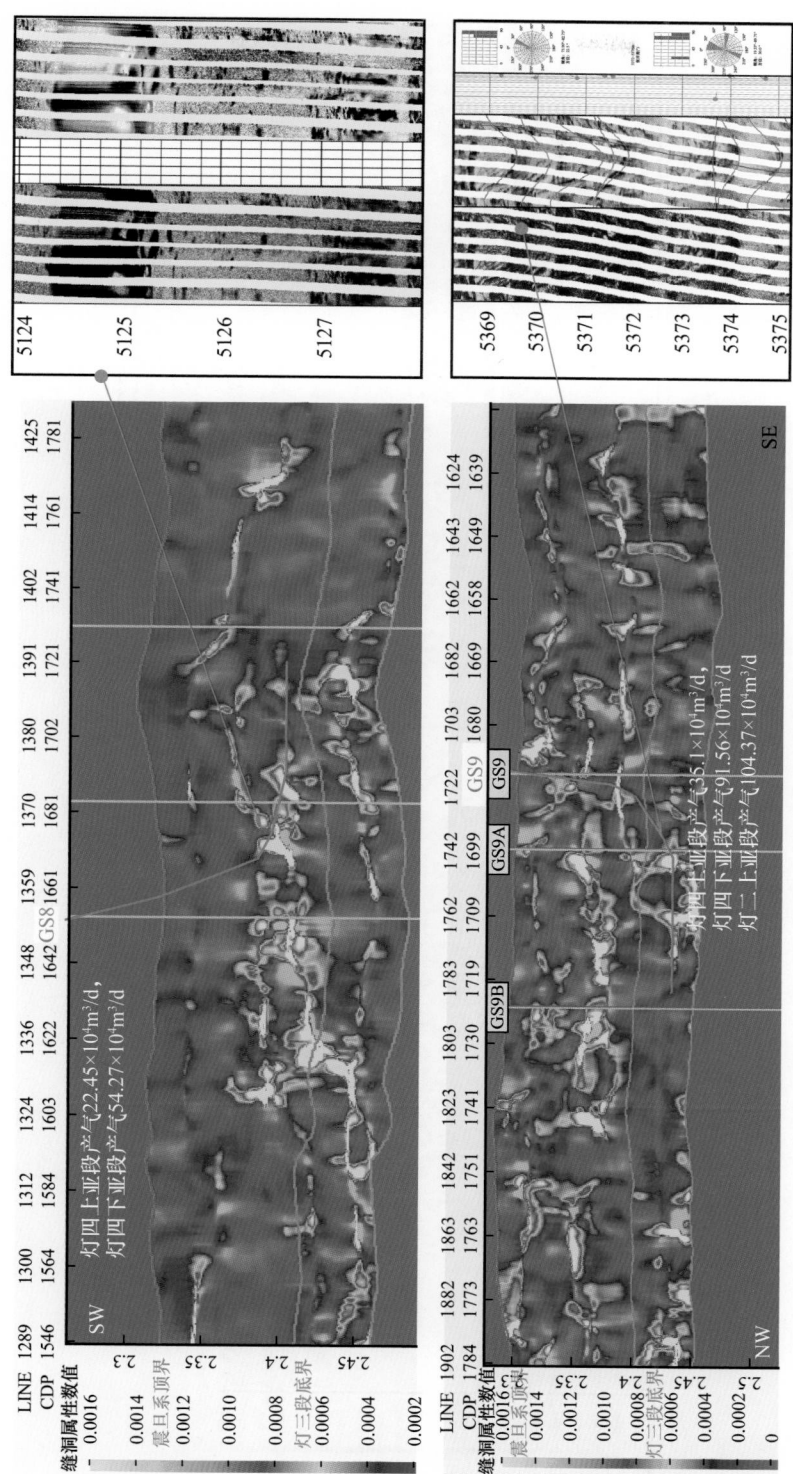

过GS9井定井缝洞检测剖面

图 3-3-22 GS8井和 GS9 井缝洞预测剖面

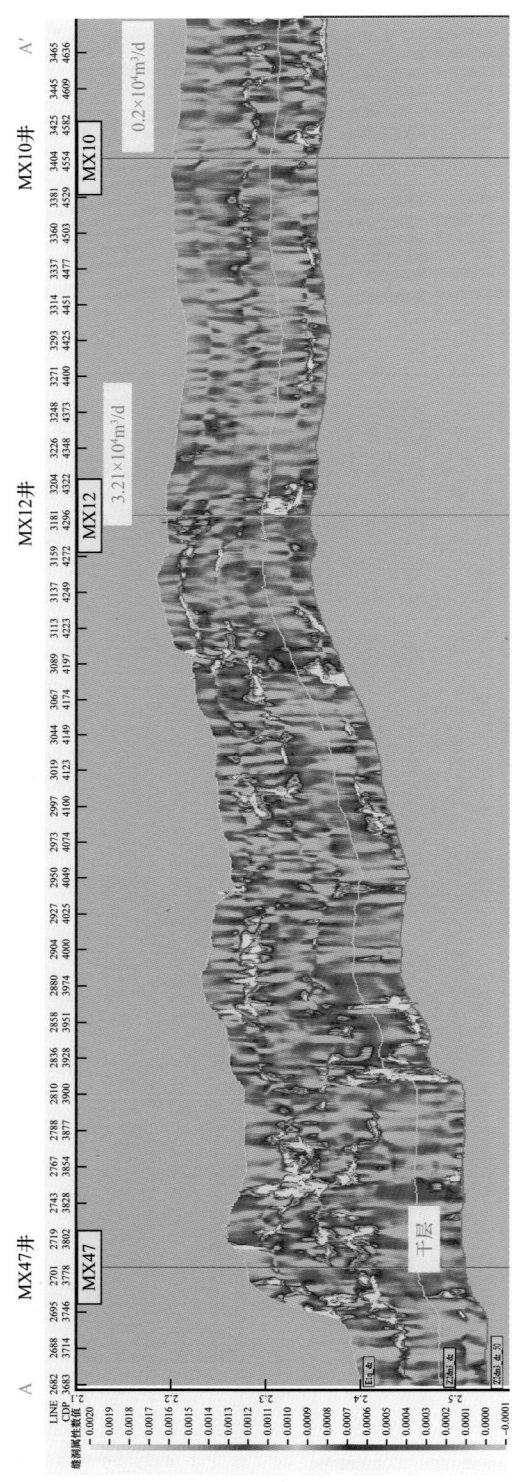

图 3-3-23　过 MX47 井—MX12 井—MX10 井缝洞预测剖面

第四节　低孔隙度小尺度缝洞气藏有利区优选综合评价技术

一、有利区划分原则与标准

1. 有利区划分原则

以效益开发理念为指导，综合构造、沉积相、岩溶古地貌、孔隙度大于 3% 储层的厚度、优质储层厚度、缝洞发育程度、波形分类等因素，开展开发评价区内有利区划分。

1）有利区须位于构造有利部位

台缘带灯四上亚段天然气富集，仅在北端构造圈闭外 MX22 井和 MX52 井测井解释存在边水，气水界面 −5230m；MX102 井区存在局部封存水，气水界面 −4950m；灯四下亚段，MX22 井和 MX52 井测井解释存在水层、MX022−X2 井测试产水。为避免气藏开发早期水侵影响气藏开发效果，故在有利区的选择上应确保灯四段顶向下 100m 范围内优质储层为气层，从而确定台缘带北端有利区须位于震顶海拔 −5150m 以上区域，MX102 井区有利区须位于 −4850m 以上。

2）有利区须位于丘翼和丘核有利微相发育区域

灯四段沉积时期以丘翼和丘核微相中的藻凝块云岩、藻叠层云岩和藻砂屑云岩原生粒间孔隙发育，沉积后处于相对隆起部位，裂缝发育，有利于后期风化壳岩溶的发育，为表生期溶蚀提供了良好的通道和空间基础。此外，由于藻的黏结性导致丘滩体在遭受大气降水淋虑后形成的溶蚀孔洞得以保存。因此，丘翼和丘核微相分布很大程度上控制了储层的分布，故在有利区的选择上应在丘翼和丘核有利微相发育区域。

3）有利区须位于岩溶古地貌残丘和坡折带

古地貌作为影响岩溶作用的主控因素，与气井产能关系密切。古地貌恢复的结果表明，古地貌斜坡部位由于靠近德阳—安岳裂陷槽，距泄水区近，岩溶坡折带、残丘、岩溶缓坡微地貌第一水平潜流带中潜流上带厚度大于 45m 区域，溶蚀作用强，形成的溶蚀缝洞相对较多且保存条件较好，优质储层发育厚度大。统计表明，Ⅰ类和Ⅱ类井主要位于台缘带的古地貌残丘、坡折带区域。因此，有利区须位于岩溶古地貌残丘、坡折带区域。

4）有利区须位于优质储层发育区

统计表明，Ⅰ类、Ⅱ类和Ⅲ类井产能与裂缝—孔洞型、孔洞型储层厚度关系表明，Ⅰ类和Ⅱ类井分布在裂缝—孔洞型储层垂厚大于 15m 或孔洞型储层垂厚大于 25m 区域。为使有利区获得较多的Ⅰ类和Ⅱ类井，有利区须选择优质储层厚度大于 15m 区域。

5）有利区须位于缝洞发育区

高石梯—磨溪区块灯四段储层以溶蚀作用形成的孔洞为主要的储集空间，洞、缝是优质储层主要渗流通道，具有较强的储层非均质性特点，其发育程度决定了油气产能的高低。由于单个的孔、洞、缝对油气的聚集所起的作用是微乎其微的，真正具有勘探、开发价值的实际上就是具有一定规模的孔、洞、缝发育带。而地震预测由于分辨率的限制，无法识别出单个的孔、洞、缝，但能识别规模达到一定程度的孔、洞、缝发育带，因此，可为有利区划分提供参考。

2. 一类和二类有利区划分标准

根据上述原则，建立了一类和二类有利区划分标准。一类有利区须同时满足位于古地貌残丘、坡折带，第一潜流带内潜流上带厚度大于45m，地震预测缝洞发育区，孔隙度大于3%的储层厚度为大于20m，灯四上亚段优质储层厚度大于20m区域。二类有利区主要位于古地貌残丘、坡折带，第一潜流带内潜流上带厚度小于45m，地震预测缝洞发育区，孔隙度大于3%的储层厚度为大于15m，灯四上亚段优质储层厚度大于15m区域（表3-4-1）。

表3-4-1 高石梯—磨溪区块灯四段有利区分级划分标准表

有利区划分	一类有利区	二类有利区
沉积相	丘滩发育区（丘滩比例大于65%）	丘滩发育、较发育区（丘滩比例大于50%）
古地貌	主要位于残丘、坡折带	主要位于残丘、坡折带
第一潜流带潜流上带厚度	大于45m区域	小于45m区域
地震预测缝洞发育	缝洞发育区	缝洞发育区
储层	孔隙度大于3%的储层厚度>20m	孔隙度大于3%的储层厚度>15m
	优质储层厚度>20m	优质储层厚度>15m

二、有利区优选与储量计算

1. 有利区优选

根据一类和二类有利区划分标准，以效益开发理念为指导，综合高石梯—磨溪区块震旦系灯四段气藏的构造特征、沉积相特征、岩溶古地貌特征、优质储层厚度、缝洞发育程度、波形分类等因素，开展评价区内有利区划分。最终在灯四^{1}小层优选出2个一类区，总面积171.78km^2，1个二类区，面积84.22km^2；在灯四^{2}小层与灯四^{3}小层优选优选出5个一类有利区，总面积319.3km^2；4个二类有利区，总面积363.2km^2（图3-4-1）。

2. 有利区地质储量计算

首先，根据高石梯—磨溪区块震旦系灯四段气藏特征，利用古岩溶气藏多因素约束储层建模技术，建立了灯四段气藏储层模型；其次，在对孔隙度2%～3%储量可动性评价基础上，利用数值模拟技术，计算了气藏可动用地质储量。

1）古岩溶气藏多因素约束储层建模技术

针对高石梯—磨溪区块震旦系灯四段气藏白云岩储层成因复杂、非均质性强及该类储层建模尚无成熟经验可供借鉴等诸多技术难题，采用地震、地质和测井等多学科综合研究，开展储层的地震反演、沉积相、岩溶相及储层构型的精细描述，形成了白云岩储层多因素约束建模方法，解决了该类复杂气藏的储层建模问题。

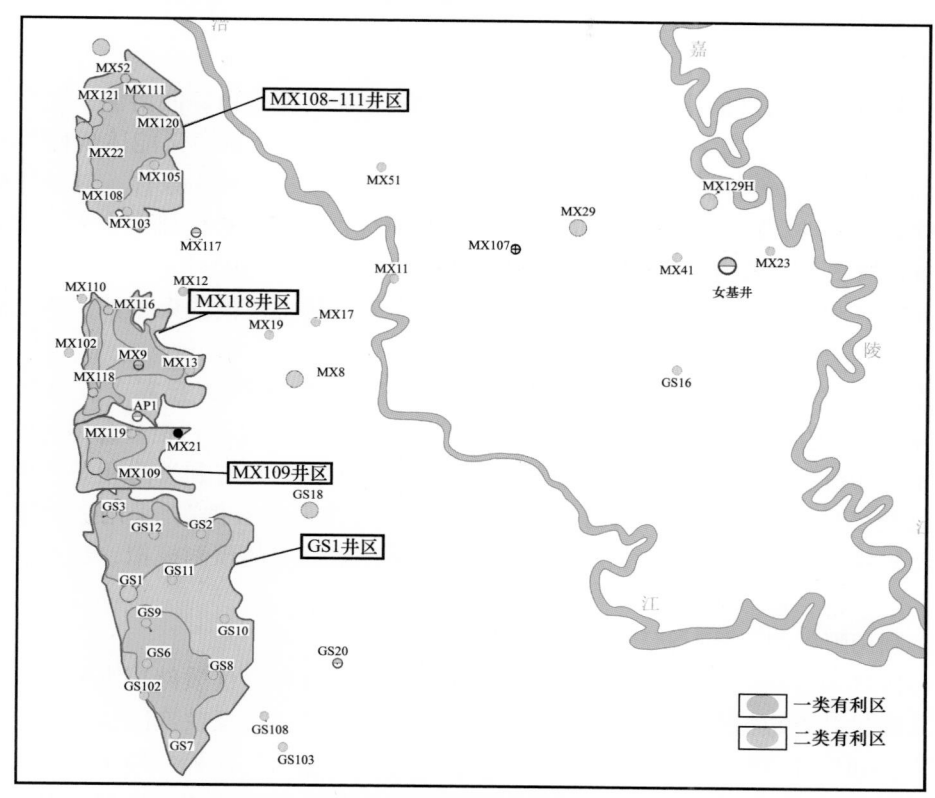

图 3-4-1　高石梯—磨溪区块震旦系灯四段气藏灯四²小层与灯四³小层有利区划分图

该区白云岩储层非均质性强，储层在空间上的发育程度不仅受沉积相控制，还要受到溶蚀作用和构造作用强弱的控制；多期次构造活动和多次海平面升降导致研究区多组系裂缝发育，岩溶叠加改造作用显著，形成了以溶蚀孔洞及裂缝为主要储集空间的古岩溶型储层，具有非均质性极强的储层特征。储层储集空间类型多样，储集空间有孔隙、溶洞和裂缝，并且其搭配关系复杂。

在这种条件下，需要采取有效技术才能刻画出白云岩储层的空间展布和属性分布特征。此类储层的地质建模问题是世界性难题，其建模技术在国内外都处于探索阶段，无成熟的技术经验可供借鉴。

（1）以地震属性作为沉积相及岩溶相建模约束条件，提高井间相预测精度。

灯四段气藏主要发育5类沉积微相（丘盖、丘核、丘翼、丘基、丘间）和3类岩溶相（地表岩溶带、垂向渗流带、第一潜流带）。沉积相和岩溶相模型的建立是利用单井沉积相和岩溶相的划分数据，在垂向概率分布分析和变差函数分析的基础上，分别以丘滩体（地震刻画）及岩溶古地貌为约束条件，采用适用于多单元离散模型模拟的序贯指示模拟算法实现的。由于利用了地震刻画的丘滩体及岩溶古地貌，使得井间沉积相及岩溶相的预测更加可靠。

（2）以井震数据之间的条件概率关系作为储层构型建模约束条件，提高井间储层预测精度。

基于岩心观察、常规与成像测井特征，并考虑储渗空间的成因、类型、大小及其搭配关系，将安岳气田灯四段气藏白云岩储层划分为4种构型（角砾间溶洞、孔隙、孔隙溶洞、裂缝–孔洞）。为了使井间储层预测结果既符合地质认识，又能体现储层在空间上的非均质性，尝试利用地震反演属性体作为井间储层模拟的约束条件。以单井储层构型为"硬数据"，以波阻抗数据与储层构型之间的对应性，建立条件概率作为"软数据"，然后此条件概率关系来约束4种储层构型在空间上的分布趋势和概率。

（3）以有利沉积相及有利岩溶相叠合区域作为储层构型建模约束条件，建立储层构型模型。

根据已建立的沉积相和岩溶相模型，将有利沉积相（丘核、丘翼）及有利岩溶相（地表岩溶带、垂向渗流带、第一潜流带）分布区域叠合，形成有利相叠合体。然后，在垂向概率分布分析和变差函数分析的基础上，以有利沉积相及有利岩溶相叠合区域作为储层构型建模约束条件，并利用已建立的条件概率作为"软数据"，采用适用于多单元离散模型模拟的序贯指示模拟算法，实现各类储层在空间上的预测模拟，建立储层构型模型。

（4）利用野外剖面分析储层属性变差函数特征。

灯四段气藏井距较大，出现了井距大于属性变程的现象，优质储层纵横向发育非均质性强，通过井点数据分析求取的储层属性变差函数特征不能反映实际情况，所以不能按常规方法利用井点信息进行变差函数的拟合。为了克服研究区稀井网条件给储层属性变差函数分析带来的困难，通过将野外剖面网格化，建立面孔率剖面模型，拟合出面孔率的变差函数特征，求得水平方向面孔率变程为27.1m，垂直方向面孔率变程为14.2m，从而为储层属性建模提供依据。

（5）以储层构型模型作为属性建模约束条件，建立储层属性模型。

属性模拟采用最经典的适合连续型模型的序贯高斯模拟算法，在建立储层构型模型的基础上，在每种储层构型内部进行属性随机模拟，利用野外剖面分析得到储层属性变差函数特征，建立储层构型约束下的属性模型。

2）可动用地质储量计算

根据示踪剂和生产测井分析，孔隙度2%～3%的储层段平均产能贡献在10%～20%，表明孔隙度2%～3%的储层存在产量贡献。综合试井分析与动态储量推算结果，计算得孔隙度2%～3%的储层压力波及半径在0.7km左右，波及面积大约在1.53km^2。

考虑气藏储层具有强非均质性，灯四段气藏是先确定投产井数，再确定开发规模，因此根据孔隙度2%～3%的储层储量具体动用程度，将投产井历史拟合后预测至2050年的地质储量作为气藏的动用地质储量。根据优化后的开发技术对策，按照"充分动用孔隙度大于3%的储量，兼顾孔隙度介于2%～3%的储量，实现效益最大化"原则，开发有利区内可部署井为 128 口井。对投产井开展历史拟合完善地质模型（图 3-4-2 和图 3-4-3），128 口全部部署后预测至 2050 年，压力波及半径 0.7km 范围内孔隙度 2%～3% 的地质储量作为孔隙度 2%～3% 的可动用储量，压力波波及范围内孔隙度大于 3% 的地质储量全部为可动用储量，合计气藏可用地质储量为 $2510.73 \times 10^8 \text{m}^3$（表 3-4-2）。

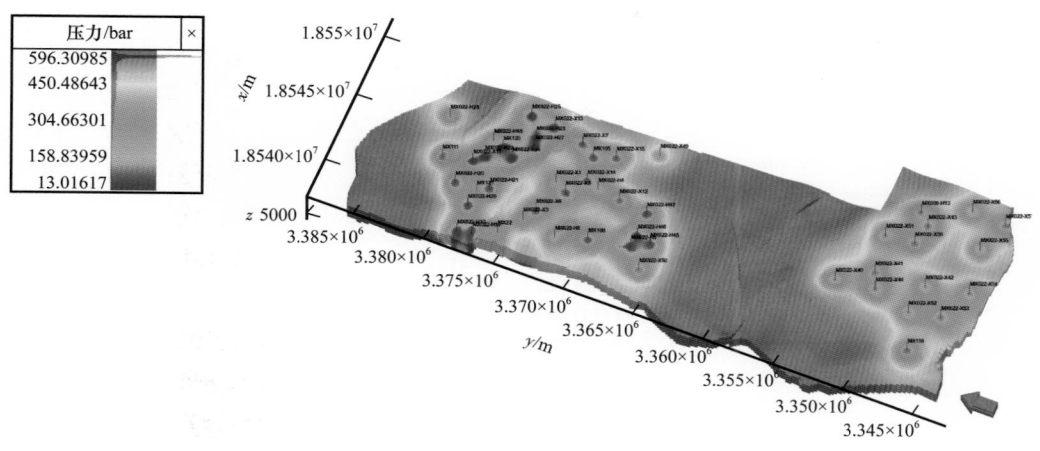

图 3-4-2　磨溪区块拟合压力分布图

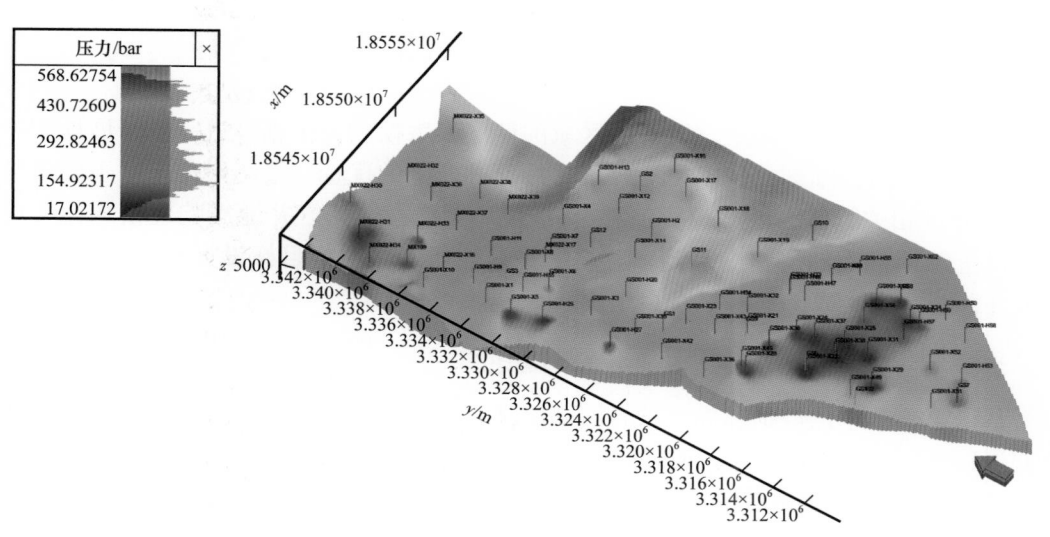

图 3-4-3　高石梯区块拟合压力分布图

表 3-4-2　高石梯—磨溪区块灯四段气藏 4 个开发有利区动用地质储量计算明细表

井区	小分区	小层	面积 / km^2	孔隙度大于 3% 储层的储量 / 10^8m^3	孔隙度 2%～3% 储层的可动用储量 / 10^8m^3	可动地质储量 / 10^8m^3
MX109 有利区	一类有利区	灯四 $^{2+3}$	24.87	47.80	11.18	58.98
	二类有利区		46.97	79.65	10.98	90.63

续表

井区	小分区	小层	面积 / km²	孔隙度大于3% 储层的储量 / 10⁸m³	孔隙度 2%~3% 储层的可动用储量 / 10⁸m³	可动地质储量 / 10⁸m³
MX118 有利区	一类有利区	灯四²⁺³	50.48	118.76	33.20	151.96
	二类有利区		70.72	137.58	11.54	149.12
MX108-111 有利区	一类有利区		72.19	197.30	65.71	263.01
	二类有利区		93.91	177.68	25.83	203.51
GS1 井区	一类有利区		171.78	511.05	120.38	631.43
	二类有利区		151.62	418.13	61.87	480
GS1 井区	一类有利区	灯四¹	171.78	328.70	16.21	344.91
	二类有利区		84.22	129.13	8.05	137.18
合计			700	2145.78	364.95	2510.73

第五节　低孔隙度小尺度缝洞气藏高产井模式

在有利区优选的基础上，以不同区域的储层发育模式为依据，进一步开展地质—地球物理储层空间精细刻画，以指导井位目标与井轨迹的优选，最终形成了基于倾角导向的梯度能量相关算法，明确"宽波谷 + 亮点"为核心的高产井地震响应模式，实现了15m 以上缝洞优质储层精细雕刻，解决了强非均质气藏井位目标设计及轨迹优选难题，开发井缝洞储集体符合率达 85% 以上。

一、岩溶模式与优质储层分布间的关系

基于第一节中已经描述的 5 种岩溶储层发育地质模式，进一步分析了相应地质背景下储层的纵向展布特征，在区内灯四段中总结出了 5 种典型的优质储层发育模式。MX22 井为典型的藻丘 + 坡折带储层发育模式，此类模式区中由于硅质层之上的灯四³小层整体剥缺，优质储层主要发育于下部的灯四²小层中；MX9 井与 GS8 井为典型的藻丘 + 残丘 + 断裂模式区，由于存在断层沟通，虽然硅质层稳定存在，但该区内的灯四²小层与灯四³小层优质储层均发育，但 MX9 与 GS8 井区不同的是 MX9 井区优质储层为薄互层为主，而 GS8 井为集中发育的厚层优质储层；GS3 井区为典型的藻丘 + 残丘区域，由于下部地层受硅质层封隔，因此灯四²小层岩溶储层不发育，优质储层主要发育于灯四³小层中（图 3-5-1）；GS2 井为典型的藻丘 + 坡折带 + 断裂发育区，在储层上即表现为 GS2 井顶部灯四³小层被剥蚀为薄层，硅质层存在，岩溶流体主要通过断裂进入下部储层中，在灯四²小层形成了良好的岩溶优质储层。

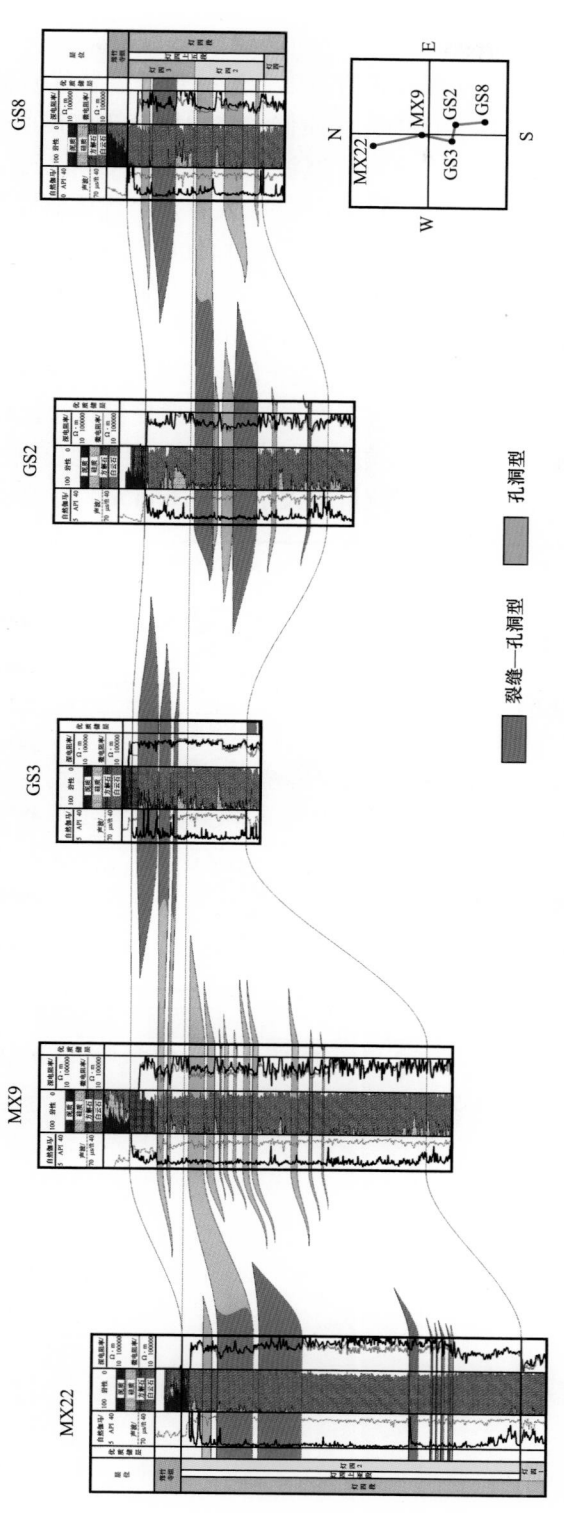

图 3-5-1　高石梯—磨溪区块不同地质模式区优质储层发育对比剖面图

二、优质储层组合地震响应模式

在明确研究区地质与储层发育模式的基础上进一步开展了优质储层地球物理响应正演分析，其中藻丘 + 坡折带模式区内，优质储层集中发育于灯四² 小层中，且优质储层厚度大、物性好，在地球物理上表现为"宽波谷 + 亮点"的特征；藻丘 + 残丘 + 断裂模式区内，优质储层在灯四² 小层与灯四³ 小层均发育，当优质储层单层厚度较薄时，在地球物理上表现出"双亮点"的特征（MX9 井），而优质储层较厚时，由于优质储层集中发育地震资料难以分辨各套储层，则在剖面上表现出"宽波谷 + 扰动"的地球物理响应特征；藻丘 + 残丘模式区内优质储层集中发育于灯四³ 小层在地震上即表现为"单亮点"的特征；藻丘 + 坡折带 + 断裂区域内由于优质储层集中发育于灯四² 小层，在地震上表现为"宽波谷 + 扰动"的特征，但波谷宽度与断裂 + 残丘模式相比略窄。

由此建立了灯影组以"宽波谷 + 亮点"为核心的高产井地震响应模式，有力地支撑了 65 口建产井部署，65 口井测试无阻流量均大于 $30 \times 10^4 m^3/d$，有效率 100%（图 3-5-2）。

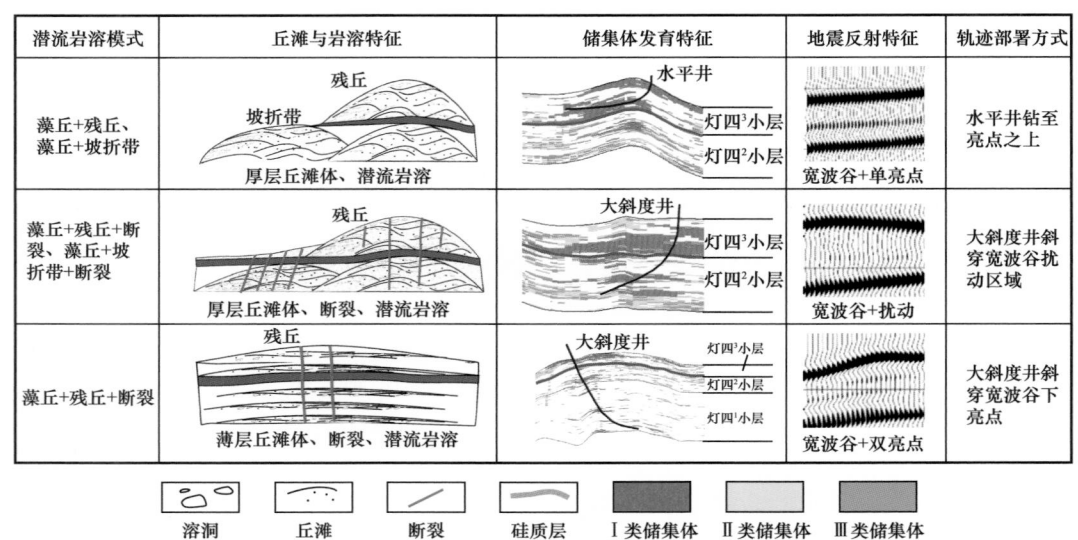

图 3-5-2　5 类储层组合模式地震响应特征

第四章　特大型超压碳酸盐岩气藏整体治水技术

为有效解决特大型裂缝—孔洞型碳酸盐岩气藏高效开发面临的治水和储量均衡动用等关键技术难题，从高温高压物理模拟实验和数字岩心分析入手，揭示特殊渗流机理，指导开展气藏精细描述与认识开发规律；采用数值试井分析技术，解决大量采用水平井和大斜度井开采条件下水侵前缘推进动态预测的技术难题；通过改进定压生产试井分析模型计算方法，解决非均质储层气井非稳态产能分析预测的技术难题；引入新一代精细气藏数值模拟技术，通过消化吸收再创新，解决特大型碳酸盐岩气藏巨量网格（8000万网格以上）精细模拟、准确预测开发动态的难题。在认识渗流机理、掌握开发动态规律基础上，创新建立特大型超压强水侵气藏整体治水优化开发模式，支撑磨溪地区龙王庙组气藏高效控水实现年产 $90 \times 10^8 m^3$ 稳产超过 5 年。

第一节　气水关系及水侵优势通道描述技术

目前，有关碳酸盐岩有水气藏气水分布描述，已有学者开展过相关研究并取得一定成果认识，普遍认为具有统一气水界面的高陡构造气藏气水关系易于描述，而低缓构造背景下气藏气水关系描述难度较大。虽然也能采用传统的方法来刻画这类气藏的气水分布，但由于低缓构造背景下气藏边部广泛存在气水过渡区，对气水界面位置及气藏连通性的描述精度高才能满足实际需求，常规方法往往难以达到目的。因此需要另辟蹊径，发展完善相关描述方法，更好地表征这类气藏气水关系。

四川盆地磨溪区块龙王庙组气藏构造极为低缓（地层倾角小于 6°），属于典型的特大型低缓构造碳酸盐岩气藏，气水关系较为复杂。因此，以磨溪区块龙王庙组气藏为研究对象，针对目前低缓构造碳酸盐岩气藏气水关系描述这一关键技术问题，通过精细描述现今构造细节特征，应用印模法恢复研究区二叠系沉积前古地貌成果，精细描述古构造特征，结合成藏演化过程，充分剖析气水分布控制因素。在此基础上，建立低缓构造背景下气水分布模式，揭示不同区块气水分布规律，形成大型低缓构造带碳酸盐岩气藏气水关系描述技术，为类似气藏流体分布描述提供借鉴。

一、低缓构造精细描述

1.地震—地质层位精细标定

应用垂直地震剖面（VSP）测井和声波合成记录两种方式完成地震地质层位标定。利用 VSP 资料建立地震反射层和 VSP 井中地层界面之间的对比关系,进行地震反射波的地质层位标定。在 VSP 层位标定基础上,利用区内 27 口钻穿龙王庙组的钻井资料,对各反射层进行地质层位标定,从合成地震记录结果来看,合成记录与实际地震道各反射层的波形特征、波组关系及波间时差均较一致,表明可利用该时深关系对地质层位进行地震层位标定。

从标定结果来看,龙王庙组底界在地震剖面上表现为稳定的波谷反射特征,龙王庙组底岩性界面为泥晶白云岩与下伏沧浪铺组顶部泥质粉砂岩整合接触,该岩性界面对应的强反射特征可作为全区对比追踪的重要标志层,据此标定龙王庙组底界形态特征。

磨溪地区龙王庙组顶界经地震层位标定,不同区块表现出多种响应模式,大体在弱波峰或波谷上,或在相对可靠底界向上 30~40ms 时窗追踪顶界。从地质体结构分析,磨溪地区龙王庙组上覆高台组底部为粉砂岩或白云质粉砂岩,与龙王庙组顶部白云岩或砂质白云岩整合接触,顶界上下地层速度差异变化不大,其标定位置在弱波峰或波谷上变化。因此,建立不同井区龙王庙组顶界地震反射模式,如 MX8、MX9 和 MX11 等井区龙王庙组顶界表现为弱峰特征,而 MX10 井区和 MX204 井区顶界为波谷特征,实钻与地震标定是完全吻合的,故可通过建立不同井区顶界反射模式标定龙王庙组顶界,据此追踪龙王庙组顶界。

2. 断裂描述

地震识别表明,总体上,断层欠发育,倾角高、断距小、延伸短。

从区域构造变动来看,研究区虽历经多次构造运动,以升降运动为主,但因处于盆地中部,褶皱不强烈,构造极为平缓。

据地震相干和曲率属性分析,研究区二叠系以下以正断层为主,发育 3 条断层,走向为北东向(磨溪①断层)和北西向(磨溪②断层、磨溪④断层)。

磨溪①断层为区内主要的大断裂,走向北东向,断裂层位从寒武系的洗象池组至震旦系下统,向北倾斜,倾角为 60°~70°;磨溪②断层和磨溪④断层走向为近北西向,规模相对较小。其余的断裂多为小断裂,断裂深度不大、规模小,断开层位多为洗象池组至沧浪铺组(图 4-1-1)。

3. 构造圈闭精细描述

区域上,磨溪地区龙王庙组构造总体格局表现为在乐山—龙女寺古隆起背景上的北东东向鼻状隆起,构造平缓,由西向北东倾伏,呈多高点、多排复式构造特征。

根据构造解释成果,磨溪地区主要呈现南北 2 个构造圈闭形态,北大南小,被工区内最大的磨溪①断层切割,形成 2 个断高圈闭,北部的磨溪主高点圈闭和南部的磨溪南断高圈闭(图 4-1-1)。

磨溪主高点潜伏构造主轴方向为北东东向,长度 42.0km,构造宽度 8.3~14km,高点海拔为 -4200m,最低圈闭线海拔为 -4360m,圈闭面积 510km²,闭合高度 160m。因构造极为平缓,构造圈闭内呈现多个构造高点和小洼陷。共计 13 个高点和 13 个小洼陷。此外，位于 MX8 和 MX9 井区之间显示出构造中部存在一条横贯构造的北西向沟槽（图 4-1-2）。

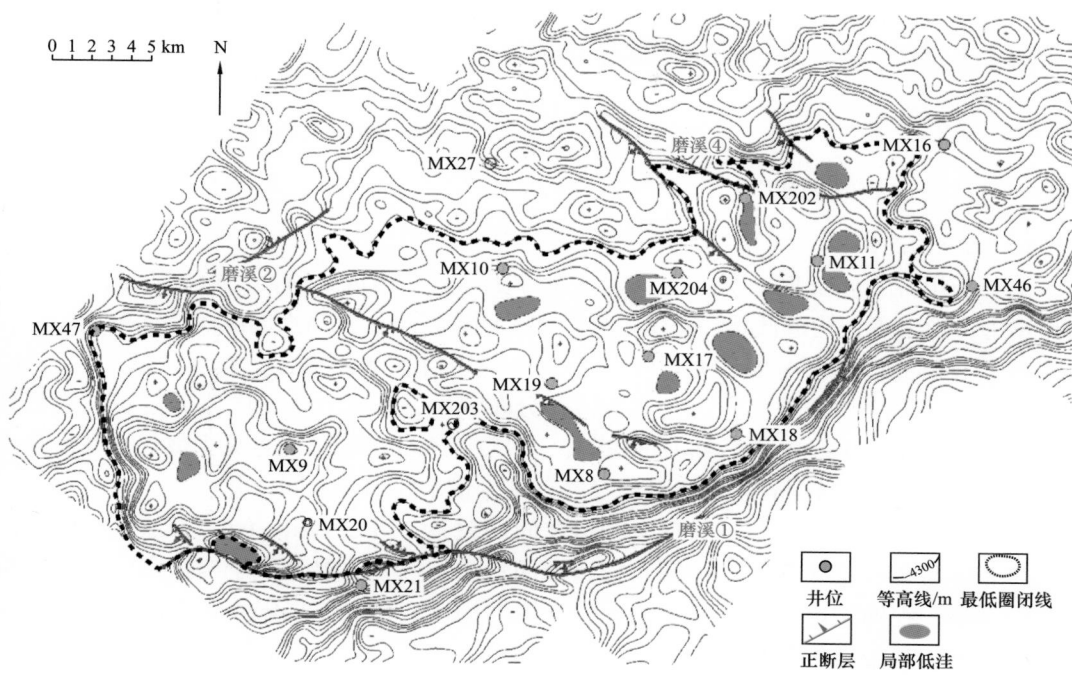

图 4-1-1 研究区目的层顶界地震反射构造图

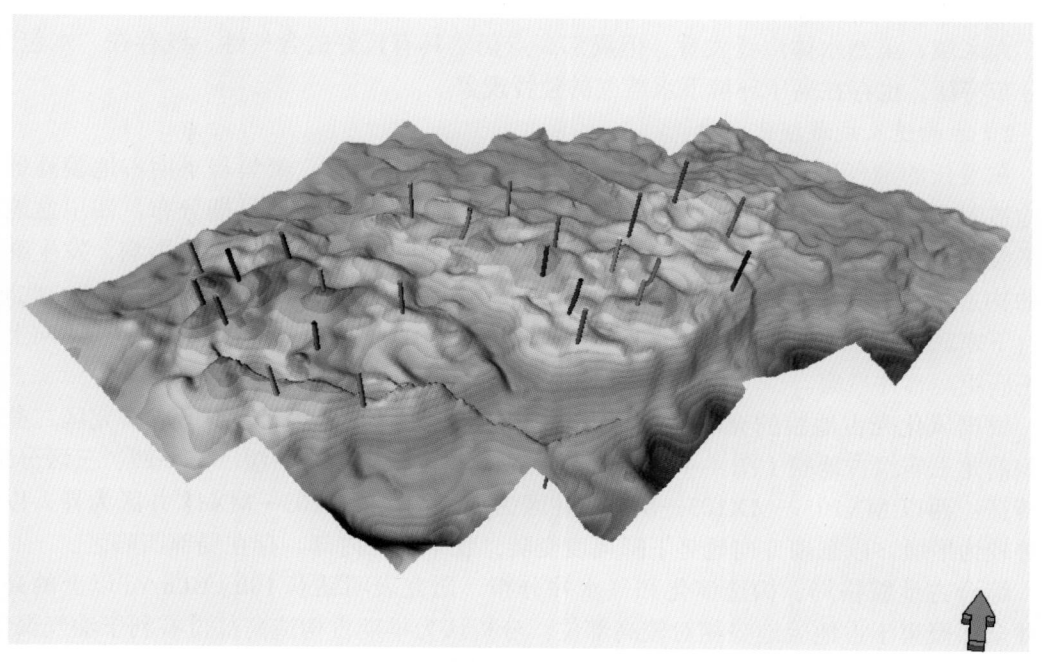

图 4-1-2 研究区目的层顶界构造三维模型图

磨溪南潜伏断高紧邻磨溪主高点潜伏构造的南面，构造圈闭规模相对较小。

统计分析地震解释结果与27口实钻井目的层顶界海拔之间的误差，总体上，绝对误差小于20m，相对误差小于1%，其中大部分绝对误差在10m左右，相对误差小于0.5%，表明构造精细解释结果满足精细描述的需求。

二、低缓构造气水分布精细描述

1. 气水分布控制因素

1）现今构造因素

龙王庙组经历印支期、燕山期及喜马拉雅期等多期构造运动，使得地层遭受多种构造作用力，形成现今构造低缓、圈闭规模较大、闭合度小、多高点的圈闭特征。

在掌握研究区储层分布的基础上，将现今构造与气水井叠合，发现区域上"三分"特征明显：在现今构造圈闭内，大多数气井分布其中，未见水井，内侧低洼带和边部分别见1口气水同产井；在海拔−4410m以外，多数为水井，局部高点见少数气水井；在现今构造圈闭与海拔−4410m之间，多为气井，见少量水井和气水同产井。

据实钻井揭示的流体分布与现今构造之间的关系，可以看出：（1）天然气在研究区广泛分布，富集程度明显受控于现今构造圈闭；（2）气井主要分布于构造圈闭内，受构造低缓影响，在圈闭内大面积含气的背景下微幅构造变化控制局限水体分布，导致在局部低洼处形成局部滞留地层水，但水体位于储层下部且范围有限；（3）流体分布不完全受控于构造因素，圈闭范围之外且具有一定构造背景的优质储层发育区仍是天然气富集有利区，但储层下部往往发育与外部边水沟通的水体；（4）在位于圈闭之外的构造低部位广大区域，虽然水体广泛发育，但局部高点仍然具有较好的含气性，既存在"水包气"的分布特征，也存在高压环境下水溶气的独特现象。

2）古构造及成藏演化因素

在漫长的油气聚集成藏演化过程中，油气的生成、运移、聚集与早期古地貌高低和古构造演化存在密切联系，古地貌既影响储层发育，又控制流体早期分布。四川盆地川中平缓构造带，在早寒武世晚期至早二叠世，受加里东和海西构造运动影响，发生继承性的构造抬升、风化剥蚀及沉积充填，至二叠纪盆地大规模海侵开始填平补齐，此时，来自下寒武统优质泥页岩进入生烃阶段（郑平等，2014；徐春春等，2014），开始向上覆龙王庙组运移并聚集。

根据风化壳古地貌的充填程度与古地貌形态的负相关关系，编制形成研究区二叠系沉积前龙王庙组古地貌（图4-1-3），古地貌总体格局表现为"一缓一陡一凹、三区分带"的特征：西以MX105—MX103—MX47井区为界，东以MX205—MX18井区为界，以北地势较为平缓，以东南方向地势下降幅度变陡，在平缓区内部，存在局部凹陷区。

综合古地貌格局、构造演化和气水井分布，研究表明钻获$100 \times 10^4 m^3/d$以上的高产气井全部聚集于古地貌地势相对较高部位，分析认为早期古构造高部位有利于油气聚集，后期构造调整后仍然为构造有利位置，加之该井区孔洞型优质储层发育，在古、今构造位置优和储层优质的"三优"条件下,最终形成油气富集区域。位于平缓区内部的局部凹陷区,由于地势相对较低,易形成局部滞留富水区。在古构造高部位、地势平缓区钻遇气层和水层,分析原因可能是颗粒滩欠发育、物性变差以及地层不整合面封堵造成流体排除不畅形成局部封存水,这一认识已为四川盆地诸多气藏所证实,如位于川东的五百梯和沙罐坪等石炭系气藏。

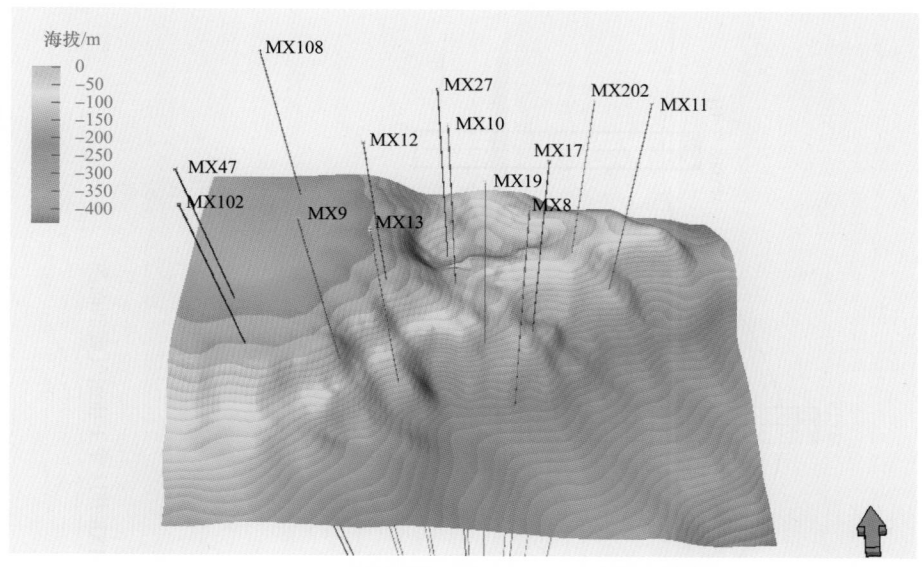

图 4-1-3　二叠系沉积前磨溪龙王庙组古地貌格局

2. 气水分布精细描述

1）局部封存水

根据实钻揭示气水层分布和古今构造对流体分布控制,认为圈闭内微幅构造控制局限水体分布,在圈闭内可能存在多个局部水体,单个面积在 0.5~2km² 不等,其中 2 个局部封存水已经实钻证实(图 4-1-4),局限水体在纵向上分布于龙王庙组下储层段,平面上主要分布于局部低洼带。从测试资料看,磨溪主体区范围内 MX008-7-H1 井下储层段测试产水,据录取的水样品分析,Cl⁻ 含量为 124.74g/L,密度为 1.12g/cm³,总矿化度大于 100g/L,水型为 CaCl₂ 型,pH 值为 7.41,表明水体类型为地层水。据测井曲线响应特征,深、浅侧向电阻率曲线存在正差异,深侧向电阻率在 14~160Ω·m 之间,平均为 50Ω·m,测井解释为水层,进一步表明龙王庙组下储层存在地层水,从已钻遇地层水的气井分布来看,局部封存水在区内分布局限,仅存在于局部井区。

2）边翼部地层水

根据古今构造及成藏演化对气水分布的控制,综合圈闭外围实钻井揭示气水分布,综合分析认为位于圈闭外古今构造低部位控制外围边水分布,使得研究区南北两翼广泛发育边水(图 4-1-5),边水与气区接触范围为 20~30km²,北翼较南翼水体分布更为广泛。

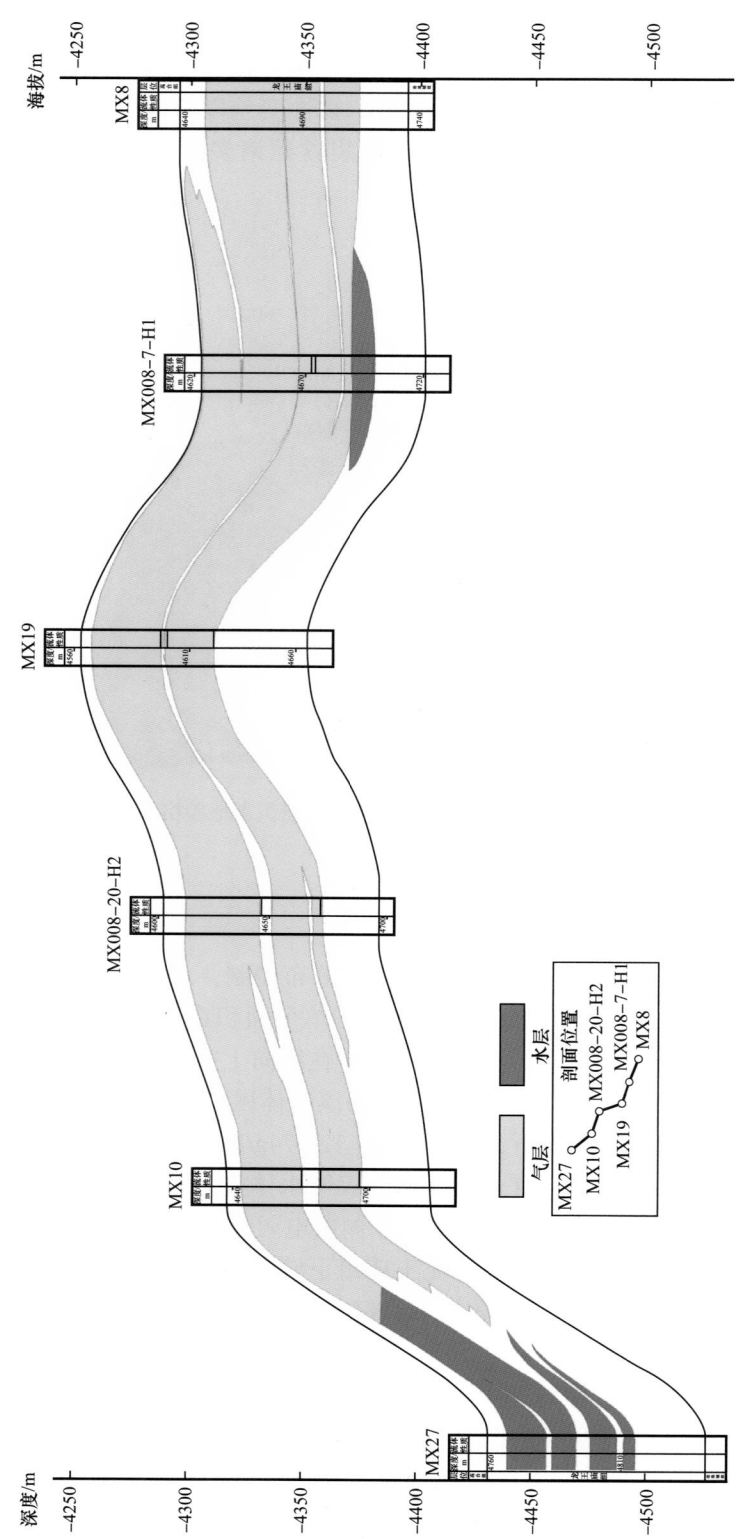

图 4-1-4 研究区 MX27—MX8 井区龙王庙组气藏剖面图

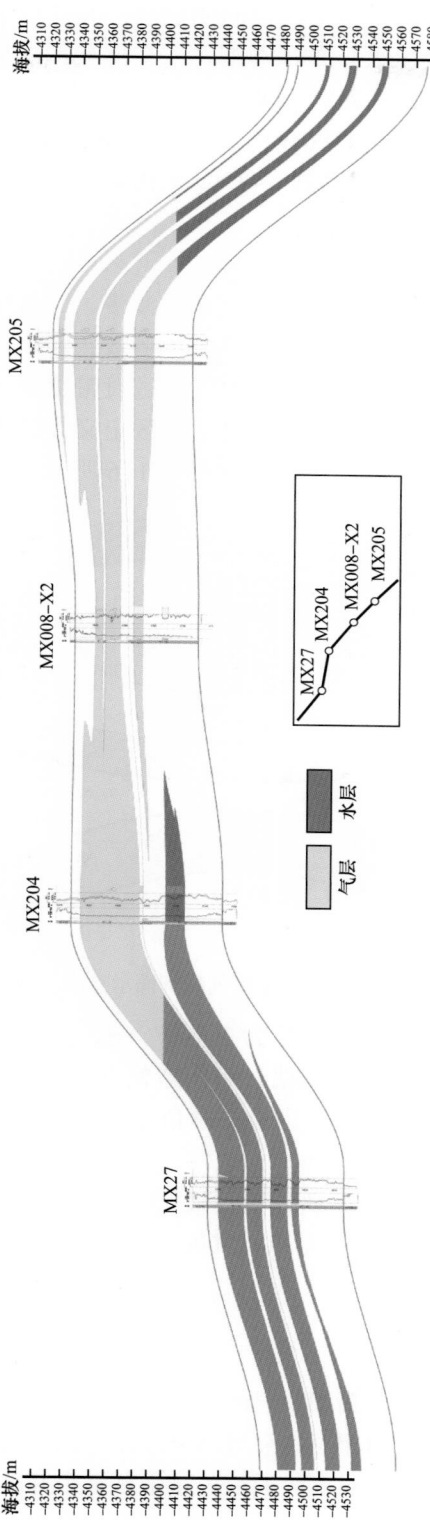

图 4-1-5　研究区 MX204—MX205 井区龙王庙组气藏剖面图

由于研究区气藏气水分布既受控于岩性圈闭控制，又受控于构造圈闭，造成研究区气水分布既具有碳酸盐岩气藏边水分布基本模式，又具有其自身的独特性。生产实践证实，气藏不具有统一的气水界面，西区 MX47 井测试气水同产，测井解释上储层为气水同层，下储层为水层，气水界面 –4380m；东区 MX204 井测试气水同产，水层顶界海拔 –4385m；南区气井下部气层底界海拔 –4390m。由此可见，反映研究区龙王庙组气藏气水分布不完全受控于构造因素。

3）过渡区

过渡区不同于因气水分异不彻底形成的气水过渡带，二者既有区别又有联系，共同点是底部是含水层，上部是含气层，横向边界基本一致，区别在于过渡区纵向上上部是气层，分布较广且含气性较好，易于开采，而气水过渡带纵向上自由气分布较窄，含气性差，含水饱和度较高，难于开采。因此，将过渡区定义为低缓构造背景下广泛存在于气藏边部的上气下水区域（张春等，2017），如图 4-1-6 所示。

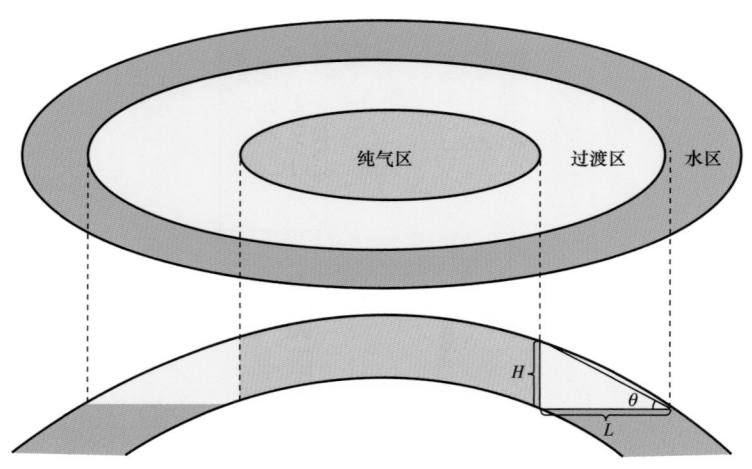

图 4-1-6 过渡区气藏剖面示意图

针对研究区地势极为低缓，地层倾角为 1°～6°，通过建立不同地层倾角条件下过渡区占比总含气面积的分析模型，研究表明，当构造幅度远大于地层厚度时，过渡区所占含气面积比重小，可忽略不计；反之，当地层倾角小于 5° 时，过渡区所占含气面积比重较大，最大可超过 50%。

根据建立的地质模型，精细刻画研究区过渡区的内外边界，确定不同区块过渡区边界范围，明确南北区两翼过渡区分布面积，掌握纯气区分布范围，指导开发部署，提高钻井成功率和气藏开发效果。

三、水侵优势通道描述

在上述构造、储层与气水关系精细描述的基础上，通过井震结合，寻找相对高渗透区块与高渗透通道，将各井区纵横向相对高渗透储渗体作为流体快速侵入通道，将气区与水区之间的高渗透储渗体作为水侵相对优势通道，精细刻画个井区优势通道分布。通过水体能量与优势通道综合分析，精细刻画出 3 大水侵方向 9 条水侵优势通道（图 4-1-7），为整体治水技术形成奠定地质基础。

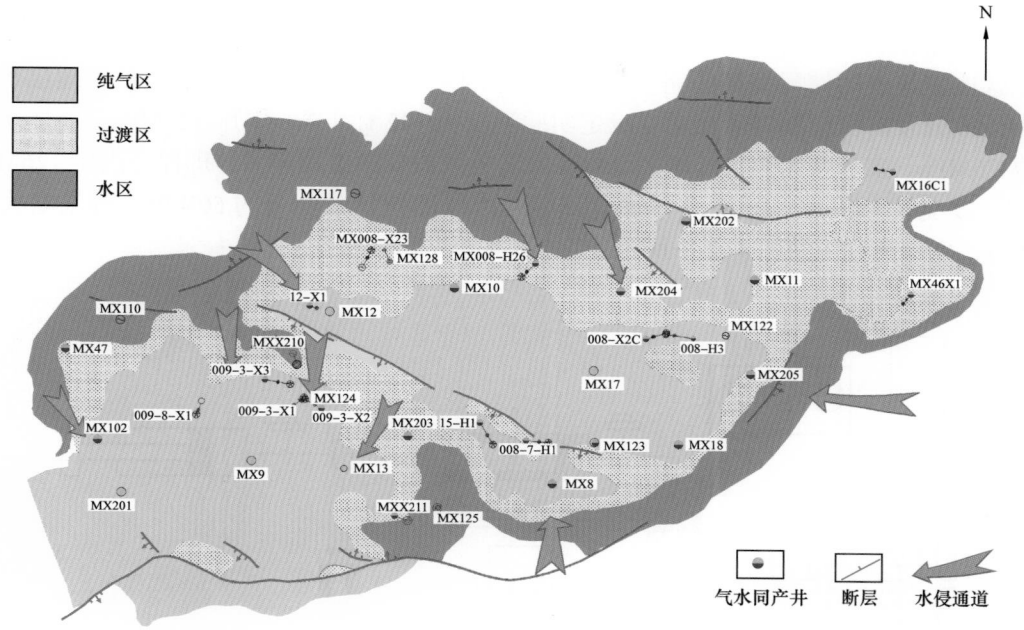

图 4-1-7　磨溪地区龙王庙组气藏水侵优势通道描述图

第二节　多重介质气水渗流差异化特征预判技术

一、多重介质高温高压渗流物理实验分析

1. 岩石综合压缩系数测试实验

由众多异常高压气藏开发动态分析可知，岩石压缩系数是气藏工程分析的重要参数之一，如计算异常高压气藏动态储量、评价异常高压气藏水体侵入的特殊性，如何准确测量储层岩石的压缩系数及岩石压缩系数的变化规律是目前测试的难点之一。

通过不断探索已解决储层岩石压缩系数的测定难点，其间需要克服的几个技术难点问题及解决方法如下：

如何在排除岩石孔喉结构变形前提下，测定地层温度条件下地层水的压缩系数。首先，通过将岩样堵头加工成中心由小孔贯通的特殊堵头；然后，饱和度地层水，温度—压力与地层真实情况相同，实验堵头长度尽可能长，以此减少测试过程中的系统误差，消除地层水压缩系数测试过程中的岩石储集空间变形的影响。

如何在测试获取的综合压缩系数中提取储层岩石压缩系数。在获取地层水岩石压缩系数测试成果的基础上，将储层岩石完全饱和地层水，按照 SY/T 5815—2016《岩石孔隙体积压缩系数测定方法》测试获取储层岩石综合压缩系数。根据综合压缩系数计算原理（$C_t = \phi C_w S_w + C_p$），反算储层岩石压缩系数（刘华勋，等，2019）。式中，C_t 为综合压缩系数，ϕ 为孔隙度，C_w 为地层水压缩系数，S_w 为含水饱和度，C_p 为岩石压缩系数。

选取多块不同储层类型的完全饱和水状态的岩心样品作为实验岩心，根据地层水配置相同成分及矿化度的实验用水，设定实验温度为 142℃，岩心围压 126MPa，流体压力最高 76MPa。实验采用"定外压，变内压"的方式改变净上覆应力，即保持围压 126MPa 不变，改变孔隙压力。即使得有效覆盖压力由地层初始条件下的 50MPa，逐渐增大到 80MPa。实验流程图如图 4-2-1 所示。

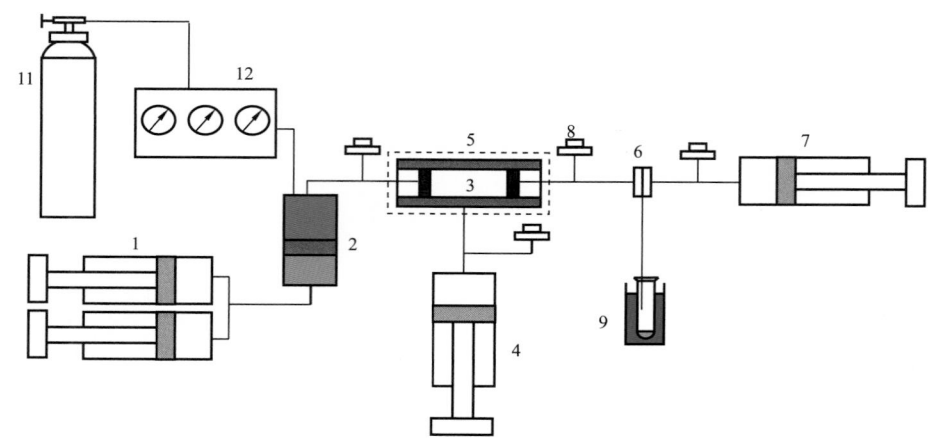

图 4-2-1　岩石综合压缩系数应力敏感实验流程图

1—双缸流压泵；2—高压中间容器；3—高压岩心夹持器；4—围压泵；5—加热套；6—回压阀；7—回压泵；
8—压力传感器；9—气液分离装置；11—高纯氮气瓶；12—气体增压系统

从图 4-2-2 显示的实验结果看，从降低的幅度看，孔洞型岩心降低的幅度最大，最易压缩，综合压缩系数应力敏感性越强；孔隙型岩心的综合压缩系数应力敏感性最弱，裂缝—孔型岩心的综合压缩系数介于两者之间；从多孔介质特性的机理层面分析推断，较大尺度裂缝的孔隙度应力敏感效应可能更强。随着实验过程中流体压力的进一步降低，有效应力增大到一定程度后，岩石有效压缩系数逐渐趋于稳定，在这种情况下，一些近似认为岩石有效压缩系数为常数的分析方法具有合理性。整体来看，气藏开采初期岩石有效压缩系数变化较大，对应阶段孔隙度应力敏感效应较强，表明岩石弹性能量释放明显，裂缝—孔洞型超压气藏更突出。这一阶段属水区水侵能量释放的高峰期，掌握上述规律对预判气藏水侵规律及其对开发的影响程度、制订优化治水对策有重要作用。

2. 气水相对渗透率实验

常温低压条件下测定气水相对渗透率的实验技术早已成熟，包括稳态法和非稳态法。在气藏高温高压地层条件下，一方面压力升高使气水密度差异减小，另一方面高温使水的表面张力显著降低，因此气水相对渗透率与常温低压条件下的实验测定结果有较大差异，常温低压实验分析结果对深层、超深层气藏开发的指导意义有限。如同前述的高温高压应力敏感实验一样，近年高温高压气水相对渗透率实验分析技术也有较大进展。

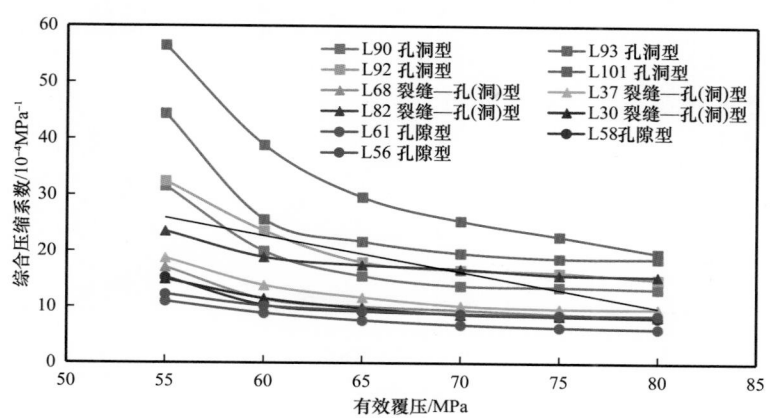

图 4-2-2　不同储层类型岩心综合压缩系数随净上覆压力的变化曲线

深层碳酸盐岩气藏的储层不同程度发育裂缝和溶洞，裂缝、溶洞尺度和分布密度不同时，气水相对渗透率特征相应地不同。选取磨溪地区龙王庙组气藏不同储集类型岩心，模拟磨溪地区龙王庙组气藏地层条件，在围压 126MPa、温度 142℃、流体压力 76MPa 条件下开展气水相对渗透率实验。实验结果表明，总体而言孔隙型储层的束缚水饱和度较高，气相相对渗透率较低，在含水饱和度较低时气相相对渗透率变化幅度较小，基质物性越差上述特征越明显；溶洞发育而裂缝不发育的孔洞型储层气水相对渗透率特征与孔隙型储层相关特征明显不同，当含水饱和度不超过临界值时水相渗透率变化不大，但气相渗透率随含水饱和度降低而减小的趋势显著，而含水饱和度超过临界值后水相渗透率急剧上升；裂缝发育明显增加低含水饱和度条件下的水相渗透率，由此影响裂缝—孔隙型和裂缝—孔洞型储层的气水相对渗透率特征。

整体来看，3 种储集类型的相对渗透率曲线表现出相似性，随着含水饱和度的增加，气相相对渗透率初期下降相对较快，后期相对较慢。水相相对渗透率初期变化较小，随后急剧增加，存在急剧变化的临界点，即水锁的含水饱和度临界点，该临界点与相对渗透率曲线的等渗点较为接近。3 种储集类型的等渗点含水饱和度基本都介于 0.6~0.8，其中孔隙型等渗点含水饱和度最小，为 0.64，裂缝—孔洞型和孔洞型的等渗点含水饱和度较为接近，分别为 0.74 和 0.76（图 4-2-3 至图 4-2-5）。

3. 水平井和大斜度井携液实验流管仿真分析

与直井相比，水平井和大斜度井既有提高单井产量的优势，也有不利于带液的缺点。因此，全面分析其携液能力，对评价产水气藏水平井和大斜度井的适宜性、制订相关开发对策、优化生产管理具有重要意义。

水平井包含水平井段、倾斜井段和垂直井段，大斜度井包含后两段，不同井段携液特征和能力有所不同，因此其携液动态规律比直井更复杂。已有研究表明，不同井段气

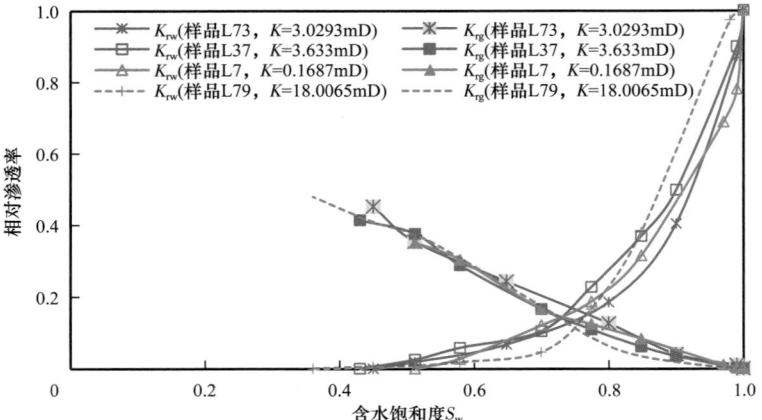

图 4-2-3 裂缝—孔洞型岩心的气水相对渗透率曲线

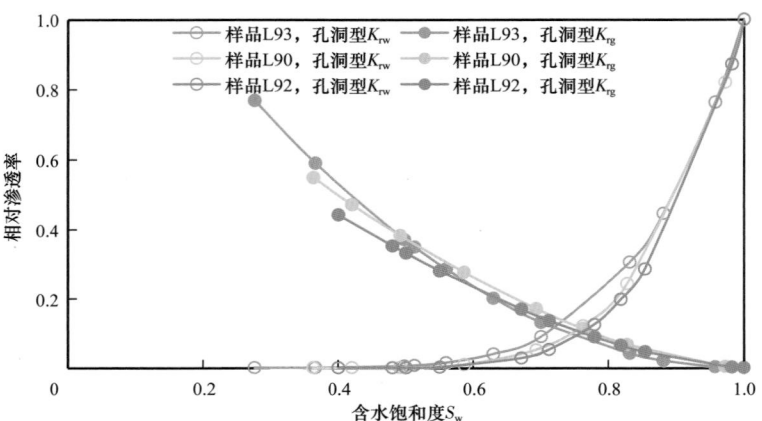

图 4-2-4 孔洞型岩心的气水相对渗透率曲线对比

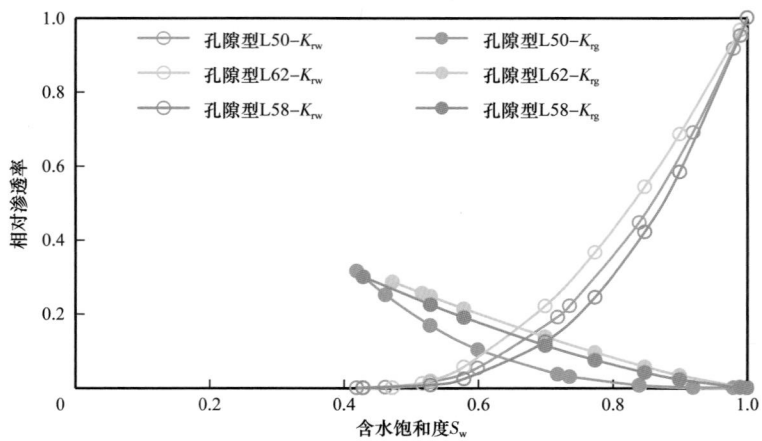

图 4-2-5 孔隙型岩心气水相对渗透率曲线

水流型分布有一定差异。为了掌握不同井斜角水平井和大斜度井在不同气水产量、不同井底积液程度条件下各井段气水流型分布特征及其相互关系，设计相应管流气水两相流物理模拟实验，实验装置示意图如图4-2-6所示。

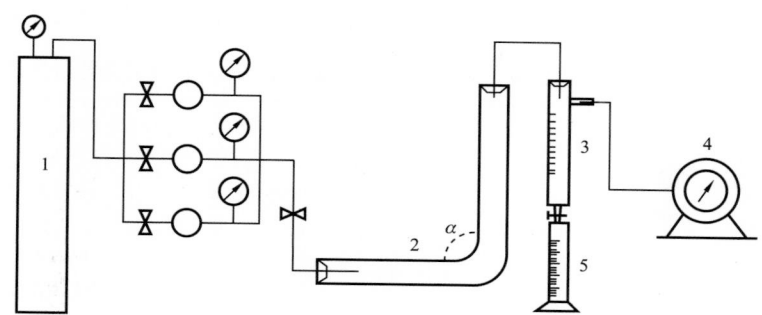

图 4-2-6　管流气水两相流物理模拟实验装置
1—气源；2—不同夹角耐压玻璃管；3—气液分离器；4—湿式气体流量计；5—玻璃量筒；
✖—手动阀；◯—调压阀；⊘—精密压力表

模拟实验发现："水平段"下倾的流管无上述现象，气体流速不足以充分携液时，积液产生于远端（图4-2-7）。"水平段"上翘的流管在气体流速不足以充分携液时，液体容易在底部V形段聚集（图4-2-8），进一步影响携液。

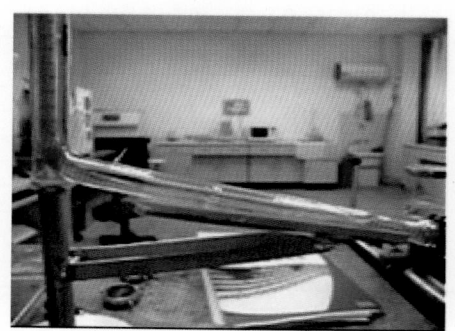 

(a) 入口气流量小的情况　　　　　　　　(b) 入口气流量大的情况

图 4-2-7　供给源流速不同情况下管内气水流型分布特征

 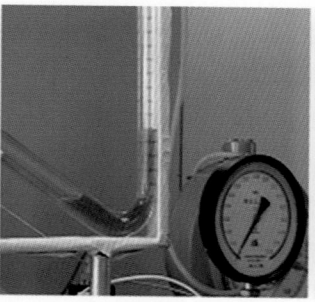 

(a) 完全水封　　　　　　(b) 解封驱动力不足　　　　　　(c) 即将解封

图 4-2-8　上翘型流管轨迹底部 V 形段的水封效应

实验研究结果有助于深化认识气藏开发水平井和大斜度井携液能力的关键性机理和特征，也为进一步研究相关定量计算评价方法提供了基础。这些研究认识为部署水平井和大斜度井开发气藏以及相关生产管流提供重要技术参考。

表 4-2-1 为不同初始积液量条件下不同管段的流型及其对应的全管段压差。

表 4-2-1　不同初始积液量条件下不同管段的流型及其对应的全管段压差

水平段初始积液程度 / %	进气位置	水平段流态对应压差 /MPa			垂直段流态对应压差 /MPa		
		间歇扰动段塞流	分层流	环状流	环状、雾状流	段塞流	过渡流
33	远端	—	0～0.35	0.35～1.5	水平段积液未带出 垂直段未见到连续液相		
53		—	0～0.4	0.4～1.5	—	—	0.25～1.59
80		—	0～0.4	0.4～1.5	0.0024～0.006	—	0.006～1.56
100		0～0.003	0.003～0.405	0.405～1.5	—	0.003～0.25	0.25～1.5
33	中部	—	0～0.45	0.45～1.5	垂直段未见到连续液相		
53		—	0～0.8	0.8～1.5	0.02～0.1	—	0.1～1.5
80		—	0～0.95	0.95～1.5	0.0035～0.1	0.1～0.8	0.8～1.5
100		0～0.002	0.002～1.05	1.05～1.5	—	0.002～1.1	1.1～1.5
33	近端	—	0～1.5		0.2～1.5		
53		—	0～1.5		0.018～1.5		
80		0～0.007	0.007～1.5		0.07～0.2	0.2～1.5	
100		0～0.09	0.09～1.5		0.004～0.08	0.08～1.5	

二、全直径数字岩心渗流模拟技术

1. 模拟方法的基本假设

全直径数字岩心渗流模拟技术作为一种数值模拟方法，首先需要明确方法的基本假设。由于研究区基质致密，其非均质性对流动的影响远远小于缝洞，该方法在对基质进行等效处理的基础上开展模拟运算。其基本假设为：（1）岩心中的流动为等温流动；（2）未能识别的致密基质为背景相，缝洞嵌套于基质中；（3）不同介质流态不同，均存在储集和渗流能力；（4）不同介质间存在窜流；（5）基质均匀存在同一渗透率和孔隙度。

为了实现对基质的等效处理，本次研究还开展了二次高精度的微 CT 扫描（鄢友军等，2017）。具体分为以下 3 个步骤：（1）在全直径岩心中截取毫米级的基质小样，开展二次高精度的微 CT 扫描，其分辨率可以达到 0.01μm，获得一系列基质岩心微观孔喉图像，并且基于与全直径岩样相同的重构方法，完成基质小样的三维重构，获得小样的等效孔隙度。（2）基于三维空间结构运用细微孔道层流计算，获得在毫米级尺度下，不同压差与流量的相关关系。（3）通过建立与基质小样相同尺寸的多孔介质立方体，赋予不同渗透率，在相同的压差下进行出口流量的拟合，最终得到基质小样的等效渗透率（表4-2-2）。

表 4-2-2　基质等效渗透率模拟结果

模型参数					计算结果		
孔隙度 /%	长度 /mm	渗流面积 /μm^2	进出口压差 /Pa	平均喉道半径 /μm	等效渗透率 /mD	计算模型	出口流量 /$\mu m^3/s$
1.1	1.27	0.0161	5.00	0.08	0.016	微细孔道层流	5.81×10^{-3}
						达西渗流	5.86×10^{-3}

2. 流动系统的划分

根据安岳气田磨溪区块龙王庙组气藏中对不同储集空间的识别划分，可将构建的数字岩心划分为3个不同的流动系统（图4-2-9）。

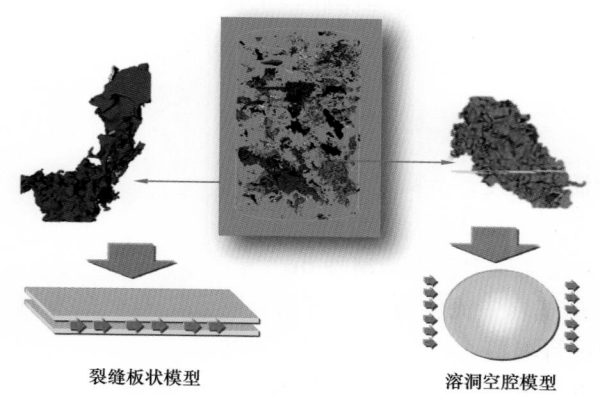

裂缝板状模型　　　　　溶洞空腔模型

图 4-2-9　不同储集空间的等效简化

1）溶洞系统

在识别研究中，将等效直径大于2mm的储集空间定义为溶洞。在岩心中溶洞的分布较为离散，部分被裂缝沟通，对孔隙度的贡献度可达30%～50%，具有良好的储集性能。这类储集空间中的流动可以看作是黏性流体的自由流动，即空腔流，可以沿用流体力学中的基本方程 N—S 方程进行描述：

$$-2\mu\nabla \cdot D(u) + \nabla p = f \qquad (4-2-1)$$

式中　μ ——流体黏度，mPa·s；

　　　D ——溶洞区域应变张量；

　　　u ——溶洞区域中的流动速度，m/s；

$\nabla \cdot D(u)$——应变张量随流动速度变化的散度；

∇p——溶洞区域压力梯度，MPa/m；

f——流体的体积力，MPa/m。

2）裂缝系统

在识别研究中，形状因子小于 0.1，且几何尺度比大于 10 的孔隙空间定义为裂缝。在岩心中裂缝的储集性能较小，但是可以起到改善渗流能力的作用。裂缝中的流动速度与裂缝的开度相关。目前主要可以通过立方率进行描述：

$$Q_{\mathrm{f}} = \frac{b^3}{12\mu} \frac{\Delta p_{\mathrm{f}}}{l} \qquad (4-2-2)$$

式中　Q_{f}——裂缝出口流量，m/s；

　　　l——裂缝长度，m；

　　　b——裂缝开度，m；

　　　Δp_{f}——裂缝进出口的压差，MPa/m。

3）基岩系统

通过识别，岩心中等效直径小于 2mm 的储集空间，以及大量在识别范围以外的骨架区域，将其近似地等效为具有一定孔隙度和较低渗透性的基质区域，其中的流动仍符合达西定律：

$$u_{\mathrm{m}} = \frac{K_{\mathrm{m}}}{\mu} \nabla p_{\mathrm{m}} \qquad (4-2-3)$$

式中　u_{m}——基岩中流体速度，m/s；

　　　K_{m}——基岩渗透率，mD；

　　　∇p_{m}——基岩中流动压力梯度，MPa/m。

运用达西定律描述基岩中流体流动，利用有限元法对裂缝发育区和溶洞发育区中流动的压力场和速度场进行求解。

通过微观数值模拟结果与物理实验结果的对比（图 4-2-10 和图 4-2-11）表明，两者在流体流动的规律和形态上都是较为吻合的。具体表现在以下两个方面：一是在裂缝发育区域，流体沿着裂缝表现出明显的窜进，其流动速度高于基质；二是在溶洞发育区域，溶洞附近流速明显较快，形成"碗状"分隔带，但对流动路径的影响不如裂缝明显。

基于真实岩心三维数字模型，通过网格剖分和有限元法对流动模拟过程进行求解。在岩心局部上对裂缝—孔（洞）储层岩心流动的过程进行了有效还原，实现了压力分布、速度分布以及流动路径等参数的可视化（图 4-2-12 和图 4-2-13）。

针对深层碳酸盐岩储层强非均质性和多重介质特征，充分利用气藏动态与静态资料，依托数字岩心分析、高温高压渗流实验以及试井分析等手段，发展完善了深层强非均质碳酸盐岩气藏渗流表征技术。

通过该项技术，实现了微尺度精细流动模拟、缝洞介质复杂渗流表征。在掌握缝洞微观结构的基础上，开展岩心渗流机理分析和多重介质宏观流动规律分析，深入认识流

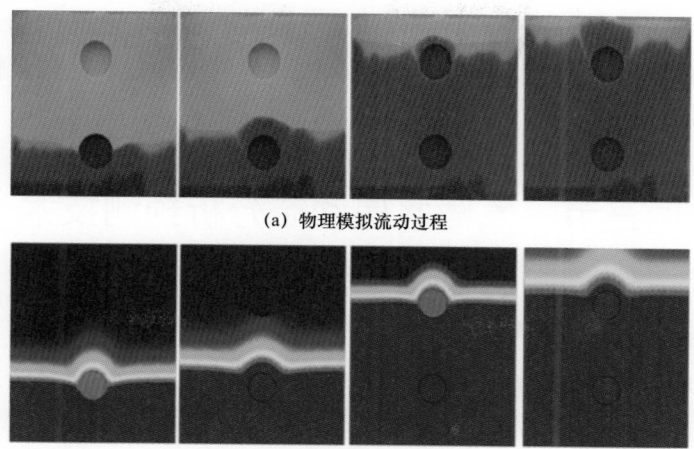

（a）物理模拟流动过程

（b）数值模拟流动过程

图 4-2-10　溶洞模型物理模拟与数值模拟对比

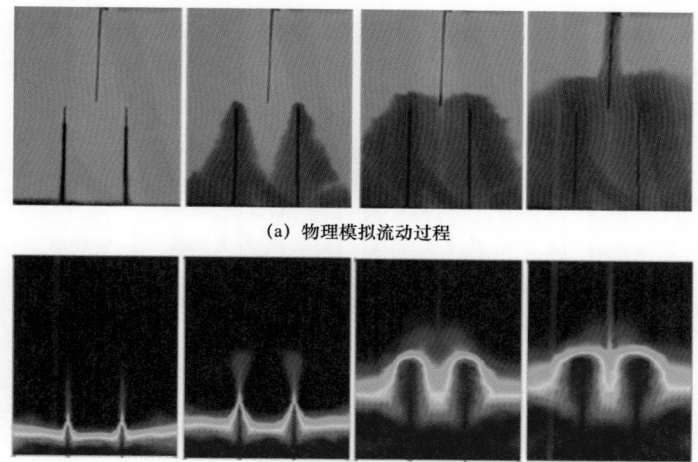

（a）物理模拟流动过程

（b）数值模拟流动过程

图 4-2-11　垂缝模型物理模拟与数值模拟对比

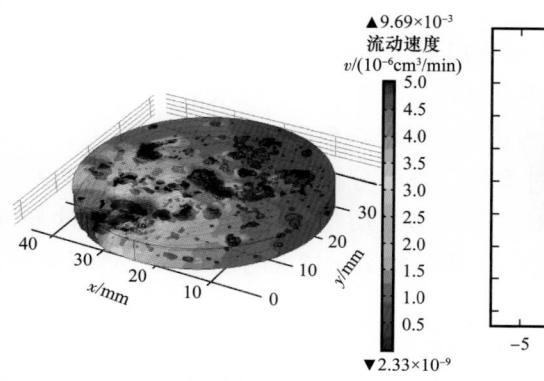

图 4-2-12　真实岩心模型中速度场分布

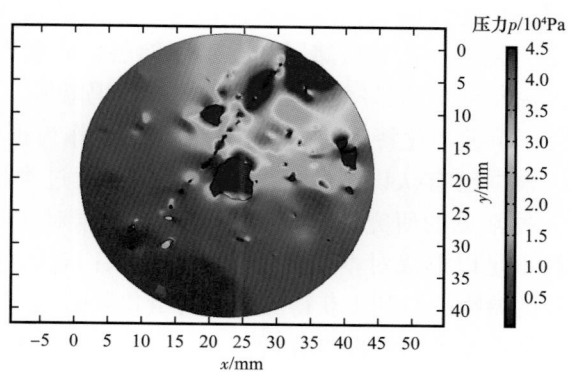

图 4-2-13　岩心截面压力分布

体在不同储层中的流动规律、流动路径和流动界限，为不同类型储层的渗流特征分类描述奠定基础。分析表明在多重介质的岩心中压力传导顺序为：裂缝→裂缝沟通的孔隙和溶洞、孔隙→孤立溶洞。

第三节　气藏水侵动态分析预测技术

众所周知，天然水侵气藏延长稳产期、延缓产量递减、提高采收率的关键之一是有效治水，这就需要以准确认识水侵规律为前提。有水气藏气井产水后气产量将出现不同程度地递减，当地层能量不足时，产水气井将出现井筒积液，水淹停产区易出现地层水封天然气剩余储量，使气藏废弃压力大幅度提高，对气藏最终采收率影响极大。因此，水侵动态早期准确预报显得尤为重要。

一、不同类型储层储渗空间及储渗特征的差异性

通过长期观察与研究实践发现，四川盆地气藏储层从微观储集空间及渗滤通道方面综合分类，参考 GB/T 26979—2011《天然气藏分类》，储层类型大体上分为 4 大类：裂缝型储层、裂缝—孔隙型储层、裂缝—孔洞型储层及孔隙型储层，其储集空间及渗流通道示意图如图 4-3-1 所示，其储集空间及渗流通道特征见表 4-3-1。

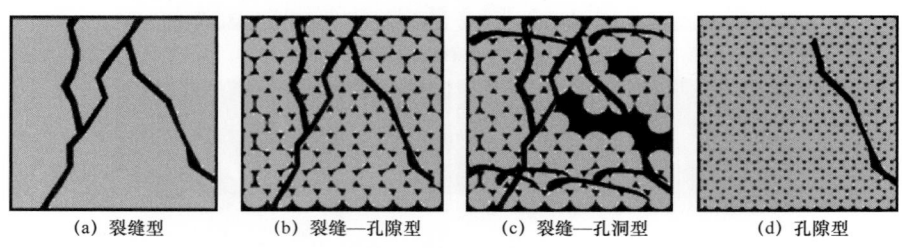

| (a) 裂缝型 | (b) 裂缝—孔隙型 | (c) 裂缝—孔洞型 | (d) 孔隙型 |

图 4-3-1　不同类型储层储空间及渗流通道示意图

在水体储量、气水接触关系、水侵通道特征和气藏开采方式等影响因素相同的情况下，仅比较储渗空间类型对水侵动态的影响，发现以下规律：不同类型储层产生非均匀水侵的可能性由大到小及水侵影响速度由快到慢的排序均为裂缝型储层、裂缝—孔隙型储层、裂缝—孔洞型储层和孔隙型储层，而水淹后排水消耗水侵能量及逆转水侵影响的难度由易到难的排序也呈同样的规律（冯曦等，2018）。表 4-3-2 展示了对不同类型储层水侵影响差异化特征的机理分析结果，可作为预判水侵影响程度的类比性参照。

根据已有认识划分气藏水侵类型，通过类比，归类分析不同气藏水侵特征的差异，是一种常见的研究模式。然而，仅仅依据对实际气藏地质特征和生产数据的统计分析，往往不足以形成对本质特征的精细认识；对比气藏开发实际情况与理论研究理想化状态之间的差距，有利于获得更准确的量化判断。

根据渗流力学理论分析，当气水接触面水相流度（水相有效渗透率与黏度比值）不大于气相流度、开发过程中气藏各部位压力均衡下降时，不会引起危害性水侵影响。上述理

想化状态在实际气藏中很少出现，难以据此直接预判气藏水侵特征，但通过定量对比分析实际情况与理想状态的差距，能够甄别不同气藏、不同井区水侵影响的细分特征类型，间接支撑个性化治水对策的制订。从理论分析角度看，含水饱和度在临界值以下时不易发生非均匀水侵，由此得知气藏开发预防水侵危害的理想状态——通过优化调控始终使生产井周围储层含水饱和度保持在临界值以下；虽然实际生产中几乎不可能达到理想状态，但分析实际含水饱和度与理论临界值的差异以及对应的气、水流度比值关系，可从一个侧面评估气藏开发受水侵影响的程度，为气藏治水对策的制订和优化提供参考依据。

表 4-3-1　不同类型储层储集空间及渗流通道特征表

储层类型	特征	
	储集空间	渗流通道
裂缝型	裂缝	裂缝
裂缝—孔隙型	以孔隙为主	喉道—裂缝
裂缝—孔洞型	以孔洞为主	喉道—裂缝
孔隙型	孔隙	喉道

表 4-3-2　不同类型储层水侵影响差异化特征机理分析结果表

储层类型	差异化特征			
	非均匀水侵可能性	水侵影响速度	排水消耗水侵能量及逆转水侵影响的难度	孔、洞、缝发育情况对水侵的影响
裂缝型	大	快	相对容易	裂缝尺度越大、不同裂缝延伸方向与水侵方向越一致，差异化特征越显著
裂缝—孔隙型	较大	较快	较难	裂缝尺度越大、不同裂缝延伸方向与水侵方向越一致、孔隙系统物性越差，水侵特征越类似于裂缝型储层
裂缝—孔洞型	较小	较慢	难	溶洞密度越高、分布越均匀，差异化特征越显著；不包括直接影响储层宏观非均质性的大裂缝及巨型洞穴情况
孔隙型	小	慢	极难	孔隙、喉道半径越小，差异化特征越显著；储层微裂缝（划分储层类型时可能被忽视）越少，岩石颗粒分选性越好，非均匀水侵可能性越小

二、水侵动态预报方法

1.现有水侵动态预报

目前，人们在气藏早期水侵识别方面主要采用的方法有：气井生产动态特征分析、现代产量递减分析、压降曲线诊断、不稳定试井分析等方法。总体而言，气井生产动态特征分析、现代产量递减分析及压降曲线诊断法以定性识别水侵影响或水侵影响显现后的事后定量分析为主，不稳定试井分析则可以提前定量识别、预判生产井附近的水侵前缘，在诸多情况下后者对气藏开发对策制订或优化具有更好的前瞻性支撑作用。各种方法均存在一定的优点和不足，掌握相关方法的适用性特点有利于在不同条件下更好地优选应用：（1）生产动态特征分析主要通过观察气井气水产量及水气比变化、水样分析化验结果等指标进行分析判断，这些指标对未产水气井不敏感，另外，水气比受施工作业液返排、地层中原生孔隙水产出等因素影响，水分析化验结果通常仅对诊断气井产水初期的动态特征有效；（2）现代产量递减分析方法是利用生产数据通过 Blasingame 方法、NPI 方法和 FMB（Flowing Material Balance）方法等来判断气井受水侵影响程度，这类方法的适用条件是单井供给区域定容封闭，当储层连通性好、存在井间干扰或气井供给区域外围存在低渗透补给现象时，其适用性较差，即井间干扰与外围低渗透补给条件下难以采用这类方法准确判断水侵影响；（3）压降曲线诊断法主要从气藏压力与累计产气量（p/Z—G_p）图上后期数据点偏离初期直线段后上翘的特征识别水侵影响，其适用条件是地层水侵入气藏占据部分储集空间，但未破坏气藏内部连通关系，该方法在早期识别气藏水侵方面存在困难；（4）不稳定试井方法能较早地预报气井受水侵影响，其原理是根据压力恢复曲线特征变化定量分析气井附近水侵前缘推进动态，过去已有基于直井试井解析模型建立的分析方法，但对大斜度井和水平井适应性较差。

2. 大斜度井／水平气井不稳定试井分析定量诊断水侵前缘方法

大斜度井／水平气井的携液临界产量比直井高，前者产水后对生产的影响更严重，因此对主要采用大斜度井／水平气井开发的边水气藏而言，准确定量预判水侵前缘对认识气藏水侵特征、优化气藏开发具有重要作用。以下重点以水平井为例进行深入研究，大斜度井有类似特征。

1）不稳定试井诊断水平井边水水侵前缘原理

边水气藏投产前水区压力与气区压力保持平衡，气区与水区具有较明显的气水界面，此界面即为气藏的原始气水界面。气藏投产后，由于天然气的采出，气区压力持续降低，与气区相邻的水区则会产生水体膨胀与水区储层岩石压缩效应，部分水体在此效应作用下侵入气区，此时受边水侵入影响的区域由单相渗流转变成气水两相渗流，此过程在气藏内为水驱气过程。

非稳态水驱气相对渗透率测试属水驱气模拟室内试验。根据典型非稳态水驱气相对渗透率曲线（图 4-3-2）可知：边水侵入后，直接受水侵影响的气区由单相流转变为气水两相渗流，气相有效渗透率迅速下降；水侵越严重、含水饱和度越高，气相有效渗透率越低。当气井关井压力恢复试井采用解

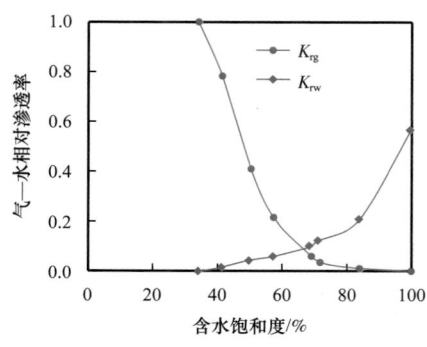

图 4-3-2 非稳态水驱气相对渗透率曲线

析解模型（假设水侵前缘呈直线状）、选择气相为参考相时，与早期压力恢复试井双对数曲线相比较，后期压力恢复试井双对数图上压力导数曲线的远井区特征反映表现出曲线上翘特征，即气相有效渗透率降低；随着气藏开发进行，气区压力持续降低，水侵前缘持续向气井附近推进，压力恢复试井双对数图上压力导数曲线表征受远井区水侵影响的数据点上翘的时间也越来越早。

　　2）水平井附近边水水侵前缘特征的识别

　　以两相渗流理论为基础、数值试井为手段，考虑边水并非理想化直线状推进、存在局部突进的情况，模拟水平气井单侧方向的边水与气区相连、气井生产过程中含水饱和度变化情况。水体向气井推进过程中不同时期的含气饱和度分布如图4-3-3所示，理论计算获得不同时期的关井压力恢复试井双对数曲线，如图4-3-4所示。对比不同时期的水平井压力恢复试井双对数曲线，发现边水水侵对试井曲线的形态的影响有以下特征：

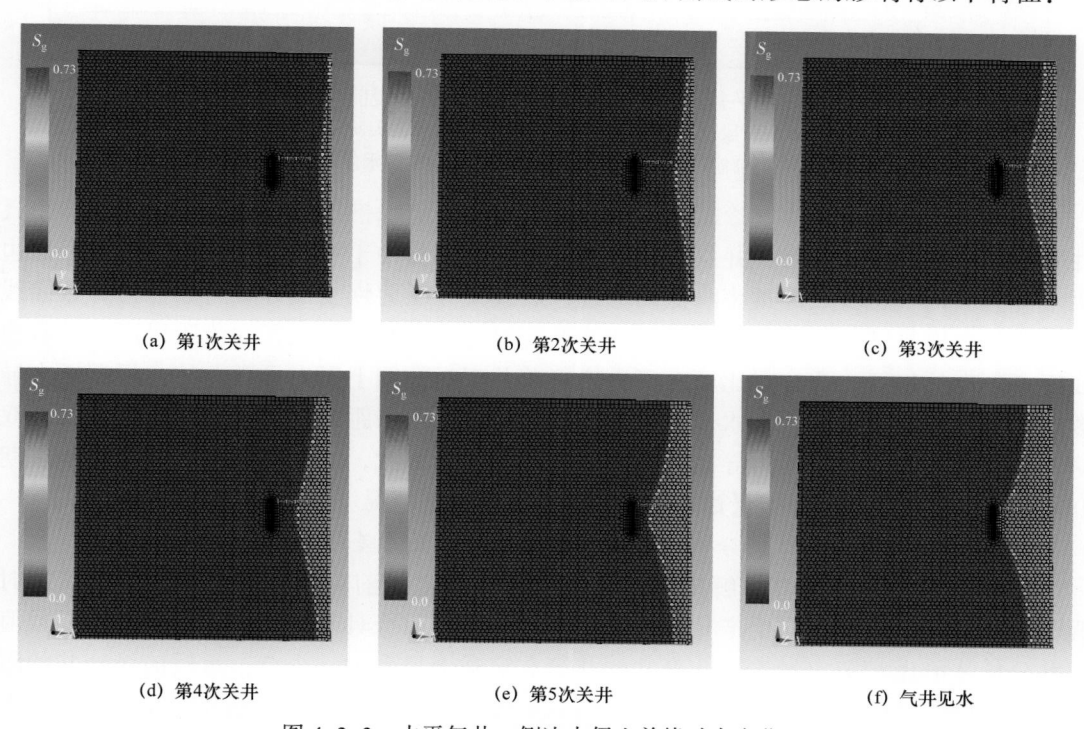

(a) 第1次关井	(b) 第2次关井	(c) 第3次关井
(d) 第4次关井	(e) 第5次关井	(f) 气井见水

图4-3-3　水平气井一侧边水侵入前缘动态变化图

　　（1）气水两相渗流条件下，水平气井未见水前，关井压力恢复双对数曲线可划分为6个阶段特征，分别为：① 早期纯井筒储集效应阶段，压力曲线在该阶段与压力导数曲线重合，表现为倾角为45°、斜率为1的直线，其持续时间的长短主要受井筒储集系数大小影响；② 第一过渡流阶段，反映纯井筒储集阶段到水平井垂向径向流的过渡特征；③ 垂向径向流阶段，水平井垂向径向流特征是压力导数曲线呈水平直线，水平线位置的高低由储层垂向与横向渗透率乘积的大小决定；④ 第二过渡流阶段，垂向径向流到平面拟径向流的过渡段，特征表现为压力导数曲线上翘，其上翘持续时间与水平段有效长度、储层厚度等参数相关；⑤ 储层平面拟径向流阶段，特征为中后期压力导数出现水平段，水平段位置高低与储层水平渗透率相关；⑥ 单井供给区域边界（包括井间干扰）与远井区水侵共同作用影响阶段，水侵影响前后压力恢复试井双对数曲线对比如图 4-3-4 所示。

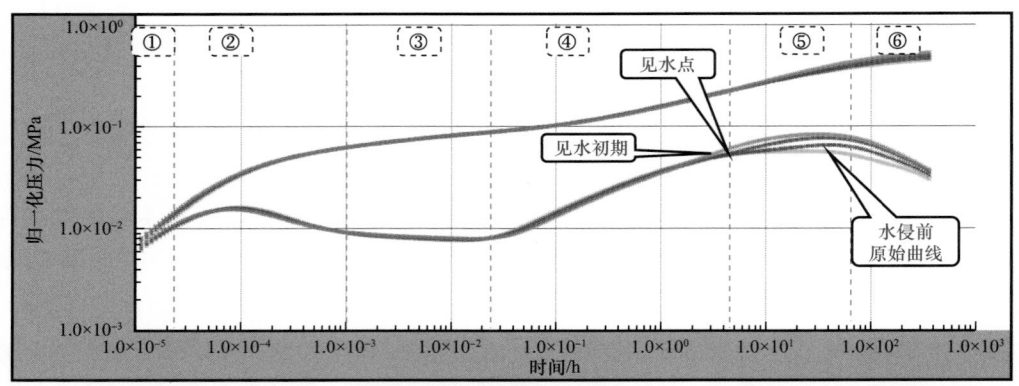

图 4-3-4 利用水平井压力恢复试井曲线诊断边水水侵前缘推进动态示意图
① 早期纯井筒储集效应阶段；② 第一过渡流阶段；③ 垂向径向流阶段；④ 第二过渡流阶段；
⑤ 储层平面拟径向流阶段；⑥ 单井供给区域边界与远井区水侵共同作用影响阶段

（2）边水水侵前缘位置诊断：水平气井边水水侵前缘推进过程中，若水侵前缘距气井较远，水侵对压力恢复试井双对数曲线的影响主要集中于平面拟径向流阶段。根据边水水侵区域内气相有效渗透率降低的原理，后续关井压力恢复试井双对数压力导数曲线与原始压力恢复试井双对数压力导数曲线叠合对比，表现出平面径向流阶段压力导数曲线逐渐分离的特征。叠合对比历次压力恢复试井双对数图上压力导数曲线，根据压力导数曲线分离位置可求取边水水侵前缘位置。边水水侵前缘距井筒越近，压力恢复试井双对数叠合对比图上后期压力导数曲线分离时间越早。因此，通过对边水附近的气井定期开展压力恢复试井，即可定量诊断与监测水侵前缘推进情况。

3）对不同井型利用试井分析诊断边水水侵前缘位置的差异

前面提到过去采用直井解析试井理论模型计算水侵前缘到井的距离，建立模型时假设水侵前缘呈直线状向生产井推进，而实际的水侵前缘具有局部突进特征，需要数值试井分析才能做相关定量诊断。直井的井筒在宏观上呈现为一个点，水侵前缘到井的距离具有明确的实际意义，即试井分析诊断的水侵前缘与实际的含水饱和度突变的前缘大体相同。而水平井则不同，当突进的水侵前缘达到距井较近位置时，受水平井段长度的影响，水侵前缘到井段各部位的平均距离与水侵前缘到气井井段的最近距离可能差异较大，即试井曲线诊断的水侵前缘可能有偏差，方法的适用条件对应用有一定限制。为了掌握其规律，做了水侵前缘对直井和水平井试井曲线影响的对比分析，根据数值试井模拟的不同时期含气饱和度分布图，读取其实际水侵前缘距气井的距离，如图 4-3-5 至图 4-3-7 所示，再与历次压力恢复试井双对数曲线叠合分析求取的水侵前缘距气井的距离对比，表 4-3-3 展示的是一个实例计算结果。

根据表 4-3-3 分析可知：（1）直井压力恢复试井双对数曲线叠合分析计算的水侵前

缘距离与实际情况相近；（2）对于水平井而言，当水侵前缘距气井的距离大于水平井段有效长度时，压力恢复试井双对数曲线叠合分析计算的水侵前缘距离与实际情况相近，当水侵前缘距气井距离小于水平井段有效长度时，试井诊断结果与实际情况差异较大。

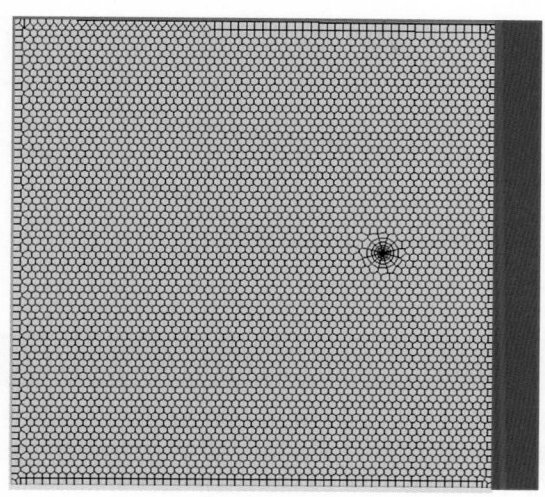

图 4-3-5　数值试井模拟直井受边水侵影响的原始气水分布示意图

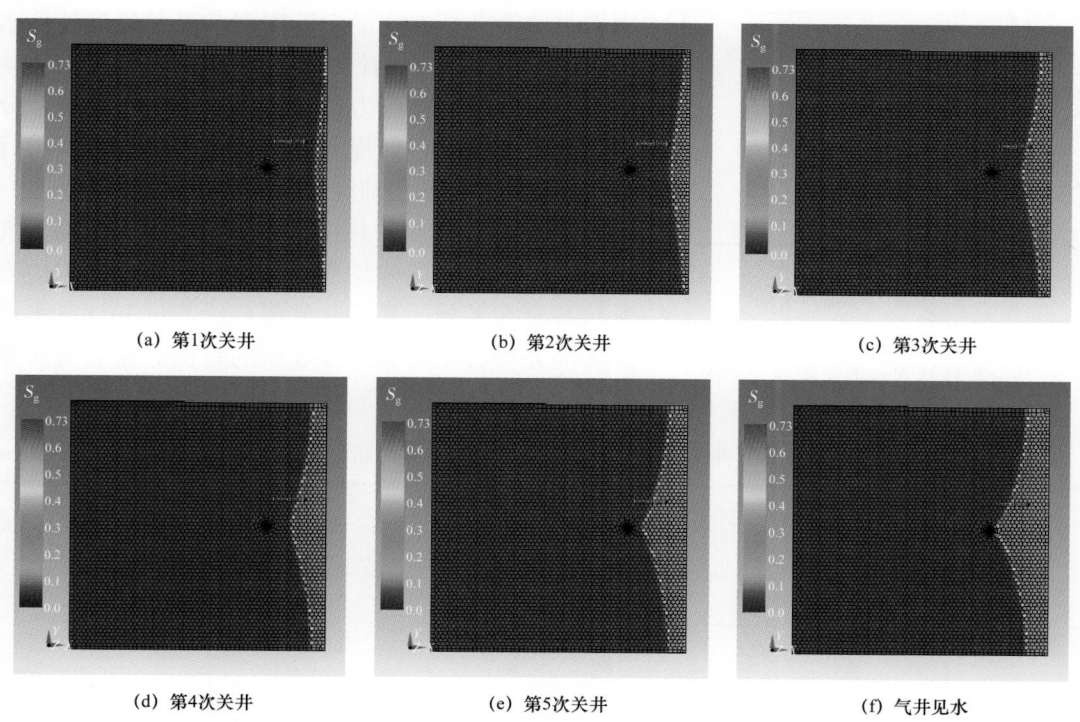

| (a) 第1次关井 | (b) 第2次关井 | (c) 第3次关井 |
| (d) 第4次关井 | (e) 第5次关井 | (f) 气井见水 |

图 4-3-6　直井受边水侵影响水侵前缘动态变化图

因此，当水侵前缘距离与水平段有效长度相近时，试井分析计算的是水侵前缘到水平井段不同位置的平均距离，需要通过校正才能获得最近距离。即需采用数值试井拟合历次压力恢复试井曲线，在此基础上，模拟获取在相应条件下实际水侵前缘距离与试井计算水侵前缘距离的数值对应关系，在此基础上对压力恢复试井双对数曲线叠合分析得出的水侵前缘距离进行校正，获取水平气井真实的水侵前缘距离。

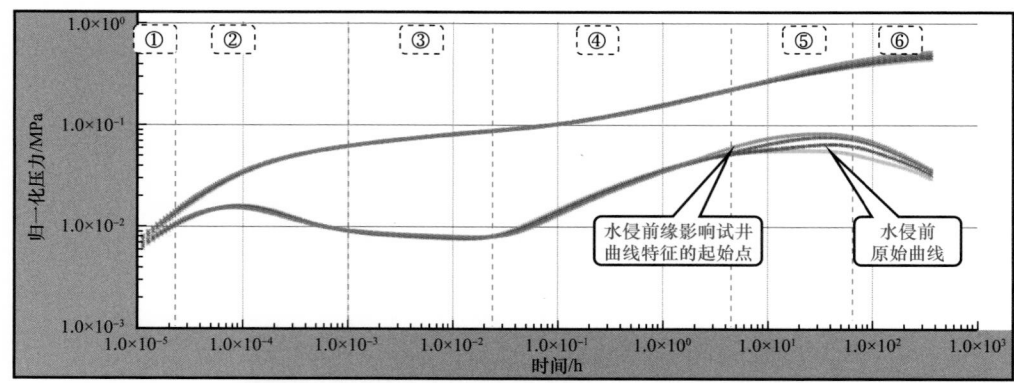

图 4-3-7　边水侵影响条件下直井不同时期压力恢复试井双对数曲线特征变化叠合分析图
① 早期纯井筒储集效应阶段；② 第一过渡流阶段；③ 垂向径向流阶段；④ 第二过渡流阶段；
⑤ 储层平面拟径向流阶段；⑥ 单井供给区域边界与远井区水侵共同作用影响阶段

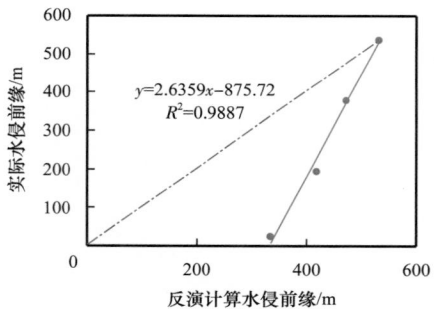

图 4-3-8　水平井实际水侵前缘距离与试井分析计算水侵前缘距离关系图

根据表 4-3-3 中水平井第 3 次至第 6 次关井压力恢复试井分析对应的实际水侵前缘与反演计算水侵前缘回归发现，二者基本呈线性关系，如图 4-3-8 所示，据此，可对压力恢复试井双对数曲线叠合分析计算获得的水侵前缘到水平井段的平均距离进行校正，从而获得水侵前缘到水平气井的最近距离。

不同气井的水平井长度、井筒距水体距离、气水接触关系、储层非均质性、裂缝发育程度和边界形状等存在差异，其实际水侵前缘与试井计算水侵前缘的差异程度与表 4-3-3 中的案例数据会有所差异，应用时应以实际气井参数计算结果为准。

表 4-3-3　水平井和直井实际水侵前缘与压力恢复试井分析计算的水侵前缘对比表　　单位：m

关井次序	水平井		直井	
	实际	反演计算	实际	反演计算
第 1 次	774.9	770.0	765.0	759.8
第 2 次	669.1	661.2	683.1	669.3
第 3 次	537.2	532.1	559.2	550.1
第 4 次	378.9	473.5	393.3	391.1
第 5 次	194.5	419.2	185.4	188.2
第 6 次	25.0	334.9	气井已见水	

4）方法适用条件

前述水平井水侵前缘诊断方法适用于边水相对均匀侵入的情况，不适用于边水沿裂缝快速水窜的情况。

第四节　水侵状况下气藏储量分布及变化特征描述技术

剩余储量分布是气藏后期开发调整部署、措施挖潜的重要依据。目前，国内外研究剩余储量的方法主要有沉积微相研究法、细分小层储量评价法、动态分析法和数值模拟法等，较为常用的方法主要有动态分析法和数值模拟法。

一、动态分析法

1. 现代产量递减分析法

现代产量递减分析法是近期发展起来的单井动态分析新方法。目前现代产量递减分析方法主要有 Fetkovich、Agarwal–Gardner（A–G）、Blasingame、Transient 和 Nor–malized Pressure Integral（NPI）等。该方法利用日产气量和井底流压等常规生产数据，通过特征曲线图版拟合，可定量描述有效半缝长、渗透率、井控面积和井控储量等关键参数。在确认单井的井控储量后，结合气井累计产气量，落实储量的动用情况，从而明确剩余气富集区的分布情况。

2. 动态监测法

动态监测法主要是通过开展全气藏或区块关井，录取的动态监测资料，开展了气井生产动态特征方面分析：

（1）通过投产前点测静压资料，分析认为气藏内部总体连通，判断气井的井控面积；

（2）对比历次压力恢复曲线，推断水侵前缘推进位置，初步确定水侵区面积及可能水封的储量；

（3）根据点测静压和压力恢复试井，计算气井储层中深压力，绘制气藏压力分布图，通过气藏压力变化特征分析气藏剩余储量的变化规律（图 4-4-1 和图 4-4-2）。

二、数值模拟法

数值模拟技术是一种能以可靠、实用的结果逼近气藏生产全过程开发实际的仿真模拟技术，它在深化气藏地质认识，综合评价气藏开发生产特征，预测气藏开发动态规律等方面体现出其先进性和科学性，油气田开发工程师们往往运用它作为开发对策优化的一项工具。

1. 特大型复杂气藏地质建模

1）常规双重介质建模

碳酸盐岩裂缝孔洞型储层由于存在孔隙、溶洞和裂缝三重介质，不同介质类型其渗流机理均不相同。因此，储层定量表征的思路是分基质和裂缝两个系统分别建模，然后通过表征二者之间窜流的 Sigma 因子将两套系统沟通起来，既双重介质建模。

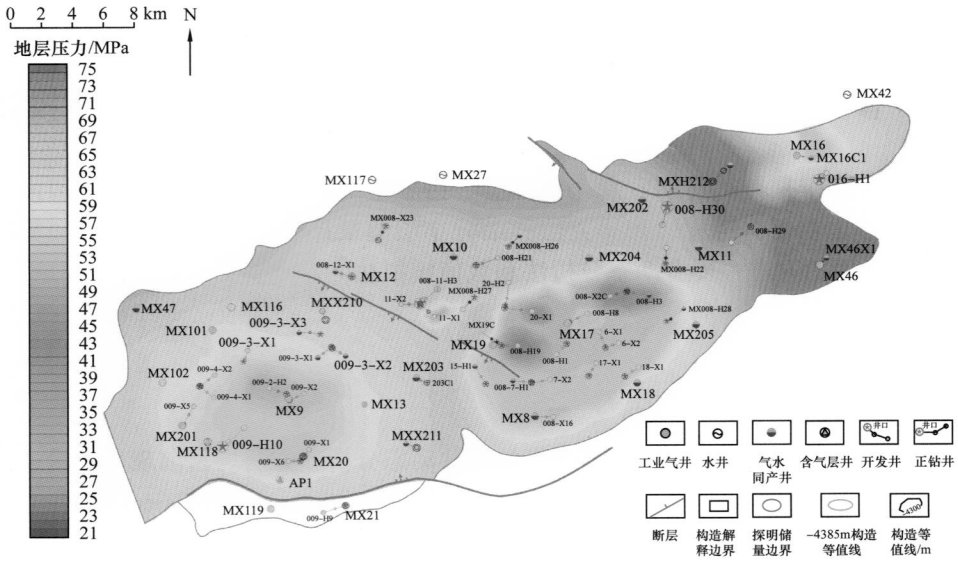

图 4-4-1 磨溪区块龙王庙组气藏压力分布图（2018 年）

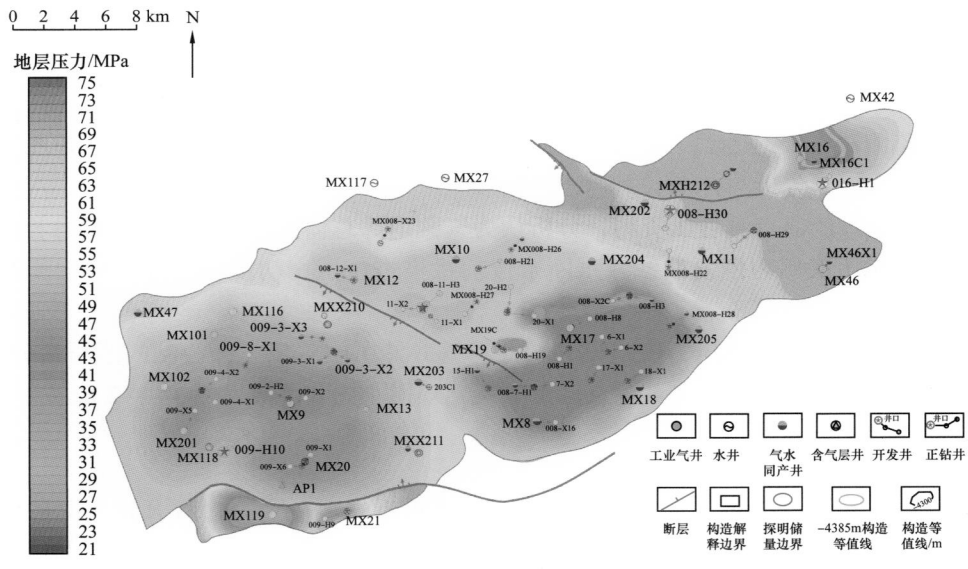

图 4-4-2 磨溪区块龙王庙组气藏压力分布图（2020 年）

基质系统的建模方法与常规砂岩储层建模方法类似，即将单井模型、剖面模型，平面模型融合在一起，以三维空间的方式来反映构造、地层、流体等地质内容，重点反映储层厚度孔隙度和渗透率等属性的三维空间分布。利用工区范围内探井及开发井井数据及地震横向预测结果，应用三维地质建模技术，采用确定性建模与随机建模相结合的原则，通过构造建模、相建模和属性建模，刻画储层展布形态。

裂缝系统建模则需要对裂缝的参数进行准确描述，主要是对裂缝发育密度、裂缝片的三维分布等关键参数进行精细表征与刻画，在此基础上，对裂缝系统的孔隙度、渗透率以及表征基质与裂缝沟通程度的 Sigma 因子进行定量描述。常规裂缝建模首先是对裂缝系统的特征参数（主要包括裂缝的走向、倾向、倾角及裂缝密度）开展统计与分析，主要根据岩心和成像测井统计结果进行分析。随后依据地质、测井、地震及生产测试资料，在研究区构造、岩相、裂缝产状等精细描述的基础上，利用裂缝储层定量表征软件，以叠前弹性参数（横波阻抗地震反演）数据为软数据、单井裂缝常规及成像分析资料为硬数据，建立了三维裂缝分布密度模型。而裂缝空间展布主要是通过离散裂缝网络的形式来进行定量描述，即是在裂缝密度定量表征的基础上，采用裂缝密度三维定量化表征结果和地应力场模拟得到的裂缝方位分布趋势作为约束条件对裂缝片的方位、几何形态及空间分布进行三维定量化描述，而在离散裂缝网络的定量描述的过程中，通常有以下步骤：（1）大裂缝网络的定量描述，由地震资料确定大的断层和裂缝，它们的位置和形态基本上都是确定的，不需要随机生成。（2）中等裂缝和小裂缝网络的定量描述，这些裂缝形成了储层裂缝网络的主体部分，通常不可能具有每个裂缝片的详细信息，但可以获得关于它们的分布密度、方位密度、大小、开度等方面的统计信息和先验认识，利用这些信息，用地质统计的方法随机生成由成千上万个这样的裂缝片组成的裂缝系统，使之满足各种先验统计和认识。（3）加入地层顶底界面对上述裂缝片进行切割，同时加入基质系统，最终生成具有地层意义的裂缝网络定量化模型。最终，建立的三维裂缝分布密度模型与裂缝空间展布模型，精细地刻画了不同空间尺度裂缝的展布特征和分布规律，从而实现对该裂缝性储层的三维定量化表征。由于裂缝孔洞型储层具有极强的非均质性，成藏条件复杂，因此储层裂缝预测的难度非常大。在生产过程中，基质系统和裂缝系统是存在流体交换的，两者如何交换、交换程度有多大，通常使用 Sigma 因子（σ）进行定量描述。Sigma 因子场由沿 i、j 和 k 三个方向的平均裂缝间隔 L_i、L_j 和 L_k 来定义，它与 L_i、L_j 和 L_k 成负相关关系，L_i、L_j 和 L_k 可以通过裂缝网络与网格的接触关系由建模软件计算得到。

2）复杂气藏三重介质建模

深层碳酸盐岩气藏以裂缝—孔洞性储层为主，属多重介质系统，包括孔隙、溶洞和裂缝三类介质，储层孔洞缝搭配关系及渗流机理复杂，其微观储渗特征及宏观渗流规律一直是研究的热点，研究手段包括数字岩心、物理实验和数值模拟等，但是将多种手段结合建立微观与宏观储渗特征联系的研究较为少见。

针对多重介质储层的地质建模研究多将其简化为双重介质系统，分为基质与裂缝两套网格系统，多以单井测井数据为主作为"硬约束"，结合岩心孔渗关系、地震预测等建立基质孔隙度、裂缝孔隙度、基质渗透率、裂缝渗透率、基质与裂缝之间窜流系数等参数场，与相对渗透率曲线等物理模拟实验结果共同表征多重介质储渗特征。但无论是测井孔隙度和渗透率或是岩心孔隙度和渗透率，均为相对宏观性质，并不能准确表征不同孔、洞、缝搭配条件下的不同储层类型的储渗特征，而裂缝—孔洞型储层往往还伴生着孔洞型、孔隙型和裂缝型等储层，简化后的双重介质系统，既等效后的孔隙度和渗透率等参数场通常忽视了气藏因存在不同储层类型而造成的非均质性特征，气藏宏观渗流规律也因此不能准确描述。

为明确储层微观层面孔、洞、缝的搭配关系，采用数字岩心分析研究，开展不同储集空间孔、洞、缝特征参数的分类提取统计，以及微观流动模拟计算，实现储集空间和渗流通道精准描述，定量明确不同总孔隙度岩心中孔、洞、缝储集空间的占比情况，同时以孔、洞、缝储集空间的占比情况精细划分了储层类型，如图 4-4-3 所示。

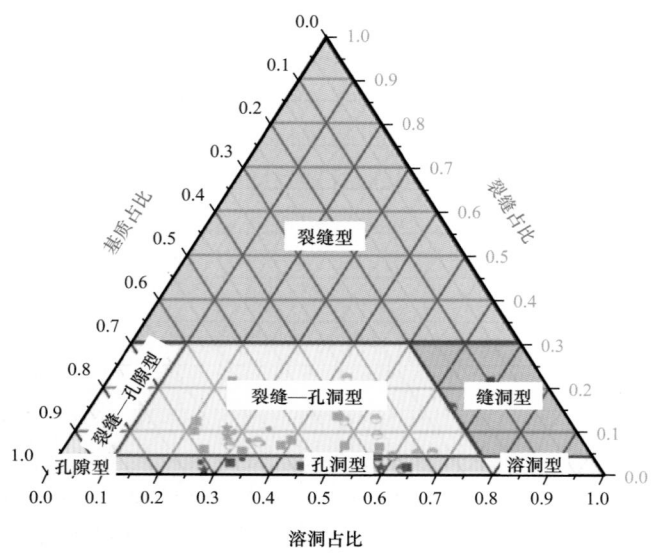

图 4-4-3　孔、洞、缝储容比三元分析图版

龙王庙组气藏储层类型多为裂缝—孔洞型及孔洞型，分不同储层类型在双重介质系统中将单井测井孔隙度按孔、洞、缝储集空间占比进行批分，在保证总孔隙度不变的情况下，裂缝—孔洞型储层以裂缝系统孔隙度等效其裂缝储集空间，孔与洞的储集空间则以基质系统孔隙度等效，孔洞型储层以裂缝系统孔隙度等效其溶洞储集空间，孔隙储集空间则以基质系统孔隙度等效。因此，裂缝系统网格中裂缝孔隙度较大的网格可视为孔洞型储层，裂缝孔隙度较小的网格可视为裂缝—孔洞型储层。

采用数字岩心分析研究，还可得出不同孔洞缝搭配对不同类型储层渗透率的影响规律，如图 4-4-4 所示，以此定量关系为依据，分别校正裂缝—孔洞型储层以及孔洞型储层中裂缝系统网格渗透率参数场，也即是裂缝系统网格孔隙度较低的裂缝—孔洞型储层，裂缝发育程度越高，其裂缝系统网格渗透率越高，而裂缝系统网格孔隙度较高的孔洞型储层，其溶洞发育，但裂缝发育程度低，其裂缝系统网格渗透率因此较低。

2. 特大型有水气藏精细数值模拟

由地质模型得到的数值模拟模型反映的地质特征越精细，反映的气藏动态特征越明确，那么其把握气藏的特性就会更准确。

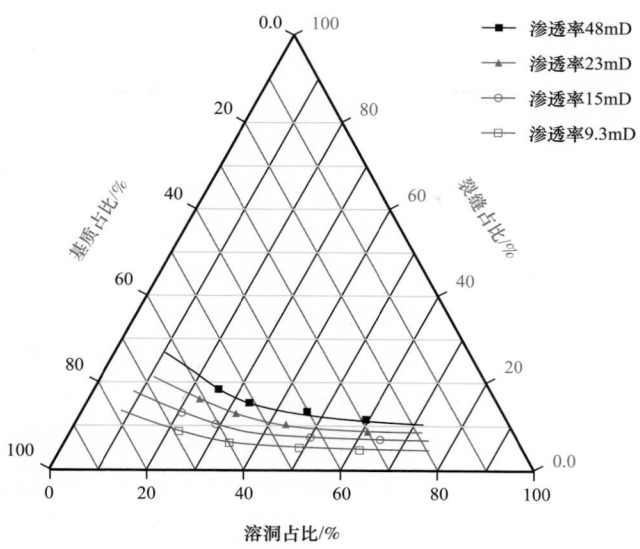

图 4-4-4　渗透率与孔、洞、缝储容比关系图

1）水体活跃性描述

不同类型储层其相对渗透率规律及应力敏感效应不同，正如上文中不同类型储层水侵影响差异化特征描述一样，高压气藏不同储层类型的水体活跃性不同，基于以上地质模型参数场的建立，利用高温高压相对渗透率实验数据及高温高压流固耦合实验数据，建立相应的数值模拟模型，裂缝—孔洞型储层中，基质系统网格采用孔隙型岩心相对渗透率曲线、综合压缩系数应力敏感曲线以及渗透率应力敏感曲线，裂缝系统网格采用裂缝型岩心相对渗透率曲线、综合压缩系数应力敏感曲线以及渗透率应力敏感曲线；孔洞型储层中，基质系统网格采用孔隙型岩心相对渗透率曲线、综合压缩系数应力敏感曲线以及渗透率应力敏感曲线，裂缝系统网格则采用孔洞型岩心相对渗透率曲线、综合压缩系数应力敏感曲线以及渗透率应力敏感曲线。

2）水侵优势通道识别

深层碳酸盐岩气藏储层类型多样、非均质性强，虽然上述多重介质地质建模与数值模拟总体宏观上描述了气藏的非均质特征，但其水侵通道类型多样，造成其水侵特征复杂多样，潜在水侵影响难以准确判断，传统仅依靠地质特征描述或仅利用动态特征判断连通关系的单一描述方式难以准确刻画及预测深层碳酸盐岩气藏的水侵优势通道，而在气藏模型中如何表征水侵优势通道则对气藏地质模型与数值模拟模型提出了更高要求。

通过对气藏的精细描述与精细动态分析，动静结合、井震结合刻画了龙王庙组气藏水侵方向、水侵通道与水侵类型，将其完整体现在气藏模型中将有助于准确预测气藏水侵动态，把握气藏水侵规律。

针对裂缝水窜型的水侵通道，其出水量大且无水采气期短，关键在于建立适应裂缝水窜的网格系统，可适当提升气藏模型中裂缝系统网格渗透率但一般低于试井渗透率，同时降低裂缝水窜水侵通道附近网格窜流系数，针对龙王庙组气藏，裂缝水窜类型水侵

其窜流系数一般为 $5\times10^{-7}\sim2\times10^{-6}$。气井出水时间是对气藏模型中裂缝水窜水侵通道刻画准确与否的直接检验，对于气井出水时间，其敏感性因素极多，针对多尺度缝洞型碳酸盐岩气藏来说，其气藏模型裂缝系统网格中水区与气区压差决定了水窜的快慢，单个裂缝系统网格的体积大小决定了地层水流经单个网格的快慢，以上两个因素可作为优先考虑因素并结合其他敏感因素共同考虑。另外，气井出水量也是裂缝水窜水侵通道刻画及水侵规律把握的关键重点，针对双孔隙度、双渗透率模型来说，可适当增大井筒附近裂缝网格的窜流系数，增加了裂缝系统中的地层水向基质系统中供给能力，这样既保证了裂缝系统中地层水的流动能力，同时基质系统中地层水体积增大也可满足气井出水量的要求；针对双孔隙度、单渗透率模型，总的来说与双孔隙度、双渗透率模型类似，还可采取提升裂缝网格孔隙度的办法增大单井产水量。

针对边水均匀推进类型的水侵通道，关键在于在模型中刻画优势水侵通道，重点则在于控制其水侵速度快慢，水侵速度主要与窜流系数和相对渗透率曲线有关，窜流系数一般为 $1\times10^{-4}\sim2\times10^{-6}$，水侵量大小则主要与相对渗透率曲线相关。

3）高效数值计算

对于大量采用水平井和大斜度井开发的强非均质、异常高压、有水、裂缝—孔洞型特大型气藏，复杂影响因素多，为充分体现气藏特性，建立了复杂特大型高压有水预测模型，网格数已达到近亿级，加上数值计算过程中考虑因素增多，常规数值模拟计算时间可能长达数月，难以承受，预期出成果的时间及结果可靠性难以预测，传统的做法是采用粗化地质模型的方法进行简化处理，粗化后的数值模拟模型造成部分地质特征在不经意中被忽视掉，国内气藏整体数值模拟模型的网格数不超过 2000 万。

针对建立的 8000 万数值模拟模型，采用已经广泛使用的工业线性模拟器（如Eclipse）进行计算，甚至不能读取模型数据，直接报错。因此放弃单机计算优势，回归集群多核计算传统，并跟踪技术发展前缘，引入世界先进模拟器。数值模拟的高效运算除了先进的软件作为平台支撑，还需要搭建高效的硬件系统提供基础运算环境。利用Intersect 进行模拟采用的并行计算运用了先进的并行分区算法，其核心原理在于根据流动性的差异，平衡各计算节点的负载，从而实现全局模拟计算的并行优化。研究过程中，搭建了近大型分布式并行计算硬件系统，从结果可以看出服务器集群并行计算加速性能良好，能够在 1 天内完成高达 8000 万网格数的历史模拟计算。若采用单核计算，即使采用新一代模拟器，运算时间也十分漫长。由此可见，得益于 PAMG–CPR 代数多重网格与压力残差预处理技术以及更加高效的并行剖分技术，采用新一代数值模拟器进行服务器集群多核并行计算可以进行常规数值模拟无法实现的巨量网格精细数值模拟，可以将计算时间从数月缩短到 1 天内，极大地提高了计算性能。但是让其参与 20 年以上的预测模拟同样需要耗费几天时间，仍不能满足需求。

数值计算需要反复不断迭代，迭代过程往往决定了其收敛性的好坏，通过增大每次迭代特征参数的变量范围，也即是放宽进入反复迭代的条件可提升计算的收敛性，但往往变量范围越大，其计算精度越低，而特大型气藏数值计算精度与速度之间存在一个平衡，巨量的网格数提升了数值模拟模型的精度，因此可以适当放宽每个迭代时间步压力、含水饱和度等参数的变化范围，在保证计算精度的前提下提高计算速度，通过反复对不同参数变量范围的测试，最终优选出既满足精度又可大幅提升计算速度的组合方式，以满足计算收敛性要求，最终实现了全局模拟计算的并行优化和高效数值计算，计算速度提高 10 倍以上，仅用时 2～3h 完成一个计算周期。

基于数值模拟预测模型，根据现有生产制度，开展气藏生产动态预测，获得气藏在不同时刻的含气饱和度分布，从而分析气藏剩余储量特征。

第五节　碳酸盐岩气藏气井非稳态产能评价技术

在活跃水侵气藏中，气井携液和避免水淹的能力与气井产能直接相关，准确评价气井产能有助于预测水侵对生产的影响，强化气藏整体治水的针对性。对于低孔隙度裂缝—孔洞型非均质气藏，气井产能评价有其特殊性，尽管传统的稳定试井、修正等时试井方法能准确评价气井产能，但专项试井资料录取对生产影响较大，气藏开发管理者希望补充建立简便快捷的评价方法，同时能克服一点法难以评价气井稳产能力的不足。

气井产能评价主要包括：计算气井绝对无阻流量、气井产能变化的影响因素及变化规律、确定气井合理配产。在测试资料或生产数据充足的条件下，依靠现有气藏工程方法可准确评价气井产能，然而，人们常常面临动态资料不充分但又期望在早期能获得准确认识的困境。在新井试气工作中这一需求更加突出，为了避免在短时测试情况下严重误判气井持续供给能力，对进一步完善气井产能评价方法提出了新要求，为此结合近年四川盆地气井试气分析的疑难问题，重点围绕定压生产试井模型的求解与计算，从试井分析理论层面研究了影响气井不稳定产能特征的主控因素，并面向应用改进了分析预测气井产能变化规律的方法，以丰富中、高渗透气藏气井产能评价的技术手段，同时促进低渗透、强非均质性等复杂气藏气井产能早期评价问题的解决。

一、现有方法可行性评价

1. 以稳定渗流分析为主的方法

1935 年 Rawlins 和 Schellhardt 提出评价气井产能的稳定试井方法，1959 年 Katz 等奠定修正等时试井分析的基础，这些方法一直沿用至今。针对矿场简化分析的需求，以及特殊类型气藏的复杂地质情况，后续研究又形成了一些补充方法。该类方法在应用时至少需要一个稳定生产制度的压力、产量数据，评价结果代表气井当时的"稳定"产能。若储层低渗透率、强非均质性导致气井产能递减显著，方法适用性将变差。尽管可采用不同时间点稳定渗流分析结果来表征气井产能的变化，但需要较多时间点的测试资料，在早期预测气井产能不稳定特征的能力相对较弱。

2. 产量递减分析方法

在理论核心层面，生产数据递减分析方法与气井无阻流量递减分析方法有一定相似性，针对前者已有较多研究成果。1945 年 Arps 提出指数递减、双曲递减及调和递减分析模型，适用于气井进入自然递减期的情况；1980 年 Fetkovich 在前人研究定压生产试井模型成果的基础上形成了适用范围更广的产量递减分析图版；1991 年 Blasingame 等考虑产量和压力同时递减的普遍现象重新制作了分析图版，1998 年 Agarwal 等针对有限导流和无限导流垂直裂缝井绘制了递减分析图版。该类方法主要用于评价生产井有效控制范围和动用储量，虽然在一定程度上也能预测气井产能的变化，但需要较长时间的生产数据，气井达到边界稳定流生产阶段，不太适合早期预测。

3. 不稳定试井分析方法

不稳定试井分析理论的核心是求解不稳定渗流模型，虽然在此基础上建立的现代产量递减分析方法不适用于气井产能的早期预测，但仍有可供借鉴的研究成果。

基于简单试井模型寻求简化计算公式的研究起源较早，1951 年 Horner 提出的分析方法属于这类成果趋于成熟的典型代表。在解决复杂试井模型研究的关键问题方面，1949 年 Vaneverdingen 和 Hurst 采用拉普拉斯变换方法求解不稳定渗流模型，1973 年 Gringarten 和 Ramey 应用格林函数法改进上述模型解的计算，之后 Rosa 和 Horne 将 Stehfest 研究形成的拉普拉斯数值反演算法引入试井分析。在此基础上，经过数十年发展，形成了现代试井分析的技术框架，以及众多具有不同针对性的分析方法，其中，考虑在定产条件下压力变化的分析方法占主导地位。

在气井不稳定产能评价方面，考虑定压生产的试井模型具有独特的优点。虽然过去已开展了大量研究，形成了较多成果，但在面向应用的早期预判、简化计算和可靠性保障方面，仍存在疑难问题，这是长期以来定压试井模型远不如定产模型应用广泛的主要原因。

二、技术关键点

1. 不稳定试井二项式产能方程应用及潜在问题

考虑均质储层直井平面径向不稳定渗流，气井拟压力变化满足以下关系式：

$$
\begin{aligned}
\psi(p_\mathrm{i}) &- \psi(p_\mathrm{wf}) \\
&= \frac{4.242\times10^4}{Kh}\frac{p_\mathrm{sc}T}{T_\mathrm{sc}}\left[\lg\left(\frac{8.1\times10^{-3}Kt}{\phi\mu C_\mathrm{t}r_\mathrm{w}^2}\right)+0.868\,6S_\mathrm{c}\right]q + \\
&\quad \frac{3.685\times10^4 D}{Kh}\frac{p_\mathrm{sc}T}{T_\mathrm{sc}}q^2
\end{aligned}
\tag{4-5-1}
$$

式中 ψ——拟压力，MPa^2/（mPa·s）；

p_i，p_wf，p_sc——开井前的地层压力、开井时井底流动压力、标准大气压，MPa；

K——储层渗透率，mD；

h——储层有效厚度，m；

T，T_sc——地层温度、标准温度，K；

t——开井时间，h；

ϕ——孔隙度；

μ——地层条件下天然气黏度，mPa·s；

C_t——地层流体与岩石的综合压缩系数，MPa^{-1}；

r_w——井眼半径，m；

S_c——表征井底伤害或改善的净表皮系数；

q——气产量，$10^4 m^3/d$；

D——紊流效应影响的非达西流动系数，$(10^4 m^3/d)^{-1}$。

公式系数对应于渗透率单位 $10^{-3}\mu m^2$，用 mD 单位时近似相同。

式（4-5-1）为一次项系数随时间变化的二项式产能方程，可用于计算不同时刻的无阻流量，前提是测试时间处于常规试井分析的径向流直线特征阶段，不满足这一条件时使用式（4-5-1）计算无阻流量容易产生严重偏差，而二项式方程求根的计算方式往往使这种偏差难以被察觉。

2. 影响常规分析方法适应性的敏感因素

借助定压生产试井模型解的公式，能了解计算气井无阻流量产生偏差的原因。前人已研究确认定压、定产试井模型的长时间渐近解形式相同，有：

$$q_{AOF} = \frac{\psi(p_i) - \psi(p_{sc})}{\dfrac{4.242 \times 10^4}{Kh} \dfrac{p_{sc}T}{T_{sc}} \left[\lg\left(\dfrac{8.1 \times 10^{-3} Kt}{\phi \mu C_t r_w^2} \right) + 0.868\,6S \right]} \qquad (4\text{-}5\text{-}2)$$

其中

$$S = S_c + Dq$$

式中 q_{AOF}——气井无阻流量，$10^4 m^3/d$；

S——井底伤害或改善以及紊流效应综合影响状况下的总表皮系数（以下简称表皮系数）。

在储层渗透率低、表皮系数为负且绝对值较大的极端情况下，如果测试时间明显小于径向流直线段起点，则式（4-5-2）的计算结果可能为负数；若接近极端状态，即使计算结果为正数，往往也存在较大误差。

3. 异常情况的根源及其影响程度

式（4-5-1）和式（4-5-2）源自均质地层直井平面径向渗流模型的长时间渐近解。考虑化简前的指数积分表达式，采用有效井径表征表皮效应，无阻流量计算公式为：

$$q_{AOF} = \frac{\psi(p_i) - \psi(p_{sc})}{\dfrac{1.842 \times 10^4}{Kh} \dfrac{p_{sc}T}{T_{sc}} \left[-\mathrm{Ei}\left(-\dfrac{69.44 \phi \mu C_t r_{wa}^2}{Kt} \right) \right]} \qquad (4\text{-}5\text{-}3)$$

式中 r_{wa}——井底污染或改善以及紊流效应综合影响状况下折算的井眼有效半径，m。

式（4-5-3）比式（4-5-2）的适用范围广，已没有负数问题，但 x 增大时，$-Ei$（$-x$）急剧变小，如 $-Ei$（-5）约等于 0.00115，$-Ei$（-10）约等于 4.16×10^{-6}，这导致在开井很短时刻计算的无阻流量异常偏高。另外，如果忽略紊流表皮效应随产量变化的特点，将较低产量条件下的表皮系数用于式（4-5-3），也会使无阻流量计算结果偏大。

以四川盆地产能稳定性较好、有可靠测试分析结果的 4 口高产气井为例，说明应用式（4-5-3）产生的问题。LJ6 井、D4 井、LG1 井和 MX10 井通过产能试井（稳定试井或修正等时试井）分析得到的"稳定"无阻流量依次为 $267.3\times10^4\mathrm{m}^3/\mathrm{d}$、$758.2\times10^4\mathrm{m}^3/\mathrm{d}$、$367.9\times10^4\mathrm{m}^3/\mathrm{d}$ 和 $1200.6\times10^4\mathrm{m}^3/\mathrm{d}$，而采用试井分析商业软件预测无阻流量的变化，初期计算值远远超过 $1000\times10^4\mathrm{m}^3/\mathrm{d}$（图 4-5-1），误差很大。

定压生产试井模型理论研究早已成形，由于未完全解决上述异常问题，导致长期以来应用较少。

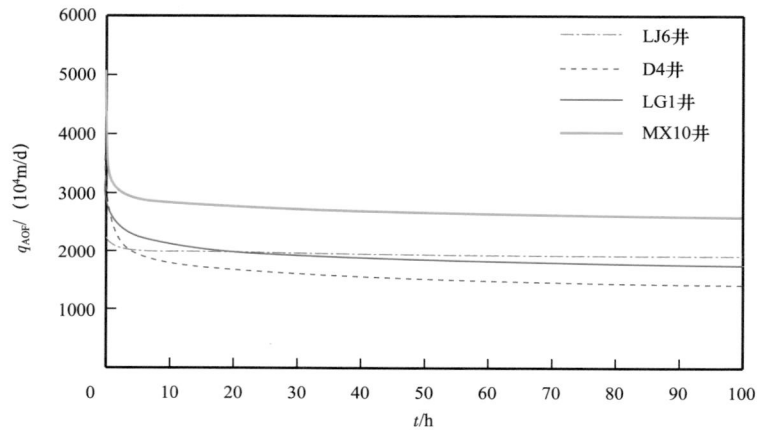

图 4-5-1 气井初期 q_{AOF} 变化曲线图（不稳定渗流方法）

三、气井绝对无阻流量递减公式推导

1. 定压生产试井模型的无阻流量解析解

采用标准 SI 单位制进行理论分析，均质储层边界影响出现前气体平面径向渗流方程的通解为：

$$\psi\big[p(r,t)\big]=\psi(p_{\mathrm{i}})-C\int_{\xi}^{\infty}\frac{\mathrm{e}^{\frac{\xi^2}{4\eta}}}{\xi}\mathrm{d}\xi \qquad（4-5-4）$$

其中

$$\xi=\frac{r}{\sqrt{t}}$$

式中 r——到井眼的距离，m；

η——地层导压系数，m^2/s；

ξ——公式推导的中间变量，$m/s^{-0.5}$。

以井底流动压力等于大气压为内边界条件，求解得到井壁以外区域拟压力的计算式为：

$$\psi\big[p(r,t)\big]=\psi(p_i)+2\big[\psi(p_i)-\psi(p_{sc})\big]\frac{\int_\xi^\infty \frac{e^{-\frac{\xi^2}{4\eta}}}{\xi}d\xi}{Ei\left(-\frac{r_{wa}^2}{4\eta t}\right)}\qquad（4-5-5）$$

式中 r_{wa}——井底污染或改善以及紊流效应综合影响下折算的井眼有效半径，m。

无阻流量的计算式则为：

$$q_{AOF}=\frac{2\pi Kh}{\mu B_g}\left(\frac{r\frac{\partial\psi}{\partial r}}{\frac{\partial\psi}{\partial p}}\right)\Bigg|_{r=r_w}$$

$$\qquad（4-5-6）$$

$$=-\frac{T_{sc}}{Tp_{sc}}\frac{2\pi Kh\big[\psi(p_i)-\psi(p_{sc})\big]e^{-\frac{r_{wa}^2}{4\eta t}}}{Ei\left(-\frac{r_{wa}^2}{4\eta t}\right)}$$

式中 B_g——地层条件下天然气体积系数。

2. 与经典试井理论长时间渐近解的差异

采用国内石油天然气行业标准单位制，考虑有效井径与表皮系数的关系，式（4-5-6）转变为：

$$q_{AOF}=-\frac{\psi(p_i)-\psi(p_{sc})}{\frac{1.842\times10^4}{Kh}\frac{p_{sc}T}{T_{sc}}}\frac{e^{-\frac{69.44\phi\mu C_t r_w^2 e^{-2S}}{Kt}}}{Ei\left(-\frac{69.44\phi\mu C_t r_w^2 e^{-2S}}{Kt}\right)}\qquad（4-5-7）$$

式（4-5-7）未做近似性简化处理，适用范围比式（4-5-3）更广。若开井时间较长，式（4-5-7）中指数项趋于1，过去研究长时间渐近解忽略该项，得到式（4-5-3）。在开井初期计算无阻流量时，这种做法容易引起较大计算误差，由此产生如图4-5-1所示的异常情况。

根据试井模型精确解，结合指数积分高精度算法，解决了计算公式仅适用于测试时间处于径向流直线时间段的问题，增强了在早期评价气井产能的适应性，并且在长时间条件下计算的准确性完全不受影响，能显著抑制前述异常情况的出现。

四、无阻流量的控制因素分析

1. 非线性影响关系图版建立及特征分析

由式（4-5-7），定义非线性影响因子（σ）为：

$$\sigma = -\frac{e^{-\frac{69.44 r_w^2 e^{-2S}}{\eta t}}}{Ei\left(-\frac{69.44 r_w^2 e^{-2S}}{\eta t}\right)} \tag{4-5-8}$$

根据式（4-5-8）计算、绘制得到σ与关系曲线图版（图4-5-2），由此，可以通过图版查询来确定σ，再结合式（4-5-7），用于计算、比较不同σ值情况下气井产能的差异。

为了深入认识主要敏感参数对气井产能的影响规律，拆分后再进行计算分析。设定导压系数与时间的乘积（ηt）变化范围介于$10^{11} \sim 10^{16}$mD·s^{-1}·h（大致涵盖渗透率介于$0.01 \sim 1000.00$mD的情况），表皮系数变化范围介于$-6 \sim 10$，根据式（4-5-8）计算得到不同参数组合条件下的σ值（表4-5-1）。为简便起见，井眼半径近似取值为0.1m，该取值不影响对规律的认识。

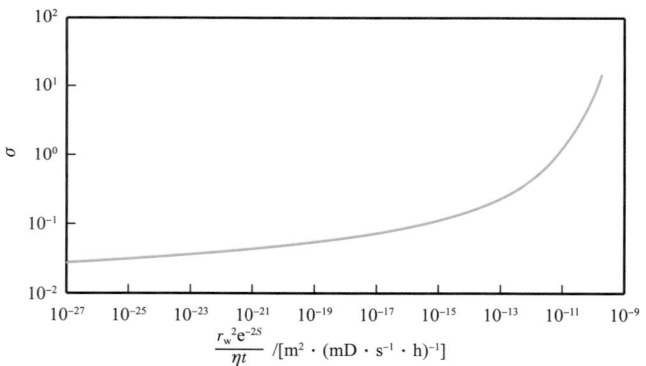

图4-5-2 σ与$\dfrac{r_w^2 e^{-2S}}{\eta t}$关系曲线图版

表4-5-1 不同S和ηt下σ数据表

S	$\eta t /$（mD·s^{-1}·h）					
	10^{11}	10^{12}	10^{13}	10^{14}	10^{15}	10^{16}
10	0.0410	0.0375	0.0345	0.0319	0.0298	0.0279
8	0.0490	0.0441	0.0400	0.0366	0.0338	0.0313
6	0.0610	0.0535	0.0476	0.0429	0.0391	0.0358

S	$\eta t/（\mathrm{mD}\cdot\mathrm{s}^{-1}\cdot\mathrm{h}）$					
	10^{11}	10^{12}	10^{13}	10^{14}	10^{15}	10^{16}
4	0.0807	0.0680	0.0588	0.0518	0.0463	0.0418
2	0.1191	0.0935	0.0769	0.0654	0.0568	0.0502
0	0.2257	0.1492	0.1111	0.0885	0.0735	0.0629
-2	0.9266	0.3523	0.1992	0.1369	0.1041	0.0840
-4	不收敛	2.8418	0.6806	0.2949	0.1780	0.1265
-6	不收敛	不收敛	12.1714	1.8235	0.5214	0.2524

如表 4-5-1 所示，在 ηt 小、负表皮系数绝对值大的情况下，计算不收敛，这间接说明了当井底存在大裂缝并且储层渗透率很低时，短时间内难以达到平面径向流供给状态，并定量显示出了平面径向流试井模型完全不适用的范围；同时，当 ηt 较小（大体对应于渗透率较小、时间较短的情况）时，气井产能对储层改善程度的敏感性较强，而当 ηt 较大时该敏感性明显降低。

由式（4-5-8）可知，若 σ 值不变，即 S 与 $\ln（\eta t）$ 呈斜率为 -0.5、截距相同的直线关系时，线段上的点 σ 值不变。利用这一特性，仅需根据式（4-5-8）计算少量样本点，即可以绘制 σ 随 S 和 $\lg（\eta t）$ 变化的等值线图版，如图 4-5-3 所示，左下角空白区内计算不收敛，式（4-5-7）不适用；其余区域等值线表现出一系列斜率为 $-0.5\ln 10$ 的平行直线特征，新方法的计算稳定性好。

2. 无阻流量计算中图版的使用方法

试气评价通常有压力恢复测试数据，由此可以分析获得渗透率、表皮系数，在此基础上首先采用图 4-5-2 或图 4-5-3 确定所关注时间点对应的 σ 值，再用式（4-5-7）计算气井无阻流量。在其他的应用情形下，对基础数据的需求和分析方法与之类似（冯曦等，2020）。

图 4-5-2 中 $\dfrac{r_{\mathrm{w}}^{2}\mathrm{e}^{-2S}}{\eta t}$ 实质上无量纲，为了与国内石油天然气行业标准单位匹配，未做单位换算后约简量纲的处理。采用与式（4-5-1）相同的量纲单位计算，直接用于查图；图 4-5-3 的应用也是这样。

根据式（4-5-7）计算 q_{AOF} 需要估算在井底压力为大气压的理论假设条件下，由于产量较高导致紊流效应影响严重时的 S，这是传统试井分析未涉及的问题，主要解决办法包含以下两种：（1）当有多个产量制度的试井资料时，分析不同产量对应的 S，根据式（4-5-2）包含的 S—S_{c} 关系式，采用直线回归法确定 S_{c} 和 D；（2）当已知某一时刻 q_{AOF} 时，按式（4-5-7）计算与之对应的 S，结合试井测试时的产量和由试井解释得到的 S，确定 S_{c} 和 D。若有产能发挥程度较高条件下的生产压差测试数据，可以省去第（2）

种方法中无阻流量和试井解释得到的表皮系数两个条件之一。

在获得 S_c 和 D 之后，对任意时间点，先估算 q_{AOF} 初值，根据 S—S_c 关系式计算与 q_{AOF} 对应的 S，再按式（4-5-7）重新计算 q_{AOF}，当相邻两次 q_{AOF} 计算结果的差值超出允许误差范围时，以最近一次 q_{AOF} 计算结果为新起点重复上述过程进行迭代计算，直至最终获得相应时刻无阻流量的准确值。

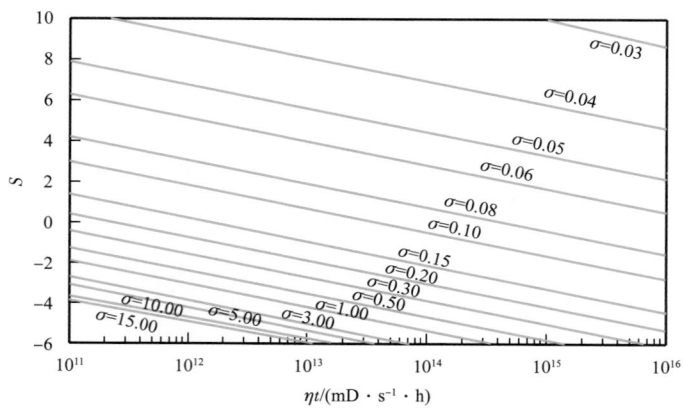

图 4-5-3 σ 与 S 和 ηt 关系图版

3. 井底裂缝的影响

在裂缝较长的情况下，平面径向流有效井径等效模型（简称平面径向流等效模型）与无限导流垂直裂缝井模型（简称垂直裂缝井模型）相似性较低，从严格意义上讲文中方法不适用。但是，若气井产能较高，因大产量条件下表皮系数较大，这时即使净表皮系数为负且绝对值较大，新方法也能算出结果，是否近似可用则根据具体情况来定。

以定产量生产试井模型来进行计算分析，结果显示在实际工作常见的裂缝长度、储层渗透率数值区间，不同的渗透率（K）和表皮系数（S）条件下，两种模型（平面径向流等效模型与垂直裂缝井模型）计算的生产压差之比大于 0.85，表明两种模型计算的生产压差最大差距不超过 15%（图 4-5-4），对于气井产能评价而言尚可接受。裂缝越长、储层渗透率越低，平面径向流等效模型在长时间情况下的计算误差越大，这时应注意避免误用。

4. 井筒储集效应的影响

气井井筒储集效应显著，前面的试井理论公式推导未考虑该因素，这里增加相关分析。

井筒储集系数对产量的影响式为：

$$q_{wh} = q_{wb} - \frac{24C}{\overline{B}_g} \frac{d(p_w - p_{wh})}{dt} \qquad (4-5-9)$$

式中 q_{wh}——井口产量，$10^4 m^3/d$；

q_{wb}——井底产量，$10^4 m^3/d$；

p_w——井底压力，MPa；

p_{wh}——井口压力，MPa；

C——井筒储集系数，m^3/MPa；

$\overline{B}_g$——井筒平均压力、平均温度条件下的天然气体积系数。

在定井底压力生产的条件下，井筒储集效应影响时间段结束之后，井底与井口压力差值近似不变，此时式（4-5-9）导数项为零。这表明只要不涉及开井早期井筒储集效应影响阶段的分析，即使理论模型未考虑该因素，对产能评价的影响也不大。

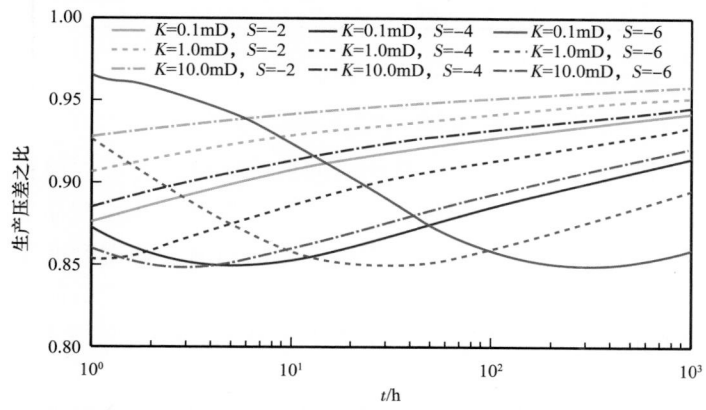

图4-5-4　平面径向流等效模型与垂直裂缝井模型计算生产压差之比变化曲线图

五、复杂情况下无阻流量的变化特征

基于均质无边界地层直井开展研究，形成了快速简便的分析方法，可手工预测气井不稳定产能。针对大型压裂井、水平井、双重介质及复合储层、封闭边界等复杂情况，前述新方法不适用。相关研究涉及拉普拉斯变换求解、无穷级数或积分等计算，虽然这方面早已有较多成果，并且近年有一些新的探索研究取得成功，但基本上都高度依赖计算机，不太适合直观理解与简便分析。

早期预测气井产能，并分析其不稳定特征属长期性疑难问题，诸多研究有待深入。在储层非均质性不强、直井试气的简单情况下可以直接采用前述新方法，在复杂情况下不具备精细定量分析条件时，用新方法也可以提供定性的类比参考，这是现阶段满足实际工作需求的较好方式。

以均质储层平面径向流模型为参照，针对大型压裂井、裂缝—孔隙型储层、远井区物性变差的典型情况另做计算研究。将式（4-5-7）等号右边与σ无关的部分移至左边，然后定义无量纲无阻流量，再将计算结果进行对比，从而深化对不同类型气井不稳定产能特征存在差异的认识。这里侧重于研究早期阶段气井的产能特征，没有考虑供给边界的影响，图4-5-5中设定的较长时间跨度主要用于适配不同渗透率条件下无量纲时间分布区间的不同，而不是为了研究超长时间阶段气井产能的变化规律。

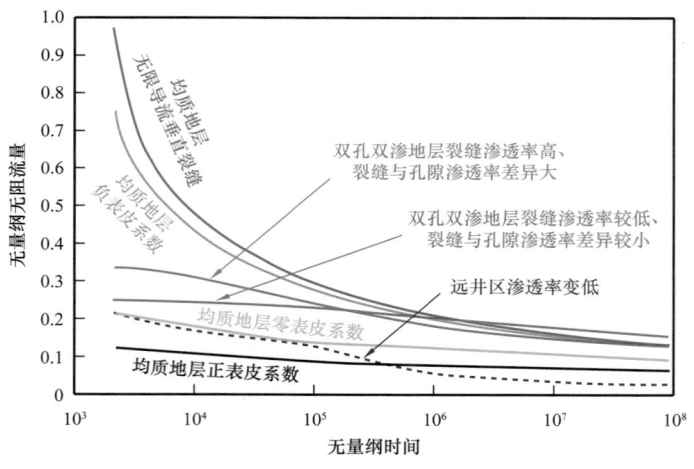

图 4-5-5　典型井初期无阻流量递减曲线图

研究表明，如图 4-5-5 所示，当无量纲时间值较小时，负表皮或穿过井底的大裂缝将使气井初期产能大幅度升高，但早期递减快；对于裂缝—孔隙型储层，当裂缝渗透率高但与孔隙搭配关系不好、基质孔隙系统供给严重滞后时，初期产能主要受裂缝渗透率影响，在裂缝主导供给的早期阶段结束后，将出现产能递减较快的阶段；若气藏宏观非均质性较强、远井区储层物性比近井区差，当生产井压力扰动完全传播到远井区之后，将在一定时间阶段表现出产能递减加快的现象。

以上 3 种情况属于气井初期产能与长期稳产能力差异较大的典型情况。以理论研究获得的认识为指导，在实际工作中针对性地强化地质与动态分析研究，预判是否属于上述典型情况，能在短时测试条件下有效减少对气井产能不稳定特征的误判。

六、新方法的应用

1. 气井不稳定产能评价的简化性参照时间点

不同类型气井无阻流量变化特征差异较大，若未采用统一的时间基准，则不同类型气井产能评价结果的可比性较差，不利于后续研究与应用。目前，根据国家环境保护要求，四川盆地气井试气多在白天开井测试，连续开井测试一般不超过 10h，在大多数情况下试气期间关井压力恢复测试时间接近或超过 3d。结合实际情况，建议以 10h、3d 和 30d 为参照时间点，分别评价开井初期、相对稳定状态及较长时间状态下的无阻流量，依次对应于根据开井实测资料直接分析或适度外推预测、经关井压力恢复实测数据验证的试井模型预测、超出实测数据检验范围具有一定不确定性的长时间预测结果。这样做既减少分析工作量，又便于统一对比不同类型气井产能特征的差异、强化整体认识。

2. 新方法分析结果的含义及其与类似方法的差异

新方法预测绝对无阻（井底压力为大气压的理论假设）条件下产量变化规律，偏重于揭示不受人为因素影响的本质特征，唯一性较强。过去经常采用变通性处理方法，即根据气井实际生产条件下的压力变化趋势预测后续井底流动压力，再采用产能方程或"一点法"计算相应时刻的无阻流量，侧重于评价特定产量条件下无阻流量的变化规律。在储层渗透率低或单井供给范围小的情况下，其分析结果会因配产不同而明显不一致。

与上述变通性处理方法类似，采用定产量生产试井模型预测井底流动压力的变化，可以分析多个产量条件下后续时刻的无阻流量，但是，由于较难估算与虚拟产量对应的表皮系数，该预测方法的应用受限。

第六节　特大型超压碳酸盐岩气藏整体治水技术模式

针对龙王庙组气藏超压、强水侵的特点，创新形成超压有水气藏三阶段递进式优化治水开发理论模式，具有理论指导、技术保障、数据驱动、因时而异的总体特征，指导气藏科学合理开发。相比传统模式以经验认识为主、治水对策变化较小等特点，四维治水新模式以理论认识为基础，治水对策因时而异。传统治水模式的主要导向因素为长期生产效果和重点监测分析，而新模式则由完整监测体系数据分析驱动，更为侧重监测数据的及时获取和系统分析。

一、气藏开发阶段划分

磨溪区块龙王庙组气藏为异常高压裂缝—孔洞型气藏，基于实验数据分析和水驱物质平衡原理，水驱应力敏感对水侵能量的贡献率较大，气藏在超压阶段水体较为活跃（图4-6-1和图4-6-2）。

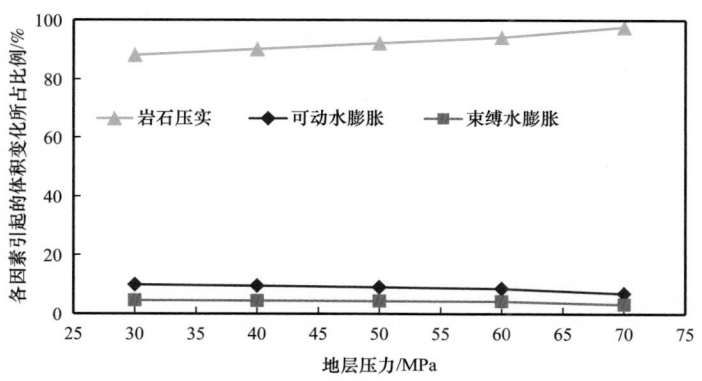

图4-6-1　不同影响因素对水侵能量的贡献率（相对高渗透储层）

气藏压力系数由初期的1.62下降到1.0左右，进入常压阶段，外部水体能量得到适当释放，水体活跃性有所降低，如图4-6-3所示。

气藏进入开发末期，边水大量侵入气藏，可能的水淹区面积将较大，气井自喷带液生产困难。

基于以上有水气藏开发特征，将递进式治水分为3个阶段：初期超压阶段、中期常压阶段、末期低压阶段。

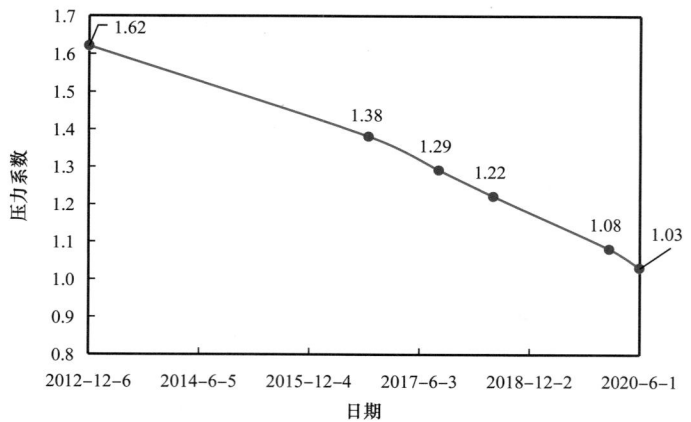

图 4-6-2　磨溪区块龙王庙组气藏历年压力系数

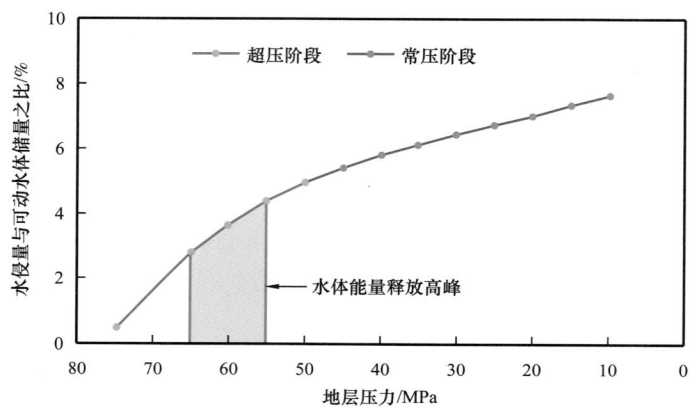

图 4-6-3　水侵量占水体大小之比随地层压力变化关系曲线

二、气藏各开发阶段治水对策

针对气藏各个阶段的开发特征，制订了"主动排水、排控结合、以控为主"的治水对策（胡勇等，2019a）。

超压气藏开发的第一期防控中，主要治水对策为：第一，优化气井配产，防控剧烈水窜危害，防止恶性水侵使气井过早水淹停产；第二，完善井网，实现储量均衡动用，使边水均匀推进，以防边水窜进导致大面积水封；第三，在边水较为活跃的局部实施主动排水先导试验，在水侵优势通道部署排水井，减少边水对气藏内部气井的影响，做到早期重点防范。磨溪区块龙王庙组气藏该阶段的治水已大体结束。

超压阶段结束后进入第二期防控，主要治水对策为：第一，做好水淹停产防控与治理，携液生产困难时及时采取人工助排措施；第二，注重生产井功能转化，做好产气、排水、监测井布局（图 4-6-4），建立完善的监测系统并及时调整优化；第三，做好强化主动排水，针对性治理水淹风险井，延缓气井生产状态恶化，系统开展气藏开发优化调整。磨溪区块龙王庙组气藏该阶段的治水正在逐渐启动。

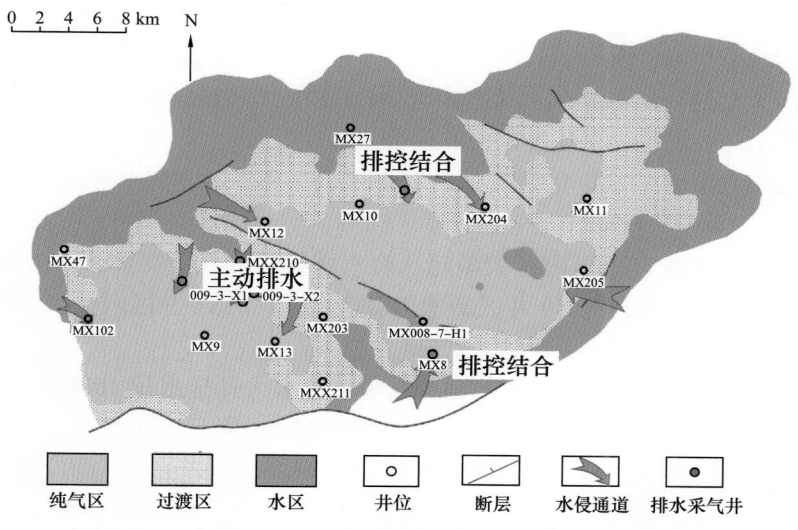

图 4-6-4 磨溪区块龙王庙组气藏水侵通道及治水对策示意图

第三阶段治水目的主要是进一步提高气藏最终采收率，具体在以下方面做工作：第一，保障产水水平井和大斜度井正常携液生产；第二，在水封区域适当开展挖潜优化调整；第三，气藏生产、监测、排水井重新调配优化（图 4-6-5），对低效井进行关停优化，根据技术经济条件适当取舍。磨溪区块龙王庙组气藏目前尚未进入这一阶段，但相关工作已有相应部署。

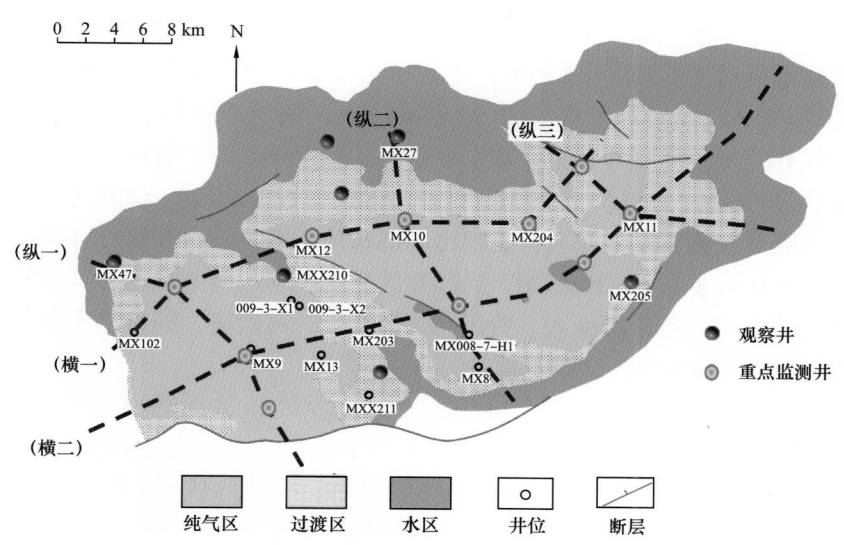

图 4-6-5 磨溪区块龙王庙组气藏监测体系示意图

在递进式高效控水开发模式中，除气藏直接治水防控措施之外，还需以气藏间接治水作为有效辅助，这方面以井网完善为主，包括生产井网完善、监测井网完善和井功能动态调整。另外开展其他调控方式，寻找产能补充或接替区，在难以解决问题时采取气藏整体降产的调整方式，延缓水侵的速度和强度。

三、磨溪区块龙王庙组气藏整体治水效果

形成的特大型超压碳酸盐岩气藏整体治水技术模式直接应用于磨溪区块龙王庙组气藏治水优化开发，取得了以下几个方面的显著成效：

（1）识别出气藏 9 条水侵优势通道，实现提前半年预测单井出水时间，水侵预测符合率大于 90%；

（2）支撑编制完成首个国内特大型超压有水碳酸盐岩气藏整体治水方案，治水方案实施以来，两年时间内仅在 MX9 井区新增 1 口产水井，MX8 井区两大水侵方向无新增产水井，气藏综合水气比控制在 0.4m³/（10^4m³）；

（3）依据治水方案设计，实施 MXX210 主动排水，日排水量 400m³，排水后邻近井组 MX009-3 井组生产效果改善明显，日产水量由 200m³ 降低至 150m³，井筒携液能力显著提升，气井油压由快速递减转变为逐渐平稳；

（4）支撑气藏实现长期稳产，气藏已连续稳产超过 5 年，累计产气量超过 600×10^8m³。

第七节　含硫深井排水采气工艺技术

一、磨溪区块龙王庙组气藏气井实施排水采气工艺难点

磨溪区块龙王庙组气藏埋深在 4500m 以下，埋藏深，完井垂直井深达 4000～5000m；井温高，产层温度达 136.26～153.28℃，平均 142.11℃；气藏为中含 H_2S，低—中含 CO_2，H_2S 含量 4.58～11.68g/m³，CO_2 含量 20.39～64.1g/m³，由于上述特点，因此对井下工具材质要求高。气井井型包括直井、斜井和水平井，井型多样且井下管柱复杂，基本采用镍基合金油管 + 井下安全阀 + 永久式封隔器完井（郭建华等，2011），油套环空不连通，无现成工艺通道。随着气藏开发的深入，表现出局部水体活跃特征，产水气井和产水量逐渐增多，产水气井水量大多在 5～398m³/d，局部井区受水侵影响日益加剧，若开展排水采气工艺，进行修井建立工艺通道难度大、费用高、周期长、风险高，同时在实施排水采气工艺时也面临如何保证井筒完整性的技术挑战。

二、排水采气工艺方案研究

随着开采的深入，产水气井和产水量逐渐增多，部分气井受井筒积液影响产量波动大，需要及时开展排水采气措施稳产，同时延缓水侵向气藏中部推进的速度。由于气藏和完井管柱特点，机械排水采气工艺无法开展（袁浩，2019），而气举、泡排等工艺实施前需先建立可单向控制的油套连通通道。若修井建立通道，可能出现封隔器处理困难，套管受损，井筒完整性破坏等风险，且修井周期长、费用高、作业安全风险大；同时，压井液还会对储层造成不可逆伤害，造成气井后期复产困难。因此，针对此类气井开展排水采气工艺方案研究，创新形成以单向工艺通道构建与工艺通道重建为核心的技术理

念，提出了不动管柱和动管柱排水采气工艺方案，实现了永久式封隔器完井气井免修井排水采气。

1. 不动管柱排水采气方案

气藏目前正在生产的气井，由于处于不同的生产阶段，虽井下封隔器离产层位置不同，后期排水需要不尽相同。针对井下封隔器离产层较近的气井，重点在于保证排水采气过程中油管完整性避免生产流体进入环空，可通过钢丝、电缆、连续油管下入具有单向流动控制装置的工具。当开展工艺时，单向流动控制装置可控制工具处连通油管和套管的通道处于打开状态，当停止实施工艺时，通道处于关闭状态，从而避免产层流体进入环空腐蚀套管。针对井下封隔器离产层较远的气井，原有工艺深度一般受限于封隔器位置，当地层降低时，因封隔器距离产层较远，导致工艺效果受限。通过连续油管下入可实现注气深度延伸的工具，将注气深度由封隔器处延伸至油管鞋位置，通过加深工艺深度，满足地层压力降低情况下持续排水的需要。

2. 动管柱排水采气方案

除正在生产的气井外，随着气藏开发的持续推进和水体认识的不断深入，气藏工程会部署产能补充井和新的排水井，同时部分井由于井筒条件变化或不具备开展不动管柱排水采气的条件，都需要下入新的完井管柱，这为提前下入排水采气工具和后期开展工艺排水提供了有利条件。

针对新完钻井及二次完井的井，若采用泡排或气举工艺，随油管下入预置式排水采气工具或气举阀，并实现封隔器坐封、验封及酸化作业等工序一趟管柱作业，在完井过程中和正常生产时，工具处连通油管和套管的通道处于关闭状态；需要开展工艺排水时，通过地面实施工艺措施，打开工具内通道，油套连通，建立工艺通道。若气举工艺因地层压力下降工艺效果变差，则通过修井下入电潜泵工艺管柱，开展电潜泵强排水技术，稳定排水规模，满足气藏工程排水需要。

三、排水采气工艺优选

在进行排水采气工艺选择时，充分结合气藏气井特征，满足完井试油一体化要求，优选适应性强的排水采气工艺技术。对比目前成熟排水采气工艺的应用条件和界限（表4-7-1），目前泡排、气举和电潜泵工艺技术能适应龙王庙组气藏的气井条件。

泡排工艺可作为产水量较小气井的辅助带液手段，但目前气井地层压力较高，气井均处于自喷阶段，小水量气井生产稳定，泡排工艺暂时不会实施。气举和电潜泵两种大排量的排水采气工艺满足气藏工程提出的排水井排水要求。气举工艺对井筒条件适应性强，不受井型影响，工艺成熟度高，通过气举可摸清气井气水关系，间接掌握井底流压、产液指数等气井关键参数，同时还可通过调节注气参数满足气井不同排水量需求。电潜泵工艺是在地层压力降低、气举工艺效果变差且气水关系明确后，作为气举接替工艺，但目前国内外尚无4000m以深气井中成功应用案例（运行周期>1年），如在气水关系不清情况下应用风险极大；现阶段应开展国外深井电潜泵工艺调研、工艺适应性研究和完善机组选型配套等。因此，结合目标井排水量与工艺技术水平，推荐气举工艺作为目前主力排水采气工艺，电潜泵为接替工艺，小产水量气井采用泡排工艺。

表 4-7-1 排水采气工艺在龙王庙组气藏适应性分析

工艺关键技术参数	泡排	气举	电潜泵	射流泵	螺杆泵	柱塞	机抽
适应条件	间喷、弱喷井、小水量	水淹井复产，助排及气藏强排水	低压水淹井复产和强排水	低压水淹井的复产或连续排水	低压水淹井复产或连续排水	低产、低压、小水量、间喷井	间喷井助排或连续排水
最大排水量 / m³/d	100	800	1000	150	120	25	60
最大井深 / m	5500	6000	4050	3000	2000	5000	2500
最大井斜 / (°)	直井、大斜度井、水平井	43		直井、大斜度井、水平井	通常直井	68.4	通常直井
适应性分析	适应		较为适应	循环动力液需进行除硫	工艺深度受限	水量与管柱受限	工艺深度受限
				不适应			

四、不同生产阶段工艺选择

针对生产稳定、小水量气井：待气井油压降至输压，可采取增压措施，如将油压由 7MPa 降至 3MPa（保证管输能力），可延长气井自喷时间 1～1.5 年时间；当降至 3MPa 以后，产气量降至临界携液流量的 70%，可采用泡排工艺；当产气量继续降低，采用泡排 + 间歇开关井方式生产。如果能够建立环空加注通道，可以采用液体药剂加注，通过在完井管柱上加入井下化学剂注入阀等建立注入通道的工具，小水量气井采用平衡罐方式每天加注；大水量气井采用泵注方式 24h 连续加注；药剂加注可采用自动加注装置。针对产水量小，井下有封隔器、无法从套管加注的气井，可使用固体泡排剂加注装置完成加注工作。

针对大水量气井及气藏排水井：待油压降至输压，采取增压措施，如将油压由 7MPa 降至 3MPa，可延长气井自喷时间 1～9 个月，增压作用有限；可在增压基础上采用气举工艺，提高排水量；随地层压力降低，气举效果变差；以排水量 300m³/d 为例，增加注气量井底流压最低能降至 15MPa。龙王庙组产水气井油管主要以 ϕ88.9mm（δ6.45mm）为主，部分为 ϕ73mm（δ5.5mm）油管，现有管柱满足排水要求。根据气藏工程要求的排水量进行气举工艺参数计算和压缩机组选型。

待地层压力降低到 30MPa 以下，如需稳定 300m³/d 排水规模，可开展电潜泵先导试验。

五、排水采气新工具研发

由于气藏含硫、井深以及永久式封隔器完井管柱等特点，在制订的排水采气工艺方案的基础上，初步研究形成不动管柱和动管柱两种排水采气工艺技术，创新研制跨隔式、预置式系列排水采气工具，满足不同生产阶段实施排水采气的需要。

1. 跨隔式封隔器排水采气工具研制

跨隔式封隔器排水采气工具主要解决在不进行修井作业更换管柱，就能在永久式封隔器完井管柱气井实施排水采气工艺，将注气点下移，提高气举工艺实施效果。

跨隔式封隔器封隔永久式封隔器上端与下端油管射孔位置，通过环空注气，跨越永久式封隔器，建立新的流动通道，举升位置延伸到封隔器下端，实施气举排水采气。该项工艺技术适用于封隔器离产层较远，单纯油管打孔工艺无法排除封隔器以下积液，影响排水采气效果的井。

跨隔式封隔器排水采气工艺原理如图 4-7-1 所示，工具性能参数见表 4-7-2。

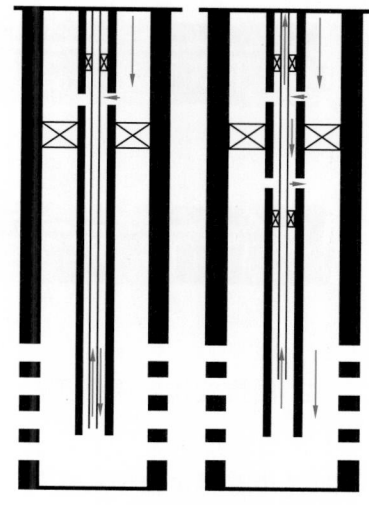

图 4-7-1　跨隔式封隔器排水采气工艺原理图

表 4-7-2　跨隔式封隔器工具技术参数

名称	技术参数
油管尺寸 /in	$3\frac{1}{2}$
最大外径 /mm	65
最小内径 /mm	20
封隔器开启值 /MPa	20
封隔器坐封值 /MPa	24
长度 /mm	1500
顶部螺纹类型	2″-8P-S.A-2G（梯形螺纹）
下端连接螺纹类型	2″-8P-S.A-2G（梯形螺纹）
压力级别 /MPa	35
温度等级 /℃	149

跨隔式封隔器排水采气工具包括悬挂封隔器和自验封封隔器，如图 4-7-2 和图 4-7-3 所示。悬挂封隔器主要起悬挂整个跨隔式封隔器排水采气工具和密封上射孔点的作用，自验封封隔器主要起密封下射孔点的作用，由于跨隔式封隔器由两个封隔器组成，下端的自验封封隔器坐封后的验封是技术难点，所以在工具的设计中自验封封隔器

采用双胶筒和验封孔的设计，目的是解决自验封封隔器的有效验封问题（王传瑶，2018）。工具室内和模拟井试验，密封性能满足 GB/T 20970—2015《石油天然气工业　井下工具　封隔器和桥塞》中规定，稳压 15min，保压期间压降不大于测试压力的 1%。

图 4-7-2　悬挂封隔器剖面图

图 4-7-3　自验封封隔器剖面图

2. 预置式排水采气工具研制

预置式排水采气工具主要应用在新完钻井及二次完井的气井，随完井管柱下入，为后期气井需要实施排水采气工艺措施提供油套连通通道，避免井下作业风险，降低作业费用。

在新完井或二次完井时，将预置式工具随油管预先下入井中，预置式工具处于关闭状态。后期需要建立油套连通通道时，通过压力控制使工具开启，建立单向通道，保证排水采气工艺顺利实施（图 4-7-4 和图 4-7-5）。

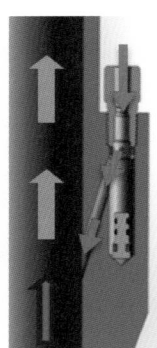

(a) 未打开示意图　　(b) 工作示意图

图 4-7-4　预置式排水采气工具气密封测试与入井　　图 4-7-5　预置式排水采气工具示意图

针对永久式封隔器管柱特点，依次研发了 4 种预置排水采气工具。4 种排水采气工具通过室内实验情况见表 4-7-3。

（1）套压控制注入工具：环空加压→套管与油管压差剪断剪切销钉→堵头推入沉孔内→油套连通。

（2）油套压差控制注入工具：环空加压→套管与油管压差推动堵头→堵头掉入沉孔内→油套连通。

（3）滑套撞销式注入工具：油管内投球→油管内加压推动滑套下行→截断开孔销钉→油套连通。

（4）带剪切盘单流阀注入工具：油套压差大于剪切盘的设定剪切值→剪切盘打开→单流阀打开→油套连通。

表4-7-3　排水采气工具室内实验情况

工具名称	不同实验条件下的实验情况			
	70MPa，介质水，常温	70MPa，介质氮气，常温	70MPa，介质油，150℃	150℃打开压力测试
套压控制注入工具	15min 压降 0.52MPa	270min 压降 0.60MPa，无气泡	15min 稳压 70.35～70.5MPa 波动，无渗漏	压差 44MPa 打开
油套压差控制注入工具	15min 压降 0.1MPa	270min 压降 0.60MPa，无气泡	30min 内从 70MPa 升至 74.3MPa，无渗漏	按设计正常打开通道
滑套撞销式注入工具	15min 压降 0.15MPa	270min 压降 0.71MPa，无气泡	30min 压力由 70MPa 上升至 74.1MPa，无渗漏。	打开压力 12～14MPa，在设计范围内
带剪切盘单流阀注入工具	15min 压降 0.1MPa	270min 压降 0.55MPa，无气泡	30min 内从 70MPa 升至 73.8MPa，无渗漏	工具在 150℃、pH10 环境下浸泡 72h，20.0% 盐酸浸泡 48h 按设计正常打开通道

六、排水采气工艺现场应用

创新研发的跨隔式和预置式排水采气工具在磨溪区块龙王庙和龙岗等气田累计应用5井次，实现永久式封隔器完井气井不修井排水采气，验证了排水采气方案可行，工具可靠，为磨溪区块龙王庙组气藏全面开展排水采气奠定坚实的基础。

1. 跨隔式封隔器排水采气工具现场试验

LG001-3 井完钻井深 6643.89m，井身结构数据如图 4-7-6 所示。跨隔式排水采气技术在 LG001-3 井成功将注气深度从 3185m 加深至 6058m，气井成功复产。

施工工序：连接地面流程，酸浸→通井，油管打孔，通井→安装连续油管防喷器组→模拟通井，生产测井→下跨隔式封隔器串，坐封封隔器→环空注气试采→完井、交井。

1）跨隔式封隔器密封验证

利用井站固定式压缩机组和 35MPa 车载式压缩车向油套环空注气，井口油压未见升高（气井处于关井状态），验证了封隔器密封可靠。

2）气举效果分析

采用跨隔式封隔器排水采气工具串气举排水采气生产，该井最高套压至 26MPa，折算管鞋处压力为 38.3MPa，从气举启动压力分析，环空液面已经至管鞋位置，生产过程中，井口基本处于针阀全开的状态。从气举参数及初期排液量情况分析，气举压力和排水量都远远高于封隔器上穿孔时候气举参数，气举举升位置由3185m延长伸至6058m，气举参数如图4-7-7所示。LG001-3井现场试验，验证了跨隔式封隔器针对永久式封隔器的延伸气举排水采气效果明显，为有永久式封隔器完井管柱气井实施排水采气工艺提供了技术方向。

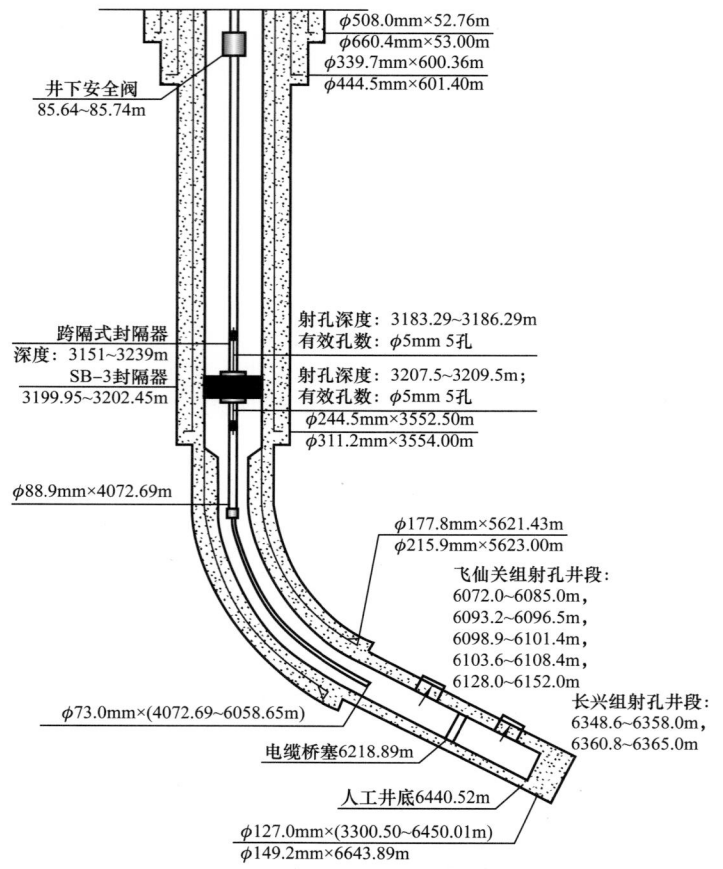

图4-7-6　LG001-3井井身结构示意图

2. 预置式排水采气工具现场试验

研发的预制式排水采气工艺分别在MX204井、MX210井、MX211井、MX008-X23井和MX008-H26井等5井开展现场试验，经过气密封检测（60MPa）、替液、封隔器坐封、验封、憋通球座等工序，工具性能正常。预置式排水采气工具一直处于关闭状态，满足设计要求。待后期需要排水采气时打开工具进行排水采气。

MX008-X23井完钻井深4991.00m，人工井底为4981.00m，完井方法为射孔完井，井身结构如图4-7-8所示。该井下入带限位式单向流动排水采气工具的完井管柱完井。油管采用ϕ88.9mm×6.45mm（BG2532-110，BGT1）；井下安全阀及完井封隔器为压力等级 70MPa、718 材质；$2^7/_8$in 排水采气工具压力等级 70MPa、材质 718。封隔器以上所有接箍均做 60MPa 气密封，排水采气工具入井前气密封检测合格，如图 4-7-9 所示。随后完成替液、封隔器坐封、验封、憋通球座等工序，工具性能正常，如图 4-7-10 所示。

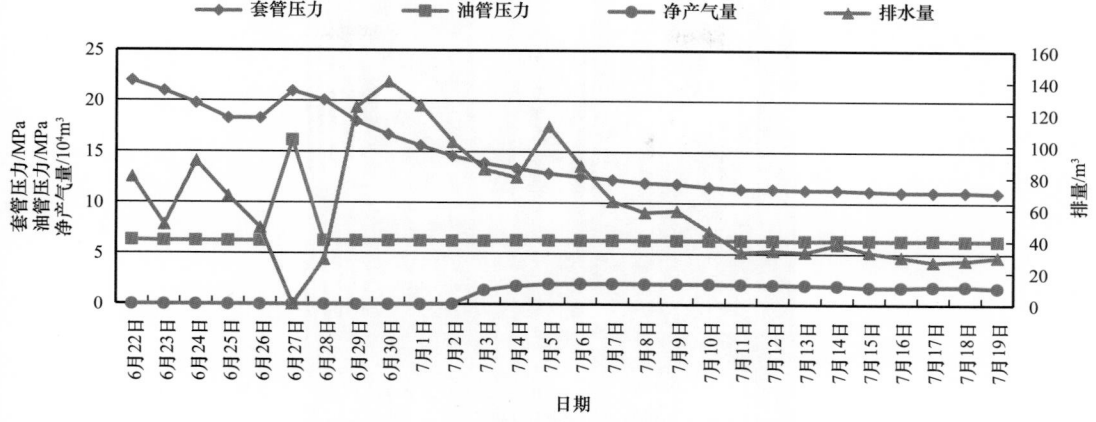

图 4-7-7　跨隔式封隔器管串气举参数图

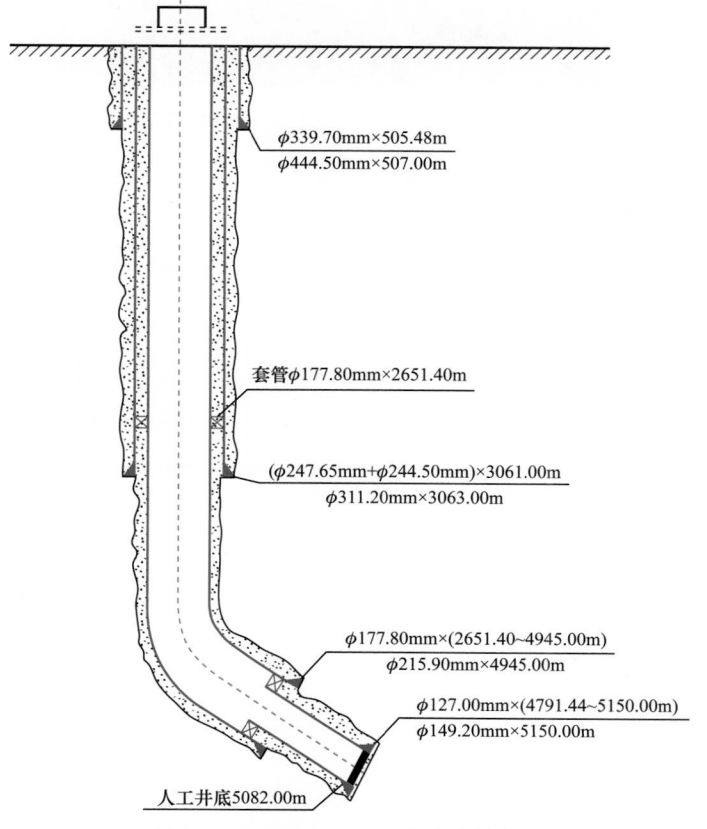

图 4-7-8　MX008-X23 井井身结构图

图 4-7-9　工具现场入井及气密封检测

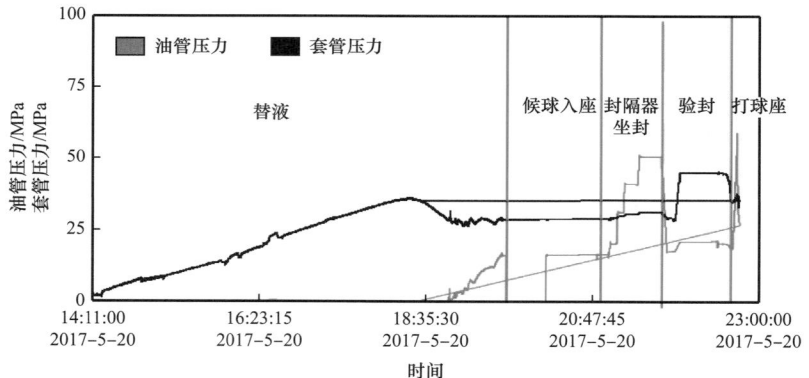

图 4-7-10　替液、坐封、验封和打球座过程压力变化曲线

第五章 深层碳酸盐岩气藏优快钻井及 提高产量技术

高石梯—磨溪区块地质条件复杂，纵向上产层多，压力系统复杂，震旦系灯影组气藏缝洞发育，安全密度窗口窄，非均质性强，基质低渗透，优快钻完井和储层改造难度大，制约规模效益建产。通过积极开展大斜度井/水平井安全快速钻完井及增产改造技术攻关，有效实现了"提前建产"与"少井高产"，强力支撑了气藏上产 $60 \times 10^8 m^3/a$ 与高效开发。本章介绍高石梯—磨溪区块震旦系灯影组气藏大斜度井/水平井安全快速钻井、深层高温高压碳酸盐岩气藏完井及大斜度井/水平井增产改造技术成果。

第一节 大斜度井/水平井安全快速钻井技术

一、井身结构与井眼轨迹设计

1. 井身结构设计

1）工程地质复杂情况及钻井风险

高石梯—磨溪区块构造位于四川盆地川中古隆起高石梯—磨溪构造，纵向上钻遇沙溪庙组、凉高山组、自流井组、须家河组、雷口坡组、嘉陵江组、飞仙关组、长兴组、龙潭组、茅口组、栖霞组、梁山组、洗象池组、高台组、龙王庙组、沧浪铺组、筇竹寺组和灯影组等（滕学清等，2017），大斜度井/水平井钻井井下风险、复杂及难点如下：

（1）区域内沙二段下部—自流井组易垮塌。

GS6 井用密度 $1.09g/cm^3$ 的钻井液钻至井深 1108m（沙二段底部）井下掉块，密度提高到 $1.28g/cm^3$，在沙一段和凉高山组钻进中，井下仍有掉块，钻至凉高山组密度提高至 $1.53g/cm^3$；GS102 井用密度 $1.49g/cm^3$ 的钻井液钻进至 1499m，循环举砂，出口返出大量掉块。

（2）浅层气显示频繁。

自流井组：GS1 井用密度 $1.14g/cm^3$ 的钻井液钻进大安寨段见气测异常；GS6 井用密度 $1.56g/cm^3$ 的钻井液钻进大安寨段见气测异常。

须家河组：GS2 井用密度 $1.49g/cm^3$ 的钻井液钻进见多次气测异常；GS6 井用密度 $1.58g/cm^3$ 的钻井液钻进见气测异常、气侵；GS11 井用密度 $1.63 \sim 1.67g/cm^3$ 的钻井液钻进见气测异常；GS001-H2 井用密度 $1.71g/cm^3$ 的钻井液在须二段钻进见多次气侵。

雷口坡组：GS11 井用密度 $1.67g/cm^3$ 的钻井液钻进见气侵；GS001-H2 井用密度

1.72g/cm³ 的钻井液在雷三段钻进见气测异常。区域上雷口坡组存在钻遇局部高压的可能，钻井中应加强高压油气流监测，根据钻井情况及时调整钻井液密度。

（3）纵向上产层多，油气显示活跃；嘉二段以下存在局部异常高压，气漏同存，井控风险高。

嘉二²亚段—筇竹寺组多套压力系统，安全窗口窄，地质预计嘉二²亚段—高台组压力系数为 2.0、龙王庙组压力系数为 1.54、沧浪铺组—筇竹寺组压力系数为 2.0。

嘉二²亚段—飞仙关组：GS11 井用密度 2.02g/cm³ 的钻井液钻进见气侵；GS123 井用密度 2.06g/cm³ 的钻井液钻进见气测异常。

长兴组—龙潭组：GS102 井在长兴组用密度 2.14g/cm³ 的钻井液钻进见气测异常，龙潭组用密度 2.15g/cm³ 的钻井液钻进见气侵；GS2 井在长兴组用密度 2.10g/cm³ 的钻井液钻进见气侵，龙潭组用密度 2.14g/cm³ 的钻井液钻进见气侵；GS9 井用密度 2.07～2.19g/cm³ 的钻井液钻进见气侵。

茅口组—桐梓组：GS6 井在茅口组用密度 2.09～2.13g/cm³ 的钻井液钻进见气测异常、气侵；GS11 井在茅口组用密度 2.15g/cm³ 的钻井液钻进见气侵，栖霞组用密度 2.17g/cm³ 的钻井液钻进见气测异常；GS9 井用密度 2.18～2.24g/cm³ 的钻井液钻进见气测异常。

洗象池组—高台组：GS9 井在洗象池组用密度 2.22g/cm³ 的钻井液钻进见井漏及气测异常；GS6 井在高台组用密度 2.18g/cm³ 的钻井液钻进见气测异常。

龙王庙组：GS1 井用密度 2.17g/cm³ 的钻井液钻进见井漏；GS6 井用密度 2.15～2.16g/cm³ 的钻井液钻进见气测异常；GS9 井用密度 2.24g/cm³ 的钻井液钻进见气测异常。

沧浪铺组—筇竹寺组：GS1 井在沧浪铺组用密度 2.17g/cm³ 的钻井液钻进见气侵；GS9 井在沧浪铺组用密度 2.23g/cm³ 的钻井液钻进见多次气测异常。

（4）雷口坡组—嘉陵江组可能钻遇大段石膏层，预防缩径卡钻。

区域内雷口坡组—嘉陵江组存在大段石膏和盐层，钻井过程中应预防缩径卡钻。

（5）龙潭组—灯影组地层单只钻头进尺短，机械钻速低。

从邻井资料分析，龙潭组和茅口组等上部地层岩性泥质重、塑性强，PDC 钻头难以吃入，机械钻速低；沧浪铺组上部和灯四段中下部石英含量大、研磨性特别强，钻头磨损严重，寿命短。

（6）灯影组气漏同存。

GS102 井灯四段用密度 1.29～1.37g/cm³ 的钻井液钻进见气测异常、气侵、井漏；GS1 井灯四段用密度 1.36g/cm³ 的钻井液钻进见气侵、气测异常，灯二段用 1.46g/cm³ 的钻井液钻进见多次气侵；GS6 井灯四段用密度 1.21～2.19g/cm³ 的钻井液钻进见气测异常、气侵、井漏，灯二段用 1.22～1.24g/cm³ 的钻井液钻进见多次气侵和一次气测异常及井漏显示；GS9 井灯四段用密度 1.33g/cm³ 的钻井液钻进见多次气侵，灯三段用密度 1.38g/cm³ 的钻井液钻进见气侵，灯二段用 1.22～1.35g/cm³ 的钻井液钻进见多次气侵、气测异常；GS001-X22 井用密度 1.20g/cm³ 的钻井液灯四段水平段顶部钻进见井漏，出口失返，后间断持续井漏，累计漏失密度 1.20～1.25g/cm³ 的钻井液 268.8m³，漏失密度 1.25～1.30g/cm³ 的钻井液 215.6m³，漏失密度 1.16～1.20g/cm³ 的聚磺钻井液 599.5m³，漏失密度 1.70g/cm³

的聚磺钻井液 22.5m³，共漏失钻井液 1106.4m³；GS001–X28 井用密度 1.20g/cm³ 的钻井液在灯四段水平段后部 5898.21m 钻进见井漏，出口失返，后间断持续井漏至完钻，累计漏失钻井液 1406.1m³。

（7）高温、高压、高含硫。

区块井底温度平均为 160℃左右，最高地层压力平均为 105MPa 左右。

区域内须家河组以下地层均含 H_2S。嘉二段 H_2S 含量为 0.016～0.652mg/m³，飞仙关组 H_2S 含量为 0.047g/m³，长兴组 H_2S 含量为 0.23g/m³，洗象池组 H_2S 含量为 14.2g/m³，栖霞组 H_2S 含量为 32.7～35.11g/m³，龙王庙组 H_2S 含量为 89.62g/m³，灯四段 H_2S 含量为 9.7～18.43g/m³，灯二段 H_2S 含量为 12.26～18.58g/m³。

2）必封点分析

在工程地质复杂情况及钻井风险分析的基础上，明确了 3 个主要必封点，存在 2 个潜在必封点。

（1）3 个主要必封点。

① 沙二段。沙一段以下油气显示活跃，上部低压易漏、易垮塌。

② 嘉二段。嘉二³亚段以下地层高压，该层段上下地层压力差异大，无法实现同一裸眼安全钻进。

③ 灯影组顶。灯影组地层压力较低，与上部地层压力系数差异较大，无法实现同一裸眼安全钻进。

（2）2 个潜在必封点。

① 龙王庙组顶。区块在以龙王庙组为目的层的井区开发多年，存在一定压力亏空（地层压力系数为 1.0～1.4），龙王庙组上下均为高压（地层压力系数为 2.0 左右），压力差异较大，同一裸眼井段无安全密度窗口；

② 灯二段和灯三段顶。区块部分井区灯二段和灯三段垮塌严重，同时灯四段承压能力不足，频繁漏失，同一裸眼井段无安全密度窗口。

3）井身结构优化设计

以三压力剖面为基础，围绕"井控风险、垮塌风险、速度风险"，合理确定必封点，优化表层套管下深，升级套管规格，形成了以安全、快速钻井为目的的四开井身结构方案，如图 5–1–1 所示。

2. 井眼轨迹设计

1）井眼轨迹设计难点

高石梯—磨溪区块大斜度井、水平井钻井存在高密度钻井液井段长，造斜段穿越层段多，夹强研磨、易垮塌地层，地层变异大等特点，给井眼轨迹设计与控制带来诸多困难，定向井钻井存在机械钻速慢、轨迹控制困难、事故复杂多和钻井周期长等问题（郑有成等，2020）。

（1）高密度钻井液井段长。

由于区域上嘉陵江组、茅口组、栖霞组和梁山组等层系存在局部异常高压，因此从

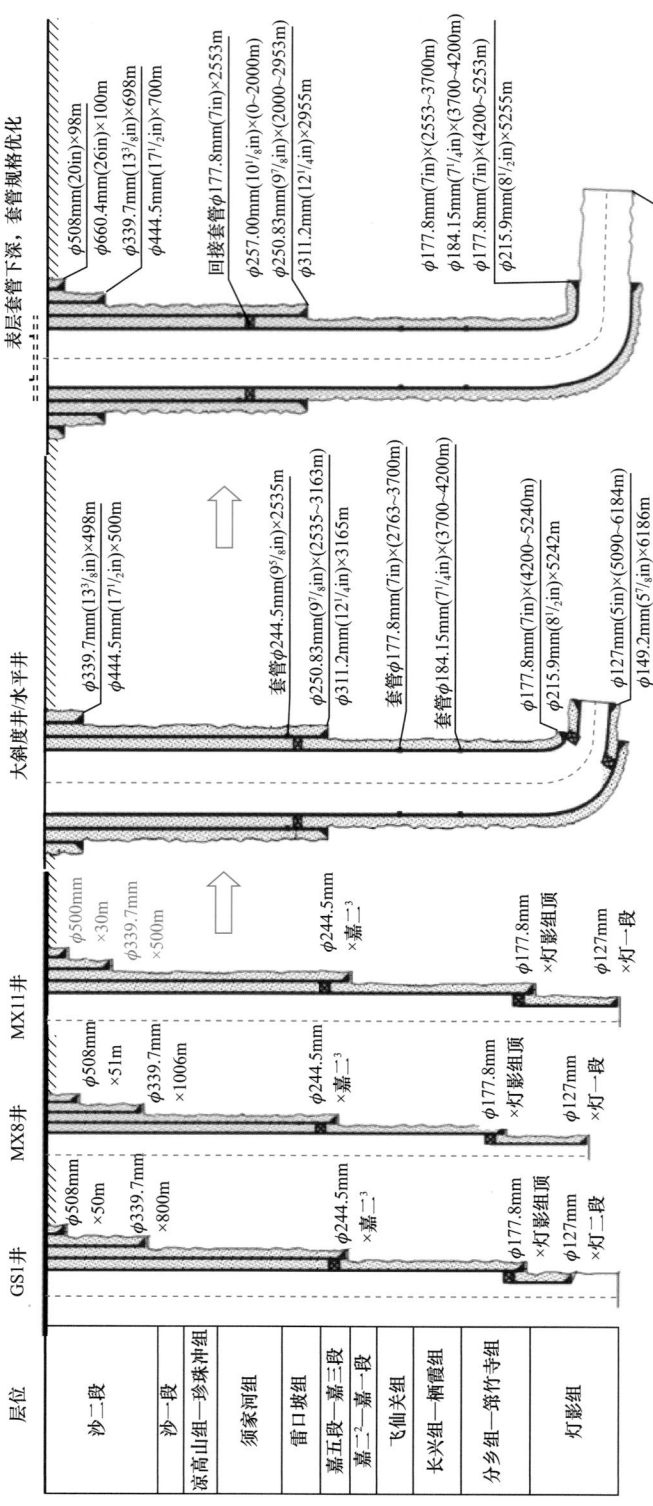

图 5-1-1　震旦系气藏钻井井身结构优化历程示意图

嘉二^{3}亚段开始至灯影组顶，长达 1900m 左右井段的钻井液密度高达 2.02～2.10g/cm^3，造斜段全部位于高密度钻井液井段，造成机械钻速慢、定向托压、黏附卡钻等，给井眼轨迹控制及钻井安全带来极大挑战。

（2）造斜段穿越层段多。

高石梯—磨溪区块大斜度井、水平井造斜段跨越渗透性好的飞仙关组和长兴组、泥质重易垮塌的龙潭组和梁山组、硅质含量高的栖霞组、致密砂岩研磨性极强的高台组等诸多地层，井眼轨迹设计困难。斜井段穿过强研磨、易垮塌地层，复合钻进井眼轨迹不易控制，定向钻进风险大。MX48 井设计从飞二段定向（最大井斜 40°），该井从飞二段钻至茅三段进尺 700m 用时 31d，而直井钻进该段只需要 6～7d。

（3）地层变异大。

区块存在地层变异大，地质分层不确定的情况。部分井在 ϕ215.9mm 井眼施工期间，地层实钻与设计出现较大变异，地质设计为缺失洗象池组，但实钻中钻遇洗象池组，造成实钻地层垂厚加深 36.48m。由于在接近入靶前地层垂深发生了大的变化，给井眼轨迹调整带来较大困难。

2）井眼轨迹优化设计

轨迹设计首先要以经济的成本以特定的方向钻达规定的目标靶区，这是定向井设计的主要依据和基本原则。

（1）轨迹剖面优选。

定向井井身剖面按在空间坐标系中的几何形状，可分为二维定向井剖面和三维定向井剖面两大类：二维定向井剖面是指设计井眼轴线仅在设计方位线所在的铅垂平面上变化的井；三维定向井剖面是指在设计的井身剖面上，既有井斜角的变化，又有方位角的变化。

常用的剖面类型有三段制剖面和五段制剖面。可根据钻井目的、地质要求等具体情况，选用合适的剖面类型来进行定向井井身剖面设计。

定向井剖面类型设计原则：

① 根据气田勘探和开发布置要求，保证实现钻井目的。

② 根据气田的构造特征、气层产状、采气工艺，选择有利于提高气产量和采收率、改善投资效益的工艺。

③ 在满足钻井目的的前提下，应尽可能选择比较简单的剖面类型，尽量使井眼轨迹短，以减小井眼轨迹控制的难度和钻井工作量，且有利于采气工艺的实施。

④ 在选择造斜点、井眼曲率和最大井斜角等参数时，应有利于钻井、完井、采气和修井作业。

由于灯影组气藏目的层埋藏深度较深（5000～5400m），气藏地质存在一定的不确定性，因此，大斜度井、水平井优选"直—增—稳—增—稳"五段制剖面，一增段增至井斜 60° 左右，稳斜钻至灯影组顶，下入 ϕ177.8mm 油层套管，增斜至预定井斜后稳斜中靶。

（2）轨迹设计主要参数选择。

① 造斜点的选择。造斜点应选在比较稳定的地层，避免在岩石破碎带、漏失地层、

流砂层或容易坍塌等复杂地层进行定向造斜，以免出现井下复杂情况，影响定向施工；应选在可钻性较均匀的地层，避免在硬夹层、薄互层定向造斜，这类地层造斜时工具面难以稳定；造斜点的深度应根据设计井的垂直井深、水平位移和选用的剖面类型决定，并要考虑满足采气工艺的需要。如在设计垂深大、位移小的定向井时，应采用深层定向造斜，以简化井身结构和强化直井段钻井措施，加快钻井速度；在设计垂深小、位移大的定向井时，则应提高造斜点的位置，在浅层进行定向造斜，这样既可以减少定向施工的工作量，又可满足大水平位移的要求；在井眼方位漂移严重的地层钻定向井，选择造斜点位置时应尽可能使斜井段避开方位自然漂移大的地层或利用井眼方位漂移的规律钻达地质目标；高磨地区灯影组气藏区域内，从飞仙关组至筇竹寺组以白云岩和石灰岩为主，地层均质性较好，地层性质稳定适合造斜，且复杂事故情况发生概率相对较小，因此，综合考虑造斜率和造斜段长度，造斜点优选在龙王庙组较为合适。

② 井眼曲率选择。井眼曲率不宜过小，以免造斜井段过长，增加轨迹控制的工作量。井眼曲率也不宜过大，以免造成钻具偏磨，摩阻过大、产生键槽和给其他作业（如测井、固井、射孔等）带来困难。常规定向井设计时，井眼曲率宜控制在（1.5°～4°）/30m，最大不超过 5°/30m。不同钻井方式对井眼曲率的选择范围不同，井下动力钻具钻进时，造斜率一般取（3°～5°）/30m；转盘钻进时不同增斜钻具组合增斜率不同，通常较大增斜率钻具方位漂移大，因此钻增斜井段的增斜率通常取（1°～2.5°）/30m，钻降斜段利用钟摆钻具或光钻铤的降斜率一般取（1°～2°）/30m。

为了保证造斜钻具和套管安全顺利入井，必须对设计剖面的井眼曲率进行校核，使井身剖面的最大井眼曲率小于井下动力钻具组合和入井套管抗弯曲强度允许的最大曲率值。

井下动力钻具定向造斜及扭方位井段的井眼曲率 K_m 应满足式（5-1-1）：

$$K_m < \frac{(D_b - D_T) - f}{L_T^2} \times 10.011 \qquad (5\text{-}1\text{-}1)$$

式中 K_m——井眼曲率，（°）/30m；

         D_b——钻头直径，mm；

         D_T——井下动力钻具外径，mm；

         f——间隙值（软地层取 f=0，硬地层取 f=3～6mm）；

         L_T^2——井下动力钻具长度，m。

灯影组气藏开发定向井靶前距大多在 400～700m 范围内，靶前距相对较大，因此，设计轨迹造斜率整体控制在 6°/30m 以内即可满足轨迹优化设计需求，具体在 φ215.9mm 井眼狗腿度控制在 5°/30m 以内，φ149.2mm 井眼狗腿度控制在 6°/30m 以内。

（3）轨迹设计优化实例。

① 大斜度井轨迹设计优化实例。以 GS001-X7 井为例，优化采用"直—增—稳—增—稳"五段制剖面（表 5-1-1，图 5-1-2），设计造斜点 4370m，位于龙王庙组稳定地层，φ215.9mm 井眼增斜段优选狗腿度 4.5°/30m，增斜至 61.86° 后稳斜 441m 探至筇竹寺

组底部，再优选狗腿度 4.6°/30m，增斜至 80.59°，稳斜至灯影组顶部下入油层套管封固上部斜井段，为下部气层稳斜段创造有利条件。φ149.2mm 井眼以井斜角 80.59° 斜穿储层 709m 完钻。

表 5-1-1　大斜度井轨迹剖面优化设计结果

井段描述		测深/m	井斜/(°)	网格方位/(°)	垂深/m	北坐标/m	东坐标/m	狗腿度/(°)/30m	闭合距/m	闭合方位/(°)
直井段		4370.00	0.00	—	4370.00	0.00	0.00	0.00	0.00	—
增斜段		4782.43	61.86	148.00	4706.84	−171.18	106.96	4.50	201.85	148.00
稳斜段		5223.59	61.86	148.00	4914.87	−501.10	313.12	0.00	590.88	148.00
增斜段		5345.72	80.59	148.00	4954.00	−598.72	374.12	4.60	706.00	148.00
稳斜段	固井点	5356.84	80.59	148.00	4955.82	−608.02	379.93	0.00	716.97	148.00
	入靶点 A	5376.30	80.59	148.00	4959.00	−624.31	390.11	0.00	736.17	148.00
	出靶点 B	6085.82	80.59	148.00	5075.00	−1217.92	761.03	0.00	1436.14	148.00

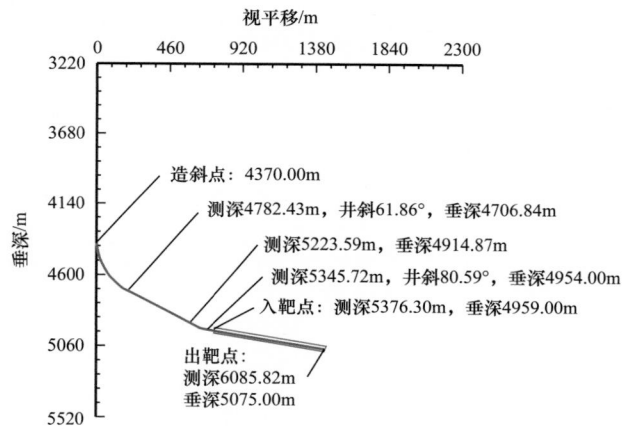

图 5-1-2　大斜度井设计轨迹示意图

② 水平井轨迹优化实例。以 GS001-H26 井为例，优化采用"直—增—稳—增—稳"五段制剖面（表 5-1-2，图 5-1-3），设计造斜点 4703m，位于龙王庙组稳定地层，φ215.9mm 井眼增斜段优选狗腿度 5.37°/30m，增斜至 70° 后稳斜 9m 探至灯影组顶部，下入油层套管封固上部斜井段，为下部气层稳斜段创造有利条件。φ149.2mm 井眼再优选狗腿度 4.96°/30m 增斜至 90.69° 中靶并完成 829m 水平段钻进。

③ 轨迹优化对比。定向井、水平井井眼轨迹采用"直—增—稳—增—平"模型，未充分考虑地层特点，造斜点选在飞仙关组—长兴组，直井段短，造斜率偏小导致实际造斜段长度增大，井眼长度也相应增加，沧浪铺组等难钻地层滑动钻进托压严重，给井眼轨迹控制和现场施工带来困难，不利于整体提速，影响钻井周期。

表 5-1-2　水平井轨迹剖面优化设计结果

井段描述	测深/ m	井斜/ (°)	网格方位/ (°)	垂深/ m	狗腿度/ (°)/30m	闭合距/ m	闭合方位/ (°)
直井段	4703.40	0.00	138.36	4703.40	0.00	0.00	0.00
增斜段	5094.22	70.00	138.36	5004.00	5.37	210.48	138.36
三开井底	5102.99	70.00	138.36	5007.00	0.00	218.72	138.36
稳斜段	5144.22	70.00	138.36	5021.10	0.00	257.47	138.36
增斜段（A）	5269.49	90.69	137.93	5042.00	4.96	380.29	138.29
水平段（B）	6099.00	90.69	137.93	5032.00	0.00	1210.09	138.04

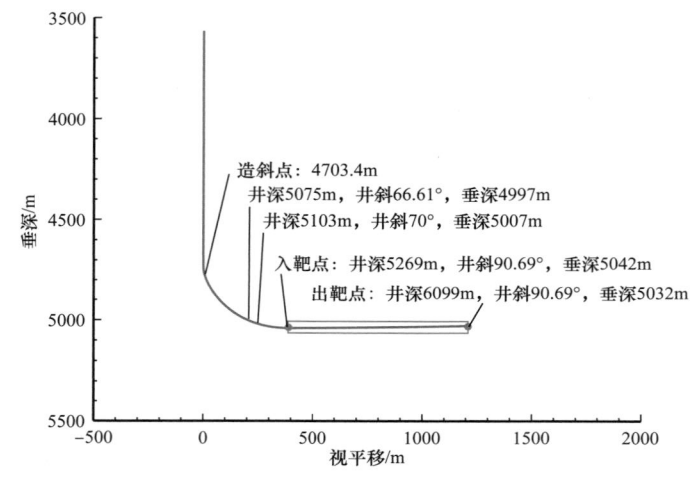

图 5-1-3　水平井设计轨迹示意图

优化前造斜点较浅（4030m），造斜点位于飞仙关组—长兴组之间，直井段短，不利于整体提速；造斜率较小，造斜段长，影响钻井周期。

优化设计方向：井眼轨道优化目的在于降低轨迹控制难度，减小井下摩阻和扭矩，有利于井眼轨迹控制和提高钻井效率。通过分析高石梯—磨溪地区已钻井资料，针对造斜点深度、造斜率、井斜角等开展了优化研究。

主要优化内容（图 5-1-4）：

a. 优化后加深造斜点（4200m）选在较稳定地层（茅口组），避免造斜困难并利于整体提速；

b. 造斜率优化（6°/30m 以下），缩短造斜段长度；

c. 灯四段顶井斜角尽量达到 60°～70°，避免地层减薄导致中靶困难。

二、钻井提速技术

建立区块钻头数据库与难钻地层岩石可钻性剖面，开发反演 PDC 钻头设计参数计算模型，优化分析钻头切削齿布齿结构、水力流道等设计参数，完成各难钻地层个性化钻头设计；通过"黄金分割线法"对钻头效果进行评价筛选，形成试验区钻头优化选型图版，有力支撑钻井提速模板建立与现场提速。

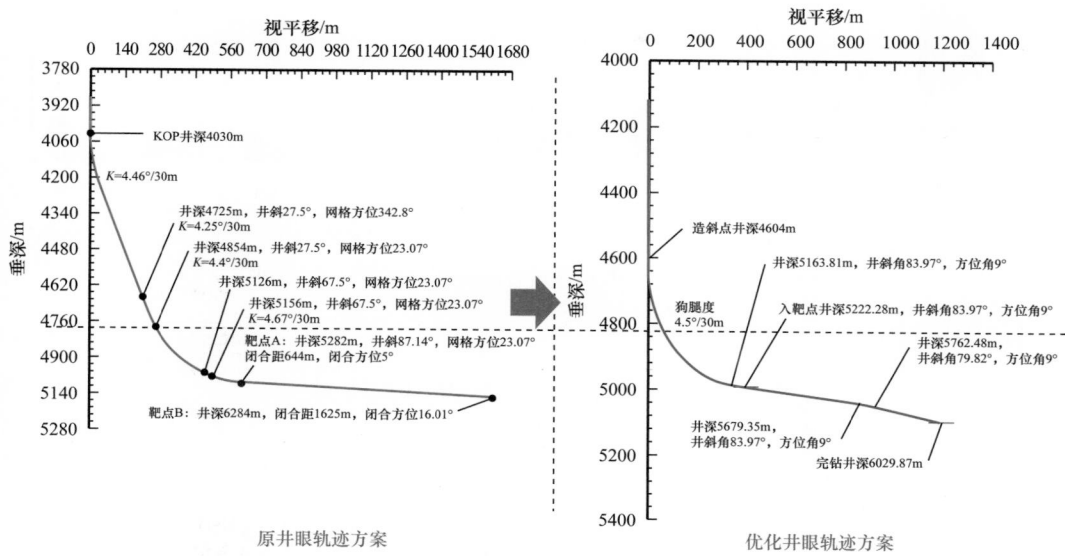

图 5-1-4　震旦系大斜度井 / 水平井井眼轨迹优化设计

1. 个性化 PDC 钻头优化

1）个性化钻头设计

（1）建立高石梯—磨溪区块难钻地层的岩石力学特性剖面。

通过分析高石梯—磨溪区块录测井资料，利用回归分析方法，建立了相应的岩石力学模型，结合 GS32 井和 MX52 井等井测井数据，进一步完善了高石梯—磨溪区块难钻地层岩石强度、可钻性极值和研磨性剖面，为指导个性化钻头设计提供了技术支撑。

① 难钻地层数据统计与分析。通过钻头大数据统计分析，得到高石梯—磨溪区域中的须家河组、二叠系、沧浪铺组和灯影组等为难钻地层，是该区域制约提速的关键地层（图 5-1-5）。

② 建立高石梯—磨溪区域难钻地层岩石力学特性剖面。通过对高石梯—磨溪区块难钻地层的岩石强度实验数据分析和数模回归方法等，结合抗钻参数测井解释成果，建立了高石梯—磨溪区域难钻地层的岩石强度、可钻性极值和研磨性剖面，并从根据岩石力学特性，确定了该区块的难钻地层。

通过对高石梯—磨溪区域内的岩石强度实验数据分析和数模回归方法等，建立了利用测井数据计算岩石强度参数经验模型。

抗压强度：

$$C_0 = (0.0035 V_{sh} + 0.0045) E_d \qquad (5-1-2)$$

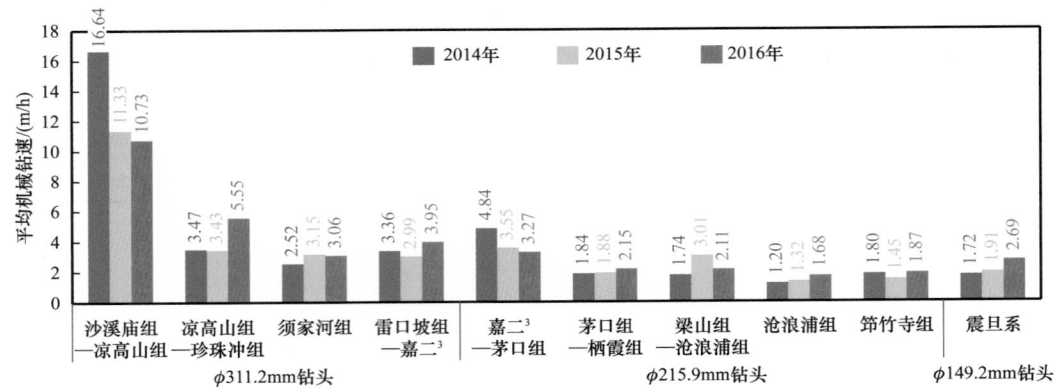

图5-1-5　高石梯—磨溪区域各层位平均机械钻速示意图

抗拉强度：

$$T_0 = \left[0.00459E_d\left(1 - V_{sh}\right) + 0.00816E_d V_{sh} \right]/12 \qquad (5-1-3)$$

抗剪强度：

$$S_0 = 3.2981 + 2.5251 \times 10^7 \rho_b \frac{\left(1 + \mu_d\right)\left(1 + 0.78V_{sh}\right)}{\left(1 - \mu_d\right)AC^4}\left(1 - 2\mu_d\right) \qquad (5-1-4)$$

式中　C_0——抗压强度，MPa；

　　　V_{sh}——泥质含量，%；

　　　E_d——岩石杨氏模量，MPa；

　　　T_0——抗拉强度，MPa；

　　　S_0——抗剪强度，MPa；

　　　AC——声波时差，μs/m；

　　　μ_d——岩石泊松比；

　　　ρ_b——岩石密度，g/cm^3。

岩石可钻性级值 K_d 反映了岩石的软硬强度。大量的研究和实践表明，地层可钻性级值与声波时差具有很好的相关性，即声波时差越大，岩石可钻性极值越小。

建立高石梯—磨溪区域的可钻性级值的预测模型：

$$K_d = -6.16202 \lg\left(AC\right) + 30.8295 \qquad (5-1-5)$$

研究发现，研磨性与可钻级值的关系较好，并根据理论公式和室内实验校正，建立了岩石研磨性拟合模型。

$$G_d = \left(0.275K_d\right)^{\frac{1}{0.3716}} \qquad (5-1-6)$$

式中　G_d——研磨性指数；

　　　K_d——可钻性级值。

通过分析 GS32 井、MX52 井、MX111 井和 MX116 井等的岩石力学结果，获得了高石梯—磨溪区域的难钻地层为须家河组、二叠系及震旦系。以 GS32 井为例进行展示，如图 5-1-6 所示。

根据高石梯—磨溪区域地层抗钻参数测井解释成果，建立高石梯—磨溪区域地层岩石强度剖面图、岩石可钻性级值和研磨性剖面，如图 5-1-7 和图 5-1-8 所示。

综合高石梯—磨溪区域地层岩石强度、可钻性和研磨性等结果，可以确定须家河组、二叠系、寒武系以及震旦系为该区域的难钻地层。

（2）高磨区块难钻地层个性化 PDC 钻头设计。

① PDC 钻头结构的设计。PDC 钻头结构的设计主要包括两个部分，即切削结构设计与水力结构设计。在常规 PDC 钻头的设计理论的基础上，根据切削齿的结构及工作特性，可以从冠部形状设计、径向布齿设计、周向布齿设计及切削角度及力平衡设计等方面开展复杂难钻地层下异形齿 PDC 钻头的个性化设计。此外，需要从动力学和水力学两个方面开展个性化 PDC 钻头的仿真分析。

a. 动力学仿真技术。利用 PDC 钻头数字化钻进分析系统对锥形齿结构的 PDC 钻头数字化模型进行室内三维井底、齿面接触关系等仿真分析，形成钻头受力图及 PDC 齿磨损区域分布与预测图，以适时优化调整钻头冠部形状和切削齿等参数，使钻头设计达到最优化。

钻头受力图反映了在当前状态下钻头所受的主要的两个力——轴向力和横向力，如图 5-1-9 所示。从图 5-1-9 中可以清楚地看出钻头所受的轴向力的作用点和横向力的作用方向。

图 5-1-10 为 PDC 齿磨损区域分布与预测图，绿色十字号表示 PDC 齿磨损区域的等效标点，每颗齿的磨损区域从这一点开始沿齿的中心点方向开始磨损。

b. 水力学仿真技术。完善的 PDC 钻头水力结构设计，其井底流场应具有以下 4 点特征：各流道流量与对应刀翼的切削体积合理匹配，以充分利用水力能量；各刀翼主切削齿附近应保持较高的流速分布，以避免钻头泥包和 PDC 齿烧损现象的发生；具有较小的旋涡，以减少岩屑返回井底的概率和对钻头的冲蚀；具有较高的井底压降（或井底流速分布），以使岩屑快速的运移出井底。

经过优化的井底流场能够更高效地将岩屑带离复合片的切削区域，并对复合片进行有效冷却，同时减小了钻头泥包的风险。图 5-1-11 中流动迹线，是指图中的所有流线，代表第一次模拟的流动迹线。

② 个性化 PDC 钻头设计方案。针对高石梯—磨溪区块自流井组和二叠系等难钻地层岩石力学特点，利用 PDC 钻头设计软件，结合动力学和水力学仿真分析技术，开展了非平面和平面切削齿的优选与混合设计，并重点从冠型，刀翼结构、数量，切削齿布置、切削角度、布齿密度，水力结构和低摩阻保径结构等方面进行了钻头优化设计，形成了难钻地层的个性化钻头设计方案。

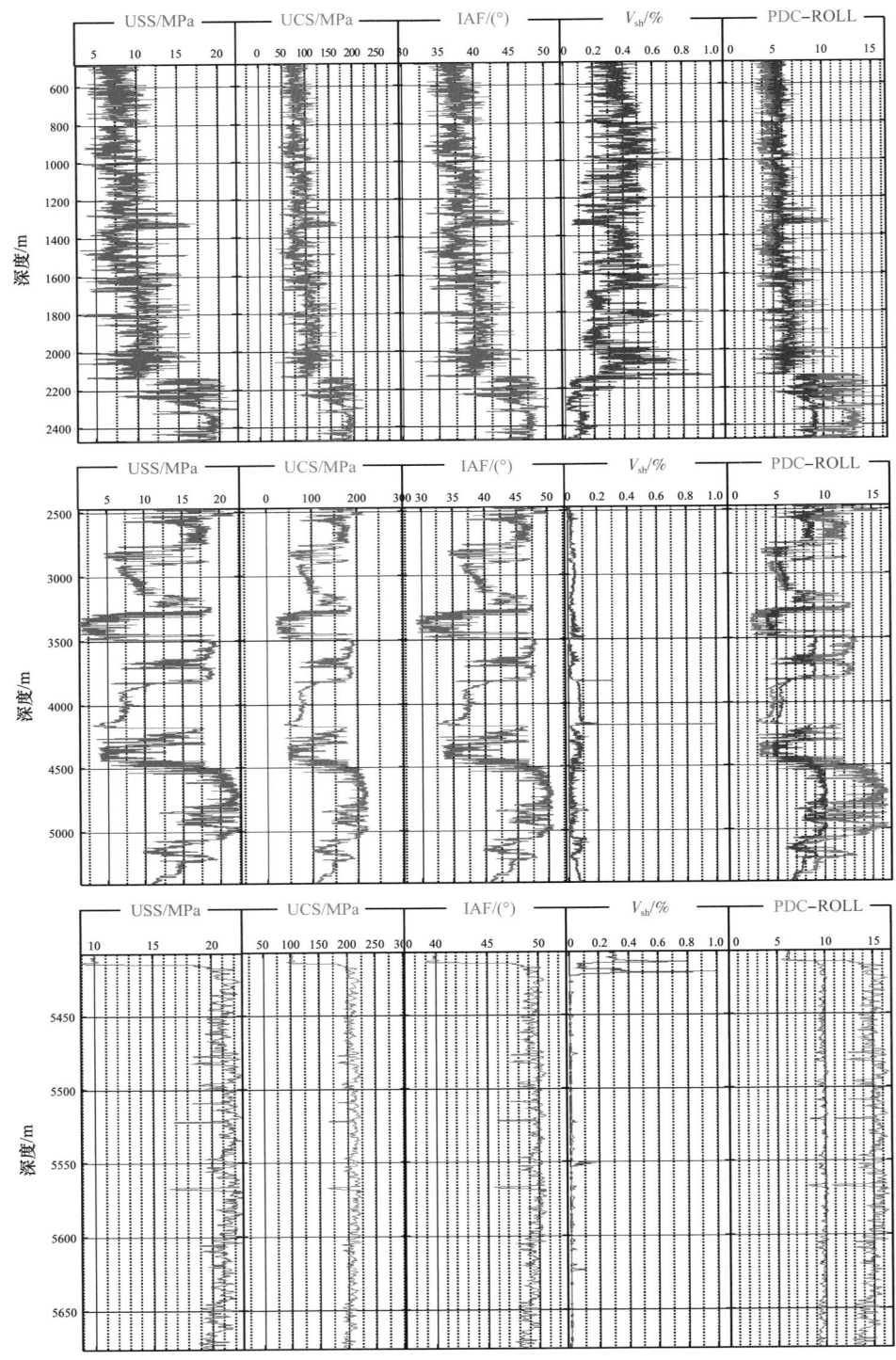

图 5-1-6　GS23 井抗钻参数测井解释结果

USS—极限剪切强度；UCS—单轴抗压强度；IAF—内摩擦角；V_{sh}—泥质含量；

PDC-ROLL—PDC 钻头的可钻性级值

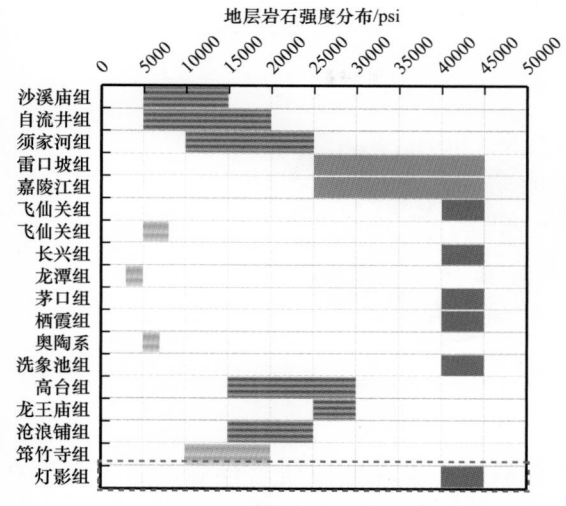

图 5-1-7　高石梯—磨溪区域地层岩石强度剖面图

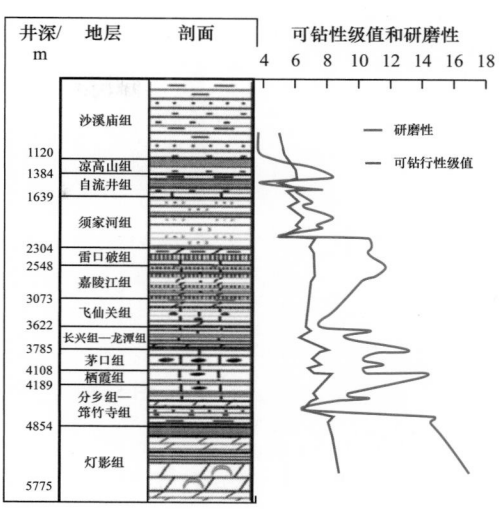

图 5-1-8　高石梯—磨溪区域地层岩石可钻性
和研磨性剖面图

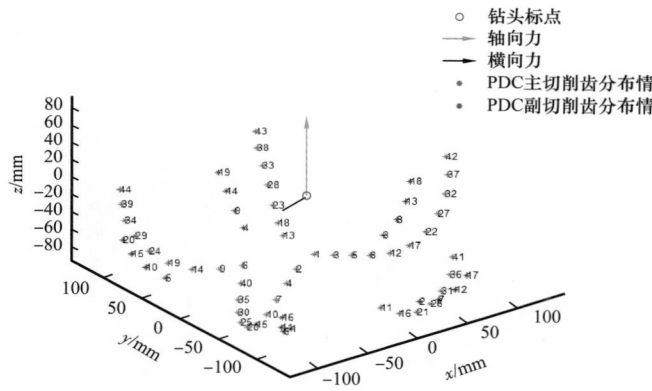

图 5-1-9　钻头受力示意图

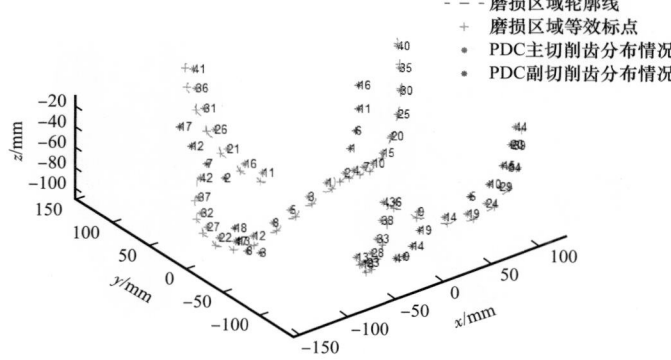

图 5-1-10　PDC 齿磨损区域分布与预测图

图 5-1-11　PDC 钻头水力学分析结果

a. 自流井组。

地层特点：主要岩性为泥岩、页岩夹粉砂岩；珍珠冲段研磨性强，岩石强度在 35～105MPa 之间波动；可钻性级值平均集中 5～6 之间；研磨性指数为 4～8。

钻头挑战：地层软硬交错，复合齿易冲击损坏，易钻头泥包。

优化方案——$12\frac{1}{4}$inPDC 钻头：采用钢体式、5 刀翼，中等内锥、冠型，前排为综合性能强的进口 PDC 复合片，综合提高钻头稳定和攻击性（图 5-1-12 和图 5-1-13）。

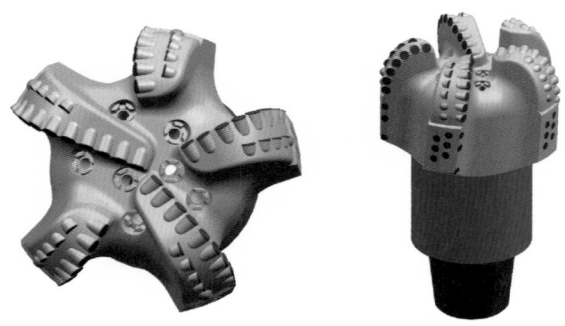

图 5-1-12　$12\frac{1}{4}$in CAS5164D 型个性化 PDC 钻头设计方案（平面齿）

图 5-1-13　$12\frac{1}{4}$in CAS5164D 型个性化 PDC 钻头设计方案（异形齿）

b. 二叠系长兴组—龙潭组（硬夹层）。

地层特点：主要岩性为石灰岩、泥砂岩，岩石强度在 80～100MPa 之间波动；部分井段普含黄铁矿、燧石、燧石结核、硅质灰岩；可钻性级值平均集中在 6～7 之间。

钻头挑战：岩石强度较大，对钻头的抗冲击性能要求较高；偶含燧石结核，钻头易先期磨损严重；软硬交错，易对 PDC 钻头产生冲击破碎。

优化方案 1——$8\frac{1}{2}$in PDC 钻头：后排锥形齿 PDC 钻头，采用钢体式、5 刀翼，浅内锥、短冠型，前排为进口高性能 PDC 复合片，后排锥形齿，提高钻头穿越夹层能力和攻击性（图 5-1-14）。

优化方案 2——$8\frac{1}{2}$in PDC 钻头：平面齿 / 异形齿结构 PDC 钻头，采用钢体式、5 刀翼，16mm 齿，肩部采用平面齿 / 三棱异形非平面齿，肩部后排平面齿，标准内锥、中等圆弧短冠型，中等偏小切削齿后角，进口偏抗冲击的综合性能高的复合片，两长、微螺旋刀翼，7 个喷嘴——角度和位置优化，高抗冲击保径齿，倒划眼齿（图 5-1-15 和图 5-1-16）。

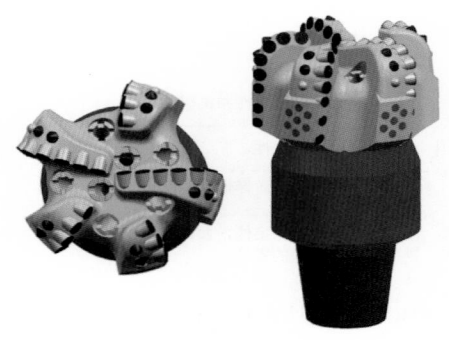 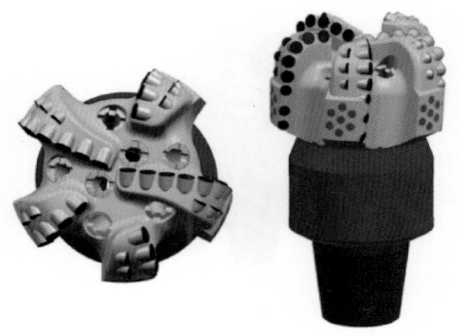

图 5-1-14　$8\frac{1}{2}$in CAS5162Z 型个性化　　图 5-1-15　$8\frac{1}{2}$in CAS5164N 型个性化 PDC
　　　　　 PDC 钻头设计方案　　　　　　　　　　　　钻头设计方案（平面齿）

 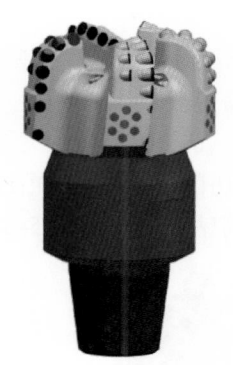

图 5-1-16　$8\frac{1}{2}$in CAS5164N 型个性化 PDC 钻头设计方案（异形齿）

c. 二叠系茅口组—栖霞组。

地层特点：主要岩性为石灰岩、岩石强度在 310MPa 之间波动；可钻性级值平均集中在 7～8 之间。

钻头挑战：岩石强度较大，对钻头的抗冲击性能要求较高；可钻性差；研磨性强。

优化方案——$8\frac{1}{2}$in PDC 钻头：采用钢体 / 胎体耐磨结构、7 刀翼结构、短抛物线冠状、切削平衡齿和ϕ13mm 的优质抗冲击 PDC 复合片，提高了钻头的攻击性、稳定性和耐磨性，防止钻头早期损坏，提高钻头进尺（图 5-1-17 和图 5-1-18）。

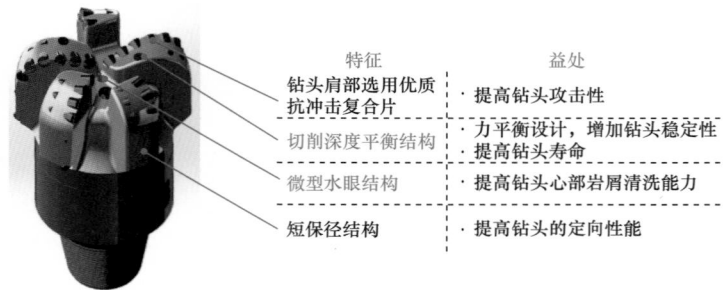

图 5-1-17　8$\frac{1}{2}$in CAS5163 型个性化 PDC 钻头设计方案（钢体）

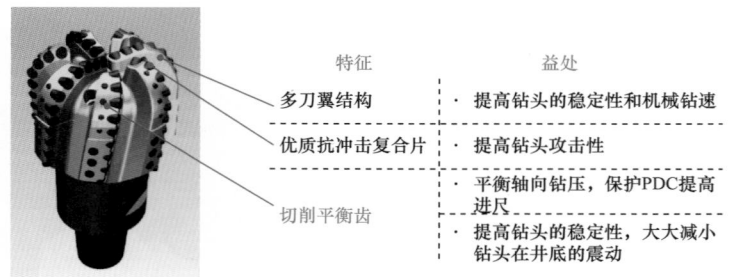

图 5-1-18　8$\frac{1}{2}$in CAM7163 型个性化 PDC 钻头设计方案（胎体）

d. 灯影组。

地层特点：均质致密云岩，平均岩石强度为 310MPa；可钻性级值平均集中在 8～9 之间。

钻头挑战：岩石强度较大，钻头难以吃入地层；地层石英含量重、研磨性特别强，钻头磨损严重，寿命短。

优化方案——5$\frac{7}{8}$in PDC 钻头：采用胎体耐磨结构，7 刀翼结构、短抛物线冠状，锥型齿，ϕ13mm 的主切削齿、稳定加强齿，提高了钻头的攻击性、稳定性和耐磨性，防止钻头早期损坏，提高钻头进尺（图 5-1-19）。

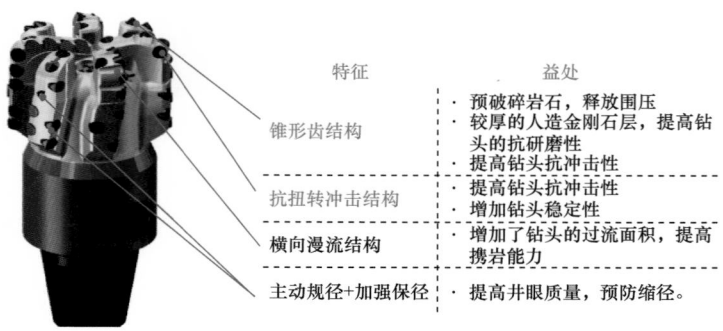

图 5-1-19　5$\frac{7}{8}$in CAM7135 型个性化 PDC 钻头设计方案

2）黄金分割线法优选钻头

目前，钻头选型方法大致可以分为 3 类：第 1 类是钻头使用效果评价法，该方法从某地区已钻的钻头资料入手，分地层对钻头的使用情况进行统计，把反映钻头使用效果的一个或多个指标作为钻头选型的依据；第 2 类是岩石力学参数法，该方法根据待钻地层的某一个或几个岩石力学参数，结合钻头厂家的使用说明进行钻头选型；第 3 类是综合法，该方法把钻头使用效果和地层岩石力学性质结合起来进行选型。

在对大量文献资料调研分析的基础上，通过介绍钻头使用效果评价法各种选型方法的基本原理，分析各种方法存在的不足，提出适用于安岳气田震旦系气藏开发钻井优选方法。

（1）每米钻井成本法。以钻头的每米钻井成本作为钻头选型的依据，其计算模型为：

$$C = \frac{C_b + C_r(t + t_T)}{F} \tag{5-1-7}$$

式中　C——每米钻井成本，元 /m；

　　　C_b——钻头费用，元 / 只；

　　　C_r——钻机运转作业费，元 /h；

　　　t——钻头纯钻时间，h；

　　　t_T——起下钻、循环钻井液及接单根时间（钻井辅助时间），h；

　　　F——钻头总进尺，m。

由于影响钻井成本因素并不都与钻头选择有关，因而成本分析法不能直接反映钻头选型结果的好坏。

（2）比能法。比能这一概念最早是由 Farrelly 等于 1985 年提出来的。比能的定义为：钻头从井底地层上钻掉单位体积岩石所需要做的功。其计算公式为：

$$S_e = \frac{4W}{\pi D^2} + \frac{kNT_b}{D^2 R} \tag{5-1-8}$$

式中　S_e——比能；

　　　T_b——钻头扭矩，kN·m；

　　　N——转速，r/min；

　　　R——机械钻速，m/h；

　　　W——钻压，kN；

　　　k——常数；

　　　D——钻头直径，mm。

该方法将钻头比能作为衡量钻进效果好坏的主要因素。钻头比能越低，表明钻头的破岩效率越高，钻头使用效果越优。该方法在原理上很简单，但在现场应用时，钻头扭矩不易计算和直接测量，故使用中难度较大。

（3）经济效益指数法。根据钻头进尺、机械钻速和钻头成本 3 个因素的综合指标来评价钻头的使用效果，其评价结果与每米钻井成本法总体上是一致的。钻头经济效益指数计算模型为：

$$E_b = \alpha \frac{FR}{C_b} \tag{5-1-9}$$

式中　E_b——钻头经济效益指数，$m^2/（元·h）$；

　　　α——系数。

E_b 越大，钻头使用效果越优。

（4）虚拟强度 VSI 钻头选型原则。1964 年，R.Teale 首次提出了在钻进岩石过程中机械比能的概念，即钻头破碎单位体积岩石所做的功，这一准则将开挖单位体积岩石所需能量与钻头的破岩效率关联起来，比能可视为体现机械破岩效率的指数。比能消耗越多则说明机械钻速越低、钻头与地层的适应性就越差，钻头类型需要进一步优化。在研究分析前人成果的基础上，提出了一种新的钻头类型优选与评价方法，即虚拟强度指数法（Virtual Strength Index，VSI）。虚拟强度指数（VSI）的大小取决于钻压、转速、钻头类型、钻头磨损、岩屑清除效果及岩石类型和性质等。根据能量守恒定理，将输入能量、钻井效率和最小虚拟强度指数（等同于岩石强度）作为能量平衡系统的 3 个关键因素。

虚拟强度指数表达式为：

$$\text{VSI} = \frac{W_{\text{WOB}} + W_{\text{RPM}} + W_{\text{HJ}}}{v_{\text{ROP}}} \tag{5-1-10}$$

式中　W_{WOB}——单位时间内钻压对地层做的功，J；

　　　W_{RPM}——单位时间内钻头扭矩对地层做的功，J；

　　　W_{HJ}——单位时间内流体射流作用对地层做的功，J；

　　　v_{ROP}——机械钻速，m/h。

将公式代入最终 VSI 公式为：

$$\text{VSI} = \left(\frac{\text{WOB}_e}{A_B} + \frac{120\pi n T_e}{A_B v_{\text{ROP}}} + \frac{5\eta \Delta p_b Q}{A_B v_{\text{ROP}}} \right) \times 6.897 \times 10^{-6} \tag{5-1-11}$$

式中　VSI——虚拟强度指数，kPa；

　　　WOB_e——有效钻压，kN；

　　　A_B——钻头截面积，mm^2；

　　　n——转速，r/min；

　　　T_e——钻头有效扭矩，kN·m；

　　　v_{ROP}——机械钻速，m/h；

　　　Q——排量，L/s；

　　　η——能量降低系数；

　　　Δp_b——钻头压降，MPa。

可以看出，如果钻头在均质岩层中钻进，其 VSI 值应接近为常数，随着钻头磨损程度的不断增加，机械钻速将会逐步下降，VSI 就会缓慢上升。如果 VSI 急剧上升则可能是岩性发生骤变或钻头出现严重问题。总体来说，VSI 值越低，则说明破岩效率越高；反之，则表明该钻头不适应于该岩性或钻头已到更换时间。因此，VSI 完全可以从能量观点优选钻头类型及判别钻头在井下的实际工作状况。但在现场使用中计算较烦琐。

（5）综合指数法（主分量分析法）。于润桥（1993）选择机械钻速、牙齿磨损量、轴承磨损量、钻头进尺、钻头工作时间、钻压、转速、泵压、泵排量及井深 10 项指标，应用主成分分析法，综合钻头的使用效果和使用条件，提出了评选钻头的"综合指数法"。应用华北油田 132 口井实钻资料，给出了综合指数的表达式：

$$E=a_1R+a_2（1-H_f）+a_3（1-B_f）+a_4F+a_5t+a_6/W+a_7/N+a_8/p_m+a_9/Q+a_{10}H \qquad （5-1-12）$$

式中　E——综合指数；

　　　R——机械钻速，m/h；

　　　H_f——牙齿磨损量；

　　　B_f——轴承磨损量；

　　　F——钻头进尺，m；

　　　t——钻头工作时间，h；

　　　W——钻头钻压，kN；

　　　N——转盘转速，r/min；

　　　p_m——立管压力，MPa；

　　　Q——泵排量，L/s；

　　　H——钻头入井井深，m；

　　　a_1，a_2，$\cdots$，a_{10}——系数（由数理统计计算得到）。

综合指数越大，钻头使用效果越好。该方法的优点是综合考虑了钻头的使用效果和使用条件，把手段与结果统一起来，解决了钻头指标缺乏可比性的问题。其不足之处为，没有考虑地质条件对钻速的影响，在不同地区使用该方法时，必须重新确定表达式中的各项系数。

（6）模糊综合评判法。樊顺利和郭学增（1994）利用模糊数学原理，避开了每米钻井成本法必须确定而又难以求准的起下钻时间和钻机作业费的计算，给出了钻头的多因素模糊综合评判法。该方法以所研究的所有牙轮钻头作为评判对象集，选择机械钻速、纯钻时间及深度、钻头成本以及钻头新度组成因素集，在此基础上根据隶属函数对每个对象作单因素评判，形成单因素评判矩阵，然后再结合各因素权重对各评判对象进行优劣排序。

（7）灰关联分析法。王俊良和刘明等（1994）将钻头进尺、纯钻时间、机械钻速和钻头成本作为钻头使用效果的评价指标，应用灰关联分析法，根据关联度的大小对钻头进行优劣排序。

（8）神经网络法。Bilgesu 等（2000）提出了用 3 层反馈神经网络进行钻头优选。该方法使用几个不同的神经网络模型决定地层、钻头性能和作业参数之间的复杂关系。该方法输入参数为：钻头尺寸、钻头总过流面积、起钻井深、进尺、机械钻速、最大和最小钻压、最大和最小转盘转速以及钻井液返速；输出参数为钻头型号。

（9）属性层次分析法。毕雪亮和阎铁等（2001）将属性识别理论和层次分析方法相结合，在属性测度的基础上，通过分析判断准则和属性判断矩阵，建立了钻头优选属性层次模型。该方法考虑钻头进尺、钻头寿命、平均机械钻速和单位进尺钻头成本（钻头单价／钻头进尺）等 4 个指标，根据钻头记录，按层位为新井选择钻头型号。

（10）黄金分割优选法则。黄金分割法也称为中外比，指把一条线段分割为两部分，使其中一部分与全长之比等于另一部分与这部分之比。其比值是一个无理数，取其前 3 位数字的近似值是 0.618，所以也称为 0.618 法。通过收集区块某一地层所钻井所有钻头指标，筛选出有效钻头，统计该地层钻头平均进尺及平均机械钻速，计算黄金优选曲线，公式为：

$$v_y = \frac{F_a v_a}{0.618 F_x} \qquad (5-1-13)$$

式中　v_y——优化曲线机械钻速坐标；

　　　　F_a——同一地层有效钻头平均进尺，m；

　　　　v_a——同一地层有效钻头平均机械钻速，m/h；

　　　　F_x——优化曲线进尺坐标。

通过综合指标优选出钻头。优选图如图 5-1-20 所示，该方法在已钻井越多的区块，可以优选出最佳使用效果钻头。

安岳气田龙王庙组气藏为整装气藏，整个区域地层差异小，适合第 1 类钻头效果评价法，其中黄金分割优选法则最为适用。

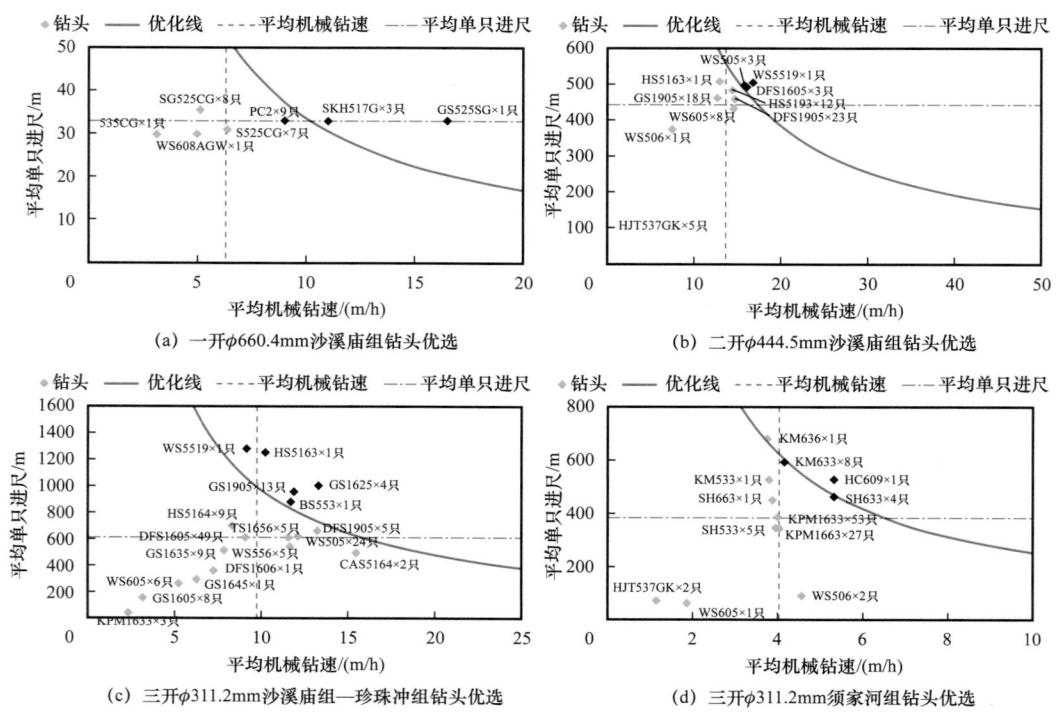

图 5-1-20　高石梯—磨溪区块各开次钻头选型图版示意图

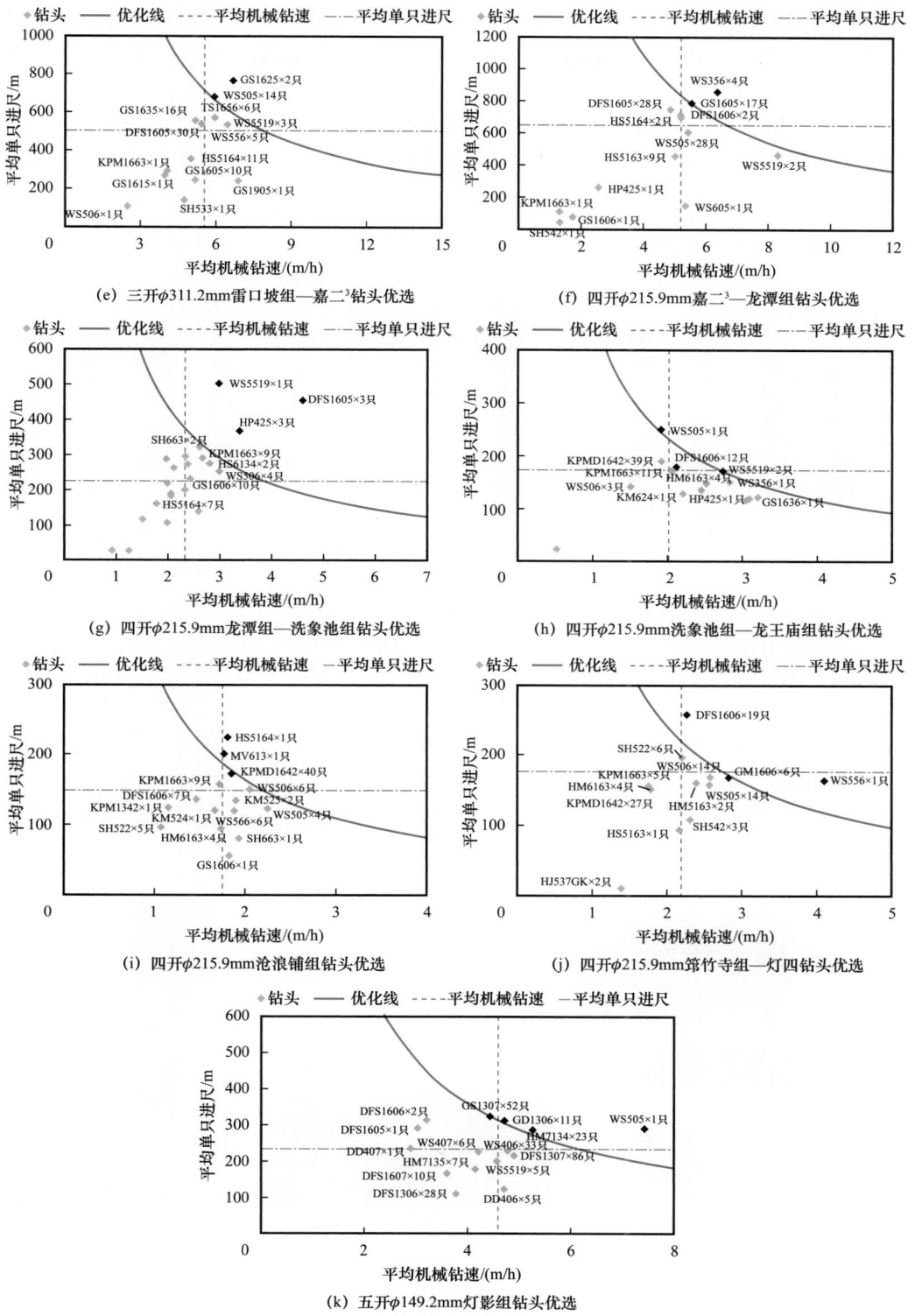

(e) 三开φ311.2mm雷口坡组—嘉二³钻头优选

(f) 四开φ215.9mm嘉二³—龙潭组钻头优选

(g) 四开φ215.9mm龙潭组—洗象池组钻头优选

(h) 四开φ215.9mm洗象池组—龙王庙组钻头优选

(i) 四开φ215.9mm沧浪铺组钻头优选

(j) 四开φ215.9mm筇竹寺组—灯四钻头优选

(k) 五开φ149.2mm灯影组钻头优选

图 5-1-20　高石梯—磨溪区块各开次钻头选型图版示意图（续）

通过建立高石梯—磨溪区块钻头使用数据库，利用黄金分割线法对全地层剖面进行钻头效果评价筛选，形成高磨区块钻头优化选型图版，有力支撑钻井提速模板建立与现场提速。

通过攻关研究，形成的钻头选型图版及时纳入钻井提速模板与钻井工程设计，同比立项前，平均机械钻速同比提高48%；在平均完钻井深增加750m的前提下，平均单井钻头用量同比减少37%（图5-1-21）。

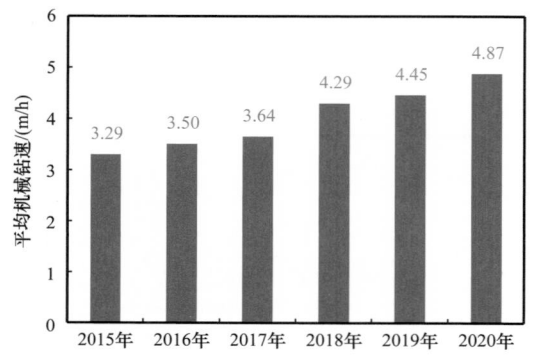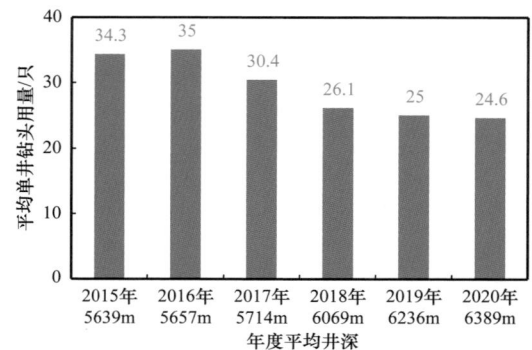

图 5-1-21 高石梯—磨溪区块大斜度井/水平井钻井提速效果

2. 钻井提速工具优选

1）钻柱扭摆系统

钻柱扭摆系统是一种专用于解决定向井/水平井滑动钻井"托压"难题，进而提高钻井速度与作业时效的地面装备（图5-1-22）。通过一根屏蔽线缆与顶驱司钻箱连接，控制顶驱带动钻柱，在一定的扭矩范围内，按设定的参数（扭矩、角度、速度等）顺时针、逆时针交替持续转动，使下部钻具组合一定范围以上的钻柱处于旋转运动状态，减少滑动定向过程中因钻柱不旋转导致的高摩阻问题。

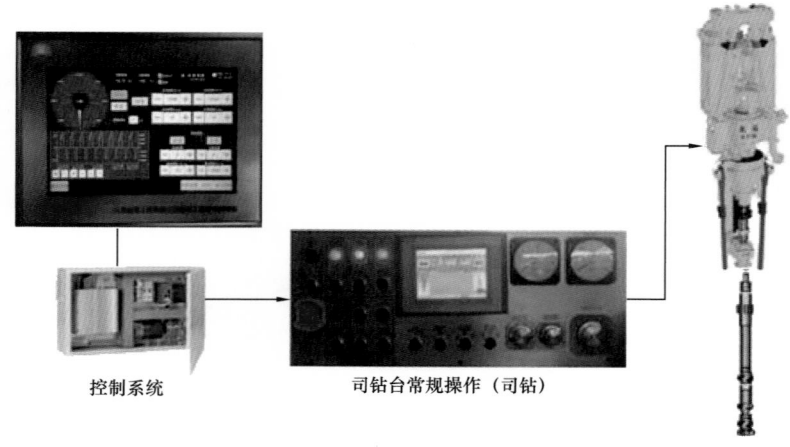

图 5-1-22 钻柱扭摆系统示意图

钻柱扭摆系统主要包括硬件与软件两大部分，其中，硬件系统主要包括 HMI 人机交互界面与 PLC 可编程逻辑控制器，以及用于消除钻柱扭摆系统与顶驱系统相互干扰的电气隔离模块，消除由于电气短路等意外导致的对顶驱的影响。软件系统包括 PLC 控制软件与 HMI 人机交互软件，内置在钻柱扭摆系统中。钻柱扭摆系统性能参数见表 5-1-3。

表 5-1-3　钻柱扭摆系统性能参数

项目	改进前	改进后
控制箱接线	顶驱控制箱接线需要 3～4h	接线时间 1～2h
兼容性	适用于宏华顶驱	改进控制插件及模块，目前可适用宏华、北石、天意等主流顶驱
防爆性能	未进行防爆设计，只适合室内功能测试	防爆设计与认证，取得 EXE 防爆标志，可以用与石油天然气钻井现场

该系统具有的主要优势：

（1）钻柱扭摆系统控制步骤与操作界面完全基于定向井工程师控制理念的人性化设计，解决作业现场滑动钻井"托压"与工具面快速调整问题。

（2）基于国内常用顶驱信号与钻机配置进行产品开发与优化，更适应国内作业条件。内置 20 余种通信协议模块，与北石、天意、宏华和 VARCO 等品牌的顶驱实现一键切换，无须对顶驱进行大规模改动，安装时间一般为 1～1.5h。

（3）全部为地面设备，无井下工具，系统独立运行，不影响顶驱正常操作，不会因为钻柱扭摆系统失效而导致额外起下钻或井下工具落井风险。

（4）通过地面钻柱扭摆，把上部钻具静摩擦阻力变为动摩擦阻力，使长水平段水平井和大位移井滑动钻井过程中最大限度地降低摩阻、提高机械钻速。

（5）在扭摆循环周期内，通过有控制地施加扭矩脉冲，稳定定向工具面，定向井工程师无须频繁进行校正和调整工具面，提高施工效率，工具面更稳定，滑动钻井造斜率更高。

（6）通过消除滑动钻井过程中"托压"导致的瞬间大钻压，最大限度减低反扭矩对马达和钻头的冲击，提高马达和 PDC 钻头寿命，减少起下钻次数。

防托压钻柱扭摆系统现场试验 3 口井，有效降低钻具摩阻，定向时纯钻时间大幅提高，极大改善滑动定向时因滑脱失速对钻头和螺杆造成的冲击伤害。该项技术逐步示范应用于震旦系大斜度井/水平井，有效指导震旦系大斜度井/水平井钻井提速。

图 5-1-23 所示为钻柱扭摆系统现场试验效果。

2）钻井动态优化与智能控制提速系统

对于钻井过程中井下钻具出现的振动，现有技术服务和控制系统都能达到一定的效果并取得效益，但都无法将其彻底消除，只能通过一定方法降低其破坏强度。针对不同类型振动特点及出现典型环境进行总结（表 5-1-4），同时基于井下钻具振动强度地面监测量化评价方法，提出随钻过程中缓解钻柱振动钻井参数优化流程（图 5-1-24）。

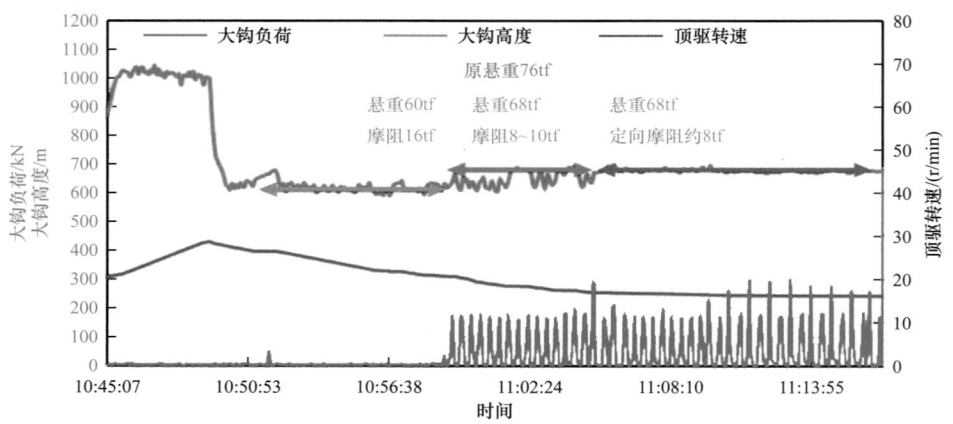

图 5-1-23　钻柱扭摆系统现场试验效果

表 5-1-4　钻柱振动地表与井下信息征兆汇总表

类型	地面信息征兆	井下信息征兆	典型环境	应对策略
跳钻	（1）顶驱或方钻杆摇动； （2）钻压波动剧烈； （3）失去工具面； （4）钻速降低幅度不一致	（1）轴向振动增强； （2）冲击性增强； （3）间断性失去 MWD 信号或井下数据	（1）硬地层； （2）垂直井眼； （3）牙轮钻头	（1）改变钻压和转速； （2）更换冲击性差的钻头； （3）使用减振装置
钻头涡动	（1）平均地面扭矩增大； （2）失去工具面，导向困难； （3）钻速降低幅度不一致	（1）平均井下扭矩增大； （2）高频率井下冲击（10~50Hz）； （4）横向和扭转振动增强； （5）间断性失去 MWD 信号或井下数据	冲击性的侧切钻头	提高钻压，降低转速更换钻头，使用全径稳定器
BHA涡动			（1）冲蚀井眼； （2）钟摆钻具或不稳定钻具	提高钻压，降低转速使用刚性钻具组合
黏滑	（1）顶驱制动：地面扭矩增大且无规律； （2）转速/扭矩周期性变化； （3）失去工具面； （4）钻速降低幅度不一致	（1）井下扭矩增大且无规律； （2）MWD 显示扭转振动增强； （3）钻铤转速大于地面转速； （4）间断性失去 MWD 信号或井下数据； （5）横向振动冲击增强	冲击性 PDC 钻头井筒与 BHA 的摩擦偏高	（1）降低钻压，提高转速； （2）增强钻井液润滑性； （3）降低钻头冲击性； （4）提高井眼净化效果

　　形成了钻头工作参数寻优技术，建立了钻头破岩能效、钻头吃入深度、钻柱振动指数与钻头工作参数之间的关系，指导钻头工作参数向高效破岩方向优化。

　　建立钻速测试流程，确定特定地层岩性中钻头破岩能效、机械钻速和吃入深度随钻井参数（钻压、转速）分布规律，确定高效破岩最优工作参数组合区域（图 5-1-25）。

　　通过建立钻头破岩能效与钻头吃入深度、钻头吃入深度与钻头工作参数（钻压、转速）之间的关系，同时综合考虑井下振动量化评价结果和钻头工作状态监测结果，最终映射出钻头破岩能效与钻头工作参数的对应关系，通过累积贡献率算法实时跟踪破岩能效偏离情况，融合机器学习方法（主成分分析）识别地层岩性变化，最终利用决策树算法实时调整钻头工作参数趋向最优工作参数组合区域，确保钻头工作始终在高效破岩区（图 5-1-26 ）。

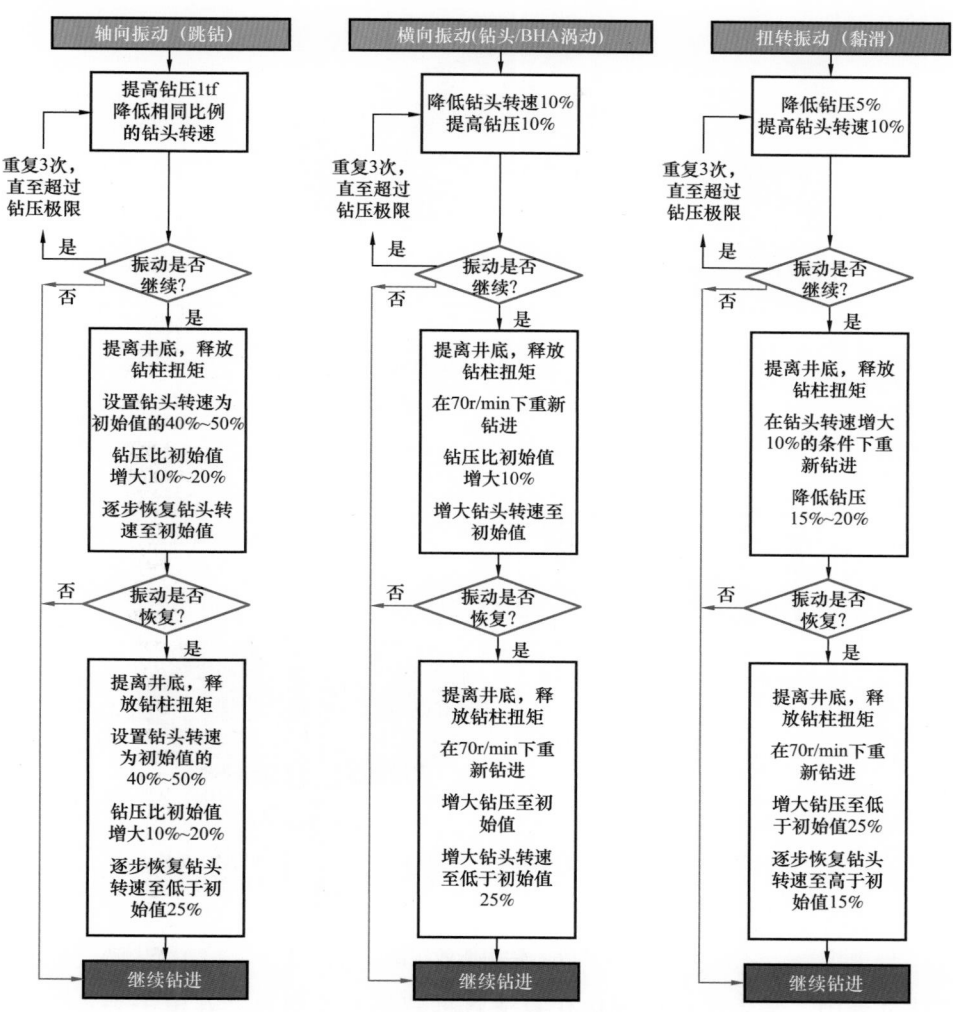

图 5-1-24　缓解钻柱振动钻井参数优化流程

　　提出创新方法规避了传统钻速优化方程中待定系数多求解耗时、难以实际应用的难题。除此之外，项目还建立了井底清洁程度和钻头工作参数（钻压、转速、排量）之间的对应关系，为水力参数的优化指明了方向。

　　自研存储式井下振动测量短节，将地表预测与井下振动测量实时融合。自研系统含传感器、AD 转换电路、处理器、高温存储器和实时时钟等；其中美国 ADI 公司的三轴加速度传感器，量程 ±100g，工作温度 -40～150℃；陀螺仪传感器，量程 ±500r/min，抗振 2000g，工作温度 -40～150℃。

　　最终配套形成钻井动态优化与智能控制提速装置及配套控制软件，实现钻井优化人工及自动控制，实现创新技术有形化。

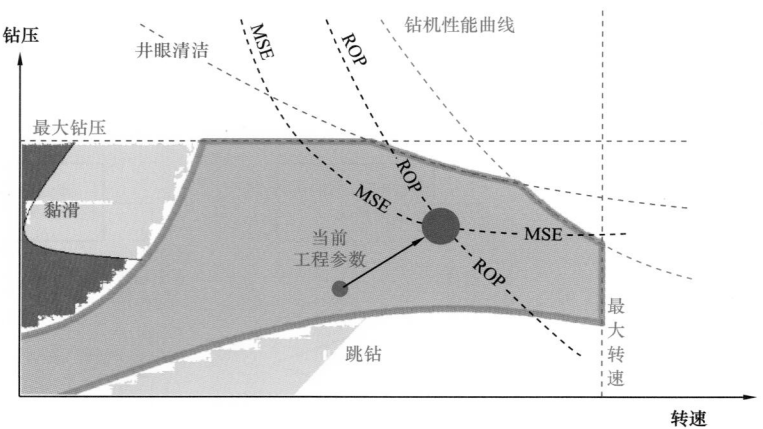

图 5-1-25 钻头最优工作参数组合优化指向
ROP—机械钻速；MSE—机械比能量

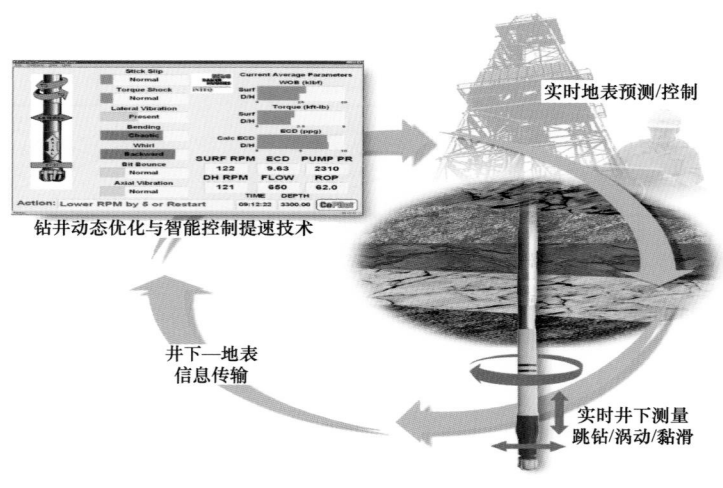

图 5-1-26 钻头能效跟踪评价流程

实钻过程中，装置通过内置优化算法将推荐钻井参数显示在电子表盘上，电子表盘是钻压、转速和泵冲等最优钻头工作参数的显示装置。为了方便司钻使用，每个参数指示仪上的每个参数有 2 根指针，一根（红针）指向正钻钻头工作参数的实际值（如钻压）（与传统液压指重表显示意义相同），另一根（蓝针）指向这个钻头工作参数的最优值（如最优钻压）。两针偏差越大，说明当前所施加的工作参数值离最优工作参数值越远；反之，两针偏差越小或接近重合，说明司钻当前所加工作参数接近最优工作参数，此时钻头破岩效率最高。司钻借助这组显示仪表，始终保持工作参数指针与最优工作指针处于重合或接近重合位置，就能达到提高机械钻速，延长钻头使用寿命的目的。此外，每个电子表盘都动态配置有红色、黄色、绿色三种背景色带，分别表示不同程度的井下 BHA 振动状态，其中绿色区域表示振动强度属于正常范围，不会降低钻头的破岩效率，而红色区域则表示能够产生井下有害振动的钻头工作参数区域，钻进过程中规避红色区域，保持钻头工作参数始终位于绿色区域（图 5-1-27）。

　　除司钻依据指示人工调整优化钻井参数外，智能钻井提速装置完成了钻机通信与控制模块系统研发，实现了装置与顶驱联动（成功完成与 Varco 公司顶驱和宝鸡石油机械有限责任公司钻机等联调，转速误差 ±1r/min），实钻过程中导航装置将接收到的优化参数指令通过 PLC 通信模块分别下发至顶驱 PLC 和绞车 PLC，当地层岩性变化或井下发生异常时，优化系统将重新评估井筒环境变化，给出新优化后钻头工作参数组合，由导航装置完成参数的调整，实现钻头工作参数的自动调控，替代司钻人工调整钻井参数，确保钻头始终工作在高效破岩区，装置的控制流程如图 5-1-28 所示。

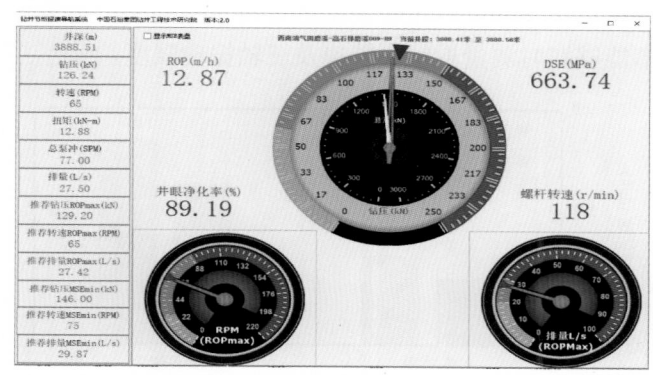

图 5-1-27　司钻人工优化界面

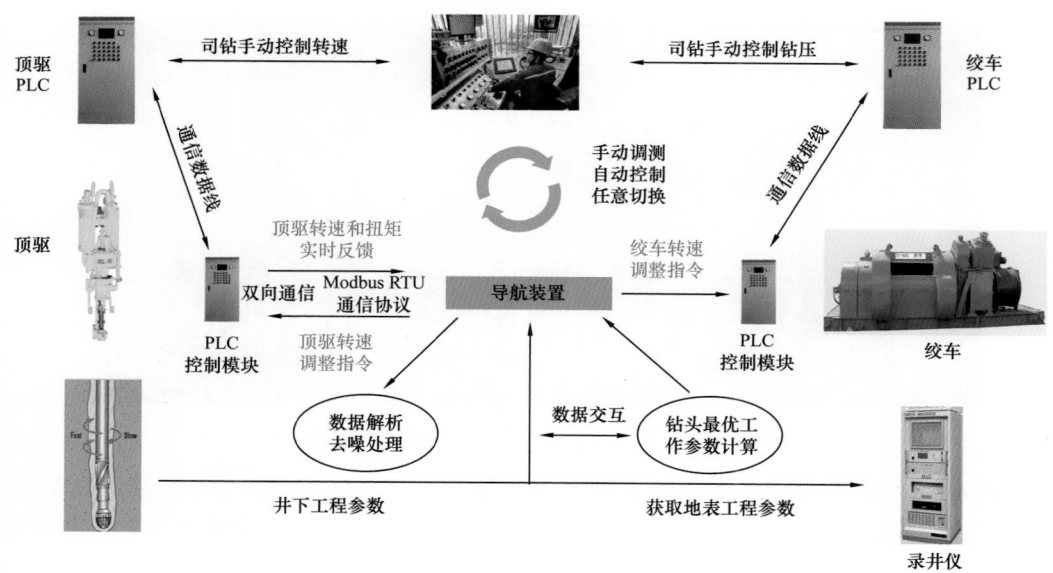

图 5-1-28　智能钻井提速装置工作流程框架

　　2018 年 5 月，"钻井动态优化与智能控制提速系统"在西南油气田 MX009-H9 井 3537～4081m 井段（飞仙关组、长兴组、龙潭组）开展了 2 井次现场试验。试验过程中结合邻井数据并实时采集工程参数，实时计算待钻地层强度、钻头破岩效率和井底钻具振动强度（黏滑、跳钻）并实时推荐优化参数。第一趟钻3538~3616m（飞二段）、3626~3745m（飞二段）、3819~3939m（长兴组段），总进尺320m，其中飞二段未优化钻进井段进尺78m，优化钻进井段进尺121m，飞二段未优化钻进井段机械钻速3.64m/h，优化钻进井段机械钻速4.39m/h，同比提速20.6%；长兴组段未优化钻进井段进尺69m，优化钻进井段进尺52m，长兴组段未优化钻进井段机械钻速6.61m/h，优化钻进井段机械钻速8.04m/h，同比提速21.6%（图5-1-29）。第二趟钻3943~4081m（龙潭组），总进尺139m，其中龙潭组未优化钻进井段进尺76m，优化钻进井段进尺63m，未优化钻进井段机械钻速1.23m/h，优化钻进井段机械钻速1.47m/h，同比提速20.2%。第二趟钻现场试验其中第二趟钻现场试验中下部钻具组合中配置了井下振动测量短节（图5-1-30），井段钻进过程中测量短节能够实时测量近钻头转速及三轴振动强度。

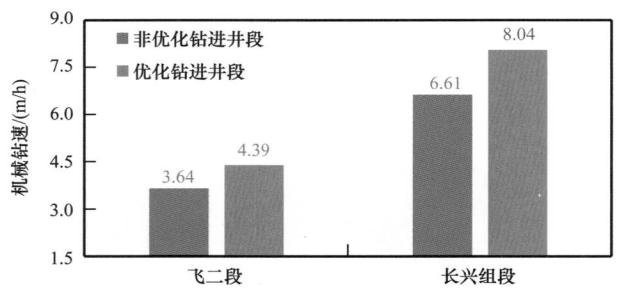

图5-1-29　钻井动态优化与智能控制提速系统提速效果

图5-1-30　井下振动测量短节现场配置及入井图

MX009-H9井第二趟钻4009~4081m优化钻进井段与非优化钻进井段轴向振动强度交叉对比如图5-1-31所示。优化与非优化钻进井段交叉轴向振动加速度对比结果显示，优化钻进井段轴向振动强度要明显低于非优化振动强度。其中非优化钻进井段平均轴向加速度2.79g，优化井段平均轴向加速度2.03g，同比轴向振动降低了27.24%。

3）振动激励钻井提速工具

振动激励钻井提速工具如图5-1-32所示，主要包括钻头套筒、振动激励结构、钻井液流量分配阀和转换接头组成。振动激励钻井提速工具在不影响正常旋转钻进的同时，利用钻井液驱动水力振动冲锤冲击砧座，将部分钻井液能量转换成高频的、周向的井底破岩冲击能量，并通过钻头套筒直接传递到钻头。在增强钻头破岩能力的同时，使整个钻柱的扭矩保持稳定和平衡，减少钻头的黏滑现象，减少钻柱振动，延长钻头使用寿命，并使钻头和井底始终保持连续，提高破岩效率。

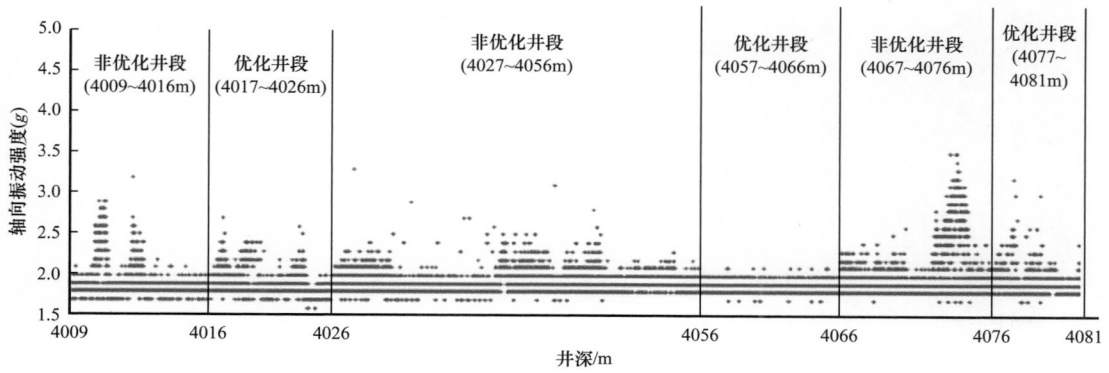

图 5-1-31　MX009-H9 井第二趟钻 4009～4081m 优化非优化井段轴向振动强度交叉对比图

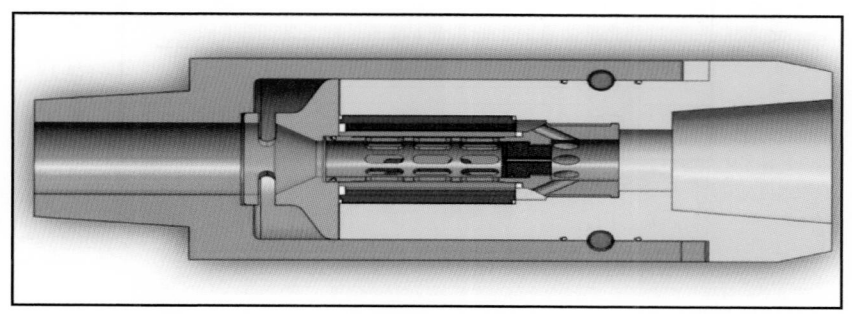

图 5-1-32　振动激励钻井提速工具示意图

振动激励钻井提速工具具有的主要优点为：

（1）给钻头提供一个均匀稳定的高频扭转冲击力；

（2）消除了黏滑带给 PDC 钻头的危害，延长了钻头寿命；

（3）增加了整个钻柱在钻进过程中的稳定性，提高了井眼质量；

（4）消除了定向井作业时产生的误差和故障，大大减少了起下钻次数，节约了时间，降低了钻井成本；

（5）提高了坚硬地层的可钻性，使得 PDC 钻头在坚硬地层中以较高的机械钻速进行钻进。

2019 年 6 月 24—30 日，激励振动钻井提速工具在高石 125 井 ϕ215.9mm 井眼完成现场试验并获得成功（图 5-1-33）。

本次试验采用激励振动钻井提速工具 +PDC（DFS1606）钻头下部钻具组合，钻压 80～100kN，钻速 75r/min，排量 28～30L/s，钻井液密度 2.15～2.18g/cm^3，钻井进尺 294m（4095～4389m），纯钻时间 97.1h，平均机械钻速 3.03m/h（图 5-1-34）。

图 5-1-33　激励振动钻井提速工具实拍图

较邻井 GS120 井同井段同型号 PDC 钻头 + 螺杆钻进的机械钻速（2.50m/h）提高 21.25%。较 2019 年该区块同井段龙潭组—洗象池组井段（4300～4600m）应用同型号钻头 + 螺杆钻进平均机械钻速 2.8m/h 提高 8.2%，进尺 202m 增加 45.5%。

3. 钻井提速模板

通过持续开展井身结构优化、个性化钻头及提速工具优选、精细控压技术推广应用、钻井参数优化等研究，结合实钻资料分析，优化形成以"四开井身结构 + 高效 PDC 钻头 + 长寿命螺杆 + 优质钻井液 + 精细控压"为主体的钻井提速模板（图 5-1-35）。

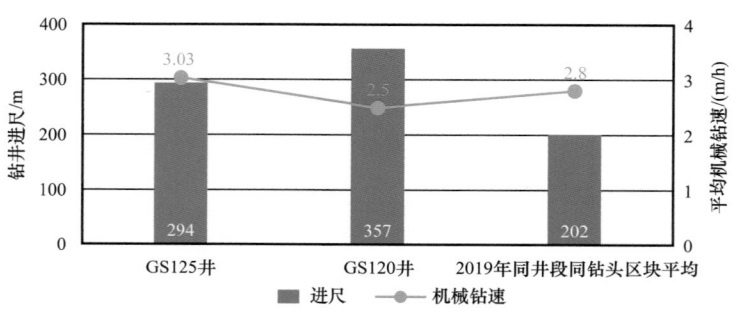

图 5-1-34　振动激励工具提速效果

三、钻井液与储层保护技术

1. 防塌钻井液体系

1）震旦系灯影组钻井液防塌机理

通过川中震旦系灯影组取心进行实验研究，从页岩的组成、微观结构及理化性质等方面进一步探索震旦系灯影组钻井中井壁失稳机理，可归纳为如下几方面原因：

（1）研究工区地层破碎且脆性强，应力水平高，在钻井应力扰动作用下井壁易发生垮塌失稳。保持合理的钻井液密度，可有效缓解井壁失稳。

（2）地层溶孔、层理和裂隙等结构发育。在钻井压差、毛细管力以及化学势的作用下，水相将沿裂缝或微裂纹侵入地层，产生水力尖劈作用，导致地层破碎、诱发井壁失稳。实际钻井过程中，若不能解决微裂缝的封堵问题，单纯通过提高钻井液密度维持井壁稳定性可能适得其反。而保持钻井液具有较强的封堵性能以及失水控制能力，尽量避免水或其他液相沿裂缝或裂纹侵入，是该类地层钻井液防塌的关键。

（3）钻井液与岩石的相互作用，导致碳酸盐岩地层强度降低，坍塌压力增大，加剧井壁失稳。

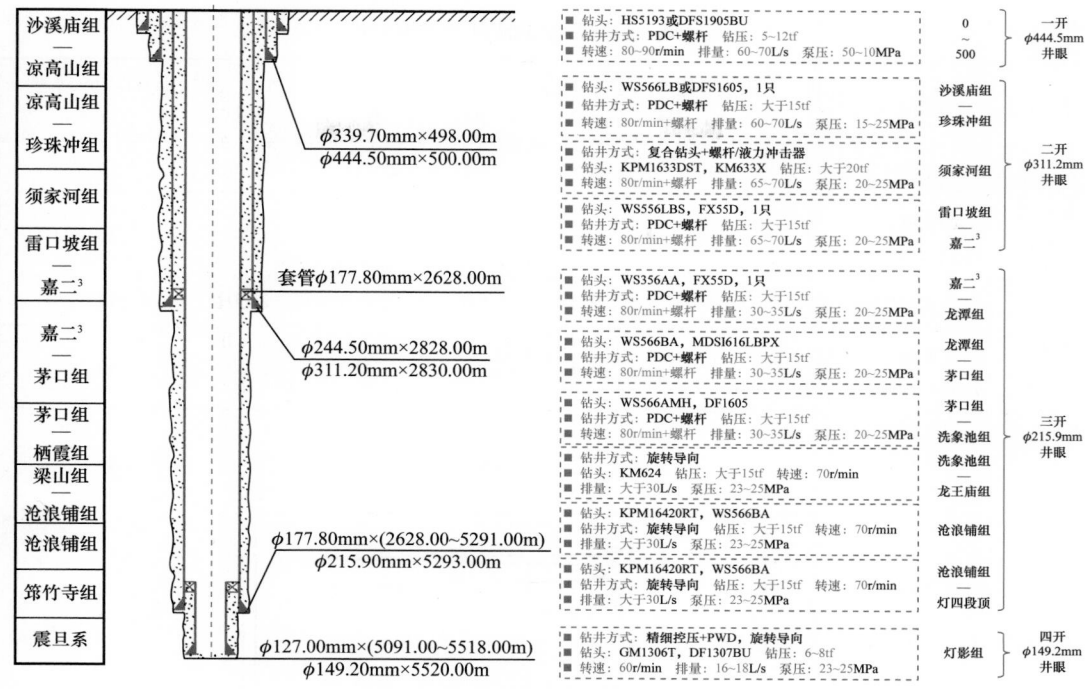

图 5-1-35　高石梯—磨溪区块钻井提速模板

2）震旦系灯影组防塌钻井液体系配方及性能

原有磺化钻井液配方如下：5.0% 膨润土浆 +0.1%～0.3%NaOH+0.05%～0.15%KPAM+3.0%～5.0%SMP-2+3.0%～4.0%RSTF+2.0%～3.0%RH-220+0.3%～0.5%SP-80+ 重晶石。通过向配方中加入固壁剂，强化灯影组地层岩石的胶结强度；加入封堵剂，强化其封堵性能和失水控制能力；加入抑制剂，提高钻井液的抑制能力。

通过开展固壁剂、封堵剂及抑制剂室内筛选评价，优选出固壁剂 CQ-GBF 作为强化岩石胶结能力的核心处理剂，加量为 0.7%；优选出刚性封堵剂 FLM-1 和柔性封堵剂 ZL-7 复合加入，加量分别为 2%，以提高钻井液配方的封堵能力；优选出甲酸钾作为提高钻井液抑制能力的处理剂，加量为 8%。

优化形成灯影组防塌钻井液配方如下：5% 膨润土浆 +0.1%～0.3%NaOH+0.05%～0.15%KPAM+3%～5%SMP-2+3%～4%RSTF+0.5%～1.0%CQ-GBF+1%～3%FLM-1+1%～3%ZL-7+2%～3%RH-220+7%～10% 甲酸钾 +0.3%～0.5%SP-80+ 重晶石，其基本性能见表 5-1-5。

3）防塌钻井液体系现场应用效果

防塌钻井液体系在 2018 年先后在 GS001-X23 井和 GS001-X38 井进行了现场试验，试验井井径扩大率显著降低（图 5-1-36），井壁稳定技术对策达到预期效果。目前该钻井液体系已实现推广应用。

表 5-1-5　优化后钻井液配方性能评价

配方	条件	密度 / g/cm³	表观黏度 / mPa·s	塑性黏度 / mPa·s	动切力 / Pa	静切力 / Pa	API 失水量 / mL/mm	HTHP 失水量 / mL/mm
原磺化钻井液配方	老化前	1.3	34.5	27.5	7.0	2.5/7.5	3.8/0.5	14.2/2.0
	老化后 160℃×16h	1.3	29.5	24.0	5.5	2.0/6.5	3.0/0.5	15.4/2.0
防塌钻井液配方	老化前	1.3	32.0	26.0	6.0	2.0/7.0	2.2/0.5	12.0/2.0
	老化后 160℃×16h	1.3	36.5	28.0	8.5	3.0/7.0	2.6/0.5	13.2/2.0

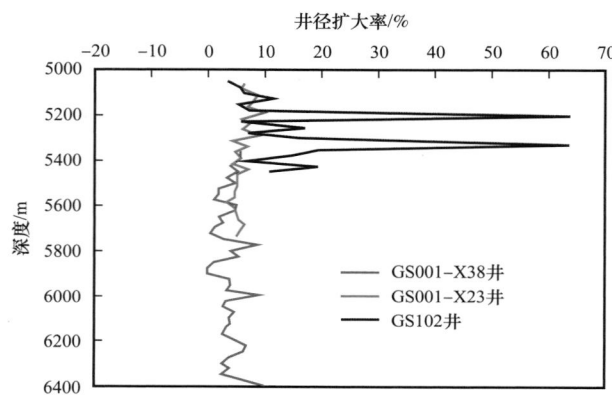

图 5-1-36　灯影组井径扩大率对比曲线

（1）GS001-X23 井。

试验井段为四开 5166～5748m 井段，φ149.2mm 钻头钻进，总进尺 582m。在试验过程中，该钻井液体系表现出良好的流变性能，黏度、切力和滤失量均在合理范围内且没有发生黏切激增的现象，抗污染能力较强。在灯影组井段钻进过程中井壁稳定、井眼畅通，平均井径扩大率仅为 5.85%，起下钻正常，达到了预期效果。

（2）GS001-X38 井。

试验井段为四开 5339～6449m 井段，φ149.2mm 钻头钻进，总进尺 1110m。在试验过程中，该钻井液体系表现出良好的流变性能，黏度、切力和滤失量均在合理范围内且没有发生黏切激增的现象，抗污染能力较强。在灯影组井段钻进过程中井壁稳定、井眼畅通，平均井径扩大率仅为 6.15%，起下钻正常，达到了预期效果。

2. 可酸溶储层保护钻井液体系

高石梯—磨溪区块震旦系灯四段气藏主要岩性为溶洞粉晶云岩、角砾云岩夹细晶云岩，孔、洞、缝发育。渗透率主要分布在 1mD 以下，平均值为 3.41mD，孔隙度主要分布在 10% 以下，为低孔隙度、低渗透率储层。钻完井过程中井漏频发，导致严重的固相颗粒伤害，在井壁处的固相渗透率伤害率高达 97%，钻井液漏失频繁导致固相颗粒堵塞是储层伤害的主要因素。通过研发可酸溶纤维封堵剂和高密度可酸溶加重剂，提高储层承压能力，降低钻井液漏失量，提高固相酸溶率，实现最大限度降低储层伤害的目的。震旦系灯四段气藏储层伤害机理如图 5-1-37 所示。

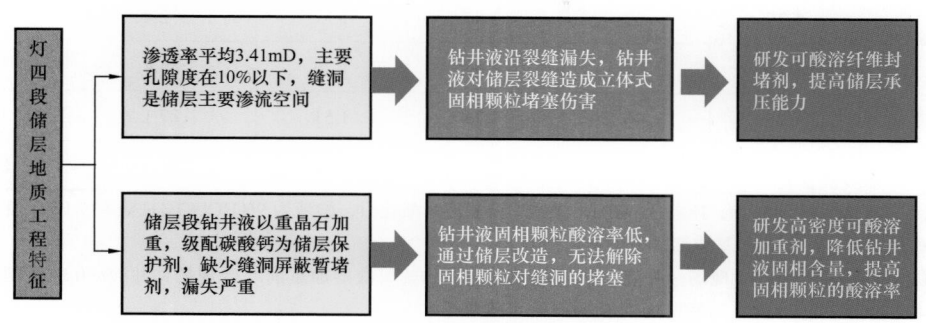

图 5-1-37　震旦系灯四段气藏储层伤害机理

（1）研发形成了可酸溶纤维封堵剂，能够有效封堵储层孔缝，降低钻井液滤失量，酸溶率 90% 以上，能够提高渗透率恢复值；通过调整纤维的长度和浓度，可以成功封堵裂缝宽度为 0.5～2mm 的裂缝通道，承压能力 5MPa 以上。

（2）研发形成了高密度可酸溶加重剂，相比重晶石，可酸溶加重剂悬浮性好，同时可以作为封堵细小孔隙和微裂缝的屏蔽暂堵剂，由于具有球状结构，与重晶石相比具有较低的返排压力，有利于提高储层保护效果；可酸化解堵，酸溶率大于 95%，提高渗透率恢复值（图 5-1-38）。

（酸化前可酸溶加重剂与其他钻井液材料协同作用形成致密的滤饼降低钻井液侵入储层；酸化后可酸溶加重剂溶解后，形成连通孔隙。降低气藏试采及生产时的启动压力，同时有助于气流将侵入储层的钻井液返排）

图 5-1-38　酸化前后高密度可酸溶加重剂电镜扫描图片

（3）优化储层保护剂加量，形成抗高温可酸溶储层保护钻井液体系，具有较强的裂缝封堵能力，室内评价：缝宽 0.2mm 缝板，2.0MPa、30min 漏失 0.7mL，缝宽 0.9mm 缝板，2.0MPa、30min 漏失量为 2.9mL。能够有效提高裂缝岩心渗透率恢复值能力，室内评价：现场钻井液动态渗透率恢复值为 72.4%，按可酸溶加重剂：重晶石 =1:3 加重后渗透率恢复值调高至 86.4%，加入 3% 可酸溶封堵剂后渗透率恢复值提高至 87.1%，加入可酸溶加重剂和可酸溶纤维后动态渗透率恢复值为 91.5%（表 5-1-6）。

表 5-1-6　可酸溶储层保护钻井液体系动态渗透率恢复值

污染流体	密度 / g/cm³	岩心编号	渗透率 /mD		渗透率恢复值 / %	伤害率 / %
			污染前	污染后		
1#	1.25	32	2.63	1.91	72.4	27.6
2#	1.32	88	2.04	1.76	86.4	13.6
3#	1.25	46	1.73	1.51	87.1	12.9
4#	1.32	51	2.41	2.21	91.5	8.50

注：（1）动态污染 125min，压差 3.5MPa，渗透率恢复值为酸化后，酸液为 9%HCl+3%HAc+1%HF，使用岩心为
碳酸盐岩人造岩心，基质渗透率小于 0.1mD。
（2）钻井液配方：1# 现场钻井液，2# 现场钻井液 +10% 可酸溶加重剂，3# 现场钻井液 +0.5% 可酸溶纤维，
4# 现场钻井液 +10% 可酸溶加重剂 +0.5% 可酸溶纤维。

（4）在震旦系灯四段储层试验应用 3 口井，达到了钻井中提高承压能力扩大安全密度窗口，酸化中解堵形成超低阻油气通道的预期效果，平均单井测试产量同比与邻井提高 52% 以上，目前该技术已在高石梯—磨溪区块推广应用。

四、精细控压压力平衡法固井技术

高石梯—磨溪区块 ϕ215.9mm 井眼存在同一裸眼油气井段存在多压力系统、窄安全密度窗口地层的安全钻进难题，其 ϕ177.8mm 尾管固井作业采用常规固井工艺井漏风险极大，井漏后被迫降低施工排量，造成顶替效率低下。漏速较大时水泥不能返至设计井深，则采用"正注反打"工艺，固井质量难以保障且留下重大安全隐患。以提高复杂超深井窄安全密度窗口地层固井质量为目标导向，以确保井筒完整性为宗旨，在精细控压钻井技术基础上，创新提出以精细控压和压力平衡为核心的精细控压压力平衡法固井技术（乐宏等，2020），很好地解决了上述问题。

1. 精细控压固井压力平衡技术

（1）首创精细控压固井压力平衡方法。以环空动态当量钻井液循环密度（ECD）精细控制为核心，精确计算环空循环压耗，固井全过程始终维持环空压力大于地层孔隙压力（压稳气层），低于地层漏失压力（防漏），确保窄安全密度窗口地层不溢不漏。

（2）创新建立动态控压固井水力学计算模型。引入赫巴流变模式，综合考虑温度场、居中度、小间隙、井筒条件、流体类型等影响因素，修正流变本构方程，准确计算雷诺数，提出注水泥作业环空循环压耗计算新方法，实现环空循环压耗精确计算。

（3）研发下套管激动压力计算模块。综合考虑钻井液触变性、黏滞力和套管柱下入惯性动能等影响因素，构建下套管激动压力数学新模型，实现下套管过程环空激动压力精确计算。

（4）建立候凝过程水泥浆失重压力场。通过水泥浆失重试验曲线拟合水泥浆当量密度的下降过程，精确预测候凝过程水泥浆失重压力场，科学实施环空动态控压。

（5）形成固井复杂浆柱结构条件下的精细压力控制技术。基于固井浆柱结构复杂的特点，首创注水泥过程环空压力精细控制方法，开发国内首套精细控压固井专业软件，精准指导浆柱结构、固井施工参数及井口压力控制的优化设计。

图 5-1-39 所示为传统固井和精细控压压力平衡法固井技术原理图。

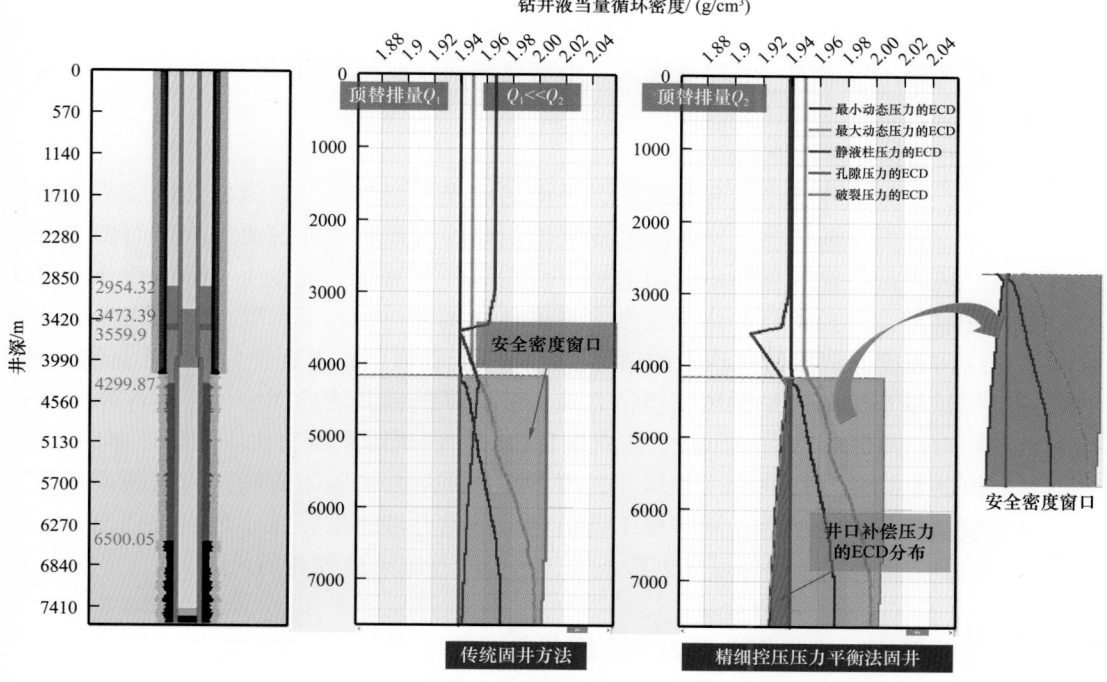

图 5-1-39　传统固井和精细控压压力平衡法固井技术原理图

2. 精细控压压力平衡法固井设计与施工技术

形成精细控压固井浆柱结构设计技术。针对窄安全密度窗口地层，采用常规固井方式井漏风险极高，以精细控压固井压力平衡技术为核心，科学设计浆柱结构，确保超长裸眼段实现一次性上返。

形成精细控压固井施工参数优化设计技术。在满足压稳防漏与顶替效率的前提下，定量分析施工排量、施工压力与井口控压值的关系，精确设计窄安全密度窗口地层固井施工参数。

形成固井全过程环空动态压力实时控制技术。创新应用精细控压安全钻井系统，通过实时监测与分析下套管、注水泥、起钻、候凝等阶段的环空压力，首次实现固井施工井口回压自动精细控制，确保关键层位（气层、漏层）环空动态压力始终介于安全密度窗口范围。

形成精细控压压力平衡法固井工艺。基于精细控压压力平衡法固井技术原理，结合浆柱结构与固井施工参数设计，以环空动态压力控制为核心，形成全过程环空动态压力精细控制的施工流程，有力指导窄安全密度窗口地层固井。

1）井筒准备

（1）地层承压试验。

地层承压试验按照精细控压压力平衡法固井设计钻井液最大当量循环密度模拟结果，采用井内原密度钻井液，折算提高循环排量、井口憋压、提高钻井液密度 3 种方式进行地层承压能力检验，模拟固井设计注替排量循环，折算关键点位置处动态当量循环密度，保证环空动态当量循环密度不小于水泥浆入井时最大环空动态当量循环密度，从而有效检验裸眼段地层承压能力。若出现漏失，则进行堵漏作业提高地层的承压能力直至满足固井需求。

（2）固井前钻井液性能调整。

固井前，在保证井壁稳定和井眼压力平衡的前提下调整钻井液流变性能或适当降低钻井液密度，降低井漏风险。钻井液流变性能调整的前提是钻井液要形成薄而韧的致密滤饼，钻井液降低一定的黏切不会引起地层垮塌等井下复杂工况发生。降低钻井液密度的前提是井底无油气显示且井内无复杂。具体性能调整包括：下套管前，依靠高流性指数和适当结构强度，清除钻井液中的钻屑，预防下套管遇阻；下套管后，先小排量顶通，然后逐渐提排量至施工排量循环调整钻井液性能，降低钻井液的屈服值、塑性黏度与初切力、终切力，降低流动摩阻压耗，防止顶替过程中出现因泵压变化压漏敏感薄弱地层；降低钻井液的黏切便于形成流变性级差，改善滤饼质量和消除附着物，为提高顶替效率及二界面胶结质量创造条件；固井施工前适当降低钻井液密度，减小环空液柱压力，为大排量注替中防止井漏，确保返高创造条件，降低固井施工过程井漏风险。

2）套管下入及动态压力控制

下套管过程中，应根据井筒内当量循环密度实际情况进行井口控压，以确保井内流体动当量介于安全密度窗口范围内，实现压稳与防漏。套管柱下放应缓慢匀速，并严格控制下放速度，主要以环空返速和地层承压能力等参数确定。对于安全密度窗口低于 0.05g/cm³ 的固井，下套管速度应小于 0.5m/s。套管柱上提下放应平稳。上提高度以刚好打开吊卡为宜，下放坐吊卡时应减少冲击载荷。

降低钻井液密度，按照精细控压固井设计要求进行：

（1）下至上层套管鞋处降低钻井液密度。先将钻井液灌满套管和钻具内容积，再小排量开泵，出口见返后再逐步提高排量到设计要求，循环，逐步降低钻井液密度至固井设计要求；在地面循环罐内提前调整钻井液密度至固井设计要求，然后泵入降低密度后的钻井液与井筒内原钻井液进行置换，从而保证快速、高效、准确降低井筒内钻井液密度；停泵，并关闭旋转控制头，使用补压装置与精细控压节流管汇控制井口压力至设计要求；送套管到井底；小排量开泵，在逐步提高排量的同时，调整精细控压节流管汇阀门开度，降低井口控压值，始终保持井内钻井液当量循环密度值介于固井井段最大地层压力系数和最小漏失压力系数之间。

（2）下至井底降低钻井液密度：套管/尾管下到井底后，先灌满钻井液，再小排量循环，出口见返后，逐步提高至固井设计排量；按固井设计要求降钻井液密度，并控制井口压力。采用在地面循环罐内提前降低钻井液密度，然后泵入与井筒内原钻井液进行置换，从而保证快速、高效、准确降低井筒内钻井液密度。根据井筒实时钻井液当量循环密度，确定井口控压值；降至设计要求后，控压循环两周以上，并按设计要求调整钻井液性能，进出口密度差小于 $0.02g/cm^3$；采用不同排量进行循环，实测套管柱情况下不同排量与循环压耗及泵压的关系，校正软件模拟结果，为固井施工模拟结果校正提供理论依据。

井筒后效排尽后按正常尾管悬挂平稳操作坐挂，防止冲击载荷导致的井筒漏失整个控压下套管过程中，要求钻井队与录井队人员连续监测液面，每 5min 记录一次液面高度，并将变化情况立即报告给控压值班人员。

3）水泥浆注替及动态压力控制

（1）由现场施工技术负责人做好组织分工，明确各岗位职责、操作要求和注意事项，按控压固井施工设计要求指挥施工。

（2）施工过程中，按照设计要求及时调整精细控压压力（p_{ka}），以确保井内静液柱压力（p_{ha}）、循环压耗（p_{fa}）及控压值（p_{ka}）三者之和能够满足介于地层孔隙压力与地层破裂压力之间，达到既能压稳地层，又能保证不漏的目的，即：

$$p_p < p_G = p_{ha} + p_{fa} + p_{ka} < p_s \qquad (5-1-14)$$

式中　p_p——地层孔隙压力，MPa；

p_G——井底压力，MPa；

p_{ha}——静液柱压力，MPa；

p_{fa}——循环压耗，MPa；

p_{ka}——精细控压压力，MPa；

p_s——地层破裂压力，MPa。

（3）固井技术负责人通知开关钻井泵或启停水泥车时，控压操作人员根据精细控压固井设计（地层孔隙压力、循环摩阻）及时调整控压值。

（4）控压值调整过程中，控压操作人员应与开关泵或启停水泥车的操作人员紧密配合。停泵或水泥车时，缓慢降低排量，同时控压操作人员逐渐提高井口控压值，直至排量降至 0 时，控压值达最大，且保持不变；开泵或开水泥车时，采用低泵冲、小排量启动，逐渐提高排量。与此同时，控压操作人员配合开泵或开水泥车的节奏，缓慢降低井口控压值直至稳定不变。

（5）冲洗管线、试压及装胶塞阶段井筒内钻井液处于静止状态，因此，井口控压值必须满足：

$$p_p < p_{ka} + p_{ha} < p_s \qquad (5-1-15)$$

注前隔离液阶段井筒内流体包括钻井液与隔离液，环空全部为钻井液，环空循环压耗均来自钻井液，故井口控压值按照：

$$p_{ka} = p_G - p_{ha} - p_{fa} \qquad (5-1-16)$$

注冲洗液阶段井筒内流体包括钻井液、隔离液与冲洗液，环空全部为钻井液，环空循环压耗均来自钻井液，故井口控压值按照：

$$p_{ka} = p_G - p_{ha} - p_{fa} \tag{5-1-17}$$

试配水泥浆阶段井筒内流体处于静止状态，且环空全部为钻井液，因此，井口控压值设计按照：

$$p_{ka} = p_G - p_{ha} \tag{5-1-18}$$

（6）注水泥阶段井筒内流体包括钻井液、隔离液、冲洗液和水泥浆，隔离液未出套管鞋前，环空循环压耗均来自钻井液，若隔离液、冲洗液甚至水泥浆进入环空后，环空循环压耗包括多种流体循环压耗，需分段计算，因此，井口控压值按照：

$$p_{ka} = p_G - p_{ha} - p_{fa} \tag{5-1-19}$$

（7）开挡销、倒阀门阶段井筒内流体处于静止状态，因此，井口控压值按照：

$$p_{ka} = p_G - p_{ha} \tag{5-1-20}$$

注压塞液阶段井筒内流体处于运动状态，且环空可能包含多种固井工作流体，故井口控压值为：

$$p_{ka} = p_G - p_{ha} - p_{fa} \tag{5-1-21}$$

顶替钻井液阶段井筒内流体处于运动状态，且环空包含多种固井工作流体，故井口控压值为：

$$p_{ka} = p_G - p_{ha} - p_{fa} \tag{5-1-22}$$

泄压检查回流、拆水泥头阶段，井筒内流体处于静止状态，因此，井口控压值按照：

$$p_{ka} = p_G - p_{ha} \tag{5-1-23}$$

（8）对于尾管固井，起送入钻具与正循环洗井阶段，井口控压值为：

$$p_{ka} = p_G - p_{ha} - p_{fa} \tag{5-1-24}$$

4）候凝及动态压力控制

（1）宜采憋压候凝方式，候凝期间应有专人观察井口。

（2）尾管固井，在循环冲洗完多余水泥浆并起钻至要求井深后，灌满钻井液立即关井憋回压。憋压应大于候凝压稳复核水泥浆失重时所损失的液柱压力，憋入量小于 $1m^3$。

5）制定精细控压压力平衡法固井操作规范

以精细控压压力平衡法固井工艺为核心，固化形成精细控压压力平衡法固井操作规范，有效指导现场固井施工，确保复杂超深井窄安全密度窗口地层固井质量，推动该技术规模化应用（图 5-1-40）。

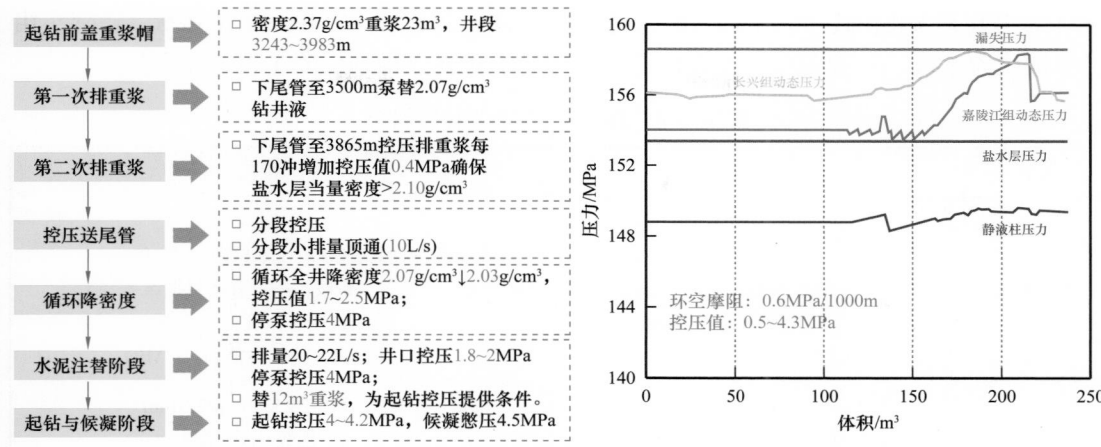

图 5-1-40　φ177.8mm 精细控压压力平衡法尾管固井施工流程及关键层位 ECD 曲线

3. 精细控压压力平衡法固井现场应用效果

精细控压压力平衡法固井技术可复制，固井质量可预期且有保障。在高石梯—磨溪区块累计试验应用 26 井次，固井质量平均合格率 83.93%、优质率 53.51%，彻底扭转多年采用"正注反挤"固井质量无法保证的被动局面，为确保井筒完整性奠定了坚实基础（图 5-1-41）。

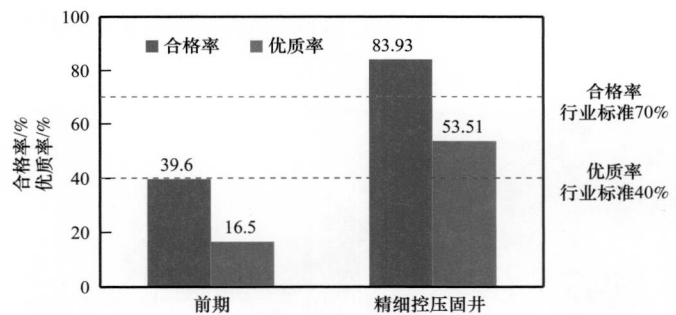

图 5-1-41　φ177.8mm 精细控压压力平衡法尾管固井质量对标情况

五、安全钻井技术

高石梯—磨溪区块纵向上气层多，压力系统复杂，同一裸眼段面临漏、溢、垮等多种井下复杂并存，大斜度井水平井安全快速钻井挑战巨大，高套压事件时有发生，井控形势日趋严峻，井控本质安全亟需保障。

1. 安全钻井配套工艺技术

针对高石梯—磨溪区块灯影组气藏纵向上钻遇多套层系，多压力系统并存，安全密度窗口窄等难题，通过优化表层套管下深（由 500m 优化至 700m），提高表层套管、技术套管抗内压强度（表层套管抗内压强度由 21MPa 优化至 47MPa，技术套管抗内压强度由

65MPa 提高至 84MPa、95MPa），最大允许关井能力提高至 67MPa 和 76MPa，套管头由二级优化为三级，套管关井能力大幅提升，井筒本质安全得到保障（表 5-1-7）。

表 5-1-7　套管优化前后对比数据表

套管	优化前	优化后
表层套管	下深：500m 钢级和壁厚：J55，10.92mm 螺纹类型：偏梯形螺纹 抗内压强度：21.3MPa 最大允许关井能力：17MPa	下深：700m 钢级壁厚：110 抗硫，12.19mm 螺纹类型：气密封螺纹 抗内压强度：47.6MPa 最大允许关井能力：38MPa
技术套管	尺寸：244.5mm 钢级：110 钢级 抗内压强度：65MPa 最大允许关井能力：52MPa	尺寸：250.8mm/257mm 钢级：110 钢级 抗内压强度：84MPa/95MPa 最大允许关井能力：67MPa/76MPa
套管头	TF$13\frac{3}{8}\times9\frac{5}{8}\times7$-105 EE-NL 级套管头 （第一级 70MPa）	TF$20\times13\frac{3}{8}\times10\frac{1}{8}\times7$-105 EE-NL 级套管头 （第一级 70MPa，第二级 70MPa）

在二叠系长兴组—栖霞组及震旦系灯影组溢漏复杂层段全面采用精细控压钻井系统等复杂处理技术，有效降低钻井液漏失量与复杂处理时间（同比常规钻井，钻井液漏失量减少约 75%，钻井复杂处理时间降低约 82%），克服常规钻井溢漏、坍塌复杂技术瓶颈，最大限度降低井控安全风险，确保地质目标高效钻达与过程井控安全（图 5-1-42 和图 5-1-43）。

图 5-1-42　灯影组精细控压钻井现场图

2. 钻井井控安全管控技术

针对高石梯区块高套压事件暴露出来的井控安全管控技术短板，全面配置高压力级别防喷器组，持续加大井控装备投资，全面停用全封剪切一体化闸板防喷器，增加了高压力等级、大通径防喷器及配套装备数量，确保满足"井控装备压力等级应与地层最高压力相匹配"等要求（图 5-1-44 和图 5-1-45）。

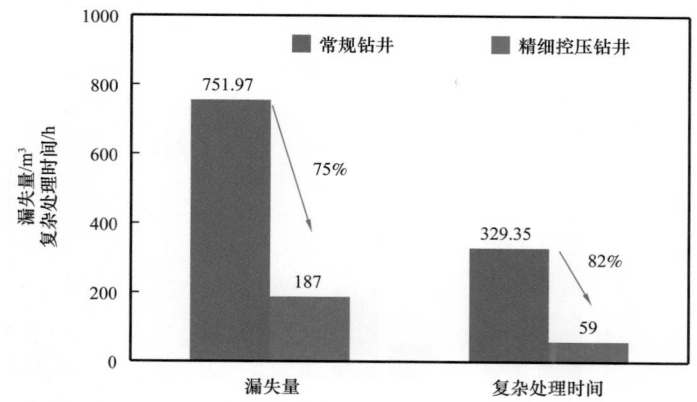

图 5-1-43　灯影组精细控压钻井与常规钻井效果对比图

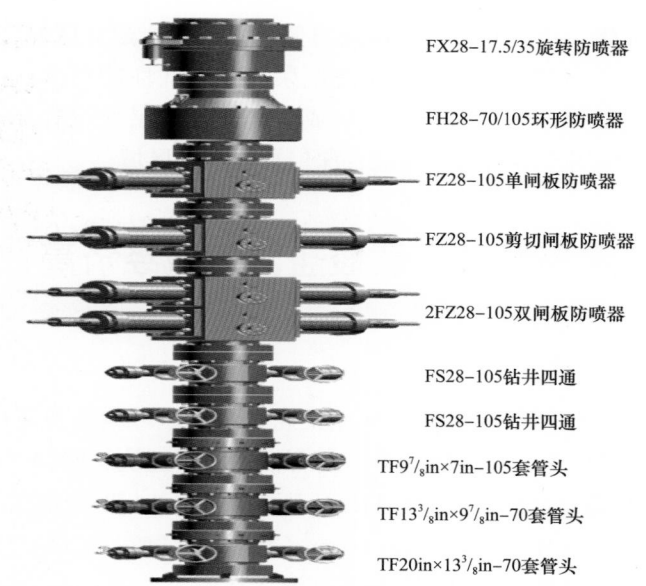

FX28-17.5/35旋转防喷器

FH28-70/105环形防喷器

FZ28-105单闸板防喷器

FZ28-105剪切闸板防喷器

2FZ28-105双闸板防喷器

FS28-105钻井四通

FS28-105钻井四通

TF9$\frac{7}{8}$in×7in-105套管头

TF13$\frac{3}{8}$in×9$\frac{7}{8}$in-70套管头

TF20in×13$\frac{3}{8}$in-70套管头

（环形防喷器+半封闸板防喷器+剪切全封闸板防喷器+半封闸板防喷器+双四通）

图 5-1-44　三高井配置的 105MPa 防喷器组

升级抗冲蚀弯头、放喷管线及压井、节流管汇，升级原有组合式弯头为耐冲蚀放喷管线弯头，应用 80mm 通径、9mm 厚壁放喷管线，模拟 $50 \times 10^4 \sim 100 \times 10^4 \mathrm{m}^3/\mathrm{d}$ 高产条件下弯头抗冲蚀能力同比提升 8～11 倍；优化节流阀芯结构设计，增加防冲刺短节，显著提高了抗冲蚀性能，确保了节流效果；为提高高压高产条件下井口节流压井能力，通过在压井管汇处新增一个节流阀，1 号和 2 号放喷管线处新增一个平板阀，为井控节流压井作业提供"多重保障"。

钻前管控升级，明确了安装双四通、四条放喷管线的井类，强化放喷管线安装要求及防喷管线材质；主、副放喷管线出口均应具备点火条件以及拓宽应急车道宽度，满足至少 2 台钻井液车同时转供浆的需求。

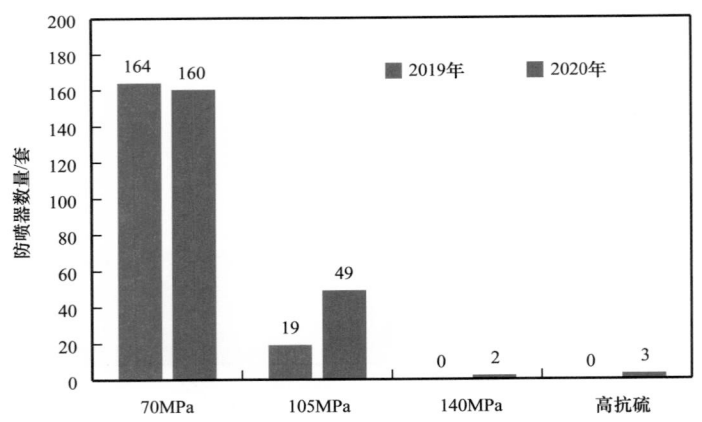

图 5-1-45　高套压事件前后防喷器配置数量对比图

应急物资管理优化，持续开展钻井液应急储备站建设，建立区域 2h 内高密度钻井液（备量 2000m³ 以上）应急储备站，满足快速倒浆以及压井性能要求；现场所有重晶石粉罐装配备，完成快速加重装置升级优化。形成一套适合深层碳酸盐岩钻井的井控安全管控新模式，已被推广应用于川西地区深层、深层页岩气等区域。

第二节　深层高温高压碳酸盐岩气藏经济高效完井技术

一、完井方式优选

高石梯—磨溪区块包括灯四段气藏和龙王庙气藏，区域构造位置位于四川盆地中部川中古隆中斜平缓带威远至龙女寺构造群。高石梯—磨溪区块灯四段气藏属特低—低孔隙度、低渗透储层。地层压力 55.98～60.4MPa，压力系数 1.1，平均地层温度 153.23℃。高石梯—磨溪区块台缘带 H_2S 含量 6.3～27.0g/m³（0.4%～1.9%），CO_2 含量 89.8～138.3g/m³（4.9%～7.5%）。总体认识是：灯四段气藏为高温、常压、中含 H_2S、中含 CO_2、岩性—地层复合圈闭气藏。高石梯区块震旦系灯四段气藏日产气 $121.68×10^4m^3$，日产液 38.90m³，累计产气 $4.47×10^8m^3$，累计产液 12766.28m³。磨溪区块龙王庙组储层段孔隙度分布在 2.0%～8.0%，渗透率分布在 0.01～100mD，总体表现出低孔隙度、中低渗透特征。为高压、中含 H_2S、低—中含 CO_2、存在局部封存水的岩性构造圈闭气藏（李玉飞等，2016）。磨溪区块龙王庙组气藏累计产气 $2163.18×10^8m^3$，单井配产 $20×10^4～120×10^4m^3/d$。地质与气藏工程研究成果中，高石梯—磨溪区块开发井型选择大斜度井和水平井，因此完井方式应具有能实施分段改造或分层改造的井筒条件。本节完井方式优选以磨溪区块灯四段气藏为例。

1. 完井方式优选原则

完井方式选择是完井工程的重要组成部分。目前完井方式有多种类型，但都有其各自的适用条件和局限性。只有根据油气藏类型和油气层的特性选择最合适的完井方式，才能有效地开发油气田，延长油气井寿命和提高其经济效益。

对于气藏埋藏深、温度高、含酸性介质、储层非均质性强等特征的气井，完井方式优选主要有以下几方面的原则：

（1）气层和井筒之间应保持最佳的连通条件，气层所受的伤害最小；

（2）气层和井筒之间应具有尽可能大的渗流面积，气流入井的阻力最小；

（3）对于水平段穿过多层的水平井，应能有效封隔气层和水层，防止气窜或水窜，杜绝层间干扰；

（4）对于水平段穿过多层、储层非均质严重或水平段较长的水平井，应考虑完井后，能够进行分层或分段作业及生产控制；

（5）应能防止井壁坍塌，确保气井长期生产；

（6）生产管柱既能满足完井工艺的要求，又能满足高产和长期安全稳定生产；

（7）应考虑气藏含 H_2S 和 CO_2 腐蚀介质，对管柱及工具的受力和寿命要有充分的设计安全系数；

（8）施工工艺成熟、可行，综合成本低，经济效益好。

2. 完井方式优选方法

1）井壁稳定性分析

井眼的稳定性，是指在生产过程中井壁岩石是否会发生剪切破坏，从而导致井眼垮塌。井壁及邻近岩体是否处于稳定状态取决于岩体所承受的应力张量是否达到了岩石的永久变形条件。通常运用 Mohr–Coulomb 剪切破坏理论和 von Mises 剪切破坏理论，计算作用在井壁岩石上的各种剪切应力，从而判断井眼是否稳定。如果岩石是坚固的，同时井眼又是稳定的，则可以考虑裸眼完井，否则应考虑具有对井壁起支撑作用的完井方式（唐庚等，2020a）。

灯影组岩心抗拉强度范围为 6～14MPa，总体上岩心的抗拉强度相对较高。根据 Mohr–Coulomb 井壁稳定判定计算表明，储层的井壁稳定性条件较好，可以考虑选择包括裸眼完井在内的多种完井方式（表 5-2-1 和表 5-2-2）。

表 5-2-1　高石梯—磨溪地区灯影组岩石抗拉强度

井号	层位	井深 /m	破坏时最大荷载 /kN	抗拉强度 /MPa
GS1 井	灯四段	4963.95～4964.23	9.05	11.37
		4963.95～4964.23	11.00	13.43
		平均实验结果		12.40

续表

井号	层位	井深 /m	破坏时最大荷载 /kN	抗拉强度 /MPa
GS2 井	灯四段	5013.51～5013.60	7.00	9.36
		5013.51～5013.60	8.9	11.96
		平均实验结果		10.66
MX8 井	灯四段	5158.66～5158.82	6.82	8.86
		5158.66～5158.82	9.05	11.58
		平均实验结果		10.22
		5104.48～5104.67	10.72	14.21
		5104.48～5104.67	9.40	12.17
		平均实验结果		13.19
MX11 井	灯四段	5138.20～5138.32	8.35	11.51
		5138.20～5138.32	11.56	14.73
		平均实验结果		13.12

表 5-2-2　井壁稳定性判定结果

生产压差 /MPa	Mohr–Coulomb 井壁稳定判定结果
1	稳定
10	稳定
20	稳定
30	稳定
32.68	稳定
33	不稳定
35	不稳定
40	不稳定

2）出砂预测

按岩石力学的观点，地层出砂是由于井壁岩石结构被破坏所引起的，而井壁的应力状态和岩石的抗张强度是地层出砂与否的内因。正确判断地层是否出砂，对于选择合理的防砂完井方式是非常重要的。

（1）出砂预测理论计算。

根据震旦系灯四段气藏岩石力学参数，采用出砂判定数学模型计算表明，震旦系灯四段气藏不出砂（表 5-2-3 和表 5-2-4）。

表 5-2-3 震旦系灯四段气藏岩石力学参数

井号	层位	深度 /m	密度 /（g/cm³）	平均实验结果		
				抗压强度 /MPa	杨氏模量 /10⁴MPa	泊松比
GS1 井	灯四段	4967.89～4968.13	2.749	421.233	7.353	0.361
	灯四段	4957.39～4957.63	2.689	450.913	7.868	0.207
GS2 井	灯四段	5013.39～5013.46	2.698	418.267	6.277	0.314
MX8 井	灯四段	5158.66～5158.82	2.746	690.139	7.415	0.279
		5104.67～5104.88	2.784	617.736	8.338	0.283
MX11 井	灯四段	5137.81～5137.99	2.800	610.674	10.55	0.292
灯四段岩石力学参数平均实验结果			2.744	534.827	7.967	0.289

注：震旦系灯四段气藏储层声波时差平均为 90μs/m。

表 5-2-4 震旦系灯四段气藏出砂判定结果

生产压差 /MPa	声波时差判定	组合模量法出砂判定	斯伦贝谢法出砂判定
1	不出砂	不出砂	不出砂
5	不出砂	不出砂	不出砂
10	不出砂	不出砂	不出砂
15	不出砂	不出砂	不出砂
20	不出砂	不出砂	不出砂
25	不出砂	不出砂	不出砂
30	不出砂	不出砂	不出砂
35	不出砂	不出砂	不出砂
40	不出砂	不出砂	不出砂

（2）震旦系灯四段气藏生产情况。

迄今，高石梯灯影组气藏投产试采井 5 口（GS001-X3 井、GS1 井、GS2 井、GS3 井、GS7 井），没有出砂井。出砂预测结果：根据理论计算以及灯四段气藏和邻近同类气藏的实际生产情况表明，高石梯灯四段气藏不会出砂，完井方式不考虑防砂完井方法。

3）固井工艺

震旦系灯四段气藏为裂缝孔洞型储层，中小型溶蚀孔洞发育，钻试过程中喷漏同存，斜井和水平井漏失尤为突出（表 5-2-5）。针对储层漏失严重且堵漏效果差的井，完井方式可考虑采用裸眼完井。

表 5-2-5　震旦系灯四段气藏井漏统计

井号	层位	井段 /m	钻井液密度 / g/cm³	钻井液漏失量 / m³
GS2 井	灯四中亚段	4646.4～4675.5	1.41～1.43	101.8
GS3 井	灯四上亚段	5354.5～5364.0	1.26	37.7
GS6 井	灯四下亚段	5201.0～5209.92	1.33～1.49	2074.6
GS7 井	灯四段	5087.00～5087.94	2.17	78.2
GS8 井	灯四下亚段	5380.0～5413.0	1.26～1.34	23.9
GS9 井	灯四上亚段	5090.0～5112.5	2.23	50.2
GS11 井	灯四下亚段	5264.5～5267.5	1.35	23.6
GS18 井	灯四段	5163.0～5164.0	1.25	223.1
		5168.0～5173.0	1.18	22.1
		5173.0～5173.33	1.18	108.5
GS001-H2	灯四段	5194.66～5838	1.17～1.50	8739.3

4）增产改造

震旦系灯四段气藏非均质性较强，结合不同完井方式对增产改造的影响，综合选择：储层物性较好的井，考虑采用裸眼完井尽量暴露储层；储层物性较差的井，考虑采用射孔完井提高改造的针对性。

5）完井方式优选结果

对震旦系井壁稳定性、出砂预测、固井工艺和增产工艺等进行了分析，各因素分析结果见表 5-2-6。

表 5-2-6　不同影响因素分析结果

完井方式选择影响因素	分析结果
井壁稳定性分析	井壁稳定性较好
出砂预测	不出砂
固井工艺要求	对漏失严重的井，固井工艺实施困难
增产工艺要求	储层物性较好的井，采用裸眼完井尽量暴露储层；储层条件较差的井，采用射孔完井提高改造的针对性

根据大斜度井的特点，结合井壁稳定性、出砂预测和固井工艺的分析结果，结合增产改造和后期生产的要求，对比不同完井方式的优缺点（表 5-2-7），考虑到震旦系非均质性较强，尤其是钻遇灯四段上下两套储层时，在完井方式设计上要有针对性，再考虑到气井基本需要增产改造才能获得较好的产能，综合改造工艺推荐如下方案：对缝洞发

育好，物性较好，储层漏失严重的井，采用裸眼完井或衬管完井；对储层发育差的井采用射孔完井。

表 5-2-7　大斜度井和水平井完井方式优缺点对比

完井方式	优点	缺点
尾管射孔	（1）良好的井壁支撑作用； （2）可选择性打开储层	（1）相比裸眼，多一次固井及射孔施工作业，完井时间长； （2）固井及射孔对储层一定的伤害； （3）长储层段分段改造工艺复杂，效果难以保证
裸眼完井	（1）完井时间短，储层伤害小； （2）储层暴露面积大，气流入井的阻力最小	（1）分段改造管串结构复杂，不利于气井后期生产过程中动态监测，修井等作业； （2）分段改造工具需进口，价格高，周期长
衬管完井	（1）储层暴露面积大； （2）针对优质储层实施笼统酸化即可实现高产，完井成本低	不能实现分层改造

3. 完井参数优化设计

调研表明，国内外水平井和大斜度井开发碳酸岩盐气藏主要采用4种完井方式：（1）裸眼完井；（2）射孔完井；（3）筛管衬管完井；（4）尾管射孔完井。其中前两种为非选择性完井，后两种为选择性完井。

1）裸眼完井

水平井的裸眼完井是一种简单的完井方式，是一种产层段完全裸露的完井方法，不会由于井底结构的变化而使得附加渗流阻力增加的方法，这种井被称为水动力学完善井，产能较高，完善程度高。裸眼完井的工艺是将技术套管下至设计水平井段顶部注水泥封隔固井，然后换小一级的钻头钻至水平井至设计长度完井。具体井身结构如图 5-2-1 所示。水平井裸眼完井方式优缺点及适应性见表 5-2-8。

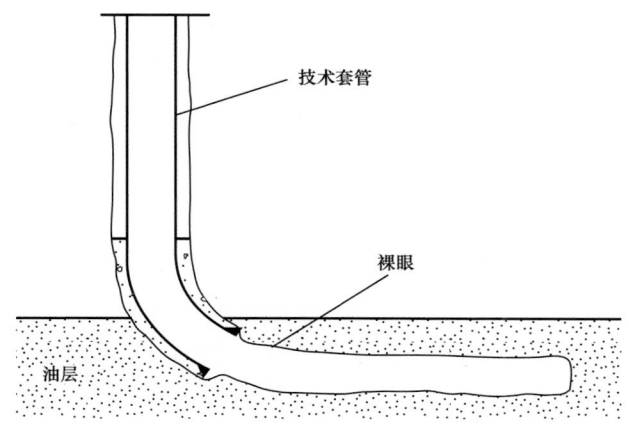

图 5-2-1　水平井裸眼完井示意图

表 5-2-8　水平井裸眼完井方式优缺点及适应性

项目	内容
优点	（1）花费最少； （2）储层完全裸露，完善系数高，油气渗流面积最大； （3）储层不受水泥浆伤害，完井周期短； （4）使用可膨胀式双封隔器，可以实施生产控制和分隔层段的增产作业； （5）允许后期采取任何可能的完井方法，有利于以后井的调整
缺点	（1）井眼稳定性较差； （2）不能实施层段封隔； （3）修井和生产测井困难，生产检测数据不可靠； （4）增产措施效率低，大段酸化，无法控制应该吸酸和不该吸酸的井段； （5）可选择的增产作业有限，如不能进行大型水力压裂作业等
适用储层	（1）岩性坚硬、致密，不出砂和井眼稳定的储层； （2）单一厚储层，或岩性、压力基本一致的多层储层； （3）不准备实施分层开采、选择性处理的储层； （4）天然裂缝碳酸盐岩和硬质砂岩； （5）短或极短曲率半径的水平井

2）射孔完井

（1）射孔参数设计原则。

孔眼深度：裂缝一般都是在接近砂面孔眼的部分起裂并逐渐向择优裂缝面（Preferred Fracture Plane，PFP）扩展，并且射孔枪的穿透性能与套管上孔眼直径尺寸的大小相互制约。

孔眼直径：当对酸压井选择射孔弹时，穿深和孔眼尺寸必须进行较好协调。保证足够大的孔眼尺寸对于防止酸压剪切降解、孔眼摩阻过大十分重要。

射孔孔眼密度：射孔密度不但影响射孔完井后气井的产能，也对酸压施工压力有一定影响。最小的射孔密度依赖于每个孔眼所需的注入量、井口压力限制、流体性质、完井套管尺寸、允许的射孔孔眼摩阻和孔眼进口直径。

射孔相位：射孔相位对气井产能影响相对较小，但对于酸压施工却有重要影响。一般的结论是：理想的酸压施工条件是孔眼和储层的最大主应力方向一致，因此从孔眼处起裂的裂缝将沿着最小阻力的 PFP 平面扩展。适用于压裂施工的相位一般有 45°，60° 和 120°。

（2）射孔参数优化。

为了科学地评价射孔过程对地层的伤害、预测不同射孔条件下的射孔井产能，需弄清不同条件下射孔参数与气井产能的关系。实际针对具体储层进行参数优选时，可利用理论模型或工具软件，计算各种可能的孔眼密度、相位、射孔弹配合下的产能比，在确保套管强度的前提下，选择出使产能比最高的射孔参数配合。以 MX009-X1 井为例，选取不同孔眼密度、孔径、孔深、相位角、压实程度和压实厚度，进行射孔参数敏感性分析。

① 孔眼密度对产能的影响。图 5-2-2 说明在孔眼密度很小的情况下，射孔完井水平井产率比随孔眼密度改变而改变的幅度很大，当孔眼密度增加到一定程度时，孔眼密度的增加就不会明显增加水平井产率比。

② 孔径对水平井产能的影响。图 5-2-3 说明孔径对水平井产率比的影响是明显的，在满足孔深要求的前提下，尽量选用孔径较大的射孔弹有利于产能的发挥。增大孔径有利于提高流通面积，减小孔眼流动摩阻。

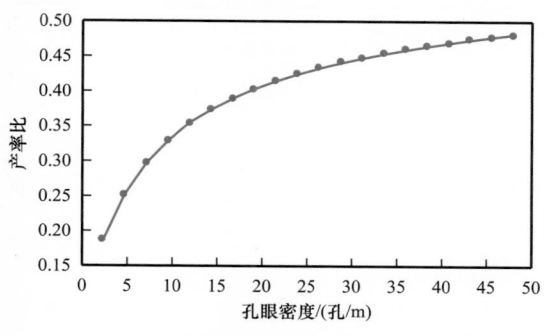

图 5-2-2　孔眼密度对水平井产能的影响

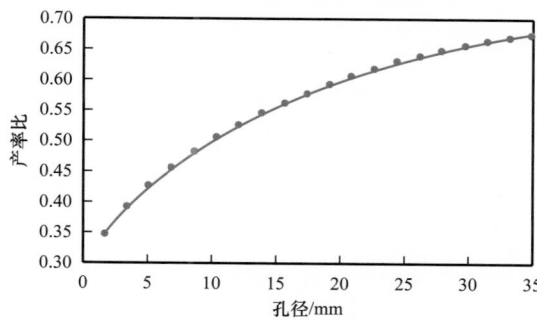

图 5-2-3　孔径对水平井产能的影响

③ 孔深对水平井产能的影响。图 5-2-4 说明水平井的产率比随孔深的增加而增加，当孔深达到钻井伤害深度时，水平井的产率比有一个跃阶；孔深达到钻井伤害深度之前产率比随孔深增加而增加的幅度大于孔深达到钻井伤害深度之后产率比随孔眼深度增加而增加的幅度。

④ 射孔相位对水平井产能的影响。研究结果表明，射孔相位角对水平井产率比有一定的影响（图 5-2-5），不同的参数配合所得到的相位角对气井产率比的影响不同。如图 5-2-6 所示情况，在 35°～145° 相位角布孔时，所得到的产率比相对较高。

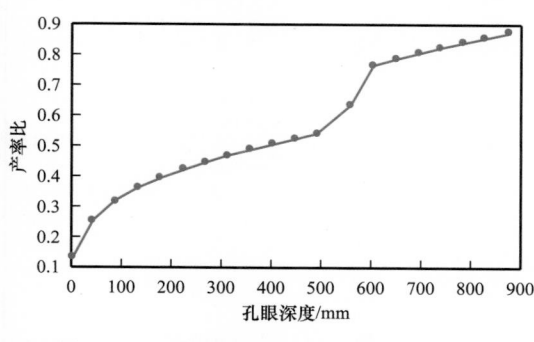

图 5-2-4　孔眼深度对水平井产能的影响

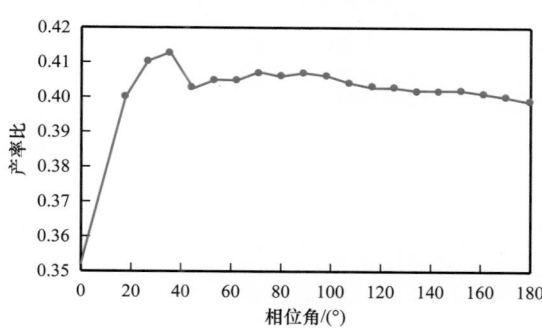

图 5-2-5　射孔相位对水平井产能的影响

⑤ 压实程度对水平井产能的影响。从图 5-2-6 可以看出，随着压实程度数值越大（压实程度越低），水平井产能逐渐增加。

⑥ 压实厚度对水平井产能的影响。从图 5-2-7 可以看出，水平井的产能随压实厚度增加逐渐降低。

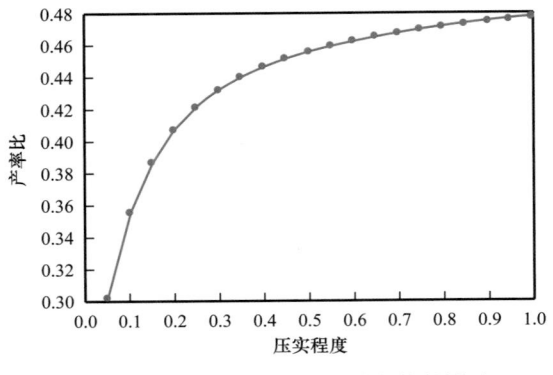

图 5-2-6 压实程度对水平井产能的影响

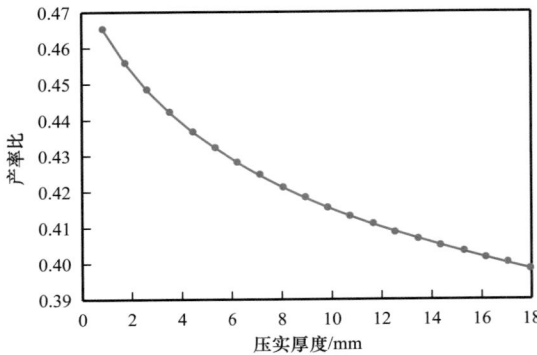

图 5-2-7 压实厚度对水平井产能的影响

⑦ 射孔完井单元产率比评价结果。

根据 MX009-X1 井对应储层的基本物性参数、选择的射孔枪弹以及校正的射孔弹地下穿深孔径,结合气藏水平井射孔完井产能评价模型,对 MX009-X1 井采用不同射孔孔眼密度和射孔相位下的单元产率比进行了评价,结果见表 5-2-9。

从射孔完井单元产率比评价结果可以看出,对于射孔枪弹选定的情况下,孔眼密度越大,射孔单元产率比越大,射孔相位 60° 对应的产率比最大,因为龙王庙组气层水平井投产之前都要进行酸化解堵,所以基于均匀布酸的目的(尽可能要求高孔眼密度和低相位角),推荐孔眼密度为 20 孔 /m,相位角为 60°。

表 5-2-9 不同相位、不同孔眼密度、不同枪弹组合条件下单元产率比的计算结果

射孔枪型	射孔弹型	校正穿深 / mm	校正孔径 / mm	射孔相位 / (°)	孔眼密度 / 孔 /m	套管强度降低系数 / %	产率比
SYD-89	DP41HMX-46-89	160.3	9.3	90	12	0.009	0.2901
SYD-89	DP41HMX-46-89	160.3	9.3	45	12	0009	0.2866
SYD-89	DP41HMX-46-89	160.3	9.3	60	12	0.009	0.2859
SYD-89	DP41HMX-46-89	160.3	9.3	90	16	0.012	0.3174
SYD-89	DP41HMX-46-89	160.3	9.3	60	16	0.012	0.3141
SYD-89	DP41HMX-46-89	160.3	9.3	45	16	0.011	0.3135
SYD-89	DP41HMX-46-89	160.3	9.3	90	20	0.015	0.3383
SYD-89	DP41HMX-46-89	160.3	9.3	60	20	0.015	0.336
SYD-89	DP41HMX-46-89	160.3	9.3	45	20	0.014	0.3346
SYD-89	DP41HMX-1(89)	164.3	9.7	90	12	0.009	0.3068
SYD-89	DP41HMX-1(89)	164.3	9.7	45	12	0.009	0.3028
SYD-89	DP41HMX-1(89)	164.3	9.7	60	12	0.009	0.3025

射孔枪型	射孔弹型	校正穿深 / mm	校正孔径 / mm	射孔相位 / (°)	孔眼密度 / 孔 /m	套管强度降低系数 / %	产率比
SYD-89	DP41HMX-1（89）	164.3	9.7	90	16	0.013	0.3344
SYD-89	DP41HMX-1（89）	164.3	9.7	60	16	0.013	0.3312
SYD-89	DP41HMX-1（89）	164.3	9.7	45	16	0.012	0.3301
SYD-89	DP41HMX-1（89）	164.3	9.7	90	20	0.016	0.3553
SYD-89	DP41HMX-1（89）	164.3	9.7	60	20	0.016	0.3531
SYD-89	DP41HMX-1（89）	164.3	9.7	45	20	0.016	0.3512
SYD-89	DP41HMX-52-102	223	9.6	90	12	0.009	0.3394
SYD-89	DP41HMX-52-102	223	9.6	45	12	0.009	0.3353
SYD-89	DP41HMX-52-102	223	9.6	60	12	0.009	0.3349
SYD-89	DP41HMX-52-102	223	9.6	90	16	0.012	0.3678
SYD-89	DP41HMX-52-102	223	9.6	60	16	0.012	0.3647
SYD-89	DP41HMX-52-102	223	9.6	45	16	0.012	0.3638
SYD-89	DP41HMX-52-102	223	9.6	90	20	0.016	0.3888
SYD-89	DP41HMX-52-102	223	9.6	60	20	0.015	0.387
SYD-89	DP41HMX-52-102	223	9.6	45	20	0.015	0.3853
SYD-89	SDP43HMX-52-102	281.6	11.5	90	12	0.013	0.3871
SYD-89	SDP43HMX-52-102	281.6	11.5	60	12	0.013	0.3831
SYD-89	SDP43HMX-52-102	281.6	11.5	45	12	0.013	0.3825
SYD-89	SDP43HMX-52-102	281.6	11.5	90	16	0.018	0.4155
SYD-89	SDP43HMX-52-102	281.6	11.5	60	16	0.018	0.4134
SYD-89	SDP43HMX-52-102	281.6	11.5	45	16	0.017	0.4116
SYD-89	SDP43HMX-52-102	281.6	11.5	90	20	0.023	0.4358
SYD-89	SDP43HMX-52-102	281.6	11.5	60	20	0.022	0.4353
SYD-89	SDP43HMX-52-102	281.6	11.5	45	20	0.022	0.4331

3）衬管完井

针对气藏具有非均质性的特点，其渗透率不同。水平井在酸化解堵时，酸液从根端沿水平方向向指端流动，由于井筒内已有流体的顶阻作用且水平段较长，酸液大部分消耗在根端，其他部位酸液少或者没有酸液而酸化不到，影响酸化增产效果。采用衬管完井技术，进行衬管完井水平井酸化改造的目的就是要实现水平井段上的均匀布酸。通过理论研究与实验评价，依据储层物性差异进行变密度割缝参数设计，同时优化衬管缝眼过流阻力，来达到均匀布酸的目的。

（1）缝眼过流阻力分析。

① 过流面积分析。缝眼通过能力考虑以下两个方面的因素：a. 由于衬管的下壁与井眼直接接触，实际有效的过流面积约为理论割缝面积的 80% 左右；b. 缝眼可能被砂堵，考虑极限情况下 80% 的缝眼可能被堵。因此，要求在考虑上述极限情况下割缝衬管有效通过面积大于油管过流面积所需最短衬管长度见表 5-2-10。

表 5-2-10　不同方案所需衬管长度

方案	壁厚 6.45mm 的 3½in 油管最少需要衬管长度 /m	壁厚 6.88mm 的 4½in 油管最少需要衬管长度 /m
方案 1	29	50
方案 2	29	50
方案 3	15	25

考虑配产 $100 \times 10^4 m^3/d$，衬管长 1000m，则计算不同方案的过流阻力见表 5-2-11。

表 5-2-11　不同方案过流阻力表

方案序号	开口面积占比 /%	缝宽 /mm	缝长 /mm	缝数 /（条/m）	衬管剩余强度 /MPa	过流阻力 /MPa
方案 1	0.25	0.5	60	50	82.77	0.6763
方案 2	0.25	1	60	25	84.63	0.3381
方案 3	0.5	1	60	50	82.77	0.1691

从过流阻力来说：方案 3 最好；考虑衬管剩余强度：方案 2 最好；在强度满足要求的情况下，应尽量减少流通阻力，因此首选方案 3，次选方案 2，最后是方案 1。

② 防冲蚀分析。缝眼防冲蚀同样主要考虑以下两个方面的因素：a. 由于衬管的下壁与井眼直接接触，实际有效的过流面积约为理论割缝面积的 80% 左右；b. 缝眼可能被砂堵，考虑极限情况下 80% 的缝眼可能被堵。因此，根据缝眼冲蚀公式，计算配产 $100 \times 10^4 \sim 250 \times 10^4 m^3/d$，不同方案最短需要的衬管长度，见表 5-2-12。

表 5-2-12　不同方案不同产气量下所需衬管长度表

产量 /（$10^4 m^3/d$）	防冲蚀最少需要衬管长度 /m		
	方案 1	方案 2	方案 4
100	13	13	7
150	20	20	10
200	26	26	13
250	33	33	16

③割缝参数推荐方案。根据前面的计算结果，具体方案见表 5-2-13。

表 5-2-13 最后推荐衬管割缝参数表

开口面积占比 /%	缝宽 /mm	缝长 /mm	缝数 /条 /m	衬管剩余强度 /MPa	布缝格式	挡砂精度		衬管所需最短长度 /m
						目	mm	
0.2	1	60	13	84	120° 相位角螺旋布缝	40～45	0.398～0.402	11.88

注：每根衬管内螺纹下面 0.5m 不割缝，外螺纹上面 0.3m 不割缝。

衬管缝型推荐采用：断面缝型采用：梯形缝；表面缝形采用：直线型；布缝类型采用：螺旋布缝（李玉飞等，2018）；梯形缝横截面如图 5-2-8 所示。

（2）衬管割缝参数优化。

对衬管进行割缝参数优化的目的就是针对储层非均质性，通过优化设计衬管割缝参数，来保证下入井筒中的衬管每处向储层中渗透的酸液量基本相同，不受储层渗透率的影响，即：

$$Q_1(K_1, R_1) = Q_2(K_2, R_2) = Q_3(K_3, R_3) = \cdots$$

式中 Q——酸液量；

R——衬管的流动阻力系数；

K——储层渗透率。

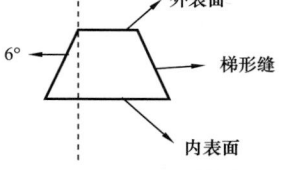

图 5-2-8 梯形缝横截面示意图

基于气藏储层特征，开展不同排量下酸化效果模拟对比分析，优化衬管割缝参数，为储层实现均匀改造提供基础。以 MX008-H1 井为例，对衬管割缝参数进行优化分析。

① 储层特征分析。测井解释证实储层发育，本井测井共解释 20 段储层，累计段长 462.0m，孔隙度 1.0%～7.0%，含水饱和度 9%～30%。其中差气层 6 段，累计厚度为 77.0m；气层 14 段，累计厚度为 385.0m。该井孔隙度和渗透率分布情况分别如图 5-2-9 和图 5-2-10 所示。

② 酸化效果模拟分析。酸化时，井筒流入动态如图 5-2-11 所示。基于该流动原理，采用 Landmark 软件计算得到不同排量下井筒动态流入剖面，如图 5-2-12 和图 5-2-13 所示。

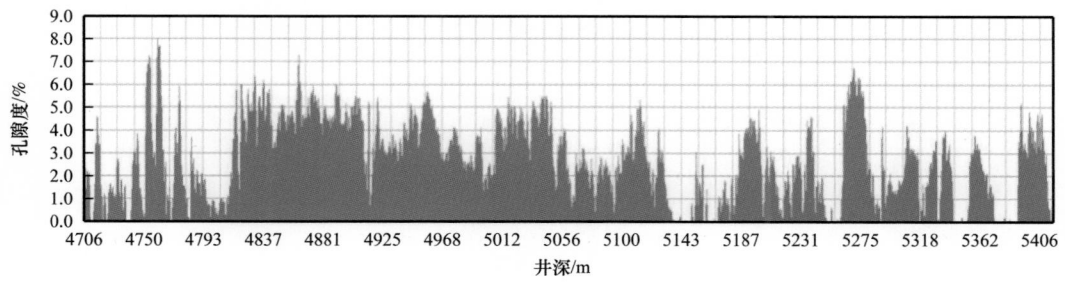

图 5-2-9 测井孔隙度分布图

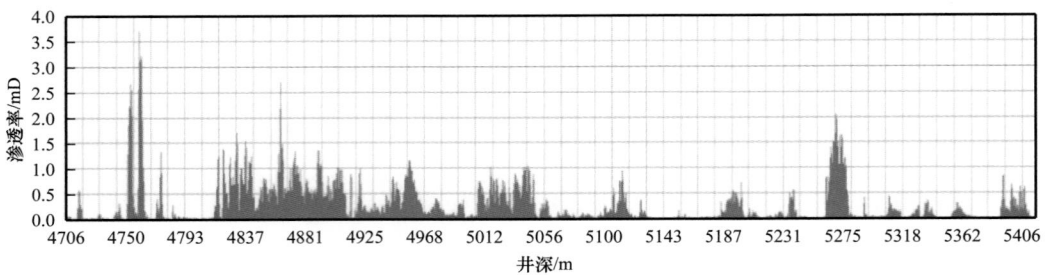

图 5-2-10　测井渗透率分布图

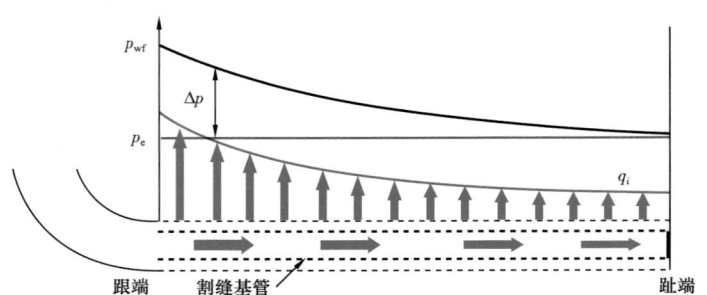

图 5-2-11　酸化工况下井筒流入动态示意图
p_{wf}—井底压力；p_e—原始地层压力；Δp—压差

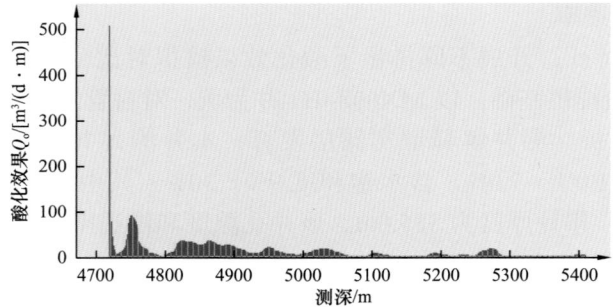

图 5-2-12　$6m^3/min$ 排量下酸化效果模拟（衬管到环空）

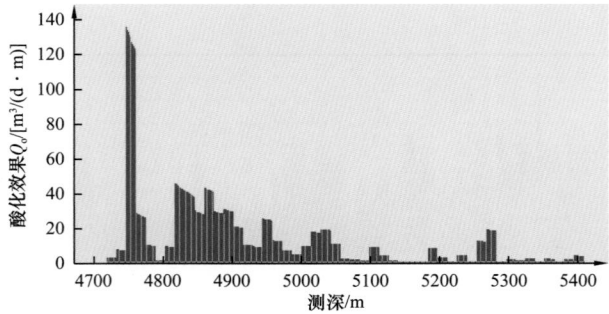

图 5-2-13　$6m^3/min$ 排量下酸化效果模拟（环空到地层）

为了研究不同渗透率层位下的动态流入情况，根据产层渗透率分布，把水平段分成 3 段做对比研究，如图 5-2-14 所示。

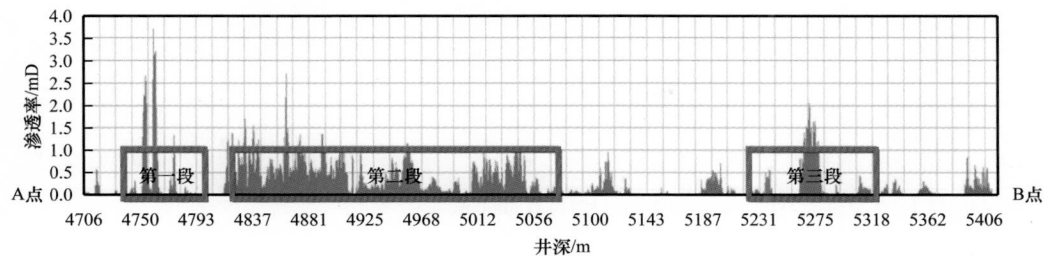

图 5-2-14　水平井分段产层渗透率分布示意图

分段结果如下：第一段，4740～4770m；第二段，4800～5060m；第三段：5180～5280m。

计算不同排量下各段流入量，如图 5-2-15 所示，酸液主要分布在靠近 A 点部分，其余层段进液较少，甚至不进液。根据综合对比可以看出，随着排量的增加，各段进液量都有所增加，但是第一段增加速度＞第二段增加速度＞第三段增加速度，并且对第三段影响较小。也就是说随着酸化排量的增加，主要对 A 点附近改造效果提升较大，对 B 点附近地层提升不大。

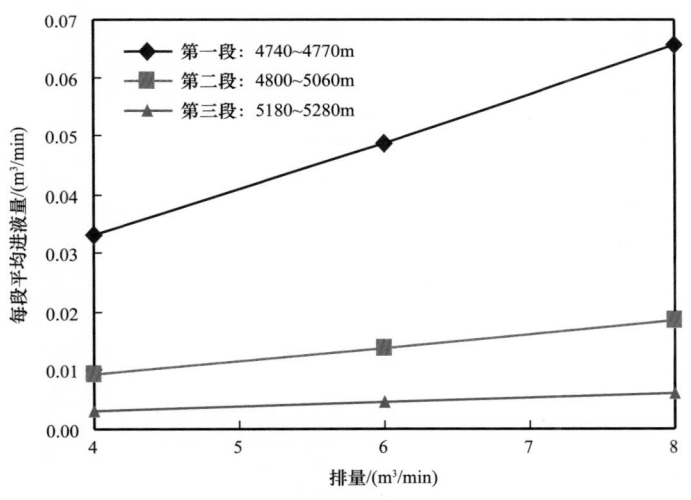

图 5-2-15　不同排量下酸化效果对比

③ 不同完井参数情况下酸化效果对比。为进行不同完井参数下的对比研究，共考虑了 3 种情况：

a. 考虑加管外封隔器变割缝参数完井（表 5-2-14）；

b. 考虑不加管外封隔器变割缝参数完井（表 5-2-15）；

c. 采用 MX008-H1 井统一完井参数（表 5-2-16），酸化排量都考虑 6m³/min，采用 Landmark 软件对这 3 种情况进行模拟。

表 5-2-14　加管外封隔器变割缝参数完井（排量 6m³/min）

井段 /m	缝宽 /mm	缝长 /mm	缝数 /（条 /m）	布缝格式
第一段参数：705～4800	0.6	20	0.1	120° 相位角螺旋布缝
第二段参数：800～5060	0.6	40	0.1	120° 相位角螺旋布缝
第三段参数：060～5436	1	60	13	120° 相位角螺旋布缝

注：封隔器 1：坐封位置 4800m；封隔器 2：坐封位置 5060m。

　　根据计算结果可以看出，采用加封隔器 + 变割缝参数完井方式，与不加封隔器变割缝参数完井在第一段和第三段都对储层进行了有效的改造，而全井筒采用统一参数情况下（如 MX008-H1 井），差异较大（图 5-2-16）。因此，通过计算表明，采用变参数情况下可不加管外封隔器即可达到对产层的相对均匀改造，改造效果明显优于统一参数下的完井方式。

表 5-2-15　不加管外封隔器变割缝参数完井（排量 6m³/min）

井段 /m	缝宽 /mm	缝长 /mm	缝数 /（条 /m）	布缝格式
第一段参数：4705～4800	0.6	20	0.1	120° 相位角螺旋布缝
第二段参数：4800～5060	0.6	40	0.1	120° 相位角螺旋布缝
第三段参数：5060～5436	1	60	13	120° 相位角螺旋布缝

注：封隔器 1 坐封位置 4800m；封隔器 2 坐封位置 5060m。

表 5-2-16　采用 MX008-H1 井完井参数（排量 6m³/min）

缝宽 /mm	缝长 /mm	缝数 /（条 /m）	布缝格式
1～1.2	60	13	120° 相位角螺旋布缝

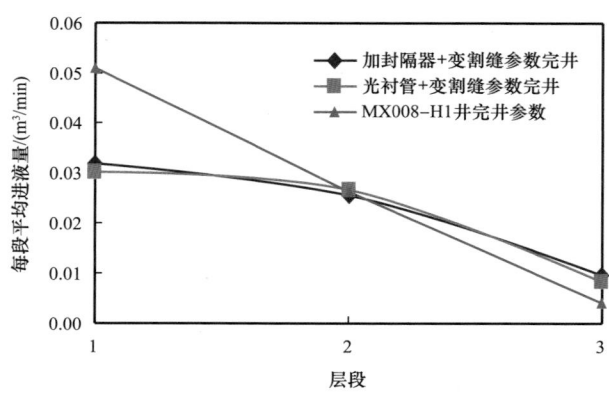

图 5-2-16　不同完井参数下各段进液量对比图

二、完井管柱优化技术

完井管柱是生产天然气的通道，也是储层进行改造和后期作业的通道，关系着整个气藏的开发寿命和开发效果。为确保气田的正常安全生产，完井管柱力学性能分析、尺寸确定、结构及完井管柱选择至关重要。以下结合龙王庙组气藏储层特征和技术难点对完井管柱开展优化设计。

1. 完井油管尺寸设计

生产油管尺寸是确定生产套管尺寸的首要依据，而确定气井油管尺寸必须考虑的几个因素：气井理论产气量、携液能力、冲蚀条件和摩阻损失，能保证动态监测仪器在油管中的正常起下以及气井增产措施和修井作业等诸多因素，其主要选取原则为：

（1）满足气井单井配产及油管抗冲蚀能力要求；
（2）井筒压力损失相对较小，能够实现开发设计的要求；
（3）具有较强的携液能力，能够最大限度延长气井水淹时间；
（4）能够满足增产措施等工况对油管强度的要求；
（5）所选用的油管尺寸，要求具有与其成熟配套的井下工具；
（6）满足气井效益开发需求，降低生产建设成本。

根据龙王庙组气藏参数，建立气井模型，采用"气井压力系统节点分析"法，对不同管径油管的最大协调产量、井筒压力损失分析、防冲蚀能力及携液能力的计算分析，并结合不同工况下管柱力学分析及储层改造的要求，推荐不同配产条件下油管管径大小见表 5-2-17。

表 5-2-17　不同配产条件下生产油管尺寸推荐表

井深 /m	不同配产条件下生产油管尺寸					
	$<40\times10^4 m^3/d$		$40\times10^4\sim120\times10^4 m^3/d$		$120\times10^4\sim230\times10^4 m^3/d$	
	外径 /mm	内径 /mm	外径 /mm	内径 /mm	外径 /mm	内径 /mm
<5000	73	62	88.9	76	114.3	100.53

综合考虑气井的稳产能力和稳产时间，推荐配产 $\leq40\times10^4 m^3/d$ 的气井采用 ϕ73mm 油管，配产 $40\times10^4\sim100\times10^4 m^3/d$ 的气井采用 ϕ88.9mm 油管，配产 $\geq100\times10^4 m^3/d$ 的气井采用 ϕ114.3mm 油管，可满足气井生产要求。

2. 完井管柱力学分析

深井、高温与高压气井，在大产量生产，酸化施工时，管柱的压力和温度变化较大，造成油管应力变化大，有必要对完井管柱在气井极限工况下进行管柱力学计算分析，校核其安全性能（唐庚等，2020）。

根据龙王庙组气藏储层特征和气藏工程对单井产量预测结果，直井单井产量可以达到 $20\times10^4\sim100\times10^4 m^3/d$，大斜度井和水平井单井产量可以达到 $100\times10^4 m^3/d$ 以上。因此，建议直井采用 ϕ88.9mm 油管、大斜度井和水平井采用 ϕ114.3mm 油管进行生产。另外，根据"高温高压深层及含酸性介质气井完井投产技术要求"，安全系数取值为：三轴应力强度安全系数取值 1.7～1.8，抗拉强度安全系数取值 1.8，抗外挤强度安全系数取值 1.4～1.5，抗内压强度安全系数取值 1.25。

1）直井

根据磨溪区块龙王庙组气藏的实际井下条件：井深 4800m，封隔器坐封位置 4570m；地层压力 76MPa，地层温度 143℃，地面温度 20℃；酸化改造初期排量 0.5～1m³/min，平均排量 3.5m³/min；环空保护液 1g/cm³。

计算 ϕ88.9mm×6.45mm 110 钢级油管在酸化和生产条件下的管柱受力情况可以看出（表 5-2-18 和表 5-2-19），酸化施工时，环空平衡压力 30～50MPa，管柱安全系数满足设计要求，封隔器受力在要求范围内，管柱处于安全状态；正常配产条件下，管柱安全系数满足设计要求，管柱处于安全状态。

表 5-2-18　ϕ88.9mm×6.45mm 110 钢级油管酸化工况管柱力学计算结果

泵压 / MPa	平衡套管压力 / MPa	油管安全系数					封隔器受力 /tf	
		位置	三轴	抗拉	抗内压	抗外挤	油管对封隔器	封隔器对、套管
90	50	井口	1.7	1.78	2.41	100	28.5	57.5
		封隔器上部	4.2	13	3.9	100		
70	40	井口	1.8	1.83	3.21	100	23.5	40.4
		封隔器上部	5.7	15.7	6.5	100		
70	30	井口	1.7	1.73	2.4	100	27.2	56.0
		封隔器上部	4.27	10.8	3.88	100		

表 5-2-19　ϕ88.9mm×6.45mm 110 钢级油管生产工况管柱力学计算结果

产量 / 10⁴m³/d	井口压力 / MPa	井口温度 / ℃	油管安全系数					封隔器受力 /tf	
			位置	三轴	抗拉	抗内压	抗外挤	油管对封隔器	封隔器对套管
40	61.90	67.54	井口	1.71	2.21	1.51	100+	7.2	43.8
			封隔器	3.33	9.76	3.10	100+		
60	60.88	81.94	井口	1.73	2.27	1.52	100+	5.7	42.3
			封隔器	3.22	8.01	3.1	100+		
80	59.28	91.55	井口	1.75	2.31	1.54	100+	4.8	41.3
			封隔器	3.17	7.29	3.1	100+		
100	57.12	98.31	井口	1.78	2.34	1.57	100+	4.1	40.7
			封隔器	3.11	6.81	3.11	100+		

同时计算分公司库存油管（ϕ88.9mm×5.49mm、钢级125）在酸化和生产条件下的管柱受力情况可以看出（表5-2-20和表5-2-21），酸化施工时，环空平衡压力30～50MPa，管柱安全系数满足设计要求，封隔器受力在要求范围内，管柱处于安全状态；正常配产条件下，管柱安全系数满足设计要求，管柱处于安全状态。

表5-2-20　ϕ88.9mm×5.49mm 125钢级油管酸化工况管柱力学计算结果

泵压/MPa	平衡套管压力/MPa	油管安全系数					封隔器受力/tf	
		位置	三轴	抗拉	抗内压	抗外挤	油管对封隔器	封隔器对套管
95	50	井口	1.8	1.97	2.07	100	28.7	63.8
		封隔器上部	3.65	10.5	3.1	100		
70	40	井口	2.05	2.08	3.1	100	21.7	68.6
		封隔器上部	5.9	14.8	6.3	100		
70	30	井口	1.9	1.96	2.33	100	25.4	54.5
		封隔器上部	4.3	10.3	3.75	100		

表5-2-21　ϕ88.9mm×5.49mm 125钢级油管生产工况管柱力学计算结果

产量/10^4m³/d	井口压力/MPa	井口温度/℃	油管安全系数					封隔器受力/tf	
			位置	三轴	抗拉	抗内压	抗外挤	油管对封隔器	封隔器对套管
40	61.90	67.54	井口	1.733	2.45	1.5	100+	9.1	45.6
			封隔器	3.36	17.6	2.95	100+		
60	60.88	81.94	井口	1.75	2.52	1.47	100+	7.6	44.1
			封隔器	3.26	12.9	2.97	100+		
80	59.28	91.55	井口	1.77	2.57	1.48	100+	6.6	43.2
			封隔器	3.2	10.9	2.96	100+		
100	57.12	98.31	井口	1.8	2.6	1.5	100+	3.7	32.6
			封隔器	3.15	9.8	2.96	100+		

2）大斜度井与水平井

根据磨溪区块龙王庙组气藏的大斜度及水平井井下条件：井深5100～5750m，封隔器坐封位置4500m；地层压力76MPa，地层温度143℃，地面温度20℃；酸化改造初期排量0.5～1m³/min，平均排量5.5m³/min；环空保护液1g/cm³。

计算ϕ114.3mm×6.88mm、110和125两种钢级油管配产100×10⁴～200×10⁴m³/d时生产管柱受力（表5-2-22至表5-2-25），可知110钢级油管在生产时三轴安全系数不满足设计要求，钢级125油管在酸化和生产工况下，管柱三轴、抗拉、抗内压、抗外挤安全系数均大于安全值，封隔器受力在允许范围内，管柱处于安全状态，满足气井安全要求。

通过对不同油管方案在酸化和生产工况下管柱力学计算分析可以看出：配产<100×10⁴m³/d 的气井采用 ϕ88.9mm×6.45mm 110 钢级油管，配产≥100×10⁴m³/d 的气井采用 ϕ114.3mm×6.88mm 125 钢级油管，可以满足气井在酸化和生产时的管柱安全要求。酸化施工时，要求环空平衡压力为 30~50MPa。

表 5-2-22　ϕ114.3mm×6.88mm 110 钢级油管酸化工况管柱力学计算结果

| 井口油管压力/MPa | 套管压力/MPa | 油管安全系数 | | | | | 封隔器受力/tf | | 封隔器受压差/MPa | 管柱伸缩长度/m |
		位置	三轴	抗拉	抗内压	抗外挤	油管对封隔器	封隔器对套管		
90	50	井口	1.52	1.68	2.0	100	51.5	66.3	18	2.8
		封隔器上部	2.9	5.1	2.8	100				
70	50	井口	1.73	1.76	4.0	100	37.4	41.5	5	1.9
		封隔器上部	4.2	7.1	9.52	100				
70	40	井口	1.67	1.66	2.66	100	43.5	53	22	2.4
		封隔器上部	3.67	5.7	4.3	100				

表 5-2-23　ϕ114.3mm×6.88mm 110 钢级油管生产工况管柱力学计算结果

| 产量/10⁴m³/d | 井口压力/MPa | 井口温度/℃ | 油管安全系数 | | | | | 封隔器受力/tf | |
			位置	三轴	抗拉	抗内压	抗外挤	油管对封隔器	封隔器对套管
100	62.37	86.67	井口	1.52	2.34	1.26	100+	5.9	29.6
			封隔器	2.66	7.4	2.57	100+		
140	60.63	97.43	井口	1.54	2.39	1.27	100+	4.3	28.1
			封隔器	2.6	6.8	2.57	100+		
160	59.48	101.26	井口	1.55	2.4	1.28	100+	3.7	27.5
			封隔器	2.6	6.6	2.58	100+		
200	56.67	107.04	井口	1.58	2.44	1.30	100+	2.8	26.5
			封隔器	2.59	6.29	2.59	100+		

表 5-2-24　ϕ114.3mm×6.88mm 125 钢级油管生产工况管柱力学计算结果

| 井口油管压力/MPa | 套管压力/MPa | 油管安全系数 | | | | | 封隔器受力/tf | | 封隔器受压差/MPa | 管柱伸缩长度/m |
		位置	三轴	抗拉	抗内压	抗外挤	油管对封隔器	封隔器对套管		
90	50	井口	1.75	1.83	2.27	100	51.5	66.3	18	2.8
		封隔器上部	3.3	5.8	3.19	100				

续表

井口油管压力/MPa	套管压力/MPa	油管安全系数					封隔器受力/tf		封隔器受压差/MPa	管柱伸缩长度/m
		位置	三轴	抗拉	抗内压	抗外挤	油管对封隔器	封隔器对套管		
70	50	井口	1.96	2.0	4.54	100	37.4	41.5	5	1.9
		封隔器上部	4.77	8.08	10.8	100				
70	40	井口	1.78	1.78	2.27	100	49.7	64.5	18	3
		封隔器上部	3.38	5.4	3.2	100				

表 5-2-25　ϕ114.3mm×6.88mm 125 钢级油管酸化工况管柱力学计算结果

产量/$10^4 m^3$	井口温度/℃	井底温度/℃	油管安全系数					封隔器受力/tf	
			位置	三轴	抗拉	抗内压	抗外挤	油管对封隔器	封隔器对套管
100	103	140	井口	1.73	2.66	1.43	100+	5.9	29.6
			封隔器	3.02	8.4	2.9	100+		
140	108		井口	1.75	2.70	1.44	100+	4.3	28.1
			封隔器	2.98	7.73	2.93	100+		
160	110		井口	1.76	2.74	1.45	100+	3.7	27.5
			封隔器	2.97	7.49	2.9	100+		
200	113		井口	1.79	1.77	1.48	100+	2.8	26.5
			封隔器	2.94	7.14	2.94	100+		

3. 完井管柱结构优化设计

龙王庙组储层压力和温度高，天然气中含有酸性气体，气井配产高，生产管柱结构方案必须满足以下要求：

（1）生产管柱结构满足长期安全生产的要求下，结构尽量简单；

（2）紧急情况下、应能截断井下气源，实现井下安全控制；

（3）避免套管内部和油管外壁接触酸性气体，保证气井的长期完整性；

（4）满足生产管柱长期的气密封性能；

（5）满足完井时酸化、测试、生产测井等作业的需要。

根据"高温高压油气井含腐蚀性介质、完井投产技术要求"，高温高压含酸性气体的深井，生产管柱中需下入井下安全阀和永久性封隔器，以保证气井的长期安全性。结合《关于安岳气田磨溪区块龙王庙组气藏开发概念设计的批复》（油勘〔2013〕50 号）及龙王庙组储层特征和开发井井身结构特点，生产井根据不同井况推荐采用 3 套生产管柱结构：

（1）直井（自上而下）：油管挂 +ϕ88.9mm 气密封螺纹油管 + 上流动短节 + 井下安

全阀 + 下流动短节 +ϕ88.9mm 气密封螺纹油管 + 锚定密封总成 + 永久式封隔器 + 磨铣延伸筒 + 坐放短节 + 球座 + 筛管 + 丢枪接头 + 射孔枪（射后丢枪）[图 5-2-17（a）]。

（2）大斜度井（自上而下）：油管挂 +ϕ114.3mm 气密封螺纹油管 + 上流动短节 + 井下安全阀 + 下流动短节 +ϕ114.3mm 气密封螺纹油管 + 锚定密封总成 + 永久式封隔器 + 磨铣延伸筒 + 坐放短节 + 球座 [图 5-2-17（b）]。

（3）水平井（自上而下）：油管挂 +ϕ114.3mm 气密封螺纹油管 + 上流动短节 + 井下安全阀 + 下流动短节 +ϕ114.3mm 气密封螺纹油管 + 锚定密封总成 + 永久式封隔器 + 磨铣延伸筒 + 坐放短节 + "裸眼封隔器 + 滑套" 分段酸化工具 [图 5-2-17（c）]。

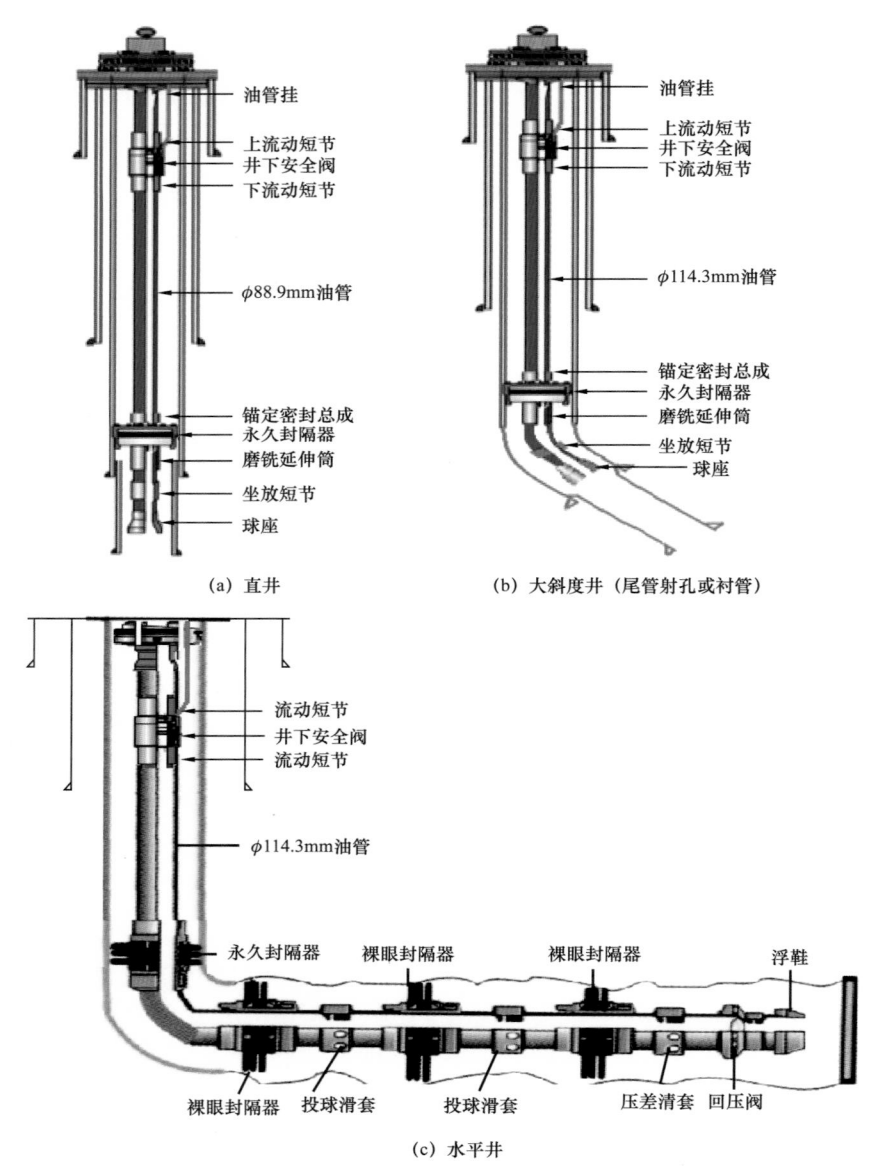

图 5-2-17　龙王庙组气藏开发井完井管柱结构示意图

4.防腐工艺设计

1）腐蚀类型及环境分析

龙王庙组气藏地层压力 75.74～76.08MPa，地层温度 140.24～144.88℃，硫化氢含量 0.44%～0.68%，计算分压 0.33～0.52MPa，二氧化碳含量 1.78%～2.37%，计算分压 1.35～1.80MPa，属于中含硫化氢、低—中含二氧化碳气藏，气井生产过程中有凝析水产出。根据 NACE MR 0175 标准规定，龙王庙组 $p_{CO_2}/p_{H_2S}=3.46$（图 5-2-18，$p_{CO_2}/p_{H_2S}<20$ 时，腐蚀以 H_2S 为主），腐蚀类型以 H_2S 腐蚀为主，处于 H_2S 应力腐蚀开裂区（图 5-2-19），腐蚀环境恶劣。

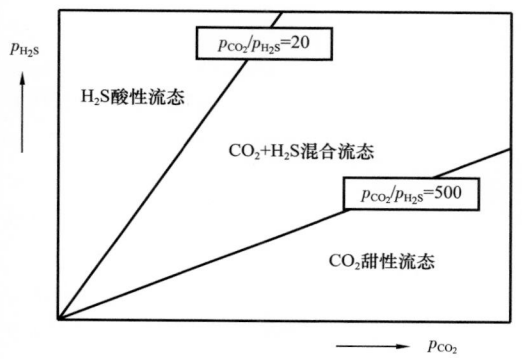

图 5-2-18　龙王庙组气藏腐蚀类型分析图

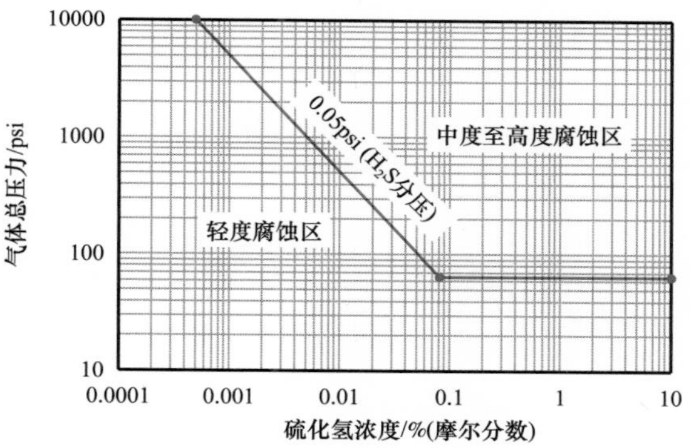

图 5-2-19　龙王庙组气藏腐蚀环境分析

2）图版防腐材质选择

根据日本住友公司材质选择图版（图 5-2-20），选用镍基耐蚀合金油管油管材质，才能满足气田生产防腐要求。

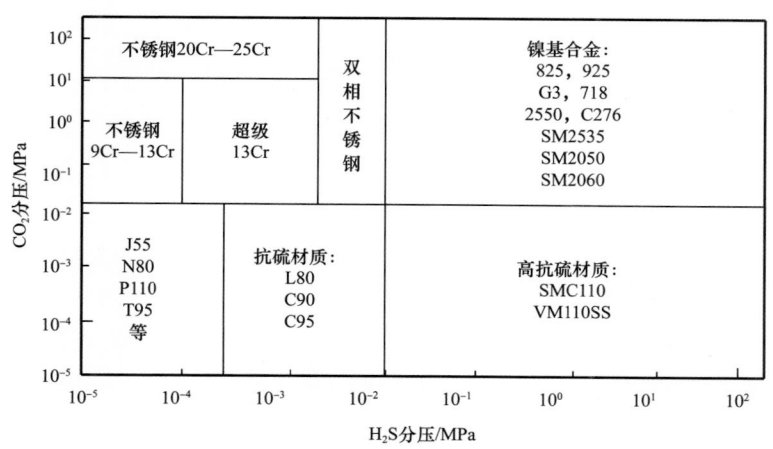

图 5-2-20　日本住友公司材质选择图版

镍基耐蚀合金分为 4a、4b、4c、4d 和 4e 共 5 个级别类型，按照 NACE MR 0175 标准（表 5-2-26），要求 4d 级别（G3、SM2550）在 149℃内使用条件不受限制，应选择

4d 级别以上，能满足龙王庙组气井抗腐蚀要求。而 4c 级别在 132℃内使用条件不受限制，是否能够满足龙王庙组的环境要求需要进行抗腐蚀性能评价。

表 5-2-26　退火加冷加工的固溶镍基合金用作井下管件、其他井下装置的环境和材料限制

材质级别类型	温度最大值 /℃（℉）	H₂S 分压最大值 / MPa（psi）	氯化物浓度最大值 / mg/L	pH 值	是否抗单质硫	备注
4c、4d 和 4e 级别类型的冷加工合金	232（450）	0.2（30）	见备注	见备注	不	氯化物浓度和原位 pH 值的任何组合都是可以接受的
	218（425）	0.7（100）	见备注	见备注	不	
	204（400）	1（150）	见备注	见备注	不	
	177（350）	1.4（200）	见备注	见备注	不	
	132（270）	见备注	见备注	见备注	是	硫化氢、氯化物浓度和原位 pH 值的任何组合都可以接受
4d 和 4e 级别类型的冷加工合金	218（425）	2（300）	见备注	见备注	不	氯化物浓度和原位 pH 值的任何组合都是可以接受的
	149（300）	见备注	见备注	见备注	是	硫化氢、氯化物浓度和原位 pH 值的任何组合都是可以接受的
4e 级别类型的冷加工合金	232（450）	7（1000）	见备注	见备注	是	氯化物浓度和原位 pH 值的任何组合都是可以接受的
	204（400）	见备注	见备注	见备注	是	硫化氢、氯化物浓度和原位 pH 值的任何组合都是可以接受的

注：经锻造或铸造的固溶镍基产品应为退火加冷加工状态，并且应满足下列所有要求：（1）合金的最大硬度值应为 40HRC；（2）合金通过冷加工后获得的最大屈服强度应为：① 4c 级别类型，1034MPa（150ksi）；② 4d 级别类型，1034MPa（150ksi）；③ 4e 级别类型：1240MPa（180ksi）。

3）材质防腐技术

对磨溪龙王庙组气藏开展油套管腐蚀室内评价试验，分别以 MX9 井和 MX11 井地层水为腐蚀介质，对 BG110SS、BG2532 和 BG2830 三种管材腐蚀评价实验。从实验结果看（表 5-2-27 和表 5-2-28，图 5-2-21 和图 5-2-22）：BG110SS 的腐蚀速率均处于 NACE 标准中极严重腐蚀的范围，BG2532 和 BG2830 的腐蚀速率均处于 NACE 标准中轻微腐蚀的范围。

结合龙王庙组气藏开展的在 150℃条件下国产 028 材质的室内抗开裂耐蚀性能试验结果（国产宝钢 028 材质"在上述试验条件下未开裂，满足标准 ISO 15156-3 对的抗开裂要求（表 5-2-29），表明 BG2532 和 BG2830 等同等级别油套管管材均能满足龙王庙组气藏开发井抗腐蚀性能要求。

表 5-2-27　MX9 井地层水条件下的腐蚀实验结果

材质	试件位置	腐蚀速率/（mm/a）	备注
BG110SS	液相	0.3188	存在蚀斑
BG2532	液相	0.0007	均匀腐蚀
BG2830	液相	0.0001	均匀腐蚀

注：实验条件为 p_{H_2S}=2.7MPa，p_{CO_2}=1.76MPa，MX9 井现场水，pH 值 5.076，Cl⁻ 含量 12.08mg/L，水型为 Na_2SO_4 型，实验温度 140℃，试验时间 72h。

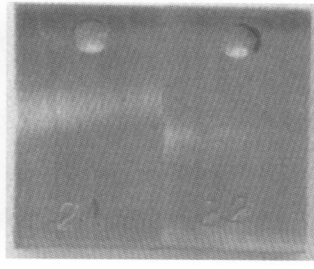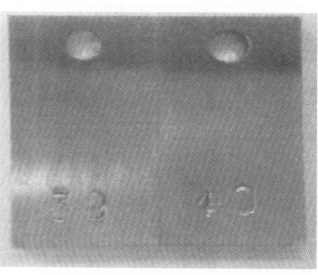

(a) BG110SS　　　　　　　(b) BG2532　　　　　　　(c) BG2830

图 5-2-21　MX9 井地层水条件下 3 种材质试件处理后表面图

表 5-2-28　MX11 井地层水条件下的腐蚀实验结果

材质	试件位置	腐蚀速率/（mm/a）	备注
BG110SS	液相	0.3221	有较严重局部腐蚀，局部腐蚀坑最大面积约 0.85mm²，最大深度约 0.02mm
BG2532	液相	0.0020	均匀腐蚀
BG2830	液相	0.0030	均匀腐蚀

注：实验条件为 p_{H_2S}=2.7MPa，p_{CO_2}=1.76MPa，MX11 井现场水，pH 值 6.532，Cl⁻ 含量 28378mg/L，水型为 $CaCl_2$ 型，实验温度 140℃，试验时间 72h。

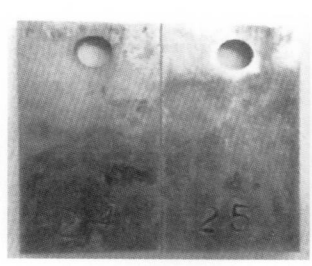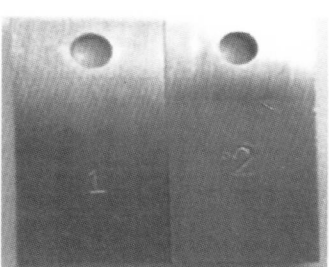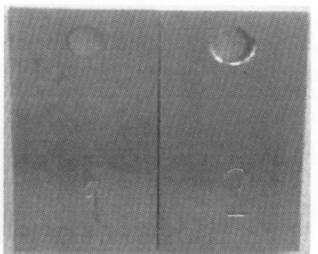

(a) BG110SS　　　　　　　(b) BG2532　　　　　　　(c) BG2830

图 5-2-22　MX11 井地层水条件下 3 种材质试件处理后表面图

表 5-2-29　国产 028 材质钢 SCC 试验结果

被检测对象	国产 028 钢油管管体
试验遵循的标准	GB/T 15970.2—2000，ISO 7539-2：1989，NACE TM 0177
试验方法	小四点弯曲
试验条件	试验溶液：模拟龙岗 6 井气田水溶液；温度：150℃ ±5℃；p_{H_2S}：6MPa；p_{CO_2}：5.4MPa；加载应力：100%AYS＝850MPa 试验周期：720h
试验结果	未开裂
验收指标	不开裂（标准 ISO 15156-3）

开发井配产高，稳产时间长，推荐防腐方案为材质防腐，油管采用 4c 级别类型镍基合金材质，如 BG2532 和 BG2830 等（表 5-2-30）。该方案不需加注缓蚀剂保护油管内壁，只需在油套环空中替入保护液保护套管内壁和油管外壁。根据目前西南油气田公司油套管库存情况，现场施工时，应优先考虑库存的耐蚀合金油套管的使用。

表 5-2-30　油管和套管用固溶镍基合金的材料类型

材料级别类型	元素质量分数 /%				典型材料
	Cr	Ni+Co	Mo	Mo+W	
4c	19.5	29.5	2.5		BG2830，BG2235，BG2532，BG2242，SM2535，SM2242
4d	19.0	45		6	G3，SM2550，BG2250
4e	14.5	52	12		C-276

4）缓蚀剂综合防腐技术

（1）防腐技术经济性对比。

针对中低产含硫气井，若采用材质防腐成本较高，采用"碳钢油管 + 缓蚀剂"防腐技术可降低成本 80% 左右，对中低产气井实现效益开发具有重要意义（谢南星等，2020）。不同防腐方案优缺点对比见表 5-2-31。

表 5-2-31　不同防腐方案优缺点对比表

防腐技术	优点	缺点	适应性	成本对比
抗硫碳钢油管	一次性投入成本	不满足防腐要求	不适合	1
耐蚀合金钢	适合在苛刻的腐蚀环境，防腐方式简单，效果好，基本不需要后期的维护	一次性投入大，完井成本高	震旦系气藏产能小，单井配产相对低，从经济开发角度不适合	8～10
抗硫光油管 + 缓蚀剂	腐蚀介质中添加少量的缓蚀剂就能使金属腐蚀速率显著降低初期投资少，缓蚀剂加注简单	套管与酸性气体接触，存在腐蚀风险，后期维护成本高	不满足三高气井完井技术要求	1 维护费 4 万元 /a

续表

防腐技术	优点	缺点	适应性	成本对比
抗硫油管＋封隔器（带注入阀）＋缓蚀剂	腐蚀介质中添加少量的缓蚀剂就能使金属腐蚀速率显著降低初期投资少	后期维护成本高，深井带封隔器完井的气井缓蚀剂注入困难	技术要求高，需开展现场试验	1 维护费 8万元/a
内涂层	具有良好的耐腐蚀性能，费用相对较低（碳钢油管的1.5～2倍）	不耐磕碰，现场施工要求高，后期油管内作业受限制，油管连接处可能存在腐蚀，气体冲刷对涂层有一定影响	不适合高温深井	1.5～2.0

（2）碳钢油管＋缓蚀剂腐蚀评价实验。

缓蚀剂综合防腐技术主要针对灯四段气藏，模拟灯四段气藏腐蚀环境，开展抗硫材质油管动态条件下，气相和液相中的抗腐蚀室内评价试验，结果显示加入缓蚀剂后腐蚀速率处于轻微腐蚀范围，表明高抗硫油管＋缓蚀剂可满足震旦系开采要求（表5-2-32，图5-2-23和图5-2-24）。

表 5-2-32　BG95SS 油管缓蚀剂防腐评价试验

温度/℃	腐蚀速率/（mm/a）			
	气相		液相	
150	未加缓蚀剂	加缓蚀剂（CT2-17）	未加缓蚀剂	加缓蚀剂（CT2-17）
	1.3545	0.0665	3.2208	0.0419

注：试验条件：GS1井地层水；p_{H_2S}=0.6MPa；p_{CO_2}=8MPa；总压35MPa；pH值5.4；流速：3m/s；实验周期：72h。

图 5-2-23　未加缓蚀剂试片试件处理后表面图

图 5-2-24　加缓蚀剂试片试件处理后表面图

（3）"碳钢油管＋缓蚀剂"防腐技术存在的关键技术问题。

国外在"三高"气井缓蚀剂加注工艺方面研究较少，国内缓蚀剂防腐最早用于地面管网，四川油气田从1992年开始研究含硫气井缓蚀剂防腐技术，在"十二五"以前未形成成熟的缓蚀剂加注优化技术，导致加注量过少时油管出现腐蚀穿孔（图5-2-25），加注量过多时又造成井下堵塞影响气井产能（图5-2-26），因此解决的关键问题还在于如何针对不同井况找到缓蚀剂从井底到井口在油管内壁预膜的规律，同时针对不同预膜规律配套相应的加注工艺。

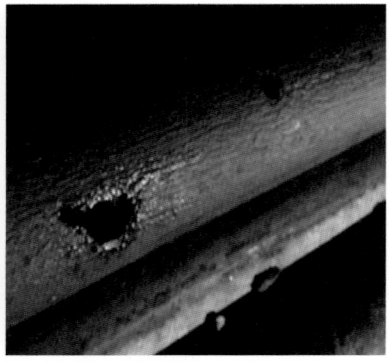

图 5-2-25 （缓蚀剂加注量过少）腐蚀穿孔

图 5-2-26 （缓蚀剂加注量过多）井下结垢，堵塞管柱

（4）"碳钢油管 + 缓蚀剂"加注参数优化设计技术（汪传磊等，2020）。

通过开展相关的物理实验及模拟分析，可以得出缓蚀剂在不同加注方式下的流动状态的物理模拟实验结果：

① 在各种工况下，缓蚀剂相与气相均形成环雾流，说明预膜效果良好；

② 喷嘴尺寸对预膜效果影响不大；

③ 在不同位置加入喷嘴进行预膜将显著影响预膜效果：在缓蚀剂加注流量一定时，单喷嘴底部注入的液膜厚度将随着注气量的增加而减小，一底部、一中部的组合双喷嘴注入方式的液膜厚度随注气量的增加而略有增加。

缓蚀剂的流动状态及预膜效果评价仿真结果显示：

① 实验工况与生产工况缓蚀剂均能在油管内壁预膜成功；

② 在足够长时间后，液膜厚度分布较均匀，但是离入口越远，要形成均匀液膜所需时间越久，即需保持缓蚀剂持续注入；

③ 缓蚀剂停注后，气体对管壁液膜产生了较明显的冲刷作用，液膜将不断被破坏和减薄。

第三节　大斜度井／水平井增产改造技术

一、震旦系碳酸盐岩储层酸压设计技术

1.酸压改造难点及主要技术对策

1）酸压改造难点

（1）储层埋藏深，酸压改造施工沿程摩阻高。储层埋深5000～5500m，水平井斜深6000～7000m，采用 ϕ88.9mm 油管施工对应的沿程摩阻高，导致施工排量受限。

（2）地层温度高，酸岩反应速率快，酸压有效作用距离短。储层温度150～160℃，高温条件下酸液与储层岩石反应速率快，导致酸压改造裂缝有效作用距离短。

（3）储层局部缝洞发育，钻井液漏失量大，储层伤害严重。储层孔、洞、缝不同程度发育，钻遇缝洞搭配较好的层段时，易发生恶性井漏，导致储层伤害严重。

（4）储层低孔隙度、低渗透率，需要酸压改造才能建产。储层平均孔隙度3.85%，平均渗透率0.75mD，自然产能低，基质酸化作用距离短、改造不充分，需要通过酸压改造才能实现气井建产。

（5）储层类型多样，非均质性强，单一工艺不能满足改造需求。储层主体划分为孔洞型、裂缝—孔洞型和基质孔隙型3类储层，不同类型储层分散、交错发育，要实施针对性改造的难度大。

（6）大斜度井／水平井施工井段长，试油段有效改造难度大。大斜度井／水平井改造段长主体在1000m左右，且不同井段的物性参数、储层类型存在差异，分段酸压面临较大挑战。

2）主要技术对策

（1）研发耐高温低摩阻酸液体系，提升酸液的缓蚀、缓速、降阻性能，实现提高施工排量、增大酸蚀裂缝长度的目的，保障酸压取得理想效果。

（2）开展含天然裂缝、溶蚀孔洞的碳酸盐岩储层酸压裂缝延伸规律研究，明确多重介质条件下酸压裂缝尺寸、导流能力的影响规律，提高震旦系储层酸压模拟精准度。

（3）结合酸压裂缝延伸模型和邻井施工资料，开展不同类型储层的适应性改造工艺研究，探索各类储层的酸压效果主控因素及适应性改造工艺。

（4）综合钻录测井数据及破裂压力剖面等资料，攻关大斜度井／水平井高效分段模式，优化分段酸压关键工具，实现长井段强非均质储层有效动用。

2.多重介质储层酸压裂缝延伸模型

通过对拟三维裂缝几何尺寸模型的推导及求解，认识酸压过程中裂缝在高度、宽度及长度上的延伸规律，为后面的酸液流动反应及酸液滤失模拟提供动态的裂缝几何尺寸，更合理地计算酸液有效作用距离。在拟三维裂缝扩展模型基础上，结合酸液浓度分布规

律，引入裂缝宽度变化方程，表征酸岩反应对裂缝宽度的影响（乐宏等，2021）。

1）裂缝—孔洞型储层地质模型

天然裂缝发育情况、分布特征对裂缝延伸形态及酸液滤失都会产生影响，此外，岩石矿物非均质性也会对裂缝壁面刻蚀形态产生影响。因此，先构建地质模型，再进行酸压裂缝模拟。

（1）岩石矿物分布模型。

高石梯—磨溪区块震旦系灯四段储层 X 衍射实验显示，白云石平均含量79.98%，并含一定的石英、刚玉和黄铁矿（表 5-3-1）。由于石英和刚玉等矿物均不与盐酸反应，为方便处理，将其他矿物作为一个整体考虑。采用地质统计学软件（GSLIB）生成矿物空间分布，如图 5-3-1 所示。

表 5-3-1 高石梯—磨溪区块震旦系灯四段储层 X 衍射实验结果

井号	深度 /m	矿物成分 /%			
		石英	刚玉	白云石	黄铁矿
MX8 井	5158	17.9	4.5	72.5	5.1
		16.6	4.1	74.5	4.8
		19.0	3.7	73.2	4.1
	5104	3.6	3.8	87.1	5.5
		4.3	6.3	84.5	4.9
		4.3	4.7	86.2	4.8
MX11 井	5137	9.3	5.4	80.9	4.4
		11.1	3.8	81.9	3.2
		12.1	4.8	79.0	4.1
平均值		10.91	4.57	79.98	4.54

白云石　　　　其他矿物

图 5-3-1 高石梯—磨溪区块灯四段储层矿物分布

（2）溶蚀孔洞分布模型。

小柱塞岩样孔隙度为 2%～5%，平均孔隙度 3.85%；全直径岩样孔隙度为 2%～5%，平均孔隙度为 4.38%。岩心描述溶洞尺寸为 0.2～6.8cm，密度为 92.6 个 /m，建立溶蚀孔洞分布模型（图 5-3-2）。

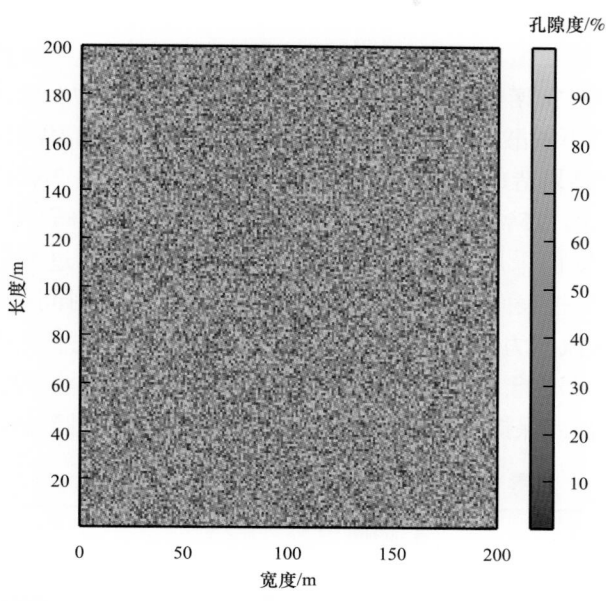

图 5-3-2　高石梯—磨溪区块灯四段储层孔洞分布模型

（3）天然裂缝分布模型。

假设天然裂缝为垂直裂缝，采用长方形进行表征，如图 5-3-3 所示。其表征参数有中点坐标（裂缝位置）、方位角 θ、裂缝长度 l 和裂缝宽度 b。岩心观察天然裂缝密度为 1.5～5.7 条 /m，采用二维模型对天然裂缝概率分布进行建模（图 5-3-4）。

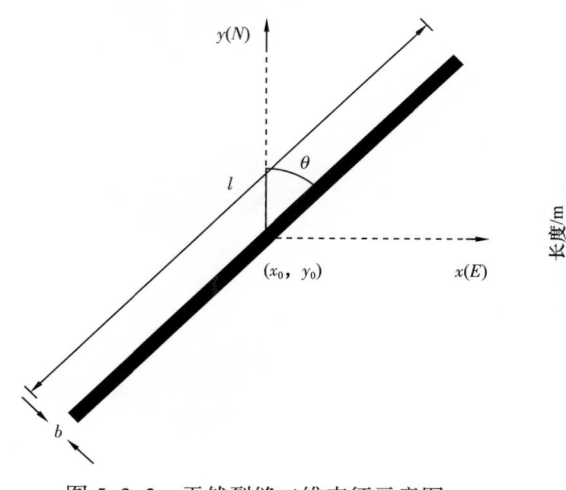

图 5-3-3　天然裂缝二维表征示意图

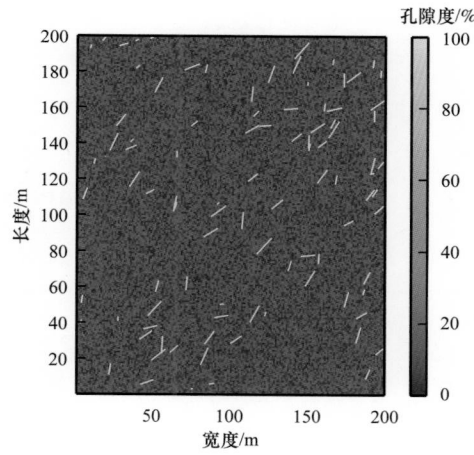

图 5-3-4　灯四段储层天然裂缝模型

2）酸蚀裂缝导流能力实验评价及预测模型

利用三维激光扫描仪和酸蚀裂缝导流能力测试仪等实验设备，从酸液浓度、酸岩接触时间和闭合应力等方面开展研究，找出酸蚀裂缝导流能力主要影响因素，构建导流能力预测模型。

（1）酸蚀裂缝导流能力实验评价。

假定流体黏度和流速恒定，忽略流体压缩性，对于缝高＞＞缝宽的平板流，在不考虑滤失以及酸岩反应对雷诺数影响的条件下，确定实验排量为 0.5L/min。实验温度选取 150℃，模拟储层条件下的酸岩反应工况。实验压力选取 7MPa，保证高于 CO_2 逸点压力，防止 CO_2 逸出对实验结果造成影响。酸岩接触时间选取 20min，30min，40min，60min 和 80min，酸液浓度 20%，15%，10% 和 5%，测量导流能力时有效闭合应力在 0~50MPa 之间选取 6 个点。过酸前采用激光扫描测量岩板表面粗糙度，过酸后再测岩板表面粗糙度，通过酸作用前后岩板表面变化来研究酸液浓度和酸岩接触时间对缝宽的影响。

① 酸液浓度对导流能力的影响。不同酸液浓度刻蚀的形态和深度存在显著差异，浓度越低，刻蚀深度及导流能力也越低（表 5-3-2，图 5-3-5）。酸浓度低于 10% 的酸液在高闭合压力下难以获得或保持足够的导流能力，不利于提高酸蚀裂缝有效长度。

表 5-3-2 不同酸液浓度的酸刻蚀形态对比

序号	酸浓度 /%	刻蚀形态	刻蚀后扫描图
1	20	局部线性	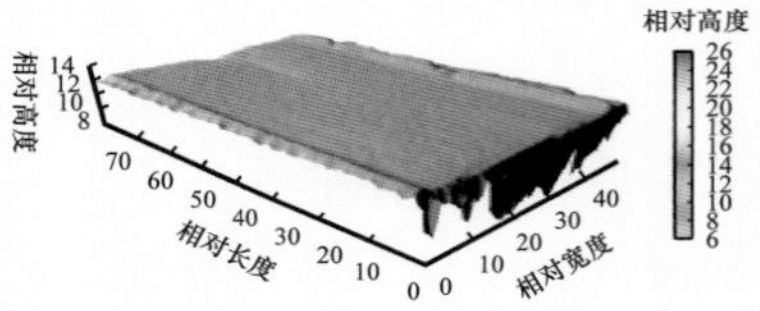
2	15	沟槽状	
3	10	钉子形	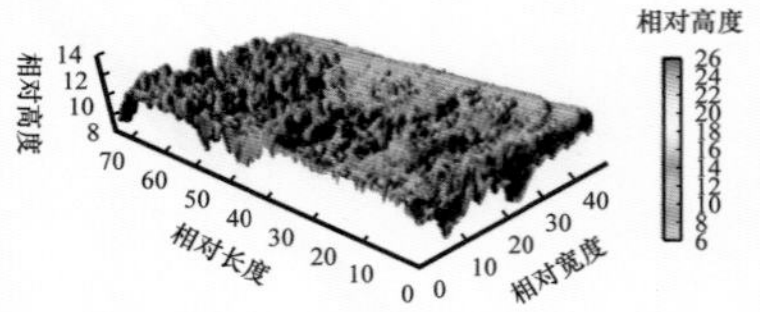
4	5	钉子形	

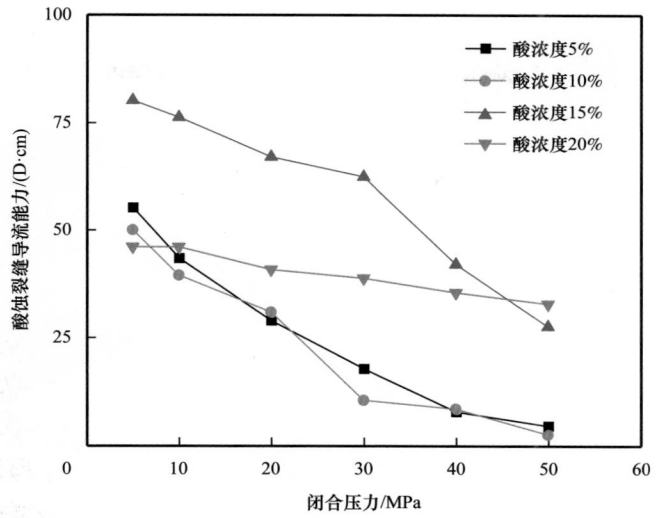

图 5-3-5　不同酸液浓度下的导流能力对比

②酸岩接触时间对导流能力的影响。酸岩接触时间对导流能力影响显著，并且存在一个最优区间。当接触时间太短，溶蚀量不够，导流能力偏低；当接触时间太长，溶蚀量太大，导流能力仍偏低。接触时间从 20min 增加到 60min，导流能力明显增加；接触时间从 60min 增加到 80min，导流能力略微下降，说明 60min 左右的接触时间即可获得较高导流能力（表 5-3-3，图 5-3-6）。

表 5-3-3　不同接触时间的酸刻蚀形态对比

序号	接触时间 /min	刻蚀形态	刻蚀后扫描图
1	20	局部线性	
2	30	沟槽状	
3	40	沟槽状	

续表

序号	接触时间 /min	刻蚀形态	刻蚀后扫描图
4	60	沟槽状	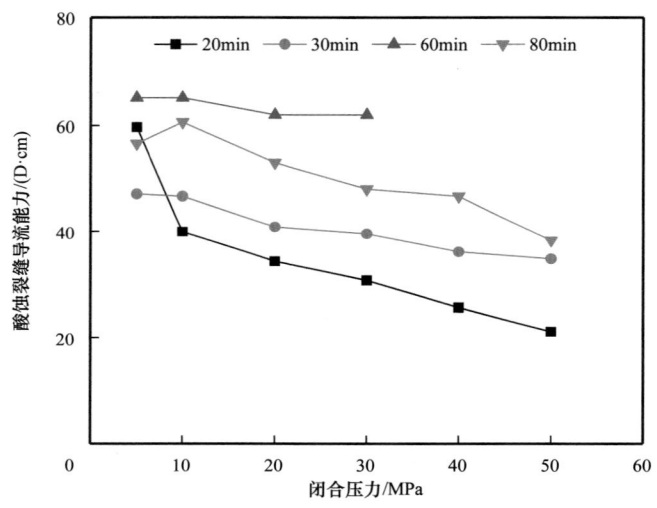
5	80	沟槽状	

图 5-3-6　不同酸岩接触时间下的导流能力对比

（2）酸蚀裂缝导流能力预测模型。

以 N-K 模型为基础，构建灯四段储层酸蚀裂缝导流能力预测模型。不同闭合应力下的导流能力和初始导流能力关系为：

$$F_c = K_f w = \left(K_f w\right)_0 \mathrm{e}^{-c\sigma_c} \qquad (5-3-1)$$

式中　F_c——裂缝导流能力，D·cm；

　　　K_f——裂缝渗透率，D；

　　　w——裂缝宽度，cm；

　　　0——下标，表示初始时刻；

　　　c——常数；

　　　σ_c——闭合应力，MPa。

根据立方定理，初始导流能力可表示为：

$$(K_f w)_0 = a w_i^b \qquad （5-3-2）$$

式中　a，b——常数；

　　　w_i——酸蚀裂缝理想宽度，cm。

酸蚀裂缝理想宽度可表示为：

$$w_i = \frac{\Delta m}{\rho A} \qquad （5-3-3）$$

式中　Δm——岩石溶蚀量，g；

　　　ρ——岩石密度，g/cm^3；

　　　A——裂缝表面积，cm^2。

采用反应前后激光扫描的平均缝宽之差表示平均酸溶蚀缝宽，通过将导流能力与闭合应力进行半对数处理，得到初始导流能力，见表5-3-4。通过曲线拟合得到：$a=586.7$，$b=1.2976$。

表5-3-4　酸蚀前后裂缝宽度及处理结果

$(Kw)_0$/（D·cm）	ln（Kw）$_0$/（D·cm）	初始缝宽/cm	过酸后缝宽/cm	酸蚀缝宽/cm	lnw_i/cm
55.2	4.011	0.0635	0.2427	0.1792	−1.719
49	3.892	0.051	0.216	0.165	−1.802
65.98	4.189	0.0276	0.2348	0.2072	−1.574

对不同闭合应力下裂缝导流能力取对数，得到导流能力与闭合应力的关系（表5-3-5）。

表5-3-5　不同闭合应力下的导流能力与缝宽双对数关系

lnw_i/cm	不同闭合应力下的导流能力对数值/（D·cm）					
	5MPa	10MPa	20MPa	30MPa	40MPa	50MPa
−1.7193	4.093	3.688	3.521	3.426	3.263	3.069
−1.8018	3.852	3.852	3.709	3.670	3.586	3.542
−1.5741	1.349	1.349	1.311	1.300		

通过对数据进行半对数处理，得到 $c=0.01$，因此可将灯四段储层酸蚀裂缝导流能力表示为：

$$F_c = 586.7 w_i^{1.296} e^{-0.01\sigma_c} \qquad （5-3-4）$$

3）酸压裂缝延伸模型

由于裂缝壁面蚓孔竞争、生长，使得酸压滤失机理复杂，对酸压裂缝延伸产生影响；

而酸压裂缝尺寸又会反过来影响壁面蚓孔生长发育。因此，酸压是一个复杂的物理—化学—力学耦合过程。

（1）拟三维裂缝延伸模型。

拟三维裂缝延伸模型主要包含连续性方程、缝中流体压降方程、裂缝动态宽度方程和裂缝高度方程。

连续性方程为：

$$-\frac{\partial q(x,t)}{\partial x} = v_1(x,t) + \frac{\partial A(x,t)}{\partial t} \tag{5-3-5}$$

式中 q——t 时刻缝内 x 处流体体积流量，m^3/min；

　　　t——时间，min；

　　　v_1——t 时刻缝内 x 处流体滤失量，m^2/min；

　　　A——t 时刻缝内 x 处裂缝横截面积，m^2。

流体压降方程为：

$$-\frac{\partial p(x,0,t)}{\partial x} = \left(\frac{16}{3\pi}\right)^n 2^{n+1} \left(\frac{(2n+1)q(x,t)}{nh(x,t)}\right)^n \frac{K}{w(x,0,t)^{2n+1}} \tag{5-3-6}$$

式中 p——裂缝内压力，MPa；

　　　h——裂缝内 x 处缝高，m；

　　　w——裂缝宽度，m；

　　　K——压裂液稠度系数，$mPa \cdot s^n$；

　　　n——压裂液流态指数。

裂缝动态宽度方程为：

$$w(x,z,t) = 8(1-v^2)h(x,t) / \pi E \int_\eta^1 \frac{\tau \mathrm{d}\tau}{\sqrt{\tau^2 - \eta^2}} \int_0^\tau \frac{p(z)}{\sqrt{\tau^2 - z^2}} \mathrm{d}z \tag{5-3-7}$$

其中

$$\eta = \frac{z}{h(x,t)/2}$$

式中 v——泊松比；

　　　E——杨氏模量，MPa；

　　　τ，z——积分变量。

裂缝高度控制方程为：

$$-\frac{\partial p}{\partial x} = \frac{1}{h}\left(\frac{K_c}{2\sqrt{\pi h}} - \frac{2}{\pi}\Delta s \frac{f}{\sqrt{1-f^2}}\right)\frac{\mathrm{d}h}{\mathrm{d}x} \tag{5-3-8}$$

式中 K_c——裂缝尖端应力强度因子，$MPa \cdot m^{0.5}$；

Δs——隔层与储层应力差，MPa；

f——产层厚度与裂缝高度之比，无量纲。

（2）酸液动态滤失模型。

三维双尺度蚓孔扩展模型主要由运动方程、连续性方程及酸浓度方程等构成，以裂缝内流体压力为内边界，实时计算不同裂缝动态滤失。

运动方程为：

$$(u,v,w) = -\frac{K}{\mu} \cdot \left(\frac{\partial p}{\partial x}, \frac{\partial p}{\partial y}, \frac{\partial p}{\partial z} \right) \tag{5-3-9}$$

式中　u，v，w——x，y，z 方向的渗流速度，m/s；

　　　K——储层渗透率，mD；

　　　μ——酸液黏度，mPa·s。

连续性方程为：

$$\frac{\partial \phi}{\partial t} + \frac{\partial u}{\partial x} + \frac{\partial v}{\partial y} + \frac{\partial w}{\partial z} = 0 \tag{5-3-10}$$

式中　ϕ——储层孔隙度，%。

酸浓度方程为：

$$\frac{\partial(\phi C_f)}{\partial t} + \frac{\partial}{\partial x}(uC_f) + \frac{\partial}{\partial y}(vC_f) + \frac{\partial}{\partial z}(wC_f)$$
$$= \frac{\partial}{\partial x}\left(\phi D_{ex} \frac{\partial C_f}{\partial x} \right) + \frac{\partial}{\partial y}\left(\phi D_{ey} \frac{\partial C_f}{\partial y} \right) + \frac{\partial}{\partial z}\left(\phi D_{ez} \frac{\partial C_f}{\partial z} \right) - \sum_m R_m(C_s) a_{vm} \tag{5-3-11}$$

式中　C_f——孔隙中酸液浓度，mol/m^3；

　　　D_{ex}，D_{ey}，D_{ez}——x，y，z 方向的扩散系数，m^2/s；

　　　m——矿物种类；

　　　R——酸岩反应速度，$kmol/(m^2 \cdot s)$；

　　　C_s——岩石表面酸浓度，mol/m^3；

　　　a_v——比表面，m^{-1}。

酸岩反应方程为：

$$R_m(C_s) = k_{cm}(C_f - C_s) = \frac{k_{cm} k_{sm} \gamma_{H^+,s}}{k_{cm} + k_{sm} \gamma_{H^+,s}} C_f \tag{5-3-12}$$

式中　k_c——传质系数，m/s；

　　　k_s——反应速度常数，m/s；

　　　$\gamma_{H^+,\ s}$——酸液活度系数。

其余边界条件与蚓孔扩展边界条件相同，但内边界条件变为：

$$p_{(x, y=0)} = p_f \tag{5-3-13}$$

式中　p_f——裂缝内压力，MPa。

综上，滤失速度可表达为：

$$v_l = \frac{K}{\mu}\frac{\partial p}{\partial y}\bigg|_{y=w/2} \quad (5-3-14)$$

（3）酸蚀裂缝壁面形态模拟。

酸压是通过注入酸液形成非均匀刻蚀沟槽，从而获得导流能力。因此，模拟酸液在裂缝内的流动反应过程对酸压而言至关重要。该流动反应模型主要包括3部分：① 流体在裂缝中的压力场和速度场；② 裂缝中酸液浓度分布；③ 酸蚀裂缝宽度变化。在模拟计算过程中，先求解压力场和速度场，然后求解酸液浓度分布，最后求解酸蚀裂缝宽度分布。

根据裂缝内酸液质量守恒方程描述压力场和速度场：

$$\frac{1}{12\mu}\frac{\partial}{\partial x}\left(w^3\frac{\partial p}{\partial x}\right) + \frac{1}{12\mu}\frac{\partial}{\partial y}\left(w^3\frac{\partial p}{\partial y}\right) - 2\frac{K}{\mu}\frac{p-p_e}{l_m} = \frac{\partial w}{\partial t} \quad (5-3-15)$$

式中　p_e——地层压力，MPa；

　　　l_m——酸液滤失深度，m。

根据酸液传质平衡方程描述裂缝中酸液浓度分布：

$$\frac{1}{12\mu}\frac{\partial}{\partial x}\left(cw^3\frac{\partial p}{\partial x}\right) + \frac{1}{12\mu}\frac{\partial}{\partial y}\left(cw^3\frac{\partial p}{\partial y}\right) - 2c\frac{K}{\mu}\frac{p-p_e}{l_m} - 2ck_g = \frac{\partial(cw)}{\partial t} \quad (5-3-16)$$

式中　c——裂缝中酸液浓度，mol/m³；

　　　k_g——传质系数，m²/s。

酸压过程中裂缝宽度变化可表示为：

$$\frac{\beta}{\rho(1-\phi)}\left(2\eta\frac{K}{\mu}\frac{p-p_e}{w_m}c + 2k_gc\right) = \frac{\partial w}{\partial t} \quad (5-3-17)$$

式中　β——酸液质量溶解能力；

　　　ρ——岩石密度；kg/m³；

　　　η——在壁面发生反应的酸液占总滤失酸液的体积分数，%。

3. 震旦系储层酸压裂缝延伸模拟

1）裂缝—孔洞型储层酸压模拟

GS8 井射孔井段为 5385～5399m，5405～5408m 和 5413～5420.5m。酸压改造段岩性以灰褐色和褐灰色云岩为主。用密度 1.34～1.35g/cm³ 的钻井液钻进在井段 5380～5413m 处见 1 次气侵、井漏显示。试油段共解释气层 3 层，差气层 1 层，累计厚 23m，储厚 13.5m，孔隙度 2.0%～13.6%。由于储层漏失量较大，累计漏失钻井液及堵漏液 364.3m³，采用容积法计算钻井液造成的储层伤害带半径约 13.4m，基质酸化难以形成如此长的酸蚀蚓孔来突破伤害带，达不到解除钻井液伤害的目的，因此采用酸压工艺沟通储层。设计采用设计胶凝酸 220m³、排量 4.5～5.0m³/min。该井共注入胶凝酸 219.43m³，施工排量 4.5～4.8m³/min，酸压施工曲线如图 5-3-7 所示。

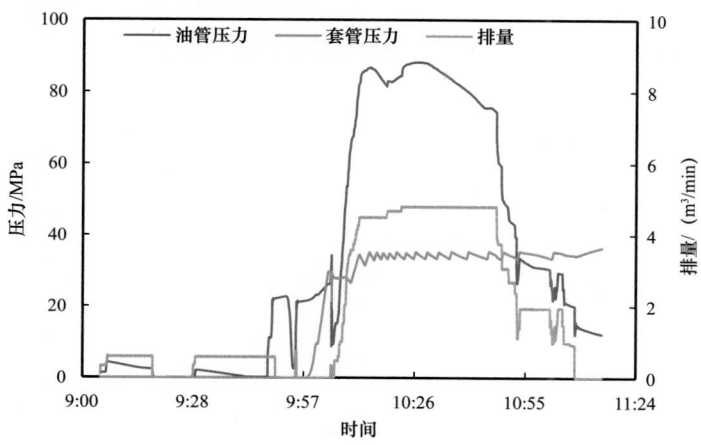

图 5-3-7　GS8 井灯四下亚段酸压施工曲线

根据常规测井和成像测井资料，结合岩石力学、地应力和酸岩反应动力学等实验数据，建立该井单井地质模型，并输入基础数据（表 5-3-6 至表 5-3-9）。

表 5-3-6　GS8 井灯四段酸压模拟输入地层参数

物理量	单位	值
产层厚度	m	23
产层应力	MPa	95
产层断裂韧性	MPa·m^{0.5}	0.5
产层杨氏模量	MPa	71660
产层泊松比	—	-0.23
盖层 / 底层应力	MPa	105
盖层 / 底层杨氏模量	MPa	50264
盖层 / 底层泊松比	—	0.25
孔隙度	%	5.1
渗透率	mD	0.662
储层温度	℃	157

根据拟三维酸压裂缝云图可见，酸液刻蚀与岩石裂缝壁面纹理有关，刻蚀形态与岩板实验相近也产生了非均匀溶蚀现象（图 5-3-8）。酸液进入岩石裂缝首先与缝口的岩石发生反应，裂缝缝口宽度增加最显著。酸液与裂缝岩石不断反应，对裂缝壁面产生刻蚀，酸液刻蚀一方面可增大裂缝宽度，另一方面还会增大酸液沿壁面的滤失从而消耗更多的

酸液。且相比于水平层理而言，垂直层理更利于与岩石矿物在缝宽方向发生反应及滤失，故刻蚀缝宽通常更宽。随着酸液不断与岩石进行反应，酸液的浓度逐渐降低，对岩石壁面的刻蚀能力减弱，在酸液流过一定距离之后，鲜酸变为残酸，不能继续刻蚀岩石壁面。酸液在变为残酸之前流动的最远距离即为酸压的有效作用距离。

表 5-3-7　GS8 井灯四段地层流体及酸液性能参数

物理量	单位	值
地层流体黏度	mPa·s	0.01
综合压缩系数	MPa^{-1}	0.6
酸液黏度	mPa·s	20
酸液密度	kg/m^3	1100
酸液浓度	%	20

表 5-3-8　GS8 井灯四段酸压施工参数

物理量	单位	值
酸液排量	m^3/min	4.7
酸液用量	m^3	220

表 5-3-9　胶凝酸酸 – 岩反应动力学参数

物理量	单位	值
酸液类型	—	胶凝酸
反应级数	—	1.2289
溶蚀能力数	kg/kg	1.37
反应活化能	J/mol	5277
传质系数	m^2/s	3.6×10^{-10}
频率因子	（mol/L）$^{1-m}$/s	3.6985×10^{-6}

注：m—反应级数。

从酸蚀裂缝宽度及酸液浓度分布的二维云图和一维曲线（图 5-3-9 和图 5-3-10）可以看出，酸蚀裂缝宽度随裂缝长度的增加而急剧降低，裂缝长度为 40m 处的裂缝宽度基本为动态水力裂缝宽度，该缝宽在裂缝闭合后消失，从二维云图上可以看出，距井筒20m 范围内的刻蚀沟槽较深，20m 以外裂缝有一定程度刻蚀，但由于酸液浓度较低，刻蚀程度较弱。综合分析酸液刻蚀缝宽及酸液浓度剖面情况，可知酸蚀裂缝长度约30m。采用井底压力计记录的压力数据解释酸压后表皮系数为 –5.52，酸蚀裂缝长度为 31.9m。

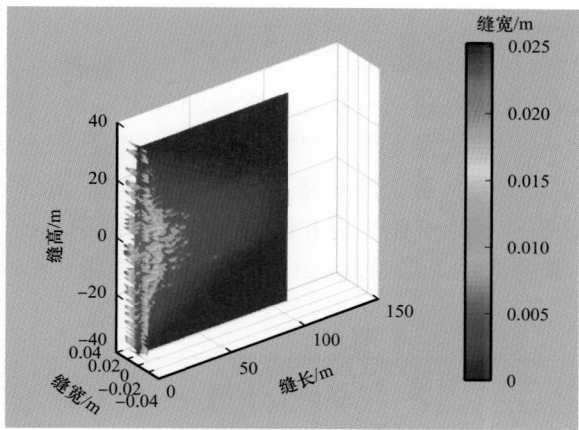

图 5-3-8　GS8 井灯四段酸蚀裂缝拟三维形态模拟图

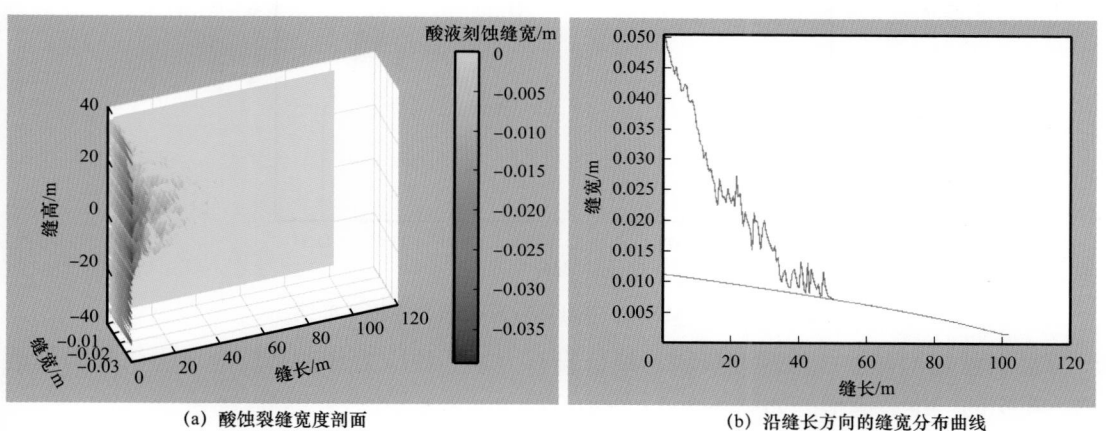

（a）酸蚀裂缝宽度剖面　　　　　　　（b）沿缝长方向的缝宽分布曲线

图 5-3-9　酸蚀裂缝宽度二维云图及一维曲线

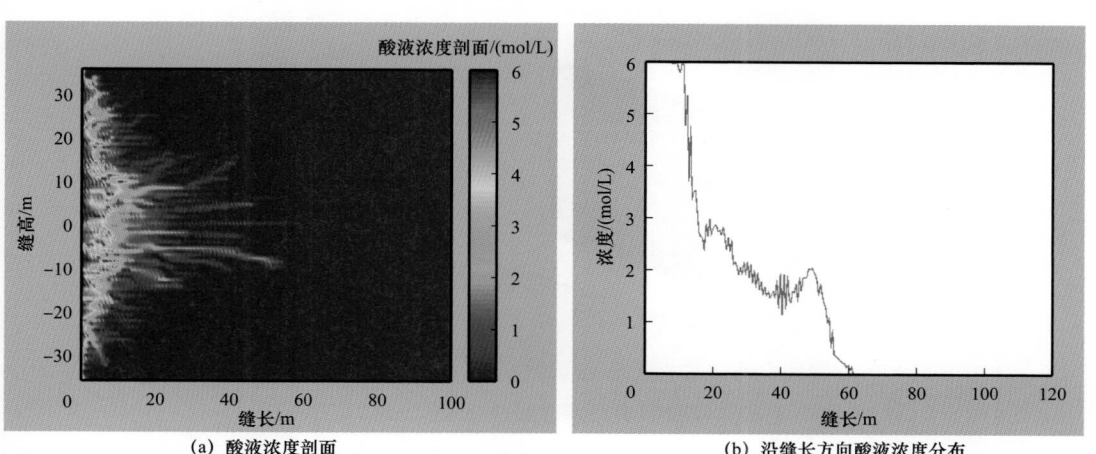

（a）酸液浓度剖面　　　　　　　　（b）沿缝长方向酸液浓度分布

图 5-3-10　酸液浓度分布二维云图及一维曲线

2）孔洞型储层酸压模拟

MX108井射孔井段为5279.00～5315.50m。用密度1.24～1.25g/cm³、黏度40～49mPa·s的钾聚磺钻井液钻进过程中见3次气测异常显示。该井灯四段测井共解释储层7层，其中气层2层、差气层5层。储厚53.2m，平均孔隙度3.3%，平均含水饱和度15%，平均渗透率0.261mD。由于该井储层物性相对较差，故采用酸压的方法形成具有较高导流能力的酸蚀裂缝，尽可能沟通井筒附近的天然缝洞系统。设计胶凝酸240m³、排量4.0～4.5m³/min。该井共注入胶凝酸239.36m³，施工排量3.8～4.9m³/min，酸压施工曲线如图5-3-11所示。

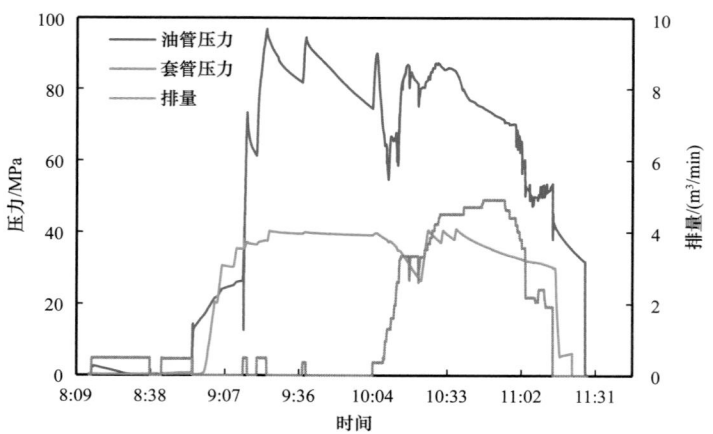

图5-3-11 MX108井灯四段胶凝酸酸压施工曲线

根据常规测井和成像测井资料，结合岩石力学、地应力和酸岩反应动力学等实验数据，模拟的三维裂缝形态如图5-3-12所示。

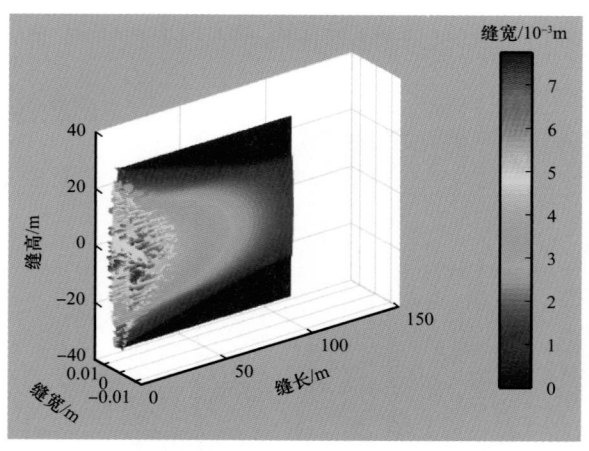

图5-3-12 MX108井灯四段酸蚀裂缝拟三维形态模拟图

从图5-3-13和图5-3-14可以看出：酸蚀裂缝宽度随裂缝长度的增加而急剧降低，裂缝长度为30m处的裂缝宽度基本为动态水力裂缝宽度，该缝宽在裂缝闭合后消失，从二维云图上可以看出，距井筒 20m 范围内的刻蚀沟槽较深，25m 以外裂缝有一定程度刻蚀，但由于酸液浓度较低，刻蚀程度较弱。综合分析酸液刻蚀缝宽及酸液浓度剖面情况，可知酸蚀裂缝长度约 25m。采用井底压力计纪录的压力数据解释酸压后表皮系数 –4.95，酸蚀裂缝长度 26.1m。

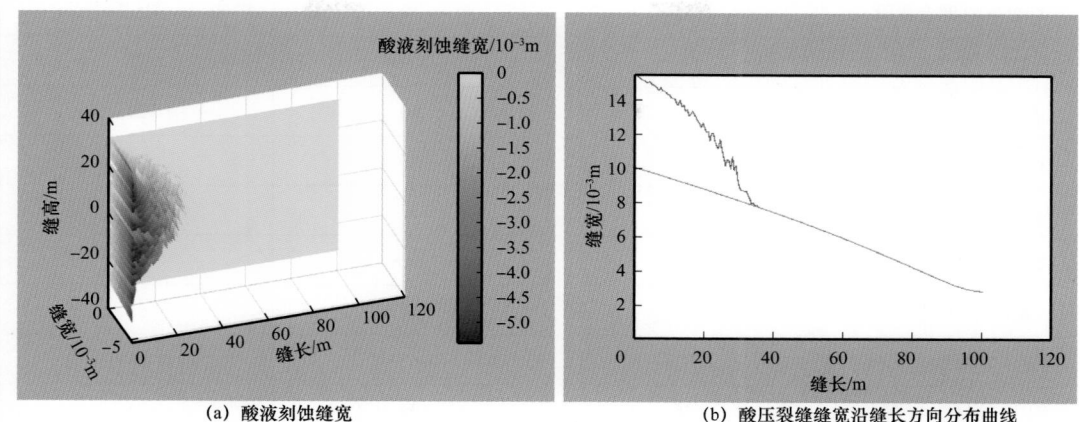

(a) 酸液刻蚀缝宽　　　　　　　(b) 酸压裂缝缝宽沿缝长方向分布曲线

图 5-3-13　酸压裂缝缝宽分布图

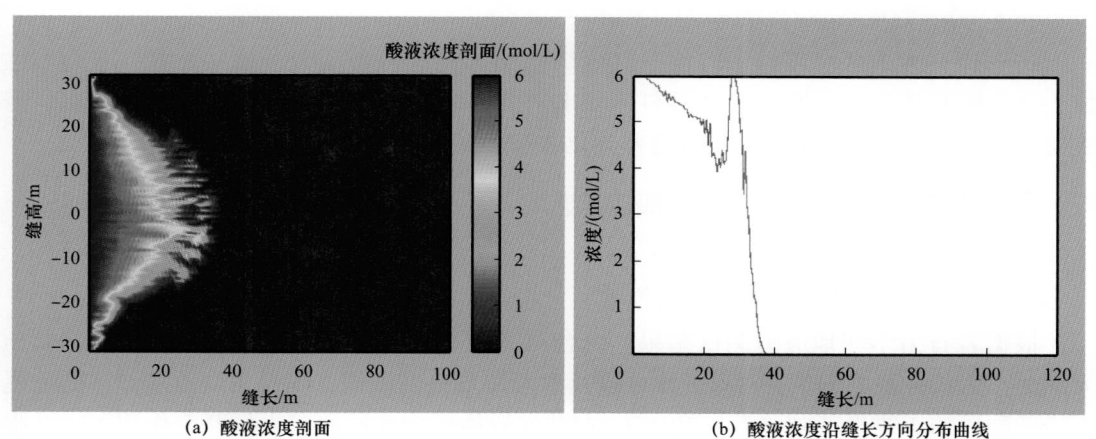

(a) 酸液浓度剖面　　　　　　　(b) 酸液浓度沿缝长方向分布曲线

图 5-3-14　酸压裂缝内酸液浓度分布图

　　根据酸压施工曲线，采用模型模拟酸蚀裂缝长度，并与试井解释结果进行对比（表 5-3-10）。通用商业压裂软件所采用的地质模型为均质层状储层，虽然可以包含多个小层，但每个小层的储层岩矿组成、孔渗物性参数均匀，不能表征层间非均质性。此外，酸压过程中未模拟酸蚀蚓孔的形成过程，采用修正的 Cater 压裂液滤失模型来表征酸液的滤失规律，导致计算的酸蚀裂缝长度偏长。同时，也未考虑裂缝壁面的酸岩非均匀刻蚀行为，仅能计算等效酸蚀裂缝宽度，模拟裂缝长度与试井解释裂缝长度的误差较大。而考虑多重介质的酸压裂缝延伸模型在地质模型的基础实施酸压裂缝模拟，可以考虑层间、层内非均质性，并且可以模拟酸蚀蚓孔发育过程，有效提高了酸蚀裂缝长度预测精度。

表 5-3-10 本模型模拟与试井解释和商业通用软件模拟的酸蚀裂缝长度结果对比   单位：m

井层	试井解释结果	商业通用软件模拟结果	本模型模拟结果
GS8 井灯四下亚段	31.9	42	34
GS9 井灯四上亚段	28.4	50	25.7
GS12 井灯四段	34.6	57.9	35
GS102 井灯四上亚段	45.3	50	29
GS103 井灯四上亚段	18.4	45	33
MX41 井灯四上亚段	30.1	37	35
MX105 井灯四上亚段	31	28.8	24.3
MX108 井灯四段	29.3	56	32
GS16 井灯四上亚段	37.1	45	27
GS18 井灯四上亚段	26	34	31

二、大斜度井/水平井精准酸压技术

高石梯—磨溪区块震旦系灯四段气藏纵向储层分散且跨度大、相互叠置、非均质性强、含水饱和度低，开发井井型以斜井和水平井为主，水平段长主要在 1000m 左右，需要通过精细分段对不同类型储层进行差异化改造，实现提高单井产量的目的。

1. 大斜度井/水平井裸眼分段酸压工艺

1）大斜度井/水平井精细分段工艺

（1）大斜度井/水平井破裂压力模型。

根据岩石力学和地应力测试结果，结合测井数据计算裸眼完井方式下的裂缝起裂压力剖面，为长井段大斜度井/水平井分段及滑套位置提供依据，确保实现改造储层的前提下降低酸压施工难度（刘飞等，2018）。在井底流体压力和原位应力场联合作用下，井眼周围的应力分布比较简单，井壁处的地应力分布如下：

$$\begin{cases} \sigma_{rr} = -p \\ \sigma_{\theta\theta} = p + \sigma_{xx}\left(1 - 2\cos 2\theta\right) + \sigma_{yy}\left(1 + 2\cos 2\theta\right) - 4\sigma_{xy}\sin 2\theta \\ \sigma_{zz} = \sigma_{zz}^{\infty} - v\left[2\left(\sigma_{xx} - \sigma_{yy}\right)\cos 2\theta\right] + 4\sigma_{xy}\sin 2\theta \\ \sigma_{r\theta} = 0 \\ \sigma_{rz} = 0 \\ \sigma_{\theta z} = -2\sigma_{xz}\sin\theta + 2\sigma_{yz}\cos\theta \end{cases} \qquad (5\text{-}3\text{-}18)$$

式中 σ——应力，MPa；

　　　　p——地层压力，MPa；

ν——泊松比；

θ——井筒方位夹角，（°）。

下角 r 为径向；θ 为法向；上角 ∞ 表示远井。

对于大斜度井或水平井而言，需要将远场应力转化为井眼局部笛卡尔坐标系下的应力（图 5–3–15）。

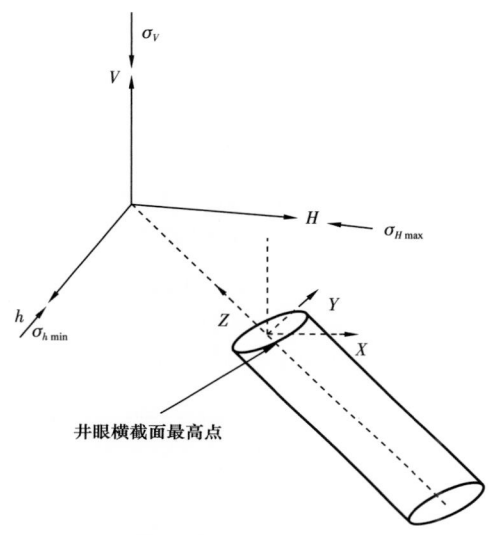

图 5–3–15　大斜度井/水平井坐标系转化示意图

远场应力笛卡尔坐标系（h，H，V）与井眼局部笛卡尔坐标系（X，Y，Z）的应力转换矩阵和应力为：

$$\boldsymbol{R} = \begin{bmatrix} \cos\theta_{hX}\cos\theta_{\mathrm{Inc}} & \sin\theta_{hX}\cos\theta_{\mathrm{Inc}} & \sin\theta_{\mathrm{Inc}} \\ -\sin\theta_{hX} & \cos\theta_{hX} & 0 \\ -\cos\theta_{hX}\sin\theta_{\mathrm{Inc}} & -\sin\theta_{hX}\sin\theta_{\mathrm{Inc}} & \cos\theta_{\mathrm{Inc}} \end{bmatrix} \quad (5\text{–}3\text{–}19)$$

$$\begin{bmatrix} \sigma_{xx} & \sigma_{xy} & \sigma_{xz} \\ \sigma_{yx} & \sigma_{yy} & \sigma_{yz} \\ \sigma_{zx} & \sigma_{zy} & \sigma_{zz} \end{bmatrix} = \boldsymbol{R} \begin{bmatrix} \sigma_{h\min} & 0 & 0 \\ 0 & \sigma_{H\max} & 0 \\ 0 & 0 & \sigma_{V} \end{bmatrix} \boldsymbol{R}' \quad (5\text{–}3\text{–}20)$$

式中　θ_{Inc}——井眼倾角，水平井的 θ_{Inc} 为 90°，直井的 θ_{Inc} 为 0°，（°）；

　　　θ_{hX}——井眼方位角与最小水平主应力方向的夹角，（°）；

　　　σ_V——垂向应力，MPa。

$$\theta_{hX} = \theta_H + \frac{\pi}{2} - \theta_{AZ} \quad (5\text{–}3\text{–}21)$$

式中　θ_H——井眼方位角与最大水平主应力方向的夹角，（°）；

　　　θ_{AZ}——井眼方位角，（°）。

由于 $\sigma_{r\theta}$ 和 σ_{rz} 为零，则 σ_{rr} 为其中的一个主应力，而切向应力 $\sigma_{\theta z}$ 不为零。因此，周

向应力 $\sigma_{\theta\theta}$ 和轴向应力 σ_{zz} 不是主应力，θ—Z 平面的最大张应力与井眼壁面相切，当该最大张应力 $\sigma_{max}(\theta)$ 达到岩石抗张强度 σ_T，则裂缝起裂。

最大张应力 $\sigma_{max}(\theta)$ 可表示为：

$$\sigma_{max}(\theta) = \frac{\sigma_{zz} + \sigma_{\theta\theta}}{2} + \sqrt{\left(\frac{\sigma_{zz} - \sigma_{\theta\theta}}{2}\right)^2 + \sigma_{\theta z}^2} \qquad (5-3-22)$$

对应的裂缝起裂角 γ 为：

$$\gamma = \frac{1}{2}\tan^{-1}\left(\frac{2\sigma_{\theta z}}{\sigma_{\theta\theta} - \sigma_{zz}}\right) \qquad (5-3-23)$$

GS001-X4 井是高石梯区块高石 1 井区的一口大斜度井，储层段井眼方位角为 301.03°～304.53°，井眼倾角为 67°～72.5°，采用裸眼完井，裸眼段为 5355.86～5860m。根据测井解释的就地应力剖面、岩石力学参数剖面，计算沿井筒剖面上的破裂压力、起裂点和起裂角（图 5-3-16），以注酸滑套上下 10m 左右段的最小破裂压力作为该段的破裂压力，与实际施工曲线折算破裂压力的对比结果见表 5-3-11。

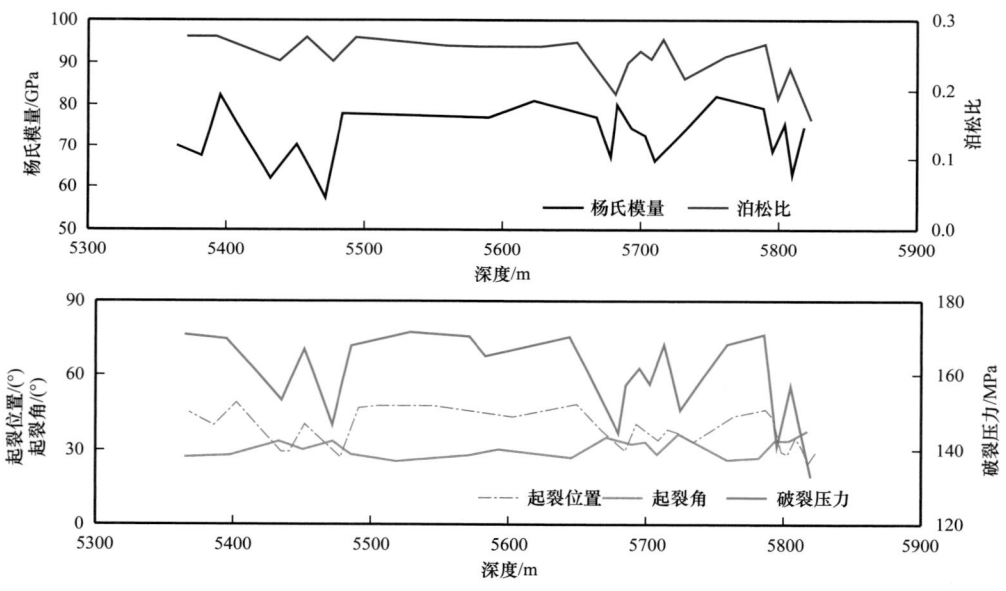

图 5-3-16　GS001-X4 井破裂压力剖面

表 5-3-11　GS001-X4 井破裂压力计算

井段	第一段	第二段	第三段	第四段
井段测深 /m	5740～5860	5629～5740	5504～5629	5355.86～5504
滑套位置 /m	5815	5719	5568	5475
液柱压力 /MPa	56.9	56.5	55.9	55.6

井段		第一段	第二段	第三段	第四段
破裂压力 /MPa	计算范围	134.2～156.9	151.4～168.3	165.8～170.3	146.9～167.1
	计算最小	134.2	151.4	165.8	146.9
	实际井口	90.4	92.2	90.9	89.8
	折算井底	147.3	148.7	146.8	145.4
破压误差 /%		8.9	1.8	12.9	1.0
破裂位置 /（°）		28	34	44	26
起裂角度 /（°）		37.2	33.9	28.5	31.9

通过对比可以看出，4 段的计算最小破裂压力分别为 134.2MPa，151.4MPa，165.8MPa 和 146.9MPa，实际施工折算井底破裂压力分别为 147.3MPa，148.7MPa，146.8MPa 和 145.4MPa，计算误差为 1%～12.9%，能够满足工程需求。

（2）精细分段原则。

综合钻井、录井和测井解释成果，结合破裂压力剖面，建立了大斜度井和水平井分段原则：储层类型及物性相近的分为一段，实现不同类型储层的针对性改造；破裂压力相近的分为一段；封隔器选择井径相对均匀的位置坐封。震旦系大斜度井／水平井主要采用裸眼完井，为了提高酸压改造的针对性及储层的动用程度，对于储层跨度大、段间物性差异大的情况，采用封隔器机械封隔，实施分段酸压；对于段内物性差异大的情况，在封隔器分段的基础上采用暂堵剂，实施缝内暂堵转向（图 5-3-17）。

2）不同类型储层针对性酸压工艺

影响酸蚀裂缝长度和导流能力的因素可以分为可控因素和不可控因素两大类。不可控因素主要是地质因素，包括地层温度、储层岩性、岩石力学、闭合应力等；可控因素主要是工程因素，包括酸液体系、改造工艺、施工排量、施工规模等（李松等，2018）。

胶凝酸和转向酸的酸岩反应速率相当，略大于交联酸的酸岩反应速率（图 5-3-18），但交联酸破胶不彻底会引入额外的储层伤害。胶凝酸和转向酸与储层岩石反应后能在岩石表面形成类似于酸蚀蚓孔的刻蚀沟槽，大幅度提高储层的渗透能力；在高闭合压力下，胶凝酸刻蚀岩石后比转向酸刻蚀岩石后获得的酸蚀裂缝导流能力更高（图 5-3-19）；胶凝酸的降阻率能达到 60%～70%，而转向酸的降阻率约 50%，胶凝酸的降阻效果明显优于转向酸。因此，优选了以胶凝酸为主，转向酸为辅的主体酸液体系。

针对钻遇大型缝洞储集体、钻井过程中见恶性漏失显示、常规及成像测井显示缝洞发育、测井解释优质储层发育、储能系数高的裂缝—孔洞型储层，常规酸压可满足沟通近井缝洞储集体的改造需求（图 5-3-20）。考虑到改造段内优质储层分散发育，非均质性较强，可选用耐温、缓速、转向性能较好的转向酸酸液体系，提高储层动用程度。

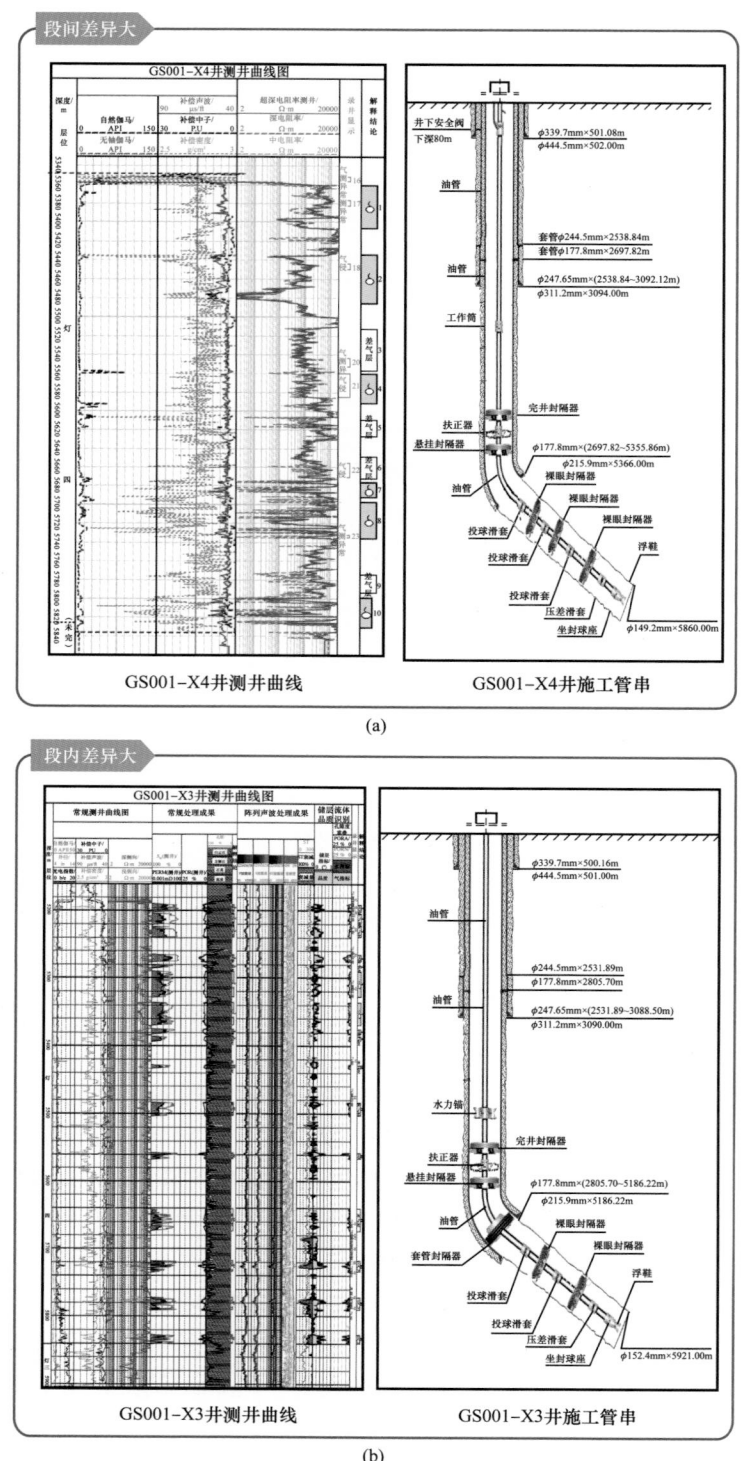

图 5-3-17　震旦系大斜度井 / 水平井分段工艺示意图

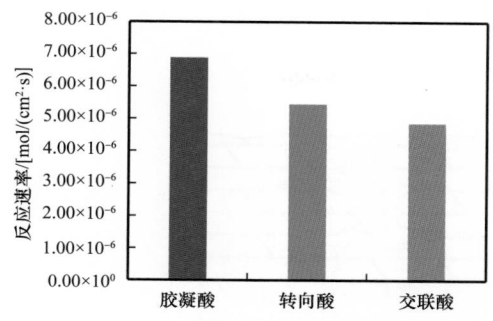

图 5-3-18 不同酸液体系酸岩反应速率对比

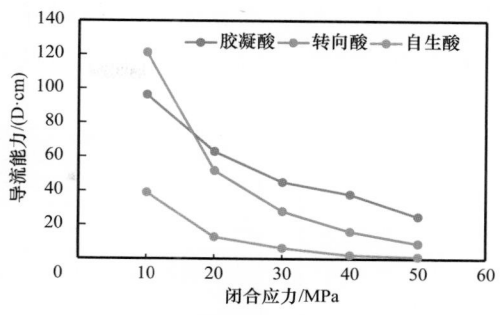

图 5-3-19 不同酸液体系导流能力对比

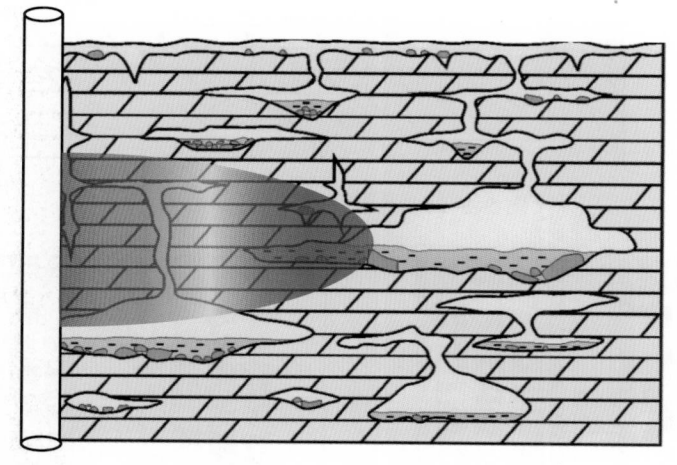

图 5-3-20 裂缝—孔洞型储层酸压示意图

针对未钻遇大型缝洞储集体，钻井过程中见井漏显示（但漏失量较小）、气侵和气测异常显示（全烃含量高、地面分离器点火燃），常规及成像测井显示溶蚀孔洞发育、测井解释优质储层较发育、储集能力较高的孔隙—溶洞型储层。改造目标为造长缝增加沟通缝洞储集体概率和数量（图 5-3-21），常规酸压可以满足改造需求。考虑到前期措施井中转向酸施工摩阻高，不利于提高井底压力造长缝，可选用穿透能力强、导流能力保持率高、摩阻低的胶凝酸酸液体系，增加酸蚀裂缝长度。

针对未钻遇缝洞储集体，钻井过程中仅见气侵、气测异常或无显示、全烃含量低且地面分离器点火不燃，常规及成像测井显示溶蚀孔洞欠发育、测井解释优质储层欠发育、储集能力较差的基质孔隙型储层。由于地层温度高，酸岩反应速度快，常规酸压形成的酸蚀裂缝长度有限，难以取得良好的改造效果。前期措施井分析表明，采用交替注入酸压工艺可以在一定程度上提升改造效果。

GS19 井灯四下亚段钻井无显示，测井解释 1 气层，储厚 15.1m，孔隙度 2.8%，渗透率 0.151mD，改造井段 5384～5408m，跨度 24m，储渗能力较差，成像测井显示溶蚀孔洞欠发育（图 5-3-22）。

该井初次改造采用 280m³ 胶凝酸进行酸压，改造后测试产量仅 0.3×10⁴m³/d；随后采用280m³自生酸前置液和700m³胶凝酸进行三级交替注入酸压，改造后测试产量为2.0×10⁴m³/d，虽然未取得高产，但改造效果得到大幅度提升。

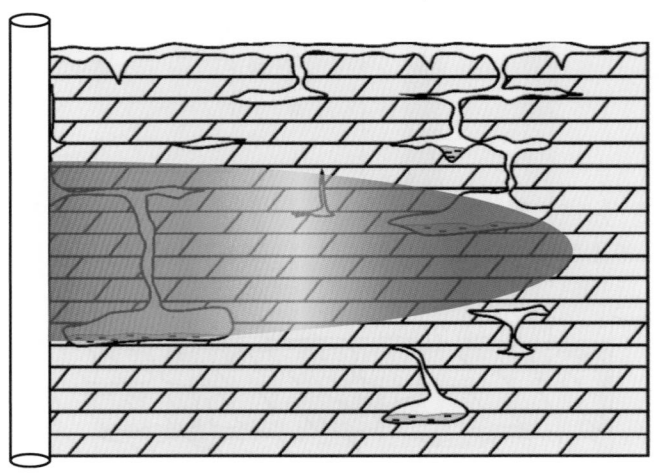

图 5-3-21　孔洞型储层酸压示意图

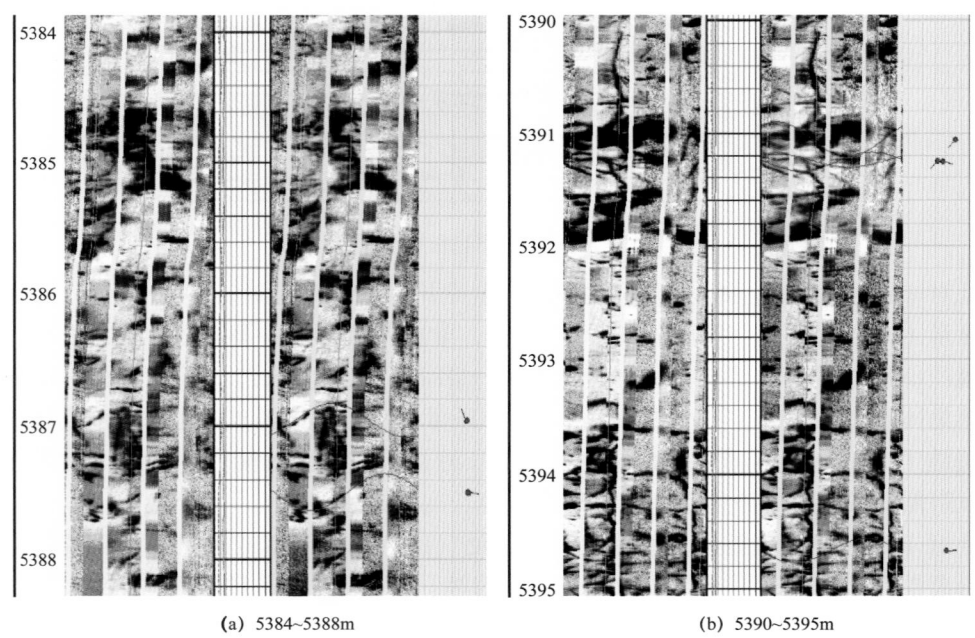

(a) 5384~5388m　　　　　　　　　　(b) 5390~5395m

图 5-3-22　GS19 井灯四下亚段成像测井图

2. 配套酸液体系、工具及材料

1）耐高温酸液体系

（1）高温胶凝酸。

高温储层酸压对酸液的缓蚀性能提出了更高的要求，同时考虑到高温下控制铁沉淀、酸不溶物运移和残酸返排等的要求，经过大量的室内优化评价实验，形成了高温胶凝酸配方为：20%HCl+0.3%～0.6% 高温胶凝剂 +2.0%～4.0% 缓蚀剂 +1.0% 缓蚀增效剂 +2.0% 铁离子稳定剂 +1.0% 助排剂 +1.0% 黏土稳定剂。通过提高胶凝剂的黏弹性，酸液降阻率从 55% 提高至 60% 以上。同时，满足 180℃ 条件下的黏度范围为 24～30mPa·s。高温胶凝酸反应速率数量级可控制在 10^{-5}～10^{-4}，在 20% 酸浓度时，酸岩反应速率降低 16.7%。

（2）高温转向酸。

转向酸鲜酸 pH 值低，各电荷相互排斥，黏度较低，酸液优先进入高渗透层与储层岩石发生反应，随着酸岩反应的进行，酸浓度降低，pH 值上升，酸液体系中的黏弹性表面活性剂开始形成球状胶束，钙离子的引入也由于屏蔽了电荷而减小了分子间的排斥力并压缩扩散双电层结构，黏弹性表面活性剂形成蠕虫状胶束，进而互相缠绕形成三维空间网状结构，酸液黏度急剧增加，暂时封堵高渗透层，迫使酸液转向流入低渗透层，实现酸液转向。转向酸配方为：20%HCl+4%～7% 表面活性剂 +2% 缓蚀剂 +1.0% 缓蚀增效剂 +1% 铁稳定剂。在温度 150℃，环压 15MPa，注入流量 1.0mL/min 的条件下，双岩心渗透率级差 56.9 倍，在转向酸突破高渗透岩心后，其持续转向最大压力为 9.9MPa，对低渗透岩心的改造效果提高了 71%。

（3）自生酸前置液。

高温自生酸通过水解产生有机酸，在井下逐步释放出总量为 3.8mol/L 的 H^+，高温自生酸在 1h 内的有效溶蚀率为 47.2%，6h 后的有效溶蚀率为 73.8%，在 1～6h 内对碳酸钙均具有溶蚀作用，具有良好的缓速性能，可以在高温下将 H^+ 推进到地层深部，起到深部酸化的作用。自生酸基液配方为：10% 自生酸 +0.5% 稠化剂 +0.5% 氯化钾 +1.0% 助排剂 +1.0 黏土稳定剂，自生酸前置液交联液配方为：0.6% 交联剂 +0.1% 交联助剂，自生酸前置液交联破胶液配方为：0.1% 破胶剂。

2）裸眼分段酸压管柱

（1）级差式裸眼分段酸压管柱。

级差式裸眼分段酸压管柱主要包括完井封隔器、悬挂封隔器、裸眼封隔器、投球滑套、压差滑套、坐封球座、引鞋等工具（图 5-3-23）。

级差式裸眼分段酸压工具性能参数见表 5-3-12。

（2）可取式全通径裸眼分段酸压管柱。

可取式全通径裸眼分段酸压管柱主要包括悬挂封隔器、裸眼封隔器、可取式滑套、压差滑套、坐封球座、单流阀、浮鞋等工具（图 5-3-24）。

可取式全通径裸眼分段工具性能参数见表 5-3-13。

3）酸压暂堵材料

利用动态封堵装置，测试在实验温度 120℃，缝宽 2mm，100 目暂堵剂浓度分别为 1%，1.5% 和 2% 条件下封堵承压能力（图 5-3-25）。当暂堵剂浓度为 1% 时，所有材料的封堵承压性能均不理想，最高承压能力仅 6.8MPa 左右。当暂堵剂浓度为 1.5% 时，最高承压能力提升到 9.1MPa。当暂堵剂浓度为 2% 时，最高承压能力提高到 12.9MPa。

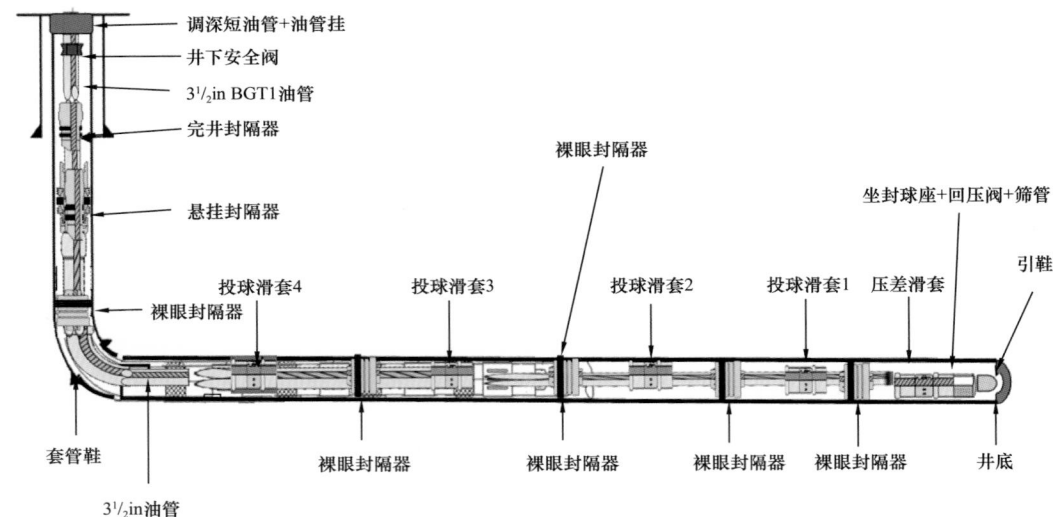

图 5-3-23　级差式裸眼分段酸压管柱示意图

表 5-3-12　级差式裸眼分段酸压工具性能参数表

工具名称	长度 / mm	外径 / mm	内径 / mm	配球直径 / mm	坐封或开启压力 / MPa	承受压差 / MPa
悬挂封隔器	1870	147	70	—	22	70
裸眼封隔器	1433	143	74	—	15	70
投球滑套	823	127	22.0～65.7	24.8～69.2	18	70
压差滑套	1150	138	70	—	42	70
自封式坐封球座	605	114.3	23	28.4	—	70
回压阀	375	127	—	—	—	70

测试在实验温度120℃，缝宽2mm，暂堵剂浓度2%，1～2mm与100目复配比例为2∶1、1∶1和1∶2条件下的封堵承压能力（图5-3-26）。在总浓度都为2%时，单一粒径暂堵剂封堵能力为9.1MPa，粒径组合条件下封堵能力能够达到15.6MPa。相同浓度下，不同粒径颗粒复配可有效提高暂堵剂的封堵承压性能，且体系中大颗粒比例应高于小颗粒。

3. 应用效果

1）整体应用效果

大斜度井／水平井裸眼封隔器分段酸压技术在高石梯、磨溪区块累计应用61口井，井均测试产量74.56×10⁴m³/d、无阻流量123.54×10⁴m³/d，提高单井产量效果显著（图5-3-27）。

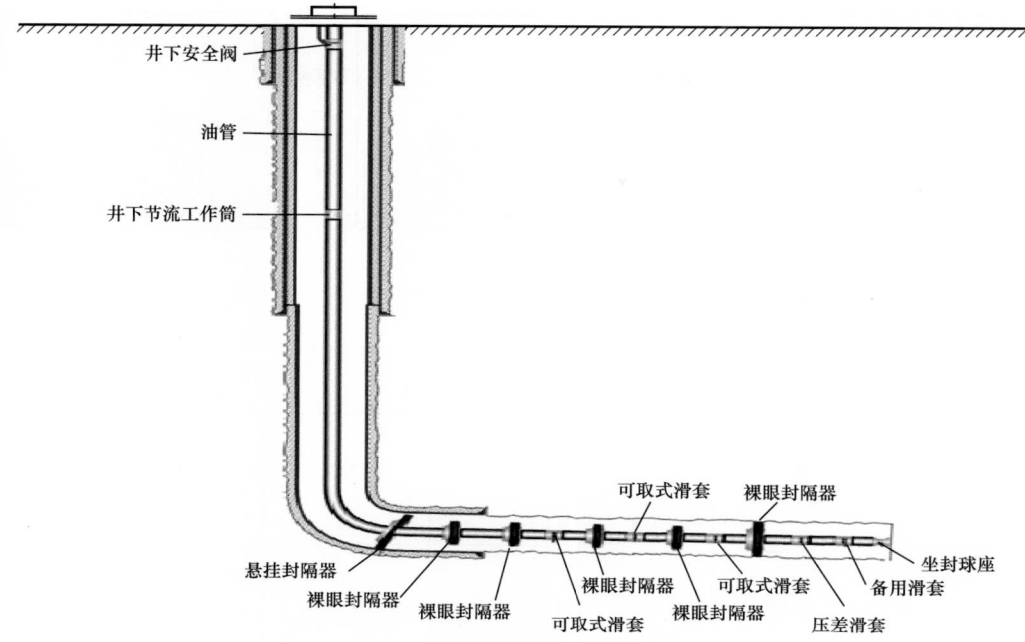

图 5-3-24　可取式全通径裸眼分段酸压管柱示意图

表 5-3-13　可取式全通径裸眼分段工具性能参数表

工具名称	长度 /mm	外径 /mm	内径 /mm	耐温 /℃	耐压差 /MPa
悬挂封隔器	1850	146.06	101.6	167	70
裸眼封隔器	1350	141	76.0	167	70
锚定封隔器	1300	141	76.0	167	70
双作用滑套	600	117	62.0	167	70
压差滑套	400	139	76.0	167	70
浮鞋	300	112	—	—	反向 105
浮箍	250	112	—	—	反向 105
插入密封总成	1150	142	76.0	175	—

2）单井应用实例

GS001-X23 井完钻井深 5748m（垂深 5045.19m）。裸眼井段 5165.74～5748.0m，改造段长 582.26m。钻进过程中见 2 次井漏 243.7m³、1 次气侵，3 次气测异常显示。测井解释储层厚度 285.4m，平均孔隙度 3.8%，平均渗透率 1.058mD，成像测井见缝洞较发育（图 5-3-28）。

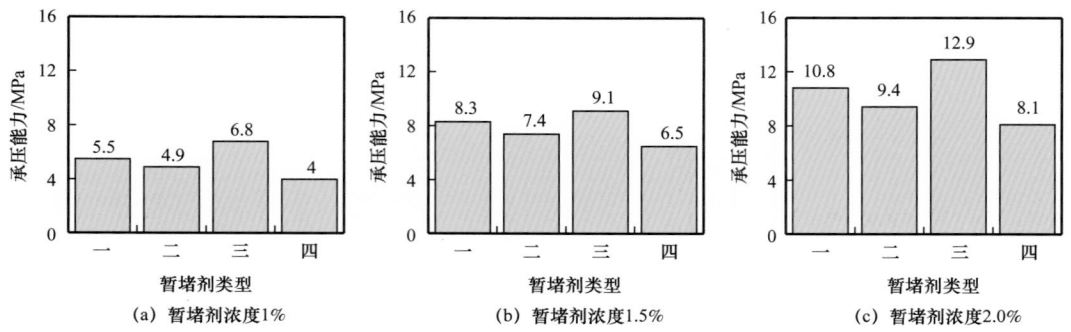

图 5-3-25 不同暂堵剂浓度下的承压能力

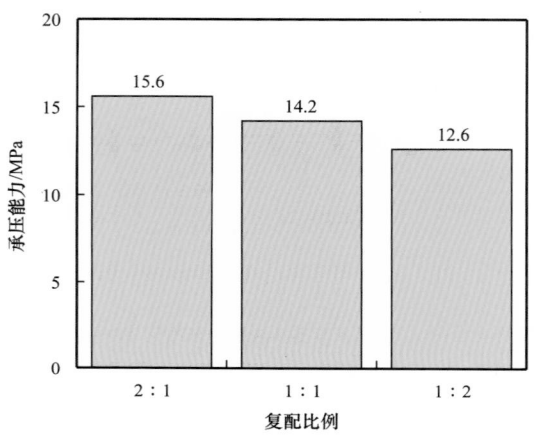

图 5-3-26 暂堵剂组合条件下的承压能力

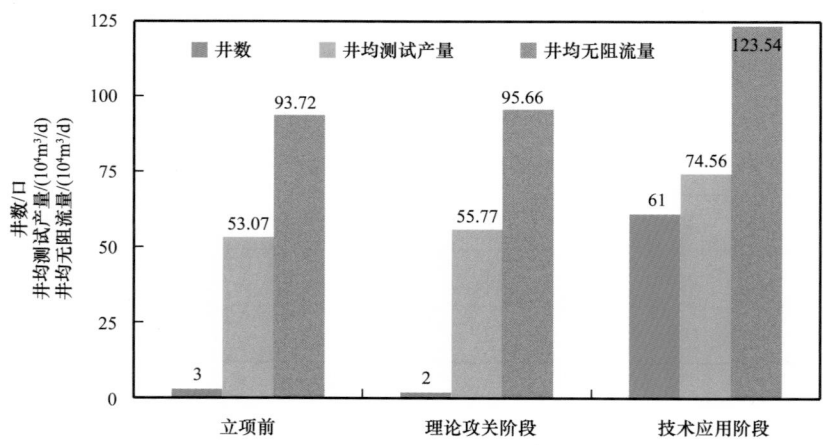

图 5-3-27 灯四段气藏开发井改造效果统计表

结合储层特征和酸压裂缝形态模拟，优化改造段数为 6 段，并确定各段改造工艺和参数（表 5-3-14）。

酸压施工采用 KQ78-105MPa 井口、ϕ88.9mm 油管注入，共挤入井筒液量 1289.6m³

（自生酸前置液 391.62m³、胶凝酸 874.58m³、降阻水 23.4m³），施工排量 6～6.5m³/min（图 5-3-29）。压后测试获气 80.27×10⁴m³/d，无阻流量 202.51×10⁴m³/d。根据各段实际酸压施工曲线进行净压力拟合，设计裂缝长度与拟合酸蚀裂缝长度对比如图 5-3-30 所示。

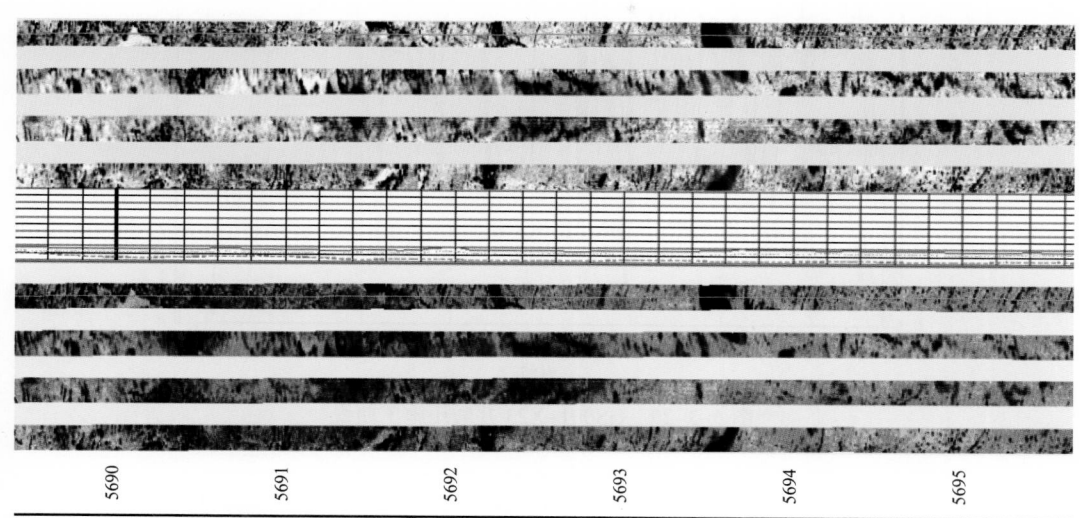

图 5-3-28　GS001-X23 井典型井段（5690～5695m）成像测井图

表 5-3-14　GS001-X23 井各段储层参数统计表

施工段	段长 / m	孔隙度 / %	渗透率 / mD	含水饱和度 / %	测录井情况	改造工艺	自生酸 / m³	胶凝酸 / m³
第6段（S6）5165～5265m	100	4.8	3.423	11.27	1次气测异常 1次气侵 1次井漏	前置液酸压	80.0	140.0
第5段（S5）5265～5380m	115	3.4	0.295	10.62	1次气测异常 1次井漏	前置液交替注入酸压	100.0	200.0
第4段（S4）5380～5510m	130	2.8	0.257	12.57	1次气测异常	前置液酸压	50.0	160.0
第3段（S3）5510～5580m	70	2.6	0.034	24.7	—	前置液酸压	50.0	120.0
第2段（S2）5580～5660m	80	2.7	0.056	19.8	—	前置液酸压	50.0	120.0
第1段（S1）5660～5748m	88	2.9	0.067	6.5	—	前置液酸压	60.0	140.0

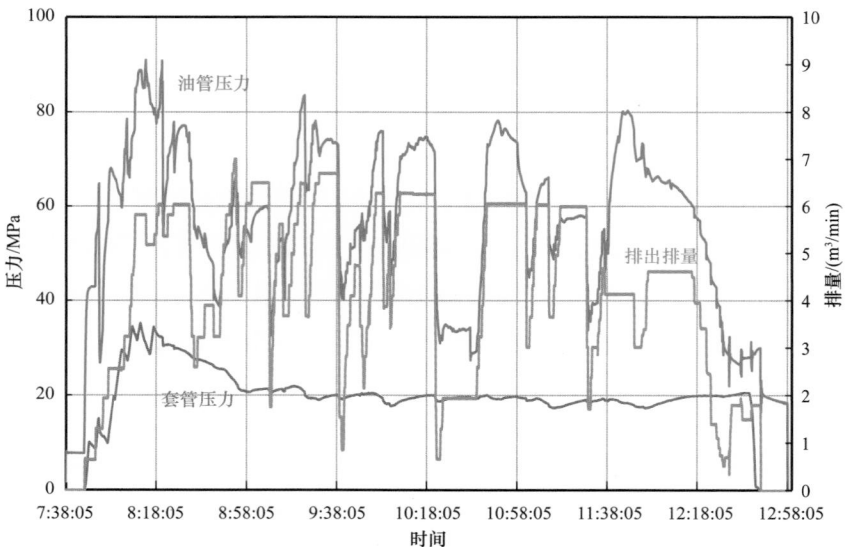

图 5-3-29　GS001-X23 井酸压施工曲线

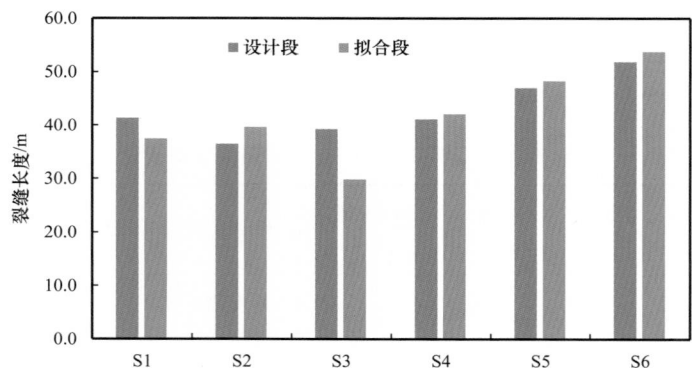

图 5-3-30　GS001-X23 井各施工段设计段与拟合段裂缝长度对比

第六章　特大型含硫气田安全环保技术

中国石油西南油气田是我国天然气主要生产基地之一，安岳气田磨溪区块龙王庙组气藏则是西南油气田最大的天然气气藏，其产量占气田总产量的 30% 以上。安岳气田磨溪区块龙王庙组气藏的地面集输与净化系统具有处理量大、气质复杂、生产流程长、安全环保风险大等特点。

为有效解决特大型含硫气田开发面临的含硫气田地面集输系统腐蚀难题，从材料优选、缓蚀剂防护、工艺参数优化和介质处理等方面开展腐蚀控制。同时在以咪唑啉为主剂基础上引入抑制起泡功能的聚醚支链，研发了新型缓蚀剂，解决了缓蚀剂防腐过程中清管预膜残液起泡问题，保障了大型碳酸盐岩的安全高效开发。

针对地面系统运行过程中工艺的适应性、生产数据的实时监控、设备设施的安全及环保要求，集输过程中缓蚀剂防腐配套适用性、内腐蚀监测技术提升，开展管网优化运行、含硫污水处理、单井降噪、物联网技术、缓蚀剂研发等针对性研究，实现气田地面系统安全、平稳、高效运行。针对大型含硫天然气净化厂现用尾气加氢催化剂低温下有机硫水解性能下降、尾气脱硫溶剂脱硫深度不够、缺少液硫脱气废气处理技术、脱硫溶液受污染严重影响天然气净化装置平稳运行以及新形势下大型天然气净化厂循环水系统稳定运行技术等问题，开展加氢水解催化剂、尾气脱硫溶剂、液硫脱气废气处理、脱硫溶液深度净化技术和循环水系统无磷缓蚀阻垢技术研究，实现尾气二氧化硫达标排放、净化装置高效平稳运行。

第一节　含硫气田地面集输系统腐蚀控制技术

在含硫气田地面集输系统中，由于 H_2S 和 CO_2 以及水中 Cl^- 和元素硫等腐蚀介质素的存在，同时受到温度、压力以及流速等环境因素的影响，使得腐蚀环境非常复杂，腐蚀程度严重，对地面系统设备和管线的危害也显著增加，严重影响地面系统的安全运行，因此，含硫气田开发过程中的腐蚀控制非常重要。

一、含硫气田地面集输系统腐蚀控制概述

1. 腐蚀类型与影响因素

1）主要腐蚀类型

碳酸盐岩气田的开发过程中，腐蚀问题始终比较突出，成为影响气田安全和经济开发的重要因素，特别是当 H_2S 含量较高时，由于腐蚀导致管线设备穿孔、破裂，发生天然气泄漏，不仅影响气田的正常生产，而且还将造成环境污染甚至灾难性事故。主要腐

蚀类型有以下几种：

（1）硫化物应力开裂（SSC）。

在含 H_2S 的环境中，SSC 主要出现于高强度钢、高应力构件及硬焊缝上，开裂垂直于拉伸应力方向。SSC 破坏多为突发性，裂纹产生和扩散迅速。对 SSC 敏感的材料在含 H_2S 环境中，经短暂暴露后，就会出现裂纹，以数小时到三个月情况为多。发生 SSC 钢的表面通常没有明显的腐蚀痕迹。SSC 可以起始于构件的内部，不一定需要作为开裂起源的表面缺陷。

（2）氢致开裂（HIC）。

在含 H_2S 的酸性环境中，由于氢的渗透并在金属内部夹杂物处聚集，并沿着碳、锰、磷等元素的异常组织扩展，产生阶梯型裂纹（HIC），在外应力作用下裂纹加速扩展连通而导致破裂。HIC 在钢内可以是单个直裂纹，也可以是阶梯状裂纹，常伴有钢表面的氢鼓泡。

（3）电化学腐蚀。

含 H_2S 天然气集输管道和设备使用的钢材绝大部分是碳钢和低合金钢。在 H_2S—H_2O 的腐蚀环境中，H_2S 除作为阳极过程的催化剂，促进铁离子的溶解，加速钢材质量损失外，同时还为腐蚀产物提供 S^{2-}，在钢表面生成硫化铁腐蚀产物膜，腐蚀产物主要有 Fe_9S_8、Fe_3S_4、FeS_2 和 FeS（唐俊文等，2011）。硫化铁产物膜的结构和性质将成为控制腐蚀速率与破坏形状的主要因素，破坏往往表现为由点蚀导致局部壁厚减薄、蚀坑和穿孔。

综上所述，在含硫化氢酸性气田开发过程中，采输管道和站场设备常见的腐蚀类型有 3 种：

① 硫化物应力开裂（Sulfide Stress Cracking，SSC）；

② 氢致开裂（Hydrogen Induced Cracking，HIC）；

③ 电化学腐蚀、均匀腐蚀、点腐蚀等。

发生以上腐蚀的基本条件是有 H_2S 和液态水。各种腐蚀的特征见表 6-1-1。

表 6-1-1　H_2S 环境中腐蚀类型及破坏特征

类型	破坏特征
SSC	（1）材料受拉伸应力作用，环境中硫化氢分压高于 0.0003MPa； （2）破坏形式是材料开裂，常引起爆破、着火； （3）低应力下破裂、无先兆、周期短、裂纹扩展速度快； （4）主裂纹垂直于受力方向，呈沿晶和穿晶形式、有分支； （5）裂纹发生在应力集中部位或马氏体组织部位； （6）材料硬度高、HRC≥22； （7）常温下发生，高于80℃时不会发生
HIC	（1）环境中硫化氢分压高于 0.002MPa； （2）材料未受外应力（HIC）或受拉伸应力（SOHIC）； （3）裂纹发生在管材内部带状珠光体内，为台阶状、平行于管材轧制方向，裂纹连通后造成失效； （4）裂纹扩展速率慢，在外力作用下促使扩展（SOHIC）； （5）常发生在低强钢，S 和 P 含量高，夹杂物多的钢中； （6）表面常伴有氢鼓泡； （7）常温下发生

续表

类型	破坏特征
电化学腐蚀	（1）表面有黑色腐蚀膜、多为 FeS、FeS_2 和 Fe_9S_8 等； （2）管材表面均匀减薄及局部坑点腐蚀，严重的呈溃疡状； （3）腐蚀速度受 H_2S 浓度、溶液 pH 值、温度、腐蚀膜的形态、结构等影响； （4）腐蚀体系中 CO_2 和 Cl^- 会加速腐蚀； （5）管内积液、管道低洼、弯头段、气体流速低，气带液冲刷段加速腐蚀

3 类腐蚀形态中，SSC 危害最大，在早期铺设的管道中此类隐患就已存在；HIC 发生破坏的周期较长，经过 20～30 年运行后仍发现此类事故；管道积液段由于电化学腐蚀大面积减薄导致失强爆破事故已发生多起。

2）影响腐蚀的因素

（1）H_2S 和 CO_2 对金属材料的腐蚀。

CO_2 在水溶液中主要以 H_2CO_3，H^+ 和 HCO_3^- 等形态存在，并与金属材料反应。影响 CO_2 腐蚀的主要因素是 CO_2 分压、温度、流速以及 H_2S 相对含量等，CO_2 分压值增大，pH 值降低，腐蚀速率增大。在 H_2S 和 CO_2 共存的条件下，H_2S/CO_2 之比对腐蚀的影响也比较大。当 H_2S/CO_2 的比值小于 1/20 时，腐蚀就转化为以 CO_2 腐蚀为主（任建勋等，2013）。

（2）元素硫对金属材料腐蚀的影响。

元素硫在生产油管管壁沉积后，将阻碍气体流动，从而降低天然气产量，并加速油管的腐蚀。元素硫与 H_2S 接触时，会生成多硫化合物 H_2S_{x+1}（其中 $x \geq 1$）。这种多硫化合物只有在 H_2S 与元素硫直接接触时才能稳定存在，它能通过硫化亚铁膜，与 Fe 发生如下的反应（刘志德等，2012）：

$$x\mathrm{Fe} + H_2S_{x+1} = x\mathrm{FeS} + H_2S$$

（3）温度对金属材料腐蚀的影响。

温度对材质腐蚀的影响表现在 3 个方面：①从动力学观点来看，温度升高能加快腐蚀的进程；②温度影响 H_2S 和 CO_2 在水中的溶解度，从而影响金属材料的腐蚀速率；③温度对腐蚀产物的形态有一定的影响，从而影响腐蚀速率。

（4）Cl^- 对金属材料腐蚀的影响。

Cl^- 对金属腐蚀的影响表现在两个方面：一方面是降低材质表面钝化膜形成的可能或加速钝化膜的破坏，从而促进局部腐蚀；另一方面使得 H_2S 和 CO_2 在水溶液中的溶解度降低，从而缓解材质的腐蚀。

（5）流速对腐蚀的影响。

气体流速太低，会发生水线腐蚀和垢下腐蚀等局部腐蚀。增加流速会清除金属表面的某些沉积物并增大搅拌和混合作用，因此当流速为 3～10m/s 时，随着流速的增加，促进烃相和水相的混合，管材腐蚀速率的上升不明显。在流速高于 10m/s 的条件下，由于高流速破坏了管材表面的保护膜，所以随着流速的增加，管材的腐蚀速率会急剧上升（何军等，2015）。

2. 腐蚀控制技术

1）腐蚀控制设计原则

在碳酸盐岩气田的开发过程中，由于采输系统的复杂性以及输送介质组分的作用（例如 O_2，CO_2，H_2S，Cl^- 和细菌等），会引起严重腐蚀。在设计中必须分析与评价介质的腐蚀性，在此基础上进行腐蚀控制设计。在设计中需遵循的原则如下：

（1）尽量避免材料发生氢致开裂、硫化物应力开裂或应力腐蚀开裂，在此基础上来控制材料的电化学腐蚀。

（2）对于腐蚀性极强且不方便开展防腐工作的环境，应优先考虑采用抗硫耐蚀合金材料。

（3）结构形式尽量简单，较之于方形和其他框架结构，筒形结构具有明显优势。

（4）防止残留液腐蚀和沉积物腐蚀。

（5）尽可能不采用铆接结构而采用焊接结构。

（6）避免电偶腐蚀。同一结构中尽可能采用同一种金属材料，如果必须采用不同金属材料，则要尽量选用电偶序中位置相近的材料和考虑阴阳极面积比。

2）腐蚀控制设计要点

为了有效地降低碳酸盐岩气田采输系统的腐蚀，须采用行之有效的腐蚀控制措施。气田的腐蚀控制设计要点如下：

（1）选择合适的金属材料。在含 H_2S 的酸性气田中就要选择抗硫耐蚀材料，通常井下油套管和地面管线选择碳钢和低合金钢，但对于腐蚀性极强而且不方便开展防腐蚀工作的环境，则可考虑选择抗硫耐蚀合金材料。

（2）选用合适的非金属材料。如 HDPE，FRP 非金属材料和玻璃钢管等。

（3）合理的防腐蚀设计。在气田的设计工作中，如果忽视了从防腐蚀的角度进行合理的工艺设计，通常会出现金属弯曲应力集中，某些部位液体的滞留、电偶电池形成等问题，这些都会引起或加速腐蚀过程。对均匀腐蚀，一般只要在设计时增加一定的腐蚀裕量即可。而对于局部腐蚀，则必须根据具体情况，在设计、加工和操作过程中采取有针对性的对策。

（4）介质处理。主要是去除介质中引起腐蚀的有害成分，降低介质的 pH 值、降低介质的含水率等，从而降低介质的腐蚀性。

（5）加注化学药剂。在介质中加注少量能阻止或减缓金属材料腐蚀的物质，如缓蚀剂、杀菌剂和阻垢剂等，从而降低介质对金属的腐蚀。一般说来，以上每个要点都有其相应的应用范围和条件，各有优缺点。在设计时应相互配合，取长补短。

3. 缓蚀剂防腐技术

用于酸性气田的缓蚀剂主要为有机缓蚀剂，这类缓蚀剂在腐蚀介质中在金属表面有良好的吸附性，可改变金属表面的性质，抑制金属腐蚀。这类缓蚀剂的分子通常是由电负性较大的 O、N、S 和 P 等原子为中心的极性基和以 C 原子和 H 原子组成的非极性基所构成。极性基团是亲水性的，吸附于金属表面，改变了双电层的结构，提高了金属离子化过程的活化能，降低了腐蚀速率；非极性基团远离金属表面作定向排布，形成一层疏水的薄膜，形成腐蚀产物扩散的屏障，这样就使腐蚀反应受到抑制（李文娟等，2014）。

适用于高含硫酸性气田的缓蚀剂品种应用较广的是咪唑啉缓蚀剂，适用于高含 CO_2 酸性气田的缓蚀剂类型主要包括咪唑啉、咪唑啉盐、长链季胺、季胺吡啶化合物以及磷酸酯。

表 6-1-2 是收集的酸性气田常用缓蚀剂，都在川渝地区气田地面集输系统开展过良好的应用。

表 6-1-2　酸性气田常用缓蚀剂品种

缓蚀剂名称	溶解性能	适应条件	应用气田
CT2-1	油溶	高含 H_2S、CO_2 和 Cl^-	川渝气田、南海气田等
CT2-4	水溶	高含 H_2S、CO_2 和 Cl^-	川渝气田、南海气田等
CT2-14	棒状	高含 H_2S、CO_2 和 Cl^-	川渝气田
CT2-15	油溶水分散	高含 H_2S、CO_2 和 Cl^-	川渝气田、长庆气田、大港气田等
CT2-19	油溶水分散	高含 H_2S、CO_2 和 Cl^-	川渝气田
CT2-17	水溶	CO_2+ 微量 H_2S 和 Cl^-	川渝气田，中国海油文昌气田、湛江气田等
CT2-19C	水溶	高含 H_2S、CO_2 和 Cl^-	川渝气田

1）缓蚀剂筛选评价技术

（1）缓蚀剂筛选评价程序。

缓蚀剂对腐蚀环境具有较强的针对性，特定的腐蚀环境仅有特定的缓蚀剂才能起到有效的保护作用，应用不适当，不仅不能减缓腐蚀，有时甚至可能加速管材的腐蚀或诱导点蚀的发生。对成功应用一个缓蚀剂，以下几点评选程序是必要的：

① 首先应明确环境的腐蚀性、影响缓蚀剂性能的主要腐蚀因素。

② 确定缓蚀剂必须具备的配伍性能和物理性能要求。

③ 在可选择的缓蚀剂品种较多时，遵循逐步强化腐蚀条件的原则，逐步淘汰不符合要求的缓蚀剂。

④ 确保缓蚀剂的溶解性和油水分散性评价对保证缓蚀剂的有效使用。

⑤ 室内筛选出的缓蚀剂必须进行现场实验，以验证筛选结果的有效性。

目前川渝气田采用的缓蚀剂室内评价筛选程序如图 6-1-1 所示。采用由简到繁，由低成本到高成本，由温和条件到强化条件的模拟方法。

（2）缓蚀剂筛选评价技术规范。

遵循上述原则，针对酸性气田的现状，在借鉴国外对缓蚀剂筛选评价的基础上，通过大量评价方法和数据的积累，制订出《酸性气田缓蚀剂室内评价筛选技术规范》，重点是缓蚀剂筛选评价技术的具体实施，主要包括：

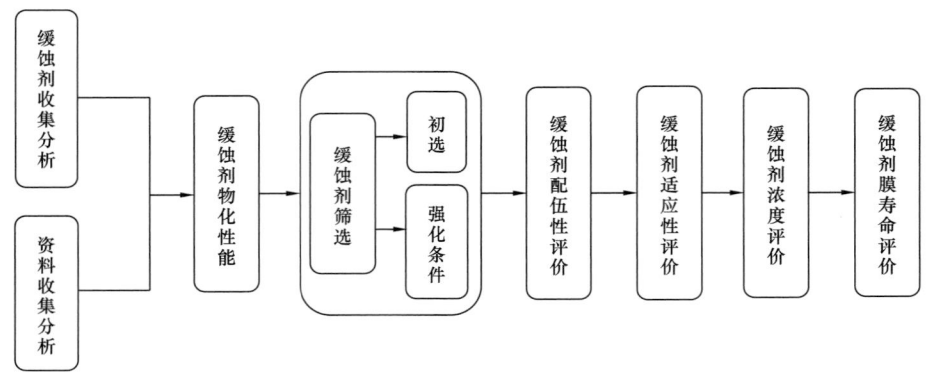

图 6-1-1　推荐的缓蚀剂评选程序

① 腐蚀参数的收集与分析。

② 缓蚀剂品种收集、分析。

③ 缓蚀剂理化性能评价。

④ 缓蚀剂防腐性能评价。

⑤ 缓蚀剂配伍性能评价。

⑥ 缓蚀剂热稳定性能评价。

⑦ 缓蚀剂的现场实验评价。

（3）缓蚀剂筛选评价技术实施要求。

酸性气田的腐蚀主要取决于地层特征和生产状况。地层特征决定了油气井的温度、压力、油气比、油水比、产水量、酸气含量及比例、地层水中的 Cl^- 与 HCO_3^- 含量等参数；而生产状况决定了集输系统中介质流速与流动状态、压降、凝析液析出量及析出位置等参数。另外，其他因素，如变化的生产条件、固相含量、管线的高差与走向、缓蚀剂加注装置与方式、其他药剂的加量和加注位置等有时也可能对缓蚀剂性能产生影响。酸性气田中影响缓蚀剂性能的因素是大量和复杂的。室内缓蚀剂筛选评价中不可能也没有必要对所有参数的影响加以考虑。这就要求对诸多腐蚀因素进行科学分析，抓住主要矛盾，建立有代表性的评价模型。

推荐的缓蚀剂筛选评价技术实施流程如图 6-1-2 所示。

2）地面管线缓蚀剂应用技术原则

缓蚀剂的加注方法、工艺及位置的选择应能确保整个生产系统受益，即加注的缓蚀剂不仅能在一定的浓度下足以在整个系统的金属表面形成有效的缓蚀膜，而且在缓蚀膜被破坏后，能及时补充缓蚀剂来修补缓蚀膜。

（1）井口—分离器管线的应用。

对于酸性气田井口—分离器的管线，可以采用如下缓蚀剂应用工艺：

① 间歇加注工艺。间歇加注工艺主要是依靠缓蚀剂加注泵间歇地将缓蚀剂加注到井口—分离器的管线中。该工艺尤其适用于高酸性气田从井口到分离器的高压和中压管段。此工艺用泵将缓蚀剂以雾状喷入管道内，使缓蚀剂雾滴均匀分散于管道气流中，被气流带走，吸附于管道内壁上。

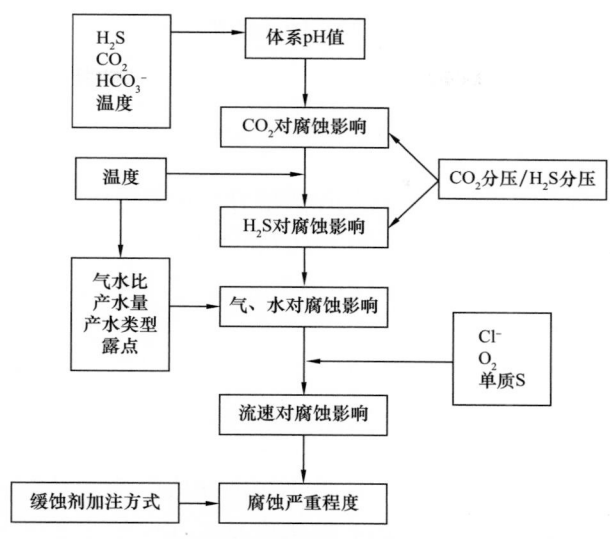

图 6-1-2 推荐的缓蚀剂筛选评价技术实施流程

② 连续加注工艺。连续加注是指将缓蚀剂配成所需浓度,用泵连续注入管线,缓蚀剂扩散进水中,在水和钢之间形成临时的屏障。采用小排量泵可实现缓蚀剂的连续加注。

③ 缓蚀剂加注量的确定。间歇加注缓蚀剂一般用于油溶性缓蚀剂,连续加注一般用于水溶性缓蚀剂或油溶水分散型缓蚀剂。缓蚀剂的加注量根据管线中所含的水量而定,实际最佳加量要根据实验结果给出。如果不能很好确定管线中水的含量,就只能根据经验公式来估算,一般为 0.17～0.66L/10^4m³(缓蚀剂/天然气)。

(2)集气管线的应用。

对于酸性气田的集气管线,可以采用如下缓蚀剂应用工艺:

① 大剂量批量处理工艺。大剂量批处理工艺主要是依靠缓蚀剂加注泵一次性将缓蚀剂加注到集气管线中,在管线内壁形成缓蚀剂保护膜,从而保护管线。该工艺主要用在现场不具备清管器发送和接收装置的管线。缓蚀剂用量决定于输水量或输气量。

② 清管器预膜的工艺。采用该工艺进行缓蚀剂清管预膜的基本程序如下:准备管道发球装置(双球);清洁管道,在进行管道预膜前首先要对管道进行清洁,祛除管道内壁上的腐蚀产物、污垢等;定量加注缓蚀剂,在经过通球清洁后,通过两个弹性密封球来加注定量的缓蚀剂。通过控制管道内气体的压差来推进两个预膜球及夹持在中间的缓蚀剂液柱前进;预膜通球后,缓蚀剂可以涂抹在管道、弯头的任何一个部位,发挥很好的防护效果。目前主要的预膜加量公式有以下几种(张仁勇等,2015):

$$V = 2.4DL \tag{6-1-1}$$

式中 V——预膜量,L;

D——管径,cm;

L——管长,km。

该公式已被国外管道防腐所使用,在国内的应用也较为普遍。

$$m = 20 \times 10^{-3} \times ST \qquad (6-1-2)$$

式中　m——缓蚀剂用量，kg；

　　　S——集输管线内表面面积，m^2；

　　　T——预膜时间，一般为 2～3d。

该公式是法国 Lacq 气田针对高含硫气田集输管线而推导的缓蚀剂预膜公式。

按照缓蚀剂在管线内壁成膜厚度 3mil（0.076mm）来计算。实际操作时选取成膜厚度达到 0.1mm，结合管线长度和内径等进行计算。

3）缓蚀剂应用效果评价及工艺完善

在缓蚀剂应用过程中应随时评价、分析介质和环境的变化以及缓蚀剂的防腐效果，及时完善缓蚀剂应用工艺。

（1）缓蚀剂残余浓度分析方法。

该方法是当系统得到有效保护所需的最小缓蚀剂浓度确定以后，通过化学分析方法测定腐蚀介质中气相和液相中缓蚀剂的有效浓度是否在保护浓度以上，从而判断系统是否会得到良好保护。

（2）铁离子分析法。

该方法是定时分析油气井生产水中的铁离子含量，用以确定腐蚀的变化，因为钢材的腐蚀都伴随着铁、锰等重金属离子的变化，腐蚀加重，介质中金属离子的浓度会加大。

4. 腐蚀监测与检测

腐蚀检测与监测是高酸性气田开发防腐中的重要部分，腐蚀监测与检测的主要作用包括：监测与检测管道和设备内输送介质的腐蚀速率，掌握生产过程中输送介质腐蚀程度的变化（杨列太，2012）；监测与检测缓蚀剂的缓蚀效果和保护周期，有效地评价各种缓蚀剂的效果并进行筛选，找出这些缓蚀剂的最佳应用条件。

1）腐蚀监测方法

腐蚀监测技术在国外经过近 20 年的发展，目前，已建立了一系列监测方法，如挂片失重法、电化学腐蚀监测技术、氢渗透法、测试短节法等。这些监测技术应与常规的无损检测、目视检测等结合起来使用来确定生产系统的腐蚀状况。

（1）挂片失重法。挂片失重法是一种经典、常用的腐蚀监测方法。其原理是把已知质量的金属试件放入腐蚀环境中，经过一段时间后将试件取出处理称重，对比实验前后试件的质量变化，从而可以计算出平均腐蚀速度。试样取出后可以观察试样表面形貌，分析表面腐蚀产物组成，从而确定腐蚀的类型，推断腐蚀机理。

（2）电化学腐蚀监测技术。电化学腐蚀监测技术是近年发展起来的一项专门技术，可以在钢质管道、设备正常运行的情况下连续测量其内部介质的腐蚀速率，并可评价缓蚀剂效果，是控制内部腐蚀和评估在役管道、设备安全性的一种可靠而有效的手段之一。

（3）氢渗透法。氢渗透法测量的是腐蚀环境中氢原子在钢中的渗透量。氢监测用于监测氢渗入钢材的趋向和速度，从而表明材质受氢脆、氢鼓泡、氢致开裂的趋势。通过对渗入钢管的氢分子压力的测量和计算，可得到其对钢的渗透速率和渗透量，根据监测的氢压与时间的关系，确定腐蚀环境中电化学反应的剧烈程度。

（4）测试短节法。测试短节法是用一段两端有连接法兰的短管，安装在主管道或旁通管路上，短节长度一般为 0.3～1m。可以定期地拆卸下来进行管道内部检测以得到有关管道系统的腐蚀信息。测试短节的材质应与主管道的材质一致。

2）腐蚀检测方法

在线实时的腐蚀监测能够提供大量的、快速的腐蚀信息，但这并不能完全代表整个管线和设备的腐蚀状况，因此，通过以上的腐蚀监测获得的数据同时也需要与一些常规的方法如无损检测、目视检测等结合起来，以全面地掌握气田的腐蚀状况。例如：

（1）超声波壁厚测量。超声波检测技术较适合用来测量管道或容器的剩余壁厚。在管道和容器上测量的位置要有明显的记号，这样在下一次测量时可以找到相同的位置，使测量具有连续性。如果存在局部腐蚀坑，可以用超声波扫描技术从外部对蚀坑的长度和深度进行测量。

（2）目视检测。在停产期间对容器和设备进行目视检测，以提供补充信息。

（3）水分析。定期地对气井的产出水进行分析，以确定气田水的产出量以及水中的离子含量。特别是对 pH 值的定期测量，因为溶液的 pH 值是影响管道或容器腐蚀速率的重要因素。

（4）腐蚀产物分析。定期分析生产过程中的铁离子含量，可以定性确定设备的腐蚀变化情况。此法适合于纯 CO_2 腐蚀、Cl^- 腐蚀的生产系统，对于含 H_2S 气体的生产系统，由于腐蚀产物 FeS 呈固体状沉积，因此，取水样分析时难以取准，其结果也存在较大偏差。该方法需用较长时间监测，采用统计方法进行数据处理才能得到较理想的效果。

（5）智能清管。采用智能清管可以进行全线检测，主要检测局部腐蚀。有两种技术可以使用：漏磁检测和超声波检测。

3）腐蚀监测数据的分析处理

在对数据进行分析和处理时，应把握以下原则：

（1）在计算处理腐蚀数据时，应按 GB/T 4883—2008《数据的统计处理和解释 正态样本离群值的判断和处理》的相关要求进行取舍。

（2）腐蚀监测仪器采集到的腐蚀数据，有时存在异常波动，在进行数据分析时，对这些数据可不予考虑，着重观察测量全过程的腐蚀趋势。

（3）发现腐蚀监测仪器输出腐蚀速率突然增大或测量值达到满量程等异常情况，表明探针损坏失效或探针与金属有接触，应更换探针或重新安装探针。

（4）腐蚀挂片实验前后质量差与平均值相对偏差大于 15% 时则应舍弃该数据。

4）腐蚀监测数字化管理

通过建立腐蚀监测数字化系统，利用现有各类腐蚀监测/检测数据，由腐蚀数据库进行数据管理，并借助计算机技术对油气田腐蚀状况进行评估，从而实现腐蚀数据的科学高效利用，通过终端显示界面图形化展示多油气田腐蚀发展状况，为腐蚀防护工作提供决策支持。

二、安岳特大型含硫气田地面集输系统腐蚀控制技术

1. 安岳龙王庙气田概况

安岳龙王庙气田位于四川盆地中部遂宁市、资阳市及重庆市潼南县境内,东至武胜县—合川县—铜梁县、西达安岳县安平店—高石梯地区、北至遂宁市—南充市一线以南,南至隆昌县—荣昌县—永川一线以北的广大区域内,区域构造位置处于四川盆地川中古隆起平缓构造区威远—龙女寺构造群,地面建设规模 $3300 \times 10^4 \mathrm{m}^3/\mathrm{d}$,产能建设包括 57 口气井,其中建产井 53 口、试采井 4 口,共形成 10 座单井站、17 座丛式井站的整体布置。

1)气田水质指标

安岳龙王庙气田目前日产气田水 $1700\mathrm{m}^3$ 左右,以氯化钙水型为主,水样中 Cl^- 含量为 $57 \sim 58693\mathrm{mg/L}$,pH 值 $4.6 \sim 6.5$,密度平均 $1.04\mathrm{g/cm}^3$,总矿化度平均 $57212\mathrm{mg/L}$,属于高 Cl^- 含量、高矿化度水质,腐蚀性较强。水质指标见表 6-1-3。

表 6-1-3 安岳龙王庙气田各单井水质指标

井号	阳离子含量/(mg/L)					阴离子含量/(mg/L)			水型	pH 值
	K^+	Na^+	Ca^{2+}	Mg^{2+}	Ba^{2+}	Cl^-	SO_4^{2-}	HCO_3^-		
GS3	129	311	3748	1242	191	9220	29	731	$CaCl_2$	5.532
MX8	1	0	17	14	0	57	18	157	$CaCl_2$	4.932
MX9	20	372	684	458	30	2543	24	117	$CaCl_2$	5.846
MX10	898	9718	1391	858	558	25922	0	445	$CaCl_2$	6.376
MX11	3173	25472	1547	216	1361	51260	458	756	$CaCl_2$	6.343
MX12	36	278	415	389	0	1592	0	554	$MgCl_2$	6.2
MX13	107	73	684	538	0	2974	0	165	$CaCl_2$	7.525
MX16C1	1613	20772	6528	4708	492	28386	0	344	$NaHCO_3$	5.764
MX17	128	4474	74649	40611	84	243455	1799	0	$CaCl_2$	2.784
MX18	547	5048	2952	1471	207	3843	98	182	$NaHCO_3$	6.078
MX101	170	531	5136	2395	82	17342	69	376	$CaCl_2$	5.855
MX201	15	45	463	350	0	1708	18	178	$CaCl_2$	6.182
MX202	1725	19137	4330	3050	1062	49977	0	533	$CaCl_2$	5.918
MX204	2610	27468	1926	285	1091	48832	0	667	$CaCl_2$	6.531
MX009-X6	9	46	383	192	2	1813	0	97	$CaCl_2$	4.612

2）气田气质指标

安岳龙王庙气田天然气中 CH_4 含量95.24%～97.24%， H_2S 含量0.35%～0.76%， CO_2 含量1.53%～2.61%，属于中含硫化氢、低—中含二氧化碳气田。天然气气质指标见表6-1-4。

表6-1-4　安岳龙王庙气田单井腐蚀性气质指标

井号	CO_2 含量 /%（摩尔分数）	H_2S 含量 /%（摩尔分数）	CO_2 / H_2S
MX8	2.184	0.69	3.2
MX9	1.66	0.54	3.1
MX10	1.909	0.5	3.8
MX11	1.883	0.41	4.6
MX12	1.529	0.54	2.8
MX13	1.726	0.48	3.6
MX16C1	1.482	0.35	4.6
MX17	2.022	0.42	4.8
MX18	2.109	0.75	2.8
MX19	2.097	0.63	3.3
MX101	2.06	0.62	3.3
MX201	1.841	0.54	3.4
MX202	2.612	0.76	3.4
MX204	1.637	0.43	3.8
MX205	2.093	0.72	2.9
MX008-H1	2.019	0.61	3.3
MX008-7-H1	1.991	0.71	2.8
MX009-4-X1	2.045	0.44	4.6

3）气田腐蚀主控因素

从安岳龙王庙气田水质和气质指标可以看出，龙王庙组气藏天然气中二氧化碳和硫化氢比值（ CO_2/H_2S ）在2.8～4.8之间，根据 NACE MR 0175/ISO 15156《石油天然气工业 油气开采中用于含硫化氢环境的材料》规定如图6-1-3所示，这些管线腐蚀类型以硫化氢腐蚀为主。

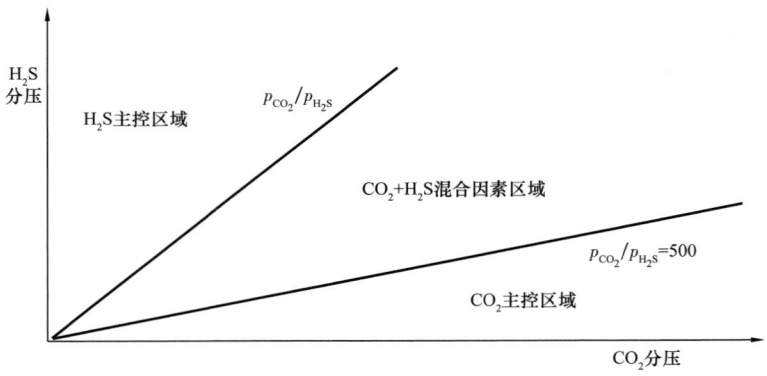

图 6-1-3　不同气质环境下腐蚀主控因素

2. 安岳龙王庙气田地面集输系统腐蚀控制设计

安岳龙王庙气田地面集输系统腐蚀控制设计，综合了材料优选、工艺设计、缓蚀剂防腐等多种技术手段，根据不同腐蚀环境采取了不同的腐蚀控制技术措施。

1）地面集输管线材料选择

对于在含 H_2S 的湿气环境下的输送钢管，在钢级选择上，采用强度低、韧性好的管线钢可更有效地保证管线抗 SSC 和 HIC 的能力。根据 ISO 15156—2015《石油天然气工业 油气开采中用于含硫化氢环境的材料》和标准 SY/T 0599—2018《天然气地面设施抗硫化物应力开裂和应力腐蚀开裂金属材料技术规范》，气田地面采气管线、集气管线采用 L360QS 无缝钢管。

2）地面集输设备材料选择

地面集输的非标压力容器和压力管道中非标三通、弯头等管路附件要求适用于安岳龙王庙气田内部集输工程不小于 9.9MPa、H_2S 含量不大于 4.8%（摩尔分数）及 CO_2 含量不大于 6.06%（摩尔分数）的技术要求。用于此环境介质的受压元件材料是纯度高的细晶粒结构的全镇静钢，所用材料为 Q245R、Q345R 和 20G，依据 TSG 21—2016《固定式压力容器安全技术监察规程》和 GB150.1～150.4—2011《压力容器》。

3）地面集输工艺设计

安岳龙王庙气田采用多井集气、气液混输与气液分输相结合的内部集输工艺。各井场天然气经井口 2 级节流后，将压力降至中压，将压力降至中压，进行分离计量。单井和丛式井（2 口井）采用单井计量，其余丛式井采用轮换计量，分离出来的液相再次进入原料气管线，通过采气管线气液混输进入东区、西区和西北区集气站。在集气站进行气液分离后，气相通过集气干线输往集气总站；液相通过气田水管线输往集气总站。

3. 安岳龙王庙气田地面集输缓蚀剂防腐工艺

1）地面集输系统缓蚀剂选择

安岳龙王庙气田地面集输系统管线选择碳钢材质，加注缓蚀剂是控制内腐蚀的主要措施。结合气田内部集输工艺条件，收集目前川渝气田常用的高酸性气田的商品缓蚀剂，参考 SY/T 5273—2014《油田采出水处理用缓蚀剂性能指标及评价方法》，开展缓蚀剂乳化性能评价、缓蚀剂与地层水配伍性能评价、缓蚀剂防腐性能评价，龙王庙组气藏选择 CT2-19C 作为连续加注用缓蚀剂、CT2-19 作为预膜用缓蚀剂。防腐方案见表 6-1-5。

表 6-1-5　安岳龙王庙气田缓蚀剂防腐方案

类型		防腐工艺	备注
站内管线	井口—分离器	缓蚀剂连续加注	监控加注过程
	分离器—出站	缓蚀剂连续加注	监控加注过程
集气支线	单井—集气站	定期预膜 + 连续加注	预膜周期 1 次 /2 月
集气干线	集气站—集气站	定期预膜 + 连续加注	预膜周期 1 次 /2 月
	集气站—中国石油遂宁天然气净化有限公司	定期预膜 + 连续加注	预膜周期 1 次 /2 月

（1）乳化倾向。

将含有一定浓度缓蚀的油水混合液上下振动使其乳化，以乳状液的稳定层度来评价缓蚀剂乳化倾向，若分层快，乳状液越不稳定，乳化倾向就越小。由表 6-1-6 可见 CT2-19C 和 CT2-19 无乳化现象，可以用于现场应用。

表 6-1-6　缓蚀剂乳化性能评价

缓蚀剂	乳化倾向		结论
	10min	1h	
空白	无乳化层	无乳化层	—
CT2-19	无乳化层	无乳化层	不发生乳化
CT2-19C	无乳化层	无乳化层	不发生乳化

（2）配伍性能。

以现场水为溶剂，将缓蚀剂配成体积分数为 10% 的溶液，摇动 5min 并加热至指定温度，观察缓蚀剂溶液的分散状况，主要是看有无不溶物出现，并与空白做对比。评价结果见表 6-1-7，配伍性能良好，可以用于现场应用。

表 6-1-7　缓蚀剂与现场水配伍性能评价

缓蚀剂	溶液分散状况		评价结果
	30min（90℃）	1h 后（90℃）	
空白	溶液呈均相，无沉淀或不容物	溶液呈均相，无沉淀或不容物	—
CT2-19C（水溶性）	溶液呈均相，无沉淀或不容物	溶液呈均相，无沉淀或不容物	配伍性好
CT2-19（油溶性）	上下分层，无沉淀或不容物	上下分层，无沉淀或不容物	配伍性好

（3）缓蚀剂防腐性能。

采用 MX8 井现场水，H_2S 145mg/L、CO_2 400mg/L，试验温度 80℃，试验周期 72h，缓蚀剂浓度 100mg/L，材料为 L360 钢，压力为模拟现场工况条件，由表 6-1-8 可见，CT2-19 和 CT2-19C 表现出良好的防腐性能，缓蚀率在 97% 以上。

表 6-1-8　缓蚀剂防腐性能评价

缓蚀剂	使用浓度/（mg/L）	腐蚀速率/（mm/a）	试片表面状况	缓蚀率/%
空白	—	0.322	均匀腐蚀	
CT2-19	500	0.0083	均匀光亮	98.1
CT2-19C	500	0.0062	均匀光亮	97.9

（4）膜持久性能。

室内对膜持久性能开展了评价，评价条件：模拟水组成（NaCl 32000mg/L，$NaHCO_3$ 2300mg/L，Na_2SO_4 4700mg/L），1% 缓蚀剂预膜，温度 40℃，H_2S 和 CO_2 饱和，试验材质为 L360QS 碳钢。结果见表 6-1-9，CT2-19 持久性能超过 240h，能较好地满足现场预膜工艺要求。

表 6-1-9　缓蚀剂膜持久性评价结果

缓蚀剂	膜持续时间/h
CT2-19	242

2）地面集输系统缓蚀剂加注工艺

（1）井口至分离器采气管线缓蚀剂防腐工艺。

采用连续加注方式在井口缓蚀剂加注口用泵将缓蚀剂以雾状喷入管道内，使缓蚀剂成雾状均匀分散于管道气流中，被气流带走，吸附于管道内壁上。每万立方米气量缓蚀剂加注量在 0.17～0.66L 之间，本方案按每万立方米气 0.5L 计算，后续通过监测结果持续优化。

（2）集气管线腐蚀控制方案。

采用预膜 + 连续加注的方式。预膜用缓蚀剂为 CT2-19，用量按照经验公式 $M=1.3\pi(D-2d)\times10^3\times3\times2.54\times10^{-5}\rho L$ 计算，预膜周期为每季度一次。其中，M 为预膜缓蚀剂用量，kg；D 为管径，mm；d 为壁厚，mm；ρ 为缓蚀剂密度，kg/L；L 为管线长度，km。

平时采用连续加注的方式，在集气管线前端加注口连续加注。每万立方米气量缓蚀剂加注量在 0.17～0.66L 之间，本方案按每万立方米气 0.5L 计算，后续通过监测结果持续优化。若为气液混输方式，则只需在井口加注口加注。

4. 安岳龙王庙气田地面集输系统腐蚀监测设计

安岳龙王庙气田地内部集输共 57 口井，共设置 124 个腐蚀监测点，每个监测点均安置腐蚀挂片和电阻探针各一套。在集气总站来气管线弯头与站外管线低洼积液处设置 6

套柔性超声波，在 MX009-3-X1 井至西北区集气站外管线低洼处设置 2 套高精度在线壁厚监测系统。

1）缓蚀剂应用效果评价

根据安岳龙王庙气田工况腐蚀特征，以及现场缓蚀剂实际应用工艺，现场开展缓蚀剂残余浓度及水样铁离子浓度分析，并配套建立以在线腐蚀挂片、电阻探针、氢渗透法、超声波定点测厚等技术手段为主的腐蚀监测 / 检测体系。

2）建立腐蚀数字化系统

基于腐蚀监测 / 检测技术集成，累积的大量腐蚀数据，涵盖基础数据、生产数据、腐蚀监测 / 检测数据等，建立了腐蚀监测数字化系统，包含腐蚀数据库、腐蚀评价软件及终端显示平台 3 个模块。

（1）腐蚀数据库：数据库可接收不同来源的腐蚀基础数据，数据类型包括工程建设数据、生产数据、监测 / 检测数据、操作数据（药剂、缓蚀剂投入量等）、实验室实验数据等。

（2）腐蚀评价软件：腐蚀评价软件基于管道内腐蚀直接评价 / 站场及设备的风险评价，软件外挂于建立的腐蚀数据库并可持续添加多种腐蚀评价模型。

（3）终端显示平台：终端显示平台图形化展示油气田腐蚀发展状况，支持多气田腐蚀监测系统、支持统计数据及趋势图展示。

三、地面集输系统腐蚀控制实施与优化

1. 地面集输系统腐蚀控制设计实施

1）管道及设备材质

安岳龙王庙气田采气管线和集输管线的防腐方案为缓蚀剂 + 碳钢。采气管线和集气管线制管符合标准 GB/T 9711—2017《石油天然气工业管 线输送系统用钢管》、ISO 15156—2012《石油天然气工业 油气开采中用于含硫化氢环境的材料要求》和 SY/T 0599—2018《天然气地面设施抗硫化物应力开裂和应力腐蚀开裂金属材料技术规范》的规定。

截至 2020 年 12 月，安岳龙王庙气田地面集输管道没有发生由 H_2S 导致的开裂问题。运行情况表明地面集输管道材料均具有良好的抗硫性能，可满足安岳龙王庙气田地面集输管道对碳钢材料的抗硫要求。采气管线和集气管线均采用缓蚀剂进行内腐蚀控制。通过腐蚀挂片和腐蚀探针对管道监测可知，在加注缓蚀剂的情况下，电化学腐蚀速率稳定，有效控制安岳龙王庙气田地面集输系统腐蚀速率小于 0.076mm/a。

截至 2020 年 12 月，安岳龙王庙气田地面设备运行没有发生任何由 H_2S 导致的开裂问题。根据生产期间超声波定点壁厚检测情况，安岳龙王庙气田各设备壁厚平均减薄量小于 10%，最高减薄 15.4%。目前的腐蚀监测和检测结果显示地面设备材料仍具有较好的适应性。

2）地面集输工艺

除个别产水量大单井（如 MX16-C1 井）外，安岳龙王庙气田采用气液混输的输送工

艺，能够满足气田试采的需要。根据单井的开发情况，部分水气比大、产水量高的单井，如 MX009-3 井组，气液混输容易带来管内积液严重，加剧内腐蚀的风险，因此针对产水量较大单井，采用每天分段加注缓蚀的缓蚀剂防腐工艺，减缓管道内腐蚀。

2. 地面集输系统缓蚀剂防腐实施

1）腐蚀控制中面临的问题

安岳龙王庙气田运行后集气管线采用缓蚀剂连续加注 + 定期预膜的缓蚀剂防腐工艺，经过效果跟踪评价，防腐效果显著，平均腐蚀速率控制在 0.076mm/a。

实际运行中多次发生清管预膜后脱硫单元吸收塔溶液发泡拦液事件，严重影响了装置平稳运行，给生产带来了不利影响。由情况统计，前期 5 条管线开展缓蚀剂预膜 25 次，其中有 10 次预膜后中国石油遂宁天然气净化有限公司脱硫装置溶液出现了发泡现象，占总比例的 40%；在出现发泡现象的几次清管过程中同时产生了较大量的污液以及清管污物。污液与污物混合形成的清管残液在气流搅动混合后有明显的泡沫，污物量越大下游出现发泡的概率更高，见表 6-1-10。

表 6-1-10　清管 / 预膜后下游溶液发泡情况统计

管线名称	作业日期	作业情况	有无发泡	污液 /m³	污物 /kg
西干线	2016-6-12	清管 / 预膜	无	37	12
	2016-9-29	清管 / 预膜	有	1.5	330
	2016-4-21	清管 / 预膜	有	13	30
	2017-6-18	清管 / 预膜	无	2	17
	2017-8-26	清管 / 预膜	有	36	28
	2017-5-20	清管 / 预膜	有	21	17
	2017-21	清管 / 预膜	无	1.5	2
	2017-8-6	清管 / 预膜	有	30	14
东干线	2016-12-19	清管 / 预膜	有	130	22
	2017-2-27	清管 / 预膜	有	105	33
	2017-4-20	清管 / 预膜	无	40	2
	2017-5-14	清管 / 预膜	无	64	0
西北干线	2017-5-21	清管 / 预膜	有	140	180
	2017-6-2	清管 / 预膜	无	135	38
	2017-6-8	清管 / 预膜	无	95	22
	2017-6-15	清管 / 预膜	无	135	0
	2017-6-19	清管 / 预膜	无	75	0

管线名称	作业日期	作业情况	有无发泡	污液 /m³	污物 /kg
MX009-4-X1 井至龙王庙西 北区集气站	2017-1-12	清管 / 预膜	有	100	32
	2017-3-12	清管 / 预膜	无	115	7
	2017-4-27	清管 / 预膜	无	40	0
	2017-7-29	清管 / 预膜	无	130	8
	2017-8-4	清管 / 预膜	无	110	0
MX009-3-X1 井至龙王庙西 北区集气站	2016-10-17	清管 / 预膜	有	9	10
	2016-12-15	清管 / 预膜	无	3	0
	2017-4-8	清管 / 预膜	无	1	0

2）清管残液对脱硫溶液发泡性影响

由于在清管预膜后可能产生大量清管残液，残液存在被带入脱硫溶液的可能性，因此清管残液对脱硫溶液起泡性影响值得关注。清管预膜残液对脱硫溶液发泡趋势的影响见表 6-1-11，中国石油遂宁天然气净化有限公司装置在用脱硫溶液已经具有较强发泡性，少量残液进入脱硫溶液中并不会造成溶液发泡性显著增大，当残液大量溶液起泡性会明显增加。一旦出现集气站以及脱硫装置分离设备分离效果出现波动，或者在清管预膜作业后，集输管线中产生大量泡沫等无法分离的物质，短时间内清管残液污染物被携带进入了脱硫溶液中，导致脱硫溶液发泡倾向变大，可能是清管预膜后引起溶液发泡的原因之一（吴金桥等，2005）。

表 6-1-11　清管预膜残液对脱硫溶液发泡趋势的影响

清管残液样品	100mL 净化二厂 Ⅱ 装置 CT8-5 贫液中残液加入量 /mL	起泡高度 /mm	消泡时间 /s
2017-5-20 西干线残液	20	13	19
	60	87	64
	100	92	71
2017-5-21 西北干线残液	20	18	20
	60	72	74
	100	101	65

3. 地面集输系统缓蚀剂防腐优化

考虑到清管预膜作业过程中残液中的致泡性物质可能随着作业过程中产生的泡沫进入下游中国石油遂宁天然气净化有限公司脱硫系统进而导致脱硫系统发泡，因此，研发一种在有效起到防腐效果同时抑制预膜作业过程中清管残液泡沫产生的缓蚀剂，从而减少清管残液污染物进入脱硫溶液，是降低清管预膜后脱硫系统发泡的方法之一。

1）缓蚀剂结构的确定

目前油气田领域常用的抗硫化氢缓蚀剂有咪唑啉类、酰胺类、季铵盐类等。其中，咪唑啉类化合物由于其具有高效、低毒、在合成过程中易于对分子结构进行修饰改性等优点，是目前研究最为热门的缓蚀剂种类之一。前期在安岳龙王庙气田预膜用的 CT2-19 缓蚀剂即为咪唑啉类，在现场防腐中表现出优良的效果。因此缓蚀剂研发考虑了以咪唑啉类化合物为主体结构的思路。

抑制泡沫的成分主要分为 3 类：矿物油类、有机硅类、聚醚类。聚醚类消泡剂是一种性能优良水溶性非离子表面活性剂，它是一类由 C—O—C 键组成的聚合物，与水接触时，醚键中的氧原子能够与水中的氢原子以氢键结合，分子链节成为曲折型，疏水基团置于分子内侧，链周围变得容易与水结合，可大大降低发泡液表面张力，具有抑泡时间长、效果好、消泡速度快、热稳定性好等特点（贵艳，2010）。

基于上述思路，在缓蚀剂研发中主要以咪唑啉化合物为主体结构，同时对缓蚀剂进行修饰，引入聚醚类结构，以实现在现场使用时具有良好的防腐效果的同时降低泡沫的产生。

2）缓蚀剂的合成

缓蚀剂的合成路线如图 6-1-4 所示，在含硫咪唑啉缓蚀剂中引入含聚乙二醇的醚类，利用含聚乙二醇的醚类中的醚键使体系的泡沫较少。研制成具有抑制溶液起泡的聚醚—含硫咪唑啉衍生物的缓蚀。

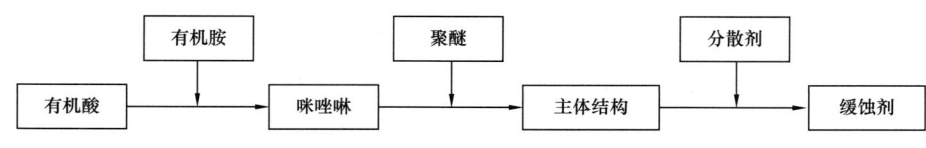

图 6-1-4　缓蚀剂合成路线

将一定物质的量之比的有机胺 A、有机酸 B 和聚乙二醇 C 充分混合后升温，同时通入氮气；将反应生成的水通过分水器分离出来；反应 2h 后停止加热，获得咪唑啉中间体（图 6-1-5），和含聚乙二醇的醚类（图 6-1-6）。

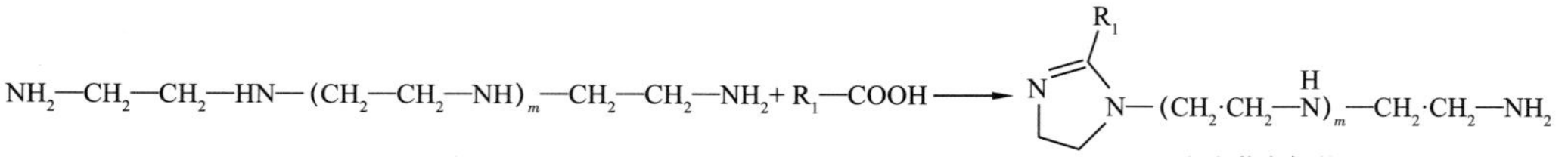

$$NH_2-CH_2-CH_2-HN-(CH_2-CH_2-NH)_m-CH_2-CH_2-NH_2 + R_1-COOH \longrightarrow$$

A　　　　　　　　　　B

咪唑啉中间体

图 6-1-5　咪唑啉中间体合成

$$R_1-COOH + HOCH_2(CH_2OCH_2)_nCH_2OH \longrightarrow R_1COO(CH_2CH_2O)_nOCR_1$$

C　　　　　　　　　　　　　　　　　　（Ⅱ）

图 6-1-6　含聚乙二醇的醚类合成

待体系冷却至 100～140℃时，再向体系中加入含硫有机化合物 D，所述含硫有机化合物 D 的物质的量加入量为有机胺 A 物质的量加入量的 0.8～1.2 倍，并继续反应 2～4h，分离生成水，得到含硫咪唑啉以及含聚乙二醇的酯类的混合溶液，然后加入助剂和有机溶剂，得到聚醚—咪唑啉缓蚀剂（陈文等，2018）。

3）缓蚀剂性能评价

主要针对聚醚—咪唑啉缓蚀剂抑泡性能、配型性、预膜效果、缓蚀剂性能进行了评价。试验研究采用的分析方法如下：

（1）缓蚀剂致泡性评价。

参考 ASTM E2407—2004（2009）《消泡剂有效性的标准试验方法》，将聚醚—咪唑啉缓蚀剂和安岳龙王庙气田清管残液共 100mL 按不同比例加入，高速搅拌后观察泡沫产生情况。

表 6-1-12 是研发的聚醚—咪唑啉缓蚀剂 30mL 和清管残液 70mL 混合高速搅拌后泡沫产生情况对比结果，可以看出使用聚醚—咪唑啉缓蚀剂后，气田水起泡能力明显降低，最高降低东干线清管残液起泡量 90%。

表 6-1-12　聚醚—咪唑啉缓蚀剂对气田水起泡性结果对比

溶液	起泡量 /mL
东干线清管残液	50
东干线清管残液 + 低致泡缓蚀剂	4
西干线清管残液	33
西站水样 + 低致泡缓蚀剂	6
西北干线清管残液	41
西北干线清管残液 + 低致泡缓蚀剂	8
总站水样	27
总站水样 + 低致泡缓蚀剂	3

（2）缓蚀剂配伍性能、预膜效果及防腐性能评价。

由于缓蚀剂分子中具有能与金属配位形成较稳定配合物的功能基团，在气田水中含有大量游离金属离子，因此有必要开展缓蚀剂对现场水的配伍实验研究，明确缓蚀剂适用离子的环境，为缓蚀剂现场应用提供指导。

① 配伍性能评价。实验参考标准 SY/T 5273—2014《油田采出水处理用缓蚀剂性能指标及评价方法》。

评价方法：以现场水为溶剂，将缓蚀剂配成体积分数为 10% 的溶液，摇动 5min 并加热至指定温度，观察缓蚀剂溶液的分散状况，主要是看有无不溶物出现，并与空白做对比，见表 6-1-13，与现场水配伍效果良好。

② 缓蚀剂预膜效果评价。采用阵列耦合多电极测试法实验方法：分别用空白电极与现用缓蚀剂 CT2-19、聚醚—咪唑啉缓蚀剂表面预膜后电极，清水冲洗 5min 后开展测试。同时使用不预膜的电极做对比测试。电极预膜和不预膜实验后的照片分别如图 6-1-7 所

示。从电极表面可以看出，使用缓蚀剂预膜的电极实验后表面光亮，而没有预膜的电极实验后表面有明显的腐蚀现象。

表 6-1-13　聚醚—咪唑啉缓蚀剂与现场水配伍性

取样点	缓蚀剂浓度 /%	配伍性结果
东区集气站分离器	10	良好
西区集气站分离器	10	良好
西北区集气站分离器	10	良好
集气总站分离器	10	良好

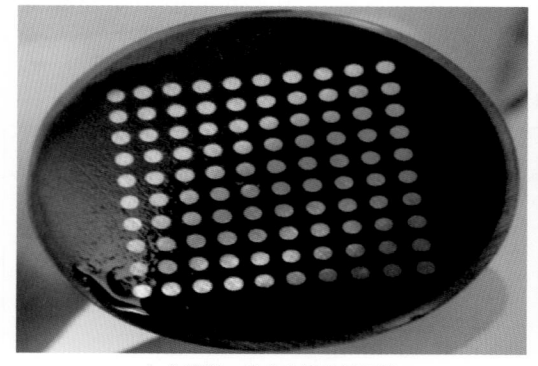

（a）聚醚—咪唑啉缓蚀剂预膜　　　　　　　　　　（b）无预膜

图 6-1-7　缓蚀剂预膜效果评价实验结果

通过耦合多电极评价，在通过聚醚—咪唑啉缓蚀剂预膜后电极腐蚀电位明显升高，电极腐蚀倾向变小。说明两种缓蚀剂均起到了较好的防腐效果。结果如图 6-1-8 所示。

③缓蚀剂防腐性能评价

使用聚醚—咪唑啉缓蚀剂开展了模拟腐蚀评价，同时使用原来的预膜缓蚀剂作为对比，试验条件：试片材质 L360QS、分别用 CT2-19 与聚醚—咪唑啉缓蚀剂浸泡 60min、温度 40℃、挂片时间 72h。由表 6-1-14 可以看出，研发的聚醚—咪唑啉缓蚀剂防腐效果与 CT2-19 类似，缓蚀率均能达到 90% 以上，且控制腐蚀速率小于 0.076mm/a，说明该缓蚀剂也适用于安岳龙王庙气田腐蚀环境。

（3）室内模拟高温高压挂片评价。

模拟现场实际情况，根据标准 JB/T 7901—2001《金属材料实验室均匀腐蚀全浸试验方法》在实验室内通过动态高温高压釜对聚醚—咪唑啉缓蚀剂的缓蚀效果进行评价。

实验条件：实验溶液 Cl⁻ 浓度为 60000mg/L，p_{H_2S} 为 0.6~1.5MPa，p_{CO_2} 为 2.7~4.6MPa，温度为 40~80℃，试片材质：L360QS，在聚醚—咪唑啉缓蚀剂中预膜 24h，模拟现场不同水质、气质、温度、压力、流速等条件的缓蚀剂防腐效果，见表 6-1-15，缓蚀率均大于 90%，防腐效果良好。

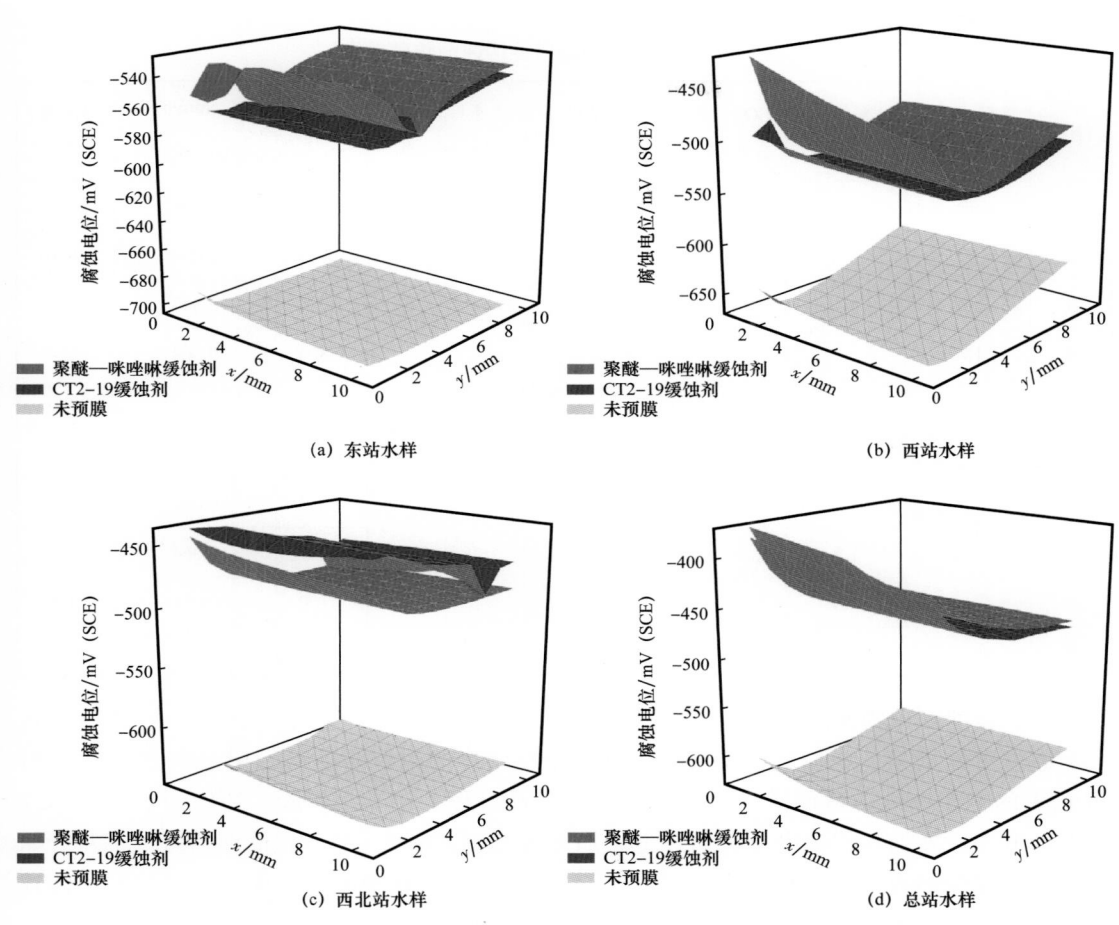

（a）东站水样　　　　　　　　　　　（b）西站水样

（c）西北站水样　　　　　　　　　　（d）总站水样

图 6-1-8　腐蚀电位实验

表 6-1-14　聚醚—咪唑啉缓蚀剂防腐性能评价

水样	评价条件	腐蚀速率 /（mm/a）	缓蚀率 /%
—	空白	0.3747	—
东区集气站水样	CT2-19 预膜	0.0369	90.2
	聚醚—咪唑啉缓蚀剂预膜	0.0356	90.5
西区集气站水样	空白	0.3341	—
	CT2-19 预膜	0.0198	92.7
	聚醚—咪唑啉缓蚀剂预膜	0.0264	92.1
西北区集气站水样	空白	0.4656	—
	CT2-19 预膜	0.0478	90.4
	聚醚—咪唑啉缓蚀剂预膜	0.0433	90.7

表 6-1-15　模拟现场条件缓蚀剂防腐效果

序号	实验温度 / ℃	H₂S 分压 / MPa	CO₂ 分压 / MPa	Cl⁻ 浓度 / mg/L	流速 / m/s	周期 / h	腐蚀速率 /（mm/a）		缓蚀率 / %
							空白	缓蚀剂处理后	
1	40	0.6	3.5	60000	1.7	120	1.942	0.046	97.6
2	60						0.911	0.054	94.0
3	80						1.078	0.047	90.1
4	100						0.804	0.064	92.4
5	80	0.3					0.756	0.077	90.3
6		0.9					2.013	0.070	91.4
7		1.2					0.893	0.081	92.1
8		1.5					1.059	0.064	91.1
9		0.6	2.7				1.100	0.051	90.6
10		0.6	4.6				1.303	0.058	94.2

（4）缓蚀剂预膜速度研究。

通过对处于某一电位的电极突然施加一个小幅度的电位阶跃后，记录电流（I）随时间（t）的响应曲线，从而求电极参数和研究电极过程。在本次实验中恒定附加在溶液体系上的电压，外加一扰动电压，通过记录加注缓蚀剂前后 I–t 的变化值获得缓蚀剂从开始成膜到膜完全形成所需要的时间（高岩等，2008）。在清管预膜作业中，通过控制夹注球的运行速度，使缓蚀剂段塞通过管道内任意一点的时间大于 Δt=393.48（B 点）-391.32（A 点）=2.54（s），即能保证缓蚀剂在管道内壁的成膜完全。结合现场实验条件，计算出现场预膜速度 v≤5.2m/s，即可满足以上条件，如图 6-1-9 所示。

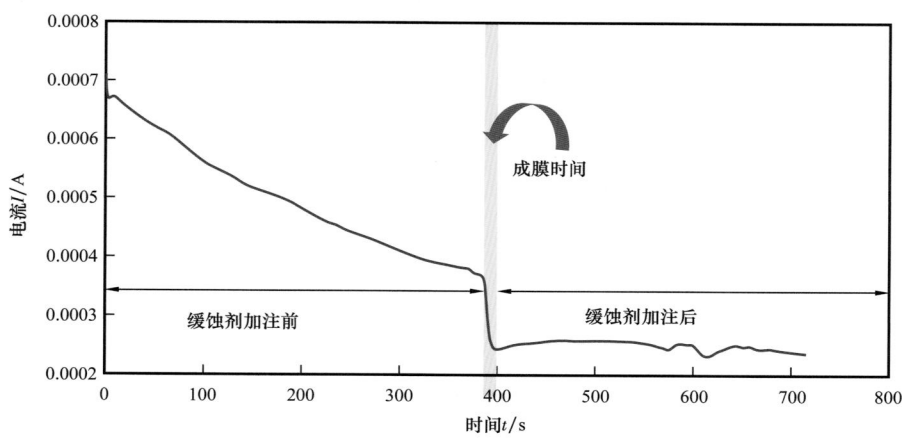

图 6-1-9　电流 I 随时间 t 变化图

4. 优化后缓蚀剂现场应用及效果评价

1）现场应用

2017 年至 2018 年在安岳龙王庙气田 7 条集输干线开展了聚醚—咪唑啉缓蚀剂预膜初步应用。具体工艺参数见表 6-1-16。

表 6-1-16　现场集输管线预膜工艺参数

管线名称	评价位置	预膜时间	管径 / mm	输距 / km	药剂用量 / kg	预膜速度 / m/s	起泡情况
东干线	管线末端	2017-6-6	508	9.8	1400	2.8	残液无起泡
西干线	管线末端	2017-7-31	508	20.51	2400	2.1	残液无起泡
西北干线	管线末端	2017-8-6	406	11.1	1100	1.9	残液无起泡
GS2 井至高石梯集气总站	管线末端	2017-7-25	168	7.1	520	2.2	残液无起泡
西眉清管站至龙王庙集气总站	管线末端	2017-8-7	406	10.1	1100	1.8	残液无起泡
MX008-7 井组至集气总站	管线末端	2017-6-25	273	2.1	260	2.0	残液无起泡
MX008-6 至龙王庙集气总站	管线末端	2017-7-1	324	8.0	860	2.4	残液无起泡

通过现场跟踪评价，未使用聚醚—咪唑啉缓蚀剂清管残液有明显泡沫产生，改用研发的聚醚—咪唑啉缓蚀剂后，无明显泡沫。且现场的 7 条集输管线在应用聚醚—咪唑啉缓蚀剂进行预膜工艺后，如图 6-1-10 和图 6-1-11 所示，残液无泡沫夹杂，下游中国石油遂宁天然气净化有限公司脱硫装置溶液未发生由清管预膜后残液进入脱硫溶液引起起泡。

图 6-1-10　未使用聚醚—咪唑啉缓蚀剂清管残液

图 6-1-11　使用聚醚—咪唑啉缓蚀剂预膜残液

2）应用效果评价

通过在安岳龙王庙气田集输管线开展聚醚—咪唑啉缓蚀剂现场应用实验，建立了以氢通量监测、铁离子浓度分析、在线腐蚀挂片的评价体系，用于评价预膜效果及确定膜在管壁上的持续时间。

（1）氢通量监测。

在管线预膜后预膜用缓蚀剂效果评价工作中，选择测采用氢通量监测，对缓蚀剂成膜效果和成膜持续时间等应用情况进行评价，结果如图 6-1-12 所示，缓蚀剂预膜后管线渗氢量明显降低（预膜前最高 6pL/（$cm^2 \cdot s$），预膜后降至 0pL/（$cm^2 \cdot s$）），说明缓蚀剂在管线壁具有良好的成膜效果，7 条现场试验管线平均 48 天后氢通量监测值恢复到预膜前水平，最长持续时间为 58 天。

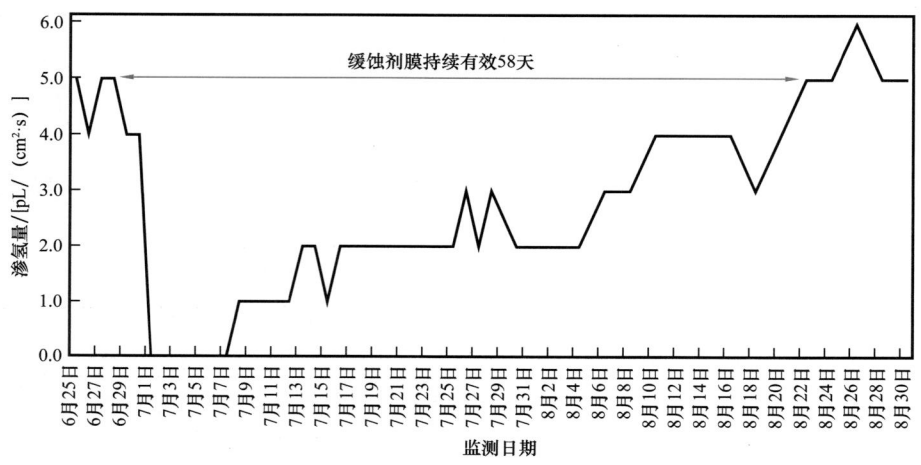

图 6-1-12　西干线氢通监测结果

（2）铁离子浓度分析。

通过对比预膜前后期铁离子浓度情况，跟踪评价聚醚—咪唑啉缓蚀剂预膜效果，结果见表 6-1-17，缓蚀剂预膜后管线水样中 Fe^{3+} 浓度明显降低，远低于预膜前管线水样中 Fe^{3+} 浓度。表明聚醚—咪唑啉缓蚀剂在管道内壁形成的保护膜有效阻止了管线中的腐蚀介质与管线基体材质接触，降低了对管道内壁腐蚀。

表 6-1-17　铁离子浓度分析

取样时间	取样管线	取样方案	Fe^{3+} 浓度 /（mg/L）
2017-5-30—2017-7-6	东干线	预膜前一周每天取样，预膜后每周取样 2 次	24.8～163.2
2017-7-24—2017-8-31	西干线	预膜前一周每天取样，预膜后每周取样 2 次	7.5～127.14
2017-8-4—2017-9-6	西北干线	预膜前一周每天取样，预膜后每周取样 2 次	10.3～91.4

取样时间	取样管线	取样方案	Fe^{3+}浓度 /（mg/L）
2017-7-19— 2017-8-23	GS2 井至高石梯集气总站	预膜前一周每天取样，预膜后每周取样2次	33.3~356.1
2017-8-3— 2017-8-26	西眉清管站至龙王庙集气总站	预膜前一周每天取样，预膜后每周取样2次	44.9~188.9
2017-6-20— 2017-7-23	MX008-7 井组至集气总站	预膜前一周每天取样，预膜后每周取样2次	37.7~101.9
2017-6-25— 2017-7-23	MX008-6 井至龙王庙集气总站	预膜前一周每天取样，预膜后每周取样2次	28.3~121.0

（3）在线腐蚀挂片腐蚀挂片监测。

通过对现场应用的 7 条集气管线在线腐蚀挂片持续跟踪评价，明确了现场应用后，管线内腐蚀趋势，结果见表 6-1-18。在线腐蚀监测挂片显示，原料气管线挂片经过聚醚—咪唑啉缓蚀剂预膜处理后，腐蚀控制效果明显，平均腐蚀速率均低于 0.025mm/a，处于轻度腐蚀。

表 6-1-18　现场预膜后集气管线在线挂片监测结果

序号	位置	不同取片周期的腐蚀速率 /（mm/a）					
		2017 年 3 季度	2017 年 4 季度	2018 年 1 季度	2018 年 2 季度	2018 年 3 季度	2018 年 4 季度
1	总站西眉清管站来气管线	0.0062	0.0030	0.0042	0.0036	0.0051	0.0052
2	总站 008-7 井组来气管线	0.0124	0.0599	—	0.0084	0.0146	0.0143
3	总站东干线来气管线	0.0020	0.0009	—	0.0035	0.0008	0.0014
4	总站西干线来气管线	0.0036	0.0024	—	0.0045	0.0025	0.0353
5	总站西北干线来气管线	0.0026	0.0013	0.0037	0.0024	0.0031	0.0036
6	总站 MX008-6 来气管线	0.0024	0.0020	0.0022	0.0017	0.0014	0.0500
7	高石梯集气总站 GS2 井来气管线	0.0034	0.0077	0.0081	0.0127	0.0048	0.0032

3）现场应用优化

由前期腐蚀监测 / 检测结果显示，设计的缓蚀剂应用方案对安岳龙王庙气田工况适应性较好，现场腐蚀速率低于控制目标的要求（腐蚀速率控制在 0.076mm/a 以下，且没有明显的局部腐蚀发生）。根据 7 次现场预膜试验来看，预膜后都有部分缓蚀剂残余被带出，所以考虑优化现场应用方案，将 30% 的富裕量减少为 10% 富裕用量。先后在 11 座场站开展现场应用试验。预膜后未出现明显带泡沫状清管预膜残液，平均膜效果持续时间 51 天，预膜作业后均未发生清管预膜后残液起泡影响下游中国石油遂宁天然气净化有限公司脱硫溶液拦液的现象。

依托在线腐蚀挂片等监测手段对现场优化试验后腐蚀控制效果进行了跟踪检测，可以看出，在优化用量后开展试验的几条管线整体腐蚀速率最大为 0.036mm/a，低于 0.076mm/a 的腐蚀控制目标，如图 6-1-13 所示。

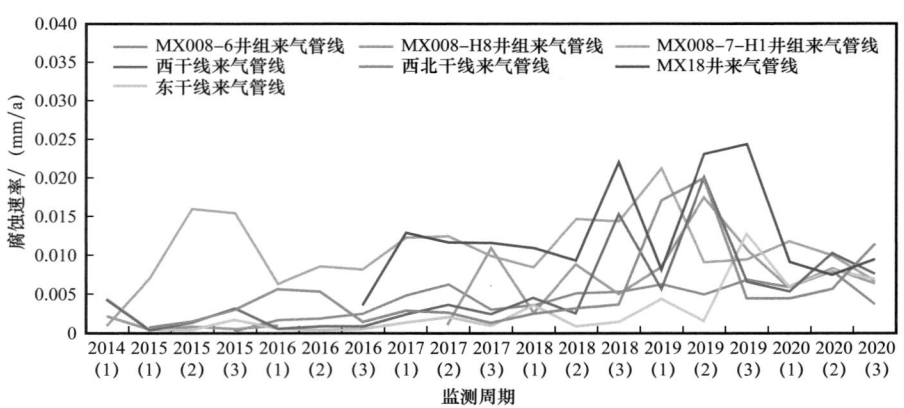

图 6-1-13　龙王庙组气藏集气总站原料气管线现场腐蚀挂片监测结果

4）腐蚀数字化评估

结合安岳龙王庙气田腐蚀工况特点，集成现场腐蚀监测 / 检测数据，对于集输管线特点的内腐蚀状况评估和预测模型，其目的是通过评价给管理者提供决策依据，为腐蚀控制措施的实施提供数据支持，保障气田的安全生产。

对 MX204 井和 GS6 井等单井集输管线开展腐蚀风险评估，预测结果如图 6-1-14 和图 6-1-15 所示，结果均为低风险，表明目前腐蚀可控。

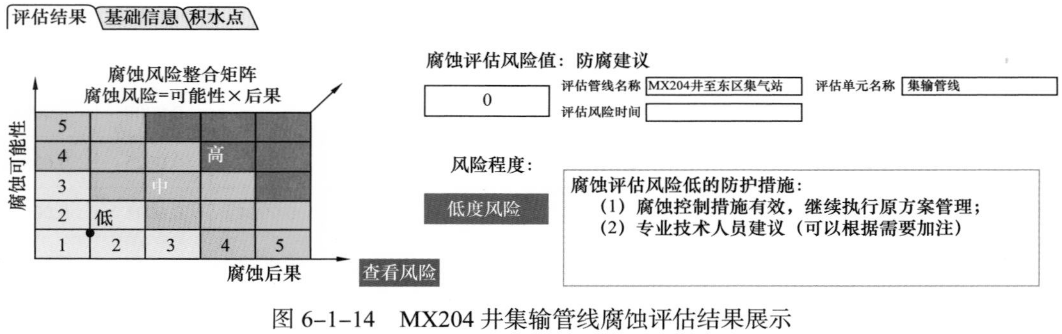

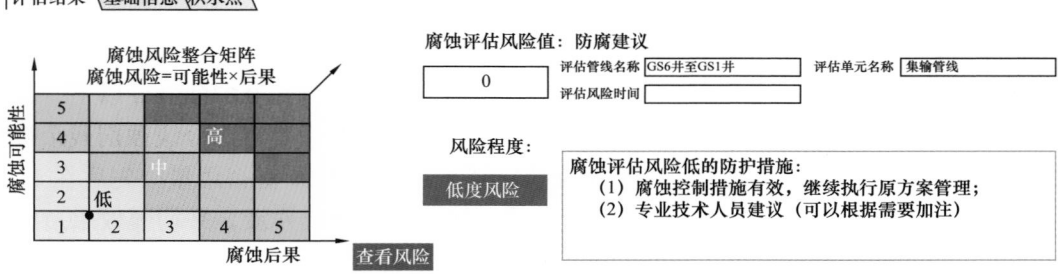

图 6-1-14　MX204 井集输管线腐蚀评估结果展示

图 6-1-15　GS6 井集输管线腐蚀评估结果展示

第二节　天然气净化装置平稳运行技术

一、天然气净化装置循环冷却水系统及循环冷却水处理技术

1. 天然气净化装置循环冷却水系统概况

天然气净化厂生产装置循环冷却水系统属于净化厂公用工程单元，主要用于脱硫单元、硫黄回收单元和尾气处理单元等主体单元的溶液、酸气等物料的冷却，控制物料的温度处于正常范围。中国石油西南油气田公司下属天然气净化厂大都采用敞开式循环冷却水系统，冷却水使用之后不是直接排放，而是循环利用，达到提高水资源利用率的目的，系统的工艺流程如图 6-2-1 所示，包括冷却塔、冷却水池、旁滤装置、换热器、加药系统以及管道等。冷却塔用于循环水的冷却，冷却水池用于存储循环水，旁滤装置用于去除循环水中的杂质，加药系统用于水处理药剂的应用。

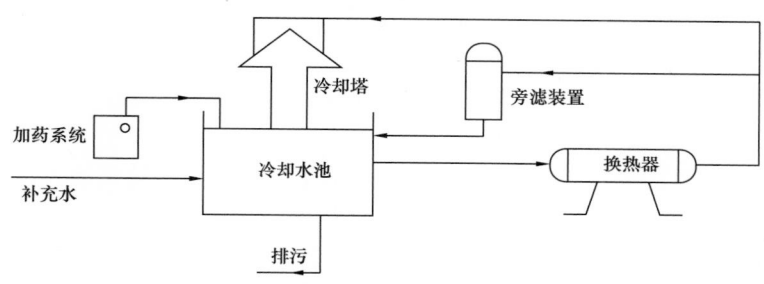

图 6-2-1　天然气净化装置循环冷却水系统工艺流程简图

冷却水在循环系统中不断循环使用，由于水温度升高，水流速度的变化，水的蒸发，各种无机离子和有机物的浓缩，冷却塔和冷却水池在室外受到阳光照射、风吹雨淋、灰尘杂物的进入等多种因素的综合作用，很容易产生较为严重沉积物附着、设备腐蚀和微生物的大量滋生，以及由此形成的黏泥污垢堵塞管道等问题，会威胁和破坏净化厂长时间的安全生产，造成一定的经济损失。因此，必须开展循环冷却水处理，不仅可以节约水资源，还可以提高系统的冷却效果，减少或杜绝物料的泄漏和损失，减少工厂的检修工作量，使设备达到安、稳、长、满、优运行。

2. 天然气净化装置循环冷却水处理技术

1）循环冷却水系统面临的问题

天然气净化厂循环冷却水系统在实际运行中主要面临腐蚀、结垢和微生物滋生三大问题。腐蚀问题是指循环冷却水系统的换热器在氧气、垢物和微生物等共同作用下发生的腐蚀现象；结垢问题是指循环水中的重碳酸盐在高温下变成碳酸钙沉积在换热器表面，以及磷酸钙和硅酸盐的沉积在换热器表面的现象。微生物滋生是指水中的微生物在营养物质存在的条件下，产生微生物黏泥吸附在换热器表面，进而影响换热器的换热效率的

现象，其同时会带来腐蚀问题。

2）循环冷却水处理技术介绍

（1）腐蚀控制技术。

循环冷却水系统由于是敞开式的，整个系统处于曝氧状态，氧气浓度很高，且冷却水离子种类较多，腐蚀现象比较常见。循环水系统发生腐蚀以电化学腐蚀为主，腐蚀机理包括吸氧腐蚀、析氢腐蚀、垢下腐蚀、微生物腐蚀。目前腐蚀控制的技术有：投加缓蚀剂、提高pH、涂料法、使用耐蚀材料换热器和电化学保护法。

① 投加缓蚀剂。在循环冷却水系统中加入少量缓蚀剂，抑制金属的腐蚀。从电化学腐蚀的角度来说，缓蚀剂的添加抑制了电化学反应的阳极过程或阴极过程，在金属的表面产生了极化作用，减小了腐蚀电流，从而达到缓蚀的作用；从成膜理论来看，添加缓蚀剂后，其在金属表面形成一层保护膜，阻止了循环冷却水中氧的扩散及金属的溶解。这种处理方法尽管不能完全消除金属的腐蚀，但是能将腐蚀的速度控制在允许的范围内。

② 提高循环冷却水系统的pH值。循环冷却水系统中含有溶解氧，当pH值达到8.0以上时，水中的氧能在金属表面形成一层钝化膜，可以保护金属；除此之外，用天然水作补充水时，水中含有一定量的碳酸盐和碳酸氢盐，提高pH值使水中碱度提高，使碳酸钙在金属表面形成一层保护膜，减轻金属的腐蚀。在实际运行中，可以通过循环冷却水在冷却塔内的曝气过程让水中的二氧化碳逸出到大气中，以提高冷却水的pH值，降低冷却水的腐蚀性，减缓金属的腐蚀现象。

③ 涂料法。涂料法是指在换热器的传热表面及封头上涂上防腐涂料，形成一层连续牢固附着的薄膜，使金属与冷却水隔绝，避免换热器受到腐蚀。

④ 使用耐蚀材料换热器。采用耐蚀材料换热器不但可以提高系统抗腐蚀性，同时可提高运行的简便性，使用的材料有金属和非金属耐蚀材料。金属耐蚀材料换热器材料常采用钛合金、铜合金、不锈钢和铝等；非金属耐蚀材料换热器材料常采用聚丙烯、石墨、氟塑料和搪玻璃等。金属材料的热导率、强度、耐压力、耐温度的性能均优于非金属材料。

⑤ 电化学保护法。电化学保护法，也称阴极保护法。在电化学反应中，阳极的金属因为活泼性较强，失去电子会被腐蚀，而阴极的金属会得到电子，从而不会被腐蚀。因此，若改变设备的外部条件，使设备变为一个大阴极，那么设备就会受到保护而不会被腐蚀。还有一种工作原理类似的方法，就是牺牲阳极保护法，即利用电偶腐蚀原理，牺牲电位较低的一种金属从而保护另外一种金属。

（2）结垢控制技术。

循环水在运行过程中，由于水中重碳酸盐的浓缩，当其浓度达到饱和状态时，或者在经过换热器传热表面使水温升高时，会发生反应导致碳酸钙析出，且由于冷却水在循环冷却过程中，溶解的 CO_2 不断逸出，会促进反应的进行。沉积的碳酸钙会大大降低换热器的换热效率，且导致一定的垢下腐蚀，在实际运行过程中，根据水质离子种类的不同，还可能产生磷酸钙和硅酸钙等沉积物。目前常用的结垢控制方法有：去除部分成垢离子、酸化法、使用阻垢剂、电子水处理技术等。

① 去除部分成垢离子：碳酸钙垢的成垢离子是钙离子和碳酸氢根离子，当补充水中

钙离子的含量和碱度比较高时，可以在预处理时减小部分硬度及碱度，即软化补充水，避免或减轻在循环冷却水系统中碳酸钙水垢的产生。采用软化水作为补充水有利于提高循环冷却水系统的浓缩倍数，有利于节水。循环冷却水系统的补充水常用的软化方法有离子交换法、石灰软化法。

② 酸化法：在循环冷却水系统中加酸，将水中碳酸钙变为溶解度大的非碳酸盐钙硬，使水中的碳酸钙浓度降低，防止产生碳酸钙水垢，这是一种早期的控制碳酸钙水垢的方法。

③ 使用阻垢剂：阻垢剂是一类能控制沉积物的化学药剂。将少量阻垢剂投加到循环冷却水中就可以减轻或者避免结垢，甚至可以剥离已附着在水冷器上的垢物。阻垢剂不仅仅能够控制水垢，还在一定程度上对腐蚀产物、淤泥及黏泥的沉积有一定的控制作用。

④ 电子水处理技术：利用声、光、电、磁等物理手段，增加水分子的偶极矩，改变水分子的自身状态和水分子之间的缔合程度，增加了水的溶解能力，从而使成垢离子、胶体可以稳定在循环水中。此外，电子水处理技术也具有一定的杀菌作用。

（3）微生物控制技术。

循环冷却水系统中主要含有细菌、真菌和藻类 3 类微生物。这些微生物通过自身的生命活动影响和改变金属表面的腐蚀电化学过程，从而加剧金属腐蚀。研究表明，微生物的生物膜对于腐蚀的影响极为关键，生物膜内部以及生物膜与金属表面与外部环境差异较大，微生物代谢所生成的产物在生物膜内部累积，通过阴极去极化、氧浓差电池等作用对金属造成腐蚀。由于微生物局部微观环境的特异性，其造成的腐蚀通常为局部腐蚀，且腐蚀一旦形成，腐蚀速率极快，如硫酸盐还原菌引起的孔蚀速率可达 $1.25 \sim 5.0 \mathrm{mm/a}$。因此，循环冷却水系统微生物腐蚀对材质危害极大。目前主要的控制方法有：杀菌剂、电子杀菌法。杀菌剂包括氧化型杀菌剂、非氧化型杀菌剂。

目前循环冷却水处理技术使用较为广泛的技术为水处理药剂应用技术、水质控制技术以及开停产的清洗预膜技术，水处理药剂包括缓蚀阻垢剂与杀菌剂。其中缓蚀阻垢剂的发展经历了从无机到有机再到共聚物，从高磷到低磷再到无磷的发展历程，现在循环冷却水系统中已很少使用单一的缓蚀阻垢剂，广泛采用复合型缓蚀阻垢剂。随着国家环保要求的提高，无磷复合缓蚀阻垢剂成为未来循环冷却水系统用水处理剂的发展方向。

3. 安岳气田天然气净化厂循环冷却水处理运行效果

1）安岳气田天然气净化厂循环冷却水系统概况

安岳气田寒武系龙王庙组气藏和震旦系灯影组气藏涉及的天然气净化厂包括中国石油遂宁天然气净化有限公司、中国石油安岳天然气净化有限公司、中国石油西南油气田分公司川中油气矿磨溪天然气净化厂三座天然气净化厂，处理原料气约 $4630 \times 10^4 \mathrm{m}^3/\mathrm{d}$，循环水系统保有水量约 $4000 \mathrm{m}^3$，系统概况见表 6-2-1。

中国石油遂宁天然气净化有限公司和中国石油安岳天然气净化有限公司的水处理系统均采用零排放技术，通过将循环冷却水系统排污水和锅炉房排污水等生产废水经过电渗析、反渗透和蒸发结晶等技术处理后，回用至循环冷却水系统，整个厂区实现废水零排放，水处理设备如图 6-2-2 所示。中国石油遂宁天然气净化有限公司循环冷却水系统的补充水为电渗析水、蒸发结晶水和自来水。中国石油安岳天然气净化有限公司循环冷却水系统的补充水为反渗透水、蒸发结晶水和自来水，两个厂运行参数较为类似。中国石油西南油气田公司川中油气矿磨溪天然气净化厂的补充水为自来水。

表 6-2-1　安岳气田天然气净化厂循环冷却水系统概况

序号	项目	遂宁天然气净化有限公司	安岳天然气净化有限公司	磨溪天然气净化厂
1	原料气处理量 /（$10^4m^3/d$）	3000	1200	430
2	循环水保有水量 /m^3	2600	1200	240
3	循环量 /（m^3/h）	4100	3600	500
4	补充水量来源	电渗析、蒸发结晶、自来水	反渗透、蒸发结晶、自来水	自来水
5	换热器材质	碳钢 + 不锈钢	碳钢 + 不锈钢	碳钢
6	设计浓缩倍数	大于 3 倍	大于 3 倍	3 倍

(a) 冷却塔　　　　　　　　(b) 蒸发结晶设备　　　　　　　　(c) 电渗析设备

图 6-2-2　天然气净化厂循环冷却水系统回用水处理设备

中国石油安岳气田天然气净化厂循环冷却水系统的补充水与循环水水质见表 6-2-2，通过采用稳定指数 R.S.I. 来判断水质的腐蚀结垢性，并根据水质特点，制订循环冷却水系统运行方案。（根据 Ryznar 提出的经验公式 R.S.I.=2pHs–pH 来作为判断水质的依据（pHs=9.7+A+B–C–D，其中 A、B、C 和 D 分别为总溶固系数、温度系数、钙硬度系数及碱度系数）。稳定指数 R.S.I. 的判断标准为：R.S.I.<3.7 时为严重结垢；3.7<R.S.I.<6.0 时为结垢；R.S.I.≈6.0 时为稳定；6.0<R.S.I.<7.5 时为腐蚀；R.S.I.>7.5 时为严重腐蚀。

中国石油遂宁天然气净化有限公司和中国石油安岳天然气净化有限公司的循环冷却水系统的补充水为回用水和自来水，中国石油西南油气田公司川中油气矿磨溪天然气净化厂循环冷却水系统的补充水主要为自来水，水质分析数据见表 6-2-2。电渗析和蒸发结晶处理装置可以较好地去除污水中的离子成分，其出水电导率均较低，分别为 295μS/cm 和 220μS/cm，均低于自来水的电导率，但是此类水质稳定指数均较高，电渗析水的稳定指数高达 9.65，蒸发结晶水的稳定指数为 7.56，均呈腐蚀性。当系统的补充水量较大时，会导致系统的浓缩倍数较低，因此中国石油遂宁天然气净化有限公司和中国石油安岳天然气净化有限公司循环水质处于低硬度的水质范围，水质的稳定指数均大于 6，水质呈腐蚀性，水处理技术方案应以腐蚀控制为主，结垢控制为辅。

表 6-2-2　天然气净化厂循环冷却水系统补充水与循环水水质

序号	参数		"零排放"循环水	磨溪天然气净化厂循环水	电渗析	蒸发结晶水	自来水	参考标准与方法
1	pH 值		9.2	9.1	6.6	6.9	8.1	GB/T 6904—2008
2	电导率 /（μS/cm）		592	1572	295	220	349	GB/T 6908—2018
3	浊度 /NTU		2.59	1.11	0.51	2.51	0.12	GB/T 12151—2005
4	离子含量 / mg/L	Ca^{2+}	44	232	6	30	56	GB/T 15452—2009
5		Mg^{2+}	13	36	2	10	12	GB/T 15452—2009
6		Cl^-	113	129	37	19	27	HJ/T 343—2007
7		SO_4^{2-}	138	161	45.3	27.3	32	HJ/T 342—2007
8		HCO_3^-	97.6	585.6	36.6	76.9	131	GB/T 15451—2006
9	稳定指数		6.89	4.40	9.65	7.56	6.43	—

中国石油西南油气田公司川中油气矿磨溪天然气净化厂循环冷却水系统的补充水为厂区的自来水，水质指标控制良好，硬度和碱度处于中等范围，氯离子和硫酸根离子含量均很低，循环水的稳定指数为 4.4，水质偏结垢状态，水处理技术方案应以结垢控制为主，腐蚀控制为辅。

2）天然气净化厂循环冷却水系统处理方案

针对中国石油遂宁天然气净化有限公司、中国石油安岳天然气净化有限公司、中国石油西南油气田公司川中油气矿磨溪天然气净化厂循环冷却水系统不同的补充水质特点，结合天然气研究院形成的水处理技术成果，形成了磷系缓蚀阻垢剂应用技术方案和无磷缓蚀阻垢剂应用技术方案。

（1）磷系缓蚀阻垢剂应用技术方案。

磷系缓蚀阻垢剂应用技术方案包括磷系的缓蚀阻垢剂应用和杀菌剂应用，并结合水质控制技术，达到循环水系统稳定运行的效果。室内采用旋转挂片法（图 6-2-3）、碳酸钙沉积法，采用人工模拟配制水样，对天然气研究院研发的针对腐蚀性水质的缓蚀阻垢剂开展适应性评价，评价结果见表 6-2-3 至表 6-2-6。由评价结果得知，在

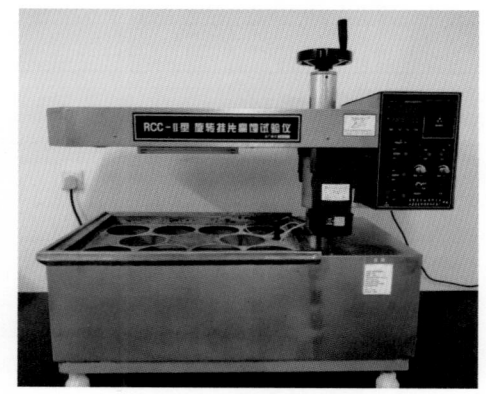

图 6-2-3　旋转挂片测试仪

低硬度水质条件下，水处理剂 CT4–38 的缓蚀效果优良，投加量 60mg/L 下，缓蚀率大于 90%，在钙离子含量 + 碱度为 400mg/L 的情况下，其阻垢率接近 90%，可以较好地控制系统的腐蚀与结垢现象。配伍性测试显示，CT4–38 与常见的杀菌剂 ClO_2、CT4–42 和 CT4–45 配伍性良好，杀菌剂对 CT4–38 的缓蚀率和阻垢率影响较小。

表 6-2-3　CT4–38 缓蚀效果评价

序号	钙离子含量 + 碱度（以碳酸钙计）/（mg/L）	药剂使用量 / mg/L	腐蚀速率 / mm/a	缓蚀率 /%
1	200	空白	1.0487	—
2	200	60	0.0715	93.18
3	200	80	0.01533	98.54

表 6-2-4　CT4–38 阻垢效果评价

序号	钙离子含量 + 碱度（以碳酸钙计）/（mg/L）	钙离子浓度 /（mg/L）		药剂使用量 / mg/L	阻垢率 /%
		试前	试后		
1	400	237.6	100	空白	—
2	400	237.6	223	80	89.38
3	600	356.4	156	空白	—
4	600	356.4	330	80	86.83

表 6-2-5　配伍性缓蚀评价

序号	钙离子含量 + 碱度（以碳酸钙计）/（mg/L）	药剂	腐蚀速率 / mm/a	缓蚀率 /%
1	262	空白	1.0526	—
2	262	CT4–38+ClO_2	0.0337	96.79
3	262	CT4–38+CT4–42	0.0238	97.74
4	262	CT4–38+CT4–45	0.0199	98.1

表 6-2-6　配伍性阻垢评价

序号	钙离子含量 + 碱度（以碳酸钙计）/（mg/L）	钙离子浓度 /（mg/L）		药剂	阻垢率 / %
		试前	试后		
1	400	237.6	100	空白	—
2	400	237.6	216	CT4–38+ClO_2	84.30
3	400	237.6	219	CT4–38+CT4–42	86.48
4	400	237.6	210	CT4–38+CT4–45	79.94

依据试验评价结果，并结合工业循环冷却水处理规范，推荐中国石油遂宁天然气净化有限公司和中国石油安岳天然气净化有限公司循环冷却水系统的控制方案为：水质控制与水处理药剂应用。水质控制参考表6-2-7，并注意监测电渗析水质与多效蒸发结晶的产品水质，一旦出现循环冷却水运行水质某个指标特别异常，立即采取大量排水，并补充合格的回用水或者新鲜自来水，及时消除风险，分析检测指标参考表6-2-7和表6-2-8。

表6-2-7 循环冷却水系统运行指标（一）

序号	项目	单位	建议控制指标	分析频次
1	pH 值	—	8.0～9.0	1 次 / 天
2	电导率	μS/cm	1000～2000	1 次 / 天
3	Cl^-	mg/L	<700	1 次 / 天
4	$SO_4^{2-}+Cl^-$	mg/L	<2500	1 次 / 天
5	Ca^{2+}（$CaCO_3$）	mg/L	100～300	1 次 / 天
6	总硬度（$CaCO_3$）	mg/L	200～300	1 次 / 天
7	HCO_3^-（$CaCO_3$）	mg/L	100～300	1 次 / 天
8	总磷	mg/L	6～10	1 次 / 天
9	浊度	NTU	<10	1 次 / 天
10	总铁	mg/L	<1	1 次 / 天
11	余氯	mg/L	0.2～1	加药后 2h
12	异养菌	个 /mL	<10^5	1 次 /2 周
13	腐蚀速率（碳钢）	mm/a	<0.075	1 次 / 月

表6-2-8 补充水日常分析项目及分析频次（一）

序号	分析项目	分析频次	
		回用水	新鲜水
1	浊度	1 次 / 天	1 次 / 周
2	pH 值	1 次 / 天	1 次 / 周
3	电导率	1 次 / 天	1 次 / 周
4	Ca^{2+}	2 次 / 周	1 次 / 周
5	总碱度	2 次 / 周	1 次 / 周
6	Cl^-	1 次 / 周	1 次 / 季度
7	SO_4^{2-}	1 次 / 周	1 次 / 季度

水处理药剂包括缓蚀阻垢剂 CT4-38 及杀菌剂 CT4-45 和 CT4-42。CT4-38 最好采用连续加注，并依据水质分析控制加药量，总磷控制在 6～10mg/L。CT4-45 和 CT4-42 根据保有水量采用冲击式投加，投加频率根据环境温度，现场藻类生长做适当增减（夏季环境温度高，藻类有明显生长，适当增加 30%～50%）。杀菌剂 CT4-45 和 CT4-42 的加注周期参考表 6-2-9。

表 6-2-9　杀菌剂推荐加注周期表（一）

时间	第 1 天	第 2 天	第 3 天	第 4 天	第 5 天	第 6 天	第 7 天
加注药剂	CT4-45	—	CT4-45	—	CT4-45	—	CT4-42

（2）无磷缓蚀阻垢剂应用技术方案。

随着国家环保要求的提高，含磷类的缓蚀阻垢剂的排放易造成水质富营养化，中国石油西南油气田公司川中油气矿磨溪天然气净化厂的污水经过处理需要排放，因此比较适合无磷类的缓蚀阻垢剂。CT4-39 是中国石油西南油气田公司天然气研究院研发的无磷缓蚀阻垢剂，具有优良的缓蚀阻垢性。采用旋转挂片法和碳酸钙沉积法对 CT4-39 的缓蚀阻垢进行评价，结果见表 6-2-10 和表 6-2-11。在钙离子含量 + 碱度为 600～1400mg/L，药剂使用量为 100mg/L 时，可控制碳钢腐蚀速率低于 0.075mm/a，缓蚀效果较好。阻垢评价结果表明，当钙离子含量 + 碱度在 1200mg/L，阻垢率可大于 90%，当硬度碱度再升高时，阻垢率略有下降，且 CT4-39 与常见杀菌剂配伍性良好（表 6-2-12）。综合分析表明，无磷缓蚀阻垢剂比较适合循环水中钙离子含量 + 碱度在 600～1200mg/L 范围内。

表 6-2-10　无磷缓蚀阻垢剂缓蚀评价

序号	钙离子含量 + 碱度 （以碳酸钙计）/（mg/L）	药剂使用量 /（mg/L）	腐蚀速率 /（mm/a）	缓蚀率 /%
1	600	空白	0.4572	—
3	600	100	0.0221	95.17
4	1000	空白	0.3647	—
5	1000	100	0.0257	92.95
6	1400	空白	0.2460	—
7	1400	100	0.0160	93.50

表 6-2-11　无磷缓蚀阻垢剂阻垢评价

序号	药剂 / 空白	钙离子含量（以碳酸钙计）/（mg/L）		阻垢率 /%
		试前	试后	
1	空白	615	175	—
2	药剂	615	574	90.68

续表

序号	药剂/空白	钙离子含量（以碳酸钙计）/（mg/L）		阻垢率/%
		试前	试后	
3	空白	704	244	—
4	药剂	704	648	87.83
5	空白	808	312	—
6	药剂	808	703	78.83

表 6-2-12　无磷缓蚀阻垢剂配伍性评价

序号	水质	药剂	腐蚀速率/（mm/a）
1	模拟水质	CT4-39+CT4-45	0.0340
2	模拟水质	CT4-39+CT4-42	0.0247
3	模拟水质	CT4-39	0.0211

依据试验评价结果，并结合工业循环冷却水处理规范，推荐中国石油西南油气田公司川中油气矿磨溪天然气净化厂循环冷却水系统控制方案为：水质控制与水处理药剂应用。水质控制参考表 6-2-13，一旦出现循环水运行水质某个指标特别异常，立即采取大量排水，并补充合格自来水，及时消除风险，分析指标参考表 6-2-14。

表 6-2-13　循环冷却水系统运行指标（二）

序号	项目	单位	控制指标	分析频次
1	pH 值	—	7.0~9.0	1 次/天
2	电导率	μS/cm	1000~2000	1 次/天
3	Cl^-	mg/L	<700	1 次/天
4	$SO_4^{2-}+Cl^-$	mg/L	<2500	1 次/天
5	Ca^{2+}（$CaCO_3$）	mg/L	300~500	1 次/天
6	总硬度（$CaCO_3$）	mg/L	350~600	1 次/天
7	HCO_3^-（$CaCO_3$）	mg/L	250~500	1 次/天
8	Zn^{2+}	mg/L	1~2	1 次/天
9	浊度	NTU	<10	1 次/天
10	总铁	mg/L	<1	1 次/天
11	余氯	mg/L	0.2~1	加药后 2h
12	异养菌	个/mL	<10^5	次/2 周
13	腐蚀速率（碳钢）	mm/a	<0.075	次/月

表 6-2-14　循环水补充水日常分析项目及分析频次（二）

序号	分析项目	分析频次
1	浊度	1 次 / 周
2	pH 值	1 次 / 周
3	电导率	1 次 / 周
4	Ca^{2+}	1 次 / 周
5	总碱度	1 次 / 周
6	Cl^-	1 次 / 季度
7	SO_4^{2-}	1 次 / 季度

水处理药剂包括缓蚀阻垢剂 CT4-39 及杀菌剂 CT4-45 和 CT4-42。CT4-39 建议采用连续加注，并依据水质分析控制加药量，总锌控制在 1～2mg/L，参考表 6-2-13。CT4-45 与 CT4-42 采用冲击式投加，CT4-45 与 CT4-42 的加注周期参考表 6-2-15 和表 6-2-16，并根据环境温度，现场藻类生长做适当增减（夏季环境温度高，藻类有明显生长，适当增加 30%～50%）。

表 6-2-15　无磷缓蚀阻垢剂加注周期表

时间	第 1 天	第 2 天	第 3 天	第 4 天	第 5 天	第 6 天	第 7 天
药剂	CT4-39	—	—	CT4-39	—	—	—

表 6-2-16　杀菌剂推荐加注周期表（二）

时间	第一周周三	第二周周三	第三周周三
药剂	CT4-45	CT4-45	CT4-42

（3）天然气净化厂循环冷却水系统清洗预膜技术。

循环冷却水系统在运行一段时间后，设备表面很容易发生污垢的沉积，会大大降低换热器的换热效率，还会使换热器的冷却水的通量变小，从而使冷却的效果进一步降低。而且沉积物还会阻碍缓蚀阻垢剂与换热器表面接触，降低药剂的使用效果。新投产的换热器，在制造加工过程中会产生一定的铁锈、泥沙以及油污。因此，循环冷却水系统应定期进行清洗，去除表面的沉积物。

物理清洗：采用物理方法对换热器进行清洗，包括吹气、高压水力冲洗、胶球清洗。

化学清洗：通过化学清洗药剂使沉积物溶解、疏松、脱落或剥离，为预膜过程打下基础。清洗过程应定期监测水质变化，注意 pH 值的变化，并开展腐蚀挂片监测清洗的效果，清洗效果参考 GB/T 25146—2010《工业设备化学清洗质量验收规范》，碳钢平均腐蚀率小于 3g/（m² · h）。

预膜：换热器表面在清洗之后处于活化状态，需要在其表面形成一层完整而致密的耐腐蚀保护膜。预膜前，最好取自现场的补充水，开展模拟试验确定预膜药剂浓度、预膜时间，实施过程中应注意监测水质变化，观察试片的预膜效果，一般控制预膜时间为48～72h，至试片表面生成一层明显蓝色膜，并参考 GB/T 25149—2010《工业设备化学清洗中碳钢钝化膜质量的测试方法 红点法》检验预膜质量。

3）天然气净化厂循环冷却水处理技术应用效果

（1）清洗预膜技术的应用。

① 清洗处理过程。

水冲洗：以大量循环水对装置进行循环冲洗，冲洗 2h 后进行补排水至浊度小于 20NTU 为止。水冲洗过程中，浊度由初始 21.2NTU 升至 40NTU，再经补排水将浊度降至12.3NTU，水冲洗将系统中的部分污物冲刷剥离，并通过排污排出系统。

化学清洗：水冲洗结束后，进入化学清洗阶段，通过投加生物黏泥清洗剂、多功能清洗剂开展化学清洗，循环水浊度由清洗前的 12.3NTU 上升到 136NTU，说明系统中生物黏泥等污垢得到有效清除，浊度变化曲线如图 6-2-4 所示；总铁则由清洗前的 1.2mg/L上升到 16.6mg/L，说明系统中的锈垢得到有效的清洗，总铁变化曲线如图 6-2-5 所示。清洗过程中，循环水池可见明显污垢与泡沫，如图 6-2-6 所示。循环水的浊度和总铁含量趋于稳定时，进行补排水过程，准备进入预膜阶段。清洗开始时在循环水池中挂入腐蚀监测试片监测清洗期间系统的腐蚀速率，腐蚀监测数据见表 6-2-17，结果显示清洗期间的腐蚀速率远低于控制标准要求，清洗过程满足规范的要求。

② 预膜处理过程。

当补排水过程的水质满足预膜水质要求时，可以进入预膜阶段，并通过挂片监测预膜效果，当预膜时间达到 48h，试片表面有较明显的蓝晕色，如图 6-2-7 所示，表明试片表面成膜良好。

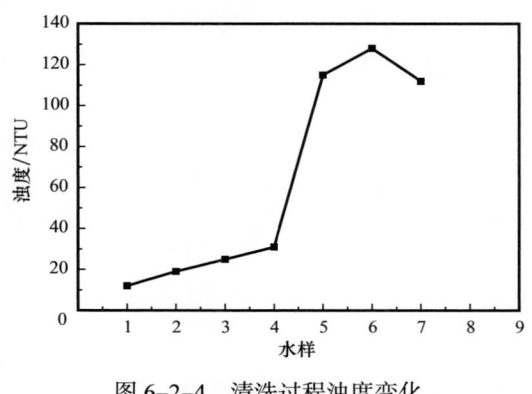

图 6-2-4　清洗过程浊度变化

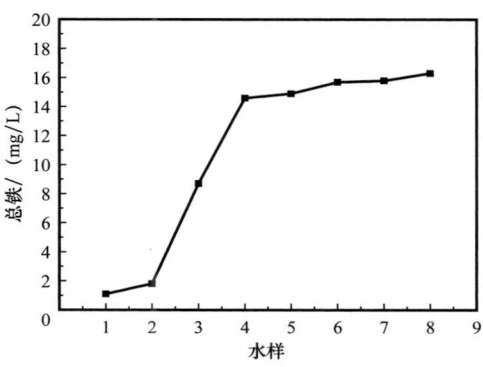

图 6-2-5　清洗过程总铁变化

图 6-2-6　循环水池表面污垢

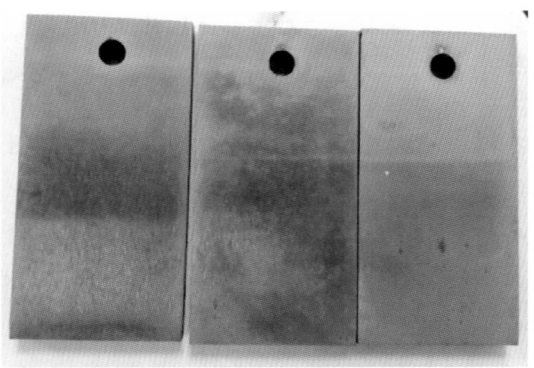

图 6-2-7　预膜后试片

表 6-2-17　清洗过程试片腐蚀监测结果

序号	监测指标	试片 2633	试片 2634	试片 2635	试片 2636
1	试片材质	碳钢	碳钢	碳钢	碳钢
2	清洗前质量 /g	21.0760	20.9712	21.3058	21.7789
3	清洗后质量 /g	21.0651	20.9574	21.2884	21.7633
4	腐蚀失重 /g	0.0109	0.0138	0.0174	0.0156
5	试片表面积 /cm²	28	28	28	28
6	平均腐蚀速率 / [g/ (m²·h)]	0.0736			
7	腐蚀控制标准 / [g/ (m²·h)]	<3.0			

（2）磷系缓蚀阻垢剂应用效果。

依据形成的磷系缓蚀阻垢剂应用方案，在中国石油遂宁天然气净化有限公司开展了应用，并监测水质指标（图 6-2-8），一旦水质某个指标出现异常，立即大量补排循环水至正常水质。循环水系统的运行效果评价依据水质监测评价和腐蚀挂片监测评价。

水质分析表明，由于采用回用水作为补充水，且系统的浓缩倍数较低，循环水中钙离子含量和碱度较低，钙离子含量处于 150～200mg/L，碱度为 70～200mg/L，循环水的稳定指数为 6.9，显示出腐蚀倾向。浊度、pH 值、氯离子和硫酸根离子含量控制较好，水质控制整体较好。日常加药控制总磷含量为 7～9mg/L。腐蚀挂片监测显示，试片表面较为光亮，如图 6-2-9 所示，腐蚀速率为 0.025mm/a，均满足规范要求，现场微生物总数测试为 3.0×10^4 个 /mL，冷却塔外观无明显的藻类生长现象。现场应用表明，形成的循环水处理方案可以较好地控制现场的腐蚀现象，保障系统的稳定运行。

（3）无磷缓蚀阻垢剂应用技术应用效果。

依据形成的无磷缓蚀阻垢剂应用方案，在中国石油西南油气田公司川中油气矿磨溪天然气净化厂开展应用，并监测水质指标（图 6-2-10），一旦水质某个指标出现异常，立即大量补排循环水至正常水质。无磷缓蚀阻垢剂效果评价依据水质监测和腐蚀挂片监测评价（图 6-2-11，表 6-2-18）。

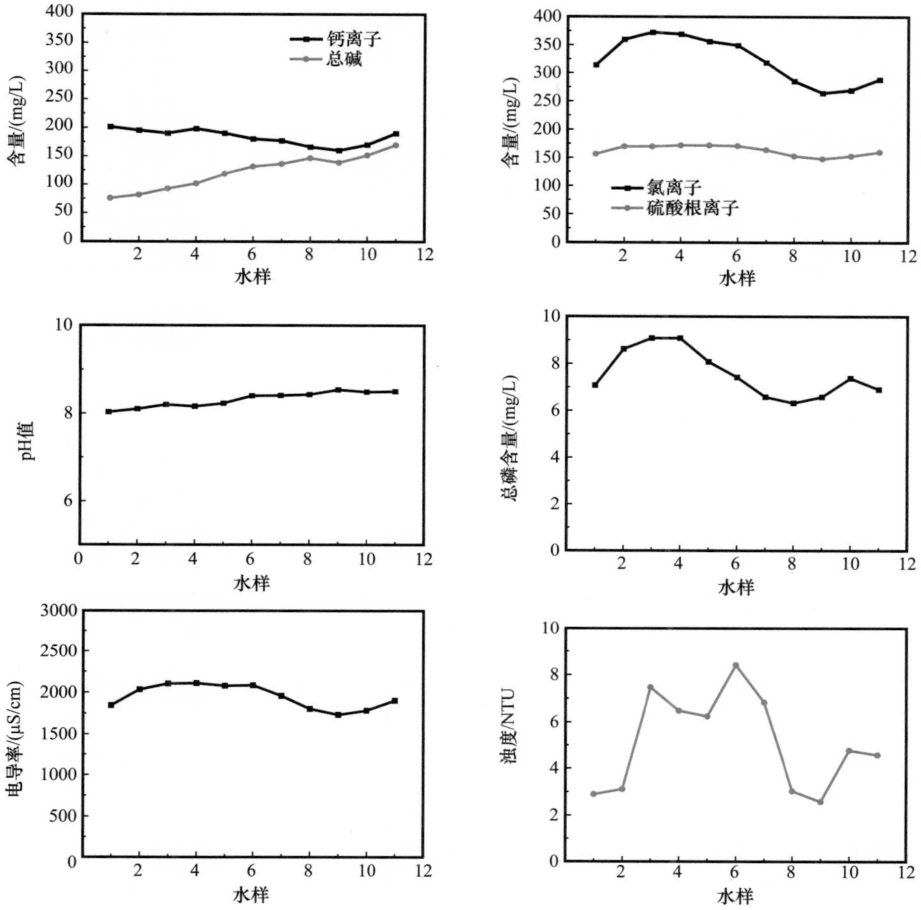

图 6-2-8 中国石油遂宁天然气净化有限公司循环水水质分析

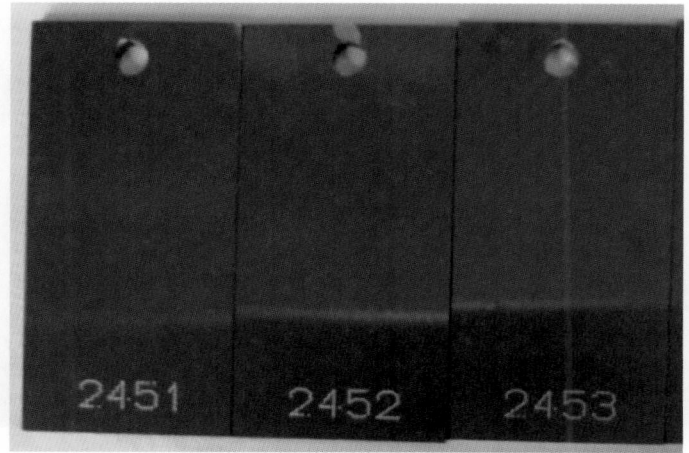

图 6-2-9 循环水系统现场腐蚀挂片

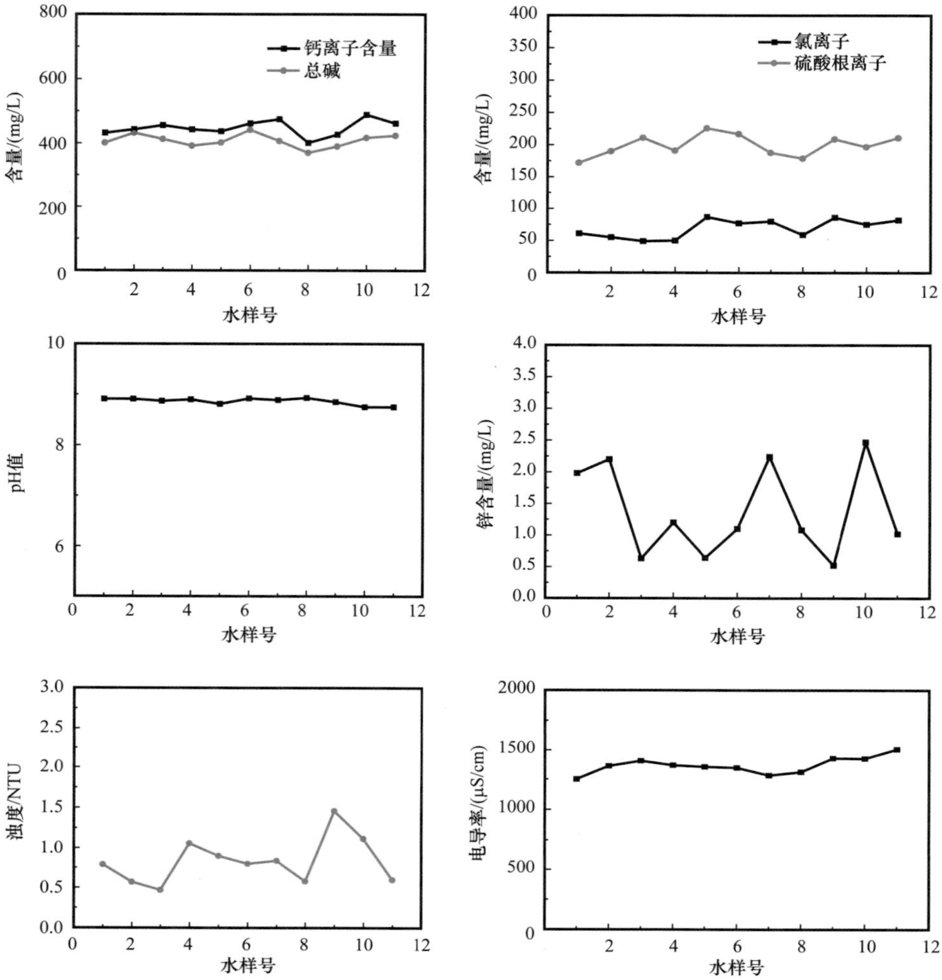

图 6-2-10　中国石油西南油气田公司川中油气矿磨溪天然气净化厂循环水水质分析

(a)碳钢试片（未清洗）　　　　　　　　　(b)不锈钢试片（未清洗）

图 6-2-11　中国石油西南油气田公司川中油气矿磨溪天然气净化厂腐蚀挂片监测

表 6-2-18　中国石油西南油气田公司川中油气矿磨溪天然气净化厂循环水系统腐蚀挂片监测

序号	试片材料	腐蚀速率 /（mm/a）	规范要求 /（mm/a）
1	碳钢	0.031	<0.075
2	碳钢	0.032	<0.075
3	不锈钢	0.002	<0.005

水质分析表明，通过运行管理控制钙离子含量在 400～500mg/L，碱度为 300～400mg/L，氯离子和硫酸根离子含量低于 300mg/L，浊度较低，水质控制整体较好。日常加药控制锌离子含量为 1～2mg/L。腐蚀挂片监测显示，试片表面较为光亮，如图 6-2-10 所示，挂片显示腐蚀速率为 0.032mm/a，满足 GB 50050—2017《工业循环冷却水处理设计规范》的要求，不锈钢试片表面光亮，腐蚀速率低于 0.005mm/a。室内模拟水质测试药剂的阻垢率为 90%，效果良好。现场微生物总数为 1.3×10^3 个 /mL，冷却塔外观无明显的藻类生长。现场应用表明，无磷缓蚀阻垢剂应用方案可以较好地控制现场的腐蚀问题，保障了循环水系统的稳定运行。

（4）天然气净化厂循环冷却水处理技术应用结论。

安岳气田寒武系龙王庙组气藏、震旦系灯影组气藏涉及的净化厂包括中国石油遂宁天然气净化有限公司、中国石油安岳天然气净化有限公司和中国石油西南油气田公司川中油气矿磨溪天然气净化厂 3 座天然气净化厂，形成的循环冷却水处理技术包括水处理药剂应用技术、水质控制方案、清洗预膜技术，并依据每个厂的水质特点，形成了磷系、无磷缓蚀阻垢剂的应用技术，现场应用均可以满足规范 GB 50050—2017 的要求，可较好地保障循环冷却水系统稳定运行。

二、脱硫系统胺液深度净化技术

天然气净化装置运行中一个突出和普遍的问题就是醇胺脱硫脱碳溶液（以下简称胺液）易受原料天然气携带杂质污染，继而导致产品天然气不合格、净化装置发泡冲塔、被迫停产。埋藏在地下的原料天然气经过钻完井、采气、集输过程后进入天然气净化厂，原料天然气中携带有来自地下的杂质、钻井液、水泥浆、压裂酸化剂、缓蚀剂和泡排剂等各种油田化学药剂的残余物。虽然设置了各级分离器，但不能百分之百地分离原料天然气中的有害杂质，所以胺液受污染导致装置运行不平稳、非计划停产的问题在天然气净化厂时有发生，严重制约了天然气净化生产环节稳产上产。此外，由于缺少能经济有效去除胺液中污染物的技术，净化厂只能采取更换新胺液，将受污染胺液作为废液处理外排的办法恢复生产，极大地增加了净化厂的生产成本和环保压力。因此，开发出能有效脱除胺液中有害杂质，全面恢复胺液性能的胺液净化新技术，对于确保天然气净化装置安全平稳运行具有重要意义。

1. 胺液中的杂质及其造成的生产问题

1）有机杂质造成的生产问题

（1）发泡。有机杂质对胺液发泡趋势的影响很大，特别是长链羧酸（酯），其表面活性相当强，即使其在胺液中的含量很低也会显著增大胺液的发泡趋势。要使胺液发泡实验的起泡高度小于200mm，消泡时间小于60s，胺液中总有机杂质的质量分数建议控制在 100×10^{-6} 以下。

净化装置受污染发泡拦液等问题在公司下属净化厂时有发生，这些受污染的胺液中都存在含量较高的有机杂质特别是长链羧酸（酯）和烃。有的净化装置因为胺液中长链羧酸（酯）和烃的质量分数高达1000μg/g甚至2000μg/g以上，胺液严重发泡（消泡时间高达1个多小时），导致装置冲塔，被迫临时停产。

长链羧酸（酯）等有机杂质使胺液发泡后，气液传质效果变差，导致净化气中的H_2S和CO_2含量升高。所以，净化装置出现发泡问题时，通常会同时出现净化气质量变差的问题。

（2）堵塞。除了能使胺液发泡，长链羧酸在钠盐存在下还能使胺液形成果冻状物质（颜晓琴等，2014）。天然气净化厂装置出现发泡、拦液等运行问题时，装置中有时同时会出现黑色果冻状物质，如图6-2-12所示。这些果冻状物质会堵塞塔板，使装置运行情况更加恶化。

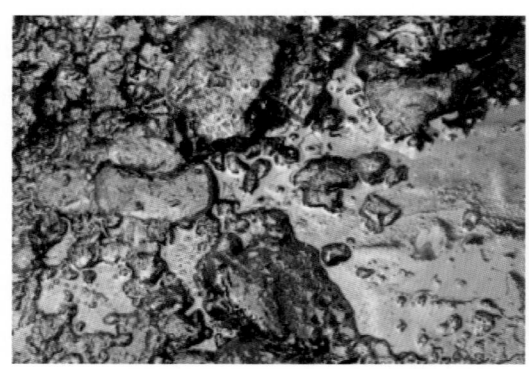

图6-2-12 天然气净化装置中的胶状堵塞物

当胺液中同时存在长链烃时，长链烃会粘附包裹果冻状物质，不仅使这些果冻状物更难被破坏，而且使其粘附性增强，会紧紧地粘附在装置上，不易被气流或液流冲走且越积越大。可见，长链羧酸与烃对净化装置平稳运行的危害是很大的，其在胺液中的浓度需要严格控制。

（3）腐蚀。除 N,N'-2（2-羟乙基）甘氨酸以外其余有机杂质的腐蚀性均很小。要使胺液的腐蚀速率低于腐蚀控制指标0.076mm/a，N,N'-2（2-羟乙基）甘氨酸在胺液中的质量分数建议控制在 500×10^{-6} 以下。

2）热稳定盐造成的生产问题

（1）腐蚀。

热稳定盐具有腐蚀性（Rooney et al.，1997），导致净化装置设备腐蚀穿孔。各种热稳定盐对胺液腐蚀性的影响是有差别的，草酸盐的腐蚀性最强，胺液中草酸根离子质量分数为 1000×10^{-6} 时，其腐蚀速率甚至大于高酸气负荷胺液（即 45%MDEA 富液）的腐蚀速率。氯离子均匀腐蚀速率虽然不是很大，但是当氯化钠质量分数达到 500×10^{-6} 时点蚀现象明显，并且点蚀程度随着氯化钠质量分数的增加而加大，所以胺液中氯离子的含量也应该严格控制。

美国陶氏化学公司建议各种热稳定盐阴离子在胺液中的质量分数按表 6-2-19 进行控制。中国石油西南油气田公司根据腐蚀试验研究结果，对硫代硫酸根离子和乙酸根离子提出了更严格的控制指标，要求其在胺液中的质量分数分别小于 1000×10^{-6} 和 700×10^{-6}。

表 6-2-19　胺液中热稳定盐含量建议控制指标

热稳定盐	热稳定性盐含量（质量分数）上限 /10^{-6}
草酸根离子	250
氯离子	500
甲酸根离子	500
硫酸根离子	500
乙酸根离子	1000
乙醇酸根离子	10000
硫代硫酸根离子	10000

（2）拦液。

导致吸收塔和再生塔拦液的原因主要有 3 个：一是胺液发泡，二是塔板堵塞，三是气液负荷过大。

热稳定盐因为其表面活性弱，对胺液发泡趋势的影响很小，胺液中热稳定盐的质量分数不高于 2% 时都不会引起胺液发泡，见表 6-2-20。

表 6-2-20　热稳定盐对胺液起泡趋势的影响实验结果

MDEA 水溶液中热稳定盐加入量（质量分数）/10^{-6}	起泡高度 /mm	消泡时间 /s
无	15～45	5～19
100	15	6
1000	16	9
10000	102	44
20000	114	59

但是热稳定盐具有腐蚀性，其腐蚀金属生成的铁盐易溶于胺液，会使胺液中的铁离子浓度增大。含铁离子的胺液在吸收塔内与硫化氢反应生成硫化亚铁沉淀，如图 6-2-13

和图 6-2-14 所示。硫化亚铁沉淀不断积累逐渐堵塞吸收塔盘，就会引起净化装置出现拦液问题（颜晓琴等，2017）。某净化厂曾因为装置内部严重腐蚀，胺液中铁离子异常高，吸收塔内产生大量硫化亚铁，堵塞塔盘，导致装置频繁拦液。虽然该厂装置内部腐蚀主要原因是因为酸气负荷（特别是 CO_2 负荷）太高，但是该厂胺液中乙酸盐和乙醇酸盐质量分数合计超过 10000μg/g，这些热稳定盐对装置腐蚀起了很大的推波助澜作用。

图 6-2-13 含铁离子胺液通入 H_2S 前（左）、后（右）　图 6-2-14 含铁离子胺液吸收 H_2S 后形成的沉淀

（3）脱硫脱碳性能变化。

无机热稳定盐对胺液脱硫脱碳性能的影响很小，对胺液脱硫脱碳性能影响较大的是热稳定胺盐。

热稳定胺盐对脱硫和脱碳的影响是不相同的。MDEA 溶液中热稳定胺盐（以酸根离子计）含量低于 1.0%（质量分数）时，不仅不会降低溶液的脱硫效率，反而能提高 H_2S 净化度，但当热稳定胺盐质量分数增加到 1% 后，情况发生逆转，H_2S 净化度随着硫酸胺盐含量的增加而逐渐变差，如图 6-2-15 所示。热稳定胺盐的形成对脱碳是不利的，CO_2 脱除率一直是随着热稳定胺盐含量的增加而逐渐下降的。

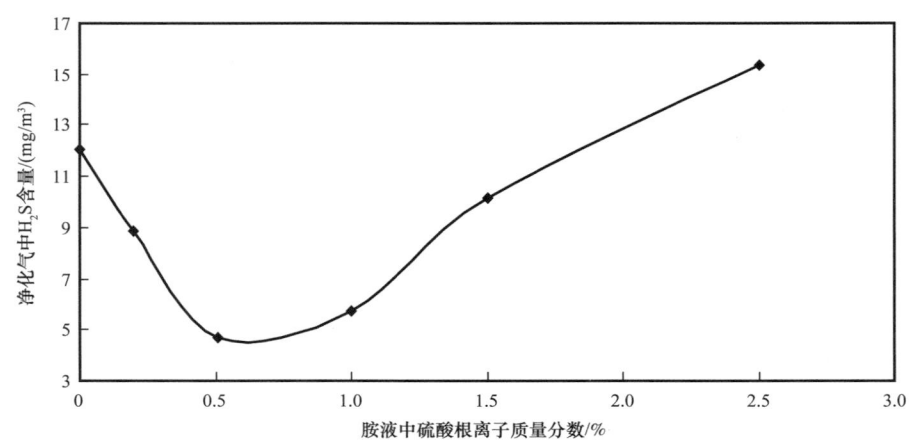

图 6-2-15 热稳定胺盐含量与净化气 H_2S 含量关系图

2. 胺液中杂质脱除技术

胺液受污染会严重影响天然气净化装置的平稳运行，造成很大的经济损失。因此，国内外石油公司都十分重视胺液中杂质脱除技术的研究，研发成功的胺液净化方法有：减压蒸馏法、离子色谱法、电渗析法、SSX™ 工艺、活性炭过滤法和 OXEX™ 工艺（表 6-2-21）。

表 6-2-21　现有胺液中杂质脱除技术的比较

项目	减压蒸馏法	离子色谱法	电渗析法	SSX™ 工艺	活性碳过滤法	OXEX™ 工艺
特点	能去除固体杂质和非挥发性杂质	能去除盐类杂质能耗低，工艺简单，操作条件温和	能去除盐类杂质，比离子交换法的废液量少	能去除直径小于 1μm 的微粒	能去除有机杂质	能将恶唑烷酮转化成有用的胺
局限	能耗高，无法脱除与醇胺沸点接近的杂质	不能去除难电离的杂质，即不能脱除大部分有机杂质	不能去除难电离的杂质，即不能脱除大部分有机杂质	只能去除微粒，不能去除溶解于脱硫溶液中的其他杂质	易饱和，对杂质的脱除率低，不能解决胺液受污染发泡问题	不能转化其他杂质

如表 6-2-21 所示，现有技术能脱除胺液中的固体杂质和腐蚀性杂质热稳定盐，但是没有能全面深度脱除胺液中各种致泡性有机杂质的技术。胺液受污染发泡导致产品天然气不合格、净化装置冲塔、被迫停产，是目前天然气净化生产中最常见、最难解决、影响最大的难题。所以，急需开发一种能经济有效地脱除胺液中致泡性杂质的技术。此外，目前国内外天然气净化厂普遍采用离子交换法脱除胺液中的热稳定盐，但是脱除热稳定盐后出现胺液脱硫性能降低的问题，如何在脱除热稳定盐解决胺液腐蚀性增大问题的同时，保持胺液良好的脱硫性能，也是亟待攻克的技术难题。

1）致泡性杂质脱除技术研究

胺液中长链羧酸与长链烃的脱除，即是将长链羧酸与长链烃从胺液中分离的过程，对于被分离物质质量分数大于 10% 的分离过程称为大容量分离，而被分离物质质量分数小于 2% 的分离过程则通常定义为净化。胺液中的长链羧酸与长链烃含量低于 2%，所以其分离过程属于低含量分离物的净化。

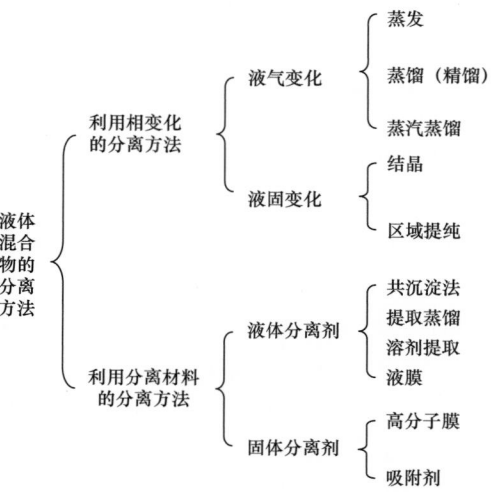

图 6-2-16　液态混合物分离方法

液态混合物的分离方法大体可归纳如图 6-2-16 所示（刘家祺，2010）。相变化分离是利用物质气化和液固变化进行分离，尽管近年来从多种途径研究和开发的特殊蒸馏（精馏）工艺发展迅速，但是胺液中的长链羧酸与长链烃含量很低，通常小于 0.2%，为了将这 0.2% 的杂质脱除而将其余 99 % 以上的组分抽真空蒸馏出来，显然是不经济的。

分离材料分离法利用分离物与分离剂间相互作用的差异进行分离，液态分离剂费用高，对环境污染大，且易引入新的杂质；而利用固体分离材料进行分离的方法设备简单、环保、选择性高，是溶液净化常用的方式。对于固体分离剂，常使用的有活性炭、沸石、硅胶、活性氧化铝、黏土等。近年来，合成的吸附或交换材料取得了很大的进展，在应用过程中其优势不断凸显，它们具有脱除能力更强（一般是活性炭吸附能力的 5～10 倍），选择性高，易再生的优点。至于膜分离，利用的是分子尺寸差异进行分离的，而 MDEA 与某些长链羧酸和烃的分子尺寸差异并不明显，很难找到合适孔径的膜只让 MDEA 透过，且使所有长链羧酸和烃被截留下来。液膜分离，适合液体中气体或易挥发组分的去除，以及蒸气压高的组分间的分离，采用此技术只能分离少部分的长链烃。

胺液中长链羧酸与烃分离具有以下特点：待分离杂质含量很低，大容量分离的技术用于此分离其经济性差；长链羧酸与烃因碳数差异大，分子量与沸点范围广，物理化学性质也有较大差异，很多分离技术只能脱除其中一部分长链羧酸与烃，达不到对所有碳数的长链羧酸与烃的脱除率都要高的要求。低浓度组分的分离最常用的方法是利用合成的吸附或交换材料，通过选择不同单体制成不同结构、负载不同活性组分的材料，可以实现同时深度脱除多种长链羧酸与烃，并且操作条件温和。此外，固体分离剂不像液体分离剂会引入新杂质，不需要再次分离，流程简单、能耗小，所以该方法是胺液中长链羧酸与烃脱除比较理想的分离方法。

（1）致泡性杂质脱除剂研制。

液相吸附因为溶剂作用的存在，处理起来比气相吸附更困难。如图 6-2-17 所示，在研究液相吸附时，除了考虑的吸附剂—溶质之间的相互作用外，还必须考虑溶质—溶剂之间和吸附剂—溶剂之间的相互作用（近藤精一，2007）。在吸附剂—溶质之间存在 van der Waals 力、静电力和氢键力，为了容易再生，要尽可能使氢键力小。

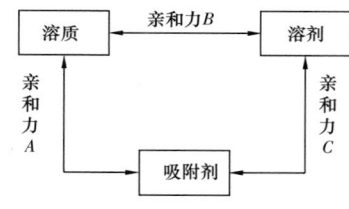

图 6-2-17　液相吸附时的相互作用

为了使吸附剂吸附溶质，溶质—溶剂之间亲和力 B 和吸附剂—溶剂之间的亲和力 C 要尽量小；吸附剂—溶质之间的亲和力 A 尽可能大对溶质吸附有利，但对脱附不利，在选择吸附剂时要同时考虑吸附剂—溶质之间作用力对吸附、脱附的影响。

本研究中的吸附剂即长链羧酸与长链烃脱除剂，溶剂即醇胺水溶液，溶质即长链羧酸和长链烃。各种作用力的大小与长链羧酸与长链烃的理化性质相关，主要包括分子量、分子连接性指数、溶解度、极性、官能团和化学反应活性等。

脱除剂设计需要考虑的基本因素包括极化率、电荷、范德华半径、孔隙大小和几何形状（Yang，2010）。

范德华（色散）相互作用，吸附剂表面分子的极化率很重要。在静电相互作用中，对一个特定的吸附质分子而言，表面离子的电荷和范德华半径很重要。

对于一个特定的吸附质分子，与吸附剂间的色散相互作用势能随脱除剂表面分子极化率增大而增加，极化率随着相对分子质量的增加而增加。

表面分子电荷、偶极矩和分子半径对静电相互作用很重要。所有静电相互作用势与电荷、偶极矩成正比，与两个相互作用分子半径之和 r 成反比。对于一个特定的吸附质分子，脱除剂表面分子的电荷、偶极矩和分子半径决定总电荷与距离 r 的大小，因此对静电相互作用势的大小影响大。

分子会与表面所有临近的分子发生作用，这些作用可以两两相加。当分子位于两个表面之间（即狭缝形孔隙内）时，分子与两个平面同时作用，两个平面的势能产生叠加，叠加的程度取决于孔大小。对于圆柱形孔和球形孔来说，因为与吸附质分子作用的表面原子更多，因此势能更大（Yang，2010）。

① 长链羧酸脱除剂。根据长链羧酸与醇胺的理化性质，按照脱除剂设计思路，制备了 4 种长链羧酸脱除剂 A-1、B-1、C-1 和 D-1，字母代表脱除剂的载体种类，数字代表脱除剂的负载组分种类。通过低流速动态实验对 4 种脱除剂做初步筛选，实验方法：将各种长链羧酸等比例混合后，加入 45% 的 MDEA 水溶液中制成被处理胺液（以下实验用含长链羧酸的胺液配制方法与此相同）。被处理胺液以体积空速为 $1h^{-1}$ 的速度通过 25mL脱除剂，收集净化后的溶液检测其中长链羧酸含量，并计算长链羧酸脱除率。测试实验结果见表 6-2-22。

表 6-2-22　长链羧酸脱除剂性能测试实验结果 1

脱除剂	净化前胺液		净化后胺液中长链羧酸质量分数 / 10^{-6}	长链羧酸脱除率 / %
	长链羧酸质量分数 / 10^{-6}	处理量 /mL		
A-1	1000	500	350	65.0
B-1	1000	500	89	91.1
C-1	1000	500	96	90.4
D-1	1000	500	113	88.7

表 6-2-22 所示实验结果表明，B-1 脱除长链羧酸的效果最佳。但在稳定性考察实验中发现，载体 B 浸泡在胺液 1 天后就开始聚集，5 天后全部聚集成团。因此选择长链羧酸脱除性能次于载体 B 但稳定性好的载体 C 作为最佳载体。载体 C 在胺液中浸泡 3 年，一直未出现聚集成团现象，化学稳定性好。

改变负载组分种类，以载体 C 为载体制备负载组分不同的长链羧酸脱除剂 C-1、C-2 和 C-3，分别测试 3 种脱除剂的长链羧酸脱除性能，测试实验结果见表 6-2-23。

表 6-2-23　长链羧酸脱除剂性能测试实验结果 2

脱除剂	净化前胺液		净化后胺液中长链羧酸质量分数 / 10^{-6}	长链羧酸脱除率 %
	长链羧酸质量分数 / 10^{-6}	处理量 /mL		
C-1	1000	500	96	90.4
C-2	1000	500	27	97.3
C-3	1000	500	<10	>99

表 6-2-23 所示实验结果表明，负载组分 3 脱除长链羧酸的效果最佳，因此选择组分 3 作为长链羧酸脱除剂最佳负载组分。

通过测定脱除剂的最大平衡吸附量与吸附速率，了解吸附过程所能达到的程度与吸附速度（赵振国，2005），以进一步优化脱除剂组成或结构，提高目标物质的脱除容量或速度。此外，最大平衡吸附量与吸附速率实验结果也是后续选择工艺操作参数的依据。

测定最大平衡吸附量前应弄清吸附剂与吸附质之间的作用关系，以确定脱除剂组成或结构调整的方向。

吸附等温线是恒定温度下吸附量与溶液平衡浓度的关系曲线。从吸附等温线的形状和变化规律可以了解到吸附剂与吸附质之间的作用关系以及吸附质分子的状态和吸附层结构等信息。

当溶液中一种组分浓度远低于另一组分浓度时，把组分小的看作溶质，组分大的看作溶剂，对于这种体系的吸附等温线，Giles 等在总结了大量溶液吸附的实验结果后，根据吸附等温线起始阶段的斜率，将固体自溶液中吸附溶质的等温线分为 4 种类型，分别是 L 形、S 形、H 形和 C 形，如图 6-2-18 所示。

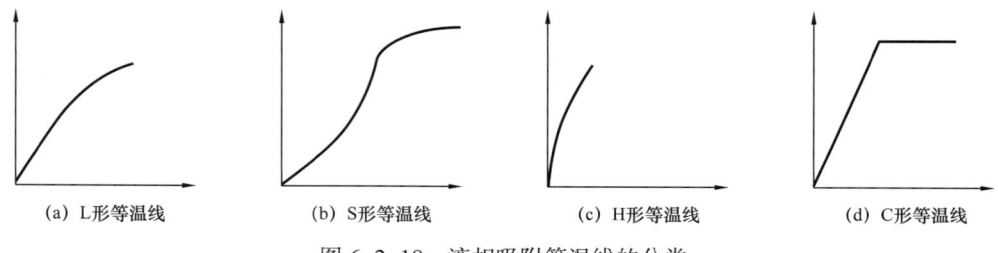

   (a) L形等温线　　　　(b) S形等温线　　　　(c) H形等温线　　　　(d) C形等温线

图 6-2-18　液相吸附等温线的分类

a. L 形等温线。L 形等温线起始阶段斜率较大，当浓度大到一定程度后，吸附量大多不再变化。该类型等温线表示被吸附的分子在吸附剂表面呈水平排列；或者被吸附的分子呈垂直排列，但吸附质分子几乎不同溶剂发生竞争吸附，吸附质与吸附剂间的作用力大大强于溶剂与吸附剂间的作用力。

b. S 形等温线。S 形等温线起始阶段斜率较小，溶剂对溶质有较强烈的竞争吸附。随浓度增大，等温线有一较快速升高区域，这是由于被吸附到吸附剂表面的吸附质分子对液相中的溶质分子吸附所造成的，即吸附剂表面的吸附质分子促进了吸附，发生了协同吸附。该类型等温线表示分子间作用力适中，吸附层内的分子垂直排列，精密填充；溶剂分子对吸附剂的吸附位竞争很强。

c. H 形等温线。H 形等温线对应的吸附类型，其特点在于吸附质对吸附剂的亲和力非常大，即使在极低浓度也会有很大的吸附量，具有化学吸附的特征。

d. C 形等温线。C 形等温线的起始阶段为直线，表示溶质在液相和界面相为恒定分配。直线说明吸附位数是一定的，也就是吸附位被吸附质占领后，又产生新的相同数量的吸附位。

吸附等温线测定实验方法：在 25℃下，分别测定长链羧酸初始浓度为 25×10^{-6}、50×10^{-6}、100×10^{-6}、150×10^{-6} 和 200×10^{-6} 时在脱除剂 C-3 上的平衡吸附量：取 0.15mL

脱除剂，置于 1000g 含一定浓度长链羧酸的 MDEA 水溶液中，25℃恒温振荡 10 天后，分离出溶液测定其中混合长链羧酸总含量。按式（6-2-1）计算平衡吸附量 q_e：

$$q_e = \frac{(c_0 - c_e)w}{V} \qquad (6-2-1)$$

式中　q_e——平衡吸附量，mg/mL；

　　　c_0——长链羧酸初始浓度，质量分数；

　　　c_e——长链羧酸平衡浓度，质量分数；

　　　w——溶液质量，mg；

　　　V——脱除剂体积，mL。

根据实验结果绘制长链羧酸在脱除剂 C-3 上的吸附等温线。如图 6-2-19 所示，长链羧酸在脱除剂 C-3 上的吸附等温线与 H 形等温线相似，即此吸附表现出较强的化学吸附特征。进一步测定各种羧酸各自的吸附量，发现不同碳数羧酸的吸附量相差较大，调整脱除剂 C-3 中负载组分含量，分别制得 5 种脱除剂，5 种脱除剂的负载组分含量从 C-3-1 至 C-3-5 依次递减。测定 5 种脱除剂的平衡吸附量，测定条件与结果见表 6-2-24。

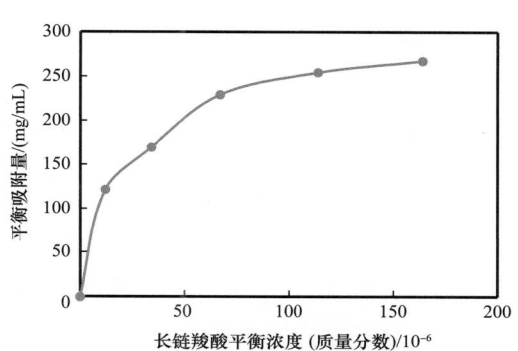

图 6-2-19　长链羧酸在脱除剂 C-3 上的吸附等温线

表 6-2-24　5 种长链羧酸脱除剂平衡吸附量测定结果

脱除剂	脱除剂量 /mL	溶液量 /mL	温度 /℃	长链羧酸初始浓度 /10^{-6}	平衡吸附量 /（mg/mL）
C-3-1	1.20	120	25	4000	306.4
C-3-2	1.20	120	25	4000	323.2
C-3-3	1.20	120	25	4000	330.4
C-3-4	1.20	120	25	4000	352.4
C-3-5	1.20	120	25	4000	344.7

表 6-2-24 实验结果表明降低负载组分含量后，总平衡吸附量增大，其中 C-3-4 对长链羧酸的平衡吸附量最大，而且 C-3-4 对各种长链羧酸的吸附量差别不大。

吸附速率直接关系到吸附过程进行所需的时间，吸附速率大对减小设备尺寸也是有利的。

吸附由 3 个基本过程组成：首先是吸附质在流体主体扩散至吸附剂外表面，即外扩散过程；然后，吸附质在吸附剂颗粒内扩散，即内扩散过程；最后，吸附质附着于吸附剂表面上。总的吸附速率包含了以上 3 个步骤的速率。外扩散过程主要与溶剂、溶质的性质相关，与吸附剂性质相关的主要是内扩散过程和吸附质附着过程，因此在脱除剂选型实验时应充分搅拌溶液以消除外扩散对吸附速率测定的影响。

脱除剂吸附速率测试实验：取 1.2mL 脱除剂，置于 120mL MDEA 水溶液中，溶液中长链羧酸质量分数为 4000×10^{-6}，25℃恒温振荡，振荡速度150r/min，每隔一段时间取出 10mL 溶液测定长链羧酸含量，按式（6-2-1）计算不同时刻的吸附量 q_e，实验结果见表 6-2-25。

表 6-2-25　5 种长链羧酸脱除剂吸附速率实验结果

实验时间	吸附量 /（mg/mL）				
	C-3-1	C-3-2	C-3-3	C-3-4	C-3-5
2min	81.9	83.7	89.1	95.2	91.0
5min	84.6	90.2	96.7	100.9	98.2
30min	104.4	109.4	114.2	118.6	116.1
7d	293.0	319.8	328.5	346.3	336.2

表 6-2-25 所示吸附速率实验表明，吸附时间相同时，C-3-4 对长链羧酸的吸附量最大；总的来说，增大溶液与脱除剂的接触时间有利于提高长链羧酸的脱除率。

② 长链烃脱除剂。对于长链烃脱除，主要依靠脱除剂与长链烃的范德华（色散）相互作用，增大分子量，使物质间极性接近都有利于提高两物质间的范德华作用力。因此选择偶极矩与长链烃相近的单体制成聚合物。因为色散作用力较弱，将脱除剂制成带孔的结构，使被吸附长链烃分子位于孔隙内，孔隙中各个平面同时作用，势能产生叠加，能增强长链烃与脱除剂间的作用力，因此将脱除剂应制成带孔的结构。脱除剂的孔结构应有利于长链烃分子快速附着在孔内表面吸附位点上。

按照上述设计思路，制备出 E、F、G 和 H 四种长链烃脱除剂。

先通过低流速动态实验对四种脱除剂做初步筛选。实验方法：将含 C_{10}—C_{22} 混合烃加入 45% 的 MDEA 水溶液制成被处理胺液（以下实验用含长链烃的胺液配制方法与此相同）。被处理胺液以体积空速为 $1h^{-1}$ 的速度通过 25mL 脱除剂，收集净化后的溶液检测溶液中烃含量，并计算烃脱除率，实验结果见表 6-2-26。

表 6-2-26　长链烃脱除剂性能测试实验结果

脱除剂	净化前胺液		净化后胺液中长链烃质量分数 /10^{-6}	烃脱除率 /%
	长链烃质量分数 /10^{-6}	处理量 /mL		
E	5000	150	31	99.4
F	5000	150	569	88.6
G	5000	150	<10	>99.8
H	5000	150	44	99.1

在25℃下，分别测定长链烃初始浓度为 25×10^{-6}、50×10^{-6}、100×10^{-6}、150×10^{-6} 和 200×10^{-6} 时在烃脱除剂 G 上的平衡吸附量：取 0.15mL 脱除剂，置于 1000g 含一定浓度长链烃 的 MDEA 水溶液中，25℃恒温振荡 10 天后，分 离出溶液测定其中长链烃含量。按式（6-2-1） 计算平衡吸附量 q_e。根据实验结果绘制长链 烃在脱除剂 G 上的吸附等温线，如图 6-2-20 所示。

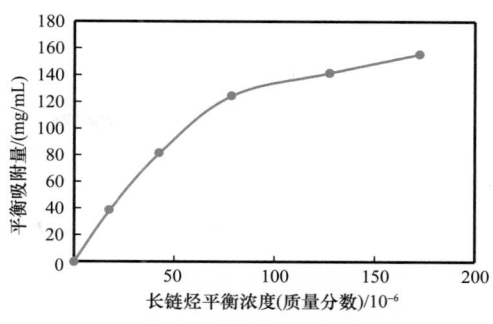

图 6-2-20 长链烃在脱除剂 G 上的吸附等温线

如图 6-2-20 所示，长链烃在脱除剂 G 上的吸附等温线与 L 形等温线相似，表明长链 烃分子几乎不同醇胺水溶液发生竞争吸附，长链烃在脱除剂 G 上的吸附以憎水性物理吸 附为主。对于以物理吸附为主的分离，脱除剂的结构参数对脱除容量的影响大，需要选 择比表面积与孔径的最佳匹配值。调整脱除剂 G 的结构参数，分别制得 5 种脱除剂，测 定 5 种脱除剂的平衡吸附量，测定条件与结果见表 6-2-27。

表 6-2-27 5 种长链烃脱除剂平衡吸附量测定实验结果

脱除剂	脱除剂量 / mL	处理溶液量 / mL	温度 / ℃	长链烃初始浓度 / 10^{-6}（质量分数）	平衡吸附量 / mg/mL
G-1	1.20	120	25	4000	181.7
G-2	1.20	120	25	4000	219.9
G-3	1.20	120	25	4000	187.9
G-4	1.20	120	25	4000	203.5
G-5	1.20	120	25	4000	191.2

表 6-2-27 实验结果表明，脱除剂 G-2 的结构最适合脱除长链烃。

脱除剂吸附速率测试实验：取 1.2mL 脱除剂，置于 120mL MDEA 水溶液中，溶液中长 链烃质量分数为 4000×10^{-6}，25℃恒温振荡，振荡速度 150r/min，每隔一段时间取出 10mL 样品测定长链烃含量，按式（6-2-1）计算不同时刻的吸附量 q_e，实验结果见表 6-2-28。

表 6-2-28 5 种长链烃脱除剂吸附速率实验结果

实验时间	吸附量 /（mg/mL）				
	G-1	G-2	G-3	G-4	G-5
2min	74.3	99.5	77.1	92.3	84.7
5min	80.6	107.1	85.3	96.4	90.2
30min	101.5.	122.4	103.4	116.2	110.2
7d	178.5	218.9	186.3	200.4	190.9

表 6-2-28 所示吸附速率实验表明：吸附时间相同时，G-2 对长链烃的吸附量最大；总的来说，增大溶液与脱除剂的接触时间有利于提高长链烃的脱除率。

（2）致泡性杂质分离工艺参数研究。

① 两种脱除剂组合方式研究。固定两种脱除剂用量比例不变，考察不同组合方式下长链羧酸与长链烃的脱除率。

实验方法：将长链羧酸脱除剂 C-3-4 和长链烃脱除剂 G-2 分别装填在两个微型脱除柱中，两种脱除剂的装填量均 100mL，用胶管将两个微型脱除柱串联，第一次实验将长链羧酸脱除剂柱置于长链烃脱除柱前，第二次实验长链烃脱除柱置于长链羧酸脱除柱前；第三次实验将 100mL C-3-4 和 100mL G-2 混合均匀后装填在一个微型脱除柱中。3 次实验其余条件一样，即：所处理的胺液含长链羧酸 4%（质量分数），含长链烃 4%（质量分数）；体积空速 4h⁻¹；收集净化后的胺液检测胺液中长链羧酸、长链烃各自的含量，以此计算长链羧酸与长链烃各自被脱除的量。实验结果见表 6-2-29。

表 6-2-29　两种脱除剂组合方式实验结果 1

脱除剂组合方式	胺液处理量 /mL	长链羧酸脱除量 /g	长链烃脱除量 /g
串联（C-3-4 置前）	400	7.05	10.16
串联（G-2 置前）	400	7.22	10.01
混合	400	7.19	10.12

以上实验结果表明，醇胺脱硫溶液中长链羧酸与长链烃共存时，两种物质的脱除存在竞争，长链烃脱除量增大，长链羧酸脱除量有所降低。3 种组合方式的长链羧酸与长链烃脱除总量差别不大，因混合方式可使装置简化，因此选择混合的组合方式。

将按不同比例混合的 C-3-4 和 G-2 装填于一个微型脱除柱中，装填量 200mL，重复以上实验，实验结果见表 6-2-30。

表 6-2-30　两种脱除剂组合方式实验结果 2

脱除剂混合比例 （C-3-4 : G-2）	胺液处理量 /mL	长链羧酸脱除量 /g	长链烃脱除量 /g
1 : 1	400	7.19	10.12
5.5 : 4.5	400	8.03	9.24
4.5 : 5.5	400	6.55	11.02
6 : 4	400	8.87	8.43
6.5 : 3.5	400	9.76	7.37

表 6-2-30 实验结果表明，C-3-4 和 G-2 混合比例为 6 : 4 时，长链羧酸与长链烃的脱除量比较均衡，因此选择长链羧酸与长链烃脱除剂的混合比例为 6 : 4。

② 装填高径比。将各种长链羧酸与长链烃等比例混合后，加入 45% 的 MDEA 水溶

液中制成含长链羧酸与长链烃的胺液，用于以下实验研究。

实验方法：将脱除剂 C-3-4 和 G-2 按 6：4 均匀混合后装填于实验装置的一个脱除塔中。恒定体积空速 1h^{-1}、温度 25℃、压力 0.5MPa 不变，胺液处理量为 1.6 倍脱除剂体积，改变混合脱除剂的装填高径比，考察不同装填高径比下长链羧酸和长链烃的脱除率，实验结果见表 6-2-31。

表 6-2-31　混合脱除剂装填高径比影响实验结果

装填高径比	胺液中长链羧酸与长链烃质量分数 /10^{-6}	
	净化前	净化后
2：1	4000	134
3：1	4000	75
4：1	4000	36
5：1	4000	22
6：1	4000	<10

实验结果表明，混合脱除剂装填高径比为 6：1 时，净化后胺液中长链羧酸与长链烃的总质量分数小于 10×10^{-6}；混合脱除剂装填高径比为 5：1 时，净化后胺液中长链烃的质量分数小于 10×10^{-6}，但长链羧酸的质量分数大于 10×10^{-6}，所以混合脱除剂装填高径比选择 6：1。

③ 体积空速。实验方法：将脱除剂 C-3-4 和 G-2 按 6：4 均匀混合后装填于实验装置的一个脱除塔中。恒定装填高径比 6：1、温度 25℃、压力 0.5MPa 不变，胺液处理量 1.6L，改变体积空速，考察不同体积空速下长链羧酸和长链烃的脱除率，实验结果见表 6-2-32。

表 6-2-32　体积空速影响实验结果 1

体积空速 / h^{-1}	胺液中长链羧酸与长链烃质量分数 /10^{-6}	
	净化前	净化后
2	4000	<10
3	4000	<10
3.5	4000	<10
4	4000	36

改变胺液中长链羧酸与长链烃的初始浓度，重复以上实验，实验结果见表 6-2-33。

体积空速实验结果表明，对于长链羧酸与长链烃质量分数为 4000×10^{-6} 的胺液，最大体积空速可达 3.5h^{-1}；对于长链羧酸与长链烃质量分数为 1000×10^{-6} 的胺液，最大体积空速可达 7.5h^{-1}。

表 6-2-33　体积空速影响实验结果 2

体积空速 / h^{-1}	胺液中长链羧酸与长链烃质量分数 /10^{-6}	
	净化前	净化后
4	1000	<10
5	1000	<10
6	1000	<10
6.5	1000	<10
7	1000	<10
7.5	1000	<10
8	1000	24

2）无机热稳定盐转化技术

（1）胺液复活后脱硫性能变差原因研究。

分别以盐酸和氯化钠的形式向 MDEA 溶液中引入氯离子，使两个 MDEA 溶液样品分别含有热稳定胺盐和无机热稳定盐，采用进口树脂脱除这两个 MDEA 溶液样品中的热稳定盐，然后在室内胺法脱硫脱碳装置上评价上述 MDEA 溶液的脱硫脱碳性能，性能评价结果见表 6-2-34。

表 6-2-34　MDEA 溶液脱硫脱碳性能评价结果

样 品		原料气		净化气		CO_2 脱除率 / %
		H_2S 含量 / %（体积分数）	CO_2 含量 / %（体积分数）	H_2S 含量 / mg/m^3	CO_2 含量 / %（体积分数）	
MDEA 新鲜水溶液		0.83	3.14	17.1	2.22	29.30
含热稳定胺盐的 MDEA 水溶液	复活前	0.81	3.20	28.4	2.28	28.75
	复活后	0.80	3.11	17.3	2.20	29.26
含无机热稳定盐的 MDEA 水溶液	复活前	0.84	3.07	18.4	2.17	29.32
	复活后	0.79	3.13	80.5	2.10	32.91

注：评价条件，气液（体积）比 500，压力 200kPa，填料高度 0.75m。

表 6-2-34 所示实验结果表明，含热稳定胺盐的 MDEA 溶液，其脱硫性能较新鲜 MDEA 溶液差，脱除溶液中的热稳定胺盐后，溶液的脱硫性能恢复至与新鲜 MDEA 溶液相当的程度；含无机热稳定盐的 MDEA 溶液，其脱硫性能与新鲜 MDEA 溶液相近，但脱除溶液中的无机热稳定盐后，溶液的脱硫性能反而变差。

进一步分析结果表明，脱除 MDEA 溶液中的热稳定胺盐后，溶液中自由胺浓度增大，溶液的 pH 值与新鲜 MDEA 溶液接近；脱除无机热稳定盐后，溶液中自由胺浓度基本无变化，溶液的 pH 值增大，见表 6-2-35。实验结果还显示，溶液中无机热稳定盐含量越高，复活后，溶液的碱度增加幅度越大。

表 6-2-35 含不同热稳定盐的 MDEA 溶液样品复活后的分析结果

样品		热稳定盐质量分数 /%	pH 值	MDEA 质量分数 /%
新鲜 MDEA 水溶液		0	11.4	43.5
含热稳定胺盐的 MDEA 水溶液	复活前	2.01	10.4	41.5
	MPR 树脂	0.11	11.5	43.3
	ECO-TEC 树脂	0.12	11.5	43.3
含无机热稳定盐的 MDEA 水溶液	复活前	2.03	11.4	43.5
	MPR 树脂	0.13	13.1	43.4
	ECO-TEC 树脂	0.12	13.1	43.4

进口胺液复活装置其净化胺液的原理如图 6-2-21 所示，热稳定盐阴离子与离子交换树脂上的氢氧根离子交换，阴离子被吸附在树脂上，置换出氢氧根离子。如果是热稳定胺盐，经树脂交换后，置换出来的是自由胺，溶液的 pH 值不会超过 12；如果是无机热稳定盐，经树脂交换后，置换出来的是氢氧化物，会使溶液 pH 值变大。

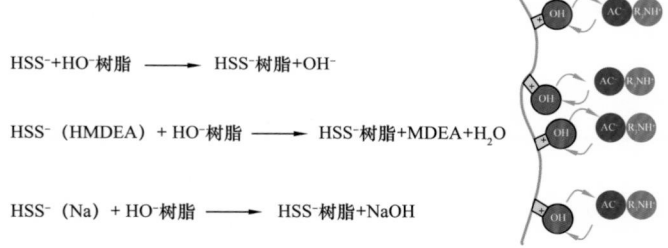

$$HSS^- + HO^- 树脂 \longrightarrow HSS^- 树脂 + OH^-$$

$$HSS^-（HMDEA）+ HO^- 树脂 \longrightarrow HSS^- 树脂 + MDEA + H_2O$$

$$HSS^-（Na）+ HO^- 树脂 \longrightarrow HSS^- 树脂 + NaOH$$

图 6-2-21 进口胺液复活装置净化胺液原理图

MDEA 溶液中出现氢氧化物对脱硫脱碳会产生不同影响。CO_2 与 MDEA 的化学反应分两步进行，第一步是在碱催化条件下 MDEA 与 CO_2 生成两性的中间化合物，见反应式（6-2-2），这一步是慢反应，是整个反应速度的控制步骤，溶液的 pH 值越大，则生成两性中间化合物的反应越快，CO_2 脱除率越大。氢氧化物使 MDEA 溶液 pH 值增大，继而促使 MDEA 与 CO_2 反应加快，CO_2 脱除率增大。而 H_2S 与 MDEA 的反应是瞬间质子传递反应，净化气中的 H_2S 含量主要与反应式（6-2-4）的平衡常数和贫液中的 HS^- 含量相关，贫液中的 HS^- 含量越低则 H_2S 净化度越高，反之则越低。氢氧化物与 H_2S 生成的盐在再生塔不能再生，使贫液中的 HS^- 含量增大，导致 H_2S 净化度变差。

$$R_3N : + : CO_2 \underset{}{\overset{碱催化}{\rightleftharpoons}} R_3N :: CO_2 \qquad （6-2-2）$$

$$R_3N :: CO_2 + H_2O \rightleftharpoons R_3NH^+ + HCO_3^- \qquad (6-2-3)$$

$$R_3N + H_2S \rightleftharpoons R_3NH + HS^- \qquad (6-2-4)$$

对于大部分胺法天然气净化装置来说,醇胺自身降解生成热稳定胺盐的速度很慢,脱硫溶液中热稳定盐大幅度增加,通常都是因为原料气携带的无机盐在装置中积累所致。所以,大部分净化厂的脱硫溶液采用现有胺液复活装置脱除热稳定盐后,胺液中会出现氢氧化物,继而出现脱硫性能变差的问题。

(2)无机热稳定盐转化剂与再生方法研究。

要解决胺液复活后脱硫性能变差的问题,必须消除胺液中的无机热稳定盐。根据氢氧化物形成的原理,从消除氢氧化物形成因素出发,确定了将无机热稳定盐转化成热稳定胺的研究思路,研制了5种转化剂,表6-2-36列出了这5种转化剂的性能。从表6-2-36所示实验结果可以看出,5号转化剂的性能最佳。

表6-2-36　5种转化剂性能对比结果

转化剂用量 / mL	处理含无机热稳定盐的胺液量 / mL	转化率 /%				
		1号转化剂	2号转化剂	3号转化剂	4号转化剂	5号转化剂
50	100	93.6	96.9	99.9	99.9	99.9
	200	79.5	87.9	96.0	98.5	99.9

研究了5号转化剂的再生剂组成与再生条件,表6-2-37列出了不同再生剂对5号转化剂的再生效果。

表6-2-37　4种再生剂性能对比结果

5号转化剂用量 / mL	再生剂用量 / mL	5号转化剂再生后转化率 /%			
		1号转化剂	2号转化剂	3号转化剂	4号转化剂
50	50	65.4	83.6	90.1	88.6
	100	69.3	86.3	95.2	93.7
	150	74.3	90.5	99.7	96.0
	200	79.0	93.5	99.7	97.1

综合考虑再生效果与再生剂用量,3号再生剂的性能最优。

采用无机热稳定盐转化剂与离子交换树脂联合的方式复活含无机热稳定盐的MDEA溶液,并在室内胺法脱硫装置上评价复活前、后MDEA溶液的脱硫脱碳性能,评价结果见表6-2-38。

表6-2-38所示实验结果表明,所研发的技术脱除胺液中无机热稳定盐后,能恢复胺液的脱硫脱碳性能。

表 6-2-38 MDEA 溶液脱硫脱碳性能评价结果

溶液		原料气		净化气		CO$_2$ 脱除率 /%
		H$_2$S 含量 /%（体积分数）	CO$_2$ 含量 /%（体积分数）	H$_2$S 含量 /mg/m^3	CO$_2$ 含量 /%（体积分数）	
MDEA 新鲜水溶液		0.82	3.14	17.1	2.22	29.30
含无机热稳定盐的 MDEA 水溶液	复活前	0.83	3.07	18.4	2.17	29.32
	复活后	0.84	3.15	18.0	2.22	29.52

注：评价条件，气液（体积）比 500，压力 200 kPa，填料高度 0.75m。

3）胺液净化工业试验

（1）工业试验用胺液情况介绍。

中石油遂宁天然气净化有限公司第 I 列至第 Ⅶ 列装置中的脱硫溶液均为配方型醇胺溶液。该厂自投产以来因为不断有上游化学药剂随原料天然气夹带进入装置，脱硫溶液受污染，性能逐渐下降。其中，第 Ⅶ 列装置受污染程度最为严重，其胺液中的致泡性杂质和氯化物含量超出控制指标十几倍，装置出现脱硫效果严重下降、频繁拦液等问题，难以维持正常运行。2019 年 4 月，中国石油遂宁天然气净化有限公司对第 Ⅶ 列装置中的胺液进行了全部更换，更换下来的约 160m^3 受污染胺液用储罐收集存放作为本次工业试验用胺液。第 Ⅶ 列装置受污染胺液分析测试结果见表 6-2-39。

表 6-2-39 中国石油遂宁天然气净化有限公司第 Ⅶ 列装置受污染胺液分析测试结果

检测项目		参考指标	检测结果
离子含量 /10^{-6}（质量分数）	乙醇酸根离子	—	283
	乙酸根离子	<700	880
	甲酸根离子	<500	406
	氯离子	<500	6831
	硫酸根离子	<500	422
	草酸根离子	<250	174
	硫代硫酸根离子	<1000	<1
长链羧酸等致泡性物质质量分数（共计）/10^{-6}		<100	1104
外观		—	黑色不透明液体有大量黑色悬浮物
起泡趋势	起泡高度 /mm	<200	>500[①]
	消泡时间 /s	<60	>810[①]

① 起泡实验中样品泡沫高度超出发泡管最大刻度（500mm）时，提前停止通气，测试结果前面加大于符号。

从表6-2-39的分析测试结果可以看出，中国石油遂宁天然气净化有限公司第Ⅶ列装置的胺液，无论是杂质含量还是溶液起泡趋势都很高，溶液外观呈黑色且不透明，如图6-2-22所示，受污染程度非常严重。

图6-2-22　中国石油遂宁天然气净化有限公司第Ⅶ列装置退出的受污染胺液

（2）脱除与转化工艺参数工业试验研究。

前期室内研究结果表明，对热稳定盐脱除、致泡性杂质脱除和无机热稳定盐转化影响最大的工艺参数是体积空速；压力对无机热稳定盐转化、热稳定盐脱除无影响，对致泡性杂质的脱除有轻微影响；在温度不大于45℃的范围内，各种杂质的脱除率都不会随温度发生变化，且脱除剂和转化剂长期在大于60℃的温度下运行，其寿命会缩短，即各种脱除剂运行最适宜的温度为环境温度。因此，本次现场工业试验在环境温度下考察压力、体积空速对杂质脱除率的影响。特别地，因为该厂脱硫溶液为配方型醇胺溶液，工业试验中采用了适用于配方型醇胺溶液的专用热稳定盐脱除剂。

试验条件：先恒定体积空速为2h⁻¹，改变脱除塔和转化塔压力，在装置出液口取流出的净化后胺液样品，测定样品中的致泡性杂质、总热稳定盐和无机热稳定盐含量，再结合胺液净化前的分析结果计算致泡性杂质、热稳定盐脱除率和无机热稳定盐转化率，根据试验结果确定最佳脱除压力；再在最佳脱除压力下，改变体积空速，考察不同体积空速下致泡性杂质、热稳定盐的脱除率和无机热稳定盐转化率，根据试验结果确定最佳脱除体积空速。

① 压力。在胺液脱除体积空速恒为2h⁻¹和环境温度下，分别考察压力为常压、0.1MPa，0.3MPa和0.5MPa压力时的致泡性杂质、热稳定盐脱除率和无机热稳定盐转化率，试验结果见表6-2-40和表6-2-41。

表6-2-40和表6-2-41所示试验结果表明，本次放大试验结果与室内实验结果是一致的，即压力对无机热稳定盐转化和热稳定盐脱除均无影响，对致泡性杂质的脱除有轻微影响，0.5MPa下的致泡性杂质脱除率只比常压下的高0.2%。常压下复活后的胺液其发

泡趋势已与新鲜 MDEA 溶液的发泡趋势十分接近，所以致泡性杂质脱除也可以与热稳定盐脱除一样在常压下进行。

表 6-2-40　压力影响试验结果（Ⅰ）

脱除塔压 /MPa	无机热稳定盐转化率 %	热稳定盐脱除率 %
常压	99.7	97.8
0.1	99.7	97.8
0.3	99.7	97.8
0.5	99.7	97.8

表 6-2-41　压力影响试验结果（Ⅱ）

脱除塔压力 /MPa	致泡性杂质脱除率 / %	复活后胺液中致泡性杂质质量分数 /10^{-6}	复活后胺液发泡趋势	
			起泡高度 /mm	消泡时间 /s
常压	99.5	13	50	8
0.1	99.5	13	50	8
0.3	99.6	10	42	6
0.5	99.7	8	42	6

② 体积空速。在常压与环境温度下，分别考察体积空速为 $2\sim8h^{-1}$ 时的致泡性杂质和热稳定盐的脱除率和无机热稳定盐转化率，试验结果见表 6-2-42 和表 6-2-43。

表 6-2-42　体积空速影响试验结果（Ⅰ）

体积空速 / h^{-1}	无机热稳定盐转化率 / %	热稳定盐脱除率 / %
2	99.7	97.8
3	99.6	97.6
4	99.6	97.5
5	99.5	97.1
6	99.4	96.0
7	99.3	94.9
8	98.5	93.3

表 6-2-43 体积空速影响试验结果（Ⅱ）

体积空速 / h^{-1}	致泡性杂质脱除率 / %	复活后胺液发泡趋势	
		起泡高度 /mm	消泡时间 /s
2	99.5	50	8
3	99.5	50	8
4	99.4	62	9
5	99.4	68	10
6	99.3	80	12
7	98.6	130	18
8	97.4	170	35

表 6-2-43 和表 6-2-44 所示试验结果表明，无机热稳定盐转化率、热稳定盐和致泡性杂质脱除率都是随着体积空速的增大而减小的。

脱除热稳定盐时，应根据胺液中热稳定盐的含量选择合适的体积空速。热稳定盐含量高的胺液，应在较低的体积空速下净化，反之则可在较高的体积空速下净化。例如，当胺液中热稳定盐质量分数为 2% 时，在体积空速 $6h^{-1}$ 下净化，复活后胺液中热稳定盐质量分数能达到小于 0.10%，但当胺液中热稳定盐质量分数为 3% 时，只有在不大于 $5h^{-1}$ 的体积空速下净化，复活后胺液中热稳定盐质量分数才能达到小于 0.10%。从 2008 年以来对公司下属天然气净化厂胺液杂质跟踪分析结果表明，各净化厂胺液中的热稳定盐质量分数都小于 7%。所以，对于公司下属天然气净化厂的胺液，热稳定盐脱除体积空速建议按表 6-2-44 进行选择。

表 6-2-44 热稳定盐脱除体积空速

热稳定盐质量分数 / %	最佳脱除体积空速 / h^{-1}
1～2	5～6
2～3	4～5
3～5	3～4
5～7	2～3

热稳定盐脱除塔与无机热稳定盐转化塔通常是串联使用的，两塔串联运行的体积空速由反应速度相对较慢的过程决定，热稳定盐脱除速度比无机热稳定盐转化速度慢，所以热稳定盐的最佳脱除体积空速就是两塔串联运行的最佳体积空速。

现场工业试验结果表明，致泡性杂质的最佳脱除体积空速不仅与致泡性杂质的含量有关，还与杂质的碳链长短有关，碳链越长的致泡性杂质，其脱除速度越快，反之越慢。致泡性杂质脱除体积空速建议按表6-2-45进行选择。

表6-2-45 致泡性杂质脱除体积空速

致泡性杂质		最佳脱除体积空速 / h⁻¹	致泡性杂质		最佳脱除体积空速 / h⁻¹
组成	质量分数 / 10^{-6}		组成	质量分数 / 10^{-6}	
以碳数≥12 的有机物为主	500～1000	7～8	以碳数<12 的有机物为主	500～1000	4～5
	1000～2000	6～7		1000～2000	3～4
	2000～3000	5～6		2000～3000	2～3

胺液深度净化技术放大后，对热稳定盐的脱除率以及对无机热稳定盐的转化率都与室内实验结果一致。

室内研究时不同碳数的致泡性杂质按等比例配制在胺液中，没有提出致泡性杂质碳数分布不均匀时最佳的脱除体积空速，通过本次工业试验，明确了不同浓度与不同杂质组成下致泡性杂质的最佳脱除体积空速，使脱除工艺条件更加完善。

根据工业试验结果，推荐各种杂质的脱除或转化工艺参数如下：常压，环境温度，体积空速见表6-2-44和表6-2-45。

3.脱硫系统胺液深度净化技术应用实例

1）在中国石油西南油气田分公司天然气净化总厂引进分厂的应用情况

为了满足新版国家标准天然气一类气质量要求，需要对中国石油西南油气田公司天然气净化总厂引进分厂400×10⁴m³/d脱硫装置进行升级改造，其中溶剂的升级方案是：将400×10⁴m³/d装置内现有的甲基二乙醇胺脱硫溶液升级为基于砜胺溶剂的物理—化学脱硫溶液。由于该装置内现有的甲基二乙醇胺脱硫溶液使用时间已久，来自上游的污染物在溶液中不断积累，再加上甲基二乙醇胺自身逐渐降解，使得溶液中影响其性能的有害杂质含量高。为了保证溶剂升级后的脱硫效果，必须将现有的甲基二乙醇胺脱硫溶液进行复活，脱除溶液中的热稳定盐和致泡性杂质。

2019年，中国石油西南油气田公司天然气净化总厂引进分厂复活受污染的MDEA脱硫溶液169m³。图6-2-23为安装在中国石油西南油气田公司天然气净化总厂引进分厂装置区内的胺液深度净化装置。

从中国石油西南油气田公司天然气净化总厂引进分厂400×10⁴m³/d装置退出的甲基二乙醇胺脱硫溶液，复活前外观为黑绿色，复活后外观变为淡黄色，如图6-2-24所示，图中中间一瓶黑绿色液体为复活前胺液，左右各两瓶淡黄色液体为复活后胺液。

复活前后胺液的分析测试结果见表6-2-46。

图 6-2-23　中国石油西南油气田公司天然气净化总厂
引进分厂工业应用现场

图 6-2-24　中国石油西南油气田公司天然
气净化总厂引进分厂胺液复活前后外观

表 6-2-46　中国石油西南油气田公司天然气净化总厂引进分厂胺液复活前后分析测试结果

检测项目		参考指标	检测结果	
			复活前	复活后
离子含量 /10⁻⁶（质量分数）	乙醇酸根离子	—	521	16
	乙酸根离子	<700	920	23
	甲酸根离子	<500	481	8
	氯离子	<500	194	9
	硫酸根离子	<500	1586	30
	草酸根离子	<250	146	<1
	硫代硫酸根离子	<1000	80	<1
总热稳定盐质量分数（以阴离子计）/10⁻⁶		<10000	3982	86
长链羧酸等致泡性物质质量分数（共计）/10⁻⁶		—	491	2
外观		—	黑绿色半透明液体有大量黑色悬浮物	淡黄色透明液体无悬浮物
起泡趋势	起泡高度 /mm	<200	360	20
	消泡时间 /s	<60	66	3

（注：离子含量单位 10^{-6}（质量分数），总热稳定盐质量分数单位 10^{-6}，长链羧酸质量分数单位 10^{-6}）

　　引进厂受污染脱硫溶液经脱硫系统胺液深度净化技术复活后，热稳定盐含量与起泡趋势均显著降低，热稳定盐脱除率97.8%，致泡性杂质脱除率99.6%，胺液起泡趋势降低至与新鲜甲基二乙醇胺水溶液相当的程度。在此复活后 MDEA 脱硫溶液基础上升级的溶剂，运行至今各项性能良好，产品天然气达到了新版天然气标准一类气质量的要求。

　　2）在中国石油安岳天然气净化有限公司的应用情况

　　2020 年 3 月，受上游气田水污染影响，中国石油安岳天然气净化有限公司脱硫装置中的物理化学配方型脱硫溶液受到严重污染，胺液中的热稳定盐含硫与束缚胺含量飙升，脱硫性能下降。表 6-2-47 为该厂第Ⅱ列脱硫装置中的受污染物理化学配方型脱硫溶液分析结果。分析结果表明，安岳天然气净化有限公司脱硫溶液中的氯化物含量很高，与其他净化厂脱硫溶液中的氯化物通常是以氯化钠为主不同，安岳天然气净化有限公司脱硫溶液中的氯化物主要以氯化胺为主，即氯离子束缚了部分醇胺分子，使这部分醇胺分子失去了吸收硫化氢的能力，因而溶液的脱硫性能下降。为了恢复该装置中溶液的脱硫性能并降低其腐蚀性，有必要对溶液中的热稳定盐进行脱除。

表 6-2-47　中国石油安岳天然气净化有限公司第Ⅱ列脱硫装置中的受污染物理化学配方型脱硫溶液分析结果

检测项目		检测结果
离子含量 / 10^{-6}（质量分数）	乙醇酸根离子	8
	乙酸根离子	110
	甲酸根离子	26
	氯离子	10316
	硫酸根离子	<1
	草酸根离子	<1
	硫代硫酸根离子	<1
束缚胺质量分数 /%		2.23

2020 年 5 月底至 7 月初，先后对该公司第Ⅱ列脱硫装置中和储罐中的受污染物理化学配方型脱硫溶液进行了在线和离线复活，在线复活脱硫溶液 369m³，离线复活脱硫溶液 100m³。氯离子等热稳定盐脱除率 97.2%～99.3%，见表 6-2-48，有效降低了溶液中的腐蚀性杂质含量，且释放出束缚胺中的醇胺，恢复了溶液的脱硫性能。

表 6-2-48　中国石油安岳天然气净化有限公司第Ⅱ列脱硫装置中和储罐中受污染脱硫溶液在线复活效果监测结果

序号	检测项目	检测结果		脱除率 /%
		复活前质量分数 /%	复活后质量分数 /%	
1	热稳定盐	10460	294	97.2
	束缚胺	22300	987	—
2	热稳定盐	7231	97	98.7
	束缚胺	15416	326	—
3	热稳定盐	4546	31	99.3
	束缚胺	9692	104	—
4	热稳定盐	2580	18	99.3
	束缚胺	5500	60	—

3）在中国石油西南油气田川东北作业分公司宣汉天然气净化厂的应用情况

2020 年 8 月至 9 月，为中国石油西南油气田川东北作业分公司宣汉天然气净化厂复活受污染砜胺脱硫溶液 460m³，复活后的溶液用作该公司气质达标溶剂升级的主体溶液。

与中国石油西南油气田公司其他净化厂脱硫溶液不同的是，川东北作业分公司宣汉天然气净化厂砜胺脱硫溶液中有腐蚀性有机杂质 $N, N'-$ 双（2- 羟乙基）甘氨酸，且含量较高。现场应用结果表明，脱硫系统胺液深度净化技术对 $N, N'-2$（2- 羟乙基）甘氨酸的脱除效果也很好，见表 6-2-49。

表 6-2-49　中国石油西南油气田川东北作业分公司砜胺脱硫溶液复活前后分析测试结果

检测项目		参考指标	检测结果	
			复活前	复活后
离子含量 /10^{-6}（质量分数）	乙醇酸根离子	—	673	<1
	乙酸根离子	<700	781	<1
	甲酸根离子	<500	531	25
	氯离子	<500	279	<1
	硫酸根离子	<500	235	<1
	草酸根离子	<250	147	<1
	硫代硫酸根离子	<1000	464	<1
总热稳定盐质量分数（以阴离子计）/10^{-6}		<10000	3110	25
长链羧酸等致泡性物质（共计）/10^{-6}		—	193	1
$N, N-$ 双（2- 羟乙基）甘氨酸质量分数 /%		<0.05	0.40	0.02
外观		—	棕色透明液体	淡黄色透明液体
起泡趋势	起泡高度 /mm	<200	370	15
	消泡时间 /s	<60	77	2

中国石油西南油气田川东北作业分公司宣汉天然气净化厂受污染砜胺脱硫溶液经脱硫系统胺液深度净化技术复活后，热稳定盐含量与起泡趋势均显著降低，热稳定盐脱除率 99.2%，致泡性杂质脱除率 99.5%，$N, N-$ 二羟乙基甘氨酸脱除率 95.0%，胺液起泡趋势降低至与新鲜甲基二乙醇胺水溶液相当的程度。在此复活后砜胺脱硫溶液基础上升级的溶剂，运行至今各项性能良好，产品天然气达到了新版天然气标准一类气质量的要求。

第三节 硫黄回收装置尾气二氧化硫超低排放技术

天然气净化装置主要包括脱硫、脱水、硫黄回收和尾气处理等部分，其中尾气处理部分对于提高硫的收率，保护环境具有重要的作用。目前主要有还原吸收、氧化吸收等尾气处理工艺。其中还原吸收法尾气处理工艺应用最为广泛，我国大型天然气净化厂和炼油厂其硫黄回收装置大都设有还原吸收法尾气处理装置。在还原吸收法尾气处理装置中，我国所用催化剂对有机硫的水解率较低，导致尾气中有机硫含量增加，有的装置达到 $50mL/m^3$ 以上；另外，由于硫黄回收加氢尾气压力非常低，接近常压，现用的醇胺脱硫溶剂对加氢尾气中 H_2S 的脱除效果较差，也增加了排放尾气中的 SO_2 含量，对环境造成污染。

我国环保法规日益严格，要求排放尾气中的 SO_2 含量越来越低。如国家环境保护部于 2015 年 4 月颁布了 GB 31570—2015《石油炼制工业污染物排放标准》。该标准规定，酸性气回收装置 SO_2 的排放限值一般地区为 $400mg/m^3$，特别敏感地区排放限值为 $100mg/m^3$。对于天然气净化厂新的尾气排放标准也已发布，该标准根据天然气净化厂硫黄回收装置的规模，给出了较严格的尾气 SO_2 排放限值，对于硫黄产量大于 200t/d 的大型装置，二氧化硫排放浓度限值为 $400mg/m^3$，对于硫黄产量小于 200t/d 的中小型装置，二氧化硫排放浓度限值为 $800mg/m^3$。针对硫黄回收装置尾气 SO_2 达标排放及减排问题，以活性氧化铝作载体，采用分步浸渍技术，均匀分散钴钼等多种稀土元，研发出了低温深度加氢水解技术；通过引入自主研发的结构型添加剂，改善脱硫溶液的选吸能力，提高溶液对 H_2S 的脱除效果，研究开发出了加氢尾气深度脱硫溶剂技术（胡天友等，2016）。

一、低温深度加氢水解技术

1. 催化剂制备

1）催化剂制备技术路线及流程

提高催化剂低温有机硫水解性能的途径有 3 个：一是在现有钴钼催化剂上添加碱土金属或稀土金属活性组分，直接提高催化剂在较低温度下的有机硫水解性能；二是提高催化剂钴钼活性组分含量，以提高催化剂有机硫加氢性能，抑制硫醇副产物的生成；三是改变催化剂载体，用钛或钛铝作载体，提高有机硫水解性能（王广建等，2017）。从多活性组分负载和高浓度活性组分负载两方面入手，研究了催化剂制备工艺技术。最终确定的催化剂制备流程如图 6-3-1 所示。

2）制备催化剂样品物化指标

试制了以 SiO_2、Al_2O_3 和 TiO_2 为载体的复合催化剂样品 A-1—A-8；以 Si—Al 和 Al_2O_3 为载体，三元金属为促进剂的催化剂样品 B-1—B-6；以 Si-Al、Al_2O_3、Ti—Al 和 TiO_2 为载体，碱金属和稀土金属为促进剂的催化剂样品 C-1—C-6。制备样品数量共计 20 个，制备的催化剂样品如图 6-3-2 所示，20 个催化剂主要物化指标见表 6-3-1。

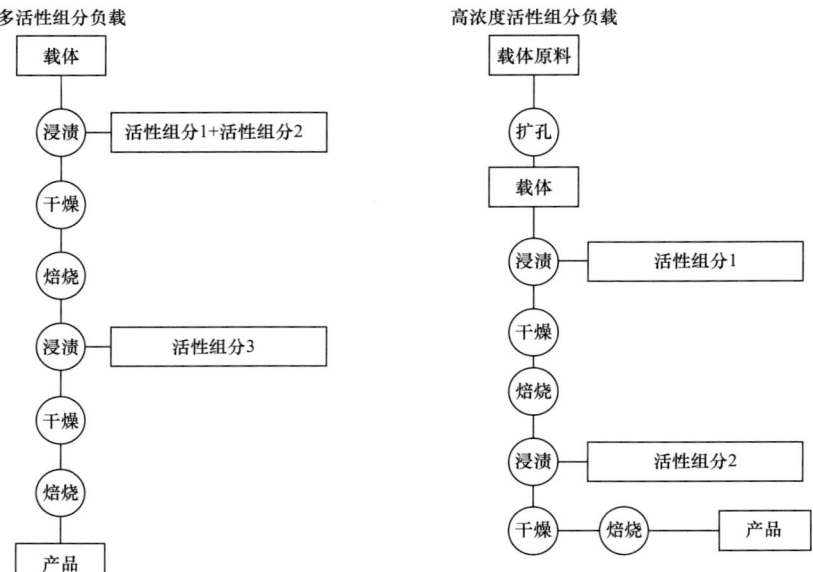

图 6-3-1 催化剂制备流程图

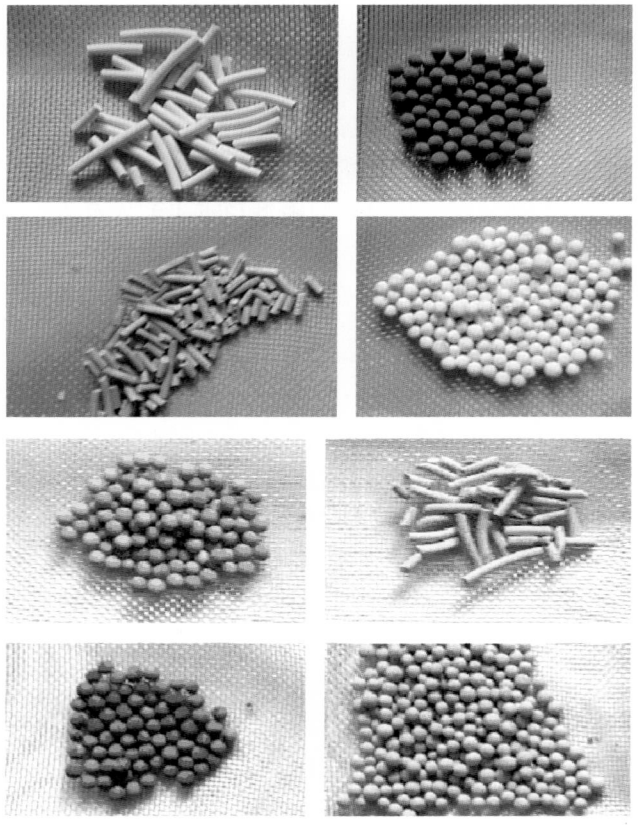

图 6-3-2 催化剂样品照片

表 6-3-1　20 个催化剂样品主要物化指标

样品编号	强度	磨耗 /%	比表面 / (m²/g)	孔容积 / (mL/g)
A–1	147N/cm	0.83	104.3	0.25
A–2	181N/ 颗	0.35	145.4	0.29
A–3	92N/cm	1.12	126.7	0.31
A–4	189N/ 颗	0.31	231.3	0.34
A–5	83N/cm	1.38	243.4	0.33
A–6	114N/cm	1.02	231.3	0.31
A–7	107N/cm	0.97	248.7	0.35
A–8	145N/cm	0.74	240.9	0.35
B–1	183N/ 颗	0.27	268.2	0.39
B–2	151N/cm	0.68	258.8	0.41
B–3	166N/ 颗	0.44	268.4	0.42
B–4	133N/cm	0.83	279.5	0.45
B–5	165N/ 颗	0.51	253.3	0.42
B–6	56N/cm	3.77	264.9	0.39
C–1	67N/cm	3.53	282.4	0.44
C–2	115N/cm	2.88	276.5	0.44
C–3	193N/cm	0.30	283.6	0.46
C–4	175N/ 颗	0.38	263.5	0.41
C–5	169N/ 颗	0.35	242.8	0.46
C–6	183N/ 颗	0.40	267.5	0.44

从表 6-3-1 可见，以 SiO_2、Al_2O_3 和 TiO_2 为载体的双功能复合催化剂因活性组分负载量大，比表面为 $104\sim248m^2/g$，较碱金属与稀土金属为促进剂的催化剂样品和三元金属为促进剂的催化剂样品明显偏低。另外，以 SiO_2 和 TiO_2 为载体的催化剂孔容积明显偏低，将严重影响催化剂活性。

3）催化剂表征与优选

（1）催化剂耐氧性能表征。

为表征催化剂耐氧能力，采用电镜—能谱表征技术，对氧对催化剂硫化活性组分的影响进行了研究。选择不同类型的 A–2、B–4 和 C–4 催化剂进行了研究。表征样品为硫化后的催化剂、正常运行 8h 后的催化剂，在有 $20000mL/m^3$ 氧存在条件下运行 8h 后的催化剂。为防止空气中的氧氧化样品，对处于高温下的上述样品先进行氮气吹扫保护，降温至 50℃后再取样分析的措施。主要对样品中的硫含量进行了分析，分析结果见表 6-3-2。

表 6-3-2　催化剂耐氧性能表征结果

样品编号	硫含量（质量分数）（以 S 计）/%		
	硫化后	正常运行 8h 后	有 20000mL/m³ 氧存在条件下运行 8h 后
A-2	4.73	5.17	1.04
B-4	3.04	4.93	2.88
C-4	3.13	4.84	2.04

从表 6-3-2 的分析结果可见，3 种催化剂硫化后的硫含量均可达 3% 以上。运行 8h 后，催化剂上的硫含量进一步增加。但如果运行过程中过程气含 20000mL/m³ 氧，则催化剂上的硫含量会大幅降低。对于高活性组分含量的双功能复合催化剂样品，氧对硫化钴和硫化钼的影响较大，催化剂上的硫化物含量从硫化后的 4.73% 降低到 1.04%。对于含碱金属与稀土金属活性组分和三元活性组分的催化剂，由于硫化后的碱金属与稀土金属再氧化的程度较低，且氧化后的碱金属与稀土金属可再次硫化，因此氧对这 2 种催化剂的影响较小，催化剂上的硫化物含量分别从 3.04% 和 3.13% 降低到 2.88% 和 2.04%。因此，含碱金属与稀土金属的催化剂耐氧性能优于传统钴钼催化剂。

（2）催化剂活性组分流失原因表征。

为表征催化剂活性组分流失原因，采用电镜—能谱表征技术，对 H_2S 和 SO_2 造成的催化剂活性组分转变与流失原因进行了分析。选择不同类型的天然气净化厂用碱土金属类催化剂 S-1、A-2、B-4 和 C-4 催化剂进行了研究。表征样品为新催化剂，用仅含 COS，不含 H_2S 和 SO_2 气体运行 8h 后的催化剂和含 0.5%CS_2，4%H_2S 和 2%SO_2 气体运行 8h 后的催化剂。主要对样品中的活性组分含量变化进行了分析，分析结果见表 6-3-3。

表 6-3-3　催化剂活性组分变化情况

样品编号	新催化剂活性组分相对含量	仅含 COS，不含 H_2S 和 SO_2 气体运行 8h 后的催化剂活性组分相对含量	含 0.5%CS_2，4%H_2S 和 2%SO_2 气体运行 8h 后的催化剂活性组分相对含量
S-1	活性组分 1：100%	活性组分 1：97.5%	活性组分 1：73%
A-2	活性组分 1：100% 活性组分 2：100%	活性组分 1：99% 活性组分 2：98%	活性组分 1：98% 活性组分 2：98%
B-4	活性组分 1：100% 活性组分 2：100% 活性组分 3：100%	活性组分 1：95% 活性组分 2：99% 活性组分 3：98%	活性组分 1：93% 活性组分 2：98% 活性组分 3：98%
C-4	活性组分 1：100% 活性组分 2：100% 活性组分 3：100%	活性组分 1：94% 活性组分 2：99% 活性组分 3：98%	活性组分 1：88% 活性组分 2：98% 活性组分 3：98%

从表6-3-3的分析结果可见，有机硫不会造成催化剂活性组分转变或流失。采用仅含COS，不含H_2S和SO_2气体运行8小时后的3个催化剂各种活性组分含量均无明显差异。含H_2S和SO_2气体对以碱土金属为活性组分的S-1催化剂有严重毒害作用，其活性组分含量较新催化剂下降了27%。对A-2、B-4和C-4催化剂而言，钴钼活性组分有较强的抗H_2S和SO_2能力，不同条件运行后含量变化不大。稀土类活性组分抗H_2S和SO_2能力则相对较弱。但由于采用二次浸渍的B-4样品中稀土类活性组分抗H_2S和SO_2能力强于采用一次浸渍的C-4样品，前者经不同条件运行后含量降低7%，后者则降低了12%。

（3）催化剂活性对比

对典型的A-2、A-4、B-1、B-4、B-6、C-3、C-4和C-5共8个催化剂样品进行了活性评价。催化剂活性评价条件（反应温度，反应空速、原料气组分及浓度）见表6-3-4。参照国内遂宁天然气净化公司、龙岗净化厂、普光净化厂、四川石化、塔河石化和重庆金冠公司等6套典型的低温加氢装置加氢入口过程气有机硫浓度200～1500mL/m³的实际情况，拟定催化剂活性评价原料气中CS_2浓度为100～500mL/m³。催化剂活性评价结果见表6-3-5。

表6-3-4　催化剂活性评价条件

原料气组分	H_2S	SO_2	CO_2	CS_2	H_2	H_2O	N_2	合计
浓度 /%	0.80	0.40	22.0	0.01～0.05	3.50	30.0	余量	100.00
反应温度 /℃	240							
反应空速 /h⁻¹	1500							

表6-3-5　8个催化剂样品活性评价结果

催化剂编号	催化剂制备方法	SO_2加氢转化率 /%	有机硫水解率 /%	出口硫醇浓度 / mL/m³
A-2	碱土金属 A/ 钴钼催化剂 A	99.75	91.2	21～32
A-4	碱土金属 A/ 钴钼催化剂 B	95.20	89.7	15～23
B-1	稀土金属 A/ 钴钼催化剂 A	99.80	96.3	未检出
B-4	稀土金属 B/ 钴钼催化剂 A	99.85	95.4	未检出
B-6	稀土金属 A+B/ 钴钼催化剂 A	99.85	91.5	未检出
C-3	高浓度活性组分 /A 载体	99.89	87.7	34～41
C-4	高浓度活性组分 /B 载体	99.80	88.4	29～40
C-5	高浓度活性组分 /C 载体	99.88	90.5	25～35

从表6-3-5的评价结果可见，虽然在现有钴钼催化剂上再负载碱土金属或稀土金属活性组分和提高现有钴钼催化剂活性组分负载量均能提高催化剂在低温条件下的有机硫水解性能，但以负载稀土金属活性组分A或B的效果最好。负载稀土金属活性组分A或B的催化剂有机硫水解率均超过95%，且基本无硫醇副产物生成。但由于A为稀有稀土金属，价格较贵，故选择负载价格相对便宜的稀土金属B的催化剂B-4作为所选催化剂，并命名为CT6-13低温深度加氢水解催化剂。

（4）催化剂优选。

在B-4催化剂样品配方基础上，对催化剂载体性质和制备参数作了适当调整，制备了4批次催化剂，并对其活性进行了评价。结果见表6-3-6。

表6-3-6　重复制备的4个催化剂样品物化指标与活性

制备批次	强度 / N/cm	磨耗 / %	比表面 / m²/g	孔容积 / mL/g	加氢后 SO₂ 浓度 / mL/m³	有机硫转化率 / %
1	139	0.72	265.2	0.43	<10	95.8
2	144	0.67	278.4	0.44	<10	95.2
3	136	0.69	274.2	0.42	<10	96.0
4	140	0.58	283.6	0.44	<10	95.5

从表6-3-6可见，采用B-4催化剂样品配方，经过适当调整后重复制备出的4个催化剂样品物化指标与催化活性比较稳定。强度基本在136～144N/cm、磨耗为0.58%～0.72%、比表面为265～284m²/g、孔容积为0.42～0.44mL/g、加氢后SO₂浓度小于10mL/m³、有机硫转化率为95.2%～96.0%。

（5）与国外催化剂的对比。

对CT6-13催化剂、国外TG107与C234主要物化参数与催化活性进行了对比，见表6-3-7。

表6-3-7　与国外催化剂对比

催化剂	强度 / N/颗（N/cm）	磨耗 / %	比表面 / m²/g	孔容积 / mL/g	加氢后 SO₂ 浓度 / mL/m³	有机硫转化率 / %
CT6-13	144	0.67	278	0.44	<10	95.2
TG107	118	0.54	301	0.45	<10	91.7
C234	（135）	0.93	314	0.46	<10	88.5

从表6-3-7可见，3种催化剂强度、磨耗和比表面等物化参数基本相当。催化活性方面，3种催化剂加氢效果均非常好，加氢后二氧化硫浓度均低于10mL/m³。CT6-13催化剂有机硫转化率大于95%，较国外两种催化剂高3～6个百分点。

2. 催化剂条件试验研究

1）温度

为考察催化剂工艺特性，实验室评价了 CT6-13 催化剂在不同操作温度和空速下的催化活性。其中不同操作温度下的催化剂二氧化硫加氢转化率和有机硫水解率数据见表 6-3-8，据此绘制的图如图 6-3-3 和图 6-3-4 所示。不同操作温度下的催化剂出口尾气总硫含量和甲硫醇含量数据见表 6-3-9，据此绘制的图如图 6-3-5 和图 6-3-6 所示。

表 6-3-8　不同操作温度下的二氧化硫转化率与有机硫水解率

操作温度 /℃	二氧化硫加氢转化率 /%	有机硫水解率 /%
230	99.5	88.4
235	99.5	89.3
240	99.5	96.3
245	99.6	96.5
250	99.6	97.0
280	99.8	98.5

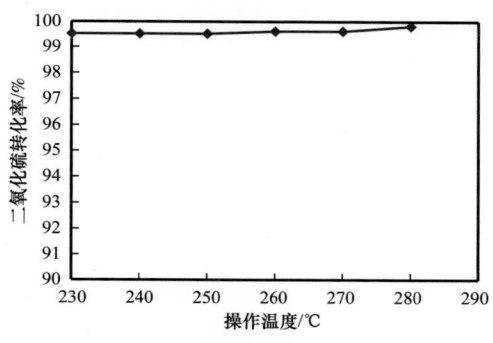

图 6-3-3　催化剂操作温度与二氧化硫加氢
转化率关系曲线

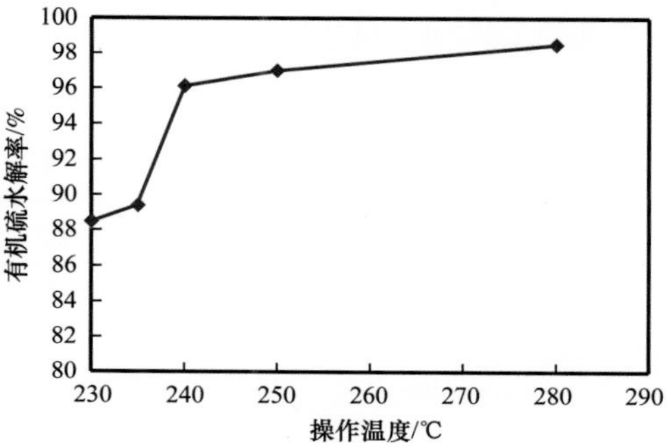

图 6-3-4　催化剂操作温度与有机硫水解率
关系曲线

表 6-3-9　不同操作温度下催化剂出口总硫与甲硫醇含量

操作温度 /℃	尾气总硫 /（mL/m³）	尾气甲硫醇浓度 /（mL/m³）
230	119	54
235	112	33
240	43	15
245	38	8
250	35	未检出
280	21	未检出

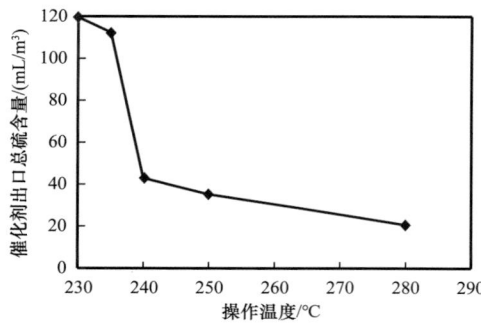

图 6-3-5　催化剂操作温度与出口总硫
含量关系曲线

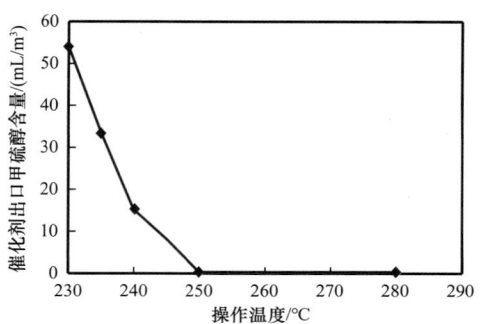

图 6-3-6　催化剂操作温度与出口甲硫醇
含量关系曲线

由表 6-3-8 和表 6-3-9 及图 6-3-3 至图 6-3-6 可见，操作温度严重影响催化剂活性，特别是有机硫水解性能。随着催化剂操作温度从 280℃ 降低到 230℃，其二氧化硫加氢转化率从 99.8% 降低到 99.5%，略有降低，对尾气总硫影响不大；有机硫水解率则从 98.5% 降低到 88.4%，降低幅度很大；尾气总硫从 21mL/m³ 增加到 119mL/m³；尾气中甲硫醇从 0 增加到 54mL/m³。在操作温度 230℃ 和 235℃ 时，催化剂性能下降幅度较大。因此，催化剂使用温度应不低于 240℃。

2）操作空速

不同操作空速下的催化剂活性评价数据见表 6-3-10，据此绘制的图如图 6-3-7 至图 6-3-9 所示。

表 6-3-10　不同操作空速下的催化剂活性评价结果

操作空速 /h⁻¹	二氧化硫加氢转化率 /%	有机硫水解率 /%	尾气总硫 /（mL/m³）
1000	99.6	96.5	32
1500	99.5	96.0	38
2000	98.5	87.4	117
3000	97.9	80.5	193
5000	97.3	66.7	305

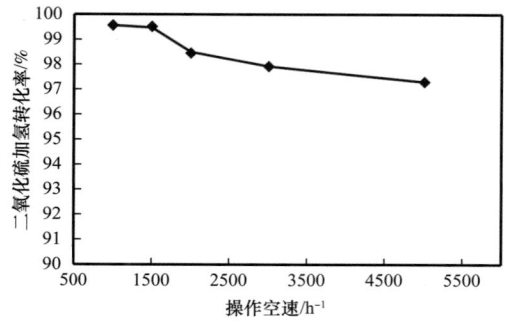

图 6-3-7　操作空速与二氧化硫加氢转化率
关系曲线

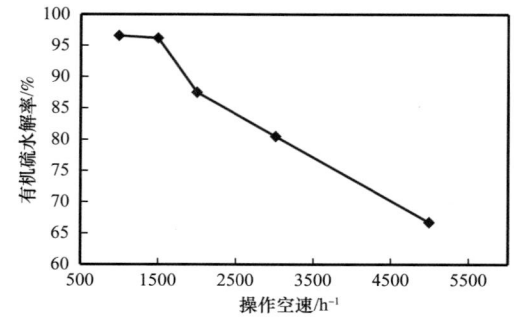

图 6-3-8　操作空速与有机硫水解率
关系曲线

由表 6-3-10 和图 6-3-7 至图 6-3-9 可见，操作空速对催化剂性能有很大影响。操作空速高于 1500h⁻¹ 后，催化剂有机硫水解性能急剧下降，到 5000h⁻¹ 后，催化剂有机硫水解率仅有 66.7%，尾气中总硫含量则增加到 305mL/m³。因此，催化剂操作空速以 1500 h⁻¹ 为宜。

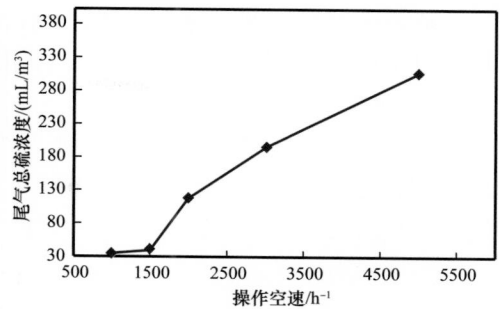

图 6-3-9　操作空速与尾气总硫浓度关系曲线

3）氢气浓度

考察不同氢气浓度对催化剂活性的影响规律。参照表 6-3-4 所示催化剂活性评价条件，主要考察催化剂在 0.5%、1.0%、1.5%、2.0%、3.0% 和 4.0% 氢气浓度下的二氧化硫加氢转化率和有机硫水解率，试验结果见表 6-3-11。

表 6-3-11　氢气浓度对催化剂活性的影响

氢气浓度 /%	二氧化硫加氢转化率 /%	有机硫水解率 /%
0.5	96.2	96.2
1.0	97.5	96.5
1.5	99.4	95.5
2.0	99.5	96.0
3.0	99.5	96.4
4.0	99.5	96.5

从表 6-3-11 可见，氢气浓度对催化剂二氧化流加氢转化率有较大影响。在氢气浓度低于 1.5% 时，催化剂二氧化硫加氢转化率受较大抑制。氢气浓度高于 1.5% 后，催化剂二氧化硫加氢转化率超过 99.4%。催化剂有机硫水解率相对比较稳定，不受氢气浓度影响。

4）氧气浓度

考察了所选催化剂耐氧性能。参照表 6-3-4 所示催化剂活性评价条件，主要考察催化剂在 0.1%、0.2%、0.5%、1% 和 2% 氧气浓度条件下的二氧化硫加氢转化率和有机硫水解率，试验结果见表 6-3-12。

表 6-3-12　氧气浓度对催化剂活性的影响

氧气浓度 /%	二氧化硫加氢转化率 /%	有机硫水解率 /%
0.1	99.4	95.8
0.2	99.4	95.4
0.5	99.5	95.4
1.0	96.3	92.6
2.0	94.1	87.7

从表 6-3-12 可见，氧气浓度对催化剂二氧化硫加氢转化率和有机硫水解率均有较大影响。烟气浓度低于 0.5% 时，催化剂二氧化硫加氢转化率高于 99%，有机硫水解率高于 95%。

5）催化剂活性稳定性

实验室对所选催化剂进行了 50h 活性稳定性试验。催化剂操作温度 240℃，操作空速 1500h^{-1}，原料气组分及浓度见表 6-3-4。催化剂二氧化硫加氢转化率和有机硫水解率随运行时间的变化数据见表 6-3-13，据此绘制的图如图 6-3-10 和图 6-3-11 所示。

表 6-3-13 催化剂活性稳定性试验结果

运行时间 /h	催化剂二氧化硫加氢转化率 /%	催化剂有机硫水解率 /%
2	99.62	96.4
4	99.58	95.3
6	99.53	95.8
8	99.56	94.7
12	99.49	95.6
16	99.63	96.5
20	99.65	97.0
24	99.51	96.3
28	99.46	95.4
32	99.59	95.8
36	99.64	94.2
40	99.62	95.3
44	99.59	96.4
48	99.63	96.9
50	99.49	95.3
平均值	99.57	95.8

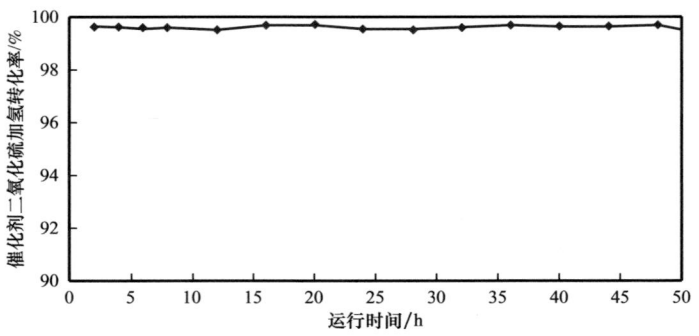

图 6-3-10 催化剂运行时间与二氧化硫加氢转化率关系曲线

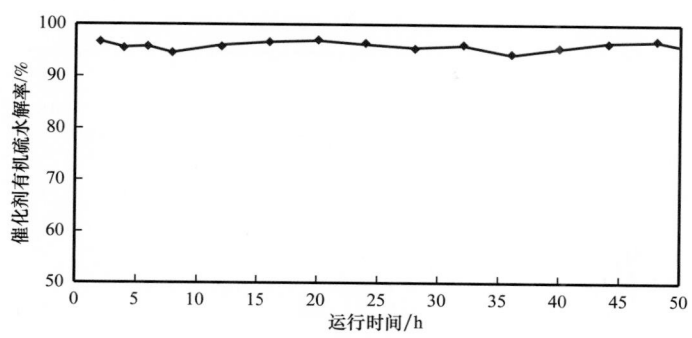

图 6-3-11　催化剂运行时间与有机硫水解率关系曲线

由表 6-3-13 和图 6-3-10 及图 6-3-11 可见，在催化剂 50h 活性稳定性运行过程中，催化剂二氧化硫加氢转化率在 99.46%～99.65% 之间变化，平均值为 99.57%。有机硫水解率在 92.3%～96.9% 之间变化，基本保持在 95% 以上。催化剂平均有机硫水解率为 95.8%。表明催化剂活性稳定性较好。

3. 催化剂工业应用

1）催化剂工业应用后装置性能考核情况

2020 年 9 月 10—19 日，对中国石油遂宁天然气净化有限公司采用 CT6-13 催化剂的第Ⅶ列尾气处理装置进行了性能考核。作为对比，同步对应用进口 TG107 催化剂的第Ⅵ列装置也进行了考核。

（1）考核期间装置主要工艺参数。

装置考核期间，以天然气处理量计算的装置负荷、酸气与空气流量、加氢反应器燃料气与空气流量、加氢反应器入口与床层温度和烟气流量等数据见表 6-3-14。从表 6-3-14 可见，考核期间，第Ⅵ列与第Ⅶ列装置负荷均大于 90%，基本处于满负荷状态。以酸气或尾气处理量计，第Ⅶ列装置处理负荷比第Ⅵ列大 8%～10%。另外，总体而言，由于第Ⅵ列装置催化剂使用年限已达 4 年多，为维持装置总体性能，其加氢反应器入口温度和床层温度较高，平均比第Ⅶ列装置高 5～10℃。

表 6-3-14　考核期间尾气处理装置工艺参数

装置	参数	9月10日	9月11日	9月12日	9月13日	9月14日	9月15日	9月16日	9月17日	9月18日
第Ⅵ列装置	装置负荷/%	90.3	93.2	95.5	94.3	91.5	93.8	98.6	98.5	98.4
	酸气流量/m³/h	6754	7160	6931	6847	5406	5733	5388	5431	5499
	空气流量/m³/h	5388	6164	5894	5730	4341	4728	4301	4632	4732

续表

装置	参数	9月 10日	9月 11日	9月 12日	9月 13日	9月 14日	9月 15日	9月 16日	9月 17日	9月 18日
第Ⅵ列 装置	加氢反应器 燃料气量 / m³/h	112	103	108	111	115	110	107	118	116
	加氢反应器 空气流量 / m³/h	886	811	816	858	853	809	806	887	866
	加氢反应器 入口温度 / ℃	241	239	233	242	252	254	252	255	256
	加氢反应器 床层温度 / ℃	244	245	236	247	255	261	259	260	262
	烟气流量 / m³/h	18020	18950	17521	17303	16670	16955	17612	18100	18504
第Ⅶ列 装置	装置负荷 / %	90.3	93.2	95.5	94.3	91.5	93.8	98.6	98.5	98.4
	酸气流量 / m³/h	7131	7651	7343	7470	5569	5743	5653	5743	5788
	空气流量 / m³/h	6544	6258	6075	6131	4878	5029	4839	5028	5131
	加氢反应器 燃料气量 / m³/h	115	119	138	131	123	125	125	124	120
	加氢反应器 空气流量 / m³/h	903	933	1175	1079	1009	983	992	973	943
	加氢反应器 入口温度 / ℃	224	225	241	245	248	245	244	239	238
	加氢反应器 床层温度 / ℃	233	238	250	252	262	256	257	255	252
	烟气流量 / m³/h	16105	16800	16100	16433	15919	15884	14500	15105	15407

（2）考核相关分析方法。

装置考核期间，所涉及加氢反应器进出口过程气组成主要参照 GB/T 35212.1—2017《天然气处理厂气体及溶液分析与脱硫、脱碳及硫黄回收分析评价方法　第 1 部分：气体及溶液分析》中的"11.硫黄回收过程气组成分析（气相色谱法）"。各组分在气相色谱中的峰形情况如图 6-3-12 所示。

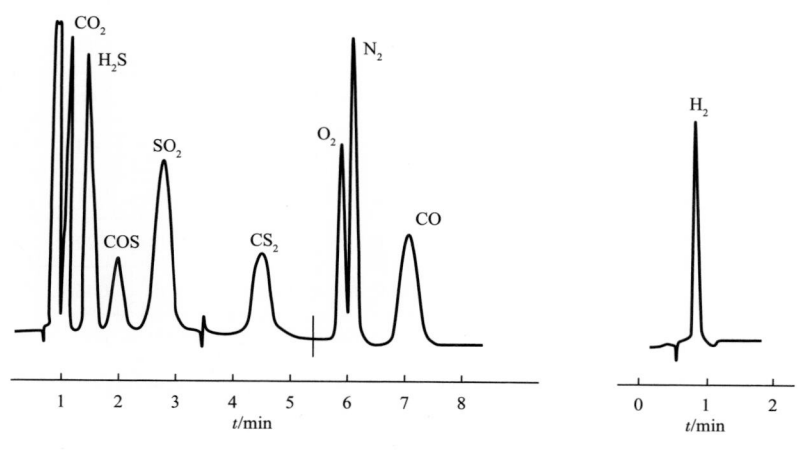

图 6-3-12　考核色谱分析峰形

（3）主要分析数据。

装置考核期间，第Ⅵ列与第Ⅶ列加氢反应器进出口过程气中，各组分分析数据见表 6-3-15 和表 6-3-16。

表 6-3-15　第Ⅵ列加氢反应器进出口过程气分析数据

时间	加氢反应器入口组分含量 /%					加氢反应器出口组分含量 /%（mg/m³）				
	H_2S	SO_2	COS	CS_2	H_2	H_2S	SO_2	COS	CS_2	H_2
9 月 11 日上午	2.010	0.007	0.011	0.002	1.557	1.932	未检出	（92）	未检出	1.814
9 月 11 日下午	0.747	0.004	0.008	0.004	0.606	0.670	未检出	（94）	未检出	1.060
9 月 12 日上午	3.487	未检出	0.014	0.003	0.808	3.664	未检出	（85）	未检出	0.921
9 月 12 日下午	1.226	未检出	0.008	0.003	0.630	1.198	未检出	（55）	未检出	0.651
9 月 13 日上午	1.433	未检出	0.009	0.003	0.655	1.183	未检出	（41）	未检出	0.964
9 月 13 日下午	3.209	未检出	0.009	未检出	0.556	3.121	未检出	（146）	未检出	0.576
9 月 14 日上午	0.723	未检出	0.007	未检出	1.011	0.859	未检出	（47）	未检出	1.335
9 月 14 日下午	4.271	未检出	0.014	未检出	1.246	4.195	未检出	（124）	未检出	1.676
9 月 15 日上午	0.322	未检出	0.007	未检出	0.856	0.593	未检出	（99）	未检出	1.221
9 月 15 日下午	1.001	未检出	0.009	未检出	1.121	1.100	未检出	（51）	未检出	1.609

表 6-3-16　第Ⅶ列加氢反应器进出口过程气分析数据

时间	加氢反应器入口组分含量 / %					加氢反应器出口组分含量 / %（mg/m³）				
	H₂S	SO₂	COS	CS₂	H₂	H₂S	SO₂	COS	CS₂	H₂
9 月 11 日上午	0.405	0.054	0.007	0.007	1.101	0.679	未检出	（81）	未检出	1.184
9 月 11 日下午	0.402	0.089	0.007	0.008	1.213	0.732	未检出	（74）	未检出	1.155
9 月 12 日上午	0.608	0.008	0.008	0.006	1.144	0.767	未检出	（46）	未检出	1.389
9 月 12 日下午	0.663	0.009	0.008	0.005	1.137	0.892	未检出	（43）	未检出	1.504
9 月 13 日上午	0.448	0.020	0.007	0.006	1.160	0.692	未检出	（41）	未检出	1.677
9 月 13 日下午	0.506	0.002	0.007	0.006	1.003	0.941	未检出	（29）	未检出	1.496
9 月 14 日上午	0.620	未检出	0.005	0.008	0.904	0.842	未检出	（46）	未检出	1.537
9 月 14 日下午	0.817	未检出	0.005	0.002	1.656	0.952	未检出	（47）	未检出	1.631
9 月 15 日上午	1.053	未检出	0.006	0.007	1.020	0.994	未检出	（42）	未检出	1.490
9 月 15 日下午	0.368	0.045	0.006	0.007	1.233	0.677	未检出	（40）	未检出	1.478

（4）性能考核结果。

根据考核期间装置主要工艺参数和分析数据，计算得出的考核结果见表 6-3-17。

表 6-3-17　装置考核结果

时间	第Ⅵ列装置				第Ⅶ列装置			
	加氢反应器操作空速 / h⁻¹	加氢反应器入口温度 / ℃	加氢反应器出口总硫浓度 / mL/m³	加氢反应器有机硫水解率 / %	加氢反应器操作空速 / h⁻¹	加氢反应器入口温度 / ℃	加氢反应器出口总硫浓度 / mL/m³	加氢反应器有机硫水解率 / %
9 月 11 日上午	607	241	34	77.1	638	224	30	85.6
9 月 11 日下午	632	239	35	78.1	656	224	28	88.0
9 月 12 日上午	635	238	32	84.1	667	225	17	91.4
9 月 12 日下午	621	235	21	85.3	658	228	16	91.1
9 月 13 日上午	585	242	15	89.8	614	235	15	91.9
9 月 13 日下午	564	245	54	39.5	608	242	11	95.3
9 月 14 日上午	566	251	18	74.9	619	245	17	91.8
9 月 14 日下午	550	252	46	67.0	610	244	18	96.3
9 月 15 日上午	552	255	37	47.2	615	245	16	92.2
9 月 15 日下午	553	256	19	78.9	620	244	15	92.5

第Ⅵ列与第Ⅶ列装置加氢反应器操作空速与加氢反应器入口温度变化情况如图 6-3-13 所示。第Ⅵ列与第Ⅶ列装置加氢反应器出口总硫浓度和加氢反应器有机硫水解率如图 6-3-14 所示。

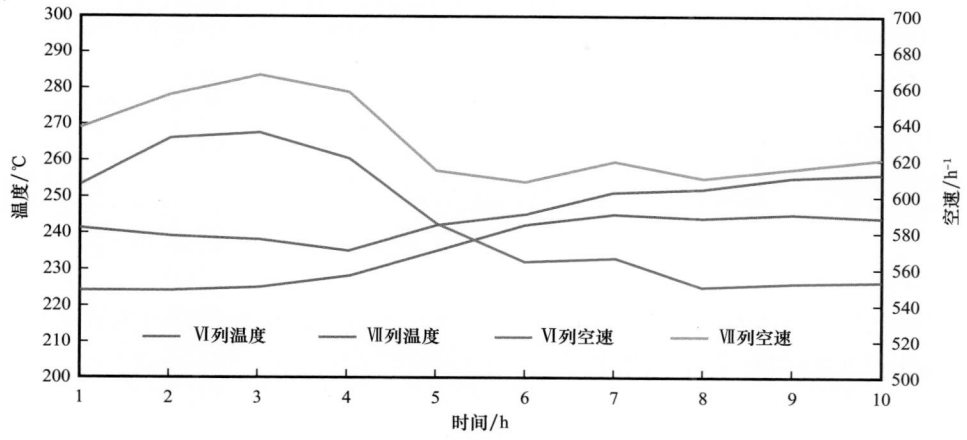

图 6-3-13　操作空速与入口温度变化情况

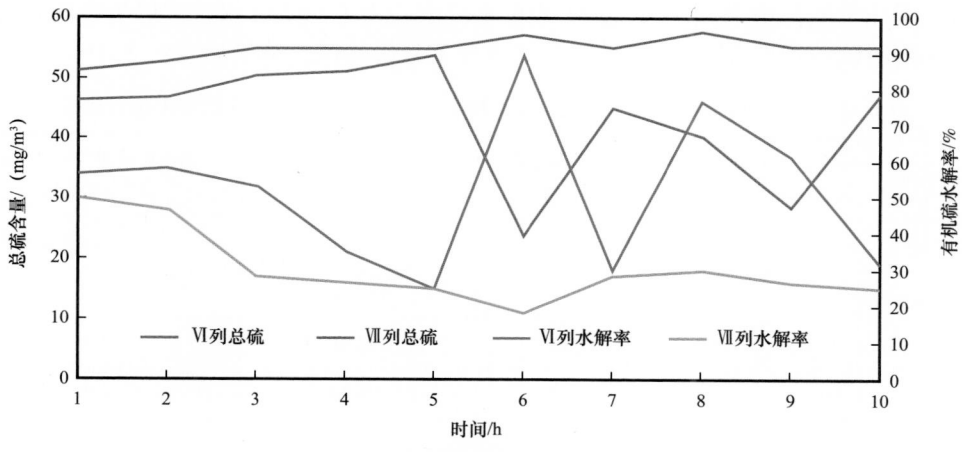

图 6-3-14　总硫浓度与有机硫水解率变化情况

2）催化剂工业应用效果分析

中国石油遂宁天然气净化有限公司运行初期的尾气处理装置、催化剂工业应用后的第Ⅶ列装置、催化剂工业应用后的第Ⅵ列装置的性能比见表 6-3-18。

从 6-3-18 可见，第Ⅶ列装置所装填 CT6-13 催化剂性能明显优于第Ⅵ列装置所装填进口 TG107 催化剂。CT6-13 催化剂入口温度比 TG107 低 9.8 ℃，平均负荷率高 7.5%。在负荷率相当的情况下，节省燃料气 4.5%。加氢反应器有机硫水解率提高 19.4%，烟气二氧化硫排放浓度平均降低 21mg/m^3。

与装置运行初期相比，第Ⅶ列装置在负荷率从 65% 增加到 90% 以上的情况下，总硫收率增加 0.01%～0.02%，烟气中二氧化硫浓度降低 43mg/m^3。

表6-3-18 中国石油遂宁天然气净化有限公司催化剂工业应用装置考核结果

装置	加氢反应器有机硫水解率 / %	装置总硫回收率 / %	排放烟气二氧化硫浓度 / mg/m³
运行初期第Ⅵ列装置	—	99.94～99.95	193～259
运行初期第Ⅶ列装置	—	99.94～99.95	204～227
催化剂工业应用后第Ⅵ列装置	72.2	99.95～99.96	175～211
催化剂工业应用后第Ⅶ列装置	91.6	99.96～99.97	149～195

二、加氢尾气深度脱硫技术

研发的加氢尾气深度脱硫溶剂在中国石油遂宁天然气净化有限公司第Ⅵ列尾气处理装置上进行了工业试验，试验结果如下。

1. 试验前装置运行数据

中国石油遂宁天然气净化有限公司第Ⅵ列尾气处理装置在改造成加氢尾气深度脱硫溶剂前，采用的脱硫溶剂为40%的MDEA水溶液，为了便于比较，对该装置在改造成加氢尾气深度脱硫溶剂前MDEA的脱硫性能进行了分析测试，结果见表6-3-19。

表6-3-19 中国石油遂宁天然气净化有限公司加氢尾气处理装置试验前运行数据

时间	吸收塔板数 / 块	溶液循环量 / t/h	净化尾气 H_2S 含量 / mg/m³	烟囱排放尾气 SO_2 浓度 / mg/m³
2017-8-29 11：00	12	89.3	134.21	328.9
2017-8-29 14：00	12	89.5	145.74	327.5
2017-8-29 16：00	12	89.4	143.01	320.3
2017-11-8 15：00	12	87.7	124.25	328.2

从表6-3-20可以看出，第Ⅵ列尾气处理装置采用加氢尾气深度脱硫溶剂前尾气经MDEA水溶液处理后，净化尾气中 H_2S 含量均在100mg/m³以上，最高达到145mg/m³左右；烟囱排放尾气 SO_2 浓度在320～330mg/m³，表明常规的MDEA水溶液在低压下对 H_2S 的脱除效果较差，导致排放尾气中 SO_2 浓度较高，无法实现尾气中 SO_2 的超低排放要求。

2. 加氢尾气深度脱硫溶剂在第Ⅵ列加氢尾气处理装置上的工业试验结果

1）更换为加氢尾气深度脱硫溶剂后的脱硫性能

进尾气脱硫吸收塔气体中 H_2S 含量0.5%～0.6%，CO_2 含量32%～35%，进回收装置酸气量为5200～5500m³/h。从表6-3-20可以看出，中国石油遂宁天然气净化有限公司第Ⅵ列尾气处理装置采用加氢尾气深度脱硫溶剂后，净化尾气中 H_2S 含量均小于30mg/m³，比应用前降低 70% 以上；排放烟气中的 SO_2 浓度也明显下降，由最高 328.9mg/m³ 左右降低到 200mg/m³ 以下。

表 6-3-20　中国石油遂宁天然气净化有限公司第Ⅵ列加氢尾气处理装置更换脱硫溶剂后装置运行数据

时间	吸收塔板数 / 块	溶液循环量 / t/h	净化尾气 H_2S 含量 / mg/m³	烟囱排放尾气 SO_2 浓度 / mg/m³
2017-11-10　11：00	12	86.7	11.55	166.4
2017-11-10　15：00	12	85.3	18.43	144.7
2017-11-11　11：00	12	90.1	20.33	144.5
2017-11-13　10：00	12	90.7	19.17	155.0
2017-11-13　16：00	12	90.4	18.49	183.9
2017-11-14　10：20	12	90.8	14.88	167.2
2017-11-14　15：00	12	90.6	15.80	186.8
2017-11-15　9：40	12	90.8	15.34	165.6
2017-11-15　14：00	12	90.3	17.09	151.0
2017-12-9　11：20	12	85.86	15.62	169.7
2017-12-9　14：40	12	86.10	17.11	169.9

2）不同吸收塔板数对加氢尾气深度脱硫溶剂吸收性能的影响

在溶液循环量 80～85 t/h 的条件下，考察了加氢尾气深度脱硫溶剂在不同吸收塔板数下的吸收性能。结果如图 6-3-15 和图 6-3-16 所示。

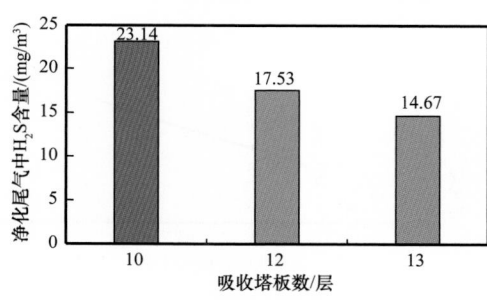

图 6-3-15　加氢尾气深度脱硫溶剂在不同吸收塔板数下净化尾气中 H_2S 含量

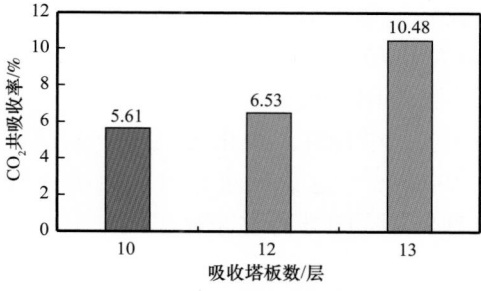

图 6-3-16　加氢尾气深度脱硫溶剂在不同吸收塔板数下的 CO_2 共吸收率

从图 6-3-15 和图 6-3-16 可以看出，随着吸收塔板数的增加，净化尾气中 H_2S 含量下降，CO_2 共吸收率增加。当吸收塔板数为 10 层时，净化尾气中 H_2S 含量达到 23.14mg/m³；吸收塔板数升到 12 层时，净化尾气中 H_2S 含量降至 17.53mg/m³；而吸收塔板数升到 13 层时，净化尾气中 H_2S 含量进一步降低至 14.67mg/m³。这表明随着吸收塔板数的增加，溶液的吸收效果会因传质面积增加，气液接触时间变长而得到明显的改善。因此，过低的吸收塔板数难于使净化尾气达到较好的净化度。为了使加氢尾气深度脱硫溶剂既保持

较高的 H_2S 净化度，又具有较好的选吸能力，采用 12 层吸收塔板较为合适。

3）不同溶液循环量对加氢尾气深度脱硫溶剂吸收性能的影响

在 12 层吸收塔板，进回收装置酸气量 5000～6000m³/h 条件下，考察了加氢尾气深度脱硫溶剂在不同溶液循环量下脱除 H_2S 的效果，结果如图 6-3-17 所示。

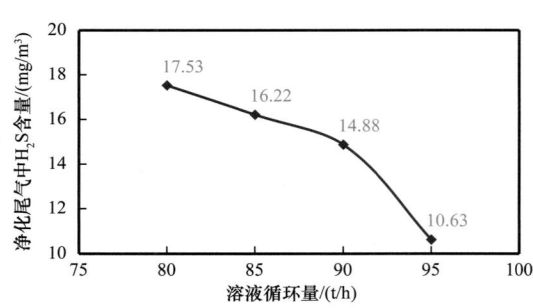

图 6-3-17　加氢尾气深度脱硫溶剂在不同循环量下净化尾气中 H_2S 含量

从图 6-3-17 可以看出，随着溶液循环量的提高，净化尾气中 H_2S 含量下降。这一方面是因为随着溶液循环量的增加，气液接触时间相应增加，溶液的表面更新加快，从而使溶液的吸收效果变好；另一方面，在处理量不变的情况下，随着溶液循环量的增加，溶液的酸气负荷逐渐下降，而随着溶液酸气负荷的下降，溶液中的有效胺增加，溶液 pH 值会逐渐上升，吸收推动力增大，使吸收反应更易向正方向进行，从而使脱硫溶液对呈酸性的 H_2S 吸收效果变好。在进回收装置酸气量 5000～6000m³/h 条件下，采用 90t/h 左右的溶液循环量，可将净化尾气中 H_2S 含量控制在 15mg/m³ 左右。

4）不同 H_2S 含量对溶液吸收性能的影响

在生产过程中，进尾气脱硫吸收塔气体中 H_2S 含量常常会出现一定程度的波动。为了弄清加氢尾气深度脱硫溶剂在 H_2S 含量出现变化时对净化尾气中 H_2S 含量的影响，在溶液循环量 90t/h、吸收塔板层数 12 层的条件下，考察了加氢尾气深度脱硫溶剂在不同 H_2S 含量下的吸收性能，结果如图 6-3-18 所示。

从图 6-3-18 可以看出，随着进尾气脱硫吸收塔气体中 H_2S 含量升高，净化尾气中 H_2S 含量也随之升高。在所考察的溶液循环量下，当进尾气脱硫吸收塔气体中 H_2S 含量升高至 5% 左右时，净化尾气中 H_2S 含量将超过 30mg/m³。这说明进尾气脱硫吸收塔气体中 H_2S 含量的升高对净化尾气中 H_2S 含量有较大的影响。这主要是因为在溶液循环量保持不变的情况下，进尾气脱硫吸收塔气体中 H_2S 含量升高，溶液酸气负荷也随之增加，

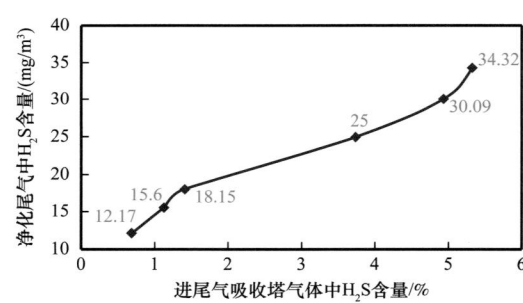

图 6-3-18　进尾气吸收塔气体中 H_2S 含量变化对净化尾气中 H_2S 含量的影响

过高的酸气负荷将使净化尾气中的 H_2S 含量明显上升。因此，在实际生产中，如果进尾气脱硫吸收塔气体中 H_2S 含量出现大幅波动，而使排放烟气中的 SO_2 浓度明显上升时，就应及时调整回收装置配风比，并加大尾气脱硫吸收塔溶液循环量，从而降低排放烟气中的 SO_2 浓度。

5）不同再生蒸汽用量对溶液吸收性能的影响

在工业试验过程中，考察了不同再生蒸汽用量对加氢尾气深度脱硫溶剂吸收性能的

影响。从图 6-3-19 可以看出，随着每吨脱硫
溶液再生蒸汽用量的增加，净化尾气中 H_2S 含
量随之下降，说明增加再生蒸汽用量，将有利
于降低净化尾气中 H_2S 含量。为了使加氢尾气
深度脱硫溶剂既保持较高的 H_2S 净化度，同时
又具有较好的节能效果，推荐将再生蒸汽用量
控制在 115～120kg（蒸汽）/t（脱硫溶液）。

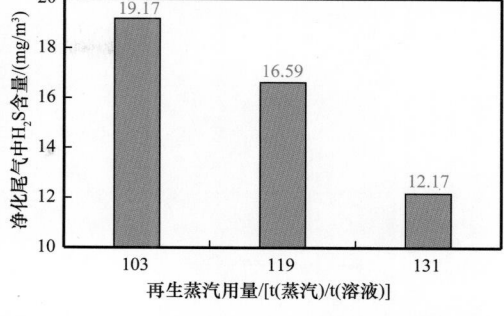

图 6-3-19　不同再生蒸汽用量对加氢尾气深度
脱硫溶剂吸收性能的影响

三、工业应用实例

1. 低温深度加氢水解技术应用实例

1）在中国石油西南油气田公司川西北气矿剑阁天然气净化厂的应用情况

中国石油西南油气田公司川西北气矿剑阁天然气净化厂硫黄回收单元设计酸气中 H_2S 47.6%、CO_2 47.88%，设计硫黄产量 21t/d。采用二级常规克劳斯工艺，尾气处理单元采用还原吸收工艺。脱硫装置得到的酸气送至硫黄回收装置，硫黄回收装置的尾气进入尾气处理装置处理，尾气处理装置产生的酸气返回硫黄回收装置回收硫黄，尾气处理装置产生的尾气经灼烧炉焚烧后通过烟囱排入大气（SO_2 排放小于 400mg/m³）。催化剂装填方案见表 6-3-21。

表 6-3-21　中国石油西南油气田公司川西北气矿剑阁天然气净化厂装填方案

设备名称	底层（瓷球）	第二层（催化剂）		第三层（催化剂）		第四层（瓷球）
	物品名称	物品名称	装填量	物品名称	装填量	物品名称
一级反应器	瓷球	CT6-8B	1.9m³/1.9t	CT6-4D	3.6m³/2.9t	瓷球
二级反应器	瓷球	CT6-15	5.5m³/3.4t	—		瓷球
加氢反应器	瓷球	CT6-13	7m³/5.9t	—		瓷球

装置运行期间，加氢反应器温升达 20℃，尾气排放 SO_2 低于 100mg/m³，效果良好。反应器温升情况如图 6-3-20 所示，装置性能考核结果见表 6-3-22。

表 6-3-22　中国石油西南油气田公司川西北气矿剑阁天然气净化厂装置性能考核结果

项目	考核结果
一级反应器克劳斯转化率 /%	68.8～70.5
一级反应器有机硫水解率 /%	91.4～95.8
二级反应器克劳斯转化率 /%	58.3～61.5
加氢反应器有机硫水解率 /%	96.0～97.3
排放尾气 SO_2 浓度 /（mg/m³）	75～93

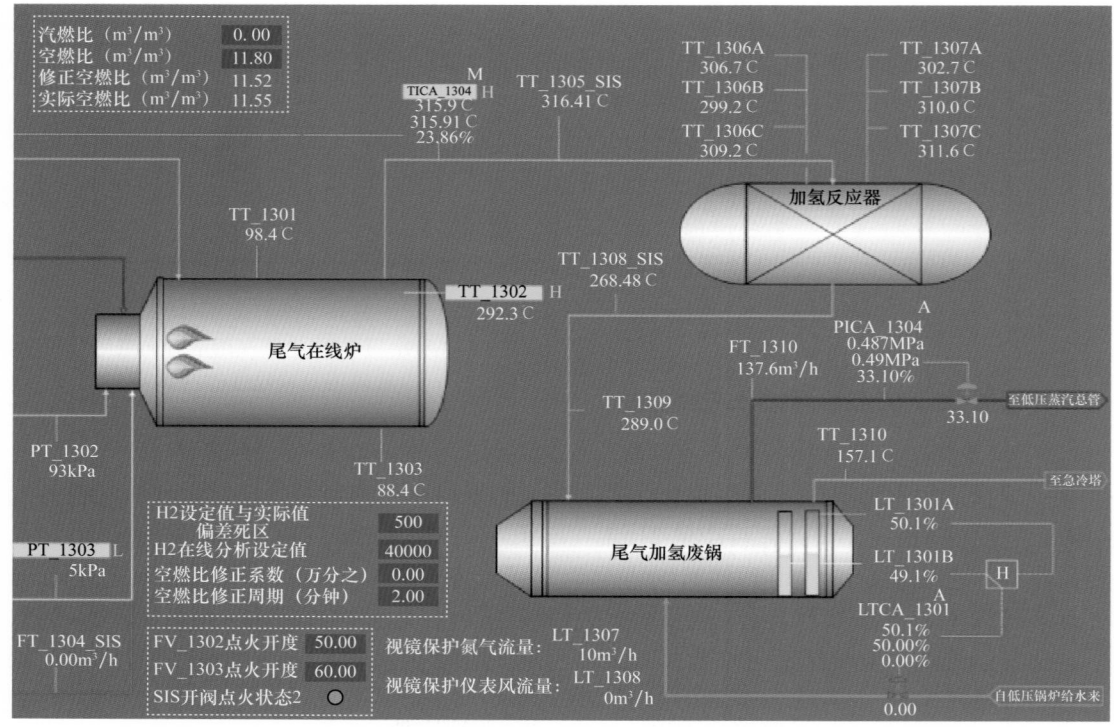

图 6-3-20　中国石油西南油气田公司川西北气矿剑阁天然气净化厂运行参数

2）在万华化学（宁波）有限公司的应用情况

低温深度加氢水解技术在万华化学（宁波）有限公司实现了工业应用。该公司共有 2 套硫黄回收及尾气处理装置，采用低温深度加氢水解技术前，硫黄回收加氢尾气经过急冷水冷却后进入碱洗塔碱洗，碱洗之前尾气中 SO_2 含量为 $340 \sim 390 mg/m^3$。其硫黄回收装置工艺流程如图 6-3-21 所示。

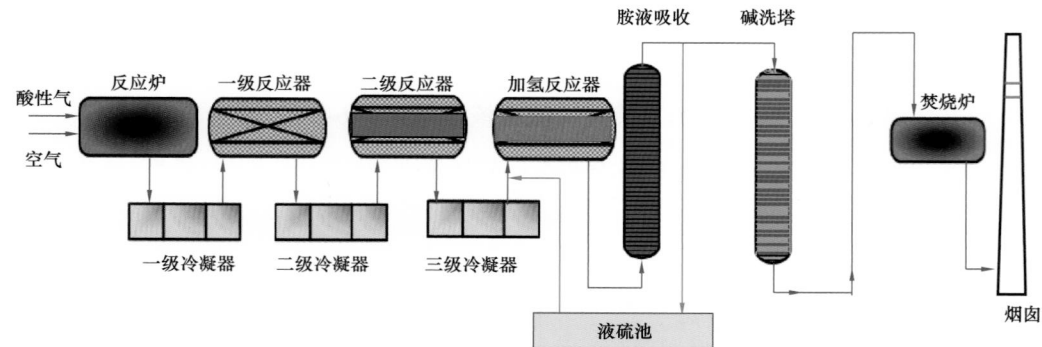

图 6-3-21　万华化学（宁波）有限公司硫黄回收装置工艺流程图

硫黄回收及尾气处理装置更换催化剂前主要运行参数见表 6-3-23，主要分析化验数据见表 6-3-24。

表 6-3-23　万华化学（宁波）有限公司更换催化剂前装置主要运行参数

项目	运行参数
酸气流量 /（m³/h）	779
燃烧炉温度 /℃	990
一级反应器进口温度 /℃	221
一级反应器出口温度 /℃	264
二级反应器进口温度 /℃	198
二级反应器出口温度 /℃	204
加氢反应器进口温度 /℃	235
加氢反应器出口温度 /℃	246
尾气吸收塔循环量 /（t/h）	24.02
再生蒸汽量 /（t/h）	1.7
再生塔顶温度 /℃	101.5
焚烧炉温度 /℃	535

表 6-3-24　万华化学（宁波）有限公司更换催化剂前装置主要分析化验数据

项目	分析数据
酸气中硫化氢含量 /%	27～31
二级反应器入口有机硫含量 /（mL/m³）	1450～1580
二级反应器入口硫化氢含量 /%	1.7～1.9
二级反应器入口二氧化硫含量 /%	0.8～1.0
加氢反应器入口有机硫含量 /（mL/m³）	850～950
加氢反应器出口有机硫含量 /（mL/m³）	130～170
排放烟气中 SO_2 浓度 /（mg/m³）	340～390

从表 6-3-23 和表 6-3-24 数据可见，由于酸气中硫化氢含量较低，燃烧炉处于 1000℃左右的温度运行状态，燃烧炉出口有机硫含量较高，而二级反应器有机硫水解率只有 20%～30%，加氢反应器有机硫水解率只有 80%～85%，导致烟气中 SO_2 含量较高（340～390mg/m³），因此决定将二级反应器催化剂与加氢反应器催化剂更换为 CT6-17 和低温深度加氢水解催化剂。具体装填情况见表 6-3-25。

2018 年 1 月，万华化学（宁波）有限公司公司硫黄回收装置开工运行。2018 年 11 月，对更换催化剂后的装置进行了性能考核。装置的运行工艺参数见表 6-3-26，主要分析化验数据见表 6-3-27。

表 6-3-25　万华化学（宁波）有限公司催化剂装填方案

反应器	物料名称	装填高度 /mm	装填质量 /t
一级反应器	顶部，Φ10 瓷球	100	0.7
	上部，CT6-4B	450	3.0
	下部，CT6-8	3200	2.9
	底部，Φ10 瓷球	50	0.4
	底部，Φ30 瓷球	100	0.75
二级反应器	上部，Φ10 瓷球	100	0.7
	CT6-17	800	5.5
	底部，Φ10 瓷球	50	0.4
	底部，Φ30 瓷球	100	0.75
加氢反应器	顶部，Φ10 瓷球	100	0.7
	低温深度加氢水解催化剂	800	2.8
	底部，Φ10 瓷球	50	0.4
	底部，Φ30 瓷球	100	0.75

表 6-3-26　万华化学（宁波）有限公司更换催化剂后装置参数变化情况

反应器		入口温度 /℃	上部温度 /℃	中部温度 /℃	下部温度 /℃	温升 /℃
二级反应器	换剂前	199	203	204	205	6
	换剂后	222	231	232	236	14
加氢反应器	换剂前	234	240	243	246	12
	换剂前	235	242	252	255	20

表 6-3-27　万华化学（宁波）有限公司更换催化剂后装置主要分析化验数据

项目	分析数据
酸气中硫化氢含量 /%	28~33
二级反应器入口有机硫含量 /（mL/m³）	761~865
二级反应器入口硫化氢含量 /%	1.6~1.8
二级反应器入口二氧化硫含量 /%	0.6~0.9
加氢反应器入口有机硫含量 /（mL/m³）	310~380
加氢反应器出口有机硫含量 /（mL/m³）	15~20
排放烟气中 SO_2 浓度 /（mg/m³）	140~155

从表6-3-26和表6-3-27可见，装置考核期间，二级反应器入口温度222℃，下部温度236℃，床层温升约14℃，比换剂前提高了8℃。加氢反应器入口温度235℃，下部温度255℃，床层温升约20℃，比换剂前提高了8℃。加氢装置的平均COS水解率达到了96.5%，装置烟气中SO_2含量由340～390mg/m³降至了140～155mg/m³。

　　3）在中国石油广西石化分公司的应用情况

中国石油广西石化分公司Ⅰ套和Ⅱ套硫黄回收装置采用常规克劳斯工艺，硫黄回收单元设计酸气中H_2S 95.0%、CO_2 2.0%，设计硫黄产量26×10⁴t/a。Ⅰ套和Ⅱ套硫黄回收装置共用一套尾气加氢装置。装置采用高压蒸气加热，要求催化剂操作温度为230～240℃。课题所开发CT6-13催化剂于2020年3月装填于尾气加氢装置的加氢反应器中。催化剂装填方案见表6-3-28。

表6-3-28　中国石油广西石化分公司催化剂装填方案

催化剂型号	CT6-13
数量	（55.6t）61.78m³
底部瓷球	上层 Φ10 层高 50mm，底部下层 Φ20 层高 50mm

催化剂保证值如下：

CT6-13加氢催化剂的标准状态体积空速不小于1200h⁻¹；

硫黄回收装置正常运行时，加氢反应器出口S和SO_2加氢转化率为100%；

在入口有机硫含量不大于2000mL/m³条件下，加氢反应器出口有机硫含量小于20mL/m³；

在催化剂寿命期内，急冷塔的急冷水pH值为6.5～9.0，急冷水中不出现硫黄粉末或固体硫黄；

催化剂床层使用初期和末期的阻力降不大于2kPa。

装置运行期间，加氢反应器温升达20℃，尾气排放SO_2 65mg/m³，远低于400mg/m³的环保要求，效果良好。如图6-3-22和图6-3-23所示。

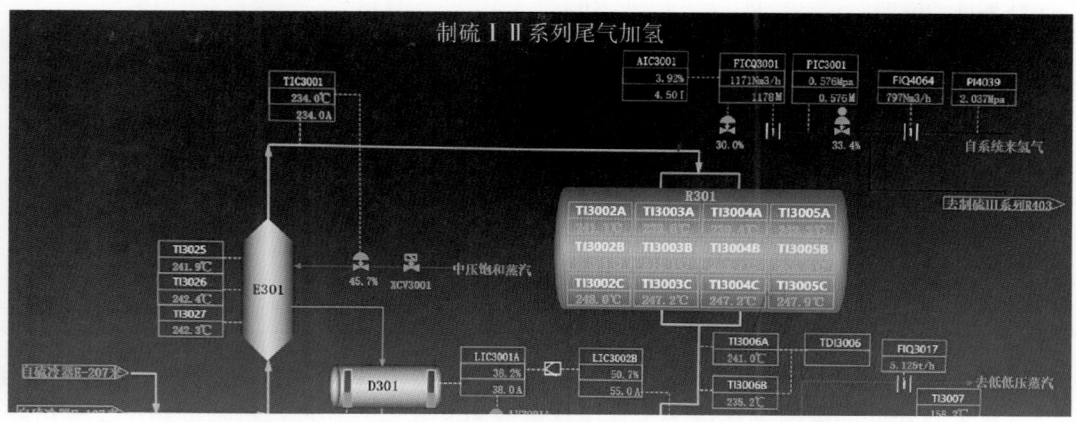

图 6-3-22　中国石油广西石化分公司加氢反应器运行参数

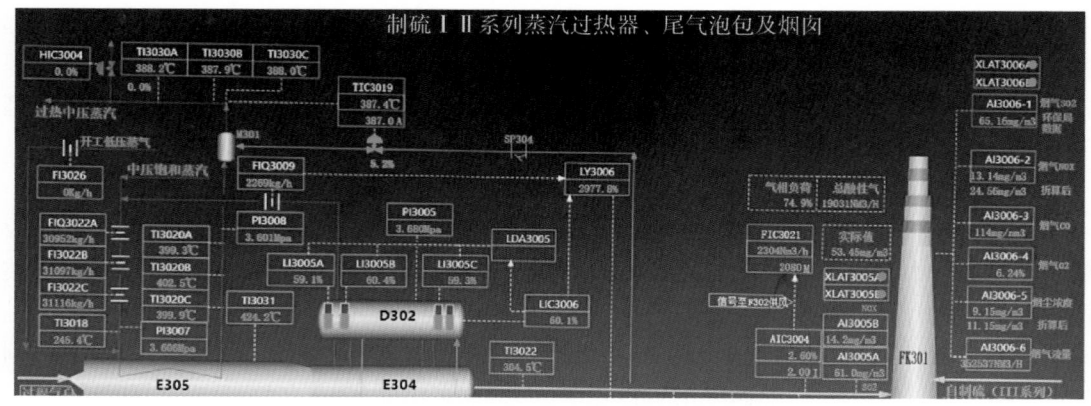

图 6-3-23　中国石油广西石化分公司尾气排放情况

2. 加氢尾气深度脱硫技术应用实例

1）在中国石油遂宁天然气净化有限公司的工业应用与效果

加氢尾气深度脱硫溶剂在中国石油遂宁天然气净化有限公司第Ⅵ列尾气处理装置上的工业试验获得成功后，转入正常工业应用，同时还推广到中国石油遂宁天然气净化有限公司第Ⅶ列尾气处理装置上进行应用（2019 年 12 月开始应用）。表 6-3-29 为加氢尾气深度脱硫溶剂在第Ⅵ列尾气处理装置上使用 2 年多后的分析测试结果，表 6-3-30 为中国石油遂宁天然气净化有限公司第Ⅶ列尾气处理装置采用加氢尾气深度脱硫溶剂前 MDEA脱硫性能数据，表 6-3-31 为加氢尾气深度脱硫溶剂在第Ⅶ列尾气处理装置上使用后的效果。

表 6-3-29　在中国石油遂宁天然气净化有限公司第Ⅵ列尾气处理装置上使用较长时间后的分析测试结果

时间	吸收塔板数 /块	溶液循环量 /t/h	净化尾气 H_2S 含量 /mg/m^3	烟囱排放尾气 SO_2 浓度 /mg/m^3
2020-9-12　14：00	12	89.8	20.62	198.77
2020-9-13　10：00	12	90.3	18.15	196.20
2020-9-14　9：30	12	90.0	13.68	192.99
2020-9-14　15：40	12	90.7	20.22	196.26
2020-9-14　16：40	12	90.1	15.75	198.20
2020-9-15　9：30	12	90.4	12.17	154.4
2020-9-15　14：00	12	90.3	15.60	195.06
2020-9-15　16：00	12	90.2	18.86	198.77

从表 6-3-29 可以看出，加氢尾气深度脱硫溶剂在第Ⅵ列尾气处理装置上使用 2 年多后，在大致相同的溶液循环量下，其净化尾气 H_2S 含量与初期运行数据相比大致相近，

均小于 30mg/m³，其中大部分数据为 15～20mg/m³。说明该脱硫溶剂经过较长时间运行后脱硫性能稳定，并且具有良好的脱除 H_2S 性能。

对比表 6-3-30 和表 6-3-31 的数据可以看出，中国石油遂宁天然气净化有限公司第Ⅶ列尾气处理装置采用加氢尾气深度脱硫溶剂后，净化尾气中 H_2S 含量均小于 20mg/m³，比应用前降低 70% 以上；排放尾气中的 SO_2 浓度也明显下降。

表 6-3-30　中国石油遂宁天然气净化有限公司第Ⅶ列尾气处理装置采用加氢尾气深度脱硫溶剂前 MDEA 脱硫性能数据

时　间	吸收塔板数 / 块	溶液循环量 / t/h	净化尾气 H_2S 含量 / mg/m³	烟囱排放尾气 SO_2 浓度 / mg/m³
2019-12-19　9：50	12	119.8	111.38	305.3
2019-12-19　14：00	12	119.9	109.40	319.5
2019-12-19　15：00	12	119.9	110.85	318.9
2019-12-19　16：00	12	119.5	108.67	321.5

表 6-3-31　加氢尾气深度脱硫溶剂在中国石油遂宁天然气净化有限公司第Ⅶ列尾气处理装置上使用效果

时　间	吸收塔板数 / 块	溶液循环量 / t/h	净化尾气 H_2S 含量 / mg/m³	烟囱排放尾气 SO_2 浓度 / mg/m³
2020-9-13　10：00	12	88.8	11.05	198.48
2020-9-13　14：00	12	89.2	9.52	193.92
2020-9-14　9：30	12	88.5	9.70	156.16
2020-9-14　14：00	12	88.0	12.67	182.35
2020-9-14　15：40	12	88.3	11.73	191.62
2020-9-14　16：40	12	89.1	11.05	155.47
2020-9-15　16：00	12	91.6	13.42	149.61
2020-9-16　10：00	12	90.2	13.70	194.19
2020-9-16　16：00	12	91.5	12.67	195.06
2020-9-17　10：00	12	90.3	13.79	188.76

2）在中国石化塔河炼化公司的应用

中国石化塔河炼化公司 1 号硫黄回收及尾气处理装置设计规模为 $2×10^4$ t/a 硫黄。主要处理来自干气脱硫、液化气脱硫和加氢尾气脱硫富胺液集中再生产生的酸性气和酸水汽提产生的酸性气。硫黄回收为常规二级克劳斯工艺，尾气处理为加氢还原吸收工艺。该公司 1 号硫黄尾气处理装置原使用常规的 MDEA 脱硫溶剂，为使装置排放尾气中 SO_2 浓度达到低于 100mg/m³ 的要求，将尾气处理装置原用的常规 MDEA 脱硫溶剂全部更换为加氢尾气深度脱硫溶剂。

由表6-3-32可以看出，更换脱硫溶剂前，贫液中H₂S含量为0.10g/L左右时，脱硫后加氢尾气中H₂S含量为117.5~135.6mg/m³，排放尾气中SO₂浓度在228~240mg/m³；更换为加氢尾气深度脱硫溶剂后，在溶剂再生良好的情况下，脱后加氢尾气中H₂S含量均小于10mg/m³，排放尾气中SO₂浓度小于60mg/m³，实现了硫黄回收尾气SO₂的超低排放。

表6-3-32 中国石化塔河炼化公司1号硫黄尾气处理装置脱硫溶剂更换前后效果对比数据

项目	序号	贫液H₂S含量/g/L	溶液循环量/t/h	脱硫前加氢尾气		脱硫后加氢尾气		排放尾气中SO₂浓度/mg/m³
				H₂S含量/%	CO₂含量/%	H₂S含量/mg/m³	CO₂含量/%	
脱硫溶剂更换前	1	0.10	30	2.23	1.32	135.6	0.83	240.0
	2	0.08	30	1.66	1.26	117.5	0.85	228.0
	3	0.08	30	1.68	1.42	119.5	0.93	239.0
更换为加氢尾气深度脱硫溶剂后	1	0.10	30	1.97	1.94	6.8	1.33	34.3
	2	0.10	30	1.90	2.07	7.0	1.37	37.2
	3	0.15	30	1.69	1.77	7.9	1.25	28.6
	4	0.15	30	1.88	1.91	9.2	1.31	37.2
	5	0.16	30	1.92	1.81	9.8	1.19	57.2
	6	0.17	30	1.87	1.72	7.13	1.15	54.3
	7	0.15	30	1.76	1.62	4.65	1.16	37.2
	8	0.16	30	1.55	1.62	7.62	1.13	45.8

3）在宁波中金石化有限公司的应用

宁波中金石化有限公司（以下简称宁波中金石化）有两套7×10⁴t/a规模的硫黄回收装置，采用常规二级克劳斯工艺。硫黄回收尾气经过加氢水解处理，并采用常规MDEA脱硫溶剂吸收H₂S后，进入焚烧炉焚烧后排放。尾气处理装置也为两套，分别处理每套回收装置的尾气；脱硫溶剂共用一个再生塔进行再生；两套尾气处理装置焚烧后的烟气共用一个烟囱进行排放。

加氢尾气深度脱硫溶剂在宁波中金石化的应用是通过对尾气处理装置原用的常规MDEA脱硫溶剂进行改造来实现的，即在原用常规MDEA脱硫溶剂中加入加氢尾气深度脱硫溶剂的核心组分。脱硫溶剂改造是在不影响装置正常运行的情况下进行的。脱硫溶剂改造前尾气吸收塔出口气体中H₂S和总硫含量见表6-3-33。从该表可知，改造前尾气吸收塔出口气体中H₂S含量为53~55mg/m³，总硫含量为76~80mg/m³，排放尾气中SO₂浓度在110mg/m³左右。

表 6-3-33 宁波中金石化脱硫溶剂改造前尾气吸收塔出口气体中 H₂S 和总硫含量

吸收塔出口气体 H₂S 含量 /（mg/m³）		吸收塔出口气体总硫含量 /（mg/m³）		排放尾气中 SO₂ 浓度 / mg/m³
Ⅰ系列	Ⅱ系列	Ⅰ系列	Ⅱ系列	
55	53	79.7	76.4	110

脱硫溶剂改造完成后，尾气吸收塔出口气体中 H_2S 和总硫含量见表 6-3-34。从表 6-3-34 可以看出，改造为加氢尾气深度脱硫溶剂后，两列装置尾气吸收塔出口气体中 H_2S 含量均小于 10mg/m³。表明将原用脱硫溶剂改造成加氢尾气深度脱硫溶剂后，可明显提高溶液脱除 H_2S 的能力。

表 6-3-34 宁波中金石化改造后尾气吸收塔出口气体中 H₂S 和总硫含量

序号	尾气吸收塔出口气体中 H₂S 含量 /（mg/m³）		贫胺液中 H₂S 含量 / g/L	溶液胺含量 / %
	Ⅰ系列	Ⅱ系列		
1	—	1.41	0.19	38.0
2	—	6.56	—	—
3	2.5	—	0.15	38.3
4	3.11	—	—	—
5	3.26	—	—	—
6	—	0.91	0.09	38.6
7	—	1.43	—	—
总硫含量	尾气吸收塔出口气体中总硫含量：Ⅰ系列为 20mg/m³；Ⅱ系列为 27mg/m³			

表 6-3-35 为尾气处理装置脱硫溶剂改造成加氢尾气深度脱硫溶剂后，排放尾气中 SO_2 浓度情况。从表 6-3-35 可见，排放尾气中 SO_2 浓度得到了明显的降低。

表 6-3-35 宁波中金石化溶剂改造后排放尾气中 SO₂ 浓度情况

序号	酸性气处理量 Ⅰ / m³/h	酸性气处理量 Ⅱ / m³/h	贫液温度 / ℃	加氢尾气温度 /℃		排放尾气中 SO₂ 浓度（24h 平均浓度）/ mg/m³
				进塔 1	进塔 2	
1	1890.7	1869.9	33.18	34.33	34.13	29.12
2	1790.9	1778.3	33.71	34.26	34.31	30.44
3	1854.3	1819.4	34.44	34.33	34.11	23.58
4	1819.3	1764.1	35.16	34.37	34.36	24.02
5	1820.0	1769.2	35.55	34.45	34.41	22.53

4）在沧州瑞兴化工有限公司的应用

沧州瑞兴化工有限公司（以下简称沧州瑞兴公司）是一家生产 CS_2 的企业，其硫黄回收装置规模为 $5\times10^4t/a$，采用三级克劳斯工艺。为了达到尾气 SO_2 浓度小于 $100mg/m^3$ 的排放指标，该公司将尾气处理装置原用的脱硫溶剂改造成加氢尾气深度脱硫溶剂。为了便于比较，在采用加氢尾气深度脱硫溶剂前，对尾气处理装置原用脱硫溶剂的脱硫效果进行了取样分析。从表6-3-36可以看出，采用加氢尾气深度脱硫溶剂前尾气经脱硫溶液处理后，脱硫后加氢尾气中 H_2S 含量在 $80mg/m^3$ 以上，排放尾气中 SO_2 浓度在超过 $200mg/m^3$。

表6-3-36 沧州瑞兴公司尾气处理装置采用加氢尾气深度脱硫溶剂前数据

序号	溶液循环量 / t/h	脱硫后加氢尾气中 H_2S 含量 / mg/m^3	排放尾气中 SO_2 浓度 / mg/m^3
1	80	115.14	250
2	80	84.78	210

通过加入加氢尾气深度脱硫溶剂的核心组分，对尾气处理装置原用脱硫溶剂进行了改造升级，改造升级完成后装置运行数据见表6-3-37。对比表6-3-36的数据可以看出，沧州瑞兴公司尾气处理装置采用加氢尾气深度脱硫溶剂后，脱硫后的加氢尾气中 H_2S 含量均小于 $10mg/m^3$，排放尾气中 SO_2 浓度小于 $100mg/m^3$。比应用前明显降低，实现了尾气 SO_2 的达标排放。

表6-3-37 沧州瑞兴公司尾气处理装置采用加氢尾气深度脱硫溶剂后数据

序号	溶液循环量 / t/h	脱硫后加氢尾气中 H_2S 含量 / mg/m^3	排放尾气中 SO_2 浓度 / mg/m^3
1	82	6.84	78
2	82	6.81	75
3	82	2.58	68
4	82	2.38	69
5	82	3.76	67
6	82	2.28	65
7	82	2.16	66

第四节　无人值守站安全预警与管道地质灾害预警技术

一、站场管理模式的改变及挑战

气田天然气场站是天然气开发的主要生产场所之一。但是，天然气气田在我国具有地理位置分散、偏僻、安全风险大的特点，因此我国几十年来形成了天然气站场"有人值守、定时巡检、远程通知、站内操作"的成熟生产管理模式，该管理模式使得天然气生产过程中需要的人工数量多，运行成本高。为了提高生产效率、降低生产成本，近年来伴随信息技术的逐渐成熟和气田"两化融合"的快速推进，越来越多的气田采用了"无人值守站 + 中心站管理"的新模式。相比于传统模式，该新模式能够实现对某个区域内天然气整个生产过程的自动化控制和信息化管理，不仅能有效地减少人工操作及日常维护的工作量，降低生产成本，而且能够减少人为失误所带来的安全风险。随着智能化油田的深化发展，天然气站场达到无人值守、远程操作将成为必然。

1. 站场无人值守的优势和不足

油气田的"无人值守站 + 中心站管理"管理模式在国外发展早于国内，随着监控和数据采集系统（SCADA）的推广和应用，许多油气生产和管理过程都进行了远程控制和自动化管理。如壳牌公司通过数字化改造对中东地区阿曼苏丹国的 3000 多口生产油气井实施无人值守远程数据监控。而我国油气田的无人值守管理模式起步于 20 世纪 90 年代中期的新疆油田，随后各个油田自动化建设以试点型和零散型模式发展，大多的无人值守站场集中在地广人稀的新疆油田等。2020 年 12 月 25 日，中国石油西南油气田公司管道管理平台通过验收正式上线运行，标志着中国石油西南油气田公司全面建成以两个"三化"为代表的数字化气田，其有力支撑了生产现场"单井无人值守 + 区域集中控制 + 调控中心远程协助支持"的生产管理模式和"电子巡井 + 定期巡检 + 周期维护 + 检维修作业"的生产运行模式，推进了中国石油西南油气田公司一线生产组织和运行模式优化。

站场的无人值守其优势是显而易见的。无人值守站场生产运行是通过控制中心统一进行远程控制操作的，其拥有事先设定好的程序，确保了操作的准确率，降低了人为误操作可能带来的安全风险，同时也降低了人工成本，比如：无人值守站场由控制中心负责运行管理，站场专业运行维护人员均在中心站驻扎，可以减少站场建设用地和辅助设施的建设、运行成本。

但是无人值守站场的也存在不足：一方面体现在对自动化的依赖程度非常高，对设备设施的可靠性和性能要求也非常高。这就致使无人值守站场的建设前期投入和后期运行维护成本的增加，而且对专业技术人员的技术水平、专业素养，尤其是操作水平的要求也高。如果无人值守站场在设计、建设、自动化控制及运行维护、专业人员水平等方面有瑕疵，那么也就埋下了安全隐患；另一方面，尤其是在川渝地区，地形复杂，气田富集含硫化氢，一旦发生泄漏事件，可能引发火灾、爆炸、中毒等事故，对人员、设施及环境都会造成较严重的后果。

2. 应急管理面临的挑战

应急管理作为可以预防或减少突发事件及其后果的各种人为干预的手段与过程，其重点在于掌握人为干预的方式、时机，以达到最大限度地控制突发事件的发生、发展。针对无人值守站场，其应急管理需要保护的重点目标在于周边的民众，只要能够及早发现风险，及早分析预测、发布预警，就能够极大地减少伤亡和损失。然而在地形复杂的川渝地区，存在部分站场的应急响应时间较长，以川渝地区某油气田区域为例，该区域共设置了 16 座无人值守站场。如图 6-4-1 和图 6-4-2 所示，各无人值守站距离中心站在 5km 距离范围内的有 6 座，占 37.5%；5～10km 的有 4 座，占 25%；≥10km 的有 6 座，占 37.5%。各中心站驾车到达无人值守站所需时间 20min 内的有 9 座，占 56.25%；20～40min 的有 4 座，占 25%；≥40min 的有 3 座，占 18.75%。因此如何及早地发现风险是无人值守站场应急管理的重中之重。

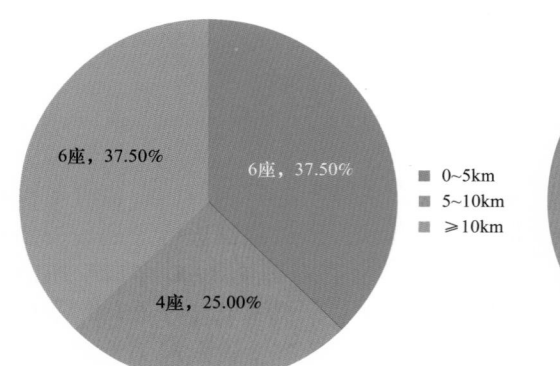

图 6-4-1　川渝地区某油气田区域与中心站的距离统计

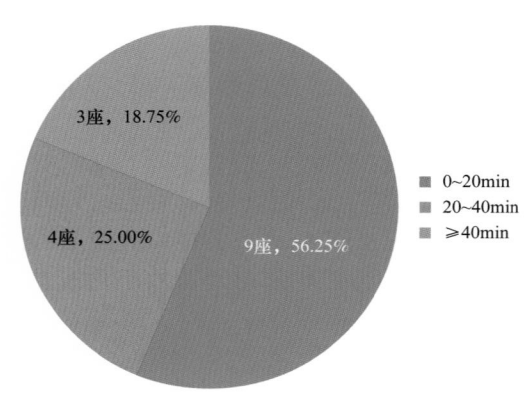

图 6-4-2　川渝地区某油气田区域中心站驾车到达时间

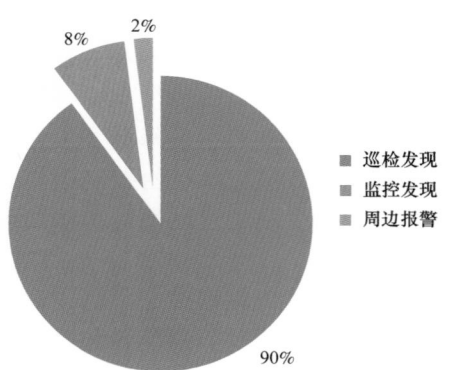

图 6-4-3　川渝地区某油气田区域发现泄漏途径

无人值守站场最大的风险是天然气泄漏引发的火灾、爆炸及中毒事故。而目前比较有效的"发现泄漏"手段就是在井站设备周围合理布置气体检测报警仪，但从调研情况来看，无人值守站场在气体泄漏检测方面面临以下几个挑战：一是现有泄漏监测布局可靠性不高，大多数泄漏难以及时报警响应。以川渝地区某油气田区域为例，如图 6-4-3 所示，统计其 2016—2018 年发生的气体泄漏事件 50 余起，其中仅有 8% 的事件由现场报警仪等监控设施发现；二是现场泄漏环境的复杂性，针对不同单元设备压力、温度、介质不同的情况，在气体报警仪选型、设置方面是否有特殊要求，尚无专门的研究；三是站场的泄漏检测布局大多是根据标准或经验直接布置，未考虑到站场当地的气象条件的影响，缺乏准确性。

因此，开展气体检测报警仪的站场优化布置和应急管理优化的研究，以能够最快检测泄漏、控制整体泄漏风险最小为目标，提出能够覆盖最多泄漏场景的布局方法和预测预警技术。这将为确保无人值守站安全平稳运行，甚至科学制订站场无人值守相关安全技术要求具有重要意义。

二、无人值守站场安全预警技术

1. 风险识别

风险的识别是应急管理中最基本的工作，是风险评估的基础。目前常用的风险识别方法有案例分析法、头脑风暴法、检查表法和专家调查法。对于无人值守站场的风险识别采用了案例分析法，通过对历史统计数据的分析整理，对常见的风险进行梳理和排序，表 6-4-1 是川渝地区某油气田区域部分站场生产运行过程中发生泄漏事件的统计表，列出了泄漏位置、事件原因和控制措施。

表 6-4-1　川渝地区某油气田区域站场泄漏历史数据统计表（部分）

序号	泄漏位置	泄漏量	原因	控制措施
1	井口 8 号阀	小	该井口阀门为老式楔形阀，由于使用年限较长导致填料密封不严，并且阀杆固定螺钉锈死无法打开阀门更换填料	对井口 8 号阀进行更换
2	1 号屏蔽泵法兰	小	（1）1 号屏蔽泵进口阀门关不严；（2）更换短节时法兰盘螺钉没有紧严；（3）法兰盘里垫片损坏	背上空呼，关闭 2 号屏蔽泵，停冷却水泵，拉警示带，做好 H2S 防护
3	闪蒸罐磁浮子液位计手动排污后端	小	手动排污管道缺少支架，悬空	整改
4	井口安全切断阀注脂孔	小	安全切断阀内密封脂不足	紧固了注脂孔的注脂杯
5	2 号屏蔽泵	中	长期转水管线里一直有气田水而对焊缝造成腐蚀开裂	（1）关闭 2 号屏蔽泵的进口，拉好警戒带，待作业区来更换；（2）流程倒为气液混输
⋮	⋮	⋮	⋮	⋮
50	井口套管压力表	中	（1）井口压力过高，没有及时泄压；（2）井口套管压力表量程不合适；（3）井站没有及时上报压力表超压情况	（1）新换 25MPa 量程压力表；（2）安装井口出站安全阀，对井口进行定期开井泄压
51	自动排污阀盘根漏水	小	自动排污阀密封填料损坏，导致密封不严	更换新的排污阀
52	采气树油管头大四通法兰渗漏	微漏	腐蚀	采取在该井采气树周边设置警戒、派驻人员 24h 值守现场警戒
53	分离器雷达液位计上端连接法兰	小	垫片选型错误，垫片发生位移、损坏	立即对分 -3 雷达液位计进行停用，关断前端控制阀，并加盲板，待厂家更换匹配法兰和浮筒

通过对案例的统计分析，可以看出工艺管线、阀门、法兰和压力表是天然气站场发生泄漏的主要泄漏部位；天然气站场发生的泄漏主要为小泄漏，中泄漏和大泄漏发生次数较少。其中，阀门和法兰泄漏造成的泄漏事故次数最多，是天然气站场泄漏的最主要的形式。

案例分析法基于实际案例，直观、可信度高，但其缺点是极易忽略其他可能存在的但并未导致历史案例的因素。因此，为保证风险识别的完整性，一般还需结合其他的方法对典型站场进行调研。

2. 站场气体探测系统布设优化

1）确定泄漏场景

目前的无人值守站是按标准规范设计的，其布设与有人值守站并无差别，为了尽可能快速检测发现无人值守站的泄漏场景，开展了站场泄漏硫化氢扩散模拟研究。为了使得模拟分析更加符合实际工况，泄漏场景要能代表站场实际生产运行过程中可能遇到的各种典型泄漏工况。泄漏场景由泄漏点位与各种环境变量组合而成，环境变量通常包括风向、风速、泄漏源强、泄漏方向等。

通过对天然气站场进行潜在泄漏源辨识，目前天然气站场主要发生气体泄漏的部件及位置是管道间的连接件处和各类阀门的连接接头处，因此针对典型站场的调研，确定潜在的泄漏点位为：出站阀组区球阀后端法兰处、管线与气液分离器连接法兰处、收发球筒来气管线节流截止阀处、分离器液位计引压阀处、分离器排污疏水阀处、井口楔形节流阀至入地管道中药剂加注口处、污水罐顶部爆破片处。

2）泄漏场景风险评估

泄漏场景的风险评估目的在于确定站场内各工艺设备的泄漏风险值。可以采用气体泄漏扩散浓度场表征该场景下气体泄漏后果严重程度。为了避免不同泄漏场景下气体监测浓度值数量级之间的悬殊差别所带来的干扰，需对监测浓度矩阵作无量纲化处理，将气体扩散浓度值转化为表征该监测位置泄漏后果严重程度的风险系数 I_{ij}，通过泄漏场景概率和风险系数的综合分析，即可确定某一场景下装置区域风险值。计算公式为：

$$I_{ij} = \frac{C_{ij}}{MAX(C_{ij})}$$

其中，i 和 j 表示所建立的监测点共有 i 行 j 列；C_{ij} 为监测点的浓度。

3）确定候选监测点布置方案

为了减少数值模拟的工作量，结合泄漏源的辨识结果，初步确定泄漏源周边监测点的布设范围，参照标准规范中监测设备布置高度和水平间距等要求，初步确定以下泄漏源周围布设各个候选监测点，并以此建立数值模拟模型：天然气站场可在其下沉式井口内、井口针形节流阀、气液分离器排污口、进出口截断阀、放空分液罐排污口等可能发生泄漏或气体易聚集的位置。

4）数值模拟

当泄漏位置、场景和选择的监测点都确定之后，运用扩散模拟软件对各个泄漏场景进行模拟。模拟各类泄漏状态，应用瞬态模拟 60s 时间，导出数据，记录各个泄漏场景下监测点的气体质量浓度，通过分析各个监测点的数据信息，找出达到气体报警设定值的监测点及其检测时间。

5）确定优化布置方案

以所有潜在泄漏场景的泄漏风险及其对应所需检测时间乘积之和最小为优化目标、以气体检测报警仪布置位置和布置数量为优化变量建立基于风险的气体检测报警仪优化设置数学模型。将泄漏场景的风险值、检测时间代入优化数学模型，通过优化求解即可确定能够检测到最多泄漏场景、检测风险时间最小的气体检测报警仪布置方案，包括探测器的数量、类型、布置位置等。

3. 安全预警平台

安全预警平台针对无人值守站场，采集现场气体检测报警仪信号，并能够利用数据库获得区域内应急资源、地理信息、事故后果预测等方面的信息支持，辅助决策应急响应，提高应急救援效率。

1）总体架构

安全预警平台的总体构架如图 6-4-4 所示，由主机和外围设备构成，完成现场信息采集、信息交互，能够实现 GIS 地图管理、查询、应急资源定位、站场从属关系展示、站场信息管理等功能；主机由电脑主机及附属设备组成；外围设备由点式探测仪、开路式检测设备、控制主机构成，实现现场气体浓度信息采集等功能。

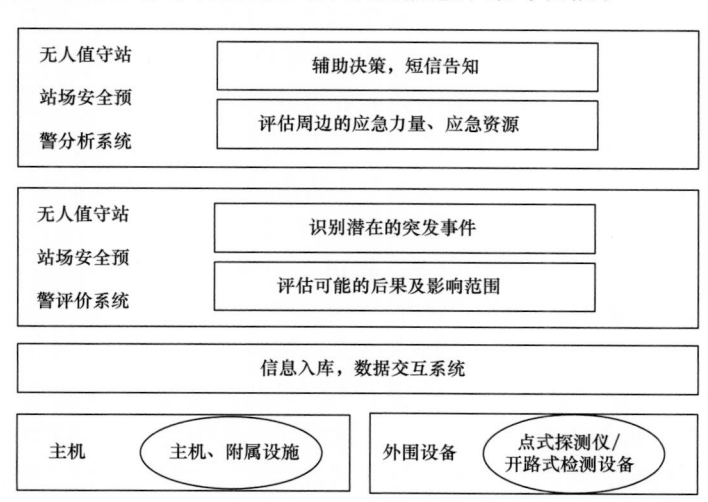

图 6-4-4　安全预警平台基本架构

2）主要功能

（1）地理位置信息及标绘功能。

安全预警平台具有 GIS 地图显示、放大、缩小等功能，可以在电子地图上标绘站场、应急资源、周边人居的位置及相关信息，包括展示区域内中心站和各无人值守站之间的隶属关系、状态显示，站场周边敏感点信息、相对位置，应急资源分布、基本信息、联系方式等。

（2）事故后果预测。

安全预警平台通过事先载入的事故后果数据，可以根据现场情况选择突发事件，并以发生站场为原点，在电子地图上展示事故可能的影响范围、周边的疏散区域信息、最优应急资源分布及各方前往事发地的路由和所需时间等信息。

（3）信号报警及短信告知。

安全预警平台与无人值守站场内的可燃／有毒气体报警仪联锁，在中心站发出声光报警，并可进行远程控制；值班人员可根据事态严重性，触发无人值守站内界区外高音喇叭进行危险区域警示和对相关人员进行短信告知；并能够将事发可能影响范围内的敏感点信息、可利用应急资源信息、相关路由等信息以列表、图示的形式一一展示，辅助现场决策。

（4）用户管理。

用户管理主要指设置用户信息、权限、用户添加、修改、删除等功能。

三、复杂载荷及地质灾害监测预警

1. 复杂载荷下含缺陷管道的应力分析方法

1）技术介绍

管道作为输送油气资源的主要工具，近年来，随着油气资源的稀缺性和日益增长的供应需求，管道通常要运输油气资源到地理环境十分恶劣的地区，管道的周边自然环境十分复杂，管道在铺设和服役期间极易受到内外环境的影响，受到多种载荷的共同作用。目前，我国油气管道在复杂载荷条件下的失效事故具有明显上升的趋势，油气管道在长期服役运行过程中，由地震、滑坡、洪水、冻土和沉降等引发的复杂载荷，容易引发管道安全事故。在复杂恶劣的地质自然环境中，管道会遭受多种载荷作用，其受力情况可简化成内压、轴向应力、剪力、弯曲及扭转等多种外力共同作用。与只受内压作用相比，在轴力、剪力和弯矩等复杂载荷作用下，管道受力情况复杂，多种失效机理耦合作用，极大增加了管道发生事故的可能性，不利于管道安全运行。

复杂载荷下含缺陷管道的应力分析方法，就是通过建立复杂载荷条件下的三维实体有限元管道模型，进行非线性求解，解决了不同形状、尺寸的各类缺陷的模型描述、单元划分以及非线性求解等关键技术问题，实现复杂载荷下含缺陷管道的应力和应变精确计算。通过有限元模型，可以研究和计算不同缺陷尺寸、管材特性、管道尺寸以及复杂载荷大小对含缺陷管道极限承载力的影响，从而完成复杂载荷下含缺陷管道的应力分析。

2）技术实现

复杂载荷下含缺陷管道的应力分析方法实现如下：通过 ANSYS 有限元分析软件，利用 APDL 语言进行参数化编程，建立复杂载荷（轴力、弯矩、内压）作用下的腐蚀缺陷、凹陷及组合型缺陷管道的三维实体有限元模型。

采用精细网格对缺陷及其周围区域进行描述，缺陷局部区域加密网格划分，远离缺陷区域的网格划分适当稀疏，利用 Rember-Osgood 方程对应力—应变曲线进行修正。在笛卡尔坐标系下加约束条件，在对称面上加对称边界条件，管道底部轴向中心线上加约束，防止在压头加载过程中管道发生刚体位移。考虑管道几何尺寸、材料性质和边界条件的多重非线性，求解算法采用迭代控制原理的弧长法计算，在荷载和位移增量均不确定的情况下，生成变化的增量值，追踪结构加载路径。再根据不同缺陷管道的失效准则，进行复杂载荷下含缺陷管道的应力分析。

其中，针对腐蚀缺陷管道，采用应力失效准则，当管道腐蚀区的最小等效应力达到材料的拉伸强度极限时，管线发生失效，此时对应的载荷为管道的极限载荷。

针对凹陷管道，采取应变失效准则，认为当凹陷管道表面的最大等效应变达到材料的均匀塑性应变时，管道破坏发生，对应的载荷为管道的极限载荷

针对腐蚀与凹陷的组合型缺陷，采用应变失效准则，认为当参考应变达到临界应变时，破坏发生，即管道任意积分点的等效塑性应变达到材料断裂时的塑性应变时，管道发生破坏，对应的载荷为管道的极限载荷。

3）技术应用情况和前景

采用复杂载荷下含缺陷管道应力分析方法，对轴向载荷作用下的腐蚀缺陷管道进行应力分析。首先，管道所受轴向应力作用通常由以下三个部分组成：

（1）温差效应引起的轴向应力。管道所处周边环境低于管道工况温度时，管道会因温差效应而产生轴向变形，即当管道受温差作用时，温差会使管道产生轴向或横向的伸长、缩短变形，在周围土壤的土体摩擦力作用下，管道伸长或压缩时会受到轴向载荷，从而产生轴向应力。

（2）土体滑坡引起的轴向应力。当管道位于不稳定斜坡上，管道容易受到土体滑坡作用。管道在滑坡作用下，滑坡上端管道受到轴向拉力，而滑坡下端的管道受到轴向压力，管道在轴向压力作用下容易发生屈曲，严重时会导致管道破裂。

（3）泊松效应引起的轴向应力。管道在内压作用下，管道横截面发生膨胀，由于管材的泊松效应，管道会产生轴向伸缩作用，当管道两端不能自由伸缩时，将在管道轴向产生轴向拉力。

建立轴向压力和轴向拉力作用下腐蚀缺陷管道的有限元模型，求解计算后，进行应力分析。当内压和轴向应力组合载荷共同作用时，管道在轴向应力的作用下，管道极限内压随缺陷长度（L）、缺陷深度（d）和缺陷宽度（w）的变化规律如图 6-4-5 至图 6-4-7 所示。

可以看出，施加轴向压应力后，管道极限内压会降低，且轴向压应力越大，其极限内压降低效果越明显。而施加轴向拉应力后，会造成管道极限内压略微升高，与轴向压应力相比，轴向拉应力影响程度有限。同时可以

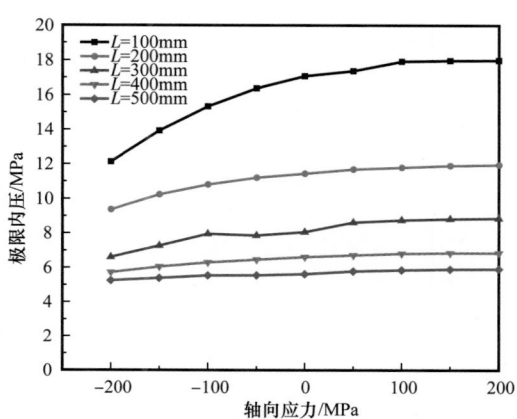

图 6-4-5　轴向应力对不同缺陷长度下管道
极限内压的影响

发现，在不同缺陷长度条件下，轴向压应力对管道极限内压降低效果不同，具体表现为：在缺陷长度较小时，轴向压应力对管道极限内压降低效果明显。

施加轴向压应力和轴向拉应力后，不同缺陷深度下管道极限内压的变化规律与不同缺陷长度时基本相同，即轴向压应力会造成管道极限内压的降低，轴向拉应力会造成管道极限内压略微升高。缺陷深度较小时，管道极限内压受轴向应力的影响程度更大。

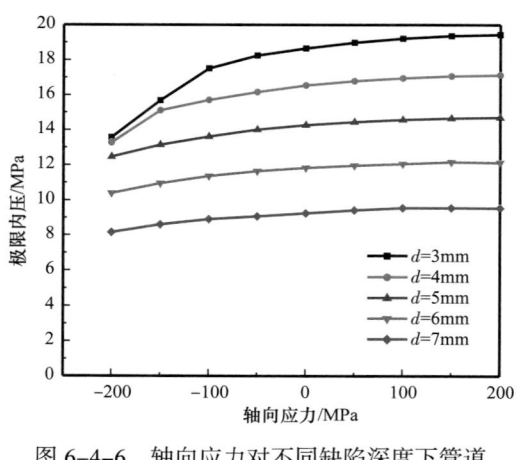

图 6-4-6　轴向应力对不同缺陷深度下管道　　　图 6-4-7　轴向应力对不同缺陷宽度下管道
　　　　　极限内压的影响　　　　　　　　　　　　　　　极限内压的影响

由图 6-4-7 可见，施加轴向压应力和轴向拉应力后，不同缺陷宽度的管道极限内压几乎不变，可以忽略轴向应力作用下缺陷宽度变化的作用，即轴向应力对不同腐蚀缺陷宽度管道的极限内压影响很小。

针对同一腐蚀缺陷几何尺寸的管道，在施加纯内压、内压＋轴向压应力、内压＋轴向拉应力等三种载荷情况下，分别取缺陷处的中心点为研究对象，分析该点的等效应力随内压变化情况，结果如图 6-4-8 至图 6-4-10 所示。

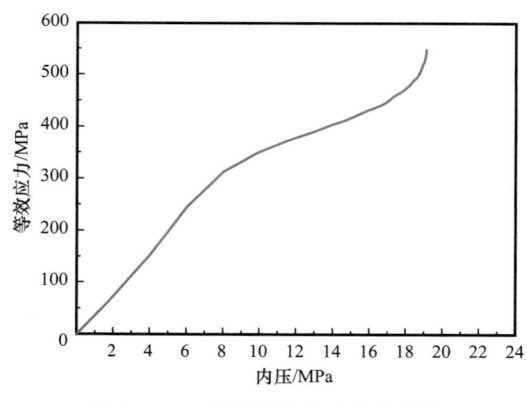

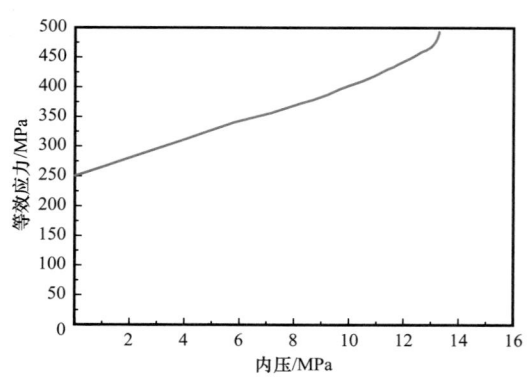

图 6-4-8　管道等效应力变化规律　　　　　　图 6-4-9　管道等效应力变化规律
　　　　　（纯内压）　　　　　　　　　　　　　　　（内压＋轴向压应力）

通过分析可知：腐蚀缺陷管道受到内压的作用时，管道首先发生弹性变形，当缺陷处等效应力达到管材的屈服强度后，管道发生塑性变形，直到达到拉伸强度极限出现局部失稳。管道在内压作用下，发生环向膨胀而轴向收缩，轴向应力的存在会影响到管道失效过程，轴向压应力会加快管道屈服，降低管道极限承载力，而轴向拉应力会减缓管道屈服，从而提高了管道极限承载能力。

应用复杂载荷下含缺陷管道的应力分析方法，就是为了保证复杂载荷下含缺陷管道在设计条件下的结构强度，防止轴向应力、

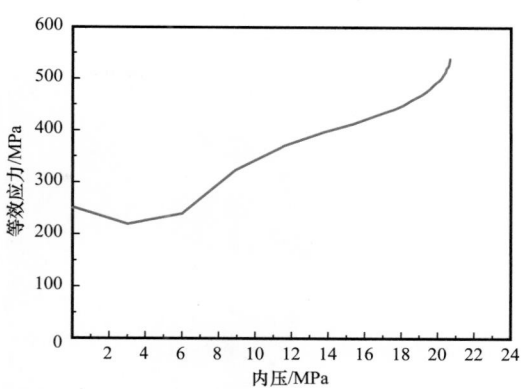

图 6-4-10　管道等效应力变化规律（内压 + 轴向拉应力）

弯矩和内压等载荷交互作用下带来的应力破坏，从而对管道造成安全威胁。研究复杂载荷作用下含缺陷管道的应力分析方法，可为含缺陷管道的安全评价及剩余强度评价提供理论支持，对掌握处于复杂地形地貌、承受多种载荷的含缺陷管道的运行现状进行评估，定性及定量评价含缺陷管道剩余强度，对制订管道维护计划，制订维抢修技术方案上具有重要的参考意义，可在保证管道安全运营的条件下，最大程度节约运营成本。

2. 地质灾害监测预警技术

1）技术介绍

长输油气管道沿线地形复杂，地质灾害频发，对管道安全运行产生非常不利的影响。根据国土资源部统计，2017 年全国共发生各类地质灾害 7122 起，具体如图 6-4-11 所示。其中滑坡 4865 起，占地质灾害的 68%，是地质灾害的主要类型。地质灾害工况中管道受力情况十分复杂，仅仅依靠人工巡查的方式，不能及时和直接地发现地质灾害对管道产生的危害作用，很难辨别管道是否处在安全状态，而恰恰这种肉眼不可见的土体移动形式对管道的危害巨大。如果不能及时确定管道周围土体的这种变化，可能会造成管道在土体的作用下产生较大的变形，甚至会造成管道的断裂，造成严重经济损失及环境污染，因此对管道进行地质灾害监测具有十分的重要性。

地质灾害监测预警技术是根据不同地质灾害（如崩塌、滑坡、泥石流、地面塌陷与沉降等）特征，通过计算机技术、通信技术、网络技术等高新技术，建立起一个完整立体化的综合监测系统，可实现对地质灾害的有效预测和防范。管道的地质灾害应力—应变监测系统可用于监测油气管道受力作用状态，可以对管道重点位置进行监测，一般用于监测处在山体滑坡段、冻土段、地质塌陷区等危险区域的管道。应力—应变监测系统可以对管道进行实时监测，与人工巡检相比，更加及时可靠，结果更科学合理。因此，设计实时可靠的管道应力—应变监测系统不仅可以实时掌握管道的受力变形情况，还可以提高地质灾害预警能力，对评估地质灾害区管道的安全状况，为风险评价提供参考依据，使应急预案及防治措施更加科学、合理，保证油气管道的安全运行具有重要意义。

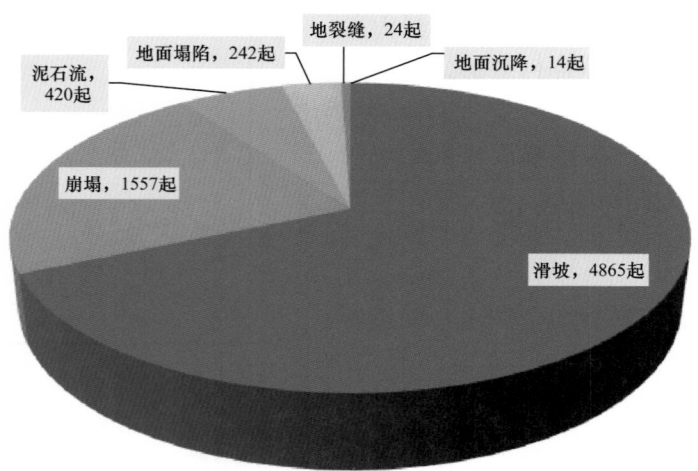

图 6-4-11 2017 年我国地质灾害统计图

2）技术实现

根据实际工况中管道所处的地质环境，设计并形成管道地质灾害监测系统，监测预警系统主要由前端的数据测量模块（包括振弦应变计），中间的数据采集和传输模块（包括数据采集仪、移动数据发射器、电源、防雷、防爆和数据采集箱组成）以及后端的办公室的监测软件平台组成。管道地质灾害监测系统的工作原理和各部分组成，地质灾害监测系统如图 6-4-12 所示。其中，振弦应变计采集的数据通过数据电缆传输，储存至数据采集箱中的数据采集仪，同时数据通过移动数据发射模块经 4G 移动网络，实时传输至办公室中的软件监测平台，以供监测单位实时对输油管道的工作状态进行监测。数据既可以存储在 EXCEL 表格，自动生成数据曲线，也可以存储为 TXT 格式。在对管道进行安全监测前，需要了解地质灾害的破坏模式、发育演化现状及趋势，以便确定监测方案的设计，实施，管道应力—应变监测系统需要满足测量精度高、实时不间断、便于实施和自动监测预警的要求。

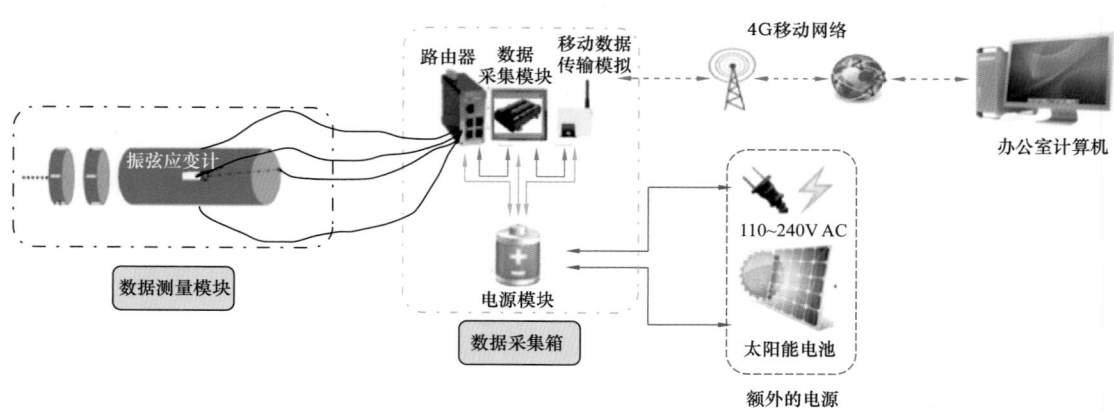

图 6-4-12 地质灾害监测系统示意图

3）技术应用情况和前景

通过地质灾害监测系统，自动化数据采集仪采集的数据会实时上传至云平台，只需登录平台就可以进行数据浏览、预警管理、巡视检查、视频监控，可以读取不同时段、时间间隔的应变和温度数据，可以数据报表、单值曲线、多值曲线等形式展现，如图 6-4-13 和图 6-4-14 所示。

图 6-4-13 地质灾害监测系统的数据提取

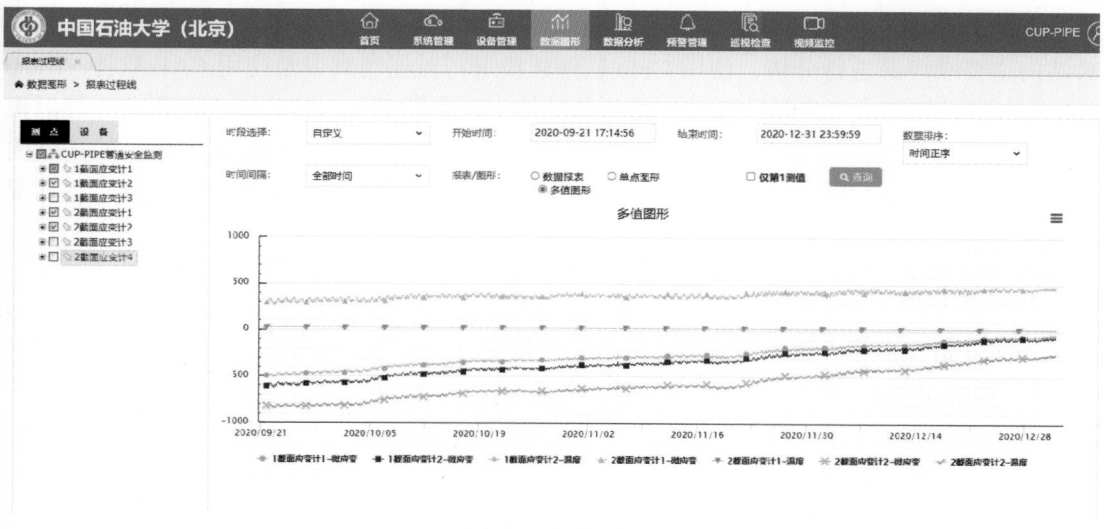

图 6-4-14 地质灾害监测系统的数据展示

管道应力监测的应用前景如下：（1）可进行实时在线监测，采用实时监测的方法全天候不间断监测管道的应力情况和安全运行状况；（2）可进行动态数据的无线传输，利用无线传输网络，计算机软件监测系统能够实时、在线地提供管道的应力状态，当出现不正常状态时，可以自动报警，及时为管理人员提供预警信息；（3）可进行系统的模块化、设备的集成化，监测系统分为不同的模块进行设计，同时系统所使用的设备进行集成化，可以极大地减少系统安装时间，也可以提高系统连接的稳定性。

由于我国西南地区是山地分布集中、地质灾害频发与多发的区域，各类地质灾害中尤其以滑坡对管道的危害和影响最为突出，因此采用地质灾害监测预警技术手段对管道重点防护区域进行力学监测显得十分必要，可以为风险评价提供参考，进一步明确是否需要治理，治理的重点部位在哪里以及辅助治理工程设计。当管道应力达到或接近监测的预警阈值时，提前启动不同级别的应急预案，使防护措施及预案更为科学、合理，真正做到在保证管道安全的前提下，技术上可行、经济上合理。建立可靠实时的管道地质灾害监测系统不仅可以实现对复杂载荷、复杂环境条件下的油气管道实时监控，实现对管道事故频发、易发或位于高后果区的油气管线的重点关注，而且可以为管道完整性评价、风险评价提供技术参数，完善管道完整性管理，从而预防管道事故的发生，为管道安全运行提供保证，对实现管道的安全平稳运行具有重要意义。

第五节 站场噪声治理与气田水回注井环境风险监控技术

一、站场噪声治理技术

天然气站场噪声具有声源类型相互连通、噪声随天然气产量变化而变化、治理难度大等特征，不仅给生产操作管理人员造成影响，同时可能造成周围环境噪声污染。

天然气站场噪声治理可从噪声源和噪声传播途径两个方面着手，对于噪声源，首先对站内主要噪声源进行分析，使用 CFD 软件建模进行流场仿真以及使用 CAE 软件 Virtual Lab 的有限元模块进行声学仿真，分析这些结构不同参数变化对流致噪声的影响，最后根据上述分析给出场站设备结构的改进建议；对于噪声传播途径，根据现场测量的场站内外噪声使用 CadnaA 软件对分离器和井口进行声源建模，对场界噪声声压级预测，进而提出降噪方案，达到降噪的目的。

1. 主要声源及其噪声成因

天然气站场主要声源为节流阀、站内工艺管道、分离器，主要声源的噪声成因如下。

1）节流阀噪声

天然气通过节流阀，相当于通过可变孔径的节流孔，在孔口处气流速度急剧增大。调节阀上下游的天然气压差越大，孔口处的流速也越大，可能造成的噪声也越大。

天然气流过节流阀孔口的速度接近亚音速，由于渐扩管段较短，在节流阀孔处，气流的流速达到音速，甚至在有些结构下会超过音速；但在节流阀下游，当流速从超音速降为亚音速时，在速度突然降低的同时，气流压力反而突然升高，产生与气流方向不同的激波。激波是由运动流体物理状态（速度、压力及温度等）的突然变化所产生的，是超声速流动特有的现象。该压力波以接近声速的速度传播，在传递过程中，一部分转换为热能，另一部分转换为高频声能，即节流阀噪声的主要来源。

2）直管段噪声

当雷诺数大于临界雷诺数时，流体将产生较明显的湍流运动。对于比较平直的管道，这种强烈的湍流运动产生湍流边界层自激噪声透过管壁向外辐射，同时由于湍流边界层脉动压力的激励引起管壁振动产生声辐射。

3）弯管段噪声

流体由直管进入弯管前，截面的压强是均一的。流体进入弯管后，外侧的流动先为增压过程，压强到达最高后逐渐下降；而内侧压强逐渐下降，达到最低后开始增压，直至流体进入直管后，截面的压强又趋于均一。在两段增压过程中，都有可能因边界层能量被黏滞力所消耗而出现边界层分离，形成漩涡，流体在弯管中流动时，流速高的离心惯性大，压强差驱使新的流动产生，二次流在径向平面内发生，从而产生流体噪声。

4）分离器噪声

气流紊动、气流喷注噪声及调压器所产生的噪声在所相连的管道内会形成一个声场，进入汇管后被放大。节流阀或弯头处产生的噪声传递进入分离器，与进入分离器时空间增大所形成的喷注噪声、分离器内气流紊动噪声综合，加上通过远大于调压单元的表面积向外辐射，形成更为强烈的噪声。

2. 主要声源仿真研究

天然气为以甲烷（CH_4）为主的混合气体，各组分摩尔质量和动力黏度见表 6-5-1，天然气在标况（101kPa，273.15K）下密度为 $0.7252kg/m^3$，动力黏度为 $1.1036×10^{-5}kgf·s/m$。根据管道流量和天然气在标况下的密度可以求得管道入口质量流为 8.3935kg/s。根据实测数据设定仿真工况为 7MPa，308.15K，该工况下天然气密度为 $48.549kg/m^3$，动力黏度为 $1.15×10^{-5}kgf·s/m$。对于直径为 150mm 的输气管道，根据理想气体状态方程和流速与体积流量的关系可以估算天然气在该工况（7MPa，308.15K）下的流速约为 10m/s，马赫数小于 0.3，故可认为该工况下流体不可压。

表 6-5-1　天然气组分表

名称	组分含量 /%	摩尔质量 /（kg/kmol）	动力黏度 μ_j /（$kgf·s/m^2$）
He	—	4.00	$1.099×10^{-5}$
H_2O	0.0468	18.02	$1.34×10^{-5}$
N_2	—	14.00	$1.663×10^{-5}$
CO_2	3.2991	44.01	$1.37×10^{-5}$
H_2S	1.065	34.06	$1.2×10^{-5}$
CH_4	95.44	16.04	$1.087×10^{-5}$
C_2H_6	0.14	30.07	$9.29×10^{-6}$
C_3H_8	0.01	44.10	$7.95×10^{-6}$

使用商用 CAE 前处理软件 ICEM 进行网格划分，全局网格尺寸为 0.01m，采用以正四面体为主的混合体网格划分方式，边界层采用指数增长生成，增长比为 1.2，共 3 层，总厚度为 0.01m。

使用 CFD 软件 FLUENT 进行流场仿真。先使用 $k—\omega$ 模型计算稳态解，求解器类型为 SIMPLE，再使用 LES 模型计算瞬态解，求解器类型为 PISO，时间步长为 10^{-4}s。前 100 时间步不加入声学模块计算，后 500 步加入声学模块，计算壁面压力脉动并以 CGNS 格式导出。

使用 CAE 软件 Virtual Lab 12 的有限元模块（FEM）进行评价点声压级计算，壁面设置为 AML 层，入口和出口设计为吸声边界，边界条件为流场引起的壁面压力脉动。

1）弯管道

气流在弯头处冲击管壁，造成工艺管道产生强烈振动，从而产生高强度的高频振动噪音。弯头的角度、数量、弯头间的耦合、弯头的倒圆角等对于弯头处噪声的产生均有影响。数值仿真分别针对上述情况进行了计算。

（1）弯管的角度变化。

天然气站场弯管角度多为 90°，对比模拟计算同种工况下，90°弯管及 135°弯管流场、声场分布，模拟参数如下：入口管长 L_1=5m，出口管长 L_2=5m，管径 D=150mm，出口压力 p=7MPa，管道流量 V=10^6m³/d，弯管曲率半径 R=1.5D。图 6-5-1 所示为弯管示意图。

弯管在 t=0.6s 的速度云图如图 6-5-2 所示，流体通过弯管时会在弯头内侧前段形成速度极大值区，在弯管内侧后段及弯管外侧形成速度极小值区。弯头处速度极大值和极小值之差随弯管角度增大而减小。

弯管角度由 90°变为 135°后，各评价点的噪声均下降，增大弯管角度对噪声治理效果显著。

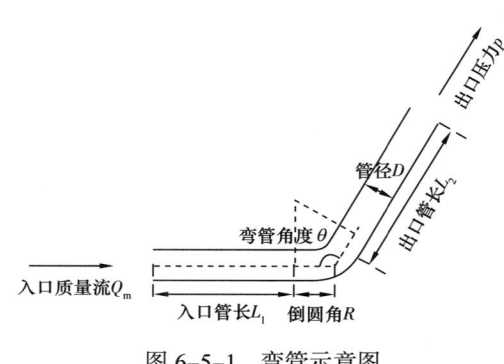

图 6-5-1 弯管示意图

表 6-5-2 90° 弯管和 135° 弯管在各评价点处总声压级

弯管模型设定	总声压级 /dB							
	评价点 1	评价点 2	评价点 3	评价点 4	评价点 5	评价点 6	评价点 7	评价点 8
90°	83.6	90.4	86.8	92.7	83.6	90.4	86.8	92.7
135°	63.4	65.8	64.1	65.8	63.4	65.8	64.1	65.8

（2）弯管曲率半径。

天然气站场中，曲率半径为 R=1.5D 及 R=5D 的弯管最为常见，对比 R=1.5D 与 R=5D 的弯管产生噪声的情况，模拟参数如下：入口管长 L_1=5m，出口管长 L_2=5m，管径 D=150mm，出口压力 p=7MPa，管道流量 V=10^6m³/d，弯管角度 90°。

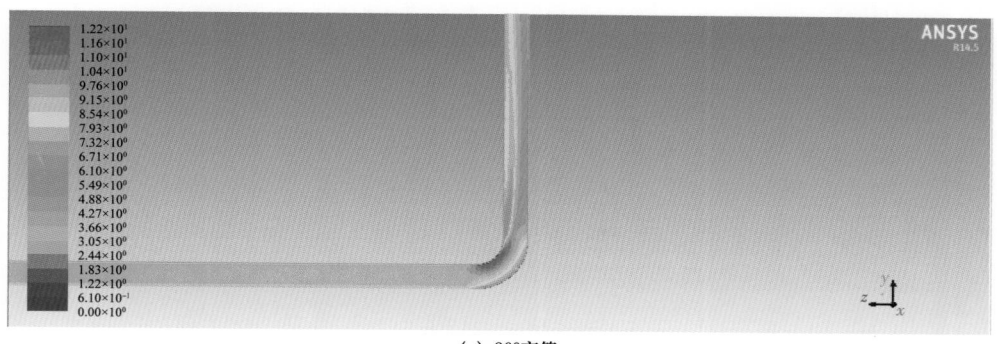

(a) 90°弯管

(b) 135°弯管

图 6-5-2　$t=0.6s$ 不同角度弯管速度云图（单位：m/s）

曲率半径为 $R=1.5D$ 和 $R=5D$ 的 90°弯管在 $t=0.6s$ 的速度云图如图 6-5-3 所示，流体通过弯管时会在弯头内侧前段形成速度极大值区，在弯管内侧后段及弯管外侧形成速度极小值区。弯头处速度极大值和极小值之差随弯管倒圆角增大而减小。

弯管曲率半径由 $1.5D$ 变为 $5D$ 后，各评价点噪声均有所降低，且内侧降噪量高于外侧，各类型弯管的数值仿真结果见表 6-5-3。

表 6-5-3　弯管曲率半径变化各评价点不同模型的总声压级

弯管模型设定	总声压级 /dB								
	评价点 1	评价点 2	评价点 3	评价点 4	评价点 5	评价点 6	评价点 7	评价点 8	平均
$R=1.5D$，90°	83.6	90.4	86.8	92.7	83.6	90.4	86.8	92.7	89.6
$R=5D$，90°	56.7	59.4	56.4	59.6	56.9	59.4	56.4	59.6	58.3

2）大小头

大小头设备（图 6-5-4）在天然气站场内普遍存在，气流通过大小头时其流道发生突变，导致管道内部的流体存在乱流、气切、涡流等，轴线方向速度分布不均匀等现象，并产生不稳定的气流噪声。针对大小头结构，主要通过改变大小头入口和出口之间的距离来进行数值仿真。

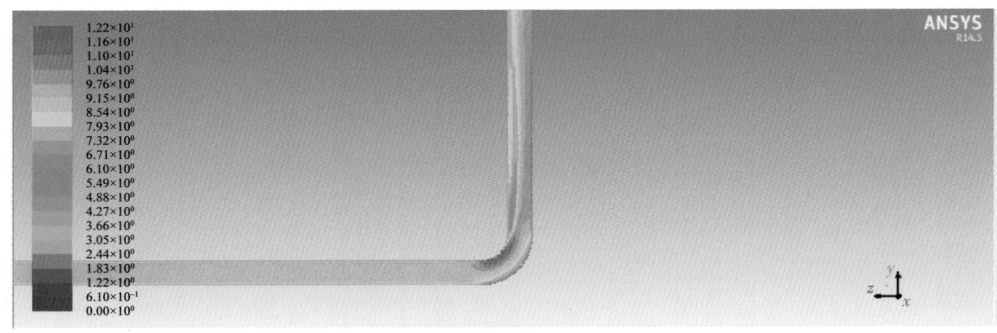

(a) 1.5D弯头

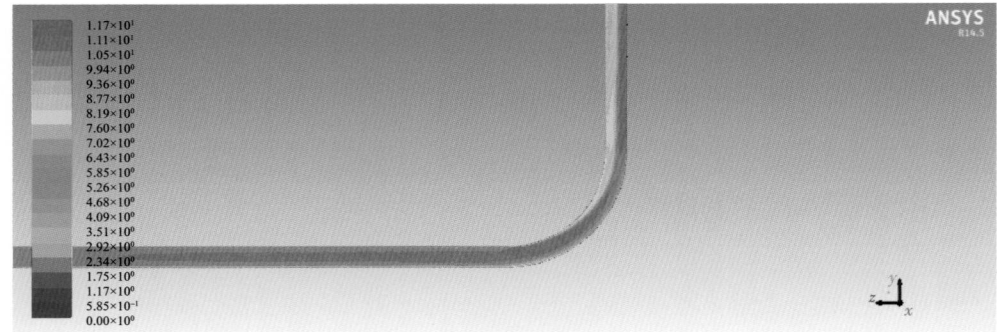

(b) 5D弯头

图 6-5-3 $t=0.6$s 不同倒圆角弯管速度云图（单位：m/s）

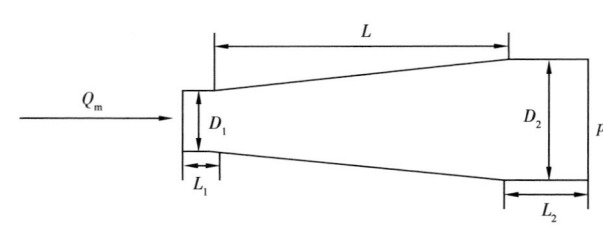

图 6-5-4   大小头示意图

Q_m—入口质量流；D_1—小头直径；D_2—大头直径；
L—大小头间距；L_1—入口长度；L_2—出口长度

分别设置大小头入口和出口之间的间距为 0.15m，0.3m 和 0.6m，模拟参数如下：入口管径 $D=100$mm，出口管径 $D=200$mm，出口压力 $p=7$MPa，管道流量 $V=1×10^6$m³/d，模型的建立如图 6-5-5 所示。

通过数值模拟，L 值变化后，3 个点的总声压级见表 6-5-4，各评价点噪声量均有所降低。

表 6-5-4   各评价点不同模型的总声压级

L 值	总声压级 /dB			
	评价点 1	评价点 2	评价点 3	平均
$L=0.15$m	89.1	71.9	89.4	87.5
$L=0.3$m	74.1	74.3	88.7	84.2
$L=0.6$m	69.2	69.1	68.9	69.1

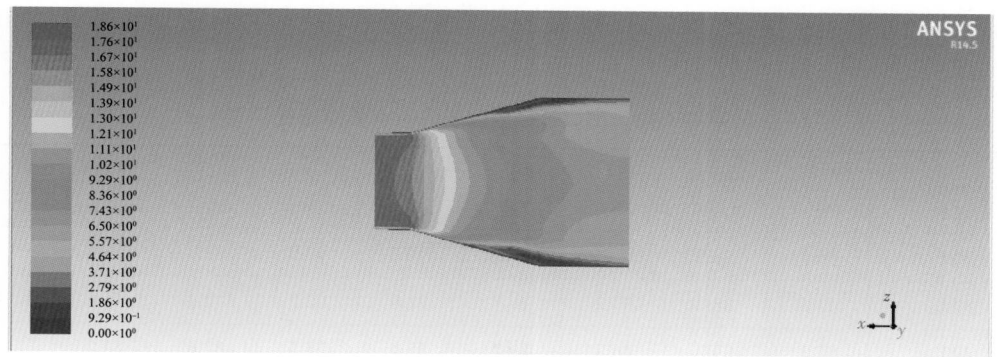

(a) $L=0.15m$

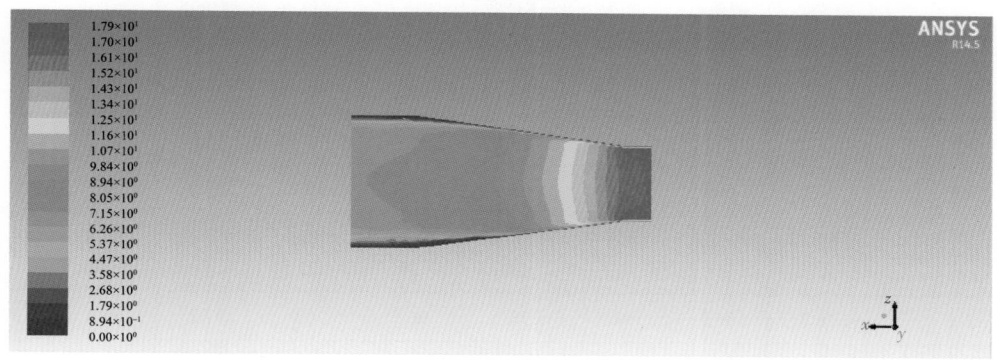

(b) $L=0.3m$

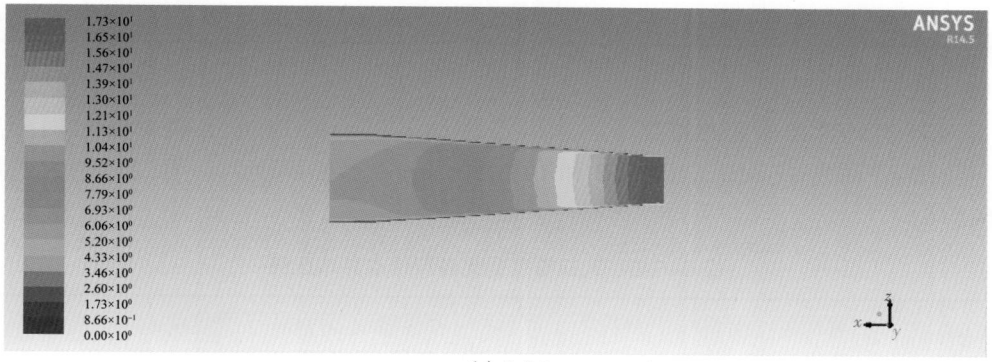

(c) $L=0.6m$

图 6-5-5 $t=0.6s$ 大小头速度云图（单位：m/s）

3）分离器

天然气站场分离器用于分离随气产出的地层水，模拟参数为入口管长 $L_1=1.6m$，入口直径 D_1，出口管长 $L_2=2m$，出口直径 D_2。分离器入口存在挡板，出口存在一个长度为 1.267m、直径为 0.4m 的圆柱，出口连接在圆柱上。分离器中流体为混合气体，以甲烷为主，密度为 0.7252kg/m³，动力黏度为 $1.1036×10^{-5}kgf·s/m$。

（1）出口管径变化。

分离器入口管径不变的情况下，出口管径 $D_2=200mm$，300mm 和 400mm 时分离器平均声压级分别为 97.4dB、87.6dB 和 84.5dB，出口管径由 DN200mm 增大至 DN300mm 对分离器噪声由明显降低效果（表 6-5-5）。

表 6-5-5　出口管径变化各评价点总声压级

出口管径 /mm	评价点 1	评价点 2	评价点 3	评价点 4	评价点 5	评价点 6	评价点 7	评价点 8	
200	96.4	98.5	101.9	101.8	101.9	90.0	83.0	99.8	
300	71.6	88.7	93.2	78.7	71.6	92.7	72.1	75.6	
400	88.3	83.2	66.8	89.2	85.4	73.3	81.6	81.2	
出口管径 /mm	评价点 9	评价点 10	评价点 11	评价点 12	评价点 13	评价点 14	评价点 15	评价点 16	
200	99.7	85.7	100.0	83.7	95.1	82.1	101.0	96.5	
300	71.5	73.5	70.4	94.1	89.4	70.2	68.0	68.7	
400	81.0	69.4	84.9	67.6	88.4	66.1	87.5	64.7	
出口管径 /mm	评价点 17	评价点 18	评价点 19	评价点 20	评价点 21	评价点 22	评价点 23	评价点 24	平均
200	78.7	96.2	94.8	78.2	96.5	76.0	97.2	98.1	97.4
300	91.3	89.3	89.0	66.4	64.9	91.3	90.7	63.1	87.6
400	83.4	82.1	61.8	61.5	84.7	58.7	93.1	57.5	84.5

（2）入口管径变化。

分离器出口管径不变的情况下，入口管径 $D_1=200\text{mm}$，300mm 和 400mm 时分离器平均声压级分别为 97.4dB、101.5dB 和 103.4dB。分离器噪声随入口管的增大而增加（表 6-5-6）。

表 6-5-6　入口管径变化各评价点总声压级

入口管径 /mm	评价点 1	评价点 2	评价点 3	评价点 4	评价点 5	评价点 6	评价点 7	评价点 8	
200	96.4	98.5	101.9	101.8	101.9	90.0	83.0	99.8	
300	98.9	99.7	100.3	92.2	84.3	91.7	84.4	89.5	
400	86.5	105.4	100.6	106.5	103.7	107.4	85.5	93.5	
入口管径 /mm	评价点 9	评价点 10	评价点 11	评价点 12	评价点 13	评价点 14	评价点 15	评价点 16	
200	99.7	85.7	100.0	83.7	95.1	82.1	101.0	96.5	
300	83.8	102.3	82.8	107.6	81.6	83.3	104.3	104.1	
400	85.1	91.0	110.7	88.7	98.4	86.8	82.3	107.6	

入口管径/mm	评价点17	评价点18	评价点19	评价点20	评价点21	评价点22	评价点23	评价点24	平均
200	78.7	96.2	94.8	78.2	96.5	76.0	97.2	98.1	97.4
300	79.6	103.5	108.1	79.9	103.9	107.5	99.0	75.6	101.5
400	81.6	109.3	81.0	107.1	80.4	105.3	79.1	78.7	103.4

（3）分离器内挡板及挡板角度变化。

表6-5-7为入口直径200mm、出口直径200mm、挡板角度变化的模型各评价点总声压级，其中，无挡板以及挡板角度为15°、45°和45°弧形时分离器平均声压级分别为151.2dB、150.3dB、149.4dB和153.7dB。综上所述，入口增加15°挡板噪声级稍有降低，各评价点噪声有升高也有下降；挡板角度变为45°噪声级稍有降低，各评价点噪声有升高也有下降；挡板变为弧形会使分离器噪声声压级上升。可见挡板角度对分离器噪声影响较小。

表6-5-7 挡板角度变化各评价点总声压级

挡板角度/（°）	评价点1	评价点2	评价点3	评价点4	评价点5	评价点6	评价点7	评价点8
无挡板	73.4	72.4	68.8	75.1	60.9	66.7	65.5	71.7
15	96.4	98.5	101.9	101.8	101.9	90.0	83.0	99.8
45	66.8	96.8	101.2	98.0	66.0	92.6	66.1	72.2

挡板角度/（°）	评价点9	评价点10	评价点11	评价点12	评价点13	评价点14	评价点15	评价点16
无挡板	60.9	68.4	60.4	65.3	60.2	64.0	60.2	66.9
15	99.7	85.7	100.0	83.7	95.1	82.1	101.0	96.5
45	66.0	69.6	66.4	67.5	102.0	65.8	64.5	64.6

挡板角度/（°）	评价点17	评价点18	评价点19	评价点20	评价点21	评价点22	评价点23	评价点24	平均
无挡板	59.2	66.8	58.8	65.5	57.4	63.7	63.2	66.7	67.8
15	78.7	96.2	94.8	78.2	96.5	76.0	97.2	98.1	97.4
45	64.0	94.7	62.9	63.9	94.8	96.9	94.2	97.9	94.1

3. 厂界噪声降噪

声源降噪可能无法完全满足 GB 12348—2008《工业企业厂界环境噪声排放标准》标准要求，为此，可进一步考虑通过声音传播过程中进行降噪，如建设声屏障，通过传播

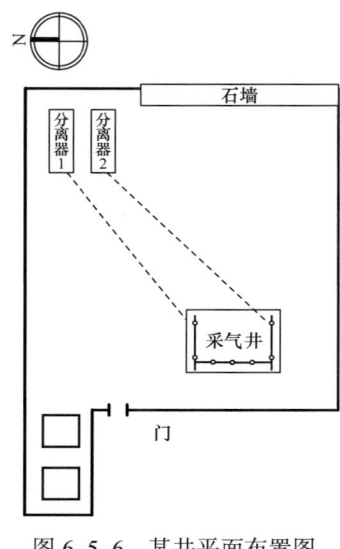

图 6-5-6　某井平面布置图

途径对噪声进行控制，使用 CadnaA 软件对声屏障的建设进行了建模研究如下。

1）井口区域

（1）源强。

以某井站实测声压级作为预测源强，其中井口区域源强为 75.3～86.6dB（A）。该井平面布置图如图 6-5-6 所示。

（2）声屏障吸声材料。

假定所有屏障表面加装 50mm 超细玻璃棉（也可采用吸声系数相似或更高的材料代替）作为吸声材料，材料吸声系数见表 6-5-8。

（3）模拟结果。

在井口周围 2m 处设置声屏障，随着屏障高度增加，降噪效果不断向好，见表 6-5-9。

表 6-5-8　50mm 超细玻璃棉吸声系数

倍频程 /Hz	125	250	500	1000	2000	4000
吸声系数	0.15	0.35	0.85	0.85	0.86	0.86

表 6-5-9　不同高度声屏障降噪效果

声屏障高度 /m	屏障外噪声低于 60dB 的距离 /m	屏障外噪声低于 50dB 的距离 /m
2	0.8	35
3	0.6	1.0
4	屏障外均低于 60dB	0.8

2）分离器

（1）源强。

以某井站实测声压级作为预测源强，其中分离器区域源强为 81.0～93.3dB（A）。

（2）声屏障吸声材料。

声屏障吸声材料采用与井口区域相同的吸声材料。

（3）模拟结果。

在距离分离器 2m 处建立声屏障（表 6-5-10），屏障高度为 6m，8m 和 10m 时分离器噪声分布图如图 6-5-7 所示。

屏障高度 6m 时屏障外 3.8m 外噪声低于 60dB（A），屏障外 24m 外噪声低于 50dB（A）；屏障高度 8m 时屏障外 2.2m 处噪声低于 60dB（A），屏障外 18m 外噪声低于 50dB（A）；屏障高度 10m 时屏障外 1.8m 外噪声低于 60dB（A），屏障外 15m 外噪声低于 50dB（A）。

从此处分析可知，从降噪工程难度与成本考虑，分离器远离场界，在场站中心较好。

表 6-5-10　分离器 2m 处建立声屏障

声屏障高度 /m	屏障外噪声低于 60dB 的距离 /m	屏障外噪声低于 50dB 的距离 /m
6	3.8	24
8	2.2	18
10	1.8	15

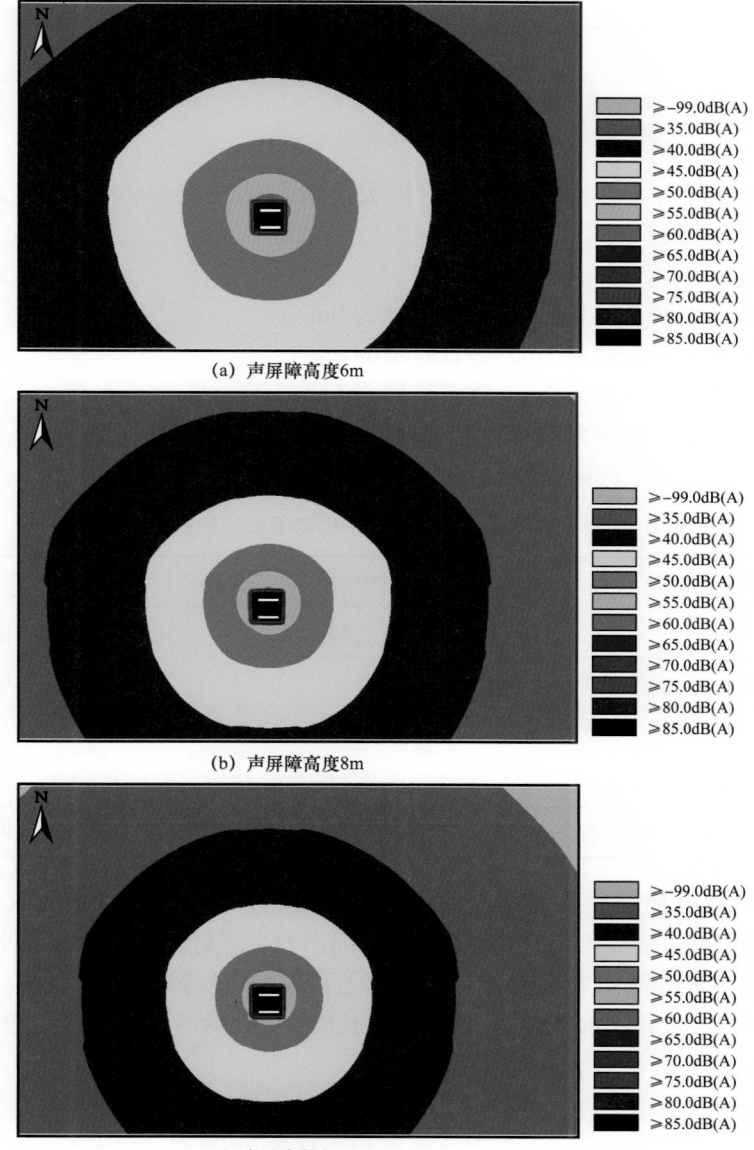

(a)　声屏障高度6m

(b)　声屏障高度8m

(c)　声屏障高度10m

图 6-5-7　声屏障高度不同分离器噪声分布图

3）顶端弯折声屏障降噪效果分析

实际工程中，若屏障高度受限，可通过将屏障顶端设计成悬臂结构或吸声圆柱结构增加声屏障等效高度。此处比较左向悬臂和右向悬臂两种典型顶冠设计的降噪效果，两种顶冠设计示意图如图6-5-8所示。

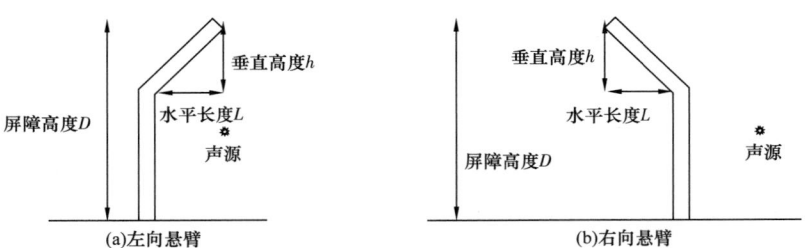

图 6-5-8　声屏障顶冠设计

在距离分离器2m处建立声屏障，屏障吸声系数见表6-5-9，设屏障总高度限定为8m，以下屏障顶部处理方式：

（1）无顶冠；

（2）左向悬臂水平长度为2m，垂直长度为0m；

（3）左向悬臂水平长度为2m，垂直长度为2m；

（4）右向悬臂水平长度为2m，垂直长度为0m；

（5）右向悬臂水平长度为2m，垂直长度为2m。

不同屏障顶冠类型下的降噪模拟预测效果见表6-5-11。

表 6-5-11　不同屏障顶冠类型下的降噪模拟预测效果对比

屏障顶冠类型	屏障外噪声低于60dB的距离/m	屏障外噪声低于50dB的距离/m
无顶冠	2.2	18.2
左向悬臂水平长度为2m，垂直长度为0m	1.7	16.3
左向悬臂水平长度为2m，垂直长度为2m	2.1	16.6
右向悬臂水平长度为2m，垂直长度为0m	1.8	18.0
右向悬臂水平长度为2m，垂直长度为2m	2.0	19.6

可见左向悬臂增加了一点降噪量，右向悬臂效果不明显甚至有负面效果。其中，左向悬臂水平长度2m，垂直长度为0m的声屏障隔声效果最好；右向悬臂水平长度2m，垂直长度为2m的声屏障隔声效果最差，甚至比无顶冠的声屏障效果差。进一步仿真发现，屏障总高度为8m，向悬臂水平长度2m，垂直长度为0m的声屏障隔声性能等效于高度为9m的无顶冠声屏障。

4. 现场应用情况

1）声源降噪

A井站为新建采气站，设计产量为$50 \times 10^4 \text{m}^3/\text{d}$，工艺流程为井口二级节流后分离计量外输，主要工艺设备为场内设备主要由 1 个采气井、1 台分离器、1 台移液罐和 2 台锈蚀液加注装置，场站平面布局按照中国石油西南油气田公司含硫气田采气站标准化图集设计，详见图 6-5-9。

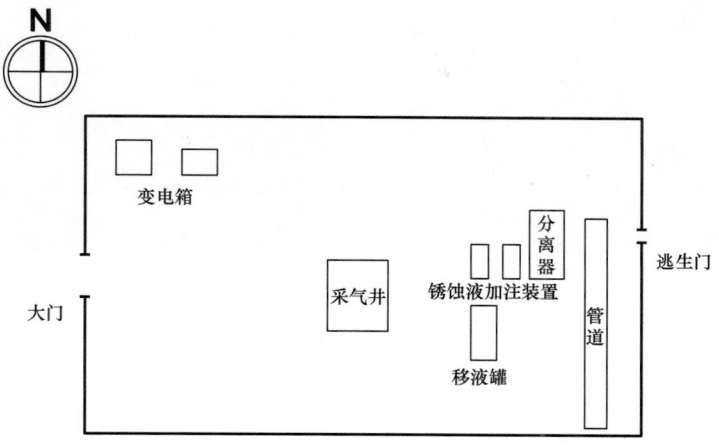

图 6-5-9　A 井站平面布局示意图

B 井站为已建采气站，实际产量为 $60\times10^4m^3/d$，工艺流程、主要工艺设备与 A 井站一致，场站平面布局按照采气站标准化图集设计，与 A 井站基本一致，主要区别在 B 井站厂界采用钢丝网围栏，A 井站厂界采用砖混实体围墙。

因此，A 井站和 B 井站在产量规模、工艺流程、工艺设备和场站平面布局等方面均基本一致，具有很强的可比性。

未采取降噪措施的采气站如图 6-5-10 所示。为降低 A 井站声源噪声，本次应用试验主要采取了以下措施（图 6-5-11）：

（1）取消二级节流阀后 90°弯头，改为斜插入地；

（2）二级节流阀后大小头及管道布设方式从露空铺设改为埋地铺设；

（3）埋地管道出站绕行 300m；

（4）增大分离器入口管道弯头曲率半径。

图 6-5-10　未采取降噪措施的采气站

图 6-5-11　采取降噪措施的 A 井站

根据监测数据，B 井站天然气产量为 $60 \times 10^4 m^3/d$，二级节流阀后噪声为 86dB（A）、分离器处噪声为 88dB（A）、厂界噪声为 72dB（A）。

对应用降噪措施后的 A 井站开展噪声测量，由于现场条件限制，厂界噪声无法按照 GB 12348—2008《工业企业场界环境噪声排放标准》在高于围墙顶部 0.5m 处测量，测量在围墙内侧布置监测点 10 个，以模拟围墙顶 0.5m 处的噪声值，测量及对比结果见表 6-5-12。

表 6-5-12　工艺优化措施应用效果对比表

井站	产量 / $10^4 m^3/d$	二级节流阀后噪声 / dB（A）	分离器区域噪声 / dB（A）	厂界噪声 / dB（A）
A 井站	60	86	88	72
B 井站	50	76.6	77	64.1

通过对噪声数据对比，结果表明采取工艺优化降噪措施后的 A 井站较未采取降噪措施的 B 井站，井口区域（二级节流阀后）噪声下降 9.4dB（A），分离器区域噪声下降 11dB（A），厂界噪声下降约 8dB（A）。

2）厂界噪声达标治理

对采用工艺优化降噪措施后的 A 井站厂界噪声进行测量，平均声压级约 59dB（A），不满足 GB 12348—2008《工业企业场界环境噪声排放标准》中 2 类标准规定的昼间 60dB（A）、夜间 50dB（A）的厂界噪声排放限值要求，需进一步对厂界噪声开展治理工作。

（1）方案对比。

针对 A 井站噪声特性提出两种末端治理方案，并分别开展模拟预测。

方案一：加高围墙或在原有围墙高度上加装声屏障。声屏障的安装方式如图 6-5-12 所示。模拟声屏障为厚度为 2mm 的钢板，在 100Hz 以上隔声量高于 20dB，声屏障靠近声源侧铺设吸声材料，材料吸声系数见表 6-5-8。

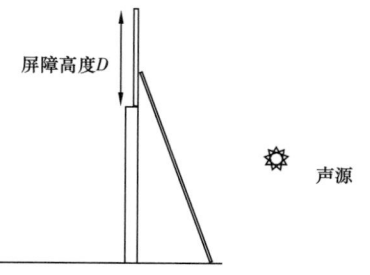

图 6-5-12　围墙顶端安装声屏障示意图

　　此时评价点设置在厂界外 1m，高度 2.8m 处，降噪处理后，评价点噪声低于 50dB（A）和 45dB（A），场站及场站外敏感区域噪声预测分布图如图 6-5-13 所示，此时声屏障高度分别为 1.0m 和 1.7m，声屏障和墙体总高度分别为 3.3m 和 4.0m。

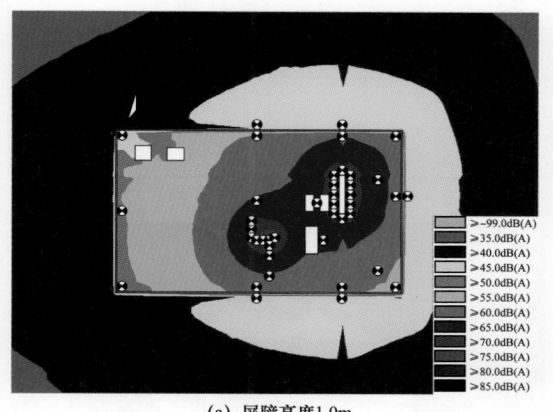
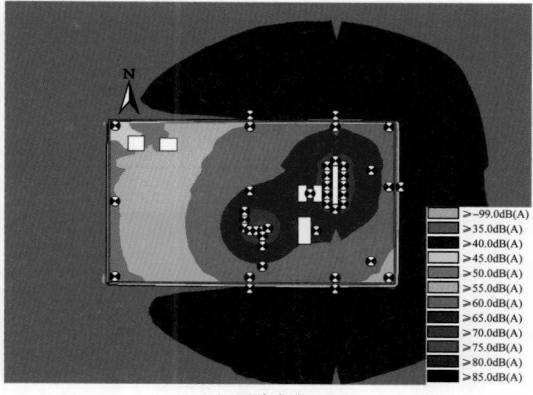

（a）屏障高度1.0m　　　　　　　　（b）屏障高度1.7m

图 6-5-13　厂界不同高度声屏障噪声预测分布图

　　如使用水平长度为 2m，悬臂和屏障夹角为 90°的左向悬臂，则声屏障高度可略微降低。评价点噪声低于 50dB（A）和 45dB（A），场站及场站外敏感区域噪声分布图如图 6-5-14 所示，此时声屏障高度分别为 0.9m 和 1.6m，声屏障和墙体总高度分别为 3.2m 和 3.9m。

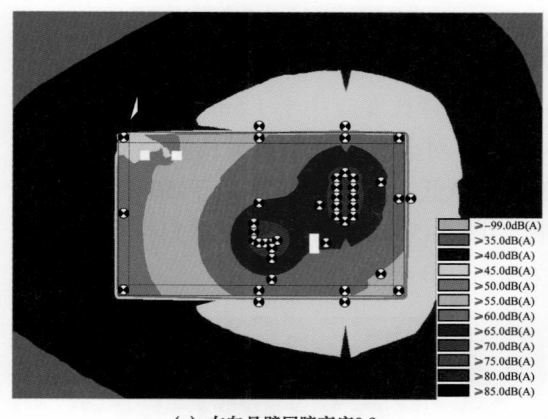
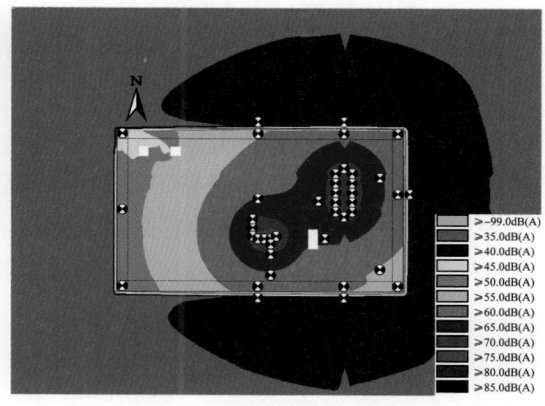

（a）左向悬臂屏障高度0.9m　　　　　　　（b）左向悬臂屏障高度1.6m

图 6-5-14　厂界不同悬臂高度声屏障噪声预测分布图

　　根据方案一设计的声屏障高度见表 6-5-13，对于方案一，使用左向悬臂对降低屏障高度作用很小。

　　方案二：在井口和分离器附近设置屏障，井口屏障距离井口 2m，由于分离器距离锈蚀液加注装置较近，分离器屏障距离分离器 1.5m。此时评价点设置在厂界外 1m，高度为 2.8m 处，评价点噪声低于 50dB（A）和 45dB（A）场站及场站外敏感区域噪声分布图如图 6-5-15 所示，此时井口声屏障高度分别为 2.6m 和 3.1m，分离器声屏障高度分别为 3.2m 和 4.6m。

表 6-5-13　A 井站厂界设置声屏障情景预测

屏障类型	声屏障高度 /m	声屏障 + 墙体总高度 /m	厂界评价点声压级 /dB（A）
无顶冠设计	1.0	3.3	50
无顶冠设计	1.7	4.0	45
左向悬臂	0.9	3.2	50
左向悬臂	1.6	3.9	45

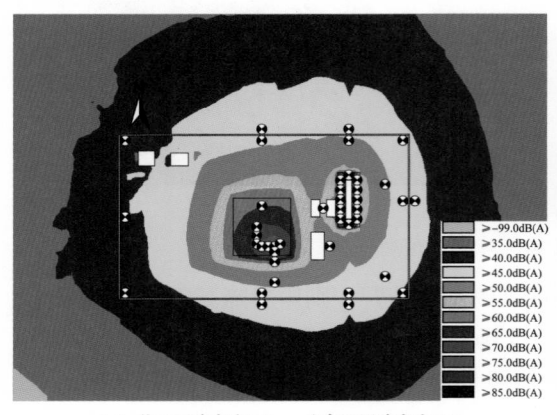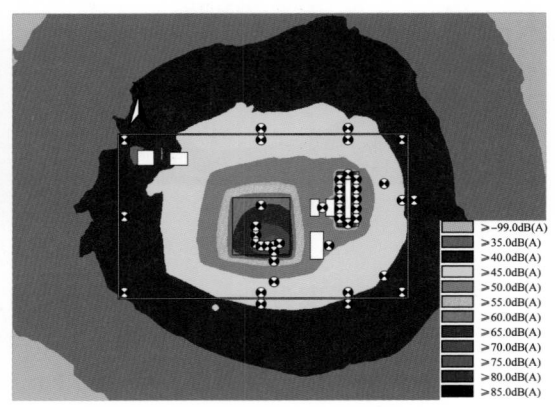

（a）井口屏障高度2.6m，分离器屏障高度3.2m　　　（b）井口屏障高度3.1m，分离器屏障高度4.6m

图 6-5-15　声源处不同高度声屏障噪声预测分布图

考虑到分离器屏障距离分离器仅 1.5m，分离器悬臂长度应小于 1.5m。如对井口使用水平长度为 2m，悬臂和屏障夹角为 90° 的左向悬臂，对分离器使用水平长度为 1m，悬臂和屏障夹角为 90° 的左向悬臂，则声屏障高度可以降低，评价点噪声低于 50dB（A）和 45dB（A），场站及场站外敏感区域噪声分布图如图 6-5-16 所示，此时井口声屏障高度分别为 2.4m 和 2.7m，分离器声屏障高度分别为 2.8m 和 4.0m。

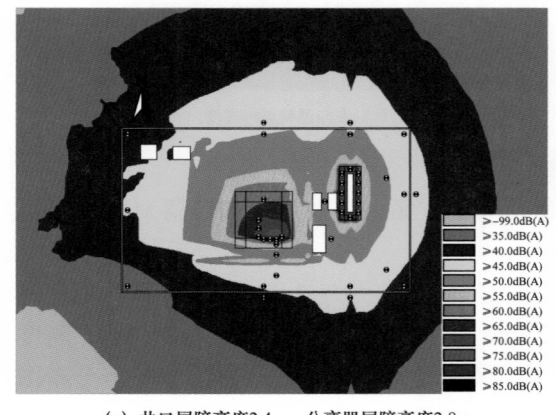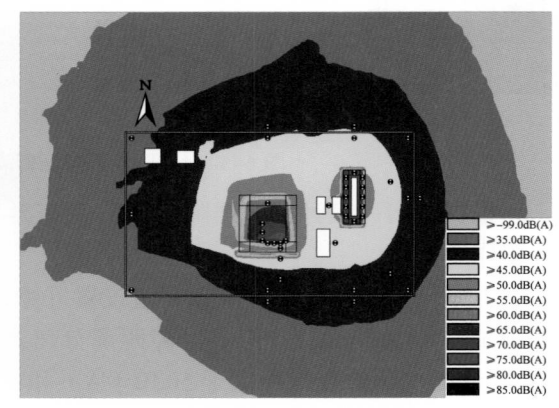

（a）井口屏障高度2.4m，分离器屏障高度2.8m　　　（b）井口屏障高度2.7m，分离器屏障高度4m

图 6-5-16　采用悬臂设计不同高度声屏障噪声预测分布图

根据方案二设计的声屏障高度见表 6-5-14，对于方案二，对于场界评价点相近的情形，使用左向悬臂可使分离器声屏障高度降低 0.6m。

表 6-5-14　井口及分离器区域声屏障设置及效果对比

屏障类型	井口声屏障高度 /m	分离器声屏障高度 /m	厂界评价点声压级 /dB（A）
无顶冠设计	2.6	3.2	50
无顶冠设计	3.1	4.6	45
左向悬臂	2.4	2.8	50
左向悬臂	2.7	4.0	45

（2）加装方案设计。

从声屏障结构安全、场站防火防爆要求、日常操作维护等多角度考量后，决定采用方案一进行应用试验，即在原有围墙处加装无顶冠的声屏障，具体如下：

① 在原高 2.3m 围墙上设置声屏障，高度 1.5m，总长 171m；

② 在原大门处设置 4000mm（宽）×4000mm（高）×100mm（厚）双开隔声门；

③ 在原逃生门处设置 1200mm（宽）×2100mm（高）×75mm（厚）单开隔声门。

声屏障与隔声门采用聚合微粒板材，板材隔声量 RW=32dB、降噪系数 NRC=0.75。图 6-5-17 所示为加装完成的声屏障及隔声门。

图 6-5-17　加装完成的声屏障及隔声门

（3）试验效果测量分析。

测量时段 A 井站瞬产由 2018 年测量时的 $40×10^4m^3$ 增大至 $52×10^4m^3$，为避免产量变化对厂界噪声的影响，在围墙内外同时部署测点，以对比声屏障实际降噪效果。

① 测点分布。在场站内外的场界附近选取共 29 个测点进行噪声测量，测点分布如图 6-5-18 所示。其中 B1—B18 位于场站外部距离边界 1m，测点高度为 1.550m±0.075m，用于模拟加装声屏障后厂界噪声值；B19—B29 位于场站内部距离边界 1m，测点高度为 1.550m±0.075m，用于模拟未加装声屏障时厂界噪声值。

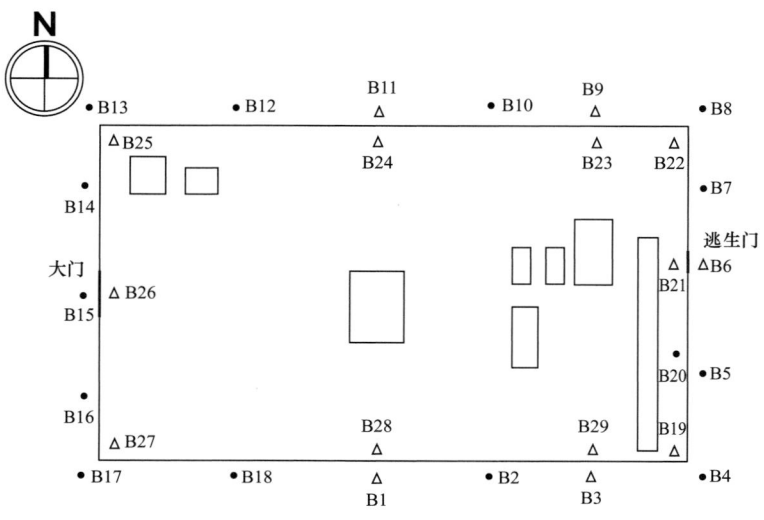

图 6-5-18　场界测点分布图

② 测量结果及分析。测点声压级见表 6-5-15，场界外测点最大声压级为 46.4dB（A），满足 GB 12348—2008《工业企业场界环境噪声排放标准》中 2 类标准规定的昼间 60dB（A）、夜间 50dB（A）的要求。

表 6-5-15　场界测点声压级　　　　　　　单位：dB（A）

测点	B1	B2	B3	B4	B5	B6	B7
声压级	37.7	39.6	40.3	40.8	41.5	46.4	42.5
测点	B8	B9	B10	B11	B12	B13	B14
声压级	41.6	39.6	41.1	39.7	37.7	36.6	35.6
测点	B15	B16	B17	B18	B19	B20	B21
声压级	42.4	38.9	39.5	37.5	63.1	65.2	67.6
测点	B22	B23	B24	B25	B26	B27	B28
声压级	66.6	66.1	63.0	57.6	57.8	60.6	62.5
测点	B29	场界外（B1—B18）平均			场界内（B19—B29）平均		
声压级	63.7	40.7			64.1		

由表 6-5-15 可知，代表采用末端治理措施后厂界噪声值的厂界外测点（B1—B18）平均声压级为 40.7dB（A），代表未采用治理措施厂界噪声值的厂界内测点（B19—B29）平均声压级为 64.1dB（A），A 井站采用围墙加装声屏障的末端治理措施使厂界噪声平均值下降 23.4dB（A）。

场界外测点测点最高声压级［46.4dB（A）］出现在逃生门处 B6 测点处，其余测点的声压级均低于 45dB（A），这与 B6 点与主要声源气液分离器距离较近以及逃生门隔声性能不足有关，经观察逃生门与门框无法做到严密密封。

对布置于围墙内外的 11 组对照测点开展进一步对比分析，对比情况见表 6-5-16。

表 6-5-16　厂界噪声治理措施应用效果对照表

对照组序号	围墙内测点		围墙外测点		声压级差 / dB（A）
	编号	声压级 /dB（A）	编号	声压级 /dB（A）	
1	B1	37.7	B28	62.5	24.8
2	B3	40.3	B29	63.7	23.4
3	B4	40.8	B19	63.1	22.3
4	B5	41.5	B20	65.2	23.7
5	B6	46.4	B21	67.6	21.2
6	B8	41.6	B22	66.6	25
7	B9	39.6	B23	66.1	26.5
8	B11	41.1	B24	63.0	21.9
9	B13	36.6	B25	57.6	21
10	B15	42.4	B26	57.8	15.4
11	B17	39.5	B27	60.6	21.1

由表 6-5-16 可知 A 井站应用声屏障后厂界噪声较应用前降低 15.4～26.5dB（A），声压级差值最小的对照点为采气站大门处，其余组次对照点的声压级差均大于 20dB（A），原因为测点远离场站的主要声源，声波受几何衰减最为明显，此处围墙内测点 B26 声压级 57.8dB（A），低于除 B25 测点外所有的围墙内测点，此外大门为双开门隔声门，门体与门框之间的缝隙也对大门隔声量有一定影响。

3）应用效果

在 A 井站应用二级节流阀至分离器之间管道埋地铺设、埋地管道出站绕行 300m、增大分离器入口管道弯头曲率半径等工艺优化措施后，较未采取降噪措施的 B 井站，井口区域（二级节流阀后）噪声下降 9.4dB（A），分离器区域噪声下降 11dB（A），厂界噪声下降约 8dB（A）；A 井站加装声屏障后，厂界噪声降低 15.4～26.5dB（A），厂界噪声最大值为 46.4dB（A），满足 GB 12348—2008《工业企业场界环境噪声排放标准》标准中 2 类标准规定的昼间 60dB（A）、夜间 50dB（A）的要求。

4）天然气站场噪声治理推荐做法

新建天然气站场噪声治理应综合考虑天然气场站平面布置、工艺优化等环节中的噪声控制措施，必要时可采用隔声、消声、吸声等降噪措施；已建天然气站场噪声治理应结合站场生产现状和周边声环境现状制订相应的治理方案，具体噪声防治推荐做法如下：

（1）平面布置。

① 井口节流阀宜布置在场址中央区域，利用与厂界间距消减其高频噪声；

② 气液分离器应布置在远离声环境敏感目标一侧，并于厂界保持足够间距。

（2）在满足生产工艺要求及生产安全的前提下，采取下列工艺优化措施：

① 减少弯头数量；

② 增加弯头间距；

③ 增大弯头角度；

④ 增大弯头曲率半径；

⑤ 增加井口节流阀至气液分离器间管道长度；

⑥ 增大分离器出口管径；

⑦ 取消分离器挡板或增大挡板角度；

⑧ 工艺管道宜埋地铺设。

（3）噪声传播途径控制。

对于已建超标天然气场站宜优先采取噪声传播途径控制措施，可在节流阀、分离器处设立声屏障、隔声罩对声源隔声，亦可在厂界处设立声屏障对井场整体隔声，具体形式应经技术经济比对后择优选取。

二、气田水回注井环境风险监控技术

保证气田水安全回注是一项系统工程，从回注井位和层位的选择，到回注井的钻进和固井工程施工，以及回注容量计算和参数设计，直至回注期间的压力和完整性监测，任一环节的失效都有可能导致地下水环境的负面影响。回注井区域地下水水质变化特征是发现与防范该风险的有效措施，同时由于回注井区地下水环境较敏感，加之地下水污染具有长期性、复杂性、隐蔽性和污染治理难度大、费用高、时间长的特点。因此，控制地下水污染最有效的办法是预防，在地下水质量发生退化之前，及早提出预告和报警，及时采取防治措施，使地下水资源的保护具有预见性、针对性和主动性，减少由于地下水水质恶化而造成的灾害和重大损失，从而实现地下水资源的可持续利用。研究形成了水文地质调查、回注参数观测、回注井周围地下水监测井布设、地下水特征水质参数监测等环境风险监控体系。

1. 水文地质勘查技术识别回注井区水文地质条件

主要包含气象和水文调查、基础地质调查、含水层空间结构调查、地下水补径排调查，识别回注井区的水文地质条件。

1）气象和水文调查

收集调查区及周边地区气象站的长系列降水量、蒸发量、气温及暴雨等气象资料。

调查河流、水库和湖泊等地表水体的分布；收集主要河流的流域面积、径流量、流量、水位、水质、水温、含砂量及动态变化资料；调查水库和湖泊的容量、水质；调查地表水与地下水（含暗河、泉等）的补排关系；调查水利工程类型、分布、规模、用途和利用情况；现状水利工程和地表水作为人工补给地下水的可能性。

2）基础地质调查

调查地貌成因类型、形态、分布、物质组成、成因与时代以及地貌单元间的接触关系。调查研究地形地貌与地下水形成、埋藏、富集、补给、径流和排泄的关系。

调查地貌成因类型、形态、分布、物质组成、成因与时代以及地貌单元间的接触关系。

调查地质构造类型、性质、产状、规模、分布、形成时代、活动性及其水文地质意义。在搜集和分析已有资料的基础上，了解工作区大地构造单元部位、区域构造和新构造运动特征。

3）含水层空间结构调查

含水层的埋藏条件和分布规律，包括含水层岩性、厚度、产状、层次、分布范围、埋藏深度、水位、涌水量、水化学成分以及水文地质参数，各含水层之间的水力联系等。隔水层埋深、厚度、岩性和分布范围。包气带的厚度、岩性、孔隙特征、含水率及地表植被状况。

4）地下水补径排调查

调查地下水的补给来源、补给方式或途径、补给区分布范围；调查地表水与地下水之间的补、排关系和补给、排泄量；调查地下水人工补给区的分布，补给方式和补给层位，补给水源类型、水质、水量，补给历史。调查地下水的排泄形式、排泄途径和排泄区（带）分布，重点调查机民井的开采量、矿坑排水量和泉、地下暗河、坎儿井等的排泄量。调查泉的类型、位置、出露条件、含水层、补给来源，泉的流量、水温、水质。对于大泉（岩溶泉、溢出带泉群等）应调查泉域范围或主要补给区。

2. 基于模拟预测技术的地下水监测井布设技术

地下水污染物泄漏扩散模拟预测的是预测地下水污染物运移方向及距离，保证监测井位于污染物泄漏的途径上，及时发现风险事故情景下污染物的泄漏，指导地下水监测井的布设。

1）模拟预测原理

对于二维、非均质、各向同性、非稳定地下水流系统，可用如下偏微分方程的定解问题来描述：

$$\begin{cases} \dfrac{\partial}{\partial x}\left(K\dfrac{\partial h}{\partial x}\right)+\dfrac{\partial}{\partial y}\left(K\dfrac{\partial h}{\partial y}\right)+\varepsilon(x,y,t)=\mu_s\dfrac{\partial h}{\partial t} & (x,y\in\Omega,t\geq 0) \\ h(x,y,0)=h_0(x,y) & (x,y\in\Omega,t=0) \\ h(x,y,t)\big|_{\Gamma_1}=\phi(x,y,t) & (x,y\in\Gamma_1,t>0) \\ K_n\dfrac{\partial h}{\partial n}\bigg|_{\Gamma_2}=q(x,y,t) & (x,y\in\Gamma_2,t>0) \end{cases} \quad（6-5-1）$$

式中　Ω——渗流区域；

　　　h——含水层水位标高，m；

　　　K——渗透系数，m/d；

K_n——边界法向量的渗透系数，m/d；

μ_s——给水度；

$\varepsilon(x,y,t)$——含水层垂向交换的水量，m/d；

$h_0(x,y)$——含水层的初始水位分布，m；

Γ_1——渗流区域的一类边界；

Γ_2——渗流区域的二类边界；

(x,y)——平面位置坐标；

n——边界面的法线方向；

$q(x,y,t)$——二类边界的单宽流量，m³/（d·m），流入为正，流出为负，隔水边界为零。

如果不考虑污染物在含水层中的吸附、交换、挥发和生物化学反应，地下水中溶质运移的数学模型可表示为：

$$n_e\frac{\partial C}{\partial t}=\frac{\partial}{\partial x_i}\left(nD_{ij}\frac{\partial C}{\partial x_j}\right)-\frac{\partial}{\partial x_i}(nCv_i)\pm C'W \qquad (6-5-2)$$

其中
$$D_{ij}=\alpha_{ijmn}\frac{v_mv_n}{|v|}$$

式中 α_{ijmn}——含水层的弥散度；

v_m，v_n——m 和 n 方向上的速度分量；

$|v|$——速度模；

C——模拟污染质的浓度，mg/L；

n_e——有效孔隙度；

t——时间，d；

C'——模拟污染质的源汇浓度，mg/L；

W——源汇单位面积上的通量；

v_i——渗流速度，m/d。

2）地下水监测井布设技术

按照 HJ 610—2016《环境影响评价技术导则 地下水环境》要求，气田水回注项目应至少布设 3 口地下水监测井：（1）背景监测井，在气田开发项目地下水流向上游布设 1 口监测井。（2）污染控制监测井，在气田开发项目地下水流向下游布设 2 口监测井。在保证安全和正常运行的条件下，第 1 口监测井应尽量靠近气田开发项目，另 1 口监测井根据水文地质条件及地下水污染物泄漏扩散模拟预测结果确定。

背景监测井位于回注井地下水流向上游方向，若回注井位于丘顶，则可在相邻丘包选择与回注井水力联系较弱的位置进行布设，布设数量 1 口。若回注井位于丘坡，背景监测井应高于回注井位置，原则上不能距离污染源太近或是太远，需兼顾地下水监测井的水量保证程度，距离回注井 30～80m 最佳。图 6-5-19 和图 6-5-20 分别为位于丘坡上的回注井地下水监测井部署剖面和平面示意图。

污染控制监测井位于回注井地下水流向下游，布设数量不少于 2 口。若井场地下水流向单一，则可在下游布设远近 2 口；若回注井位于丘顶或山脊，则需要在其各个地下水下游方向布设监测井，以确保控制住回注水泄漏可能的径流方向，因此，监测井数量不宜做严格限制，根据实际情况而定。

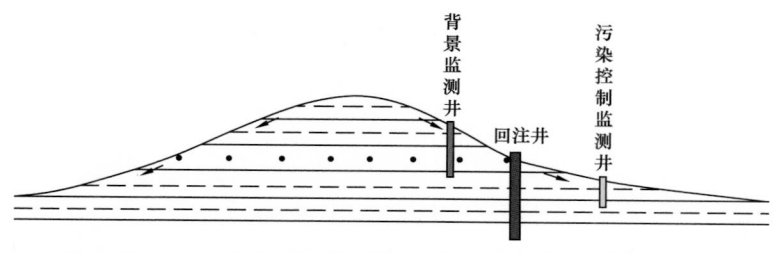

图 6-5-19　位于丘坡上的回注井地下水监测井部署剖面示意图

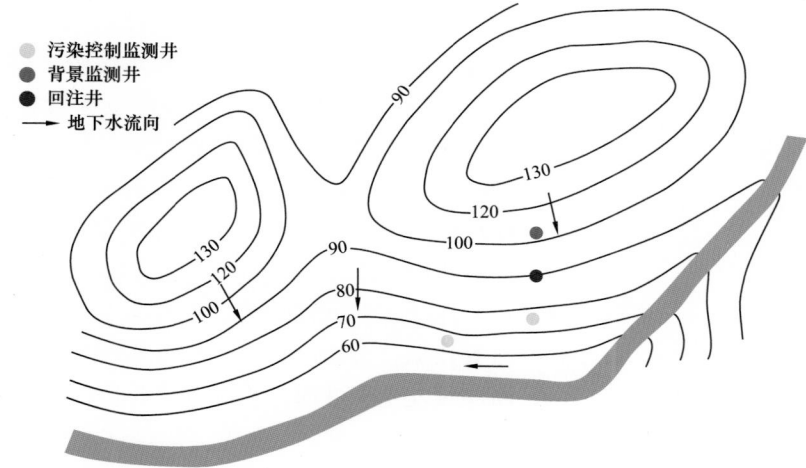

图 6-5-20　位于丘坡上的回注井地下水监测井部署平面示意图

3. 回注井水质监测预警技术

1）回注井水质在线监测技术

为提高回注井泄漏污染的时效性，创建了集"数据采集、数据传输、太阳能供电、远程显示"于一体的气田水回注井地下水水质在线监测系统，综合考虑在线监测技术水平、气田水与地下水水质的差异性等因素，选取气田水对地下水污染的特征指标和常规指标共 5 项，特征指标为氯化物和电导率，常规指标为 pH 值、水温和氧化还原电位，氯离子和电导率监测方法分别为离子选择电极法、石墨电极法，测量准确度分别为 ±3% 和 ±2%；pH 值、水温和氧化还原电位监测方法均为玻璃电极法，测量准确度分别为 0.05 个单位、1℃和 10mV。在线监测系统监测频率可根据实际情况可调，最快为 30min/ 次。

考虑研究区地下水中氯离子的枯平丰水质浓度，并根据 GB/T 14848—2017《地下水质量标准》中氯化物的不同标准，将研究区地下水中氯离子的预警等级分为 4 级，各级预警氯离子浓度对应值见表 6-5-17。

表6-5-17 地下水指标预警表

水质分类	I 类	II 类	III 类	IV 类
氯离子含量 /（mg/L）	≤46	≤150	≤250	>250
预警状态描述	良好	中等	较差	极差
预警警级	无警	轻警	中警	重警

2）回注井运行过程中监控技术

根据模拟预测结果，在用回注井的极限注水量约为 $40 \times 10^4 m^3$，建议单井每回注 $5 \times 10^4 \sim 10 \times 10^4 m^3$ 开展一次压力降落试井测试，同时建议回注井累计回注量达极限回注量一半（$20 \times 10^4 m^3$）时，开展微地震监测工作，监测回注气田水的水向前缘、波及范围，判断水是否发生窜漏。

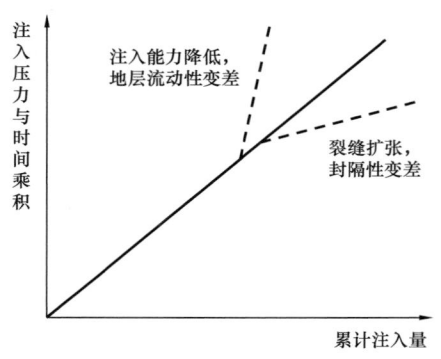

图6-5-21 累计注入量与注入压力和时间乘积关系图

建议每3年采用水泥评价测井或扇区水泥胶结测井对回注井进行1次窜槽和水泥胶结程度检测。每1～3年采用电磁探伤仪、多臂成像管径测量仪等技术进行1次油套管内壁腐蚀监测，进行油套管壁厚的测量，掌握油套管内部或外部腐蚀情况，以及内部沉淀、结垢情况。当检测发现井筒完整性时效后，应立即停止回注。

连续监测回注压力、回注量、套管压力、环空压力等数据，分析气田水回注是否异常。当回注压力和回注量发生突变时，应立即停止回注（图6-5-21）。

4. 现场应用情况

安岳龙王庙气田是我国发现的单体规模最大的特大型海相碳酸盐岩整装气藏，气藏产水主要包含凝析水和地层水，截至2020年6月，龙王庙组气藏日产水 $1340 m^3$，累计产水 $112 \times 10^4 m^3$，龙王庙组气藏气田水全部采用回注方式处置，在用回注井共6口，设计回注能力 $1800 \times 10^4 m^3$，回注层位为大安寨段，回注深度约1500m，M206井和M207井因接近回注空间，已废弃封堵。

回注井区域内大安寨段以上地层稳定性好，底界构造平缓，形态简单，回注优选区内未见大断层，同时回注层大安寨段、顶部隔离层凉高山组、底部隔离层马鞍山段和顶部缓冲层沙溪庙组均为连续、稳定分布，地层封闭性好（表6-5-18）。

回注井区典型回注井采用表层套管、技术套管及注水管3层套管结构，注水管采用玻璃钢油管，固井水泥返至地面，试压合格，固井质量大安寨段及以上固井质量好，3层套管和水泥环封表层、技术套管外围水泥提供了从地面到回注层的多重保障，可有效保障气田水进入回注层，防止气田水沿井筒泄漏从而污染井筒外环境；井口装置为KQ65-35/70采油树，试压35MPa合格，回注井井筒完整性好。

表 6-5-18　回注层顶与底板地层特征一览表

功能	地层	岩性	深度 /m	厚度 /m	孔隙度	渗透率
缓冲层	沙河庙组	泥岩夹砂岩，底部为页岩	0～1390	1300～1390	0.31～0.51	致密砂岩夹泥岩
隔离层	凉高山组	上部页岩夹细一粉砂岩、下部泥岩	1300～1460	65～80	0.31～0.51	0.049～0.562mD 超低孔渗砂岩
回注层	大安寨段	灰岩，夹黑色页岩	1375～1530	87～98	0.17～6.09	0.1mD 至 2.99D
隔离层	马鞍山段	泥岩夹砂岩	1450～1650	90～100	0.31～0.51	钙质胶结，基本不具渗透能力

回注井区主要为风化带网状裂隙水，以侏罗系遂宁组（J_3s）为主，埋藏于浅部泥岩及砂岩风化带裂隙之中，以泥岩网状微细裂隙储集和砂岩裂隙为主，孔隙储集次之，局部地区，兼有溶蚀孔隙、裂隙储水。风化带裂隙水一般为潜水，地下水埋深多在 0.5～5m 之间，根据回注井区 12 口水文地质钻孔显示，区域红层风化带厚度一般不超过 60m，含水层厚度 20～50m，60～200m 之间为弱风化基岩，为相对隔水层。

抽水试验显示（表 6-5-19），钻孔涌水量为 20.46～110.40m³/d，差别相对较大，因为 ZK03 位于丘坡上部，故涌水量较小，说明区域内地下水富水性受地形条件影响变化较大。同时，钻孔渗透系数变化不大，为 0.0885～0.8610m/d；抽水试验的影响半径差别较大，为 31.90～116.94m，总体渗透系数和影响半径均较小。

表 6-5-19　单孔稳定流抽水试验及水文地质参数计算成果表

钻孔编号	孔深 /m	静止水位 /m	稳定涌水量 /L/s	稳定涌水量 /m³/d	稳定降深 /m	含水层厚度 /m	抽水影响半径 R/m	含水层渗透系数 K/m/d
ZK01	200.2	0.8	0.444	38.40	6.00	28	31.90	0.2533
ZK02	200	−0.2	0.500	43.20	4.7	14.4	37.80	0.6472
ZK03	62.5	8.2	0.237	20.46	13.87	24	40.43	0.0885
ZK04	60	2.1	0.703	60.75	10.46	32	57.26	0.2341
ZK05	60.5	1.5	1.250	108.00	9.13	20	75.79	0.8610
ZK06	60.8	5.6	1.278	110.40	9.80	32	75.78	0.4672
ZK07	50.4	5.2	1.167	100.80	8.80	24	69.44	0.6487
ZK08	50.8	5.0	1.250	108.00	16.00	24	110.81	0.4996
ZK09	61.5	2.8	0.804	69.43	10.82	20	67.48	0.4861
ZK10	60.8	−0.4	0.710	61.33	23.68	24	116.94	0.2540
ZK11	61.7	8.5	0.708	61.19	15.88	20	85.86	0.3656
ZK12	80.2	5.4	1.056	91.20	16.10	40	92.16	0.2048

采用 GMS 软件建立 X 回注井水文地质概念模型，采用枯水期流场作为模型初始流场，以丰水期流场作为模型的验证流场，通过反复调整水文地质参数，实测水位与模拟水位拟合准确度达到 95% 以上，达到建立模型与实际水文地质条件吻合的目的（图 6-5-22）。

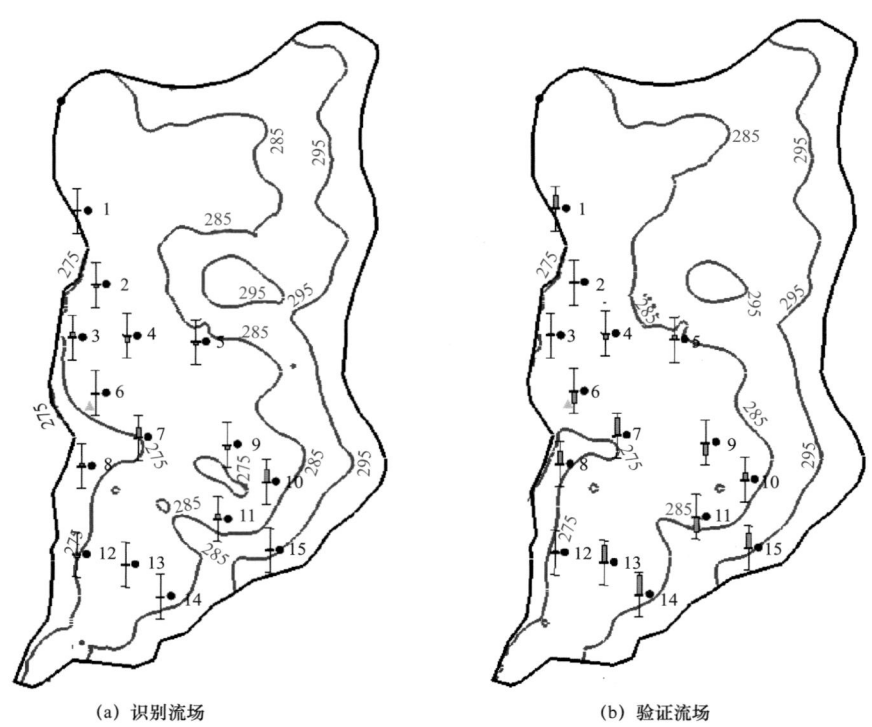

(a) 识别流场　　　　　　　　　(b) 验证流场

图 6-5-22　识别流场与验证流场

在事故工况下，可能由于井筒腐蚀或固井质量不佳造成气田水泄漏，假设泄漏量为回注量的 5%，气田水的特征污染物氯化物取 74000mg/L。模拟预测结果（表 6-5-20，图 6-5-23）显示，污染物下渗 1 年后，地下水中污染物影响范围为 1354m²，超标范围为 310m²，在地下水中运移最大距离为 34m；5 年后，地下水中污染物影响范围为 3085m²，超标范围为 508m²，在地下水中运移最大距离为 42m；10 年后，地下水中污染物影响范围为 4375m²，超标范围为 537m²，在地下水中运移最大距离为 51m；32 年后，地下水中污染物影响范围为 12318m²，无超标范围，在地下水中运移最大距离为 78m。

表 6-5-20　污染范围模拟预测结果

预测年限 /a	影响范围 /m²	超标范围 /m²	最大运移距离 /m
1	1354	310	34
5	3085	508	42
10	4375	537	51
32	12318	0	78

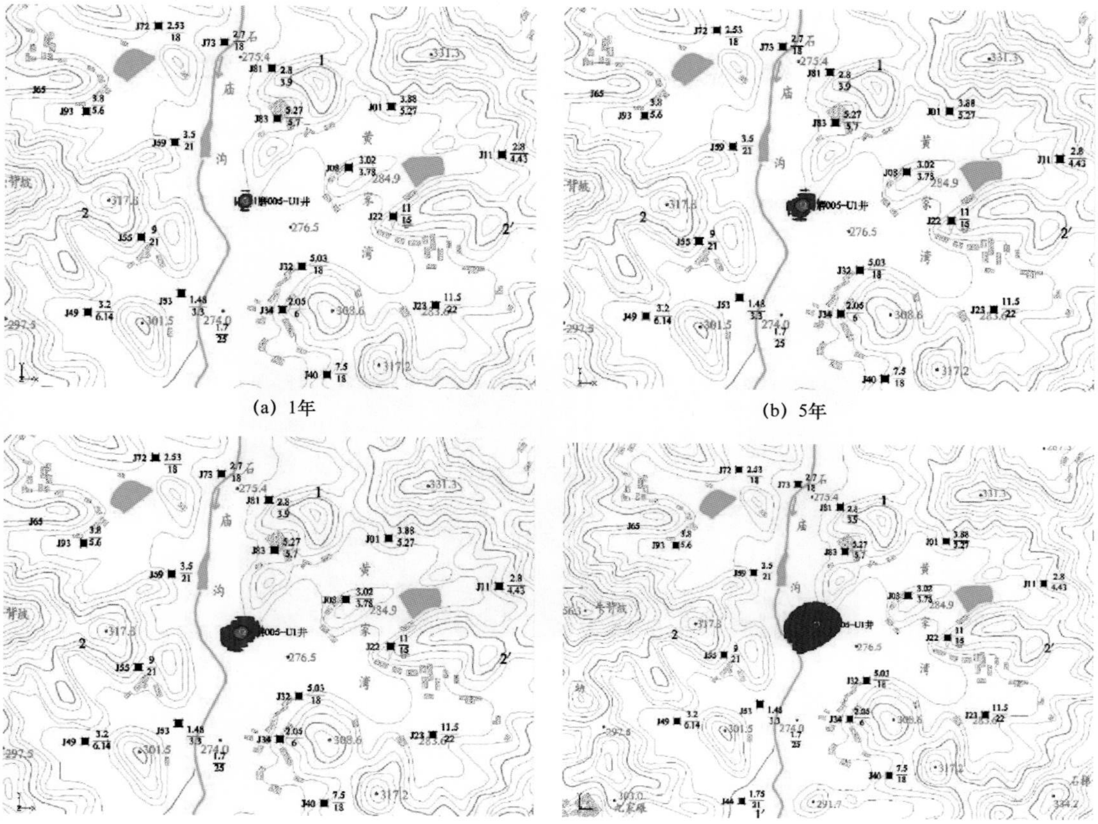

(a) 1年

(b) 5年

(c) 10年

(d) 32年

图 6-5-23　事故发生后 1 年、5 年、10 年和 32 年的污染范围

　　如图 6-5-24 所示，结合地下水污染物扩散模拟结果，在 X 回注井附近地下水上游补给区设置 1 口背景井，该井点位于回注井的东北侧，距回注井 48m（J1 点）；在 X 回注井场区内布置 1 口污染控制监测井，该井点位于回注井场地下水流下方，距回注井 21m（J2 点）；在 X 注井西南侧布置 1 口监测井，距回注井 34m（J3 点）。

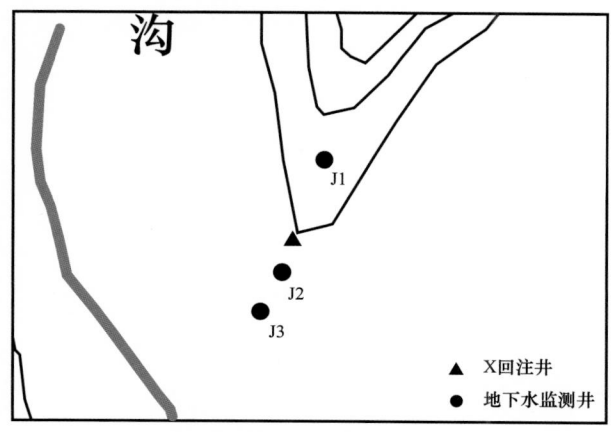

图 6-5-24　地下水监测井布设示意图

在 X 回注井周边建造了 3 套地下水在线监测系统（图 6-5-25），结合模拟预测结果、太阳能及设备用电需求，确定监测频率为 1 次 /d，在线监测系统监测数据表明，地下水水质数据稳定，在 15～25mg/L 之间，未发现回注气田水泄漏污染地下水的情景，提高了回注井地下水污染预警的时效性。

图 6-5-25　地下水在线监测系统

第七章　特大型含硫气田完整性管理技术

"十二五"期间，中国石油天然气股份有限公司西南油气田公司通过借鉴长输管道完整性管理的理念和成熟经验，开展了气田的气井井筒、内部集输管道和站场的完整性管理探索，取得了良好的成效。随着气田完整性管理工作的进一步深入，特别是以安岳龙王庙气田为代表的特大型含硫气田的开发，完整性管理亟须解决以下技术难题：（1）针对高温高压含硫气井特点，需建立完善的全生命周期井完整性评价、检测以及管理技术体系；（2）与长输管道具有内检测、阴极保护系统检测评价等成熟的完整性检测评价技术相比，含硫气田内部集输管道和站场的完整性检测评价关键技术（如定量风险评价、内腐蚀直接评价等）有待完善；（3）含硫气田站场输送介质比长输站场更复杂、腐蚀性更强，其检测评价需综合考虑腐蚀介质对腐蚀作用的影响程度，对风险评价关键指标进行修正，进而确定压力管道（容器）的检测部位、检测方法、检测比例；（4）相对长输管道完整性管理体系相对完善，且已形成系列标准，气田内部集输管道的完整性管理体系还在摸索，没有形成标准规范。为了提高安岳龙王庙气田等含硫气田安全高效开发水平，西南油气田公司开展了深层含硫气井完整性评价与管理技术、含硫气田管道和站场完整性管理技术攻关，逐步建立并不断完善了含硫气田管道完整性管理体系，为公司在"十三五"末顺利实现天然气上产 $300 \times 10^8 \mathrm{m}^3/\mathrm{a}$ 提供了气田集输系统完整性技术保障。

第一节　深层含硫气井完整性评价与管理技术

一、井完整性评价技术

深层含硫气井完整性评价是通过测试和监控等方式获取与井完整性相关的信息并进行集成和整合，对可能导致井失效的危害因素进行风险评估，有针对性地实施井完整性评价，制订合理的管理制度与防治技术措施，从而达到减少和预防油气井事故发生、经济合理地保障油气井安全运行的目的，最终实现油气井安全生产的程序化、标准化和科学化的目标（吴奇等，2017）。

井完整性的理念是贯穿于油气井方案设计、钻井、试油、完井、生产、修井和弃置的全生命周期，核心是在各阶段都必须建立两道有效的井屏障。屏障指的是一个或几个相互依附的屏障组件的集合，它能够阻止地下流体无控制地从一个地层流入另一个地层或流向地表，井屏障可以分为一级屏障和二级屏障。

1. 钻井阶段井完整性评价

钻井设计是钻井作业必须遵循的准则，是组织钻井生产和技术协作的基础。钻井设计的规范性、针对性和适用性关系到井全生命周期的完整性。在详细分析地质和工程资料、做好风险评估的基础上，开展高温高压及高含硫井钻井优化设计，重点做好井身结构、井控、钻井液、套管柱、固井等设计工作。从设计、准备、施工、检验等环节对井屏障部件严格把关，建立安全可靠的井屏障，确保各井屏障部件在钻井阶段及后期试油完井至油气井生产过程中的安全可靠。以钻进、起下钻具等作业为例，钻井液为第一井屏障，地层、套管、固井水泥环、套管头、套管挂及密封、钻井四通、防喷器组、内防喷工具和钻柱共同组成第二井屏障。

2. 试油阶段井完整性评价

根据试油地质目的来确定试油地质设计和工程设计，设计过程中应遵循以下原则：在确定试油目的及层位时，应考虑钻井工程对井完整性要求；制订试油工程方案时，应考虑试油期间的井完整性要求；要长期试采、完井投产及弃置的井，应考虑相应的井完整性要求。试油井完整性设计由试油前井屏障完整性评价、井屏障部件设计、井屏障完整性控制措施等3部分组成，各部分内容的设计原则为：试油前的井屏障完整性评价包括地层完整性评价、井筒完整性评价和井口完整性评价3部分，分别评价地层、井筒和井口屏障部件的完整性，明确地层、井筒和井口装置现状及屏障失效造成的潜在风险。井屏障部件设计应结合井完整性评价得出的井屏障现状和潜在风险，设计第一井屏障，并根据试油方案和试油工艺对第一井屏障进行评估，绘制试油各阶段的井屏障示意图。井屏障完整性控制应根据第一井屏障设计与评估结果、第二井屏障评价结果，结合各井屏障部件的设计参照标准和需要考虑的因素，确定井屏障部件初次验证和长期监控要求。初次验证应针对试油作业期间的所有恶劣工况条件，通过管柱校核、制订作业控制参数来保证试油管柱、井下工具和附件等井屏障部件的安全。

3. 投产井完整性评价

投产井完整性评价由完井前井屏障完整性评价、井屏障部件设计、井屏障完整性控制措施等3部分组成，各部分主要评价内容包括：

完井前的井完整性评价应包括地层完整性评价、井筒完整性评价和井口完整性评价3部分，分别评价地层、井筒和井口屏障部件的完整性，明确地层、井筒和井口装置现状及屏障失效造成的潜在风险。

井屏障部件设计应结合井完整性评价得出的井屏障现状和潜在风险，设计第一井屏障，并根据完井方案、完井工艺对第一井屏障进行评估，绘制完井各阶段的井屏障示意图。

井屏障完整性控制应根据第一井屏障设计与评估结果、第二井屏障评价结果，结合各井屏障部件的设计参照标准和需要考虑的因素，确定井屏障部件初次验证和长期监控要求。初次验证应针对完井投产作业期间的所有恶劣工况条件，通过管柱校核、制订作业控制参数来保证完井管柱、井下工具和附件等井屏障部件的安全。第一井屏障是指直接阻止地层流体无控制向外层空间流动的屏障，第二井屏障是指第一井屏障失效后，阻止地层流体无控制向外层空间流动的屏障。

二、井完整性检测技术

1. 井口腐蚀检测技术

相控阵探伤检测仪主要是为了对油气井井口采气树及附属管线本体腐蚀及冲蚀等造成的缺陷进行检测，检测方式采用手动超声波探头扫描，实施数据采集成像。井口装置相控阵探伤检测设备（图 7-1-1）主要由集测厚、探伤检测、数据采集功能于一体的采气树现场检测系统及检测数据解释系统几部分组成。图 7-1-2 所示为相控阵探伤井口装置检测图，图 7-1-3 所示为井口装置检测位置。

采用相控阵探伤仪，对深层含硫气井的井口装置进行了检测，包括 1 号阀门至 9 号阀门脖颈和特殊四通上法兰脖颈等易冲蚀和易腐蚀部位的相控阵扫查和定点检测，建立了生产井井口装置腐蚀冲蚀数据库，保障气井的长期安全生产。

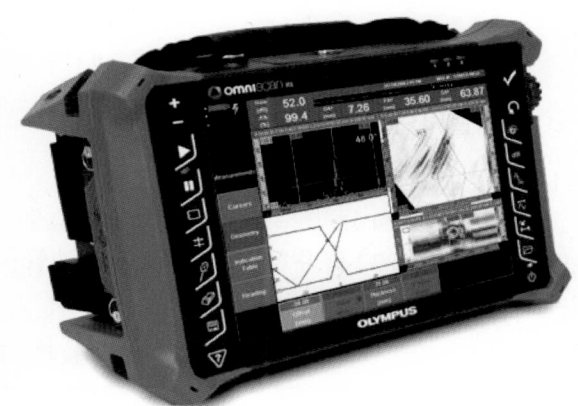

图 7-1-1　相控阵探伤检测设备

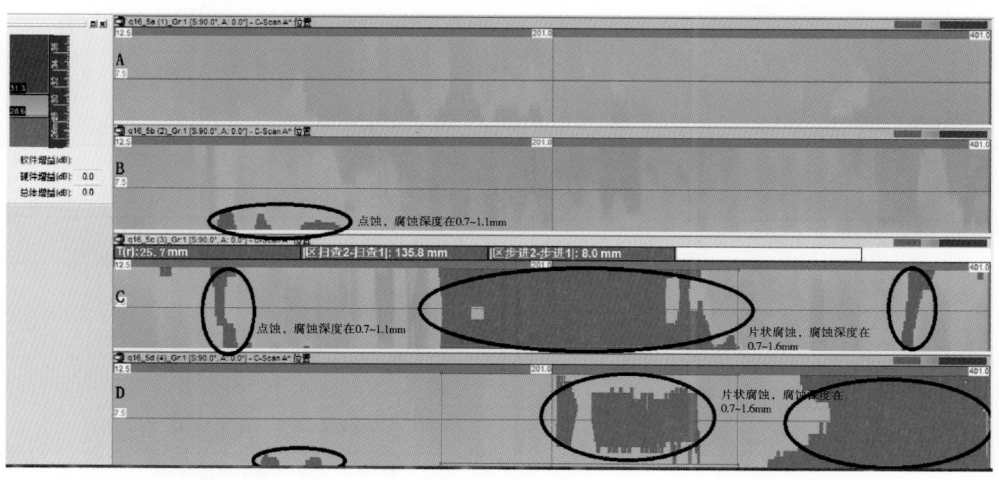

图 7-1-2　相控阵探伤井口装置检测图

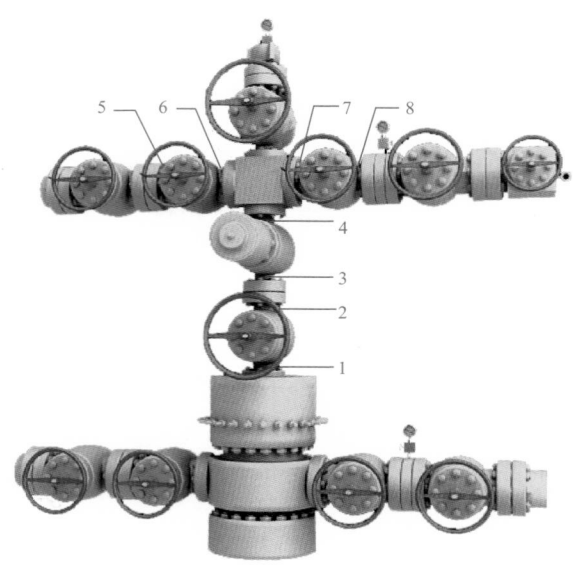

图 7-1-3　井口装置检测位置

2. 井下管柱腐蚀检测技术

1）多臂井径仪和磁测厚腐蚀检测技术

从提高精度和分辨率出发，推荐的检测方案：ϕ73mm 油管优选 24 臂井径仪，ϕ88.9mm 油管优选 32 臂井径仪，ϕ114.3mm 油管优选 40 臂井径仪。常用检测工具系列见表 7-1-1，工具参数见表 7-1-2。

表 7-1-1　检测工具系列

类别	外径 /mm	测量范围 /in	精度 /mm
24 臂井径仪	43	$1^3/_4 \sim 4^1/_2$	0.76
32 臂井径仪	43	$2.2 \sim 7$	0.76
40 臂井径仪	43	$2.9 \sim 9^5/_8$	0.76
磁测厚仪	43	$2.9 \sim 9^5/_8$	0.5

表 7-1-2　检测工具参数

类别	参数
工作温度 /℃	175
工作压力 /MPa	100
抗硫化氢浓度 / [%（g/m³）]	10（150）
主要材料	GH4169，蒙乃尔 K500，MP35N
O 形密封圈	杜邦公司的 0090 抗硫化氢 O 形圈
工作模式	存储式

2）井下电感探针腐蚀监测技术

该技术采用钢丝作业，下入井下电感探针腐蚀监测工具，在井内悬挂 240h 以内测量出井筒实际工况条件下的油套管腐蚀速率。适用于压力低于 100MPa、温度低于 125℃ 的高含硫气井腐蚀评价。井下电感探针腐蚀监测原理如图 7-1-4 所示，井下电感探针系统如图 7-1-5 所示。

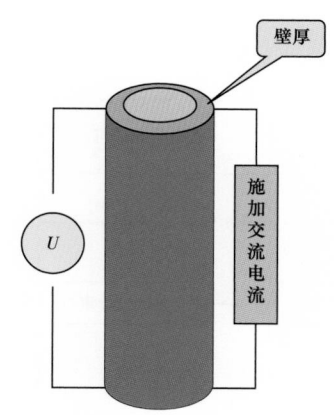

图 7-1-4　腐蚀监测原理示意图

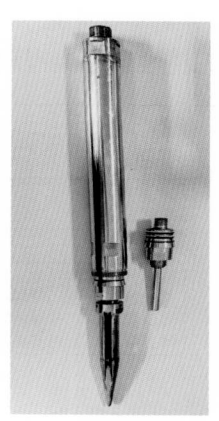

图 7-1-5　井下电感探针系统

3. 井下漏点检测技术

流体及气体流动通过不同的地质环境以及井孔构造时，会产生声波和超声波，不同位置的泄漏点，及其对应的超声波频率分布谱成像不同；同时，泄漏点温度会相应发生改变，通过建立井温基线，可对比判断泄漏点位置。采取超声波检测与井温测量相结合的方式，可快速、精确检测出井下多层环空泄漏点位置。

三、井完整性管理技术

井完整性管理是指采用系统的方法来管理全生命周期的井完整性，包括通过规范管理流程、职责及井屏障部件的监测、检测、诊断、维护等方式，获取与井完整性相关的信息，对可能导致井完整性问题的危害因素进行风险评估，根据评估结果制订合理的技术和管理措施，预防和减少井完整性事故发生，实现井安全生产的程序化、标准化和科学化的目标。

1. 井完整性管理体系

深层含硫气田开发过程中，油田应建立完备的井完整性管理体系，并明确井完整性管理部门和人员的职责；油田公司业务管理部门负责井完整性管理体系的设计审核、整体运行及决策管理；技术支撑单位负责协助制订井完整性策略，指导和跟踪井完整性动态，为业务管理部门和生产单位提供技术支撑；建井单位负责井屏障的建立，建井期间井屏障的维护、测试及建井资料的移交；生产单位负责生产阶段井完整性的日常管理，并对所辖区块内井完整性状况负责。

各相关单位应设立井完整性管理岗位、明确井完整性管理职责并配备相关人员，其中业务管理部门应设立井完整性管理部门或岗位，配备专（兼）职的完整性管理人员；技术支撑单位应设立井完整性研究机构；相关建井、生产单位应设立井完整性管理岗位。应对各级井完整性管理人员进行专业的井完整性培训，满足开展井完整性工作的能力要求。

1）建井阶段井完整性管理

建井阶段井完整性管理流程如图 7-1-6 所示。

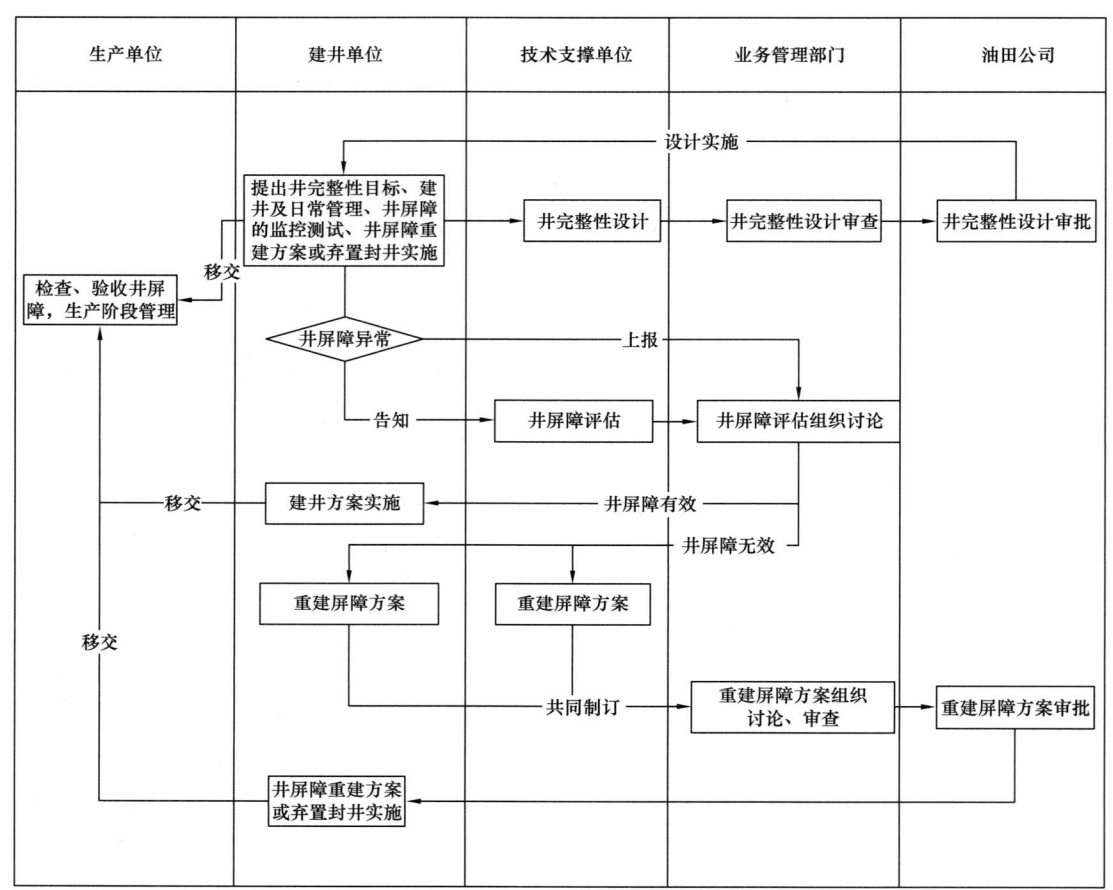

图 7-1-6　建井阶段井完整性管理流程图

（1）井屏障管理。每个作业阶段都应建立至少两道独立的经测试验证合格的屏障，若屏障不足两道时，应建立屏障失效的相关应对措施；按井完整性设计要求对井屏障部件进行测试、监控和验证，并做好记录，井屏障示意图应根据实际情况及时更新。

（2）环空压力管理。钻井期间应保持井筒液柱压力或井筒液柱压力与井口控制压力之和大于或等于地层孔隙压力；井口安装套管头后应安装校验合格的压力表监控环空压力变化，做好记录；环空异常带压时，应安装环空泄压管线。

（3）建井质量控制。依据中国石油《高温高压及高含硫井完整性指南》和《高温高压及高含硫井完整性设计准则》编制井完整性设计内容，并进行施工及验证。

（4）建井资料管理。建井资料包括钻井资料、试油和完井投产资料和不同作业阶段的井屏障示意图，复杂情况的处理情况资料。

2）生产阶段井完整性管理流程

生产阶段井完整性管理流程如图 7-1-7 所示。

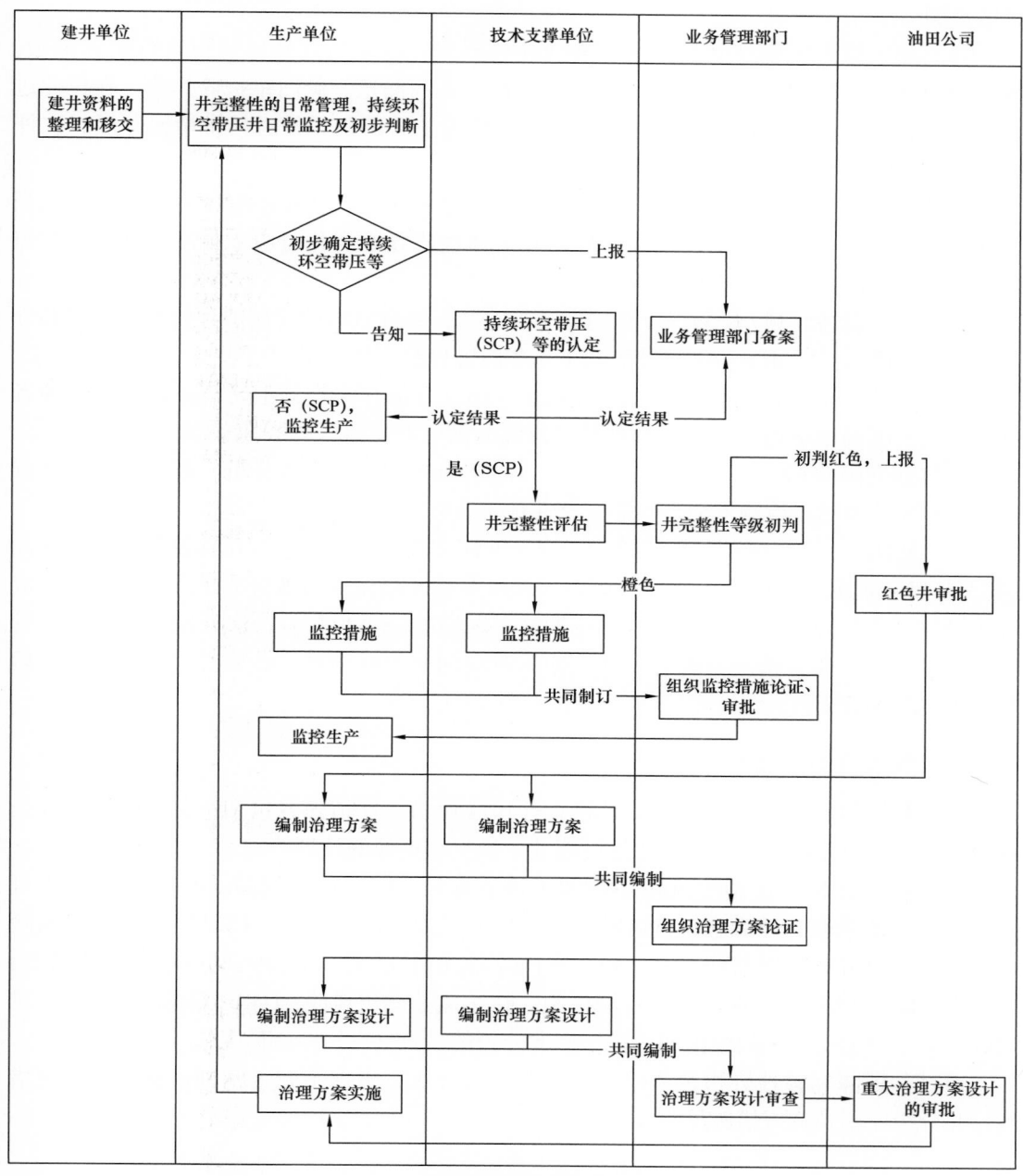

图 7-1-7　生产阶段井完整性管理流程图

（1）基础资料收集。建立完整的气井基础资料数据库，主要包括气井基础资料、钻井资料、试油资料及生产资料。

（2）气井完整性屏障建立。深层含硫气井通常包括两级完整性屏障：一级完整性屏障包括油管、封隔器、井下安全阀等；二级完整性屏障包括地层、水泥环、套管、井口装置等。建立气井完整性屏障划分示意图，对两级完整性屏障单元参数及工作状态进行详细说明。

（3）井口装置完整性管理。在气井生产过程中，应对气井井口装置进行测温记录、采气树内腐蚀/冲蚀检测、阀门内漏/外漏检测、标高测量、阀门维护等作业，在作业过程中要进行详细记录，检测到异常情况要报告相关主管部门，并对异常情况开展二次评估，制订相应处理方案。

（4）环空压力控制。正常生产期间按照气矿相关规定对气井环空压力进行监测，当发现非生产条件变化引起的环空压力异常和流体性质异常变化时应上报主管部门，并组织专家开展分析，制订下步处理方案。

（5）油管腐蚀监测/检测。针对碳钢油管完井，结合室内油管腐蚀评价试验结果和气井生产状况适时开展井下油管腐蚀监测工作和腐蚀检测工作。

（6）气井完整性档案和完整性报告建立。建立并保存完整的记录档案，以便管理者可以快速、准确地掌握气井完整性现状。所建立的气井完整性档案应包括气井基础信息、气井完整性屏障数据、气井维护、环空压力诊断测试、环空流体分析、环空液面测试资料、气井腐蚀监测、检测资料、气井完整性评价资料等。

（7）暂闭井/弃置井的完整性管理。对于暂闭井要求井内留有一定深度的管柱，采油（气）井口装置组合完好便于监控和应急处理以及使井筒流体与地表有效隔离。暂闭井应对井的第一井屏障和第二井屏障进行定期的跟踪监控。至少每月一次跟踪记录井口油管压力和各个环空压力情况，若遇到井口起压时应加密观察记录，必要时进行测试，为后期作业方案提供资料。

2. 井完整性分级管控

针对井屏障发生退化或失效的井进行井风险评估，评估内容包括：井屏障退化或失效的原因、该退化或失效继续恶化的可能性、恢复或更换的计划等。

建立风险分析所使用的风险矩阵和可接受准则：（1）严重风险（4级），风险不可接受，要立即采取处理措施，将风险降低到中度风险或以下；（2）高风险（3级），风险难以容忍，应采取处理措施，在一定时间内（12个月），将风险降低到中度风险或以下；（3）中风险（2级），考虑适当的控制措施，持续监控此类风险；（4）低风险（1级），风险可接受，只需要正常的维护和监控。确保分析的一致性，风险矩阵见表7-1-3。

通过井屏障完整性分析及风险评估对井进行分级，根据不同级别制订相应的响应措施，井分级原则及响应措施见表7-1-4。

表 7-1-3　风险矩阵

失效后果	不同失效可能性 X 下的风险				
	非常低 $X<10^{-4}$	低 $10^{-4}\leqslant X<10^{-3}$	中 $10^{-3}\leqslant X<10^{-2}$	高 $10^{-2}\leqslant X<10^{-1}$	非常高 $X\geqslant10^{-1}$
轻微	1	1	1	1	2
一般	1	1	2	2	3
较大	1	2	2	3	3
重大	1	2	3	3	4
特别大	2	3	3	4	4

注：1—低风险；2—中风险；3—高风险；4—严重风险。

表 7-1-4　井分级原则及响应措施

类别	分级原则	措施	管理原则
红色	（1）一道井屏障失效，另一道井屏障受损或失效，或已经发生泄漏至地面； （2）风险评估确认为严重风险	红色井确定后，必须立即治理，业务管理部门应立即组织治理方案编制，生产单位立即采取应急预案，实施风险削减措施，防控风险；组织实施治理方案	油田公司领导批准治理方案，业务管理部门组织协调，生产部门组织实施
橙色	（1）一道井屏障完好，另一道井屏障失效，风险评估确认为中或者高风险； （2）一道井屏障受损，另一道井屏障受损，风险评估确认为中或者高风险； （3）存在公用屏障的井，风险评估确认为中或者高风险	制订应急预案，根据情况进行监控生产或采取风险削减措施，少调产，尽量减少对环空实施泄压或补压；严密跟踪生产动态，发现问题及时分析评估并采取相应措施	业务管理部门组织技术支撑单位和生产部门共同制订监控措施；生产单位负责监控生产，发生重大变化，上报业务管理部门，并组织技术支撑单位分析变化原因及影响，提出处置意见
黄色	（1）一道井屏障受损，另一道井屏障完好； （2）存在公用屏障的井，风险评估确认为低风险	采取维护或风险削减措施，保持稳定生产，严密监控各环空压力的变化情况；尽量减少对环空采取泄压或补压措施	由生产单位自行监控生产，若发生重大变化，上报业务管理部门，并组织技术支撑单位分析变化原因及影响，提出处置意见
绿色	两道井屏障均处于完好状态	正常监控和维护	由生产单位自行监控生产，若发生重大变化，上报业务管理部门，并组织技术支撑单位分析变化原因及影响，提出处置意见

第二节　含硫气田管道完整性管理技术

一、基于风险的含硫气田管道直接评价技术

与天然气长输管道相比，含硫气田管道介质易燃易爆且含酸性气体具有腐蚀性，其内腐蚀风险较高，一旦发生失效可能产生严重的中毒甚至死亡事故。为进一步提升安全管理水平，实现本质安全，对气田管道应当开展风险评价确定管道的风险因素以及风险程度，再开展有针对性的直接评价。根据含硫气田管道的特点，有必要开展定量风险评价，更准确地把握管道的风险状况，并针对其内腐蚀风险突出的问题开展基于多相流的管道内腐蚀直接评价，以科学地制订检修周期和管道站场系统的重点监测部位，并更有针对性地对腐蚀严重的管段进行检验，缩减检验、检测成本，提高检测工作效率以及天然气输送系统的安全完整性。在保证管道安全运营的条件下，最大程度节约运营成本，从而预防管道事故的发生，为管道安全运行提供保证，对实现管道的安全平稳运行具有重要意义，对提高企业的经济效益，以及保障天然气输送管道的运行安全具有重大的经济效益和社会效益，应用前景广泛。

1.基于失效数据库的含硫天然气管道定量风险评价技术

在管道行业应用的风险评价技术主要分为3个阶段：定性的风险评价方法、半定量的风险评价方法、定量的风险评价方法。定量风险评价方法比较典型的有英国 Advantica 公司研发的 Pipesafe、加拿大 C–FER 公司采用的 Piramid 以及荷兰国家科学研究院 TNO 研发的 RiskCurves 等，另外，著名风险咨询管理公司挪威船级社（DNV）基于其在量化风险评估（QRA）和北美陆上管道完整性管理的经验，推出了完整性管理软件 SliverPipe 和高压天然气管道定量风险评估软件 Blast Pipeline。定量评价方法是管道风险评价的高级阶段，是基于失效概率和失效后果直接评价的基础上的，所以其评价结果是最严密和最准确的，通过综合考虑管道失效的单个事件，算出最终事故的发生概率和事故损失后果。

定量风险评价技术在国际上虽然已有了广泛应用，但在国内尚处于探索试用阶段。国内的部分项目最初通过国外专业公司应用了定量风险评价技术，如榆林压气站、罗家寨集输系统等接受了美国 SCANDPOWER 公司的定量风险评价服务。在理论研究方面，国内管道定量风险评价技术研究刚刚起步。国内多家公司引进定量风险评价技术和软件，应用于我国现役长输管线。但是，鉴于我国复杂的地质环境，管道的建设施工条件及管输介质同国外均有一定差异。伴随着管道技术的日新月异，风险评价标准也在不断地更新。因此，迫切需要建立一套基于国内含硫管道失效数据库的、适合国情的定量风险评价方法。

含硫天然气输送管道定量风险评价与长输管道定量风险评价的不同在于集输介质腐蚀性更强，因而腐蚀失效的概率更大。此外，含硫气田管道的建设水平与长输管道也有一定差距，不能照搬长输管道的失效频率。为了更加准确地修正管道失效频率，西南油气田公司总结1976年以来的管道失效数据，建立了管道失效数据库管理信息系统。通过

该系统查询确定管道失效频率，更准确地反映川渝地区天然气管道管理水平。

1）含硫天然气管道定量风险评价方法步骤

该技术流程各关键环节对应的主要内容以及具体实施的方法步骤如下：

（1）数据收集与分析处理。

应根据定量风险评价的目标和深度确定所需收集的资料数据。主要包括以下内容：

① 管线的基础数据，包括设计资料、运行现状、阀室分布、高后果区识别结果、内检测数据以及外检测数据等。其中，阀室分布情况影响管道失效后介质泄漏量的计算结果，应调查清楚管道一旦发生失效后，上下游阀室采取截断措施的响应时间。

② 管道周边情况，主要调查目前管道周边的人口分布情况、幼儿园等特殊场所分布情况、点火源的分布、地形条件、表面粗糙度等。人口分布结果直接影响社会风险曲线。通过对管线周边特殊场所的调查，在管线走向图中标注作为研究点，可以计算该点的个人风险，从而确定是否满足我国个人可接受风险标准值的要求。表面粗糙度可以根据现场地形条件，参考荷兰危险品防灾委员会（CPR）《定量风险评价指南 紫皮书》8 个推荐值中选取，该值影响泄漏天然气云团的稀释扩散。

③ 气象数据，包括定时风速和风向、日 / 夜平均温度、日 / 夜平均湿度、太阳高度角、总云量、低云量、太阳辐射等级等。其中，定时风速和风向、总云量、低云量等专业气象数据需要从当地气象局部门获取。利用帕斯奎尔大气稳定度分级方法，划分管线所在地的大气稳定度等级，用于定量风险计算。

④ 修正系数指标数据，包括地质灾害、第三方损坏、设计与施工缺陷、运行与维护误操作以及腐蚀等 5 类修正系数指标数据。该部分数据用于原始失效频率的修正计算。

（2）危险识别。

该环节主要有两个目的：一是识别管道的危险因素，判定管道是否需要进行定量风险评价；二是根据管线规格、历史失效数据等资料确定管线采用的泄漏场景。

（3）失效频率及事故发生频率分析。

原始失效频率的统计：基于分公司管道失效数据库，根据地质灾害、第三方损坏、设计与施工缺陷、运行与维护误操作以及腐蚀 5 类因素统计管线的历史失效频率。

修正系数的计算：统计获得管线的历史失效频率后，结合管线目前运行状况及相关信息，利用 5 类因素修正模型计算各自的修正系数，从而获取修正后的管道失效频率。

事故发生频率分析：利用事件树分析方法，参考荷兰危险品防灾委员会（CPR）《定量风险评价指南》紫皮书定义的事故类型，基于管道失效频率与点火频率，求解喷射火、火球、蒸汽云爆炸、中毒等事故的发生频率。

（4）事故后果计算。

参考荷兰危险品防灾委员会（CPR）《定量风险评价指南》绿皮书提供的泄漏模型，根据管线具体的泄漏场景选择适合的泄漏模型，计算获取管道失效后的泄漏速率、流量质量等参数。在此基础上，计算喷射火、火球、蒸汽云爆炸、中毒等后果严重性，即各后果影响范围，包括喷射火各辐射等级距离、火球半径、蒸汽云偏移泄漏点距离、蒸汽云爆炸超压半径、中毒半径等。

（5）风险计算。

包括个人风险计算和社会风险计算。所有泄漏场景、所有天气等级和风向、所有点火事件条件下，计算得到管道的个人风险等值线和社会风险 $F—N$ 曲线。

图 7-2-1 所示为集输管道定量风险评价技术流程。

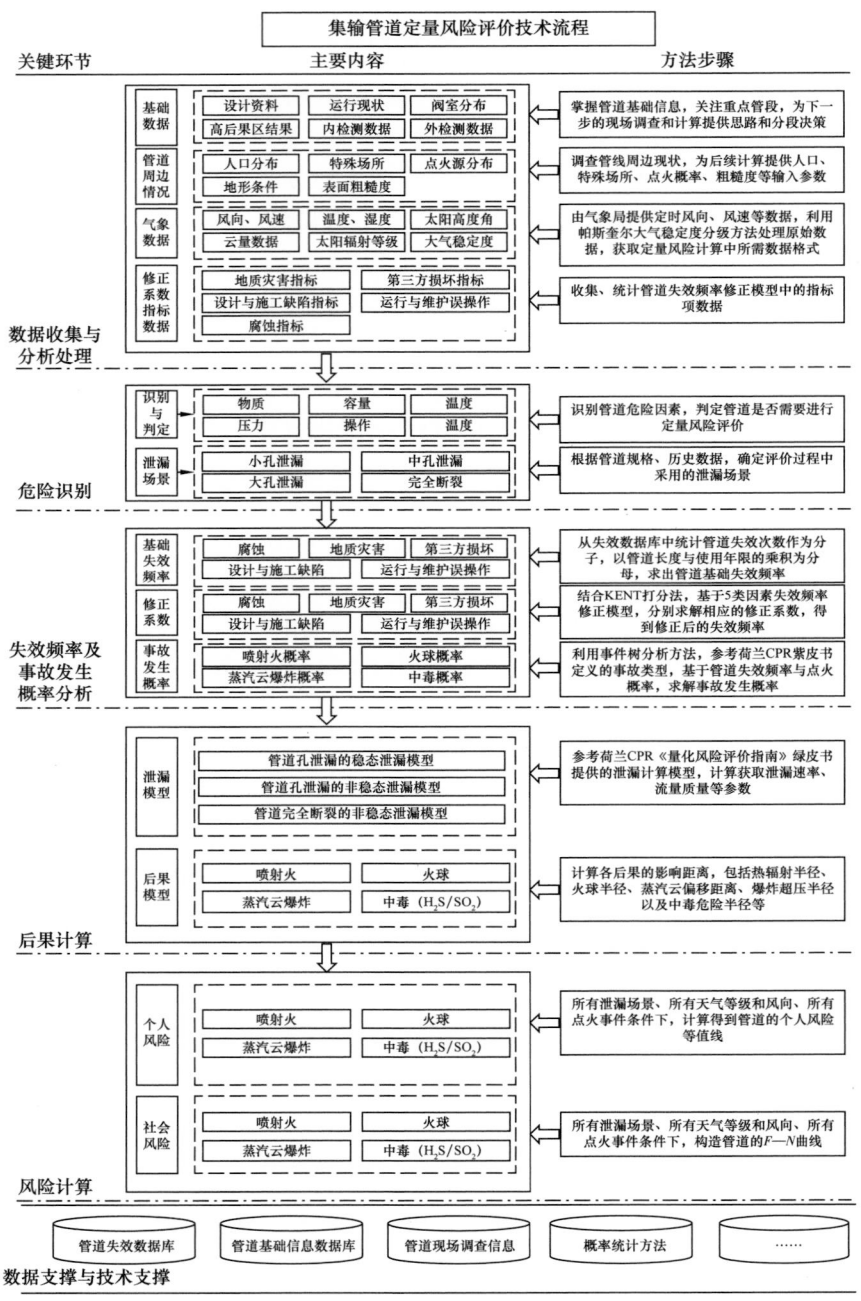

图 7-2-1　集输管道定量风险评价技术流程

2）基于失效数据库的失效频率修正

管道失效频率的修正结合了定量风险评价和半定量风险评价两种方法。根据西南油气田管道失效数据库得到原始失效频率，然后分别通过管道现场调查对第三方损坏、腐蚀、设计制造与施工缺陷、运行与维护误操作 5 项失效因素评分得到相应的失效可能性得分。评分法得到的分数尚不能直接用于计算频率，须利用转换公式将其得分转化为修正因子。本项目转换关系设置的原则是以西南油气田管线基本情况为评分基准，即认为这种情况是不需要进行修正的，修正系数为 1。修正系数转换公式为：

$$修正系数 = 1 - (N_i - N_{base})N_i \tag{7-2-1}$$

式中　N_{bace}——西南油气田管道基本情况失效可能性得分；

　　　N_i——各项失效可能性满分值。

详细技术流程图如图 7-2-2 所示。

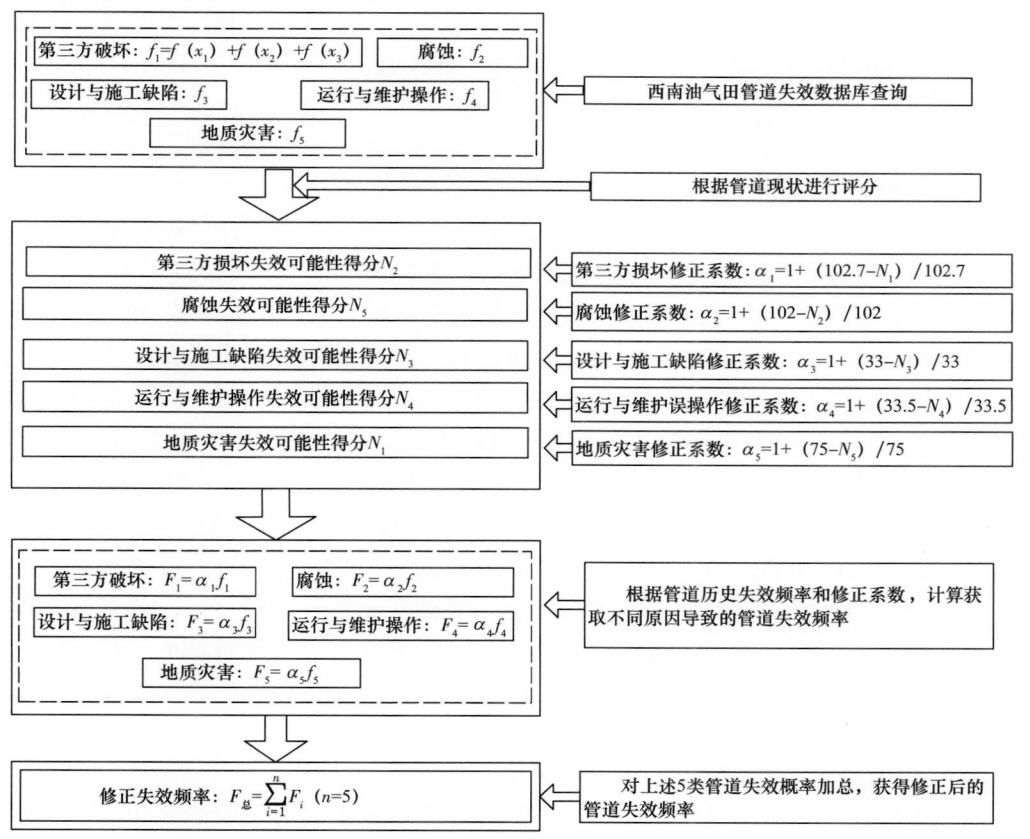

图 7-2-2　失效频率修正技术路线图

3）技术应用

建立的含硫气田管道定量风险评价技术流程，在龙岗东干线 C 段、安岳龙王庙气田试采干线和天高线 B 段 3 条管道开展了应用。以安岳龙王庙气田试采干线为例，经评价，管道经过某乡镇时，管道与商业中心和居住区的防护距离不足，1 处管段个人风险和社会风险均未达到可接受标准，需要进一步采取措施以削减风险。

通过对含硫气田管道进行定量风险评价，其评价结果能够定量地反映管道的风险状况，在保证管道安全运营的条件下，最大程度节约运营成本，从而预防管道事故的发生，为管道安全运行提供保证，对实现管道的安全平稳运行具有重要意义。对提高企业的经济效益，以及保障天然气输送管道的运行安全具有重大的经济效益和社会效益，应用前景广泛。

2. 基于多相流的集输管道内腐蚀直接评价技术

在开发含硫气田时，多种腐蚀介质的共同作用将导致集输管道产生严重的内腐蚀。其危害有：酸性气体电化学反应在管道内壁形成的均匀腐蚀，使管壁减薄承压能力降低，为管道的运行埋下安全隐患；管道会发生局部穿孔或损坏，导致天然气泄漏、扩散、火灾甚至爆炸的巨大危害；天然气中含有的 Cl⁻ 及地层水等多种腐蚀介质，将加速以上腐蚀的发生，并使腐蚀后果更为严重。因此需要对多种酸性腐蚀介质和盐类介质共存条件下的多相流条件下管道内腐蚀规律进行深入研究（翁永基，2003）。

内腐蚀直接评价技术是通过预评价、间接评价、直接检测与评价和后评价构成的对管道内腐蚀状况进行整体评价的一种方法。通过国内外十余年的研究，干气管道内腐蚀直接评价、含水量较小（水气比 WGR＜5000）的管道内腐蚀直接评价技术相对比较成熟（董绍华等，2016）。中国石油西南油气田公司从 2010 年开始开展内腐蚀直接评价技术的攻关，到 2016 年已经形成了干气管道内腐蚀直接评价、含水量较小（水气比 WGR＜5000）的管道内腐蚀直接评价技术流程和实施方案，并开展了 3000km 以上的工程应用案例，为西南油气田、长庆油田、青海油田和福山油田等的油气田内部集输管道和西气东输、中国石油管道公司的干线管道的内腐蚀检测评价提供了技术支撑。而对含水量较大（水气比 WGR≥5000）的管道，业内一致认为必须考虑多相流对管道内腐蚀的影响。以美国腐蚀工程师协会（NACE）为代表，研究并发布了标准 NACE SP 0116—2016《管道多相流内腐蚀直接评价（MP–ICDA）方法》。但该标准在关键的管道内腐蚀敏感区位置预测方面，在国内外油气田中的应用较少。西南油气田公司也引进吸收了该技术，并对该标准开展现场试验。检测评价结果与管道内腐蚀实际情况对照显示，该方法判断内腐蚀敏感区的准确率不到 40%，对含水量较大气水混输管道内腐蚀管理的支持不够，需要通过对多相流模拟的深入研究，进一步提高预测准确率。

1）多相流内腐蚀直接评价技术

多相流内腐蚀直接评价技术分为预评价、间接评价、直接检测与评价和后评价 4 个步骤。其中预评价的目的是收集管道、地形和介质等相关资料；明确多相流内腐蚀直接评价是否适用于进行评估的管道；确定评价区域；确定管道运行过程中多相流变化情况。间接评价的目的是确定管道的内腐蚀敏感区并进行排序。直接检测与评价的目的是针对所确定的内腐蚀敏感位置开展直接检测，确定是否存在预测的内腐蚀，量化实际腐蚀程度，并评价是否能满足安全运行要求。后评价的目的是评估评价的有效性，并确定重新评价间隔。其中最关键的环节是间接评价，技术核心是内腐蚀敏感区分析技术。

间接评价的常规做法是：进行多相流建模，确定管内各段流型、压力、温度、持液量、气速和液速变化情况；确认管道系统中其他影响内腐蚀的因素，如非稳态水流或清管等；根据各区域的流型识别评价分区；运用商业软件预测各评价分区的内腐蚀速率。

其中影响准确率的两个因素：一是多相流建模分析的模型及参数选取是否适当；二是商业软件预测的腐蚀速率是否能反映管道真实状况。

鉴于常规方法采用商用数据库进行腐蚀预测误差较大的问题，对腐蚀速率预测技术开展攻关，利用西南油气田积累的管道内腐蚀检测数据，开发腐蚀数据库，预测目标管道的内腐蚀现状和发展趋势。其步骤如下：根据目标管道的集输介质组成（主要是 H_2S、CO_2 和 Cl^-）、运行参数（投运时间、温度、压力范围），从腐蚀数据库中筛选与之条件接近的若干条管道作为参考管道；对参考管道的内腐蚀状况进行腐蚀速率建模，以确定修正参数，形成预测模型；将预测模型应用于目标管道，得到目标管道各处的内腐蚀速率预测值。

2）技术应用

选取 H10 井至 H8 井管线、庙赤线 B 段管线以及 M89 井至 11 号站管线进行多相流内腐蚀直接评价技术应用。共开挖了 27 个内腐蚀敏感区检测点进行直接检测，检测手段包括 X 射线、超声波 C 扫描和超声波测厚。通过构建的集输气管道多相流内腐蚀直接评价技术流程，使管道内腐蚀直接评价预测平均准确率从 34.2% 提高到 78.4%。

以庙赤线 B 段管线为例，庙赤线 B 段全长 13km，管材为 20 号无缝钢，管线规格为 $D159mm×5mm$，2003 年 1 月开始运行，设计压力 4MPa，设计处理量 $20×10^4m^3/d$，采用石油沥青外防腐层防腐。该管道目前输送压力 2.5MPa，运行输量 $25.5×10^4m^3/d$，输送介质为含 H_2S 的湿原料气，其中 H_2S 含量 0.0089%（摩尔分数）。

对庙赤线 B 段进行流场模拟分析，所用计算参数为：管道规格为 $D159mm×5mm$，长度为 12.7km，最大输气量 $35×10^4m^3/d$，起点输压 1.6MPa，起点温度 298K，H_2S 含量 0.0089%（摩尔分数），水含量 $0.20m^3/d$。为了便于多相流模拟分析，将高程变化很小的较短的管段与邻近管段进行了合并，将全线划分为 523 个管段。

分别采用未修正的模型和经腐蚀数据库修正后的模型预测该管道的内腐蚀速率，然后对持液率最大和预测腐蚀速率（修正后）最大的部位选择 13 个直接检测点进行无损检测，检测结果见表 7-2-1。

表 7-2-1　参数修正前后预测和检测腐蚀对比情况

检测点	腐蚀速率 /（mm/a）			误差 /%	
	参数修正前预测	参数修正后预测	实际最大	修正前	修正后
1	0.059	0.052	0.055	7.27	5.45
2	0.065	0.033	0.036	80.56	8.33
3	0.036	0.044	0.038	5.26	15.79
4	0.051	0.046	0.036	41.67	27.78

续表

检测点	腐蚀速率 /（mm/a）			误差 /%	
	参数修正前预测	参数修正后预测	实际最大	修正前	修正后
5	0.041	0.019	0.018	127.78	5.56
6	0.037	0.033	0.036	2.78	8.33
7	0.030	0.029	0.027	11.11	7.41
8	0.031	0.026	0.027	14.81	3.70
9	0.045	0.044	0.036	25.00	22.22
10	0.023	0.017	0.018	27.78	5.56
11	0.031	0.029	0.027	14.81	7.41
12	0.040	0.034	0.036	11.11	5.56
13	0.055	0.060	0.055	0.00	9.09

开挖验证结果可见：10 个检测点腐蚀程度与预测值误差小于 10%，准确率达到 76.9%。腐蚀速率预测参数修正前，有 9 个实测值与预测值腐蚀程度误差超过 10%，准确率仅为 30.8%。

二、管道数据整合及管理

含硫气田管道总里程长、运行多年，管道建设期信息和资料难免有遗失、错误。管道建设时期不同，数据标准不统一，大多为纸质文件储存在档案馆，给数据利用和管道运维管理带来了诸多不便。管道数据整合是将多源数据按照一个统一的参照系统整合起来，也可与管线中心线坐标关联，它是从数据到信息的关键步骤，是管道数据管理的关键技术之一。

检测数据是完整性管理的核心数据之一，由于不同检测方法的定位方式不同，加上不同检测公司的检测精度、量化模型不一致，导致完整性管理的各种数据无法轻易实现与检测数据整合。而管道空间坐标是承载管道数据的基础，将管道完整性管理数据与管道空间坐标准确关联，实现管道数据整合的重要手段。

对于新建管道，可在建设过程中使用实时动态载波相位差分技术（Real-time Kinematic，RTK）采集管道环焊缝和特征点中心坐标，这样生成的管线中心线坐标较为准确。

对于在役管道实现管道数字化有两种方式：一是使用 RTK 与 DM 管道防腐层检测仪（或者 PCM 管道防腐层检测仪）采集管道的中心线坐标，提取管道的三通、阀门、弯头等特征点的坐标和里程信息，然后与管道内检测的特征点、里程信息相互拟合，恢复出相对准确的管线中心线坐标；二是使用搭载 IMU 惯性导航测量单元的内检测器，通过该单元测量内检测器在管道中的运行姿态（包括：加速度、角加速度）结合地面 mark 点的 GPS 坐标，并以此算出内检测器的运行空间坐标。

建设期中心线测量、在役管道中心线测量使用 2000 国家大地坐标系，通过数据整合将管道建设期数据、高后果区数据、风险评价数据、外检测数据、内检测数据、日常维护管理等数据与管道中心线准确关联，实现管道数据坐标化，最终将各种数据整合在一起。

1. 管道数据整合技术主要内容

1）管道中心线测量

管道中心线测量分为建设期和在役坐标测量两种情况。管道建设期中心线测量主要采集管道的环焊缝坐标和特征点（包括：弯头、三通、阀门）中心坐标。在役管道中心线测量主要使用 DM 管道防腐层检测仪（或者 PCM 管道防腐层检测仪）定位管道正上方，并判断管道特征，然后用 RTK 采集管道的中心线坐标。管道中心线测量数据需使用或者转换成 2000 国家大地坐标系。

管道建设期中心线数据测绘内容主要包含以下方面：收集该管线的控制网信息，对提供的控制点参数进行位置复核，同时采集相应的参数；测量管道的环焊缝坐标；测量管道的特征点（包括：弯头、三通、阀门）中心坐标；测量管道顶部与地面的垂直距离，即埋深。

在役管道中心线数据测绘内容主要包含以下方面：收集该管线的控制网信息，对提供的控制点参数进行位置复核，同时采集相应的参数；测量收发球筒的中心位置；测量管道中心线坐标、桩号、转角、地表高程、管道埋深等，一般每 10～20m 测量一个点，转弯处加密测量，相邻两测点的最远距离不大于 50m（特殊情况除外）；管道入地点、出地点及管道穿越、跨越的起始点、结束点，三通、弯头等点位需测量；管道上的开孔、埋地标识（测试桩）等的位置；坐标及高程的测量位置为管道顶部上方地面，高程为地面高程；测量管道顶部与地面的垂直距离，即埋深。

建设期和在役坐标测量的精度要求：管道平面位置限差 0.10h；管道埋深限差 0.15h（h 为地下管线中心埋深，单位为 cm，当 $h<100$cm 时则以 100cm 代入计算）；明显管线点埋深量测限差 5cm；相邻测量点连成的直线（测量中心线成果）上任意一点与对应的实际管道水平距离不大于 0.5m。

2）管道中心线数据分析与处理

管道中心线数据处理主要针对采集的数据或者已有的数据进行数据标准化，将管道中心线测量结果转换成 2000 国家大地空间直角坐标系，即 2000 国家大地坐标系下的 X、Y、Z 形式，通过计算相邻坐标点之间的距离，然后将管道中心线测量起点至终点计算的每一段距离依次相加形成管道的里程。假设测得 A 和 B 两相邻位置的坐标分别是（X_1，Y_1，Z_1）和（X_2，Y_2，Z_2），A 和 B 之间的距离可以通过式（7-2-2）计算：

$$L = \sqrt{(X_1 - X_2)^2 + (Y_1 - Y_2)^2 + (Z_1 - Z_2)^2} \tag{7-2-2}$$

将相邻坐标点相连形成一段管道轨迹线，投影到 XY 和 XZ 平面进行分析，通过反三角函数可以计算该轨迹线与 X 轴的夹角，由于弯头加密测量，每个弯头要求测量三个及以上坐标，通过分析轨迹线与 X 轴、夹角的变化就可以判断弯头方向。假设测得 A、B 和

C 三相邻位置的坐标分别是（X_1，Y_1，Z_1）、（X_2，Y_2，Z_2）和（X_3，Y_3，Z_3），线段 A、B 和 BC 与 X 轴的夹角 θ_1 和 θ_2 可以通过以下公式计算：

$$\theta_1 = \arctan \frac{X_2 - X_1}{Y_2 - Y_1} \text{ 或 } \theta_1 = \arctan \frac{Z_2 - Z_1}{X_2 - X_1} \tag{7-2-3}$$

$$\theta_2 = \arctan \frac{X_3 - X_2}{Y_3 - Y_2} \text{ 或 } \theta_2 = \arctan \frac{Z_3 - Z_2}{X_3 - X_2} \tag{7-2-4}$$

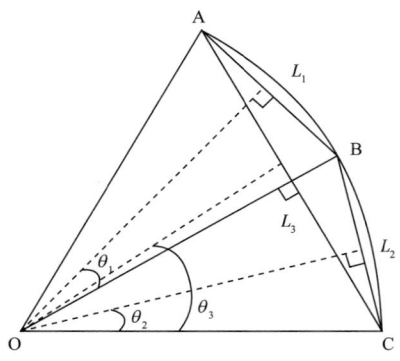

图 7-2-3　弯头曲率半径与弧长
计算示意图

在 XY 平面 $\theta_1 < \theta_2$ 时，该弯头属于左弯弯头；反之属于右弯弯头。在 XZ 平面 $\theta_1 < \theta_2$ 时，该弯头属于上弯弯头；反之属于下弯弯头。

由于每个弯头要求测量三个及以上坐标，因此可以用弯头三个测量坐标建立一个计算平面，如图 7-2-3 所示。图中 L_1、L_2 和 L_3 分别是 AB、BC 和 AC 的长度，根据 A、B 和 C 三点的坐标可以计算出 L_1、L_2 和 L_3 的长度，图中 O 点是弯头圆心，根据三角函数关系可以用以下方程联立求解弯头半径 R，然后利用弯头半径 R 除以弯头外径（OD）就可以得到弯头曲率半径。

$$\theta_1 = \arcsin \frac{L_1}{2R} \tag{7-2-5}$$

$$\theta_2 = \arcsin \frac{L_2}{2R} \tag{7-2-6}$$

$$\theta_3 = \arcsin \frac{L_3}{2R} \tag{7-2-7}$$

$$\theta_3 = \theta_1 + \theta_2 \tag{7-2-8}$$

计算弯头 AC 弧长的公式如下：

$$\widehat{AC} = \frac{\theta_3}{90} \pi R \tag{7-2-9}$$

通过上述分析可以将管道中心线测量数据转换为管段的距离、管道的里程、弯头方向、弯头曲率半径和弯头弧长等数据，为管道中心线测量数据与内检测数据拟合奠定基础。

3）管道中心线测量数据与内检测数据拟合

管道中心线测量后通过上述计算就得到管节的长度、弯头方向和曲率半径并得到各管道特征，可以形成管道中心线数据表单，管道中心线测量数据具备了与内检测数据拟合的条件。

管道测量点漂移、管线部分穿跨越位置不能测量等情况需对管道空间位置参数进行模拟。因野外 RTK 测量点上空的障碍物、附近的强电磁波干扰等会造成管道测量点漂移，为保证数据质量可将漂移点删除；因管线穿跨越位置或其他原因造成管道中心线不能测量等情况，需首先确认不能测量位置附近的管道中心线测量数据与内检测数据特征（如弯头、阀门）能实现很好的拟合，然后根据内检测数据模拟管道中心线不能测量位置。

针对存在误差的数据进行数据调整、数据模拟补充、使最终的管道空间位置更加接近于实际的管道埋地情况。该项步骤能够有效地减小系统误差，同时保证数据质量，避免后期坐标计算出现较大偏差。

4）反算内检测数据

管道中心线测量数据与内检测数据实现较好的拟合后，下一步就是根据管道中心线测量的已知坐标结合拟合结果反算内检测异常点和缺陷点数据。

管道建设期中心线数据与内检测数据拟合后，内检测焊缝直接具有了 GPS 坐标，通过内检测各点的相对位置关系，就可以推算出缺陷和异常点的 GPS 坐标，实现内检测结果数字化。

在役管道中心线数据与内检测数据拟合后，通过内检测各点与在役管道中心线测量的 GPS 坐标的相对位置关系，就可以推算出焊缝、缺陷和异常点的 GPS 坐标，实现内检测结果数字化。

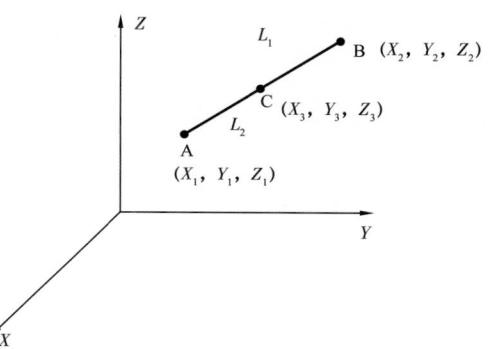

有一直管段 AB 长度为 L_1，AB 段之间有一点 C，AC 的长度为 L_2，如图 7-2-4 所示。已知 A 和 B 坐标分别是（X_1，Y_1，Z_1）和（X_2，Y_2，Z_2），则 C 点的坐标（X_3，Y_3，Z_3）可以通过以下公式进行计算：

图 7-2-4　反算直管段内数据坐标计算示意图

$$X_3 = \frac{L_2}{L_1}(X_2 - X_1) + X_1 \qquad (7-2-10)$$

$$Y_3 = \frac{L_2}{L_1}(Y_2 - Y_1) + Y_1 \qquad (7-2-11)$$

$$Z_3 = \frac{L_2}{L_1}(Z_2 + Z_1) + Z_1 \qquad (7-2-12)$$

弯头 A、B 和 C 三相邻位置的坐标分别是（X_1，Y_1，Z_1）、（X_2，Y_2，Z_2）和（X_3，Y_3，Z_3），弯头的圆心为 O，OD 与 OA、OB 和 OC 的夹角 θ_1、θ_2 和 θ_3，AD、DB 和 DC 的弧长分别为 L_1、L_2 和 L_3，如图 7-2-5 所示。用以下方程联立求解就可以得到 D 点的坐标（X，Y，Z）：

$$\sqrt{(X - X_1)^2 + (Y - Y_1)^2 + (Z - Z_1)^2} = 2R \cdot \sin\frac{90L_1}{\pi R} \qquad (7-2-13)$$

$$\sqrt{(X - X_2)^2 + (Y - Y_2)^2 + (Z - Z_2)^2} = 2R \cdot \sin\frac{90L_2}{\pi R} \qquad (7-2-14)$$

$$\sqrt{(X-X_3)^2+(Y-Y_3)^2+(Z-Z_3)^2} = 2R \cdot \sin\frac{90L_3}{\pi R} \qquad (7\text{-}2\text{-}15)$$

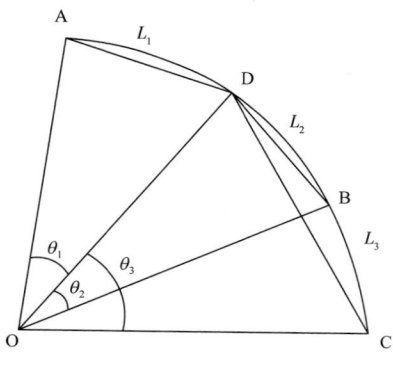

图 7-2-5　反弯头管段内数据坐标
计算示意图

通过上述反算方法就可以求解内检测中焊缝、异常点和缺陷点坐标数据，实现内检测结果数字化。

5）管道数据整合流程

首先，依托管道建设期中心线测量采集的环焊缝坐标和特征点（包括：弯头、三通、阀门）中心坐标或者后期在役管道中心线测量采集的地面坐标生成的管道空间坐标系；其次，提取内检测中焊缝、弯头、三通等特征点的里程信息关键数据，利用管件（阀门、弯头和管节）的长度与里程、弯头的方向等信息将内检测数据与中心线测量数据相互拟合，建立一个合理统一的参照系，根据拟合结果反算内检测数据中的特征点（包括弯头、三通、阀门、环焊缝）、异常点、缺陷点的坐标，实现内检测特征定位；再次，将管道外检测各种缺陷和特征通过 RTK 坐标测量对应到该参照系中；最后，经过开挖验证修正数据整合结果。根据上述原则制订以下技术流程，具体如图 7-2-6 所示。

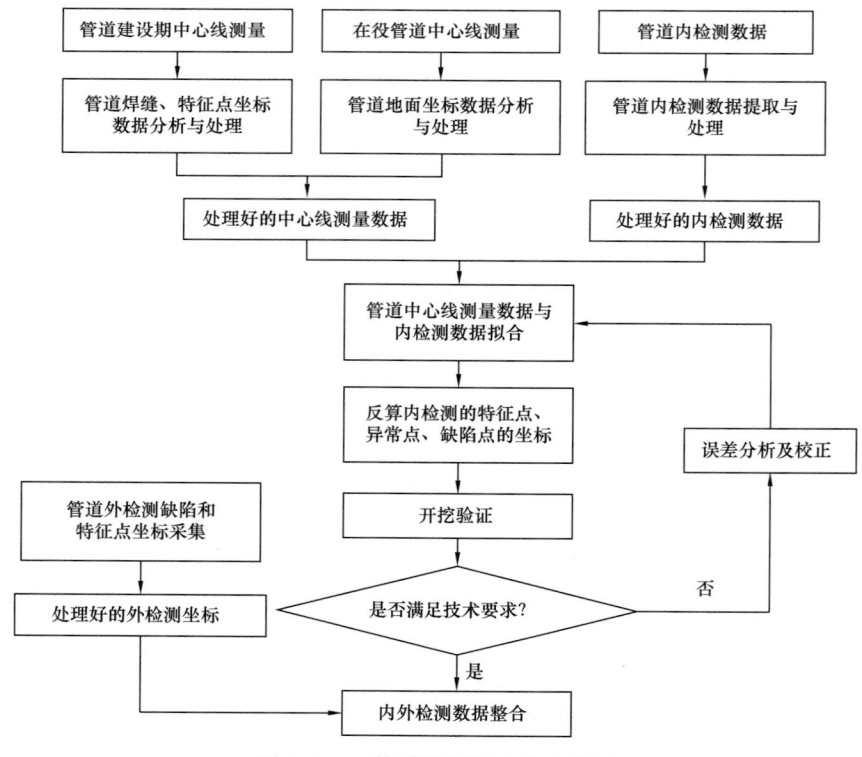

图 7-2-6　管道数据整合技术流程

6）数据整合后开挖验证

对转换坐标后的管道特征进行全管段（覆盖管道的前、中、后）抽样开挖，同时选择不同类型进行验证。至少开挖 5 个内检测缺陷特征进行坐标精度验证。主要包含：环焊缝（如果是建设期采集的中心线数据就不要选环焊缝进行开挖验证）、腐蚀、凹陷等内检测特征点。开挖验证流程如图 7-2-7 所示。

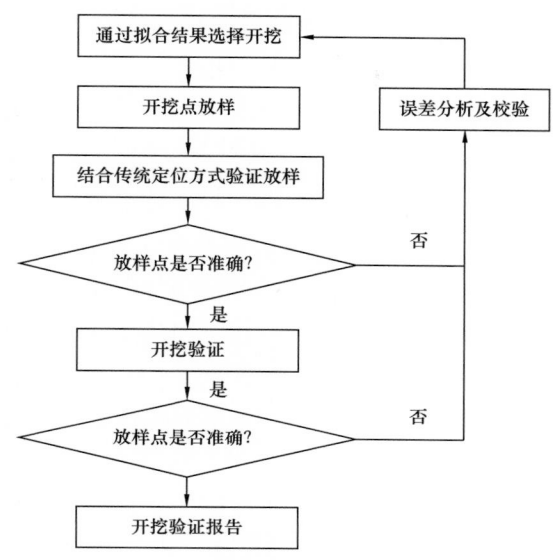

图 7-2-7　数据整合后开挖验证流程

开挖验证是指对内检测特征与地面坐标转换后的管道特征位置（坐标定位）与管道真实位置进行对比，通过记录、分析位置差异（坐标 $X/Y/Z$）对内检测特征转换坐标进行检验与修正。进行管道开挖验证流程如下：

（1）缺陷定位。根据检测公司提供的缺陷位置与邻近定标点距离信息，开挖验证工作首先采用高精度 RTK 系统对转换后内检测特征点进行坐标放样，确定准确的目标位置。

（2）放样点初步验证。结合传统定位方法进行位置确认该缺陷位置是否与检测报告吻合。如果定位准确则进行第三步；否则进行误差分析及校正。

（3）对放样点进行开挖验证。对比螺旋焊缝、直焊缝与环焊缝交点的时钟方位，或者对比前后管节长度等，判断开挖的环焊缝是否是目标环焊缝，然后进一步确定放样点是否定位准确。

（4）如果出现数据较大偏差，精度不满足要求，利用采集的数据对数字化成果和已有开挖验证数据文件进行误差分析和修正，对该段数据进行修正以后，再选择误差段落进行特征点放样。

7）误差分析及校正

（1）检测质量分析：根据 RTK 测绘的结果，进行管道在三维坐标中的长度计算。得到的管道计算长度与内检测长度比较，分析检测质量和误差。可管道全段整体分析，也可以定标点为节点进行分段后对比分析。

（2）数据校正：以管道每段的 RTK 测绘得到的起止点间的三维方向的总长度作为基准长度，将内检测时两个起止点间的长度作为比较长度，两个长度之间的比例即为缩放比例。按照该缩放比例重新计算内检测每个特征点之间的长度，并将其投影到 X—Y 平面，再根据起点的高精度 GPS 坐标重新计算全部特征点的 GPS 坐标。

在进行数据校正时可同时对管道埋深进行修正。RTK 测绘时会测量同一个点管道的高程和埋深，内检测数据中的管道高度没有包含管道埋深，在修正时加上 RTK 测绘时得到的埋深，作为最终提交的数据表单。

2. 技术应用

2017 年，此项技术应用：管道尺寸为 D219mm×6mm，管道材质为 20 号钢，管道全长 25.2km，设计压力 4MPa，管道防腐采用 3PE 加强制电流阴极保护。测量时使用高精度 RTK 中的 CORS 测量系统定位采集管道所有拐点的平面坐标及高程，并使用计算软件对管道空间位置参数进行模拟、修正，最终模拟出接近真实埋地管道的管线数据。

"十三五"期间，此项技术应用于西南油气田公司约 4000km 集输气管道。通过应用，论证了管道内检测特征数据的定位准确性与采集管道心线 GPS 坐标的准确性和密度密切相关，采集密度越大，定位越准确。形成了"管道完整性数据整合系统"软件，利用该软件计算出来的坐标结果进行现场开挖验证，坐标精度达到 1m 以内，从而指导现场开挖验证和修复的定位精度得到提升，减少不必要的工作量。初步建立的综合评价方法能够定性确定维修的优先顺序，能够进一步提高数据分析、缺陷评价、维修维护的针对性，避免过度维修和维修不足。

第三节　含硫气田站场完整性管理技术

一、站场风险评价技术

站场完整性管理的核心是风险的识别与评价，依据站场的工艺和设备设施的差异以及失效后果的大小，采用适宜的风险识别与评价技术，确定发生失效的风险大小（包括失效的可能性和后果），提出站场工艺和设备设施维修维护管理工作重点，制订有针对性的预防措施，使有限的维修维护资金在规避不可接受的风险过程中发挥最大的作用，即实现站场维护维修的最优化。

结合油气田站场的特点和挑战，借鉴国内外先进的完整性管理工作理念和做法，以西南油气田数百座站场为基础，开展了一系列油气田站场完整性管理研究。针对天然气田站场处理介质成分多样、同一类别站场处理设备和运行参数差异大、无法停产检修的特点，从风险识别与评价、站场完整性管理等方面入手，采用以基于风险的管理（Risk Based Maintenance，RBM）为主要核心技术的站场资产完整性管理，以确定站内各设备的风险状况，制订基于风险的检验、维护和测试计划并实施，以最终实现降低安全、环境和运营风险的目的。针对站场内不同类别、承担不同功能的设备，采用不同的技术方法，主要包含基于风险的检验（Risk Based Inspection，RBI）、以可靠性为中心的维护（Relible Centerd Maintance，RCM）、安全完整性等级（Safety Integrity Level，SIL）和危险与可操作性分析（Hazard and Operability Study，HAZOP）等4种。

1. 基于风险的检验（RBI）

1）技术简介

RBI方法根据失效可能性和失效后果确定每个设备项的风险大小，根据风险大小对从站场工艺设备和管线进行风险排序；根据风险可接受准则、风险的大小和未来的发展，确定检验的优先次序，检验日期和周期，将检验聚焦于高风险设备和存在潜在的失效破坏可能性的设备；根据损伤机理推荐有效的检验方法、检验位置及范围，最终提供一个最佳检验管理计划建议，从而建立一套完整的基于风险的检验计划和策略，达到风险和成本的优化。RBI可以计算当前的也可以计算将来的风险，可以多次重复、不断更新，并可以文件化并建立数据库。

针对厂站管道、容器等静设备的腐蚀检测，是以RBI风险评价中设备项的风险分布高低为依据，结合各设备项开展的腐蚀现状调查，分析其可能存在的失效机理、失效模式及损伤部位，进而实施的以保障设备本质安全为目的的检测。对于检测手段的选择，应综合分析各种检测检验技术对不同缺陷的检出能力，最终制订合理的检测方案。在检测实施过程中，则根据设备项风险等级与失效机理、失效部位的不同，采取具有不同检出有效性的检测手段和检测比例。

2）技术流程

RBI评价的技术流程包括数据收集与整理、预评估、超声波测厚、RBI评价、完整性管理方案编制等5个步骤。

（1）数据收集与整理：采集完整性评价设备的数据，包括设计数据、工艺数据、检验数据、维护和改造、设备失效等数据。

（2）预评估：对所收集的数据的准确性和全面性进行分析，列出不能确认或缺失的数据；可同时采用定性的风险评价方法，筛选出场站的高风险设备，为超声波测厚提供指导。

（3）超声波测厚：为保证风险评价所采用数据的准确性和有效性，应结合场站以往的检测数据及专家测定值，对于不能确认或缺失的关键数据采用必要的检测手段进行现场检测。主要针对工艺管线及部件采用超声波测厚方法进行检测。

（4）RBI评价：站内工艺管线与所有承压静设备，通过划分物流回路和腐蚀回路，确定损伤机理和损伤速率，采用RBI技术进行风险计算，建立检验计划，预防风险的发生。

（5）完整性管理方案：根据完整性评价结果，系统分析场站安全现状，制订包含数据更新、风险评价、检验测试、维修、日常维护与管理、效能测试等内容的下一个循环的完整性管理方案。

在完善RBI基础数据表步骤中，重点关注腐蚀速率，按照API RP 581—2016《基于风险的检验（第3版）》中对腐蚀速率的3种取值方法：专家测定值、理论值和测量值，3种取值方法得到的设备风险结果差别较大，专家值要求具有极高的腐蚀经验的专家提供，一般机构或个人难以达到；理论值对于介质状况比较单一的情况有一定的适用性，在含硫气田的运行条件下，因为所含介质中 CO_2、H_2S、水及其他元素的相互影响，很难得到具有普遍适应性的理论模型，测量值的获得不受介质等因素的影响，适应于各种状况且准确度较高，所以3种取值方法中以测量值为基础计算的设备失效可能性与实际符合率较高。技术应用中以同一设备不同时期的测厚值为基础计算得到腐蚀速率。

3）技术应用

在安岳龙王庙气田集气总站、东区集气站和西区集气站3个站场进行在2018年进行RBI应用评价，该3个站场在2015年和2018年分别开展过设备测厚检测，以2015年单次测厚数据为基础得到腐蚀速率，计算得到各站场设备不同风险等级设备项结果见表7-3-1。

表7-3-1　3个站场RBI结果汇总1　　　　　　　　　　　　　　　单位：项

站场	高风险	中高风险	中风险	低风险
集气总站	0	6	31	42
东区集气站	0	9	97	65
西区集气站	0	0	39	39

以2015年和2018年两次测厚数据为基础得到腐蚀速率，腐蚀速率=（2015年测厚数据–2018年测厚数据）/3，重新计算RBI评价结果，结果见表7-3-2。

表7-3-2　3个站场RBI结果汇总2　　　　　　　　　　　　　　　单位：项

站场	高风险	中高风险	中风险	低风险
集气总站	0	19	81	65
东区集气站	0	0	43	36
西区集气站	0	0	33	40

通过与检测结果对比，基于两次检测数据的RBI评价结果与实际基本吻合。

2. 以可靠性为中心的维护（RCM）

1）技术简介

站场资产中，泵、压缩机和阀门等一些设备占据了重要位置，对这些设备的维护管理，经历了被动维修、定期维修、预防性维修和主动维修等不同的发展阶段，在降低设备故障和减少维护成本等方面取得了很大的进展。但即使是主动维修仍然存在维护过度或不足、成本高、维护策略主要依靠主观和经验等缺点，由于转动设备涉及机械、电气、仪表自动化等专业，易出故障且维护与维修复杂，连续性生产对这些设备的长周期运行又提出了更高的要求；供货商提供的维修维护规程，只是从产品的角度，没有考虑到也无法考虑到产品未来具体的使用状态和特性，所以其所提供的维修维护规程容易带来维修过度和维修不足，上述两种情况，都会带来安全的隐患。因此迫切需要设备（包括转动设备及机械、电气、仪表自动化、静设备）的维护管理技术和方法有一个质的改变及发展，以适应此要求。

RCM 是一种以风险为基础的，力求建立准确的且具有良好目标性的维护优化任务包的系统技术方法。RCM 采用失效模式、后果影响分析和风险分析过程为每个分析对象进行详细的安全、环境和商业（生产损失和成本）的风险评价。对于中至高风险项详细分析失效原因和根本原因，制订针对失效原因或失效根本原因的维护策略，对低风险项则进行纠正性维护即可，其目的在于使装置达到最佳可靠性，避免潜在的失效和非计划性停车，根据风险进行适当的维护以避免维护过度和维护不足。

RCM 的最终研究结果是一个优化的维护包，维护策略涉及却又不仅限于下列方面，具体的策略根据不同的设备类型，设备不同的失效故障模式以及失效的原因和根本原因，通过 RCM 分析确定。

2）技术流程

RCM 强调以设备的可靠性、设备故障的后果，确定设备的风险等级，作为制订维修策略的主要依据，RCM 的结果归根结底是为了确定所需的维修内容、维修周期，制订出预防性维修大纲从而达到优化目的。RCM 的主要工作流程是：数据收集、评审和工艺访谈；系统划分和确定设备的技术层次；制订风险可接受准则；失效模式影响分析和风险评估；FMEA 分析会；制订和优化维护策略。

目前，在 RCM 评价中，接受准则被转化成适合于不同种类风险的风险矩阵格式。风险矩阵的 Y 轴表示失效概率，失效概率为量化的评估值，风险矩阵的 X 轴表示失效后果，在评价中失效频率和后果分为 5 个等级，即采用国际通行的 5×5 后果矩阵。

3）技术应用

在 M67 井注水站进行 RCM 评价应用，评估了污水泵、注水泵和提升泵在内的 7 项动设备，结果中风险 2 项、低风险 5 项。

对风险较高的注水泵基于运行时间制订定期维护保养制度。

每月维护内容：润滑油每月加注一次，半年更换一次，以保证润滑质量，确保轴承的良好润滑保护；检查、调整皮带松紧度，检查皮带防护紧固螺栓等；检查或更换油封及注水泵内各类密封元件；检查、修理泵缸、柱塞的磨损情况。

其他维护：安全阀每半年效验一次（全年两次）；出口压力表和润滑油压力表每半年一次（全年两次）；每年一次对设备进行外防腐工作。

针对中高风险失效模式建议内容：污水腐蚀较强，柱塞连接卡子易出现松动，可能发生零件飞出伤人事件。建议加装防护网，定期检查柱塞卡子；大皮带轮固定螺栓及防护罩固定螺栓松动，易造成设备损坏或人员伤亡，每月重点维护检查；巡检时重点关注密封填料和油封，及时调整紧固，避免漏油及对设备造成磨损。

3. 安全完整性等级（SIL）

1）技术简介

安全相关系统对于人员的安全及可靠生产是不可或缺的。安全相关系统所起的作用包括：工艺保护、工艺排放、工艺关断、危险情况报警、火灾监测、气体监测等。这些安全相关系统的功能通常会与 E/E/PES 技术（E/E/PES 这一术语由 IEC61508 标准给出，为电气/电子/可编程电子系统的简称），其他技术及可降低风险的外部设备结合起来。而且在复杂的安全相关系统中使用软件变得越来越普遍，计算机和软件辅助系统也广泛使用在安全相关系统中，如安全仪表系统；一旦安全相关系统在危险情况下发生失效，会立即导致人员伤亡、环境破坏以及经济损失等重大事故。

SIL 等级是一个重要的安全可靠性的参数，用以表征安全相关系统针对一个特定的功能需求所能达到的风险降低的程度。确定 SIL 等级就是通过规定安全仪表系统需要的最低反应失效的可能性，使设备能够在需要时成功执行设计所要求的安全功能，可根据 IEC61508/61511 标准确定现有的和增加的安全仪表功能所需的 SIL 等级；对需要 SIL 等级的安全仪表功能进行 SIL 等级验证计算。

进行 SIL 分析可获得如下收益：（1）确保安全仪表功能设置合理；（2）确保安全保护功能可以完成，缓和不可避免灾害的风险；（3）识别不能达到 SIL 等级要求的安全仪表功能，进行更改，确保安全仪表功能满足安全完整性的要求；（4）按照安全生命周期确保风险降低到可接受的范围内；（5）按照安全完整性等级的要求确保安全仪表系统充分的维护。

2）技术流程

SIL 评估主要包含两个方面的内容：

（1）SIL 等级的评估。根据标准要求，确定安全仪表功能的 SIL 等级，主要方法有：风险矩阵、风险图法、修正的风险图法和保护层法（LOPA）。

（2）SIL 等级的校核以及测试周期的确定。针对现有安全仪表系统的配置，定量计算其 PFD 大小，验证是否现有的配置能够满足所需 SIL 等级的要求，并确定相应的测试周期。主要方法有可靠性框图法和马尔可夫法。

整个安全仪表系统 SIL 评估主要步骤是：（1）搜集工艺流程等相关资料；（2）危险分析，确定 SIS 的安全仪表功能；（3）风险分析，确定 SIS 的安全仪表功能的目标 SIL；（4）SIS 操作模式的确定；（5）SIS 结构约束的确定；（6）SIS 可靠性数据的确定；（7）SIL 等级的验证计算；（8）SIL 等级的评估。

3）技术应用

在安岳龙王庙气田集气总站、东区集气站两个站场进行 SIL 应用评价，共评估了 29 个安全仪表功能（SIF）的 SIL 等级。其中有 14 个 SIF 为 SIL-（无安全需求），10 个 SIF 为 SIL1，5 个 SIF 为 SIL2。

4. 危险与可操作性分析（HAZOP）

1）技术简介

危险与可操作性分析是一种被业界广泛采用的用于识别工艺缺陷、工艺过程危险及操作性问题的定性分析方法，是排查事故隐患、预防重大事故、实现安全生产的重要手段之一。

　　危险与可操作性分析是过程系统（包括流程工业）的危险（安全）分析（Process Hazard Analysis，PHA）中一种应用较广的评价方法，是一种形式结构化的方法，该方法全面、系统地研究系统中每一个元件，其中重要的参数偏离了指定的设计条件所导致的危险和可操作性问题。主要通过研究工艺管线和仪表图、带控制点的工艺流程图（P&ID）或工厂的仿真模型来确定，重点分析由管路和每一个设备操作所引发潜在事故的影响，应选择相关的参数，例如：流量、温度、压力和时间，然后检查每一个参数偏离设计条件的影响。采用经过挑选的关键词表，例如"大于""小于""部分"等，来描述每一个潜在的偏离。最终识别出所有的故障原因，得出当前的安全保护装置和安全措施。所作的评估结论包括非正常原因、不利后果和所要求的安全措施。

　　2）技术流程

　　HAZOP 分析主要包括分析前的准备、召开分析会议、编制分析报告、HAZOP 审查和建议措施的跟踪与完成等步骤。在进行 HAZOP 分析前，要制订相应的分析计划，具体包括分析目标、分析小组成员、详细的技术资料（主要包括 P&ID 图、工艺流程图、工艺操作规程、设备台账、同类装置事故案例等）、HAZOP 分析议程等。

　　首先根据工艺流程划分节点，然后选取其中一个节点，确定分析活动过程中的参数变化，即偏差，这些偏差由参数和引导词一一组合而成。具体步骤如下：

　　（1）分析计划。确保所要分析的过程系统以及分析的目标和范围。

　　（2）划分节点。为便于分析，将系统分为多个节点，对于连续操作过程，节点可能为单元；对于间歇操作过程，节点可能为操作步骤。节点的划分一般按照工艺流程的自然顺序开展。

　　（3）描述设计意图。明确该节点的设计意图，确认相关参数。

　　（4）产生偏离。选择一个参数，确定使用哪些引导词，并选定其中一个引导词与选定参数结合，产生一个有意义的偏离。

　　（5）分析原因。在本节点以及本节点的上下游分析识别出能够导致该偏离的所有原因，包括直接原因、起作用原因、根原因及初始原因。

　　（6）分析后果。在不考虑现有安全保护措施下，识别出该偏离导致的所有不利后果。

　　（7）分析现有保护措施。识别系统中对每种后果现有的保护、检测和显示装置，不限于考虑本节点的保护措施，还要包括其他节点。

　　（8）评估风险等级。在考虑现有的安全措施情况下，根据风险矩阵图，确定该后果的风险等级。

　　（9）提出建议措施。如果该后果的风险等级超出能够承受的风险，提出降低风险的措施。

　　（10）记录。对上述分析做出详细的记录。

　　（11）依次将其他引导词和该参数结合产生有意义的偏离，重复步骤（5）～（10），直到分析所有引导词。

　　（12）依次分析该节点的所有参数偏离，重复步骤（4）～（11），直到该节点的所有参数分析完毕。

（13）依次分析完成所有的节点，重复步骤（2）～（12），直到所有的节点全部分析完毕。

3）技术应用

对安岳龙王庙气田天然气净化厂第Ⅰ列装置开展了 HAZOP 分析，共分析图纸 86 张，划分节点 33 个，形成行动建议 14 条。具体见表 7-3-3。

表 7-3-3 龙王庙气田天然气净化厂 HAZOP 分析结果

序号	节点	偏差	讨论对象	原因	后果	现有安全措施	风险等级	行动建议
1	1100	压力低	气田水闪蒸罐	气田水罐负压	液位计易损坏，不能有效指导排液		Ⅱ	建议优化液位计选型或采取措施使设备保持微正压
2	1100	液位高	重力分离器	手动排液受人为操作因素影响	高压可燃气体窜入低压系统，管道泄漏，人员伤亡	按照操作规程排液	Ⅱ	建议增设自动排液
3	1100	开停工及检维修	过滤分离器	阀门操作频繁；进出口阀门内漏，生产时无法更换滤芯	可燃有毒气体外泄，人员中毒伤亡	设置可燃有毒气体报警仪	Ⅱ	建议优化阀门选型，选择可靠性高的阀门
4	1100	其他	电气系统	机泵设备运行状态与电站后台系统报文显示相反	易出现误判断	通过电气仪表系统取反实现现场和画面显示一致	Ⅱ	建议更换辅助触点，由常闭更换为常开
5	1200-1	其他	循环泵振动	循环泵振动探头故障，设置为一选一联锁停车	泵联锁停车；净化气不达标	设置有泵轴振动报警	Ⅱ	对联锁逻辑进行优化或选用可靠性更高的探头
6	1200-3	开停工及检维修	管线 PL-1244	至闪蒸气吸收塔的 PL-1244 管线止回阀卡堵或损坏	无法在正常生产时进行更换		Ⅱ	建议在止回阀和低点排液接头后端增设切断阀
7	1200-4	开停工及检维修	进出胺液过滤器 F-1201、F-1202、F-1203 切断阀	阀门内漏，在设备检维修、开停工操作该阀	富液泄漏，人员中毒	设置有贫液置换管线；有贫液置换操作规程	Ⅱ	建议大修时将阀门拆检、试压
8	1200-5	其他	再生塔	LV-107 故障调节失常	装置停产		Ⅱ	建议对 LV-107 进行 SIL 等级评估，满足检修周期的需要

序号	节点	偏差	讨论对象	原因	后果	现有安全措施	风险等级	行动建议
9	1300-2	其他	废气蒸汽引射器运行不稳定	再生系统压力波动大，影响再生效果，泵不上量	设置有分液罐现场压力指示		II	PG-030 建议增设压力集中指示
10	1400-2	错流	在线燃烧炉	燃烧炉火焰漫延或回火	导致燃料气管道内可燃气体着火燃烧爆炸	酸气和回阀，吹扫氮气	II	核实燃料气管道上设置阻火器
11	1400-5	其他	液硫捕集器出口过程气管线	未设置硫雾取样	影响回收装置收率计算的准确性		II	建议增设硫雾取样
12	1500-1	温度低	过程气	HV-157 采用保温	过程气温度低，形成液硫易出现卡堵	临时增设伴管伴热	II	建议阀门前后增设夹套伴热
13	1500-12	泄漏	溶液补充罐	胺液泄漏	硫化氢泄漏，人员中毒	罐设置有非净化空气吹扫；硫化氢集中指示及报警；液位集中指示及低限报警 LIA-11	II	建议低位阀设盲板或双阀
14	1600	其他	酸水汽提塔	塔顶安全放空管线平时无介质流动	碱结晶堵塞，造成紧急事故时不能有效放空		II	建议增设蒸汽吹扫管

二、含硫气田站场检测评价技术

1. 站场管道和压力容器检测技术相关标准和规范的现状

对站场承压设备进行检测评价时，通常需要考虑以下问题：（1）站场内承担不同功能的设备，应采用不同的检测评价方法。站场静设备（压力容器及工艺管线）宜采用 RBI 的评价方法、动设备（泵、压缩机及阀门等）宜采用 RCM 的评价方法、安全仪表系统（紧急关断装置等）宜采用 SIL 的评价方法；（2）结合站场管道和压力容器的风险状况、工艺特点、结构形式，确定不同的检测方法，以达到优化站场管道和压力容器检测评价工作的目的。

随着检测技术的发展，用于引导、支撑和约束检测技术应用而形成的标准及规范也在不断地更新。美国石油协会（API）颁布了 API RP 2611《终端管道检查运行中终端管道系统的检查》、API 510《压力容器检验规范：在用检验、定级、修理和改造》、API 570《管道检验规范：在用管道系统检验、修理、改造和再定级》、API581《基于风险的检验》等标准规范，明确了站场管道和压力容器的检验周期和检验要求，同时涵盖了管道系统和压力容器的检查协议、检验数据评定和检测方法选择等内容。

国内近年来也相继出台了与天然气站场管道检测相关的规范和标准，见表 7-3-4。

表 7-3-4　国内天然气站场管道无损检测技术部分现行标准和规范

类别划分	标准号	标准名称
国家标准	GB/T 26610	《承压设备系统基于风险的检验实施导则》系列标准
	GB/T 30582	《基于风险的埋地钢质管道外损伤检验与评价》
	GB/T 30579	《承压设备损伤模式识别》
	GB/T 32563	《无损检测 超声检测 相控阵超声检测方法》
行业标准	NB/T 47013	《承压设备无损检测》系列标准
	TSG 21—2016	《固定式压力容器安全技术监察规范》
	TSG D7005—2018	《压力管道定期检验规则－工业管道》
企业标准	Q/SY 05184—2019	《钢制管道超声导波检测技术规范》
	Q/SY GD 0009—2013	《油气站场工艺管道维护规范》
	Q/SY 05269—2019	《油气场站管道在线检测技术规范》

国内现行检测标准和规范更倾向于检测原理、检测方法和操作规程，缺少综合考量天然气站场类别、管道/容器特性，确定检测方法选择、检测位置和检测比例等方面的要求和指导。

2. 常规检测技术的原理及不足

1）腐蚀检测技术

（1）目视检查技术。

目视检查是观察、分析和评价被检件状态的一种无损检测方法，它仅指用人的眼睛或借助于某种目视辅助器材对被检件进行的检测。

（2）超声波壁厚测试技术。

通过测量超声波脉冲通过被检件的时间间隔，然后根据声脉冲在被检件中的传播速度，由公式 $d=ct/2$（式中 d 为被检件厚度，c 为声速，t 为时间）可得出被检件的厚度。

2）焊接缺陷检测技术

（1）射线检测技术。

射线能穿透肉眼无法看穿的物质使胶片感光，当 X 射线或 γ 射线照射胶片时，与普通光线一样，能使胶片乳剂层中的卤化银产生潜影，由于不同密度的物质对射线的吸收系数不同，照射到胶片各处的射线强度也就会产生差异，便可根据暗室处理后的底片各处黑度差来判别缺陷。

（2）超声检测技术。

超声波检测的基本方法是基于不同频率的超声波（频率≥20kHz），从材料返回的波形是不同的，当超声波进入材料后将在材料中产生机械振动，超声波在被检测材料中传播时，材料的声学特性和内部组织的变化对超声波的传播产生一定的影响，通过对超声波受影响程度和状况的研究，来了解材料性能和结构的变化。

（3）磁粉检测技术。

磁粉检测是铁磁性工件被磁化后，由于不连续性的存在，使工件表面和近表面的磁力线发生局部畸变而产生漏磁场，吸附施加在工件表面的磁粉，形成在合适光照下目视可见的磁痕，从而显示出不连续性的位置、形状和大小。

（4）渗透检测技术。

渗透检测是工件表面被施涂含有荧光染料或着色染料的渗透剂后，在毛细管作用下，经过一段时间，渗透液可以渗透进表面开口缺陷中；经去除工件表面多余的渗透液后，再在工件表面施涂显像剂，同样，在毛细管的作用下，显像剂将吸引缺陷中保留的渗透液，渗透液回渗到显像剂中，在一定的光源下（紫外线光或白光），缺陷处的渗透液痕迹被显现（黄绿色荧光或鲜艳红色），从而探测出缺陷的形貌及分布状态。

3）常规无损检测技术的不足

（1）常规超声检测对筒体与封头连接环焊缝存在检测盲区。

压力容器筒体与封头连接环焊缝常规检测的方法是射线检测、超声检测。

射线检测采用双壁单投影透照方式，根据 NB/T 47013.2《承压设备无损检测 第 2 部分：射线检测》5.6.1 小节的规定采用 300kV 时的最大透照厚度是 24mm（12mm/ 单壁），因而对壁厚大于 12mm 的站场压力容器就不适用。

根据 NB/T 47013.3《承压设备无损检测 第 3 部分：超声检测》6.3.2.3 小节规定超声检测 A 级检测，可用一种 K 值斜探头采用直射波法和一次反射波法在焊接接头的单面双侧进行检测，如受条件限制，也可选择双面单侧或单面双侧进行检测。

通过筒体与封头连接环焊缝（d=20mm）超声检测（探头 K[1] 值：1.5、2.0、2.5；平移距离：35mm、50mm、100mm）工艺仿真，证明不管探头 K 值和平移距离如何变化，常规超声检测技术对筒体与封头连接环焊缝检测存在检测盲区。

（2）超声波壁厚测试技术对人工腐蚀试件缺陷群的缺陷检出率小于 70%。

采用 MX-3 型测厚仪，DA235 型（f=5MHz，Φ6/Φ14）探头对 Φ4、Φ5、Φ6 和 Φ7 缺陷群进行检测，缺陷群的检出率 28%～66.7%，因而存在漏检的可能，检出率情况见表 7-3-5。

（3）非停机状态常规检测的检测范围。

非停机状态常规腐蚀缺陷的检测采用目视检查技术、超声波壁厚测试技术；内表面焊缝缺陷的检测主要采用射线检测技术、超声检测技术，在非停机状态下常规腐蚀缺陷和焊缝缺陷检测技术的适用范围见表 7-3-6。

---

[1] K 值是指折射角 β 的正切值。

表 7-3-5　缺陷检出率统计表

缺陷规格 /mm	Φ4	Φ5	Φ6	Φ7
缺陷数量 / 个	25	25	10	15
Φ6 探头可发现缺陷的数量 / 个	7	10	6	10
Φ14 探头可发现缺陷的数量 / 个	3	5	4	8
Φ6 探头检出率 /%	28	40	60	66.7
Φ14 探头检出率 /%	12	20	40	53.3

表 7-3-6　常规腐蚀缺陷和焊缝缺陷检测技术的适用范围

缺陷类型	检测技术	局限性	检测范围
腐蚀缺陷	目视检查	仅能对外部腐蚀缺陷进行检测	外部腐蚀
	超声波壁厚测试	点测厚；对腐蚀状态的测量结果高度依赖测厚点的分布位置；腐蚀分析较难（腐蚀、分层区分）	内部腐蚀（探头不能接触的部位，直径小于7mm的腐蚀区域）
焊缝缺陷	渗透检测	只能对外部开口缺陷进行检测；难以确定缺陷的实际深度，因而很难对缺陷做出定量评价；检出结果受操作者的影响也较大	外表面焊缝缺陷
	磁粉检测	只能对铁磁性材料制管道和容器外表面、近表面缺陷进行检测；对于表面浅的划伤、埋藏较深的孔洞难以发现	外表面、近表面焊缝缺陷
	超声检测	对表面缺陷的检测灵敏度比磁粉检测或渗透检测低；对筒体与封头连接环焊缝和T形焊缝检测进行超声检测有困难；并且缺陷的位置、取向和形状以及材质和晶粒度都对检测结果有一定影响；检测结果也无直接见证记录	焊缝内表面、埋藏缺陷（筒体与封头连接环焊缝和T形焊缝除外）
	射线检测	检测成本相对较高；射线对人体有害；检验速度较低且只能采用双壁单投影检测方法进行检测，最大检测厚度受限；面积型缺陷检出率较低	（$d \leqslant 12mm$）焊缝埋藏缺陷

3. 主要检测新技术

1）站场管道和容器主要检测新技术

随着检测技术的不断发展，适用于天然气站场管道和容器的检测技术日益多样化，为此对其中的主要检测技术进行了总结，从技术原理、技术特点和适用性方面进行了对比（鲍明昱等，2019），见表7-3-7。

表 7-3-7　适用于天然气站场管道的关键无损检测技术

检测技术	技术原理简述	技术特点	适用性
超声导波	利用低频导波的技术原理，将超声波探头沿着管道的环向均匀间隔排列固定后，可听频率以上的低频超声波从探头环向发射并沿着管道轴向传播，管壁在超声波传播过程中被激励，从而实现了对管道的全方位覆盖检测	长距离直管段的全覆盖检测；检测效率高	站场管道内壁腐蚀及轴向和周向裂纹等缺陷的快速检测；站场埋地工艺管道的长距离检测
外漏磁	利用被励磁管道表面漏磁通的溢出来识别缺陷的存在与否	具有较快的检测速度和较高的检测精度，无需对管体表面进行处理	直管段内壁和外壁上腐蚀缺陷的检测
交流电磁	基于电磁感应原理，当管体表面或近表面存在缺陷时，交变磁场发生扭曲，以电信号的形式展现出缺陷信息	非接触式检测技术，无需校正、标定和预打磨，操作简单、信号穿透力强、检测速度快、检测效率高、检出缺陷尺寸准确率高	站场金属管道和容器的表面或金属表面缺陷检测
超声 C扫描	利用高移动性便携式超声波探伤仪与具有记录、影响、数据处理功能的智能电脑相结合而形成的面扫描检测系统	管道壁厚的横截面全面详细扫描并实时成像，自动记录缺陷	站场管道和容器剩余壁厚检测
超声 B扫描	利用高移动性便携式超声波探伤仪与具有记录、影响、数据处理功能的智能电脑相结合而形成的线扫描检测系统	直观地显示出被检管道任意一个纵截面上缺陷的分布和深度，同时获得被检管道的剩余壁厚	站场管道和容器剩余壁厚检测
磁粉检测	利用磁化后的钢制管道缺陷区域的漏磁场与磁粉之间的相互作用来吸引磁粉在缺陷区域进行堆积而形成磁痕并直观显示出缺陷情况	简单便捷，显示直观	站场管道和容器表面或近表面区域裂纹缺陷的检测，环焊缝裂纹缺陷的检测
超声相控阵	利用多晶片阵列探头和功能强大的软件控制高频声束在材料中传播，并在屏幕上显示几何校正的材料内部结构回波图像以探查缺陷	操作简单，扫描方式多样，适应性强，检测速度快，检测效率高	适用于不同材质、直径和壁厚的管道和容器焊缝检测，同时能实现对焊缝内部缺陷的实时观察
DR 数字射线	通过探测器与计算机的有机结合实现电子扫描实时成像	动态范围宽、成像速度快、成像质量高、成像分辨率高、像素尺寸小	适用于密度差别较大、厚度差别较大的站内设备，适用于对管道环焊缝的检测

2）站场管道和容器关键检测技术的主要影响因素及判断技术分析

（1）相控阵检测。

①阵元间距的影响。阵元间距越大，主瓣宽度越窄，但是间距变大，会出现栅瓣，所以有一个极限值（0.1mm），小于这个值则不会出现栅瓣。

② 阵元宽度的影响。阵元宽度大，声压值高，检测灵敏度高；阵元宽度对栅瓣位置没有影响，且对主瓣宽度和旁瓣影响不大。旁瓣有所降低，但最大旁瓣高度基本不变。随着阵元宽度变大，主瓣高度降低，又因为最大旁瓣高度不变，相当于旁瓣级升高。所以，在满足其他要求不变的情况下，应尽量选择宽度小的阵元。

③ 阵元数量的影响。阵元晶片数 N 增多，旁瓣级减小。N 对旁瓣的抑制作用非常明显，当设计相控阵探头对旁瓣有严格要求时，应首先考虑增加阵元数。随着阵元数增多，主动孔径变大，也就是晶片尺寸变大，超声波能量大（也就是声压值高），检测灵敏度高；同时聚焦效果好。

④ 偏转角的影响。偏转角也就是扇形扫查中角度范围，偏转角影响主瓣和栅瓣。当线性相控阵探头偏转角在一定范围内时，探头可获得较好的指向性。随着偏转角的增大，主瓣变宽，声束能量降低，所以在进行扇形扫查时要做角度增益补偿。偏转角继续增大时，主瓣角宽度继续增大，而且会产生栅瓣。栅瓣的出现也与楔块的角度有关。

（2）高频导波检测技术。

① 频散性的影响。受到波导几何尺寸的影响，在波导中传播的超声波的速度依赖于导波频率，从而产生超声波的几何弥散，即导波的相速度随频率的不同而改变，称之为频散现象。频散性直接关系到超声检测信号、形状在传播过程中可否保存，以及接收信号的强度。

② 模态特性的影响。某一规格、材质的容器在特定频率范围的频散曲线，每一频率至少对应着两个以上的超声波模态并且随频率的增加模态数也跟着增加，在某一频率范围内，L（0，2）模式导群速度几乎不随频率的变化而变化，呈一条直线，表明它是非频散的或者说频散程度非常小。同时，L（0，2）模式导波速度曲线位于各曲线的最上部，说明它的速度是最快，因而最有利于腐蚀缺陷检测。

（3）TOFD 检测技术主要影响因素及判断技术分析。

① PCS 的影响。PCS 的设置直接关系试样检测中覆盖区的范围，PCS 设置不当，会造成不能完全覆盖检测区域，造成腐蚀缺陷的漏检。

② 探头位置的影响。探头位置的设定，关系反射体信号、发射信号和接收信号的强弱，声束轴线的偏转。

综上所述，站场关键检测新技术的主要影响因素及检测信号识别、判断技术影响情况见表 7-3-8。

表 7-3-8　站场关键检测技术的主要影响因素及检测信号识别与判断技术影响表

检测方法	主要影响因素	信号识别与判断
相控阵检测	阵元间距、阵元宽度、阵元数量、偏转角、耦合性、探头频率	波束合成
TOFD 检测	PCS（探头中心距）的设定、探头位置、探头频率的选择、耦合性	衍射信号的相位差
高频导波	频散性、多模态性、探头频率、探头位置	非轴对称包络线

4. 含硫气田站场检测评价技术流程

1）压力容器检测流程

压力容器非停机状态内部缺陷检测评价包括数据收集与整理、容器失效模式和部位的确定，然后根据失效模式（腐蚀失效、环境开裂）确定检测方法并进行检测、强度校核应力计算、综合评定，最后确定容器的安全状况。具体技术流程见图 7-3-1 压力容器非停机状态内部缺陷检测评价流程（胡勇等，2019）。

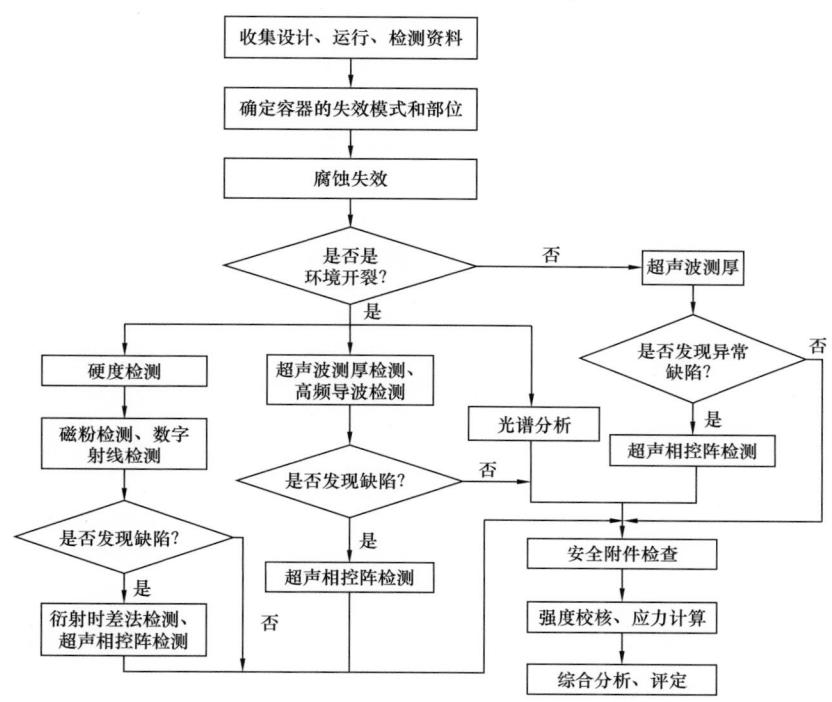

图 7-3-1　压力容器非停机状态内部缺陷检测评价流程

2）压力管道检测流程

根据天然气集输场站管道腐蚀原因并结合美国管道与危险材料安全管理委员会（PHMSA）出版的最终输配完整性管理方案规则（简称 DIMP），把天然气集输场站工艺管道重点检测部位进行归纳，见表 7-3-9，检测工艺流程图如图 7-3-2 所示。

表 7-3-9　工艺管道重点检测部位

腐蚀原因	主要部位	检测措施
内腐蚀	弯头、积液	多相流软件模拟、超声导波检测、超声 C 扫描
外腐蚀	防腐层破损、涂层老化损坏、埋地管道出入土段、酸性气体影响管段	埋地：土壤腐蚀性检测（土壤电阻率、管道自然电位、土壤腐蚀理化性能测试）、防腐层破损检测、超声导波检测、超声波测厚；架空：宏观检查、超声导波检测、超声波测厚检测
冲刷腐蚀	超过临界流速的管线弯头	多相流软件模拟或公式计算、测厚、超声 C 扫描

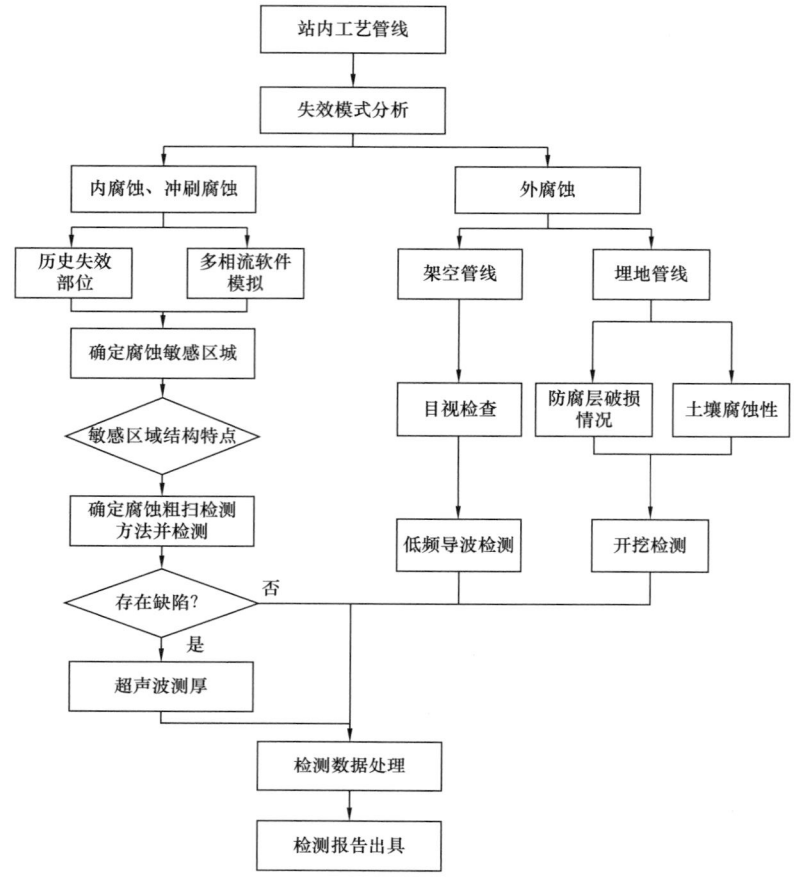

图 7-3-2 工艺管道重点部位检测流程图

5. 含硫气田站场检测评价技术应用

对川东某气矿 27 个含硫站场开展检测评价技术应用，典型缺陷图如图 7-3-3 所示，各类缺陷统计表见表 7-3-10。

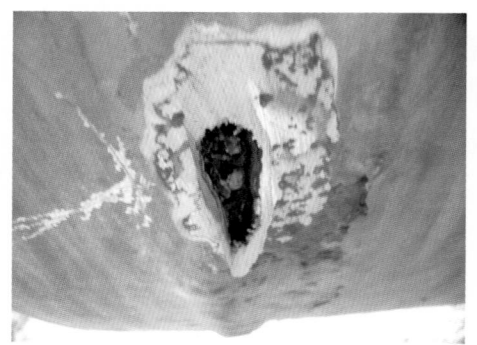 

图 7-3-3 川东某气矿含硫站场 D1 井汇管腐蚀穿孔

表 7-3-10　川东某气矿含硫站场缺陷统计表　　　　　　单位：处

总缺陷数	不同类型缺陷数			
	裂纹	埋藏缺陷	宏观缺陷	腐蚀
356	32	11	38	275

通过现场检测共计发现各类缺陷 356 处。

第四节　含硫气田管道完整性管理体系

一、管道完整性管理体系

20 世纪 50 年代，欧美等工业发达国家石油工业快速发展，油气长输管道在短时间快速建设，全球油气管道总里程大规模上升。70 年代，这些油气长输管道已进入老龄期，由于腐蚀等各种原因失效事故频发，一度造成了巨大的经济损失和人员伤亡，造成严重的社会影响，同时巨额的事故赔偿极大影响了各管道输送企业的赢利，也严重制约了上游油气的正常开采。为此，美国借鉴经济学和其他行业的风险分析技术，构建油气管道风险评估方法，以求在减少油气管道的事故发生率，尽可能延长管道的使用寿命与合理控制管道维护费之间找到平衡。2002 年 11 月美国国会通过了专门的 H.R.3609 号法案，要求管道运营商在高风险地区实施管道完整性管理计划，标志着管道完整性管理理论首次受到政府认可，此后世界各国管道公司纷纷开始采用完整性管理模式进行运行管理。

1.管道完整性管理概述

管道完整性（Pipeline Integrity）的定义（董绍华，2007）：管道在物理上是完整的；管道在功能上是完整的；管道始终处于安全受控状态；管理方不断采取措施预防事故发生。

管道完整性管理（Pipeline Intergrity Management，PIM）是横贯管道全生命周期的一项管理活动，与管道的设计、施工、运行、维护、检修与管理各个过程是密切相关的。管道完整性管理的定义为：管道管理方依据不断变化的管道内外部因素，对管道运营中的各种风险因素进行识别和技术评价，制订针对性的风险缓解措施，对识别到的不利影响因素及时改善，从而将管道运营的风险水平控制在合理的、可接受的范围内，针对可能使管道失效的主要威胁因素，通过监测、检测、检验等方式，获取相关的信息，据此对管道的适应性进行评估及维修维护，最终达到持续改进，减少和预防管道事故发生，经济合理地保证管道安全运行的目的。

管道完整性管理以 PDCA（Plan—Do—Check—Act）循环为基础，充分利用管道各项基础及过程数据、管道风险评价技术与管道检测技术，实现了对传统管道管理技术的重大革新。按照传统的管道管理理念，往往是在事故发生后，查找事故原因，总结经验教训，再进行相关整改。而受限于基于失效调查的风险识别不能全面、系统地识别管道面临的风险，相似的问题可能反复发生，导致一种"事故到事故"的被动管理模式。而管道完整性管理通过在全生命周期系统全面地识别管道风险，针对风险提前采取削减管控措施，预防事故的发生，最终实现管道安全、可靠、经济地运行。

2. 长输管道完整性管理体系

长输管道完整性管理的工作往往分为6步循环，按照循环的先后顺序分别为数据收集、高后果区识别、管道风险评价、管道完整性评价、维修与维护和效能评价6个步骤（王毅辉等，2013）。为了保证这6个环节能顺利实施，需要组织机构、标准规范、体系文件、支持技术和系统平台5个支持要素。组织机构为管道完整性管理提供人员与组织保障；标准规范指完整性管理相关的国家标准、行业标准和企业标准等，用于规范各环节的技术流程与要求；体系文件是管道企业内部的管理文件，用于明确部门职责与流程及工作记录等要求；支持技术为各个环节的顺利实施提供技术保障，同时体现管道完整性管理活动的专业性；系统平台管理管道完整性相关的海量数据，并可实现各环节的信息化。

3. 管道完整性管理相关要求

从管理目标上来讲，管道完整性管理应该遵循以下的主要原则：

（1）管道完整性管理应贯穿管道全生命周期，即从设计、采购、建设、投产、运行和停用等各阶段直至管道停用报废。

（2）应对管道的各种风险因素进行系统的识别和评价，并采取针对性的管控措施，将管道风险降低到合理可接受的范围内。

（3）应对管道完整性管理的效果进行评价，并找出薄弱环节，不断改进提高。

二、含硫气田集输气管道完整性管理体系

"十二五"期间，中国石油天然气股份有限公司建立了完备的长输管道完整性管理体系，在运用完整性管理体系对长输管道进行管理后，管道管理水平显著提高。随着天然气行业飞速发展，其复杂程度逐渐上升。一方面，新区块的快速增长，集输管道总里程逐年增加；另一方面，随着老区块产能递减，气田整体产水率上升，老管道面临腐蚀、疲劳等老化问题，管道失效风险日益上升，气田集输气管道完整性管理的需求已成为保障油气田企业安全生产的重要因素。

1. 含硫集输气管道与长输管道差异

相较于长输天然气管道，气田集输管道有以下几个特点：管网系统复杂，集输管网多呈枝状、放射状相结合；管线众多，单条长度短，这些特点对开展管道检测评价带来了较大的难度。

由于气田开发时间不同，气田集输管道管线建设水平各异，设计、制管、防腐、施

工及验收等建设标准差异大，各建设时期使用的管材、防腐措施、制管水平、施工水平、验收标准各不相同；同时绝大多数集输支线大都不具备内检测条件。

管输介质差异大，且随着气田逐步进入开采后期，伴生水含量逐步上升，部分干气管道转变为湿气管道，内腐蚀环境逐步恶化。

受自然灾害及第三方破坏影响严重，同时川渝地区丘陵众多、水系发达、地形起伏大、穿跨越多且易发生地质灾害。

管道沿线铺设条件差异大，外腐蚀环境复杂；同时管道周边人口密度大，特别是随着地方城镇化建设，在役管道沿线地区类别上升，管线安全运行的环境风险增大。

故在建立气田集输管道完整性管理体系时，应针对集输管道的上述特点，调整管理策略，优化技术体系。

由于管道完整性管理是一个与时俱进的连续过程。管道的失效模式是一种时间依赖的模式，腐蚀、老化、疲劳、自然灾害、机械损伤等都能够引起管道失效，必须持续不断地对管道进行风险分析、检测、完整性评价、维修及人员培训等完整性管理。其原则如下：

（1）合理可行原则。科学制订风险可接受准则，采取经济有效的风险减缓措施，将风险控制在可接受范围内。

（2）分类分级原则。对管道和站场实行管理分类，风险分级，针对不同类别的管道和站场采取差异化的策略。

（3）风险优先原则。针对评价后位于高后果、环境敏感等区域的高风险管道和站场，要及时采取相应的风险消减措施。

（4）区域管理原则。突出以区域为单元开展高后果区识别、风险评价和检测评价等工作。

2. 含硫气田集输管道管理体系

1）气田集输管道完整性管理工作流程

管道运行期完整性管理工作流程包括数据采集、高后果区识别和风险评价、检测评价、维修维护、效能评价5个环节。通过上述过程的循环，逐步提高完整性管理水平。

（1）数据采集：结合管道竣工资料和历史数据恢复，开展数据采集、整理和分析工作。运行期主要收集的数据包括：运行数据、输送介质数据、风险数据、失效管理数据、历史记录数据和检测数据等，对于不同级别管道有不同的数据收集要求。

（2）高后果区识别和风险评价：气田集输管道完整性管理将高后果区识别与风险评价同步进行，综合考虑周边安全、环境及生产影响等因素，进行高后果区识别，开展风险评价，明确管理重点。

（3）检测评价：通过实施管道检测或数据分析，评价管道状态，提出风险减缓方案。可采用的完整性评价方法包括内检测、外检测（直接评价）、压力试验以及其他经过验证和认可、能够确认管道完整性的方法，应根据管道面临的各种危害因素和检验实施的可行性，选择一种或几种检测评价方法。

（4）维修维护：依据风险减缓方案，采取有针对性的维修与维护措施，包括缺陷修复和日常维护两方面的工作。

（5）效能评价：通过效能评价，考察完整性管理工作的有效性。

2）管道分级管理

为加强完整性管理的针对性和可操作性，需根据管道重要程度对管道进行分级管理，不同等级管道在进行完整性管理时采用不同的完整性管理策略。分级管理原则由管道管理方自行确定，一般来说主要考虑以介质类型、压力等级和管径等决定管道重要性的参数。

以中国石油西南油气田公司制订的管道分级原则为例，按照介质类型、压力等级和管径等因素，将管道划分为Ⅰ类、Ⅱ类和Ⅲ类管道（表7-4-1）。

表7-4-1　气田集输管道分类原则

公称直径 DN/mm	采气、集气、注气管道分类			
	$p \geqslant 16MPa$	$9.9MPa \leqslant p < 16MPa$	$6.3MPa \leqslant p < 9.9MPa$	$p < 6.3MPa$
DN≥200	Ⅰ类	Ⅰ类	Ⅰ类	Ⅱ类
100≤DN<200	Ⅰ类	Ⅱ类	Ⅱ类	Ⅱ类
DN<100	Ⅰ类	Ⅱ类	Ⅱ类	Ⅲ类
公称直径 DN/mm	输气管道分类			
	$p \geqslant 6.3MPa$	$4.0MPa \leqslant p < 6.3MPa$	$2.5MPa \leqslant p < 4.0MPa$	$p < 2.5MPa$
DN≥400	Ⅰ类	Ⅰ类	Ⅰ类	Ⅱ类
200≤DN<400	Ⅰ类	Ⅱ类	Ⅱ类	Ⅱ类
DN<200	Ⅰ类	Ⅱ类	Ⅱ类	Ⅲ类

注：（1）p—运行期管道采用最近3年的最高运行压力，建设期管道采用设计压力。

（2）硫化氢含量不小于5%（体积分数）的原料气管道，直接划分为Ⅰ类管道；

（3）Ⅰ类和Ⅱ类管道长度小于3km的，类别下降一级；Ⅱ类和Ⅲ类管道长度大于等于20km的，类别上升一级；Ⅲ类管道中的高后果区管道，类别上升一级。

3）基于管道分级的差异化管理策略

为平衡管道管理水平与管理成本，在气田集输管道完整性管理时，应对不同类别管道采取不同的管理策略。管理策略应明确各类管道在高后果区识别与风险评价、检测评价、维修维护等各环节的技术要求。以下以中国石油西南油气田公司的分类管理策略为例介绍主要的管理策略划分：

由于Ⅰ类管道管径大、压力高，均为对生产有较重要作用的管道，其发生失效对生产的影响往往不可接受，故在风险评价、检测评价与维修维护方面的管理策略应更积极主动，单位里程投入应高于其他管道，此类管道管理模式基本与大型长输管道的管理要求一致，有最严苛的失效控制指标（表7-4-2）。

表 7-4-2　Ⅰ类管道完整性管理策略

项目			要求
高后果区识别和风险评价			高后果区识别每年一次。风险评价推荐半定量风险评价方法，每年一次，必要时可对高后果区、高风险级管道开展定量风险评价或地质灾害、第三方损坏等专项风险评价
检测评价	直接评价	智能内检测	具备智能内检测条件时优先采用智能内检测
		内腐蚀直接评价	有内腐蚀风险时开展直接评价
		外腐蚀直接评价｜铺设环境调查	开展管道标识、穿跨越、辅助设施、地区等级、建（构）筑物、地质灾害敏感点等调查
		土壤腐蚀性检测	当管道沿线土壤环境变化时，开展土壤电阻率检测
		杂散电流测试	开展杂散电流干扰源调查，测试交直流管地电位及其分布，推荐采用数据记录仪
		防腐层检测	采用交流电流衰减法和交流电位梯度法（ACAS+ACVG）组合技术开展检测
		阴极保护有效性检测	对采用强制电流保护的管道，开展通断电位测试，并对高后果区、高风险级管段推荐开展CIPS检测；对牺牲阳极保护的高后果区、高风险级管段，推荐开展极化探头法或试片法检测
		开挖直接检测	优先选择高后果区、高风险段开展开挖直接检测，推荐采取超声波测厚等方法检测管道壁厚，必要时可采用C扫描、超声导波等方法测试；推荐采取防腐层黏结力测试方法检测管道防腐层性能
	压力试验		无法开展智能内检测和直接评价的管道选择压力试验
	专项检测		必要时可开展河流穿越管段铺设状况检测、公路铁路穿越检测和跨越检测等
维修维护			开展管体和防腐层修复，应在检测评价后1年内完成。开展管道巡护、腐蚀控制、第三方管理和地质灾害预防等维护工作

　　Ⅱ类管道对生产有一定的重要性，但其重要性不及Ⅰ类管道，其发生失效对生产的影响往往是小范围区域性的，故在风险评价、检测评价与维修维护方面的管理策略较为均衡，其单位里程投入是在投入资金与管理水平中综合考虑的水平，此类管道管理水平略低于长输管道，其失效控制指标往往与企业综合管道失效率接近（表7-4-3）。

　　Ⅲ类管道往往是内部技术管道中重要性较低的管道，其主要功能可由其他管道临时代替，其失效对生产的影响较小，在此类管道上投入过高的管理成本从效能上来说是不合适的，此类管道管理投入较平均水平更低，故失效控制指标往往略高于企业平均失效率（表7-4-4）。

　　除常规的分级管理外，针对特殊风险的管道也因制订补充性的完整性管理策略（表7-4-5）。例如含硫气田管道在失效后果与腐蚀速率上与常规气田集输管道有较大差异，在高后果区识别、内腐蚀检测评与维修维护方面，均对管理策略进行相应的调整。

表 7–4–3　Ⅱ类管道完整性管理策略

项目				要求
高后果区识别和风险评价				高后果区识别每年一次。风险评价推荐半定量风险评价方法，每年一次
检测评价	直接评价	内腐蚀直接评价		具备内腐蚀直接评价条件时优先推荐内腐蚀直接评价
		外腐蚀直接评价	铺设环境调查	开展管道标识、穿跨越、辅助设施、地区等级、建（构）筑物、地质灾害敏感点等调查
			土壤腐蚀性检测	当管道沿线土壤环境变化时，开展土壤电阻率检测
			杂散电流测试	开展杂散电流干扰源调查，测试交直流管地电位及其分布，推荐采用数据记录仪
			防腐层检测	采用交流电流衰减法和交流电位梯度法（ACAS＋ACVG）组合技术开展检测
			阴极保护有效性检测	对采用强制电流保护的管道，开展通断电位测试，必要时对高后果区、高风险级管段可开展 CIPS 检测；对牺牲阳极保护的高后果区、高风险级管段，测试开路电位、通电电位和输出电流，必要时可开展极化探头法或试片法检测
			开挖直接检测	优先选择高后果区、高风险段开展开挖直接检测，推荐采取超声波测厚等方法检测管道壁厚，必要时可采用 C 扫描、超声导波等方法测试；推荐采取防腐层黏结力测试方法检测管道防腐层性能
		压力试验		无法开展内腐蚀直接评价时开展压力试验
维修维护				开展管体和防腐层修复，应在检测评价后 1 年内完成。开展管道巡护、腐蚀控制、第三方管理和地质灾害预防等维护工作

表 7–4–4　Ⅲ类管道完整性管理策略

项目				要求
高后果区识别和风险评价				高后果区识别每年一次。风险评价采用定性风险评价方法或半定量风险评价方法，每年一次
检测评价	腐蚀检测	内腐蚀检测		对管道沿线的腐蚀敏感点进行开挖抽查
		外腐蚀检测	土壤腐蚀性检测	测试管网所在区域土壤电阻率
			防腐层检测	对于高风险级管道，采用 ACAS＋ACVG 组合技术开展检测
			阴极保护参数测试	对采用强制电流保护的管道，开展通／断电位测试；对牺牲阳极保护的高后果区、高风险级管段，测试开路电位、通电电位和输出电流
			开挖直接检测	优先选择高后果区、高风险段开展开挖直接检测，推荐采取超声波测厚等方法检测管道壁厚；推荐采取防腐层黏结力测试方法检测管道防腐层性能
		压力试验		无法开展内、外腐蚀检测的管道可进行压力试验
维修维护				开展管体和防腐层修复，应在检测评价后 1 年内完成。开展管道巡护、腐蚀控制、第三方管理和地质灾害预防等维护工作

表 7-4-5 含硫气田管道建议补充策略

项目	建议补充策略
高后果区识别和风险评价	
高后果区识别	高含硫、较高含硫气田管道在进行高后果区识别时应同时使用高含硫管道高后果区识别方法与常规高后果区识别方法进行识别，两个方法识别出的高后果区进行合并作为识别结果； 其他酸性气田管道应采用常规高后果区识别方法进行识别
风险评价	集输干线、高后果区管段应进行定量风险评价； 酸性气田其他管道应采用半定量风险评价方法进行风险评价； 地质灾害风险突出的管段宜开展专项风险评价
检测评价	
智能内检测	具备智能内检测条件的酸性气田集输干线宜开展智能内检
内腐蚀直接评价	不具备智能内检测条件的较高含硫与高含硫管道应开展内腐蚀直接评价； 若内腐蚀监测数据表明其内腐蚀风险低，在进行论证后也可不进行； 高含硫湿气管道宜开展应力腐蚀开裂直接评价
外腐蚀直接评价	酸性气田管道应开展外腐蚀直接评价； 对于日常阴极保护测试中发现的存在交流、直流杂散电流的管道，应进行杂散电流测试； 在选取开挖直接检测点时应优先选择高后果区、高风险段； 推荐采取超声波测厚等方法检测管道壁厚，必要时可采用 C 扫描、超声导波等方法测试
压力试验	酸性气田管道不宜在运行期开展压力试验，仅在既无法开展智能内检测也无法直接评价的管道选择压力试验； 若必须进行压力试验，在完成压力试验后应进行清管，在排出污水量小于 5kg 时方可再次投运
专项检测	对于存在失效风险的穿跨越管道，必要时可开展河流穿管段铺设状况检测、公路铁路穿越检测和跨越检测等
维修维护	
缺陷维修	开展管体和防腐层修复，评价结果为立即修复的，应在检测评价后 1 年内完成
日常维护	酸性气田管道应开展管道巡护、腐蚀控制、第三方管理和地质灾害预防等维护工作； 酸性气田集输干线、高含硫管道宜安装泄漏监测系统与第三方破坏预警系统
日常巡护	高后果区管段与高风险管段，巡线员（信息员）巡护周期为一日两巡； 高含硫、较高含硫管道，巡线员（信息员）巡护周期为一日一巡； 其他酸性气田管道，巡线员（信息员）巡护周期为一日一巡； 管道保护工巡护周期为一周一巡； 巡护的具体要求参考 KT/GIM/ ZY-0601 中的要求执行； 建议采用数字化巡线系统进行巡护人员的管理，提高巡护效果与巡护问题的反馈率
腐蚀控制	非耐蚀材料的硫湿气管道应根据管道防腐设计中的要求添加缓蚀剂进行内腐蚀控制； 高含硫湿气管道宜进行内腐蚀监控
第三方管理	与常规管道相同
地质灾害预防	高含硫、较高含硫管道地质灾害敏感点宜设置地质灾害监控系统

第八章 特大型气田信息化建设

近几年，中国石油西南油气田在国家工业化与信息化融合战略部署指导下，紧密围绕公司业务发展目标，不断完善"业务主导、部门协调、技术支撑、上下联动"的信息化工作机制，全力推进数字油气田建设，实现了从集中建设向集成应用、从重点示范向全面实施、从单项应用到协同共享的跨越，为西南油气田在信息化条件下生产组织优化、安全生产受控和提质增效、稳健发展奠定了坚实的基础。

第一节 工业化与信息化深度融合技术体系设计

两化融合是信息化和工业化的高层次的深度结合，是指以信息化带动工业化、以工业化促进信息化，走新型工业化道路；两化融合的核心就是信息化支撑，追求可持续发展模式。

两化融合过程是企业获取与企业战略匹配的可持续竞争优势的过程，是企业通过工业化与信息化的融合获取能够增加其可持续竞争力的新型能力的过程。

一、两化融合管理体系策划

1. 两化融合基本情况

两化融合既是一项系统工程，也是一项创新性工作，目前仍然处于探索推进时期。信息化与工业化融合是长期的发展过程，从时间上看，西南油气田两化融合经历了探索起步、单项应用、集中建设和集成应用4个阶段（图8-1-1）。

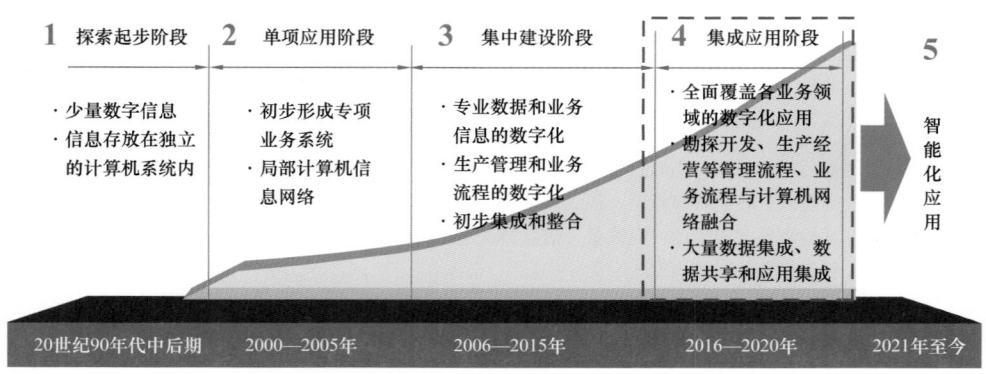

图8-1-1 西南油气田信息化建设阶段划分

2. 两化融合管理体系贯标

信息化与工业化的两化深度融合是激活高级生产要素、改造提升传统动能的有力抓手，是破解上述问题的必经之路。西南油气田以油公司改革发展目标为导入，围绕油公司业务归核化发展和组织架构扁平化的发展需求，针对业务部门的工作要点，分析信息化的支撑作用和业务主导的内涵，进行两化融合管理体系在西南油气田长效运行机制的研究，实现"业务主导"和"信息引领"的落地。

1）组织保障

西南油气田高度重视两化融合工作，成立了由最高管理者、管理者代表、信息管理部、规划计划处、财务处、劳动工资处、企管法规处、生产运行处、科技处的业务管理处室及通信与信息技术中心、勘探与生产数据中心、勘探开发研究院、油气矿等所属二级单位相关部门组成的两化融合组织体系（图 8-1-2）。

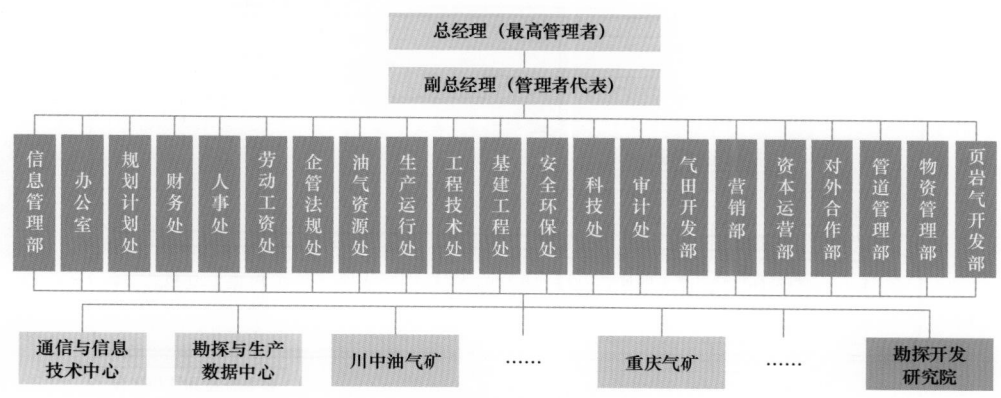

图 8-1-2 西南油气田两化融合组织体系

2）体系贯标内容与实施

西南油气田依据 GB/T 23001—2017《信息化和工业化融合管理体系 要求》，启动了两化融合管理体系贯标工作，确定了两化融合管理体系贯标实施方案和里程碑（图 8-1-3）。

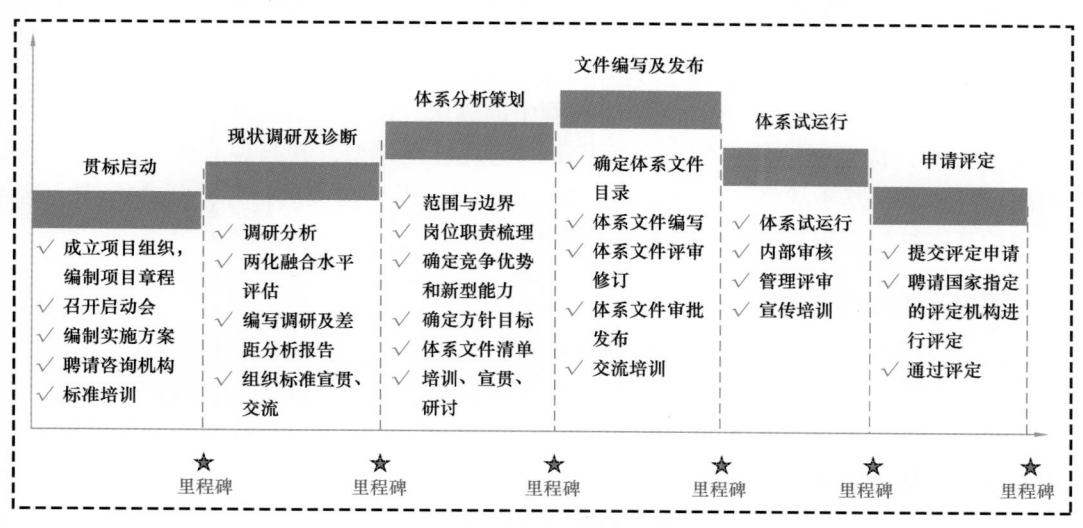

图 8-1-3 西南油气田两化融合贯标里程碑

西南油气田两化融合管理体系贯标的主要工作内容为：完善组织体系、优化新型能力、策划实施方案、修订体系文件、水平差异评估、开展体系内审、完成年度目标、完成管理评审、整改不符合项、通过外部审核，其管理体系贯标内容与流程如图8-1-4所示。

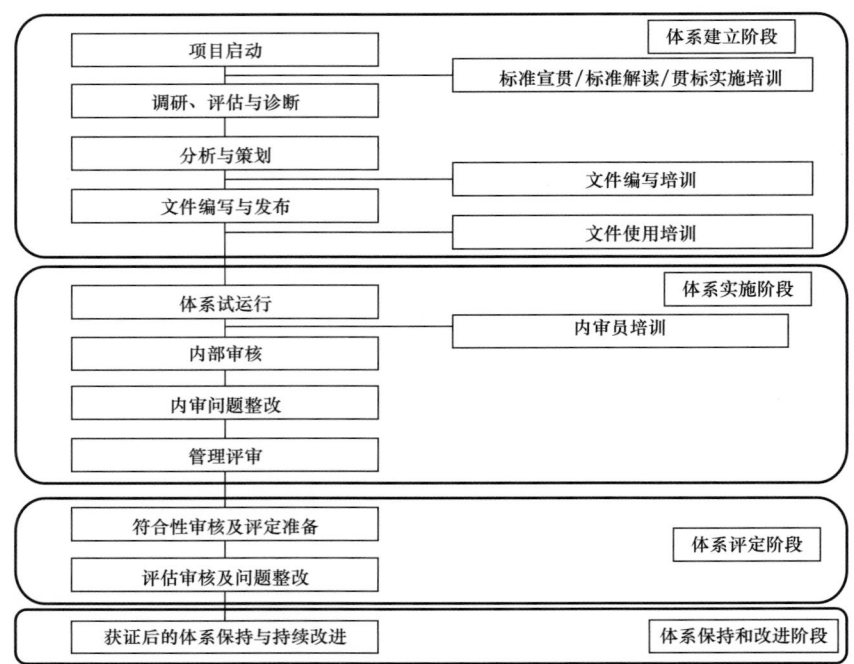

图 8-1-4　西南油气田两化融合管理体系贯标内容与流程

二、战略目标业务约束条件分析

1. 基于 SysML 的业务建模分析

为了系统性地分析公司的战略目标与业务指标，可运用系统建模语言（以下简称"SysML"）（Debbabi et al.，2010）标准模型中的需求、结构、行为和参数模型，开展战略和业务分析，构建能够体现公司系统特征的物理过程模型，并与现有业务流程进行关联对照，从而获得基于战略分解得出的业务约束条件，及其对应的指标。SysML中，这4种模型的基本结构和相互关系如图8-1-5所示。

2. 系统工程的战略目标分解

1）公司核心战略分析——需求模型构建

增储上产为公司首要战略目标，需要有优质、充足的油气资源，支撑老区的稳产和新区的建设。根据油气资源分布、增储上产、降本增效、质量安全环保为公司级核心战略约束条件，构建需求模型，如图8-1-6所示。

2）天然气业务分析——结构模型构建

天然气生产涉及部门众多、工程涉及专业技术复杂。在现有综合管理体系、相关标

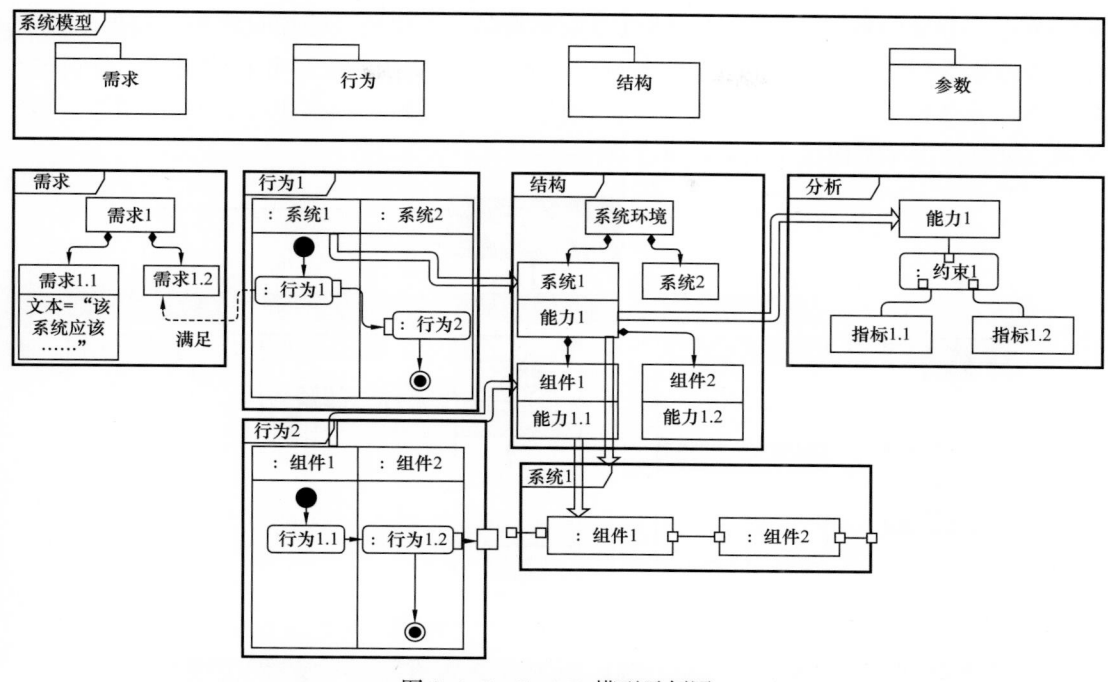

图 8-1-5 SysML 模型示例图

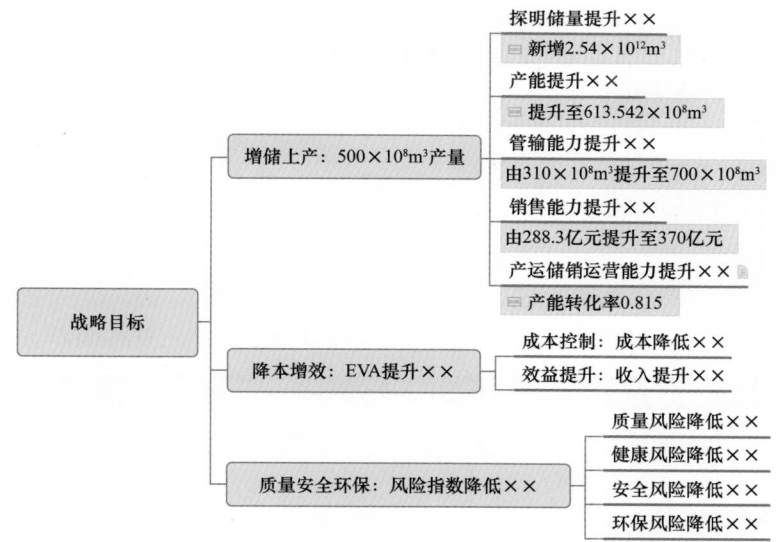

图 8-1-6 公司核心战略分析——需求模型构建

准规范中，通过对业务进行分解，可分为"生产经营""组织与资源""监督与改进"三个类别。在"生产经营"类业务中，现有管理体系又将其分为油气资源勘探、油气田开发建设、油气生产、油气运输和市场营销 5 个核心阶段。如图 8-1-7 所示。

3）天然气业务分析——行为模型构建

SysML 行为模型通过动作的一系列控制序列，描述输入到输出的转换，主要由活动、起始节点、分叉节点、结合节点、结束节点和判断节点组成。建模过程中，需要对现有综合管理体系和流程文件中的内容进行筛选与转化。依据流程文件和转化规则，分别对 5 个天然气业务核心阶段（油气资源勘探、油气田开发建设、油气生产、油气运输、市场营销）进行行为模型构建（图 8-1-8 至图 8-1-12）。

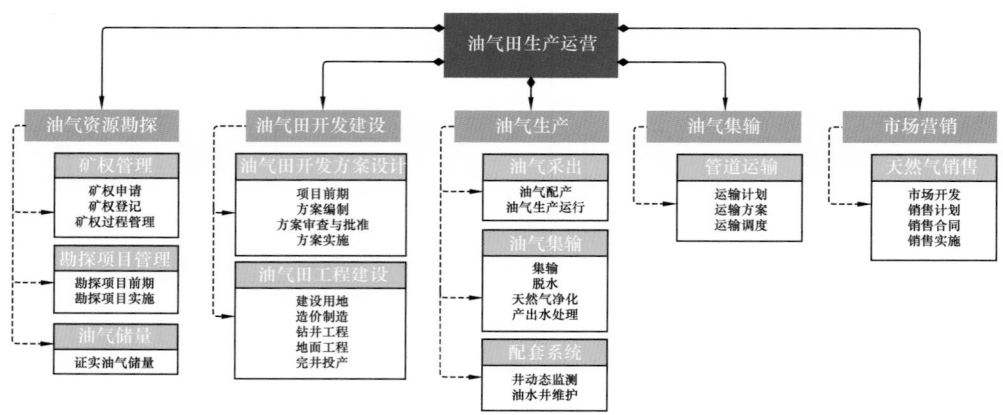

图 8-1-7 天然气业务分析——结构模型构建

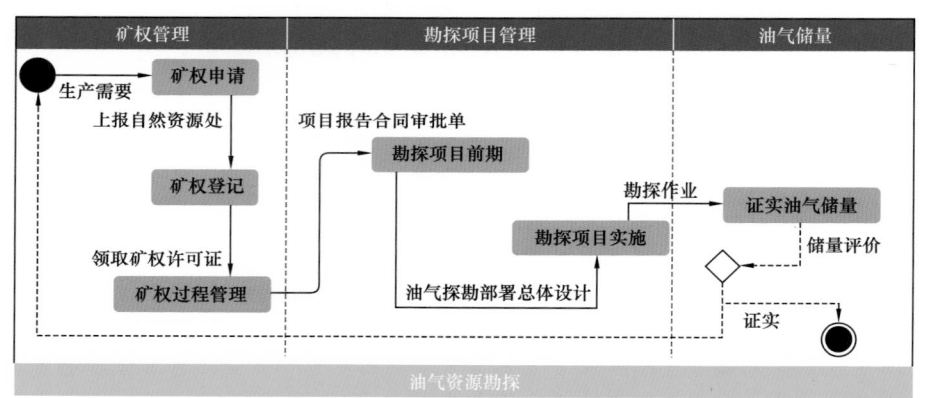

图 8-1-8 天然气业务分析——行为模型构建——油气资源勘探

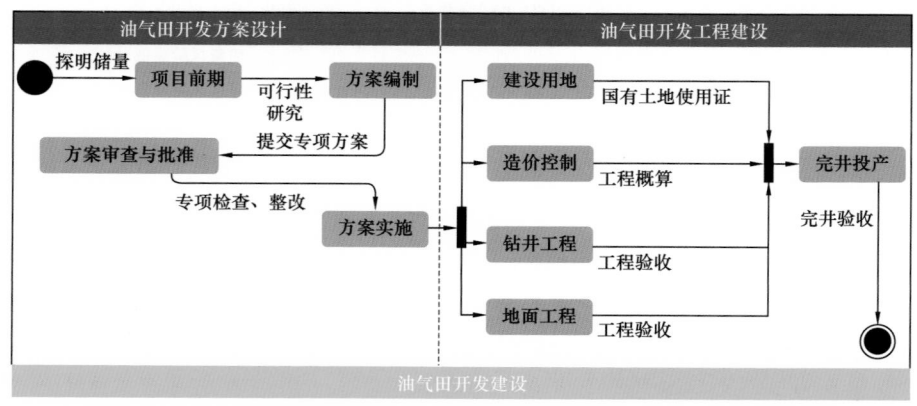

图 8-1-9 天然气业务分析——行为模型构建——油气田开发建设

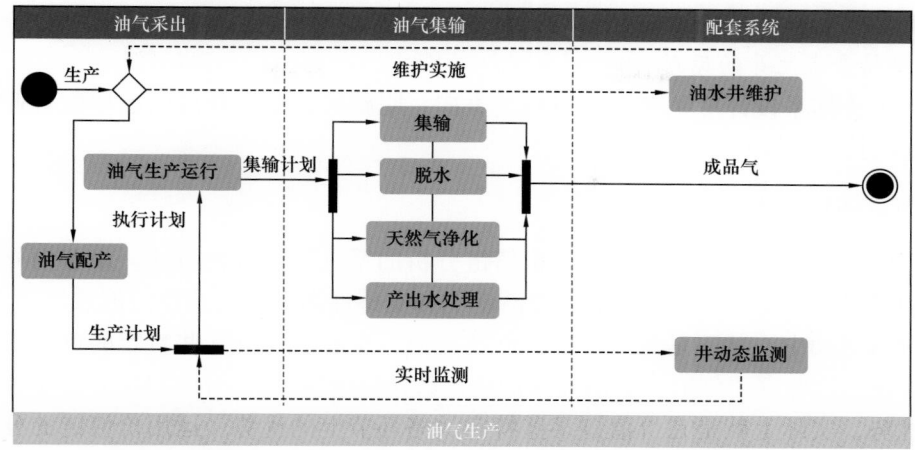

图 8-1-10　天然气业务分析——行为模型构建——油气生产

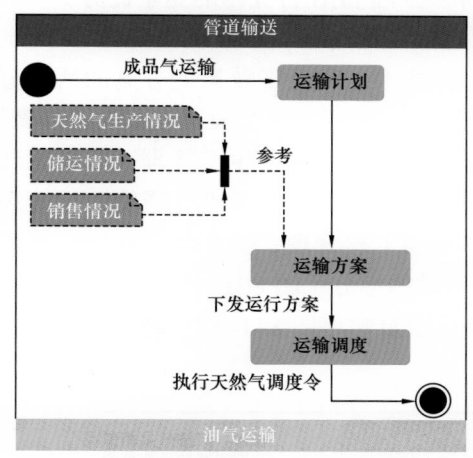

图 8-1-11　天然气业务分析——行为模型
构建——油气运输

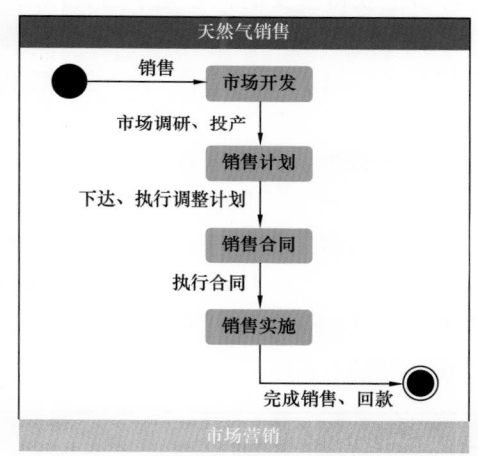

图 8-1-12　天然气业务分析——行为模型
构建——市场营销

三、新型能力设计方法

1. 设计原则

1）分层原则

能力评价指标体系采用层次化设计，分为 3 个层级：顶层指标针对公司最高管理者的核心关注点，主要是跨部门、一体化、复合性的综合评价指标；中层指标主要针对业务处室 / 二级单位的核心关注点，是衡量数字化新业态的业务指标；底层指标为具体业务 / 操作的相关流程节点控制指标，为中层指标的进一步分解细化，是业务数字化转型的核心支撑。

2）自顶向下与自底向上相结合的原则

能力评价指标体系自顶向下开展设计，始于顶层的价值链分析和系统分解分析，终于业务流程优化与控制节点指标分析，确保整体设计的系统性、全局性和衔接性。

3）坚持业务主导的原则

能力评价体系设计应坚持业务引领定方向、明路径，信息化部门密切配合业务部门进行必要的技术支撑和技术实现。

2. 顶层新型能力设计

新型能力体系顶层设计采用基于价值链分析的系统工程分析方法。企业内外价值增加的活动可以分为基本活动（价值创造活动）和支持性活动（支持价值创造活动）。企业参与的价值活动中，并不是每个环节都创造价值，实际上只有某些特定的价值活动才真正创造价值，这些真正创造价值的经营活动，就是价值链上的"战略环节"。企业要保持的竞争优势，实际上就是在价值链某些特定战略环节上的优势。运用价值链的分析方法来确定核心竞争力，就是要求企业密切关注组织的资源状态，特别关注和培养在价值链的关键环节上获得重要的核心竞争力，以形成和巩固企业在行业内的竞争优势。

1）价值链的确定

从基本价值链着手，结合系统建模结果，将技术上和经济效果上分离的活动分解出来，如勘探板块可分解为矿权管理、勘探规划管理、勘探计划管理、年度勘探部署管理、勘探前期项目管理、井位部署论证管理、物探生产管理、探井生产管理、储量管理，开发板块可分解为规划计划管理、开发前期评价管理、开发方案管理、产能建设管理、生产动态统计、气藏工程管理、采气工程管理、地面工程管理、生产动态统计、技术创新安全环保。上述勘探、开发业务板块价值创造活动的细分（图8-1-13），一是为新型能力体系的进一步结构化分析打下基础，二是为价值链重塑（图8-1-14）寻找技术、经济效果相似或有很强关联性的业务环节创造条件。

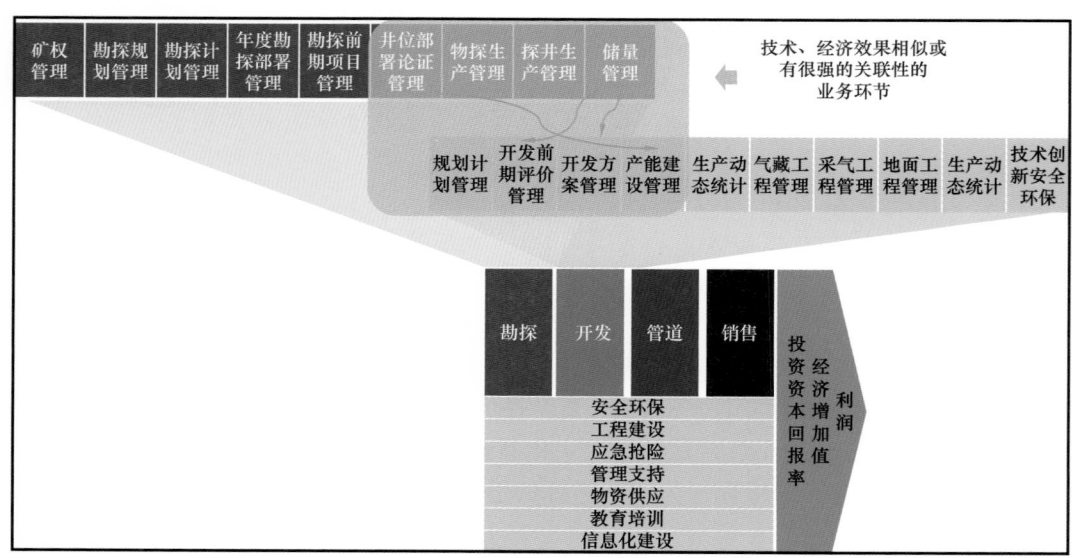

图 8-1-13 勘探开发业务板块（价值创造活动）细分

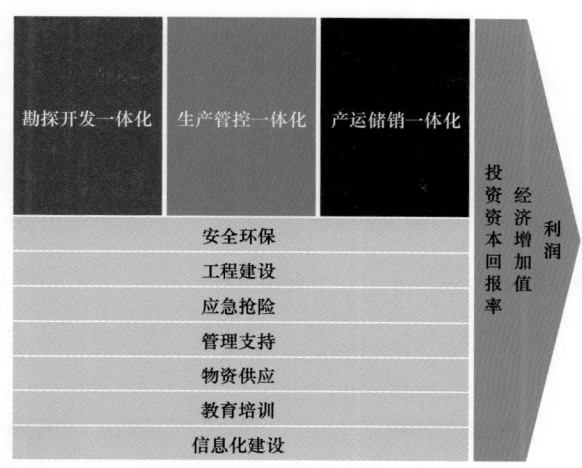

图 8-1-14　价值链重塑

2）识别公司顶层新型能力

通过对公司内外部的价值链分析，利用价值链管理获取更多价值，维持并不断获取基于价值链的长期战略竞争优势。竞争优势需求识别不是识别企业已具备的竞争优势，而是识别实现企业战略所需要具备的竞争优势。在战略目标集转化法基础上，设计竞争优势需求识别模型，该模型由战略层、目标层、竞争优势层和优势整合层组成（图 8-1-15）。

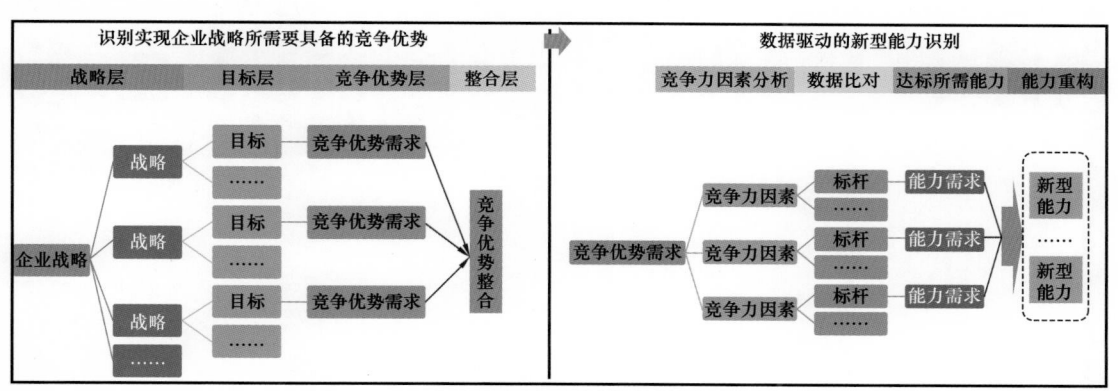

图 8-1-15　竞争优势→新型能力识别

企业可持续竞争优势由竞争力因素决定，从生产力和生产关系角度划分，企业竞争力因素包括生产要素、供应链、管理和环境 4 类。通过竞争力因素与行业标杆的对比分析，进行能力需求识别并整合识别的能力，从而获得企业所应具备的新型能力（图 8-1-16）。

3. 部门新型能力识别和打造

部门新型能力识别和打造是通过新型能力结构化分析矩阵来完成（图 8-1-17）。该方法借鉴了智能制造成熟度评估模型，应用新型能力结构化分析矩阵，对该业务类别的新型能力进行识别和确定。

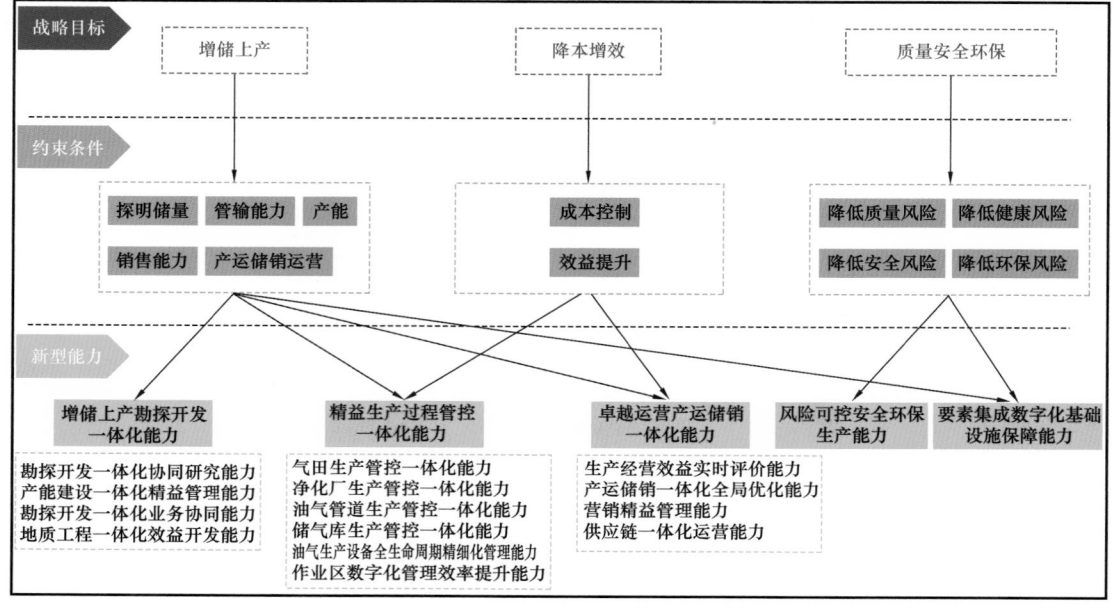

图8-1-16　公司顶层新型能力

维	业务维					目标	评估	管理维													智能维					新型能力	变革点
类	业务类别					业务目标	现状评估与差距分析	全面质量管理要素							组织管理			生产操作			网络	平台	信息融合			业务维+管理维+智能维	业务转型 技术转型 组织转型
域	业务域1	业务域2	业务域3	……	业务域n			战略与组织	人	机	料	法	环	测	自动化生产	数字化办公	智能化管理	岗位标准化	属地规范化	管理数字化	互联互通	系统集成	数据融合	数据应用	数据安全		
新型能力识别	√		√				规划级		√	√	√	√	√	√							√	√	√	√	√	新型能力1	
		√			√		规范级	√	√								√		√	√						新型能力2	
	√		√				集成级				√										√	√	√		√	新型能力3	
	⋮	⋮	⋮				优化级																				
		√					引领级																			新型能力n	

图8-1-17　新型能力结构化分析矩阵

　　从流程角度来看，企业是由若干相互作用、相互关联的业务流程组成的。业务流程是支持企业新型能力实现的重要载体，即每一种新型能力都由一系列业务流程共同作用来实现。因此，识别这些业务流程是打造新型能力的前提。将新型能力指标分解至与之关联的底层流程节点控制指标，从而确保需打造的中层业务新型能力能够被底层的具体业务所支撑。

　　指标关联分析是一项重要的分析方法，它从大量数据模式中发现有价值的信息，通常采用逻辑规则建立模式之间的联系。数据、技术、业务流程和组织结构是两化融合的四要素，需要通过四要素的实施打造企业新型能力，而数据、技术和组织结构的改变影响业务流程及其节点控制指标。因此，业务流程性能决定企业所具备的能力。关键指标及目标值（NCO）描述企业新型能力（NCI），绩效指标测量值（MV）及绩效指标（KPI）衡量业务流程性能优劣。分析 NCI 和 KPI 的映射关系，建立新型能力与业务流程之间的关联，这种分析方法称为指标关联分析法（图 8-1-18）。

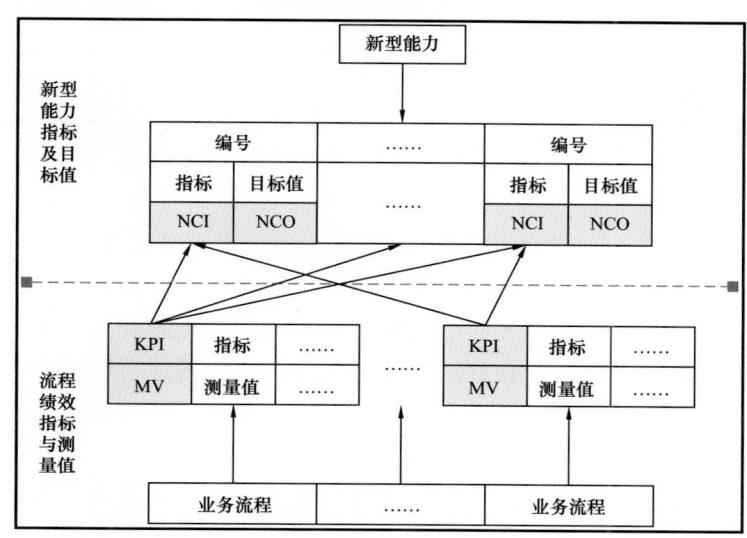

图 8-1-18　指标关联分析方法

四、新型能力策划与打造

1. 新型能力策划

按照 GB/T 23001—2017《信息化和工业化融合管理体系 要求》和 GB/T 23002—2017《信息化和工业化融合管理体系、实施指南》中明确的相关职责、流程和方法，打造的评价指标体系，可对新型能力进行有针对性地、系统性地识别和设计。

西南油气田两化深度融合建设需打造的新型能力有：增储上产勘探开发一体化能力、精益生产过程管控一体化能力、卓越运营产运储销一体化能力、风险可控安环保障一体化能力、要素集成数字化基础设施保障能力 5 个一级新型能力；勘探开发一体化协同研究能力、产能建设一体化高效协同能力、地质工程一体化效益开发能力等 14 个二级新型能力（图 8-1-19）。

增储上产勘探开发一体化能力指标集与勘探开发业务对应，以油气资源的发现和开采为核心关注点。从分解的限制条件可以看出，为了实现最终的战略目标，需要能够缩短勘探开发周期，最大化开发产量和最终采收率，实现可采储量和产量同步增长，勘探开采效益最大化。相关指标之间的相互关联体现出勘探开发各个环节既有平行作业，又会交叉进行，相互衔接，密不可分。为了保证稳步实现目标，需要各个业务环节共享信息，协同作业，由此提出打造增储上产勘探开发一体化能力。

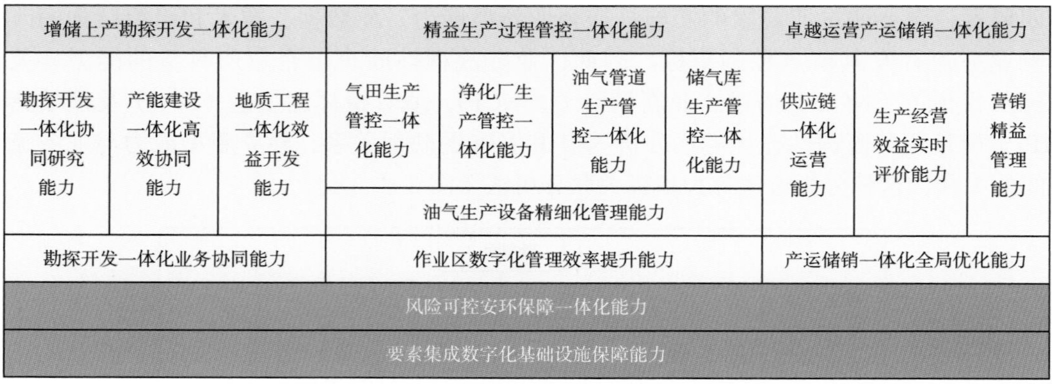

图8-1-19 新型能力体系架构图

精益生产过程管控一体化能力指标集与开发和管道业务板块相对应，以生产过程和风险预警为建模核心。战略目标的分解要求对生产进行有效管控，能够在无人值守条件下，对设备失效、管道破裂、天然气泄漏失火等极端工况的安全风险进行评估。通过对该指标集合的分析，可以看出在底层强化油气生产和设备运行数据实时监测、综合预警和联锁控制是实现精益生产管控的有效途径，由此提出打造精益生产过程管控一体化能力。

卓越运营产运储销一体化能力指标集主要对应了管道和销售业务，同时涉及勘探和开发业务板块。分解后的战略目标对运营效益、资本的收益率等限制条件提出了相应的要求。基于分析对应的评价指标，得出相应策略：建设和产能相对应的管网系统确保保供优势，推进新的营销模式，及时应对市场变化和供应链一体化运营。由此提出打造卓越运营产运储销一体化能力。

风险可控安环保障一体化能力指标集对应所有业务板块中的安全环保指标，主要是对风险管控能力进行量化管理，包括安全管理、健康管理、环保管理、节能管理、质量和计量标准化管理、体系管理。为了保障质量安全环保战略目标的顺利实施，需要实现"零缺陷、零伤害、零污染、零事故、低消耗"。因此需要通过安全项为核心的数据集成，全面提升 QHSE 感知——通过安全生产预测，实时、准确地反映公司安全生产的状态，暴露企业安全管理的薄弱环节，并对安全生产未来发展趋势进行预测。由此提出风险可控安环保障一体化能力。

要素集成数字化基础设施保障能力指标集是对公司智能化数字化程度的体现。对来自勘探、开发、管道、销售板块的数据建设、管理、开发和有效利用，能够实现上游、中游、下游业务信息集成共享，提高各环节工作效率和促进各环节之间的协同。为提升新一代信息技术对战略目标的实现提供底层支撑的保障能力，拟打造要素集成数字化基建保障能力。

2. 公司级新型能力设计

1）增储上产勘探开发一体化能力

增储上产勘探开发一体化，就是坚持以经济可采储量和经济采收率最大化为中心，多学科、多专业联合攻关和增储上产同时进行，实现储量、产量和最终经济目标的统一，勘探开发的决策管理、生产组织、技术支撑、生产操作工作流相互渗透、协调和配合，形成有机整体，统一实施综合研究、工作部署和资料录取，使地下与地上、速度与效益、动态与静态、近期与长远相结合，整体部署、分批实施、及时调整、迭代推进，实现油气勘探工作向后延伸、油气开发工作提前介入，加强勘探开发一体化联动，缩短勘探开发周期，提高油气田开发整体经济效益，如图 8-1-20 所示。

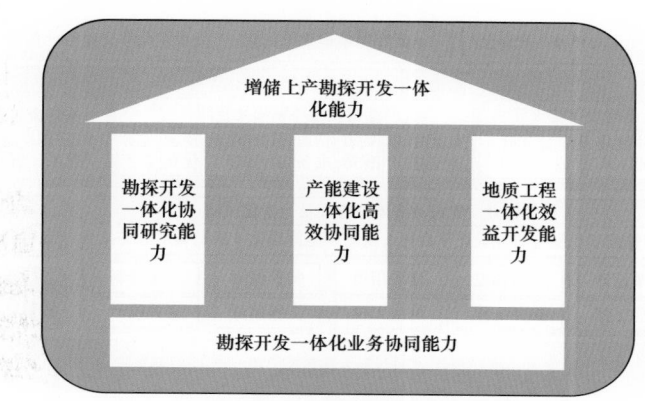

图 8-1-20　增储上产勘探开发一体化能力体系

（1）勘探开发一体化协同研究能力。

通过综合利用数据、软件和信息通信技术，将一些跨多部门、分散的多学科多专业组合成一个更加完整或协调的整体；利用流程化的管理思路，按照实际的勘探开发研究业务的任务分布情况，将信息技术、人员和业务流程融为一体；整合数据资源，集成专业软件和研究成果，建立"云环境"下的网络化、跨平台、多专业的一体化研究环境，全面实现研究协同和成果共享。最终有效提升工作质量和效率、降低研发成本。如图 8-1-21 所示为勘探开发一体化协同研究能力框架。

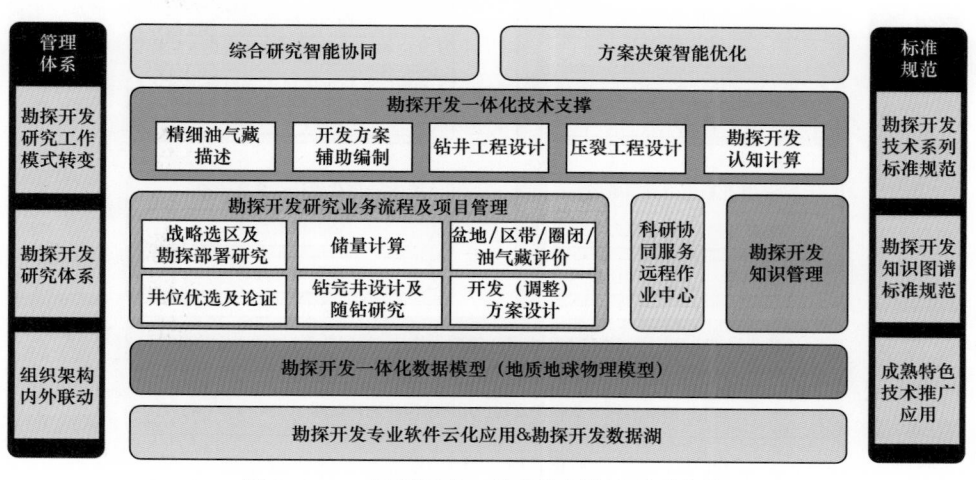

图 8-1-21　勘探开发一体化协同研究能力框架

（2）产能建设一体化高效协同能力。

产能建设一体化高效协同能力主要包含 3 方面：产能建设一体化协同、项目制全生命周期一体化管理和效益建产模式。公司需要依托现行开发管理体系，融入投入产出指标，把开发单元的技术经济指标转化为产能建设的控制目标，既需要做到精打细算以效定投，又同时做到统筹优化整体提效，拟打造的新型能力通过思想、资源、技术、政策机制方面的保障，实现新区达标建产、老区效益生产，如图 8-1-22 所示。

图 8-1-22　产能建设一体化高效协同能力框架

（3）地质工程一体化效益开发能力。

以地质手段细致剖析气藏储层特征，选用适应性的技术及参数完成工程设计，配合一体化的高效管理和工程实施来完成气田建产开发；根据钻完井和压裂排采效果开展综合评价及后评估，完善参数优化地质工程模型，形成动态环路，持续不断提高钻井成功率，如图 8-1-23 所示。

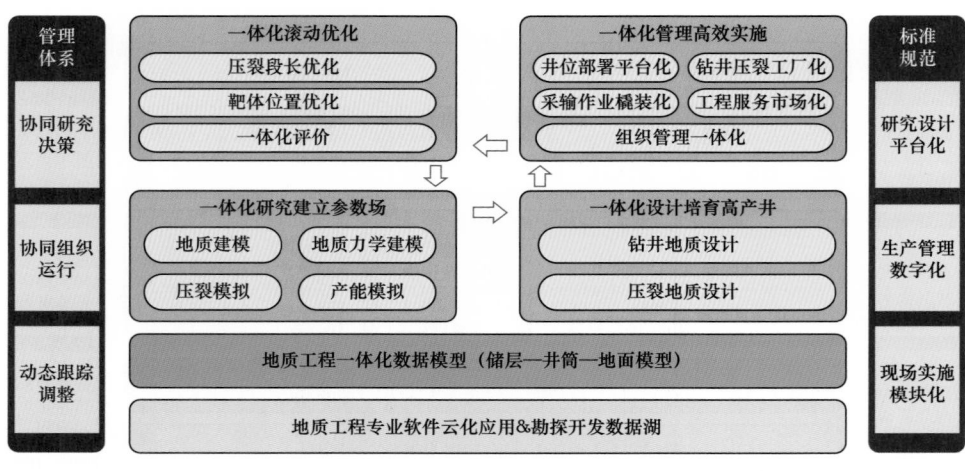

图 8-1-23　地质工程一体化效益开发能力框架

（4）勘探开发一体化业务协同能力。

以平台化应用和流程化管控为支撑，基于统一业务管理技术基础平台，建立集矿权储量、勘探规划部署、井位部署、开发方案、产能建设、油气生产等业务于一体的勘探开发一体化业务协同平台，推进数据应用由被动简单应用模式向主动定制服务模式的实质转变。逐步实现常规业务流到智能工作流的升级，为创建"跨学科、跨部门、跨地域、全线上"一体化业务协同工作新模式提供有力支撑，如图8-1-24所示。

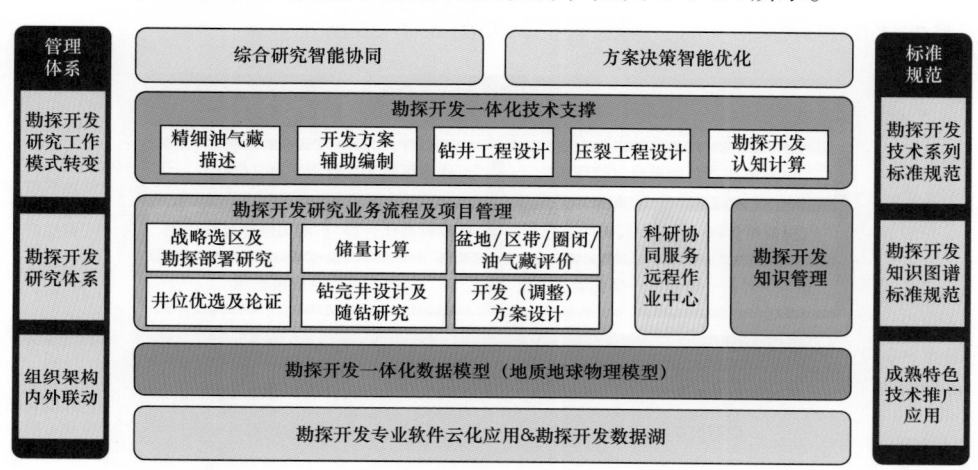

图 8-1-24　勘探开发一体化业务协同能力框架

2）精益生产过程管控一体化能力

精益生产过程管控一体化能力，面向油气生产的全过程，基于物联网技术、自动化技术、数据集成技术、大数据技术实现油气生产全过程多单元远程监控、多业务协同、气藏—井筒—地面完整性评价与预警、生产过程预警等功能的一体化管控。精益生产过程管控一体化下属子能力包括：气田生产管控一体化能力、净化厂一体化管控能力、储气库一体化管控能力、油气管道生产管控一体化能力、油气生产设备精细化管理能力、作业区数字化管理效率提升能力，如图8-1-25所示。

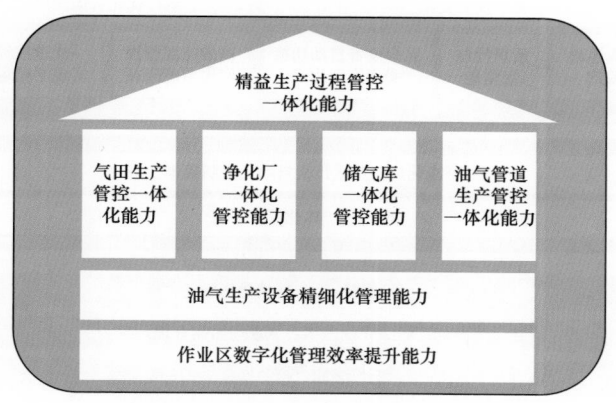

图 8-1-25　精益生产过程管控一体化能力体系

（1）气田生产管控一体化能力。

面向气田生产全过程，利用物联网技术、自动化技术、数据集成技术、大数据技术，在生产过程控制、生产管理和开发业务协同和生产经营一体化方面，增强生产管控能力。建成高质量的生产过程监控系统，基于物联网技术，以油气藏、井和地面管网为核心对象，获取实时生产数据，通过实时分析、实时拟合、实时预测技术，实现从生产监控、诊断、分析、优化、决策的全过程流程化处理，实现油气生产多单元远程监控、过程预警、完整性评价的分级、实时、动态管控，如图8-1-26所示。

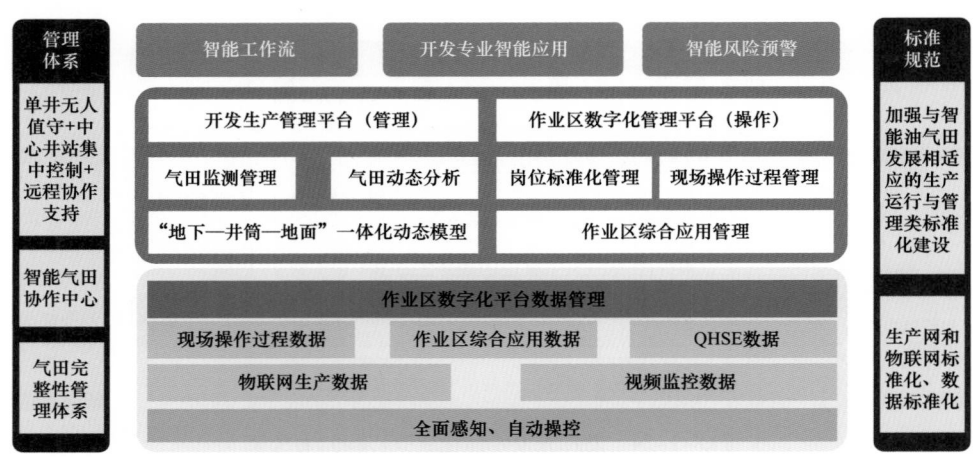

图 8-1-26　气田生产管控一体化能力框架

（2）净化厂生产管控一体化能力。

采用信息化手段加强风险持续受控管理，构建基于"风险管理"的安全预防机制体系，采用先进控制技术，以工艺过程分析和数学模型计算为核心，以工厂控制网络和管理网络为信息载体，使生产过程控制由原来的常规PID控制过渡到多变量模型预测控制，强化预警预测，打造人、机、物、系统高效协同的智能化应用，如图8-1-27所示。

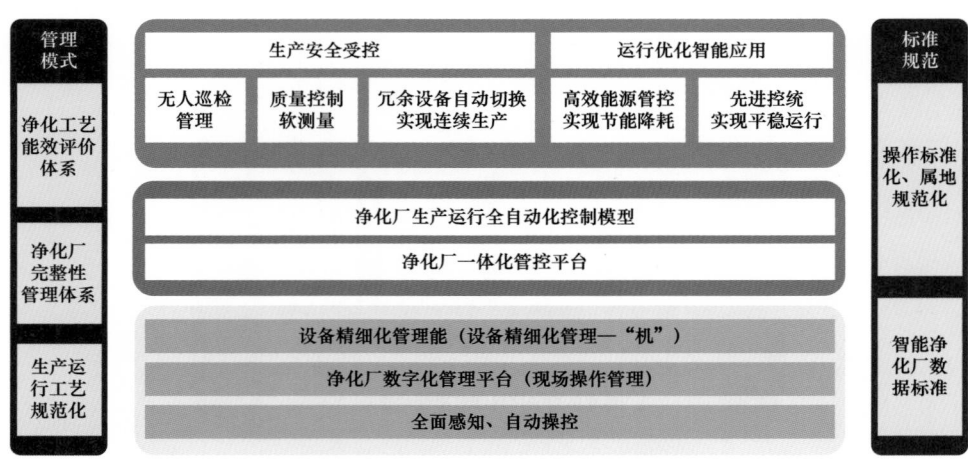

图 8-1-27　净化厂生产管控一体化能力框架

（3）油气管道生产管控一体化能力。

遵循"全数字化移交、全智能化运营、全生命周期管理"目标，围绕"全方位感知、综合性预判、一体化管控、自适应优化"的要求，打造覆盖产能建设与生产运行的管道全生命周期完整性管理，以信息化、数字化技术手段，以关键业务智能化为突破口，全面感知管网内部与外部动态，预测管网变化趋势，辅助优化决策，最大限度降低安全管控风险，提升应急响应和处理时效，持续提升管道系统的智能化管理能力，构建运行高效、安全可靠的一体化管网，实现降本增效，如图 8-1-28 所示。

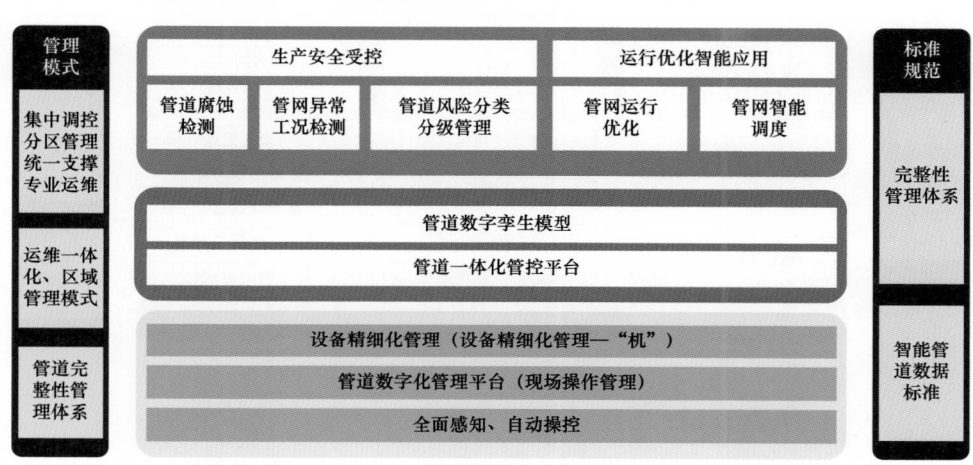

图 8-1-28　油气管道生产管控一体化能力框架

（4）储气库生产管控一体化能力。

通过建立监测井网、微地震等地质体全方位动态监测系统，构建储气库从设计、建设、运行到废弃全生命周期完整性管理体系和技术标准。实现从气藏、井筒研究到地面管网流动保障在线实时监测；实现生产运行、生产分析到油藏研究一体化协同决策，实现科学高效管控，如图 8-1-29 所示。

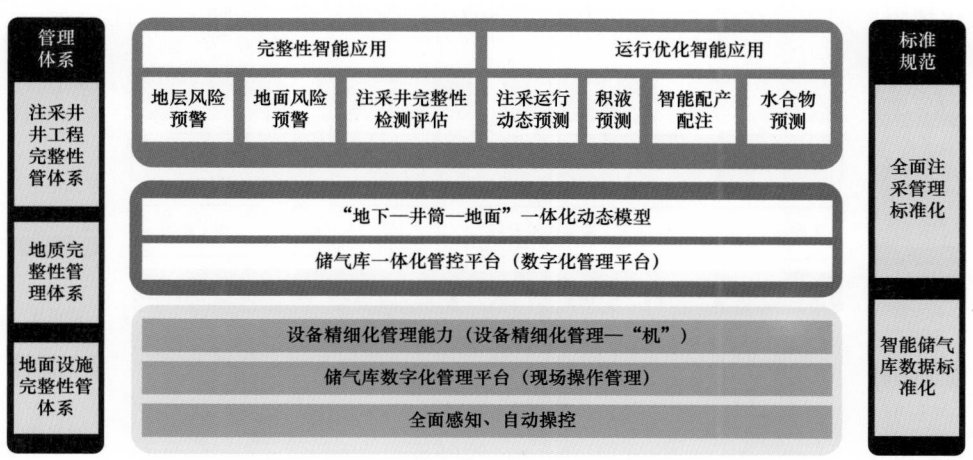

图 8-1-29　储气库生产管控一体化能力框架

（5）油气生产设备精细化管理能力。

基于生产设备的全生命周期精细化管理，利用设备的静态、动态属性建立与设备相关的业务流程，实现设备业务流程信息化管理。以设备管理类型全覆盖、台账信息精细化、前期信息可追溯、状态信息可管控、保养过程标准化、故障情况可分析、运行情况可监控、管理情况实时可视为目标，实现设备运行参数自动采集、关键设备远程自动控制、安防设施全面覆盖，设备动静态信息达到标准化管理水平，促进设备科学健康管理，确保设备在公司勘探开发生产运行过程中的效能最大化，如图8-1-30所示。

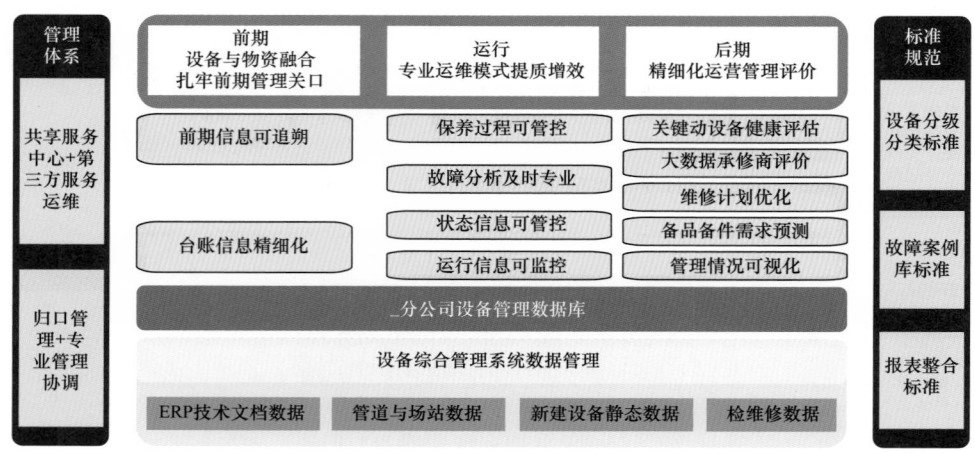

图8-1-30　油气生产设备精细化管理能力框架

（6）作业区数字化管理效率提升能力。

借助物联网、移动应用、大数据技术手段，推动以"岗位标准化、属地规范化、管理数字化"为目标的作业区数字化管理，实现作业区生产关键业务流程的简化、优化和信息化，优化作业区生产组织模式，全面提升作业区生产管理效率。实现生产组织模式由"有人值守"向"单井无人值守+调控中心集中控制"转变，实现生产由传统线下"表单化填报"向实时在线"数字化办公"高效运行管理转型，如图8-1-31所示。

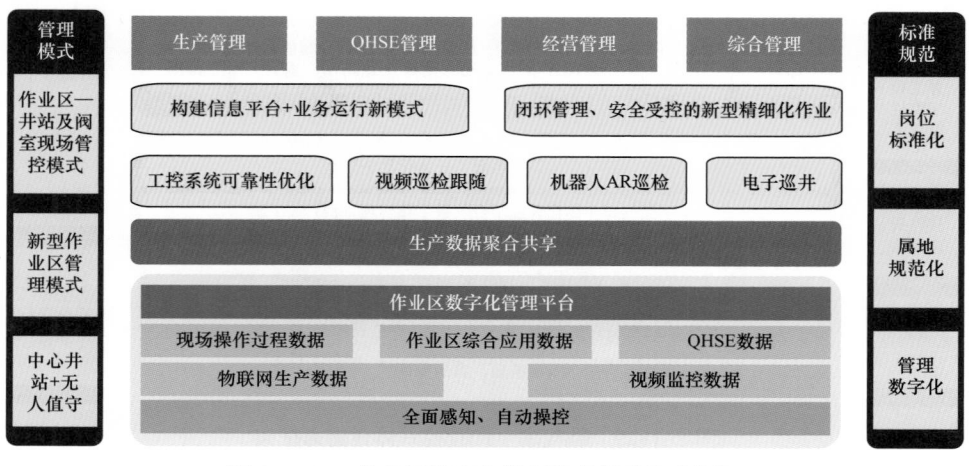

图8-1-31　作业区数字化管理效率提升能力框架

3）卓越运营产运储销一体化能力

以天然气勘探、开发、输送、储存、销售、利用等产运储销主要环节为对象进行多环节间要素组合协调，实现产运储销全过程流程优化、全要素压降成本、全链条创效增收，实现公司整体价值最大化和功能最优化。卓越运营产运储销一体化能力下属子能力包括：供应链一体化运营能力，营销精益管理能力，生产经营效益实时评价能力，产运储销一体化全局优化能力，如图8-1-32所示。

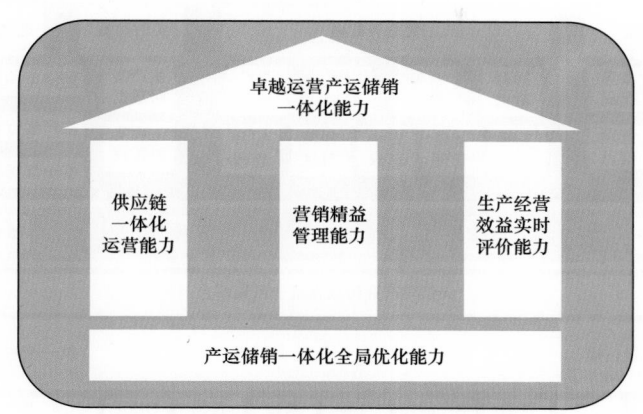

图8-1-32 卓越运营产运储销一体化能力体系

4）风险可控安全环保生产能力

通过组织层面协同能力的强化、管理层面流程的优化、业务层面数据的标准化和终端感知设备的智能化，建立全过程流程闭环管理和全程标准化的管理体系，建立QHSE管理的数据中台和风控大数据"云监管"的构建；加强智能终端改造，提升QHSE全面感知水平，如图8-1-33所示。

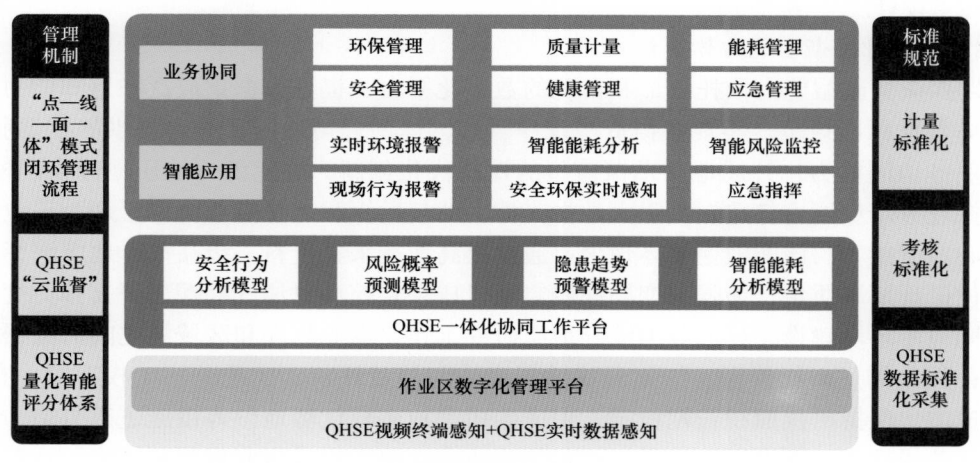

图8-1-33 风险可控安全环保生产能力体系

5）要素集成数字化基础设施保障能力

基于工业传感器、物联网、光纤、5G等数据采集传输技术，实现生产过程的及时感知和监控，以集成共享为目标，通过统一数据湖、统一云平台支撑，推动上游业务全面进入"厚平台、薄应用"。打造数据全生命周期管理能力，包括开发、执行和监督有关数据的计划、政策、方案、项目、流程、方法和程序，从而控制、保护、交付和提高数据资产的价值，为顶层各项业务的数据应用夯实数据基础，如图 8-1-34 所示。

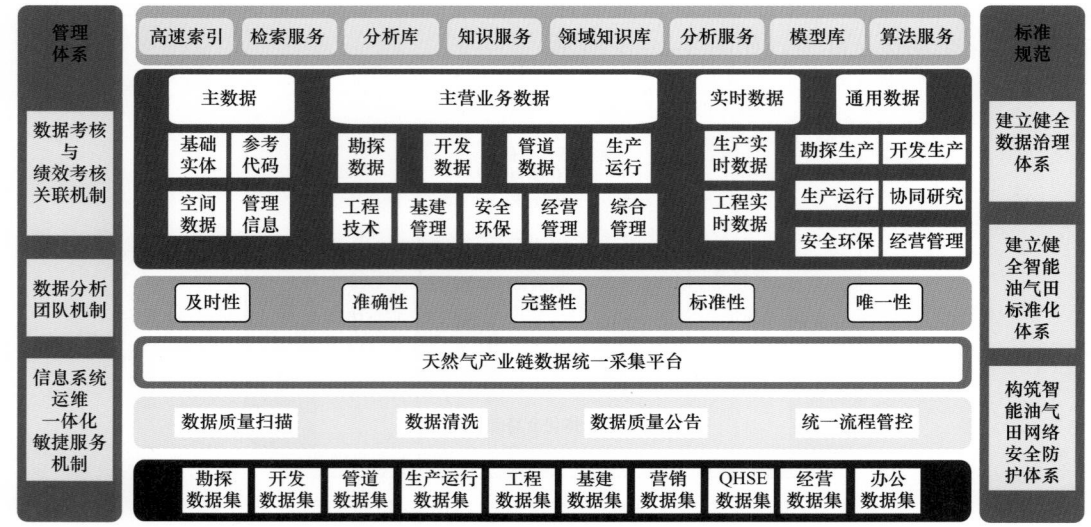

图 8-1-34 要素集成数字化基础设施保障能力体系

3. 业务部门新型能力策划

根据各业务部门实际情况需要，总结和提炼出勘探、开发、管道和销售等核心业务板块的新型能力设计结果，从管理模式，标准规范和数据基础方面和智能化应用的不同维度做了设计。

1）勘探业务新型能力体系框架

勘探业务新型能力依托总部和自建的数字化平台，提升数据集成泛在感知能力，统一业务数据标准规范，实现数据资产统一管理，运用公司通用云平台提供的数据服务，提升业务协同能力，开展地质勘探模型的迭代优化创新，构建统一地质地球物理模型，为勘探业务新型能力打造提供强大数据支撑。油气勘探智能化专业协调管理为该业务域的核心新型能力。该能力主要体现为：通过提高地震采集资料一级品率、地震解释成果和井位论证部署质量；加强前期勘探研究项目成果管控和对油气勘探部署支撑力度；勘探协同应用环境建设，打通各类综合地质研究工作、专业软件和区域湖之间的数据共享通道；强化储量矿权管理，细化区块勘探潜力和储量评价，实现公司矿权有序、有效、有利退增，保持矿权面积长期稳定，保证四川盆地矿权优势地位等措施进行打造，从而实现探井成功率、新增探明储量、储量发现成本、前期项目研究成果利用率、地震采集资料一级品率的业务牵引指标，支撑油气资源储量的稳固提升，稳固公司发展之本和效益之源，如图 8-1-35 所示。

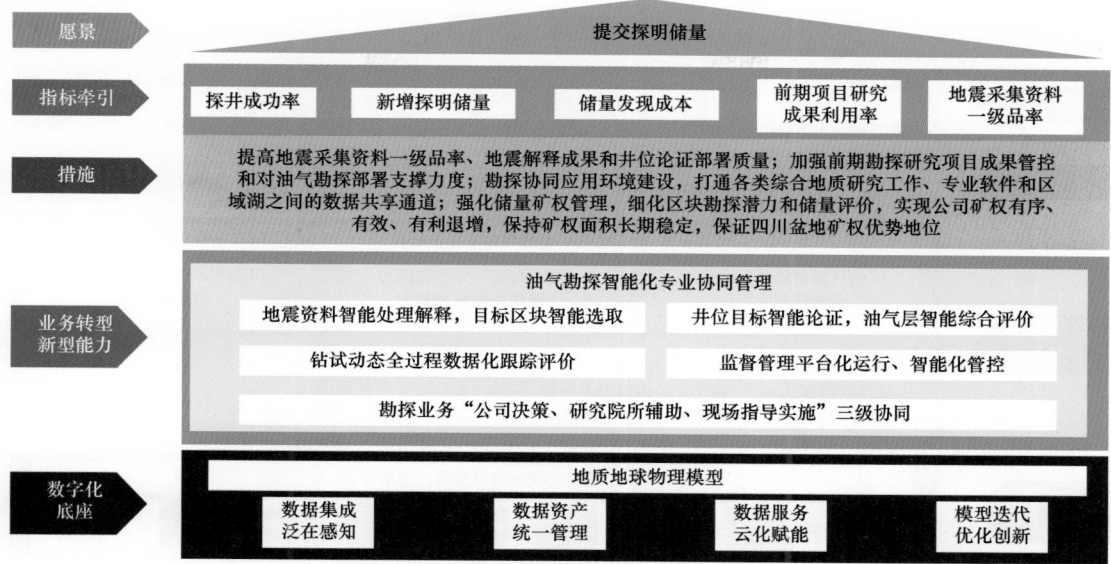

图 8-1-35　勘探业务新型能力体系框架

2）开发业务新型能力体系框架

开发业务新型能力依托总部和自建的数字化平台，提升数据集成泛在感知能力，统一业务数据标准规范，实现数据资产统一管理，运用公司通用云平台提供的数据服务，提升业务协同能力，开展气藏、井筒、地面一体化模型的迭代优化创新，为开发业务新型能力打造提供强大数据支撑。开发业务新型能力包含精益生产管控方面的"油气田自动化生产实时精细管控""'两个现场'卓越管理与操作完整性控制""开发生产业务数字化协同智能化办公"三个能力，以及油气田效益开发方面的"油气藏精细化描述""开发方案智能优化决策""产能建设精细化管理""集输与净化系统优化"4 个能力，主要通过全面建立开发生产"两个三化"卓越管理体系的核心措施，最终实现"单井产量""劳动生产率""开发成本""安全生产天数"4 个核心牵引指标，为公司加快推进 $500 \times 10^8 \mathrm{m}^3$ 战略大气区建设提供有力支撑，如图 8-1-36 所示。

3）管道业务新型能力体系框架

管道业务新型能力基于数字化移交、数据集成泛在感知、数据资产统一管理、数据服务云化赋能、模型迭代的管道管理平台作为依托，打造输气管道智能化集中管控能力，实现作业区生产调度职能上移、输配气站扁平化管理、新设输气作业区以及感知认知决策三方面智能化提升的目标，采取深化管道全生命周期完整性管理，深化管道业务与数字化智能化的融合，建设运行高效的一体化管网与安全可靠的智能化管道，打造"油公司"模式下一流、专业化油气管道业务，从而有效支撑公司高质量发展，以投资资本回报率、管网输气量、管网综合输气能力以及管道失效率作为考核指标，实现输气能力匹配天然气 $800 \times 10^8 \mathrm{m}^3/\mathrm{a}$ 的愿景。面向管道业务的新型能力体系如图 8-1-37 所示。

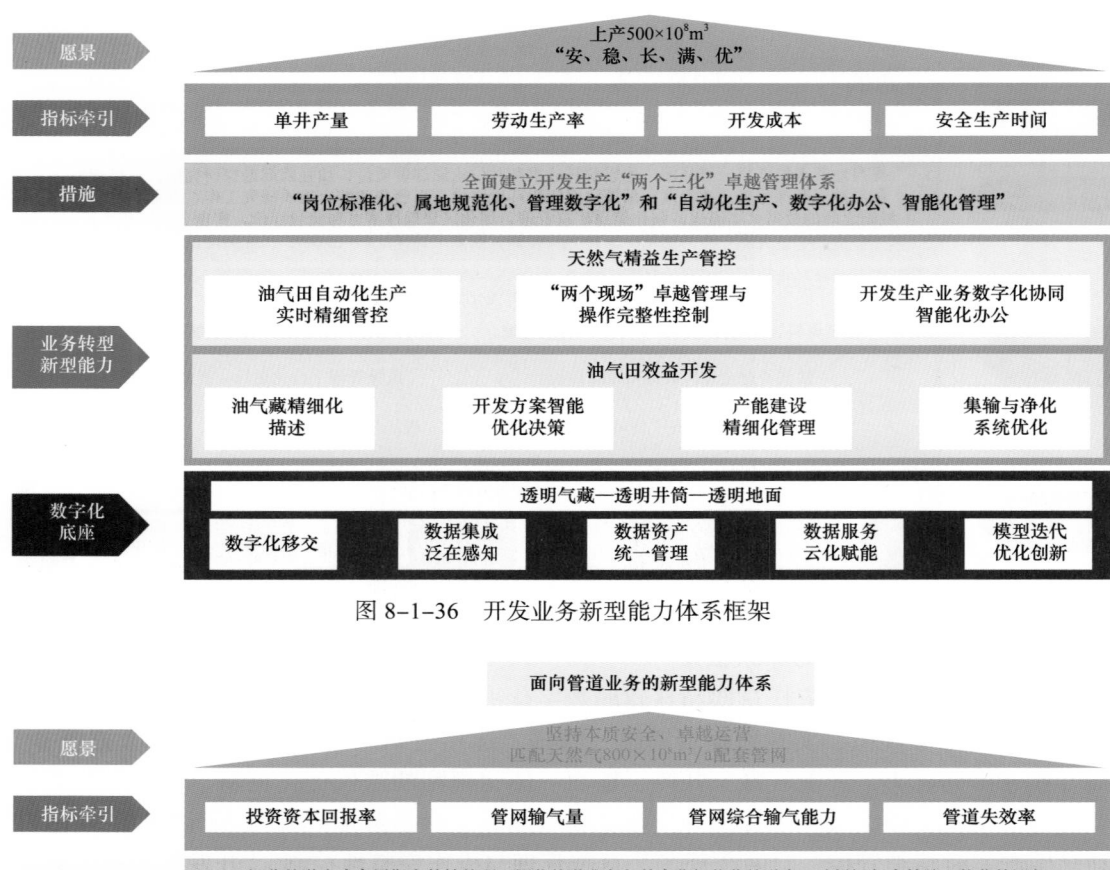

图 8-1-36　开发业务新型能力体系框架

图 8-1-37　管道业务新型能力体系框架

4）销售业务新型能力体系框架

销售业务新型能力以营销数据统一建模、计量系统数据优化、营销系统数据治理、营销数据湖数字资产统一管理为数字化底座，打造油气销售智能化精益管控能力，全面建立智能化营销精益管理模式，将油气销量、平均销售价格、市场占有率、客户管理完整度、线上交易率、贷款回收率、终端销量占比作为考核指标，实现"全产全销，价值创造，稳固份额，引领市场"的远大愿景，如图 8-1-38 所示。

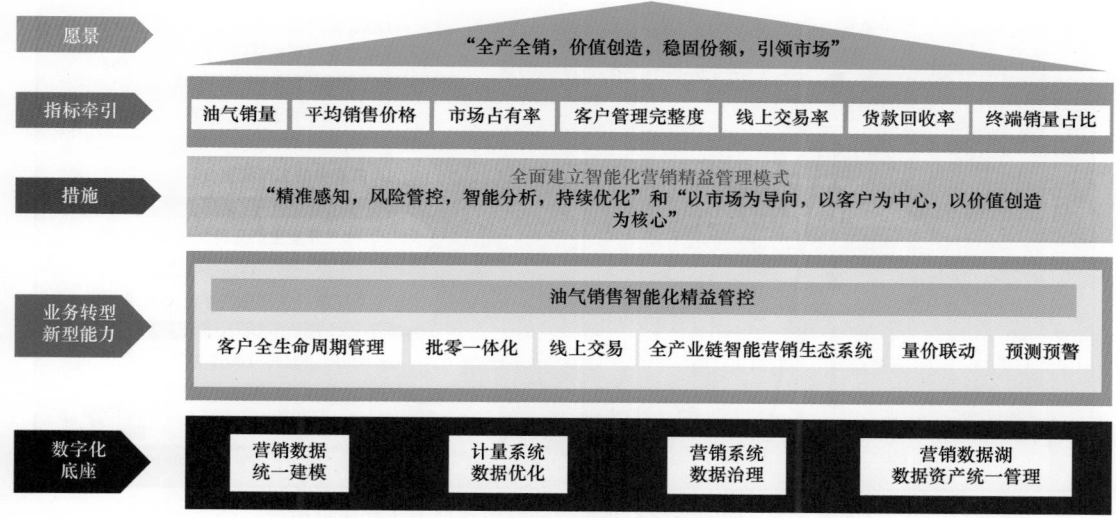

图 8-1-38 销售业务新型能力体系框架

第二节 气田信息化建设关键技术

通常说来，油气田公司信息化建设大致经历了前数字化（模拟计算）阶段、数字化初级阶段、数字化成熟阶段、智能化阶段和智慧化阶段等 5 个阶段。目前国内外的油气田信息化建设整体处于数字化成熟阶段向智能化阶段过渡的时期。

一、数字气田顶层设计

1. 数字气田概念

数字油田是实体油田业务与数据的有机结合体，强调数据整合、应用集成和跨专业部门应用共享。数字油田，以信息技术（IT）为手段、以油田实体为对象、以空间和时间为线索，通过海量数据共享和异构数据融合技术（DT），实现油田整体、多维、全面、一致的数字化表征和展现。数字油田是一个集空间化、数字化、网络化、可视化和智能化特征于一体的多学科综合性系统。

在国内，数字油田的研究与探索，更多地是专注于采用先进成熟的信息技术，规范油田数据采集与管理、有效支持业务数据查询与专业应用（陈新发等，2008）。在"十三五"信息技术总体规划中，明确提出要在勘探开发领域开展一批数字化、智能化油气田，物联网系统平台进一步拓展实施，云计算平台全面应用、共享服务、大数据分析、人工智能、机器学习和数据仓库应用逐步深入，着力打造"共享中国石油"蓝图，如图 8-2-1 所示。

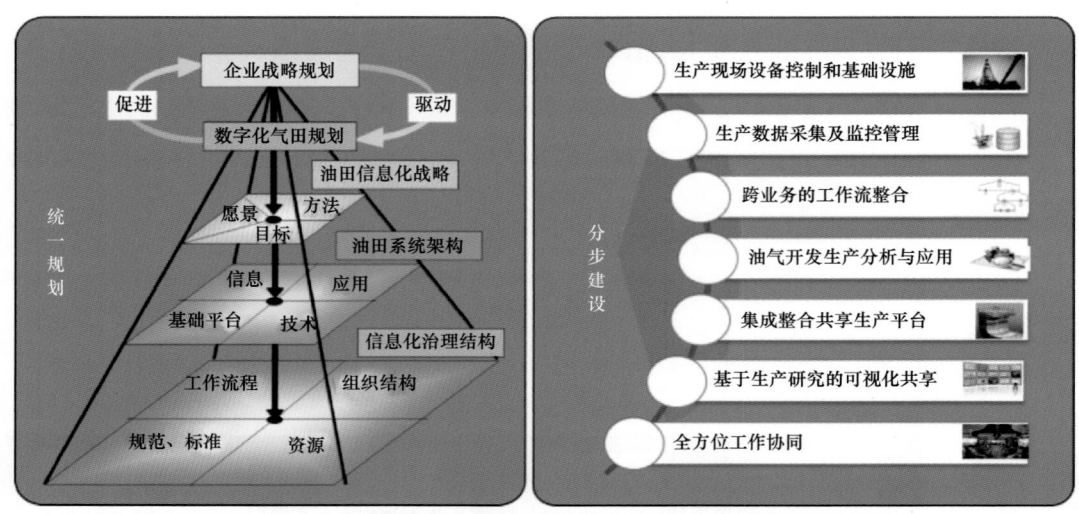

图 8-2-1　国内油气企业数字油气田规划方法和建设模式

　　数字气田是由数字油田定义引申而来的，数字气田是油气生产企业信息化与工业化融合的产物，其特征是以气田核心业务的数字化为基础，将实体气田业务与数据的有机结合，强调数据整合、应用集成和跨专业部门应用共享，并能抽象的生产活动及管理对象得到直观的数字化体现，并利用数字来管理和运营气田。数字气田的本质是将油气资源的发现与开发工作进行数字化管理，对气田生产过程和经济活动进行动态把握和快速控制，是以信息集成、数据共享和工作协同作为主要特征的综合管理系统。

2. 数字气田总体架构

　　数字气田总体架构设计，需要以结构化和直观化的表达方式，从基础设施、数据管理、业务应用、用户等多个层次对数字气田的效果进行设计和描述。西南油气田特大型气藏数字气田建设总体架构，以"自动化生产、数字化办公、智能化管理"为目标，以"数字化气藏、数字化井筒、数字化地面"以及气藏开发项目全生命周期评价管理为核心需求，业务应用上要覆盖气藏、井筒、地面、经营等领域，应用模式上要支持 B/S、GIS、三（四）维可视化、移动应用等多种交互方式，数据管理上要包括勘探、开发、生产、经营等各环节的动静态数据和实时数据，信息技术上要采用应用集成、数据整合、信息展示等多种主流和先进的技术手段（图 8-2-2）。

　　特大型数字气田的总体架构，自底向上分为数据源、数据集成、业务应用和用户等4个层次。第一层的数据源层是基础。它由各专业领域的数据采集与管理系统构成，借助于数据服务总线（DSB）技术和数据服务，向上推送各专业数据。第二层的数据集成层是关键。它一方面需要借助中国石油勘探开发数据模型（EPDM），分类接收和组织各类专业数据，形成逻辑上完整一致的数字化气田综合数据库，并为业务应用层提供数据服务。第三层的业务应用层是核心。它以"数字化气藏、数字化井筒、数字化地面"为载体，承载了油气田勘探开发生产全业务过程的应用功能，向下借助企业服务总线（ESB）获取所需数据，向上采用统一门户技术为用户推送应用。第四层的用户层是门面。按照气藏、井筒、地面、项目各领域业务高管理和分析研究人员的需要，利用 B/S、GIS、三（四）维可视化、移动应用等不同交互模式，为用户提供使用环境，支撑其日常工作。

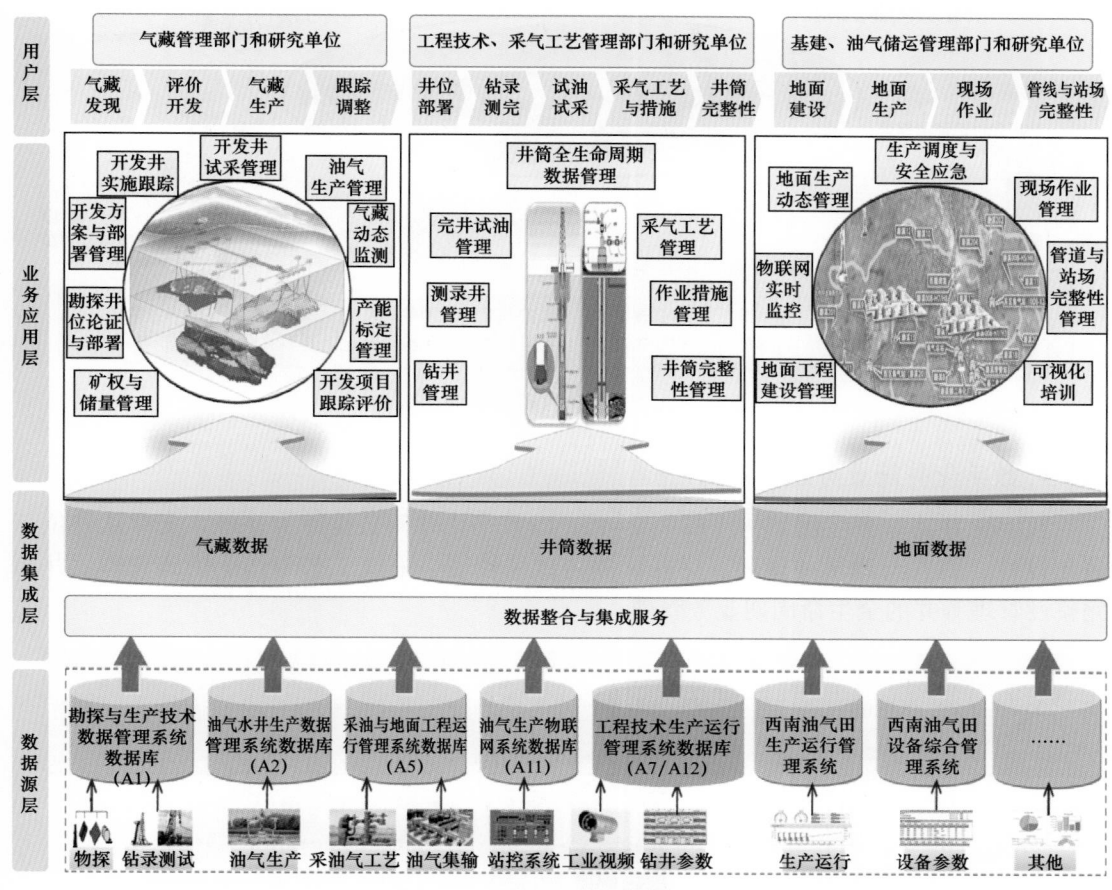

图 8-2-2　数字气田总体架构设计

3. 数字化气藏业务应用架构

数字化气藏业务应用架构（图 8-2-3），是以一体化的数字化气藏数据库为基础，向上支撑起以共享气藏模型为核心的气藏管理全业务过程的各主要业务环节的应用。

在数字化气藏应用架构底部，参照气藏工程业务和数据管理的相关标准，从业务阶段、专业领域、数据属性等几个维度对数据进行归类设计，形成涵盖矿权、储量、沉积、构造、储层、物性、开发方案、钻井地质设计、气藏气水界面、气藏产量、储层改造措施等整个气藏开发过程的数字化气藏数据库；向上，以共享的油藏模型为核心，支撑起矿权与储量管理、勘探井位论证与部署、开发方案与部署管理、开发井实施跟踪、开发井试采管理、天然气生产管理、气藏动态监测、产能标定管理、开发项目跟踪评价等气藏管理全过程的各类业务应用。

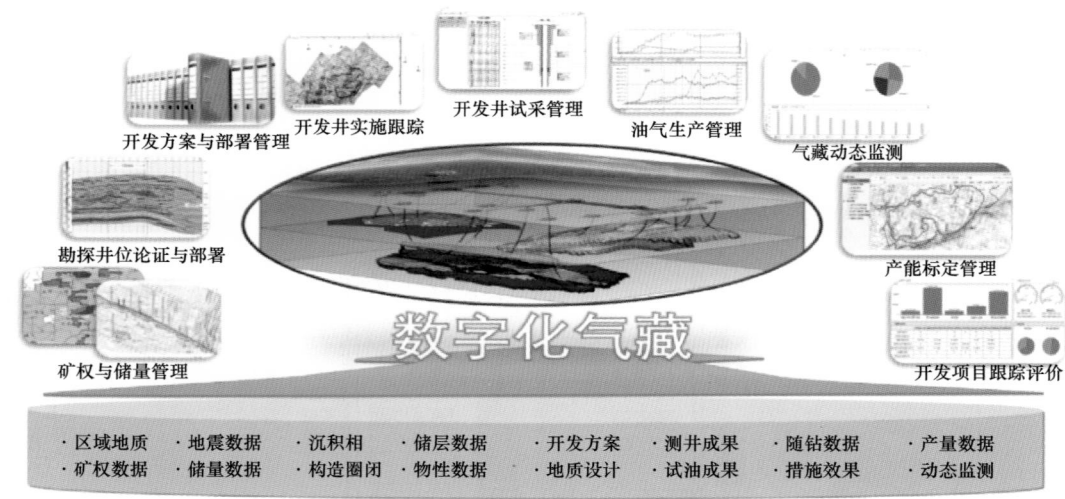

图 8-2-3　数字化气藏业务应用架构

4. 数字化井筒业务应用架构

数字化井筒业务应用架构（图 8-2-4），以数字化井筒数据库为基础，支撑从井位部署与设计、钻井与测录井管理、完井试油与试采管理、采气工艺与作业措施管理、井筒完整性管理等井的全生命周期业务管理。

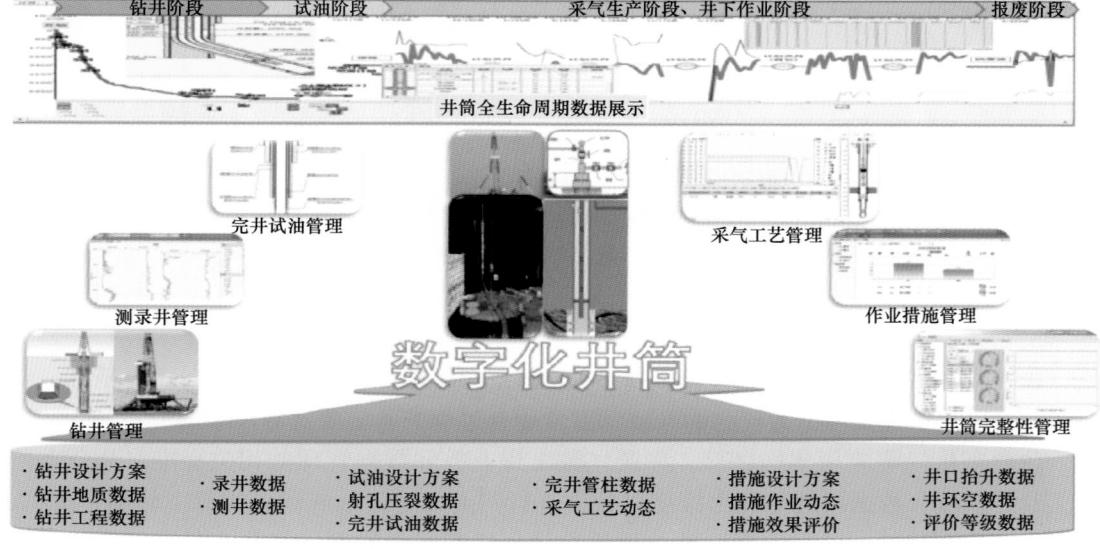

图 8-2-4　数字化井筒业务应用架构

底部的数字化井筒数据库，参照井筒工程业务和相关数据标准规范、采用 EPDM 数据模型标准，管理了钻井、录井、测井、试油气、完井、射孔、压裂、井下作业、措施效果以及井口抬升、井筒环空参数等各类井筒工程技术数据；由数字化井筒数据库推送各类数据形成可视化的井筒模型，并有效支撑井位部署、井位设计、钻井地质/工程设计、钻井施工管理、测录井管理、完井试油管理、试采管理、采气工艺管理、作业措施管理、井筒完整性管理等业务应用。

5. 数字化地面业务应用架构

数字化地面业务应用架构（图8-2-5），以空间地理、三维模型、矢量图形和结构化数据等几种数据格式为载体，由气田业务实体信息、工程设计与施工数据、工艺实时动态、地面运行动态、安全与应急信息、现场作业管理信息、站场完整性评价数据等构成了数字化地面数据库；在这样一个逻辑数据库之上，支撑了地面工程建设管理、物联网实时监控、地面生产动态管理、生产调度与安全应急、现场作业辅助管理、管道与站场完整性管理、现场操作可视化培训等业务应用。

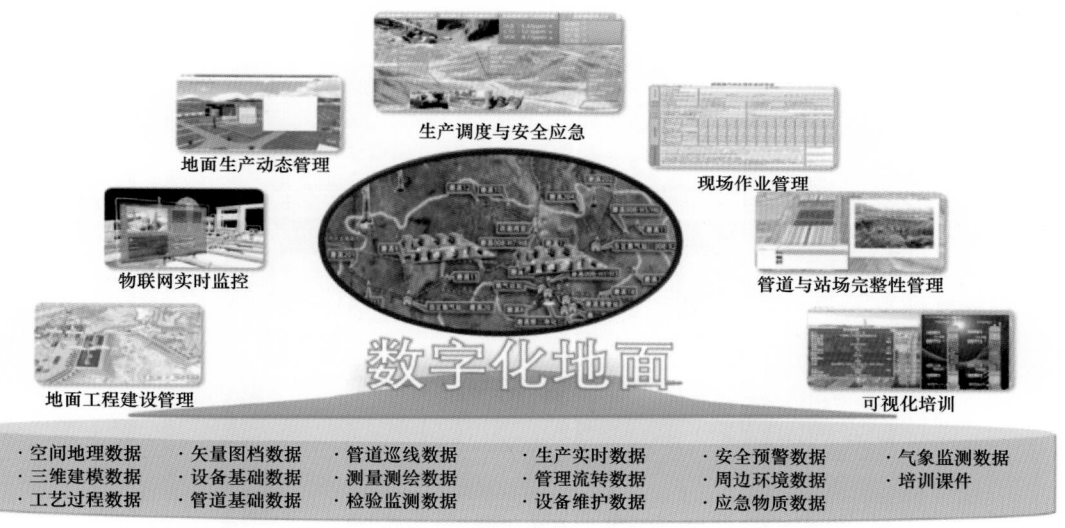

图 8-2-5 数字化地面业务应用架构

数字化地面业务应用架构，以 GIS 平台空间数据库为基础，首先加载站场、装置、设备属性及完整性管理等基础信息，按照过程时序采集并管理了从地面建设设计、施工、竣工到地面生产运行动态、工艺流程和实时工艺动态等信息，同时要及时录入现场操作、检维修等作业数据；最后，利用 GIS 平台 2D/3D 呈现技术和仿真技术，实现对地面设施设备、工艺流程、施工过程、运行状态等地面建设、生产运行全过程管理的可视化支撑。

二、数字气田关键技术

近年来，信息技术的飞速发展和其应用的不断深化，给数字气田建设带来了更多的技术选择。面向服务架构（SOA）软件集成开发平台技术、业务流程管理（BPM）技术、应用门户（Portal）技术、地理信息系统（GIS）技术、物联网（IOT）技术等众多主流、先进的技术，在国内外数字油气田建设中发挥了重要的作用，并逐步形成了体系化的数字油气田关键技术组成。

西南油气田特大型气田数字化建设中，逐步形成了一套技术先进、适用性强、扩展性好的数字化气田关键技术，包括应用集成技术、数据整合技术、GIS 数据可视化技术、工业物联网技术等。

1. 应用集成技术

应用集成，就是把不同建设阶段、不同建设团队、不同技术环境下建成的信息系统，有机地统一到一个整体的用户应用平台上，实现数据信息的有效共享和应用功能的便捷使用。经过多年的技术探索和应用检验，以面向服务的体系架构（Service Oriented Architecture，SOA）技术为核心的一套软件技术，已经成为应用集成领域公认的高效适用的应用集成技术。西南油气田以 SOA 技术为核心建立了一套实用、高效的应用集成技术。这套应用集成技术，包括企业服务总线（ESB）、流程管理工具（BPM）和门户（Portal）三大核心组件，如图 8-2-6 所示。

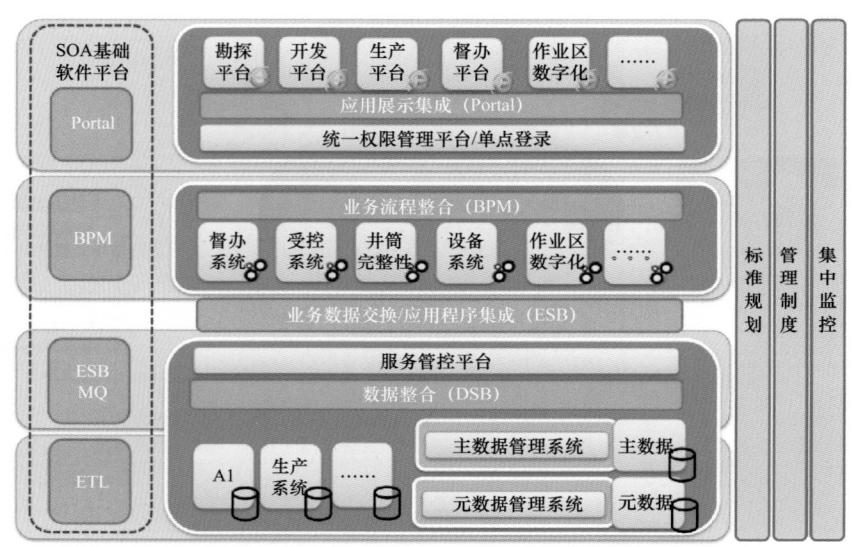

图 8-2-6　SOA 应用集成技术框架

1）以企业服务总线为核心的服务发布与应用集成机制

企业服务总线（Enterprise Service Bus，ESB），是整个 SOA 应用集成技术的核心，是服务的请求者与提供者之间的桥梁，以松耦合的方式实现系统与系统之间的集成，实现服务的地址透明化和协议透明化。通过统一的标准规范，对业务数据服务、应用程序服务等各类服务进行标准化服务封装、发布和路由中转。通过服务注册、服务管理、服务监控实现对服务全生命周期的集中管控，降低后续系统的开发和维护成本。企业服务总线，由基础软件和服务管控平台组成。

企业服务总线的服务管控平台（图 8-2-7），包括前端展现功能和后端交互功能两个部分。其中，前端展现功能实现服务管理和服务监控；后端功能主要结合企业服务总线基础软件，通过开发接口和产品功能调用，实现与产品功能交互。

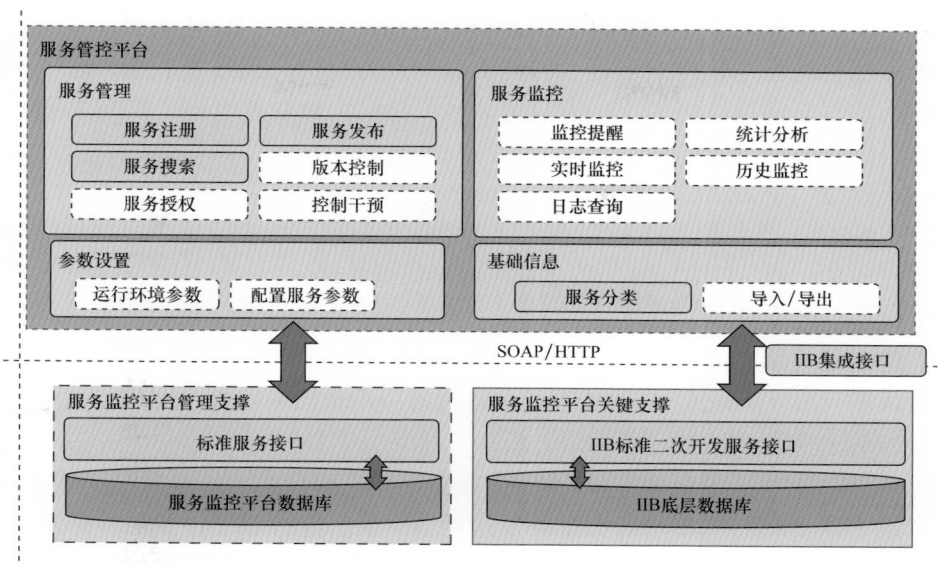

图 8-2-7 服务管控平台功能示意

2）基于业务流程管理的流程自动化机制

业务流程管理（Business Process Management, BPM），就是将信息、技术、人员要素，通过多个角色、多项活动的有序排列与组合，最终转为预期产品、服务或者某种结果的过程。业务流程管理（BPM）技术，是基于 SOA 技术，按照既定的业务过程串联起各不同信息系统中的有关应用组件，并向用户提供流程化使用模式的技术。BMP 技术更加注重与系统之间的业务流程流转和业务数据的流转，为不同信息系统间共享数据和应用提供更有效的技术手段，如图 8-2-8 所示。

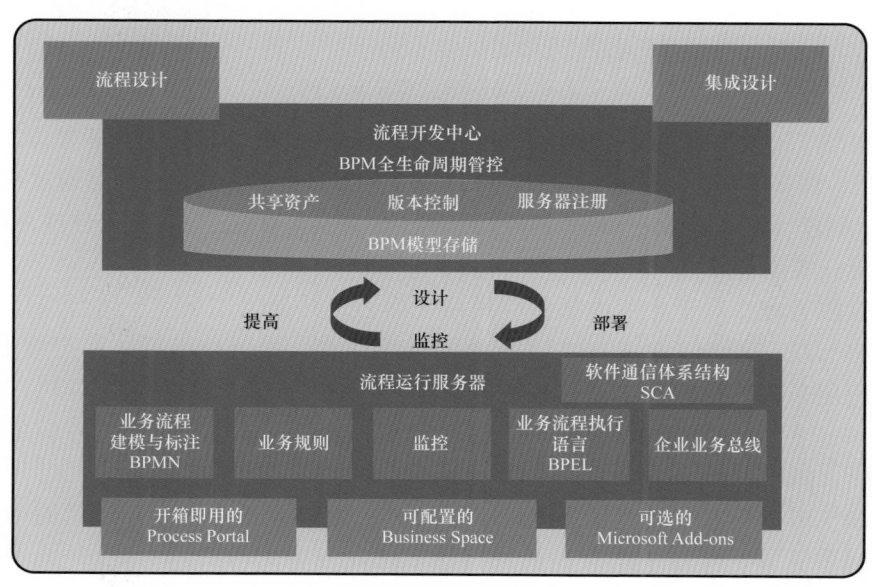

图 8-2-8 BPM 业务流程管理技术示意图

西南油气田在特大型气田数字化建设和应用过程中，依托 BPM 流程管理技术逐步实现各类业务流程的自动化网上运行。构建了以流程为纽带、服务为节点，运转灵活、可动态配置的流程驱动型应用系统，为西南油气田持续优化业务流程、提升业务运行效率提供了有力技术支撑。

3）基于门户（Portal）的应用集成展示机制

门户（Portal）是一种 Web 应用技术，通常作为信息系统表现层的宿主，用来提供个性化、单点登录、统一权限管理、信息源内容聚集等功能。

（1）单点登录功能。

单点登录是应用集成的基础，通过单点登录管理，多个业务系统应用页面，可以实现"一次认证、多处登录"，打通各个业务系统的应用页面的壁垒，实现统一用户应用平台下多业务系统应用页面的互相关联嵌入。

单点登录功能是基于令牌（Token）技术实现的。用户在统一登录界面输入用户名、密码后，统一认证中心将用户名、密码发送到 AD 域上进行验证；如果验证通过，则生成一个令牌（Token）并以 URL 的方式发送给相应信息系统的应用页面；应用页面接收 URL 后解析令牌（Token），发回单点登录服务器进行验证，完成验证后应用页面才能继续其功能的使用和数据的访问，如图 8-2-9 所示。

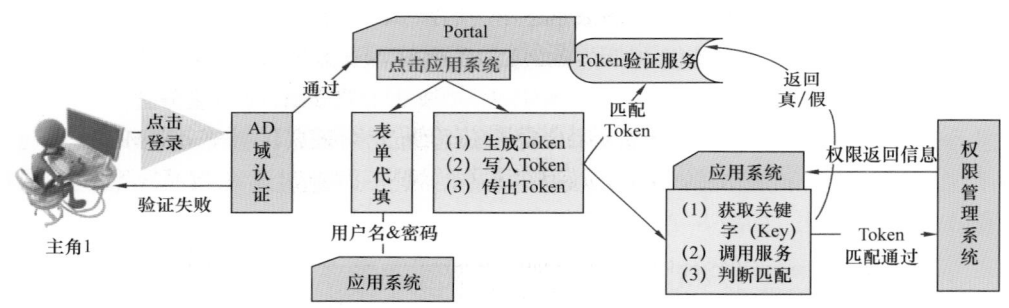

图 8-2-9　单点登录示意图

在特大型气田数字化建设中，需要集成的信息系统均采用 AD 域的认证方式，通过单点登录的应用，使多套应用系统不再直接向 AD 域服务器进行单独认证，而是通过统一的单点登录管理机制进行集中的认证管理，这样既有利于信息安全管控，又能提高软件开发的效率。

（2）统一权限管理。

统一权限管理，对于企业内部各应用系统而言，其最大用途在于将各应用系统的资源与权限进行统一管理，从而减少系统间的使用壁垒，降低应用系统运行维护的成本。通过对各应用系统的用户角色及被授权的应用模块进行全面梳理和匹配分析，建立企业内一套唯一、全面、一致的用户权限体系，有效整合和高效共享企业内各应用系统的应用模块资源，如图 8-2-10 所示。

西南油气田在特大型气田数字化建设过程中，基于门户（Portal）技术的单点登录管理和统一权限管理，实现了用户在使用信息系统业务应用时的"一套账号、一次登录、统一认证、多系统应用"。

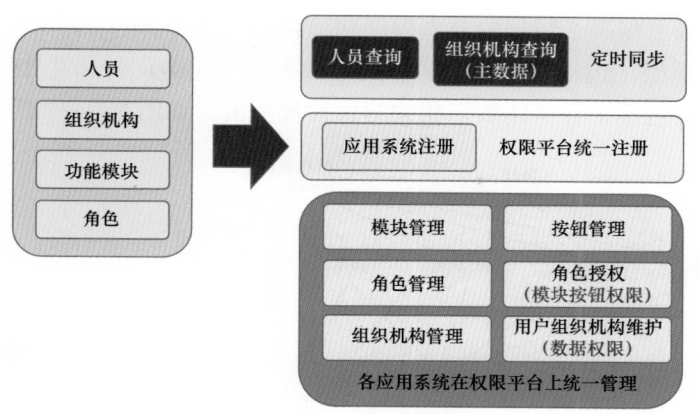

图 8-2-10　统一权限管理技术示意图

2. 数据整合技术

数据整合是指根据业务应用的数据需要，从不同的数据库中提取多类业务数据，形成一个综合的业务数据集合（张华义等，2012）。数据整合技术，主要是以中国石油EPDM 为标准，借助 ETL 工具或数据服务总线（DSB），实现数据在逻辑上或物理上的集中统一存储，为企业提供统一、标准的数据共享服务，支撑"一次采集、统一管理、多业务应用"的数据管理与应用模式。

1）EPDM 数据模型标准

中国石油勘探开发一体化数据模型标准（Exploration and Production Data Model，EPDM）是基于 POSC，PPDM，EDM 和 PCDM 等国际组织或企业数据模型标准，根据中国石油各油气田实际业务与管理需要，在大量现场调研、综合分析基础上，建立并逐步优化完善形成的中国石油范围内勘探开发生产领域的统一数据模型标准（马涛等，2015），如图 8-2-11 所示。

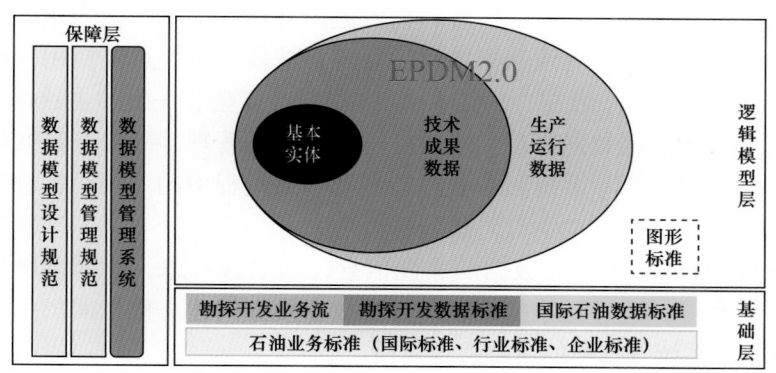

图 8-2-11　中国石油 EPDM 数据模型

中国石油 EPDM 数据模型，按照面向对象的思想，通过强化核心实体间的关联关系，打通了勘探与开发两大业务领域间的数据关联通道，也把业务过程中的主要动态信息和业务活动产生的技术成果数据紧密关联起来，有效保证了勘探开发生产领域各类数据的一致性，更大范围上提高了数据的共享程度和综合运用能力。

EPDM 数据模型，包括 9 个核心实体类的数据模型，并向外衍生 16 个专业实体类的数据模型，同时还包括了各实体数据相关的属性规范值，如图 8-2-12 所示。

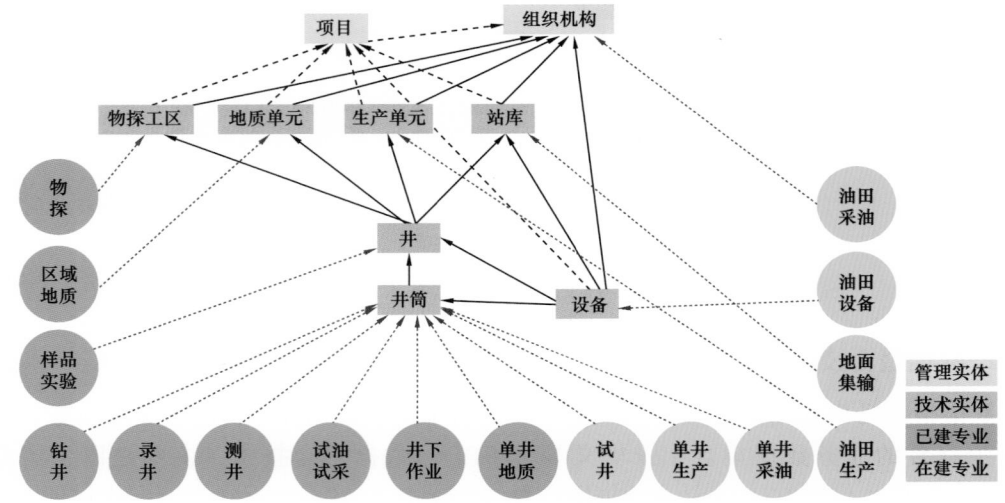

图 8-2-12　EPDM 数据模型主要实体及相互间关系

在西南油气田特大型气田数字化建设中，以中国石油 EPDM 数据模型为标准，实现了对基本实体、钻井、录井、测井、试油、井下作业、生产测试和油气生产等 8 个专业的业务数据采集与管理。同时还对物探、钻井、地质油藏、测井、试油试采及井下作业、样品实验共 6 个专业还编制了相应的《勘探与生产数据规格标准》，推动了气田各类业务数据的标准化管理，为数据集成共享和综合应用奠定了坚实的基础。

2）主 / 元数据管理技术

主数据（Master Data）是用于标识和关联各类业务数据的核心业务实体数据，是需要被各个应用系统共享、相对静态、核心、高价值的数据，它须在整个企业范围内保持唯一性、一致性、完整性、准确性和权威性。且需要被多套系统重复使用，可以通过主数据为线索，检索到系统所有数据，如图 8-2-13 所示。完整、一致的主数据是数据整合与应用集成的基础，通过主数据管理实现业务主数据统一管理，确保主数据的唯一性和有效性，保证数据质量，消除系统间的数据差异和沟通过程中的不畅，实现多专业、多系统间的数据共享。

元数据（Metadata）是描述数据的属性信息，如数据来源、数据隶属关系、数据版本、数据更新信息等。通过元数据管理，可在数据模型间建立数据间的关联关系，并基于此实现多个业务系统数据库的逻辑整合应用。

以中国石油 EPDM 数据模型标准中的基本实体数据模型为参照，西南油气田建立了统一的勘探开发主数据管理系统，构建了涵盖组织机构、地质单元、工区、井、井筒、地质分层、站库、管线、项目、设备等核心业务实体的主数据统一管理技术基础，形成了"谁产生、谁负责"的工作机制，实现了勘探开发主数据采集、提交、审核、发布、

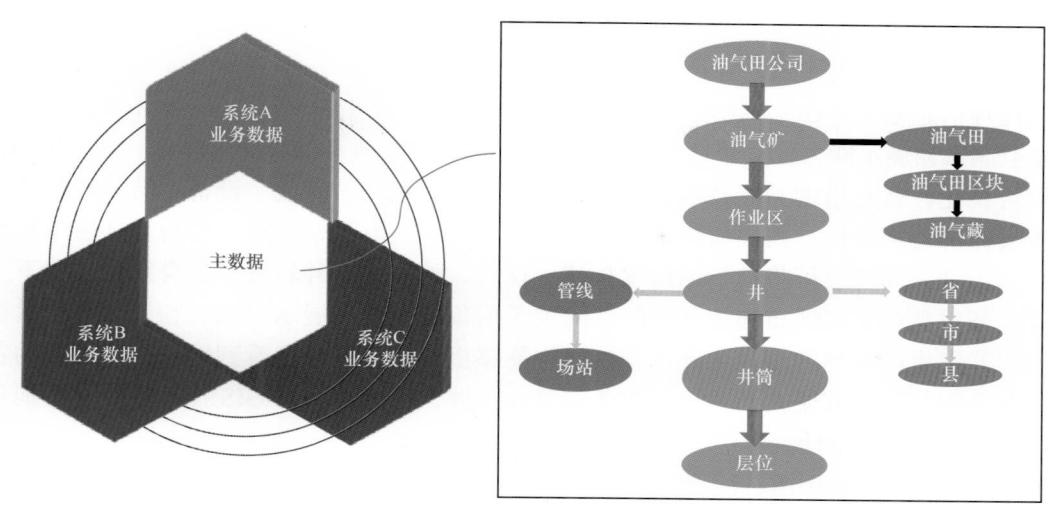

图 8-2-13　EPDM 数据模型标准主数据

变更全生命周期管理，并基于 SOA 技术，以服务方式为各应用系统提供主数据及其属性规范值的调用服务。同时，西南油气田还建立了元数据管理系统，用于应用系统间业务数据逻辑关联管理，形成并保存了各业务系统主数据间的一致性匹配关系，保证了油气田范围内勘探开发数据的一致性和逻辑关联的准确性。

3）数据逻辑整合技术

数据整合技术是从不同的数据库中按照需要提取多类业务数据，形成一个面向某一应用的综合业务数据集合的技术，通常包括物理整合和逻辑整合两类。物理整合技术是通过数据抽取转换加载工具（ETL）将现有的各数据库数据抽取转换加载，形成一个完整的、物理上集中的数据库；逻辑整合技术则是通过建立主数据管理和元数据索引机制，形成一个物理上数据仍分布于多个库但逻辑上完整统一的数据库，如图 8-2-14 所示。

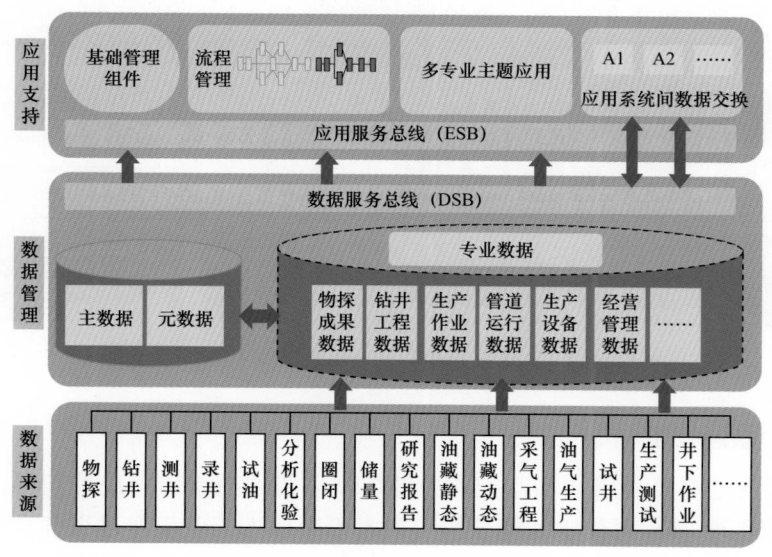

图 8-2-14　数据逻辑整合技术示意图

3. GIS 数据可视化技术

地理信息系统（GIS）技术是结合地理学、地图学、遥感和计算机科学的综合技术，具备空间形象展示能力，又兼具传统信息管理学的数据展现和综合分析能力。油气田 GIS 数据可视化，就是借助 GIS 技术，将矿权、油气井、场站、管线、设备、储油罐等地面业务实体的地理坐标及其几何特征和周边环境要素，在电子地图或三维仿真环境中形象地展示出来，同时也可将地下的油气构造、层位、地质体、井轨迹、井身结构、井下工具等业务对象的空间展布和相互间的空间关系形象地表达和展示出来。利用 GIS 技术进行勘探开发生产数据的可视化展示，使用户能够更直观、形象地看到地理空间相关的各类专业数据信息，方便人们对相关业务信息的掌握，也能够基于 GIS 技术进行一些地理空间相关的分析和统计。

西南油气田基于中国石油地理信息系统（A4），开发搭建了西南油气田公共 GIS 服务平台，制定了空间数据标准、GIS 应用服务开发和管理标准，建立了公共地理信息图层和各类油气业务专题图层，并提供这些图层的对外服务。该平台以 ESRI ArcGIS 为基础，采用 ArcGIS Server + Oracle 数据库管理数据，封装了地图基础服务、地图数据服务、地图控件接口等多种服务，发布到 SOA 技术平台上，为整个西南油气田提供统一的 GIS 应用服务，如图 8-2-15 所示。

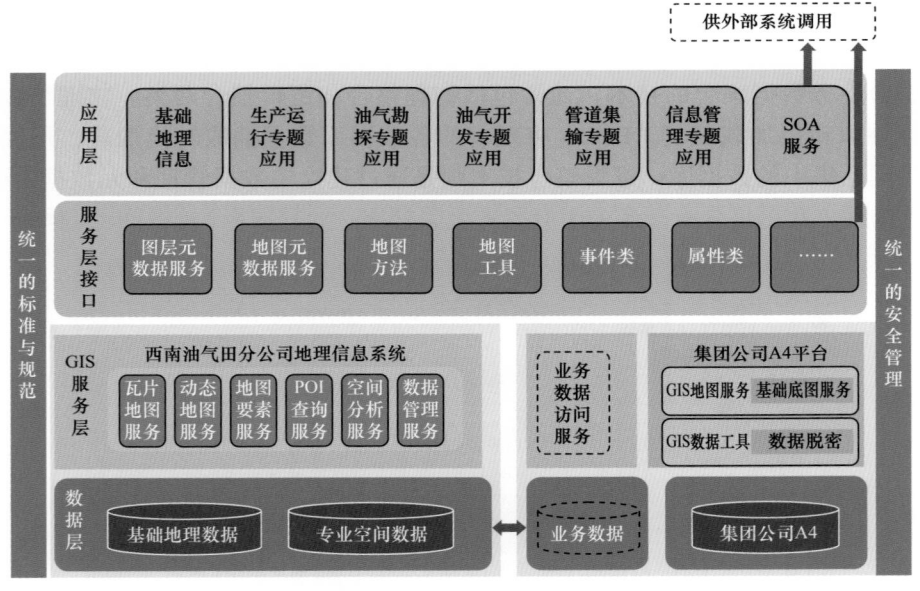

图 8-2-15　西南油气田公共 GIS 服务平台系统架构图

4. 工业物联网技术

工业物联网是将具有感知和监控能力的各类采集、控制传感或控制器，以及泛在技术（U 网络技术）、移动通信、智能分析等技术不断融入工业生产过程各个环节中，从而大幅提高生产效率，改善产品质量，降低生产成本和资源消耗，最终实现将传统工业提升到智能化的新阶段。从应用形式上，工业物联网的应用具有实时性、自动化、嵌入式（软件）、安全性和信息互通互联性等特点。

　　油气生产物联网是油气生产领域的工业物联网，是利用传感、射频识别、通信网络以及实时组态等物联网关键技术，对油气田井区、集输场站、处理（净化）厂等生产实体的生产和工艺动态进行全面感知，再将感知数据信息实时传输到现场控制中心或更远的业务管理所在地进行集中存储，然后通过实时组态技术在远端的控制中心或业务单位内重现生产现场的生产和工艺运行实时动态，以支撑控制中心和各级业务单位对生产运行单元监控管理，如图8-2-16所示。

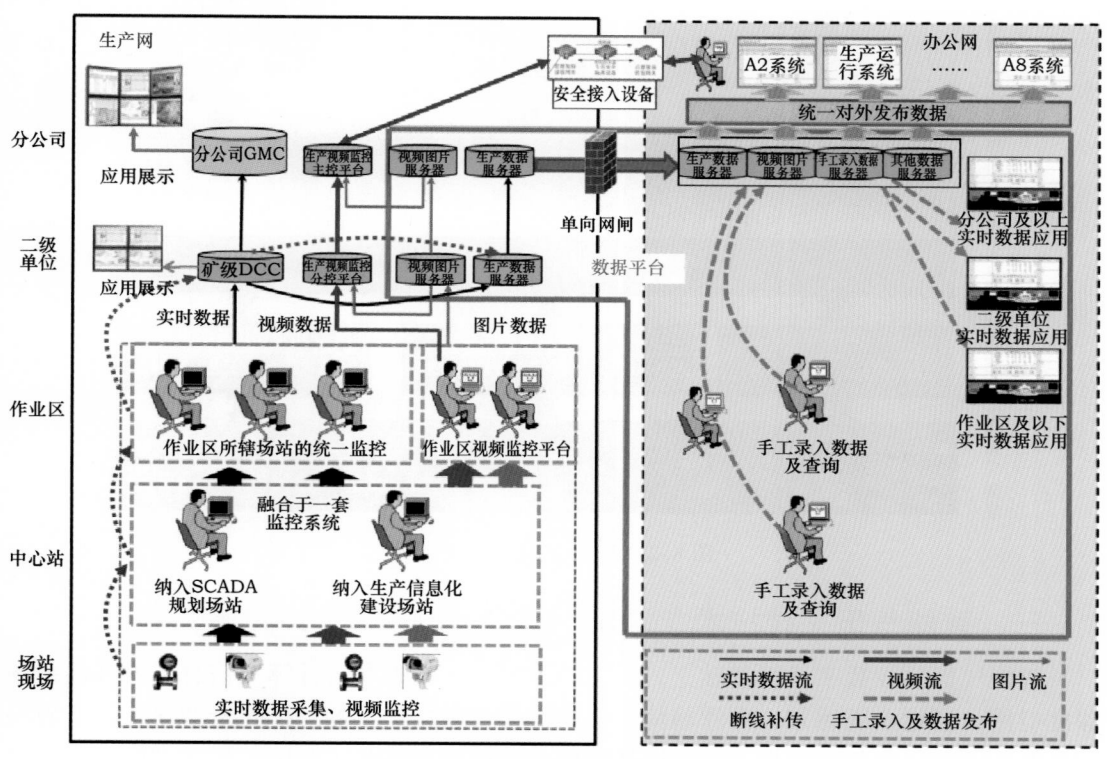

图8-2-16　油气生产物联网示意图

5. 实时组态技术

　　组态（Configure）的含义是"配置""设定""设置"等，是指用户通过类似搭积木的简单方式来完成自己所需要的软件功能，而不需要编写计算机程序，也就是所谓的"组态"。简单地说，组态软件能够实现对自动化过程和装备的监视和控制。它能从自动化过程和装备中采集各种信息，并将信息以图形化等更易于理解的方式进行显示，将重要的信息以各种手段传送给相关人员，对信息执行必要分析处理和存储，发出控制指令等。

　　在油气生产物联网中，实时数据从生产现场的各种设备端，通过传输网络集中到各级业务管理机构，利用实时组态技术重现生产现场的生产及工艺运行实时动态，使得不在生产现场的业务管理人员能够随时看到生产现场的生产及工艺运行实时动态，开展生产指挥调度。西南油气田在特大型气田数字化建设过程中，同步开展了气藏地面工程建设和油气生产物联网建设，既采用了最先进的油气生产自动化控制技术，又很好地实现了油气生产物联网的技术应用。

6. 可视化培训技术

在作业区数字化管理平台中，建立"真实性、可视化、交互式、趣味性"三维智能培训考核模块。基于真实的三维场景与真实数据在平台上构建一套和实际生产的虚拟化场景（图8-2-17），通过超现实技术，为操作人员、专业技术人员及管理人员提供全新的培训模式。

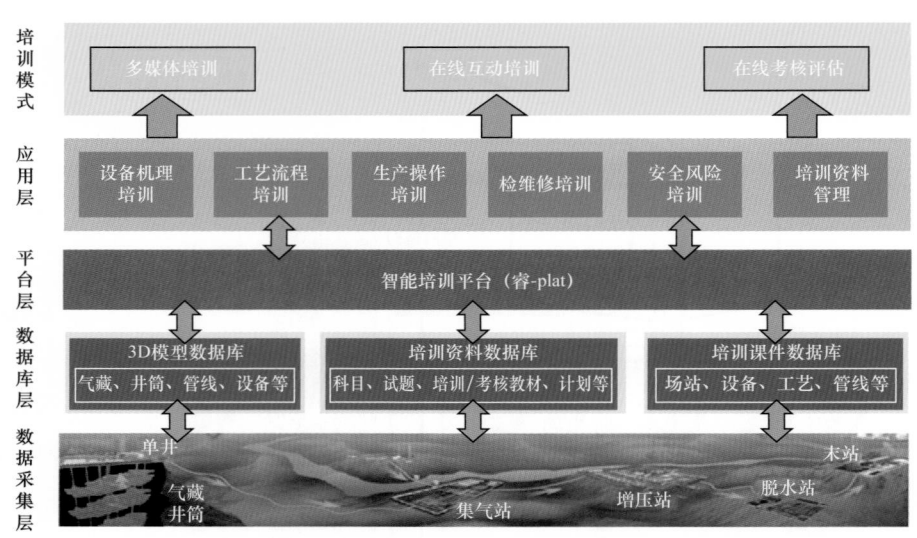

图 8-2-17 可视化培训架构图

三、智能气田关键技术

智能气田是在数字气田基础上，通过物联网、大数据和云计算等信息技术在油田的深度应用，搭建全面感知、预测趋势、协同工作、全局优化的一体化资产模型，实现科学决策、卓越运营与安全生产，最终达到可持续的业务成长。智能气田建设的主要内容可划分为5个方面（图8-2-18）：以物联网为核心的基础设施建设；实时传输技术为核心的油气生产现场监控监测；融合物理资产数字表征技术的生产指标预测；以智能工作流为核心的生产优化分析及一体化工作环境带来的协同工作模式。

近年来，以一体化模型及配套技术体系为核心开展智能油气田建设已成为一种趋势（图8-2-19）。壳牌石油公司与英国 PetEx 公司合作，采用生产一体化模拟优化与智能油气田生产管理平台 DOF 开展智能油田建设，该平台中应用了大量的商用软件集成，包括一体化建模软件 IPM、工作流定制软件 IFM、集成可视化管理软件 IVM 等，使得壳牌石油公司油气田开发及生产工程师们可以快速发现油气田开发生产系统中的制约因素，找出最佳开发生产方案，从而实现油田开发及生产各环节资源的最佳配置，满足油气田产能的最大化要求。

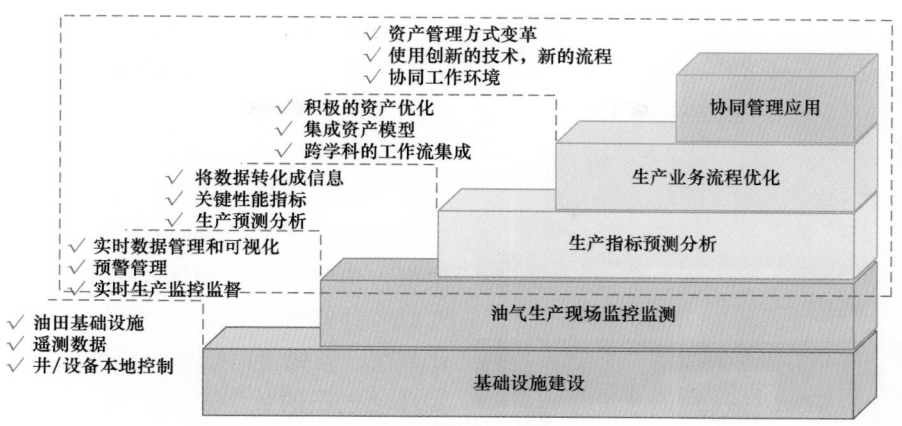

图 8-2-18　智能气田建设内容

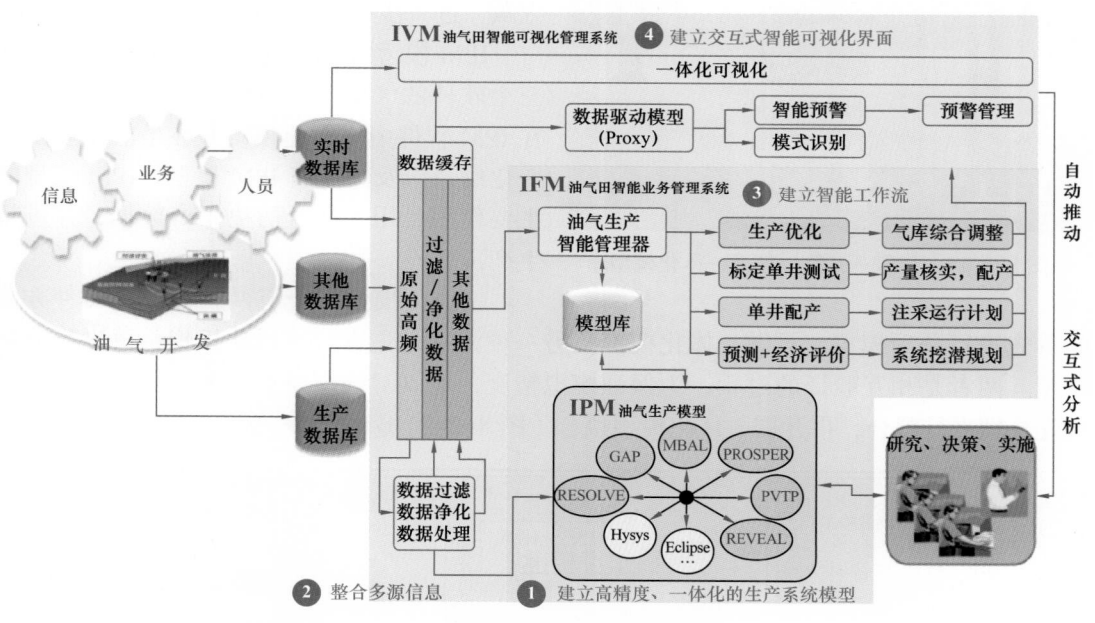

图 8-2-19　智能气田建设路径与趋势

在龙王庙智能气田示范工程建设中，应用大数据、云计算、机器学习、数字孪生和智能工作流等技术，形成"气藏—井筒—地面"一体化管理与决策平台，打造透明油气藏，赋予气田"思想和智慧"。实现了龙王庙气藏天然气生产过程的全面感知、预测趋势、智能辅助决策，打破过去油气开发生产过程中相对孤立的开发和管理模式，助推龙王庙组气藏开发生产业务全面升级到自动化生产、数字化办公、智能化管理新阶段，打造油气田可持续发展的新动力，在未来油气开采行业发展中抢占制高点、保持核心竞争优势。

1. 一体化模型耦合技术

在本书中，"一体化模型"是指"气藏—井筒—地面一体化模型"（Hafes Hafez et al.，2018），如图 8-2-20 所示。

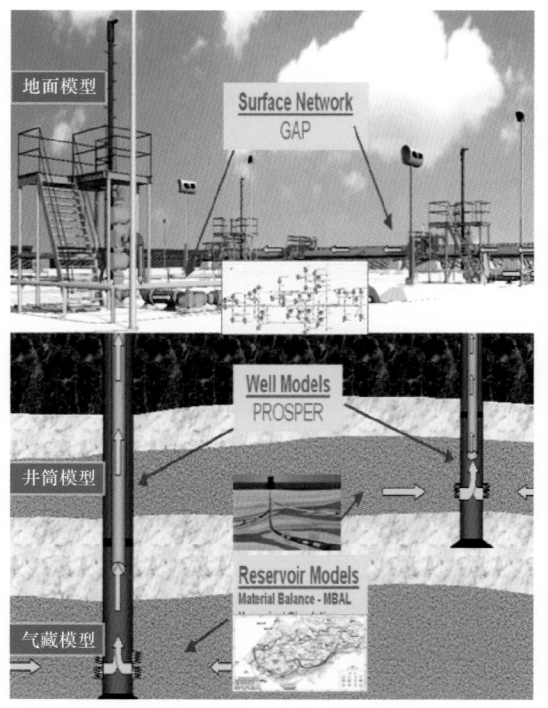

图 8-2-20 气藏—井筒—地面一体化模型

一体化模型（或 IAM）是石油工业中用于油田开发地下和地面设备的计算机建模的通用术语（黄万书等，2014）。一体化模型是建立在地质与气藏研究成果基础上，综合利用各种油气田现有资源，使用计算机系统构建表征气田生产管理特征的一体化仿真分析模型，构建用于全局优化的资产模型，包括气藏、井筒和管网数字模型、分析方法、优化算法、营销策略、预测模型和成果可视化，实现油气田的数字表征，从全局的角度描述生产系统，实时优化开发生产，打造透明油气藏，进一步提升资产价值。

IPM 模型包括 MBAL、Prosper 和 GAP 三个软件的气藏、井筒和管网模型，该模型在 IPM 软件中进行建模，并在生产制度发生变化后，应及时更新 IPM 模型。IPM 模型的主要作用是用于拟合历史生产数据，并进行生产预测。

一体化模型拟合有两种方式：一种方式是首先进行分项模拟，再做一体化模拟；另一种方式是先进行一体化模拟，再进行分项模拟。两者是相互验证的过程，为保证模拟精度，建议对气藏模型、井筒模型和地面模型先分别进行拟合，再开展一体化模型拟合（图 8-2-21）。

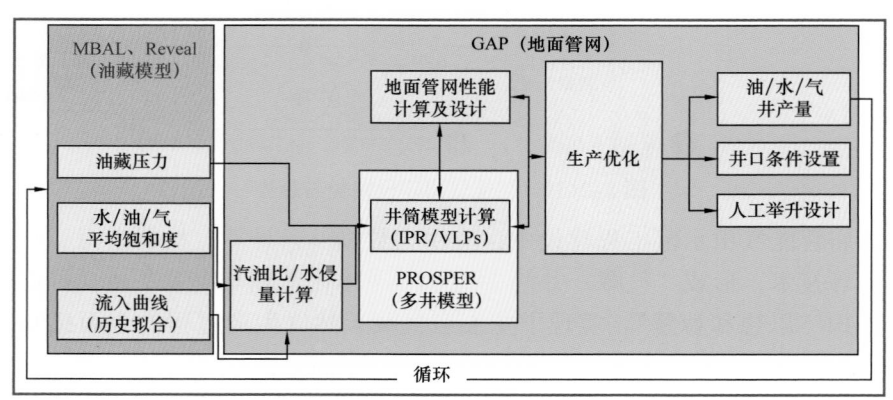

图 8-2-21 一体化模型耦合原理

一体化模型是一个庞大的生产系统，包含气藏模型、井筒模型和地面模型三大部分。首先预设初始参数，形成初始化一体化模型，其中初始化一体化模型精度偏低。地面模型节点计量数据丰富、频度较高，气藏模型和井筒模型测试数据相对较少，且测试频度低，为了确保一体化模型精确可用，建立以地面模型为基础的井筒、气藏模型实时耦合校验的高精度双向耦合快速计算方法，通过实时调整不确定参数（主要包括：有效渗透率、水体大小、水体压力、分区连通性、分区相渗、VLP 模型、IPR 模型、管流模型等）对一体化模型中的地面确定参数（主要为生产动态数据，包括：井口油压、日产气量、日产水量、输量、输压、管线压力等）进行高频次自动拟合、校验，修正预设参数，确保一体化模型持续高精度仿真全局生产系统（图 8-2-22）。

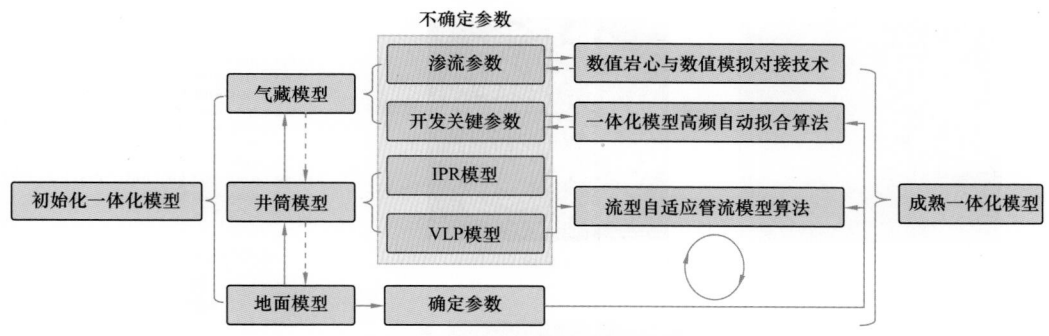

图 8-2-22　一体化模型耦合技术

1）一体化模型高频自动拟合算法

　　气藏—井筒—地面一体化模型仿真全局生产系统，其中包含成千上万参数，这些参数的准确性直接影响一体化模型的精度与运行效率。对于特大型高压含硫气田，地下参数通常以专业测试的方法获取，难度较大，频率较低，较难满足一体化模型运算仿真生产系统的精度要求，地面节点参数信息量大且获取相对容易，正是因为一体化模型作为连接的载体，才使得地下、地面参数呈现出极强的规律性和可预测性，故根据气藏—井筒—地面一体化模型双向耦合逻辑研发可利用高频生产数据的自动拟合算法，实时获取、修正地下关键参数。利用该技术，模型调整时间由原来的 3～6 个月转变到实时调整（分钟级），实时保障一体化模型精度持续维持在 90% 以上，并同步获取实时的地下参数（图 8-2-23）。

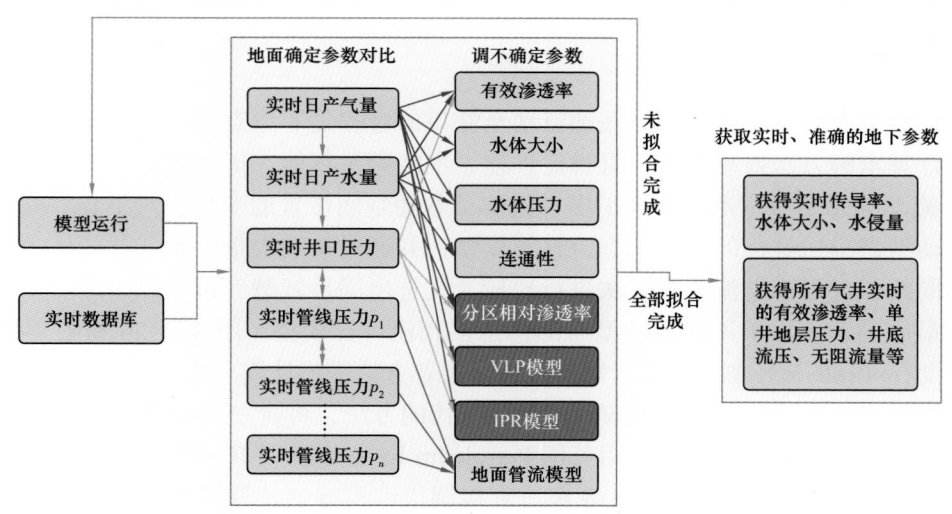

图 8-2-23　应用一体化模型高频自动拟合获取地下参数流程

2）数字岩心流动实验仿真技术

基于数值岩心仿真技术的相对渗透率求取方法的主要目的是为了求取分区相对渗透率曲线。其基本原理是通过数值岩心仿真技术建立三维数值岩心反演物理参数场，然后采用数值模拟软件反复模拟流体在三维仿真岩心中的驱替过程，确定三维仿真岩心的相对渗透率曲线（图 8-2-24）。

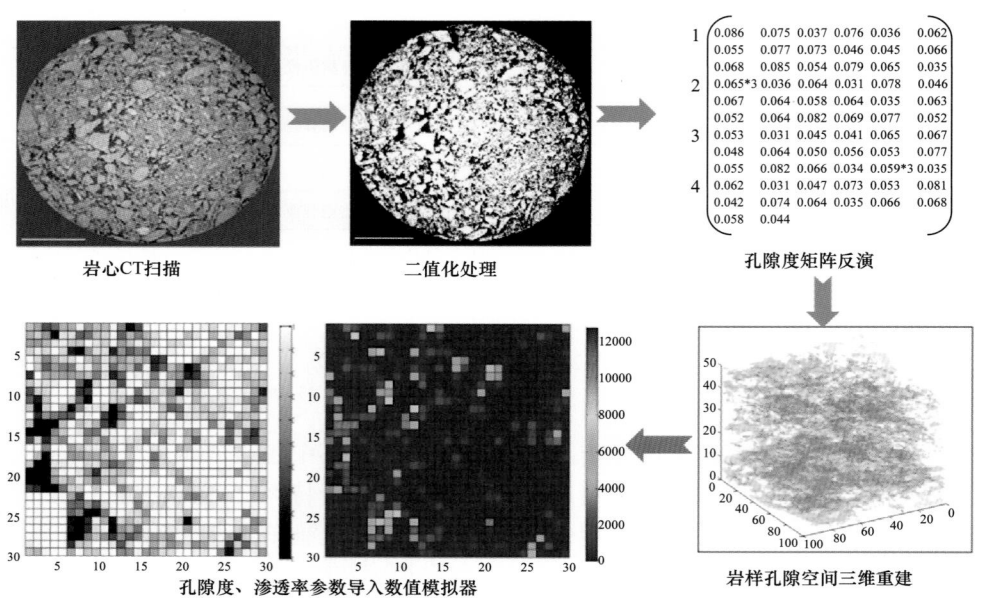

图 8-2-24　数值岩心仿真技术示意图

在三维仿真岩心的基础上，结合商用数值模拟软件，实现实验室测试参数与商用数值模拟软件的对接，能利用商用数值模拟软件对反演岩心参数进行实验模拟预测；反演的岩心参数导入数值模拟软件后可以设置不同的操作参数反复使用，不受实验次数的限制（图 8-2-25）。

3）流型自适应管流模型算法

在实际生产中，流体从井筒底部流动至井口的过程是非稳态变化过程，但瞬变流多相模拟计算求解方法效率较低，且稳定性差，不能满足智能气田实时运维的要求。按照 Griffith 流动型态划分标准，考虑了多相流体参数随空间位置的变化，对于各空间位置的不同流动型态应用最优的多相稳态流计算模型，并通过矿场大量产水气井的压力实测数据与不同的子过程稳态流计算方法进行比较，优选出满足智慧气田实时运维需要的，求解精度最高的，应用于不同流动型态的稳态多相流计算模型（图 8-2-26 和图 8-2-27），若该井没有可靠的流压测试数据，可直接使用推荐方法进行计算（表 8-2-1）。

井筒管流模型计算一般采用按井筒深度迭代的方法，将建立的 VLP 计算模型按照循环条件语句编写成程序代码，利用英国 Petroleum Experts 公司 IPM 软件的数据调用模块 Opensever，在 IPM 软件的 VLP 计算模块直接调用编写好的计算模型代码对建立的 VLP 模型进行计算。

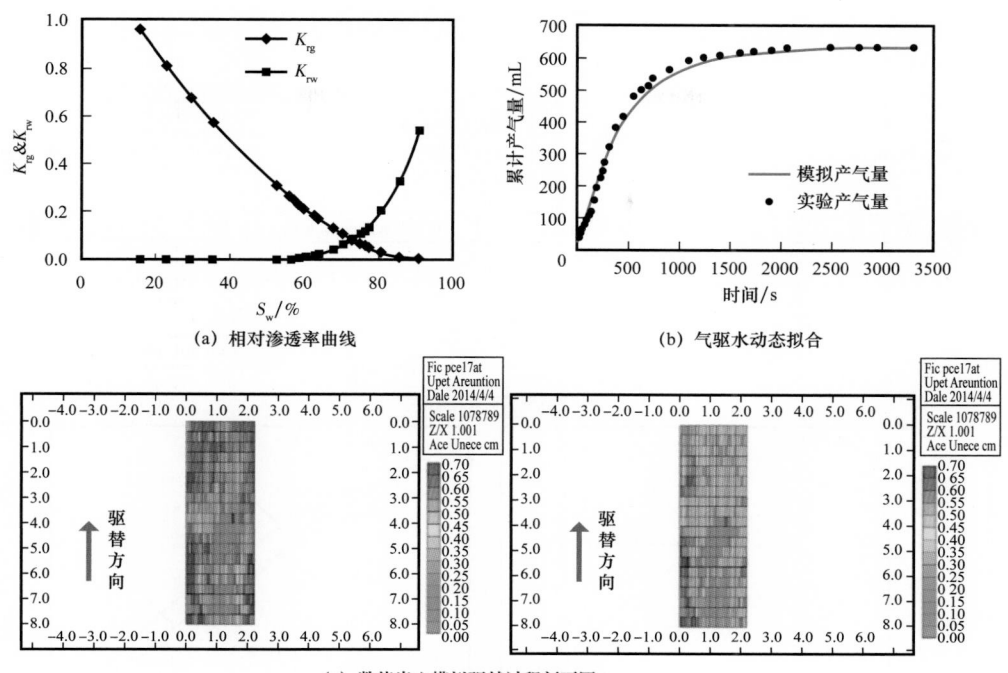

(a) 相对渗透率曲线　　　　　　　　　　(b) 气驱水动态拟合

(c) 数值岩心模拟驱替过程剖面图

图 8-2-25　岩心流动实验模拟技术示意图

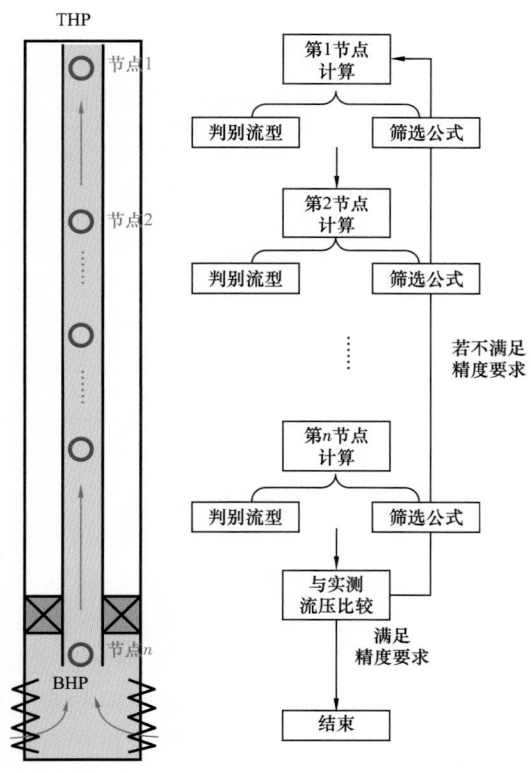

图 8-2-26　VLP 模型节点计算流程图

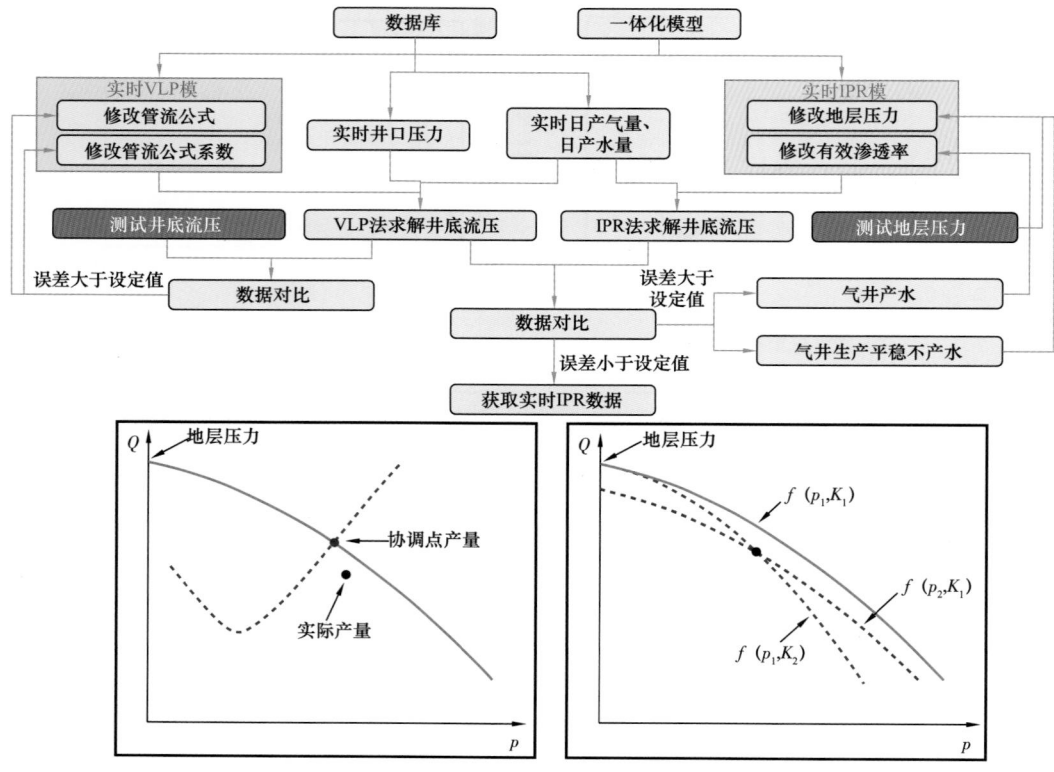

图 8-2-27　IPR 模型高频校正技术流程

表 8-2-1　多相管流不同流型计算方法表

计算方法	推荐方法	
	流型	对应方法
Wallians 和 Griffith, Hargedorn 和 Brown, Duns 和 Ros, Orkiiszewski, Mukherijee–Brill, Aziz, Cornish, Poettmann	气泡流	Wallians 和 Griffith
	段塞流	Hargedorn 和 Brown
	过渡流	Duns 和 Ros
	雾状流	Duns 和 Ros

2. 一体化模型数据驱动技术

一体化模型数据驱动技术是实现科研数据快速共享的核心技术，是实现智能化应用建设的根基。一体化模型数据驱动总体技术路线如图 8-2-28 所示。

1）一体化模型数据流引擎技术

利用构建气藏—井筒—地面一体化模型的专业软件数据通道，开发数据交互工具，实现信息平台与一体化专业软件数据共享；通过机器学习技术，自动化编排已形成的智能工作流的子流程，形成新的智能工作流，驱动一体化模型自动化全局运算，形成数据流引擎技术（图 8-2-29）。

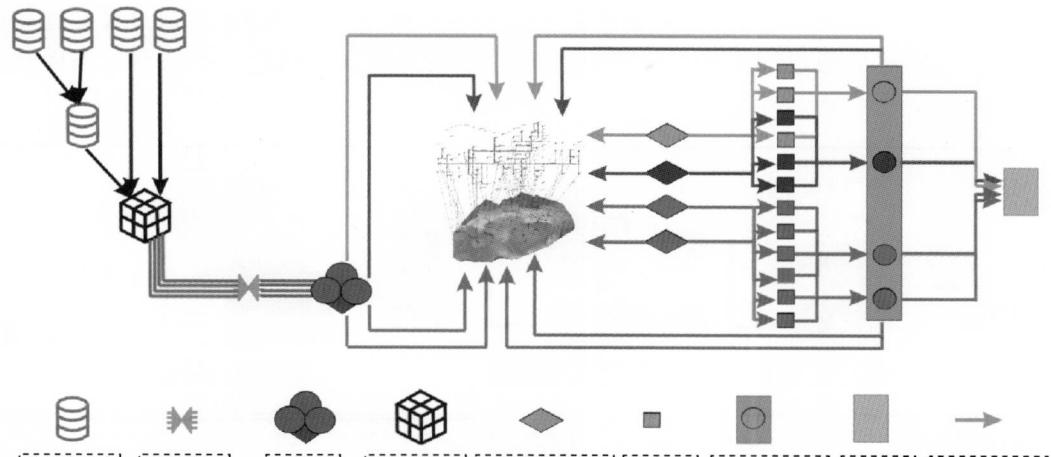

数据成果库　数据接口　语法树　数据清洗器　业务需求激发器　子流程　成果前端展示　存储器　数据流动方向

图 8-2-28　一体化模型数据驱动总体技术路线

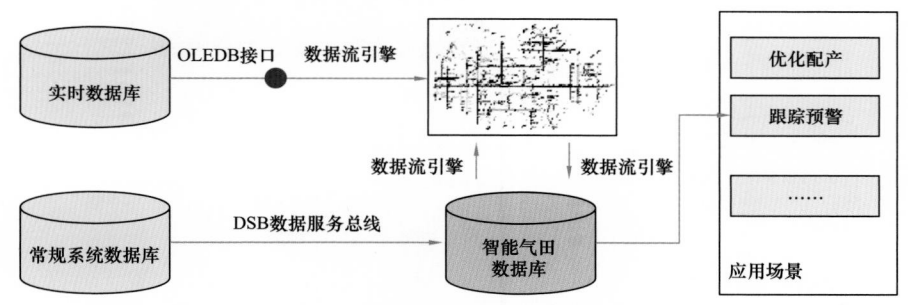

图 8-2-29　一体化模型数据流引擎技术

一体化模型数据流引擎的目标是实现一体化模型自动运算、数据高效输入输出，聚集数量更多、质量更优、价值更高的科学研究数据。一体化模型数据流引擎首先要解决外部数据高质量的汇集，然后解决模型自动打开，外部数据输入至模型及模型自动化运算问题，最后解决模型成果数据的输出存储以及模型自动化保存问题。

2）一体化模型数据整合技术

数据整合主要采用 PI OLEDB 技术、DSB 技术、数据流引擎（一体化模型）技术和机器学习技术，不同的技术可以相互组合支撑智能场景的应用。主要应用在数据采集、数据交换、数据同步、历史数据迁移、数据质量管理等领域。用户可以根据的业务需求，快速搭建所需的数据服务平台，为用户提供统一完整的数据融合方案（图 8-2-30）。

3）一体化模型数据自动映射技术

数据自动映射技术，利用自然语言处理（NLP）、语义分析等技术，首先建立一体化模型专业词汇库以及一体化模型编码库，采用自然语言处理将英文编码进行解析，分析其语义，自动化将编码进行转换，依托一体化模型专业软件提供的底层驱动程序形成的技术标准规范协议之上进行深入拓展开发。通过句法分析得到句子的语法结构信息，能够获得句子中的句法元素信息，同时也可以得到这些元素之间存在的某些关系信息。主要包括确定句子中的这些成分之间存在怎样的关系；确定句子中的这些成分是如何构成整个句子的，然后通过词汇库自动识别编码的含义与数据库映射，或自动化调用模型（图 8-2-31）。

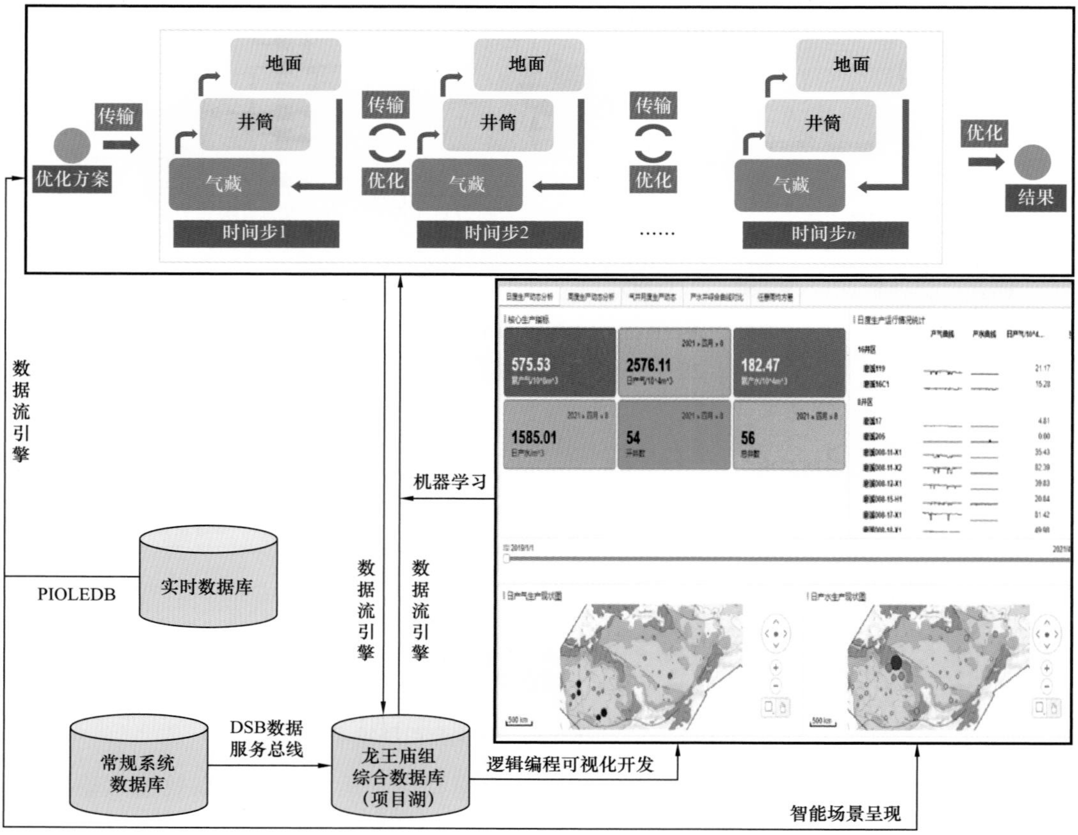

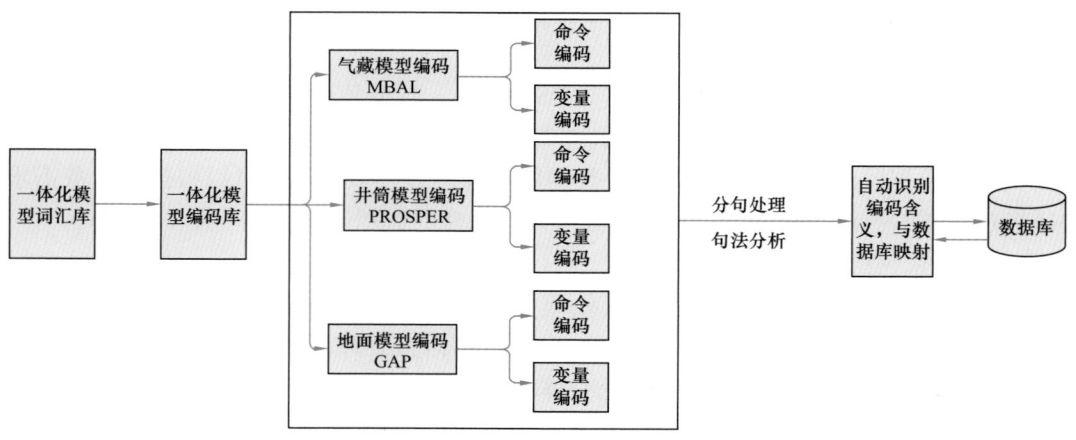

图 8-2-30　一体化模型数据整合方法流程图

图 8-2-31　一体化模型数据自动映射技术

4）一体化模型数据流引擎自动编排技术

自动编排技术，将开发生产应用场景的软件操作过程拆分为若干个子流程，当业务场景发生变化时，可根据需要，按照一定顺序自动聚类子流程，形成所需的业务流程，实现业务场景的智能化运行（图8-2-32）。

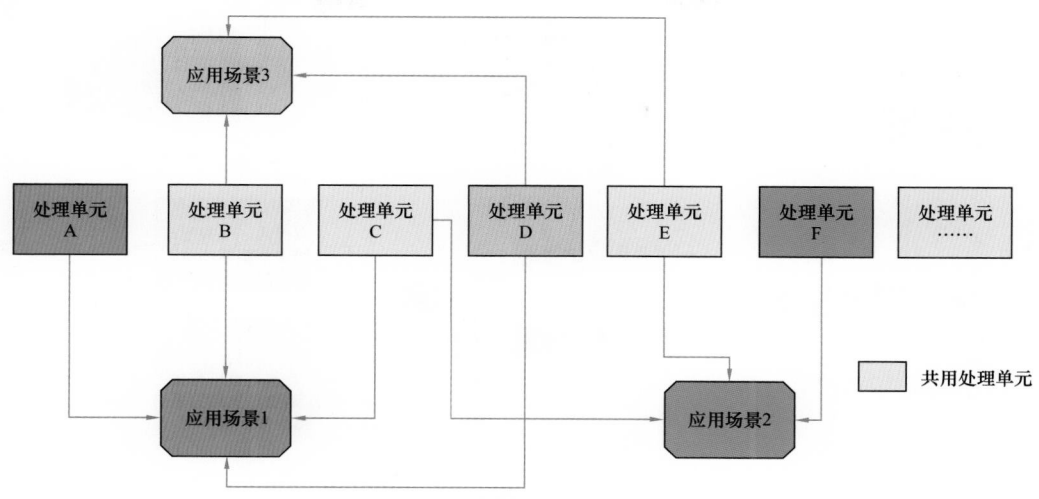

图 8-2-32　不同应用场景处理单元组合概念图

每一个处理单元，称之为元素流程，元素流程为业务流程的最小单元流程，各元素流程自由组合可形成业务应用子流程或业务流程。依据智能气田业务场景数据处理需求，目前共形成48个元素流程，后续根据应用情况可继续添加元素流程。元素流程包括模型的打开、保存、关闭、数据的输入输出和清洗、程序的自动运行等操作，也包括 VLP 法计算产量、IPR 法计算产量、指示曲线拐点计算、临界冲蚀流量、临界携液流量计算、IPR 和 VLP 自动拟合调参等常用的计算流程。

3. 一体化模型智能化应用分析技术

1）基于一体化模型的自动优化配产技术

基于气藏—井筒—地面一体化模型的自动优化配产技术（任静思等，2019）全面考虑气井供气、气藏均衡动用、有水气藏边水推进、气井无阻流量实时变化、井筒携液流量、井筒临界冲蚀流量、地面集输条件等因素。使气井生产要素都能有效地反映到对配产的影响上，在此基础上进行的配产更符合配产的标准（图8-2-33）。

2）生产系统自动跟踪与预警技术

通过气藏、井筒、管网建模与分析过程的展布实现对一体化资产模型监测，通过模拟结果与真实生产系统对比跟踪，实现数据与模型双向沟通。根据日产生产数据波动幅度及数据修正频度确立阈值，模型预警即启动模型诊断系统，采用多元节点回归诊断技术确定引起预警的关键环节，并对关键环节进行预警。如果是模型问题则修正模型，如此反复循环运转，不断调整，不断优化，确保仿真模型与气田生命周期各个环节的真实状态保持一致（图8-2-34）。关键环节预警之后则是执行生产系统故障诊断系统。

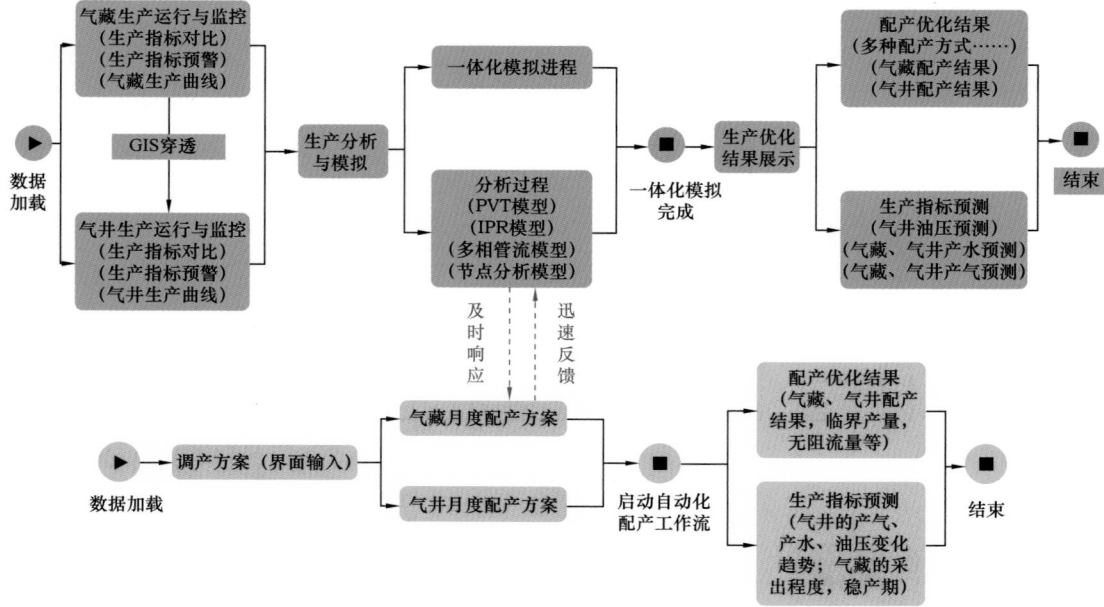

图 8-2-33 自动配产工作流的关键技术

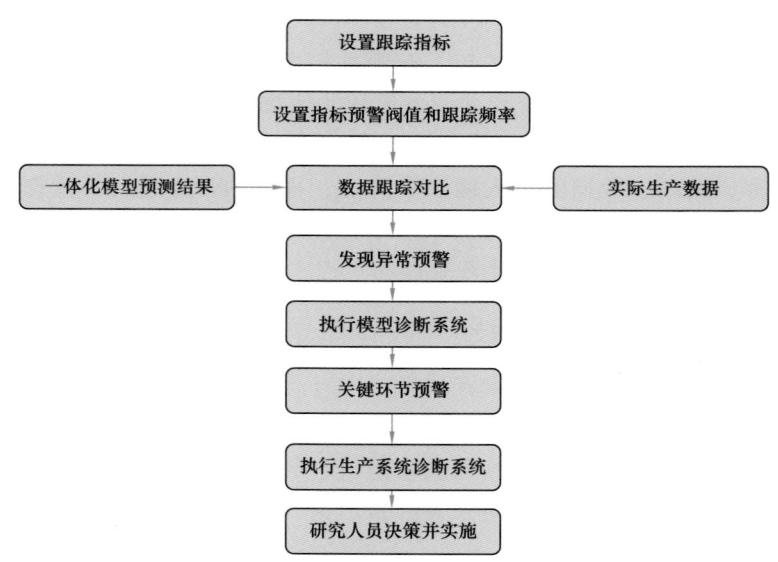

图 8-2-34 生产系统自动跟踪与预警技术流程图

3）多元节点生产系统故障定位技术

气田开发是一个相对复杂的过程，包含地层渗流、井筒举升和地面集输 3 个系统。气藏—井筒—地面系统之间各环节相互依存和相互影响，形成一种系统组成关系复杂、系统行为复杂、子系统之间关联程度高、耦合性强的开放性复杂系统。在气田开发过程中，气藏指标的变化，必然导致井筒和地面模型的预测结果出现误差，井筒举升出现问题，可能使气藏和地面集输系统的预警结果出现误差，地面集输出现问题也可能导致气

藏和井筒举升系统及地面集输系统内部的
预警结果出现误差。当跟踪对比出现预警
时，此时的预警是指对所有误差节点进行
预警，但可能会出现该节点本身没有问
题，而是由于其他节点误差造成的该节点
预警。执行模型诊断系统，其目的是找出
引起预警的关键环节。模型诊断系统的关
键技术是多元节点回归诊断技术。可以把
流体在整过生产系统中的流动过程划分成
无数节点（图 8-2-35）。

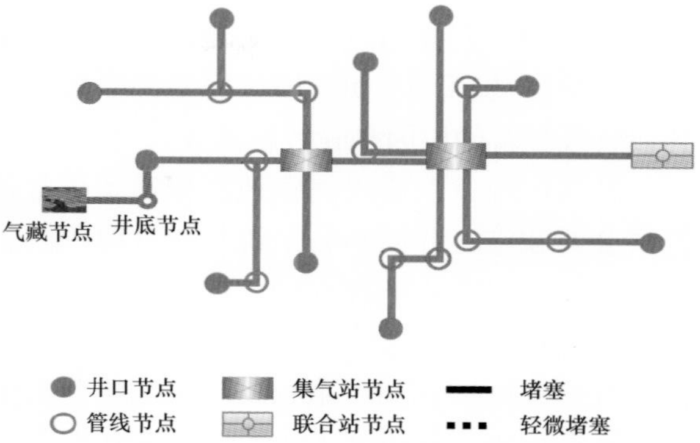

气藏节点　井底节点

● 井口节点　　　集气站节点　　　——堵塞
○ 管线节点　　　联合站节点　　　‥‥‥轻微堵塞

图 8-2-35　多元节点划分示意图

当系统出现异常时，可实现从集输系
统末端开始向井口、井底、气藏进行逐节点反向流量和压力计算，同时实现从气藏向井
底、井口及集输系统的逐节点正向流量和压力计算。每一个节点均有一个正向的流入计
算结果和一个反向的流出计算结果。通过对比正向和反向计算结果找出各级故障的根本
原因。正向或反向计算的起始节点和末端节点并非固定，由于井口压力是每天都有的测
量数据，该数据作为一个准确值，气藏—井筒—井口计算时可直接取井口作为末端节点；
地面管线计算时，可取井口作为起始节点。

4）生产系统大数据一体化诊断技术

采用大数据算法模型与一体化模型相结合，通过采集一体化模型结果数据和实际生
产数据建立样本库，构建一体化模型预测值和实际值的特征参数（图 8-2-36）。

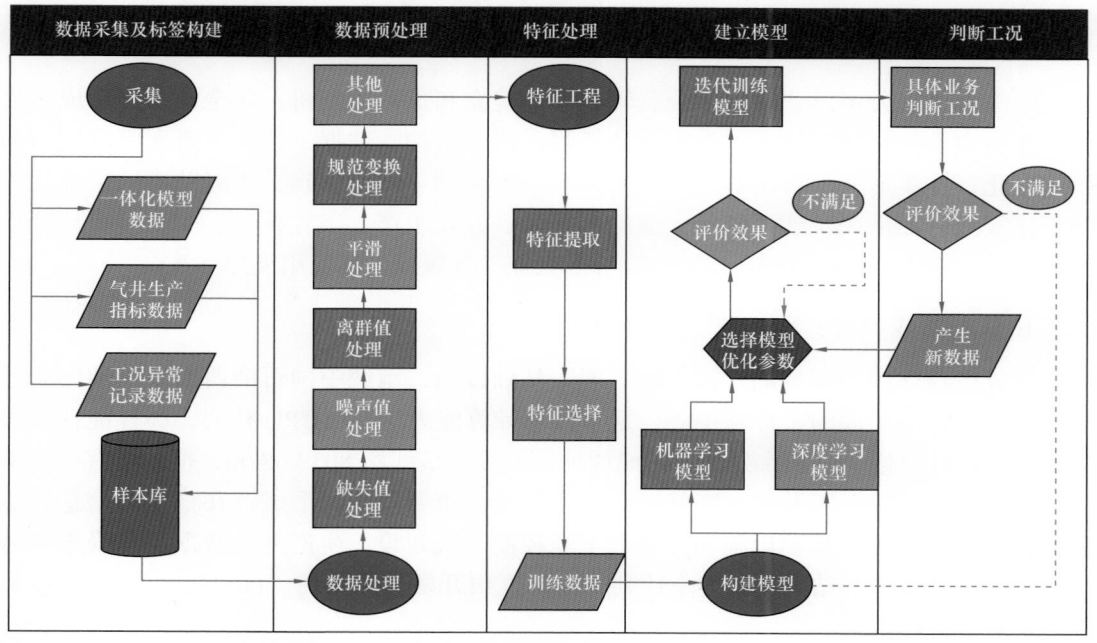

图 8-2-36　生产系统大数据一体化诊断技术流程

生产系统故障诊断技术的目的是找出关键环节异常的原因。在生产系统跟踪过程中出现异常预警，并通过模型诊断系统找出引起预警的关键环节以后，需要分析该关键环节出现异常的原因。如：通过模型诊断系统发现其中某条管线异常是关键环节，需确定该段管线异常的原因是管线积液或污物堵塞或者其他原因引起的异常。

磨溪区块龙王庙组气藏地面集输系统常见问题包括管线积液、污物堵塞、开关阀门造成临时积液；井筒举升系统常见井筒积液、井筒完整性问题；气藏主要存在气井见水问题。针对目前生产存在的问题，建立问题样本库。当样本库达到一定量时，通过建立基于神经网络的数学模型，针对出现的问题，分门别类，找出特征关系，总结数学公式，描述分析问题类别和严重程度。在气藏开发生产过程中，通过已建立好的神经网络模型诊断问题原因，供研究人员决策。并在跟踪预警与诊断过程中持续增加样本库，并持续训练神经网络模型，使神经网络模型判断问题的准确性越来越高。

第三节 特大型气田信息化管理效果

龙王庙特大型气田数字化建设和应用，是西南油气田落实中国石油"高质量、高效率、高效益"气藏建设要求，以数字化气田总体规划为指引的数字化建设示范工程。龙王庙组气藏就按照"一个气田、一个调控中心"进行设计和建设。同步完善物联网基础设施打造，龙王庙调控中心可以做到实时掌握从气藏、井筒、地面管网到净化厂的全气田、全天候、全时段的生产状态，可以对整个气田的生产进行科学组织和调配，同步实现远程控制，以龙王庙组气藏为代表，西南油气田公司正式拉开数字化建设大幕。

一、信息化总体成果

西南油气田公司以"两化融合"管理体系建立和贯标为契机，从全局角度形成了公司新型能力及量化指标体系，推进业务流程、组织结构、数据、技术四要素互动创新和持续优化，逐步形成平台筑底、技术发力、数据驱动、试点引领、协同助推的数字化转型工作实践；而依托统建系统等，为勘探开发、开发生产、工程技术、生产运行、管道运营、设备管理、科研协同、经营管理等8大业务领域提供起应用支撑。

1. 基本建成"云、网、端"基础设施

建成以物联网为基础的"云、网、端"基础设施，承载中国石油西南地区油气业务信息平台的共享集成的云计算中心，云平台总计算能力达992 CPU核心，高性能计算服务节点计算能力达75×10^{12}次/s；川渝两地石油光通信线路8039.68km，覆盖所有二级单位、作业区（分厂）以及龙王庙气田和长宁气田等重要气田，形成泛在稳定的信息高速公路；完成了云网端基础设施和完整的工业控制系统建设，生产井站数据自动采集率达到92%，一线生产井站无人值守率达到70%，气田开发整体实现"自动化生产"，支撑了生产组织方式优化。

2. 集成 4 类油气生产数据

利用 SOA 基础工作平台，集成勘探开发成果数据等各类数据，实现了数据整合及自动交换、服务发布与系统集成、流程配置与运行控制。以油气生产数据为核心，流程配置与运行控制。以油气生产数据为核心，满足中国石油总部、西南油气田公司、油气矿和作业区 4 个层面的生产数据管理与应用决策需求。完成了现场生产实时数据、工程作业动态数据、勘探开发成果数据等专业数据近 20 万数据点汇交，实现数据应用从基础查询向定制服务的拓展。通过对西南油气田公司空间数据资源进行统一整合，形成了完备可靠的空间数据库。提供基础类、专题数据类等 GIS 服务用于外部系统集成，实现公司空间信息资源的整合及共享。通过 ERP 集成、营销管理系统、FMIS 及资产平台、物资采购和设备管理系统，完成了人财物数据、油气化工销售数据、物资及仓库数据、设备动静态数据的会交与应用。

3. 建成 7 大区域数字化气田

在公司五矿两处 7 大区域开展油气生产物联网完善工程和作业区数字化管理平台建设及推广，38 个作业区全部建成了数字化气田，建立起了"互联网 + 油气开采"新模式。一线员工日冲操作流程电子化覆盖率 100%，优减 14 个作业区，老区优化用工 4292 人。全部作业区上线了作业区数字化管理平台。生产操作实现了"单井无人值守、气田分区连锁控制、远程支撑协作"。龙王庙天然气净化厂建成了动态感知、实时监控等功能于一体的数字化工程，净化厂管控能力显著提升。

4. 形成 8 大领域专业应用

依托统建和自建系统，为勘探生产、开发生产、工程技术、生产运行、管道运营、设备管理、科研协同、经营管理等 8 大业务领域提供应用支撑。

在生产操作层，以实现"全面感知"，强化"两个现场"安全受控为核心目标开展建设。

在生产现场：全面整合自控系统、物联网系统、作业区数字化管理平台，支撑"单井无人值守 + 区域集中控制 + 调控中心远程协助支持"的生产管理模式和"电子巡井 + 定期巡检 + 周期维护 + 检维修作业"的生产运行模式，推进公司一线生产组织和运行模式优化。

在作业现场：建成前后方一体的钻井远程技术支持中心（RTOC）和钻井实时优化中心（DOC），实现钻井工程三方线上实时协同工作新模式。建成地面工程数字化移交系统，实现设计、施工全过程的数字化管控和施工成果的全数字化移交，全面支撑后续数字化运营。

在生产管理层，以实现各管理层级"数字化办公"为目标，建成覆盖勘探、开发、管道、生产运行、工程技术、基建工程、科研协同、经营办公等公司核心业务领域的业务管控平台。主要业务流程在各管理层级实现全时、在线运行，实现信息在各管理层级的有序、高效流转，全面提升各主营业务管理效率和质量，助推业务管理模式的数字化转型。

开发生产方面，以完善的工业控制系统、超级物联网和作业区数字化平台，推进生产组织结构扁平化，构建新型作业区"管理＋技术＋核心操作"能力，全面实现"单井无人值守＋气田分区连锁控制＋远程支撑协作"和"电子巡井＋定期巡检＋周期维护＋检维修作业"的生产管控新模式。

井工程建设方面，全面应用工程技术监督及专家支持系统，全面覆盖井工程现场，形成井工程的"公司、项目建设单位及研究院、现场监督"三级监管模式，持续提升指挥决策能力。

地面建设方面，微软"数字化设计、建设、运营"全生命周期管理，依托数字化移交平台覆盖公司所有站场建设工程，形成地面工程全业务线上管控新模式。

协同办公方面，基于梦想云上线应用勘探、开发、管道、科研、安全环保等核心业务平台，两级机关实现网上数字化协同办公，优化工作流程，实现管理提效。

5. 形成两个智能气田示范雏形

初步建成常规气（磨溪区块龙王庙组气藏）和非常规气（长宁区块页岩气田）两个智能气田示范工程。井工程智能调度，资源配置实现最优化，全数字化移交，多业务横向贯通，搭建具有自主知识产权的统一 AI 平台，最大程度降低了企业生产运营成本，全生产态势感知，最大程度释放气藏潜力。以"油公司"智能营运新模式为依托，先进的工业控制系统＋超级物联网＋数字化构建起智能终端；应用智能技术实现机器人、增加现实（AR）、专家系统、智能工作流等支撑起核心用工；生产组织实现"大数据分析、自适应调节、数字化管理和智能化应用"，据统计，安岳龙王庙气田用工总量仅为传统模式下的 30%。

二、信息化管理效果

（1）在勘探开发工程技术方面，推进跨专业、跨业务、跨地域线上一体化协同，初步构建研究与生产高效互动模式。

① 通过多专业科研和生产协同，科研院所、事业部、气矿等单位将基于统一的研究和生产环境共同构建气藏—井筒—管网一体化模型，形成气藏、井筒、管网模式的联动推演和动态优化，使得科研生产双向协同，有效实现研究工作从传统的"专业分工＋项目研究＋成果汇报"模式向"多学科团队＋跨地域协作＋在线审查"模式转变，促进科研成果转化为现实生产力，实现科研对生产的实时指导，生产效果进一步促进科研创新和拓展。

② 通过建立气藏地震、地质、裂缝与岩石力学模型，以及实时数据传输与工程现场结合，构建页岩气地质工程一体化协同工作，即地质指导工程与工程验证地质，从而有效形成"地质指导工程设计与实施、工程不断验证地质认识"的地质工程一体化协同模式，实现气藏开发研究与工程施工的高效协同、联动，使"技术条块分割、研究接力进行"的传统模式向"分公司决策、研究院所辅助、现场指导实施"的三级协同管理模式

转变；搭建以多学科数据为基础，具有整合性和兼容性的一体化平台，建设具有一体化理念的地质、地质力学、压裂、气藏模拟、试井等多学科的一体化团队，构建协同作战管理构建，实现一体化管理模式，提升钻完井效率，降低单井成本。

（2）在生产过程控制方面，聚焦开发生产精益管控和安全环保集中管控，助推生产操作、组织、管理模式转型升级。

① 原来以人工和图纸为主的地面工程设计与施工，将以数字化设计、数字化建设、数字化运营为核心，打造数字化全生命周期管理，实现地面建设工程审查模式由线下转为线上三维可视化协同；施工过程管控模式由多专业线下分工转变为多专业线上协同；形成以数字孪生体为核心的设计、施工和运营一体化的数字化全生命周期管理模式，革新设计方、施工方和管理方的工作模式，实现实体工程和虚拟工程的同生同长，提高地面工程建设品质，管控安全风险和降低运营成本。

② 在老区生产单位，实现生产管控层级由"分公司、气矿、作业区"三级模式优化压缩为"分公司、气矿"两级集中管控模式；在新区生产单位，通过构建"大数据分析、自适应调节、智能化管理"模式，实现"分公司、气矿"两级智能管控，从而有效提升全员劳动生产率。

③ 通过采用智能管控中心和智能工作协同集中开展管道智能管控，实现优化调控模式，转变生产组织方式，将"气矿、作业区、站场"三级调控转为有人值守无人操控，从而将输配气站一线操作人员数量减少30%，人均管理输气管道里程数提高50%。

④ 通过采用集中监控、综合分析、工作协同开展安全环保集中管控，实现从"事中监督、事后处置"向"事前预测、预警、预防"的模式转变，逐步建立安全环保"多级协同、集中管控"新模式。

（3）在产运储销方面，着力上中下游整体优化、营销管理效能提升，促进资源配置更优、价值效益更高。

通过上中下游业务流程一体化协同，打造天然气销售的统一规划布局、统一资源平衡、统一市场开发、统一运行机制、统一企地协同的"六统一"平衡协调发展模式；以客户为中心，构建批零一体化营销模式，从而实现天然气价值最大化的一体化营销模式；同时，结合天然气价格市场化的趋势，逐步构建天然气量价联动预测预警机制，使得公司具备集开发生产、运行调度、市场销售为一体的天然气卓越运营能力，实现人、财、物、采购、销售等重点资源与业务的精准管控和全局优化。

三、技术创新成效

1. 勘探开发、地质工程、地下地上一体化，有效支撑多部门、跨地域协同分析决策

气藏、井筒、地面的数字化全生命周期管理，贯穿于天然气勘探、评价、开发和生产全过程，通过井及井筒作为联系气藏与地面的重要桥梁，实现"勘探开发、地质工程、地下地上"一体化管理，打通勘探开发、地质工程、地下地上的业务数据通道，更有效支撑多部门、多专业、跨地域协同分析、管理与决策（马新华等，2019）。图 8-3-1 显示

了从勘探开始、经过气藏发现到开发生产等主要业务环节气藏全生命周期管理的全面信息化支撑。

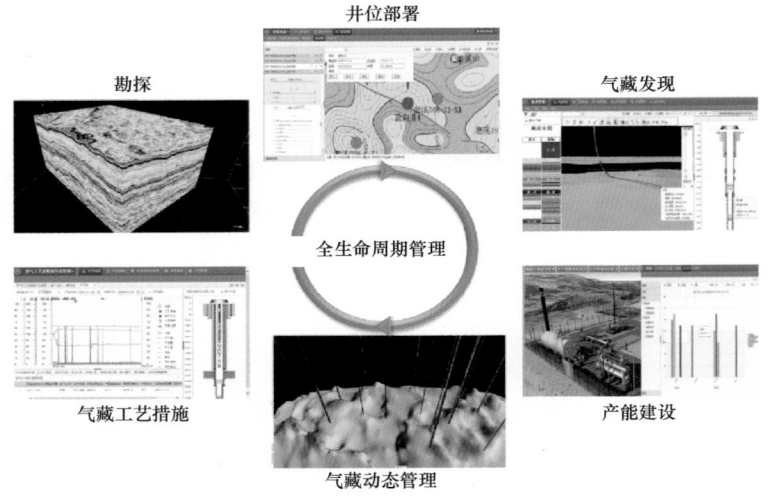

图 8-3-1　气藏井筒地面一体化支撑全生命周期管理示意图

2. 地面工程建管一体化，气田产能建设与生产管理无缝对接、高效运行

通过数字化气田建设，地面工程管理和气田运行管理可以统一在一个数字化平台上（图 8-3-2）。一方面，地面建设采集的数据及时地存入系统，通过二维和三维图形进行场景重建，直观反映实际的建设情况，并与计划和设计对比分析，来把握施工进度和质量；另一方面，工程投产后，地面工程中所有设施设备的基础数据信息无缝接入气田生产运行系统，结合井场采集的生产数据以及地质、气藏数据快速地支撑起气田的生产运行管理。

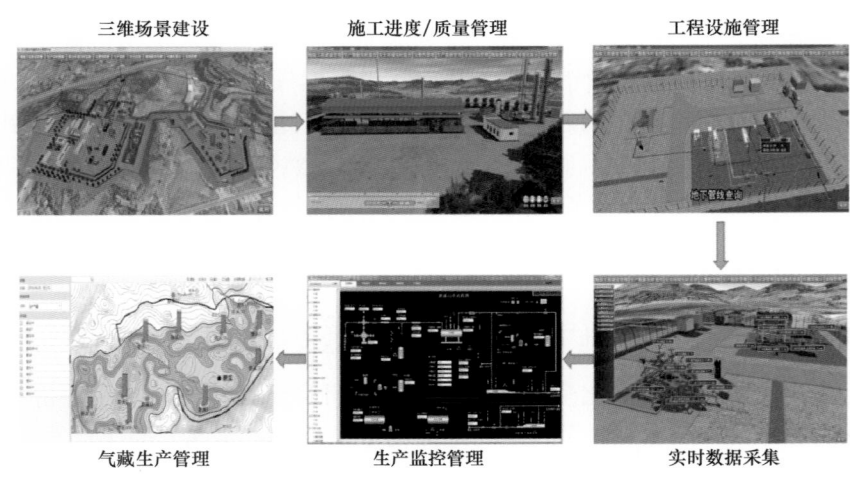

图 8-3-2　地面工程建管一体化快速支撑生产运行管理示意图

3. 风险主动识别和管控，大幅度提升安全应急管理水平

充分利用物联网"感知 + 控制"能力，实现了快速感知、精准辨识的风险主动识别和可视化应急演练，提升了应急处置能力。例如，基于三维可视化场景，结合管道压力、温度、地形等因素，利用体积法智能分析预测管网泄漏，可对管道泄漏、压降异常进行预警提醒，预警信息包括泄漏管线位置、泄漏开始时间、泄漏结束时间、预测泄漏速度、累计泄漏量（图 8-3-3）。还有，可利用淹没分析工具，结合管道沿线地形，集成气象预报中降雨量数据，模拟分析管道淹没情况下汇水面积；也可基于腐蚀监测或检测信息，在三维场景中按管线和检测点分析管线壁厚变化最快的位置，实现壁厚预警分析、趋势预判（图 8-3-4）。

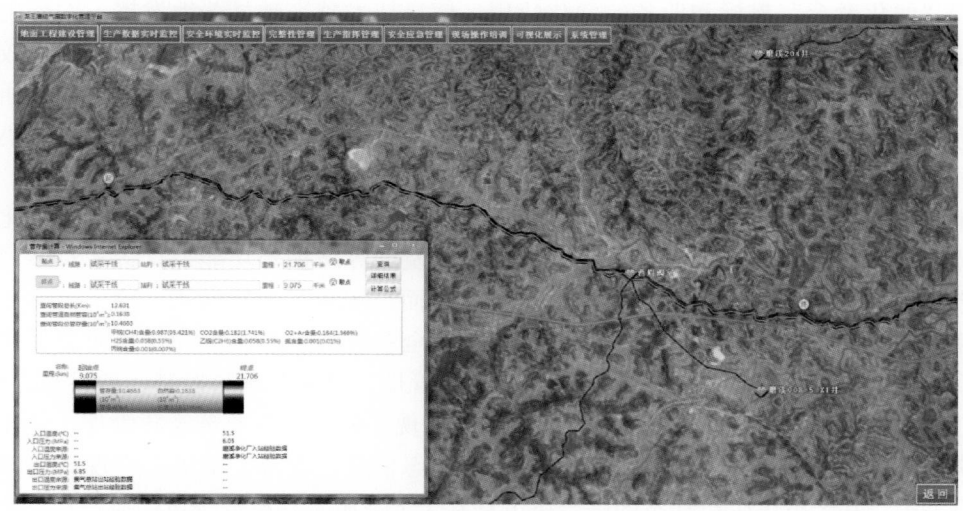

图 8-3-3　管道泄漏量计算及提前预警示意图

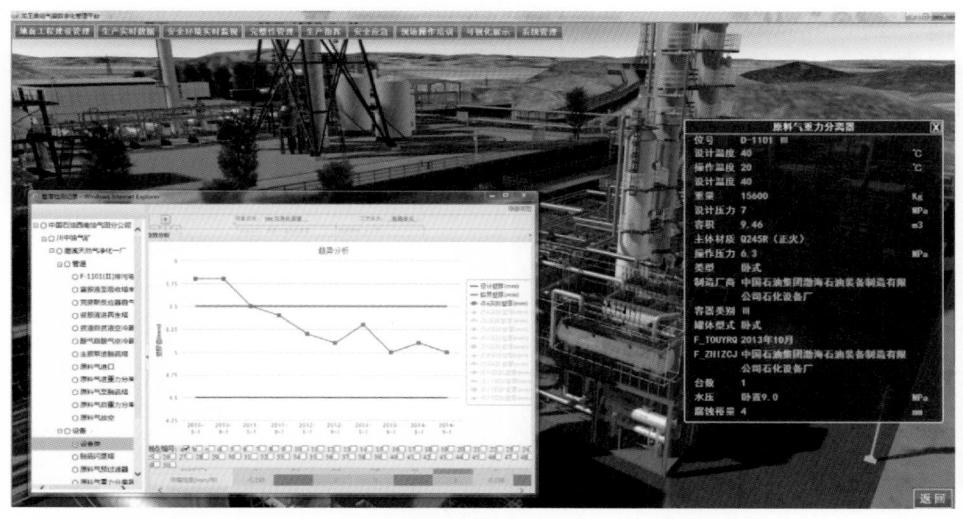

图 8-3-4　站内管道壁厚预警信息展示应用界面

4. 创新交互式数字化培训，实现全岗位精准精细培训、全员业务明显提升

随着交互式数字化培训在油气田开发与建设中的成功应用及推广，使西南油气田职业培训率先迈入"互联网＋培训"的全员、全岗位在线互动培训新时代。交互式数字化培训，能够快速地将最前沿的行业科技成果和复杂的设备工艺流程知识呈现为理论与模拟操作相结合、具体生动形象的互动式教学，还能够因人施教，给员工提供一个独立学习、探索、实践的全新学习手段。创新的培训形式和新颖的互动学习，既改变了员工对传统培训枯燥乏味的认识，又实质上提升了培训的质量和效果，还对企业培训管理与组织的变革产生了积极的推动作用。

西南油气田经过多年的数字气田建设，较好地支撑了主营业务高质高效发展，尤其是随着"两化融合"贯标和业务的深化应用，信息技术越来越显著地发挥了助推生产组织优化、生产管理模式创新的突出作用。在数据整合与系统集成方面，通过建设较为完整的业务管理系统和数据采集系统，实现了公司数据资产的集中统一管理，并且通过采用先进成熟的 SOA 架构技术，奠定了全公司、全业务链的数据整合共享与系统集成应用的技术基础；在天然气安全生产控制方面，通过建设从井口、场站、集输管道、净化厂到用户门站一体化联动的工业自动化控制系统，实现了上游、中游、下游一体化远程实时监控、动态调节、遇险紧急关断、现场视频及周界防护等功能，具备了对公司全气田生产系统的整体安全管控能力；在生产管理方面，实现了天然气产、输、销业务管理流程化和工作协同化，有效支撑了精准、科学、全系统的生产调度和快速应急处置；在经营管理方面，通过生产数据分析、销售精细化管理、财务共享与控制、项目跟踪评价、物资 / 资产 / 设备全生命周期管理等应用集成，实现了公司全业务链经营管理一体化；在指挥决策方面，通过集成油气田全产业链生产动态信息，支持了基于生产现场实时动态的快速决策、基于整体生产动态的综合决策和基于上下游关联影响分析的应急指挥决策。

数字气田的成功建设和有效应用，为西南油气田业务发展提供了较为全面的一体化信息技术支撑，有力助推了公司高质量、高效益、可持续发展并以实际效果证实了信息技术是天然气产业一体化发展不可或缺的重要手段，西南油气田信息化建设成果能够并且正在强力支撑四川盆地天然气产业的大发展。

第九章　安岳气田寒武系和震旦系气藏高效开发成效

"十三五"期间，通过示范技术应用，支撑实现磨溪区块寒武系龙王庙组气藏年产 $90\times10^8m^3$ 持续稳产，高石梯—磨溪震旦系灯四气藏建成 $60\times10^8m^3/a$ 生产能力，示范区累计生产天然气超过 $550\times10^8m^3$，全面建成特大型碳酸盐岩气藏高效开发产业化示范基地，成为国内储量规模最大、产量最高的特大型碳酸盐岩气田，并成为具有国际代表性的寒武系和震旦系特大型碳酸盐岩气藏开发典型代表。

第一节　磨溪区块寒武系龙王庙组气藏年产 90 亿立方米稳产

通过示范技术应用，支撑磨溪区块龙王庙组气藏保持长期稳定开发，总结取得的应用成效主要体现在以下 3 个方面：

（1）打造磨溪区块龙王庙组气藏成为深层碳酸盐岩气藏高效开发的典范。

"十三五"以来新建产 8 口井，新建成配套产能 $400\times10^4m^3/d$，累计投产 54 口井配套产能 $3400\times10^4m^3/d$，建成产能 $110\times10^8m^3/a$ 以上。截至 2020 年 12 月底，磨溪区块龙王庙组气藏累计生产天然气超 $550\times10^8m^3$（图 9-1-1），其中"十三五"期间生产天然气产量 $455\times10^8m^3$，成为目前国内年生产规模最大的碳酸盐岩整装气田。

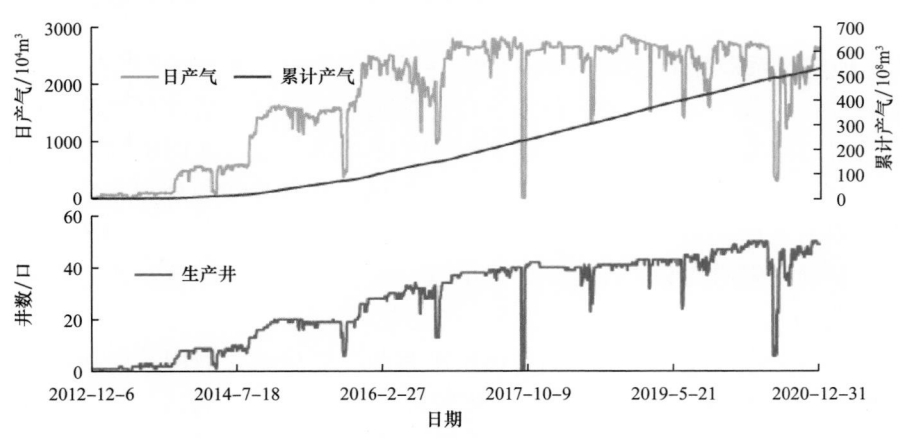

图 9-1-1　磨溪区块龙王庙组气藏采气曲线

（2）强力支撑实现磨溪区块龙王庙组气藏年产 $90\times10^8m^3$ 已连续稳产 5 年。

截至"十三五"末，磨溪区块龙王庙组气藏日产气在 $2500\times10^4\sim2750\times10^4m^3$，连续 5 年年产气量保持在 $90\times10^8m^3$ 左右，平均年产气 $91\times10^8m^3$，直接使我国天然气产量增加 6%。

（3）大型裂缝—孔洞型碳酸盐岩有水气藏高效开发模式助推气藏稳产期延长 3 年。

大型裂缝—孔洞型碳酸盐岩有水气藏高效开发模式应用于磨溪区块龙王庙组气藏开发中取得良好效果，在水侵影响远超出开发方案预期情况下，有效治理水侵影响，仍保持年产 $90 \times 10^8 \mathrm{m}^3$ 稳产，与开发方案实施初期的实际情况相比，气藏稳产期延长 3 年以上，采收率提高 5%（图 9-1-2）。

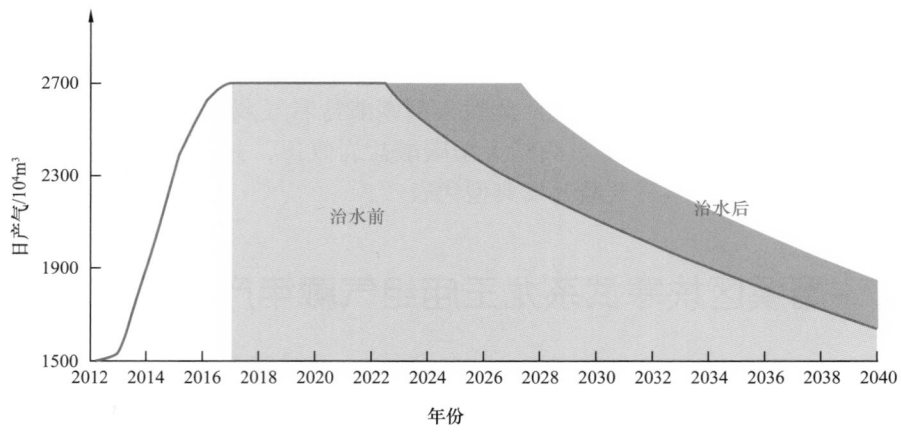

图 9-1-2　磨溪区块龙王庙组气藏开发效果预测

第二节　高石梯—磨溪区块震旦系灯四段气藏年产 60 亿立方米上产

四川盆地震旦系资源丰富，2011 年 GS1 井勘探获重大突破，证实勘探开发潜力巨大。安岳气田震旦系气藏作为震旦系已探明区块，属超深低孔复杂岩溶型气藏。储层为微生物丘滩白云岩，储集空间以毫米级—厘米级中、小溶洞为主，成因机制复杂，具有低孔（孔隙度＜5%）、强非均质、连续性差特征，储层内部结构和渗流规律复杂，产能普遍较低，世界范围未见同类型气藏高效开发先例。气藏历经 6 年开发前期评价和先导试验，两期开发方案编制表明气藏"投资高，产能低、效益差"的边际效益特征明显，如何实现气藏高效开发成为四川盆地震旦系规模上产关键。

聚焦震旦系气藏开发面临的"储集体精细刻画、储量高效动用、提高单井产量"等关键技术瓶颈，通过"边攻关、边应用、边完善"，创新形成古岩溶风化壳气藏有利区储层精细描述、大斜度井 / 水平井安全快速钻井、大斜度井 / 水平井增产改造、含硫气田管道完整性管理、胺液净化、含硫气田管道和站场检测评价等关键技术系列。气藏高效开发获得重大突破，以两期开发方案批复 $36 \times 10^8 \mathrm{m}^3/\mathrm{a}$ 的产能建设投资建成 $60 \times 10^8 \mathrm{m}^3/\mathrm{a}$ 生产能力，使近于边际效益的震旦系气藏一跃成为当前四川盆地常规气上产的主战场，树立了深层低孔隙度强非均质碳酸盐岩气藏规模高效开发新标杆。

技术规模化应用天然气产量大幅增产效果概括为以下 4 个方面（表 9-2-1）：（1）强力支撑具有国际一流水平的特大型气田科学开发。支撑安岳气田快速上产，截至 2020 年 12 月，已建成年产天然气 $60\times10^8\mathrm{m}^3$，累计产天然气 $103\times10^8\mathrm{m}^3$。（2）气井有效率由不足 30% 提高至 100%，单井平均无阻流量 $125\times10^4\mathrm{m}^3/\mathrm{d}$，百万立方米气井比例达 71%。（3）原方案开发井井均产量为 $13.4\times10^4\mathrm{m}^3/\mathrm{d}$，经过项目研究，开发井井均产量达到 $23.2\times10^4\mathrm{m}^3/\mathrm{d}$，较方案设计提高 68% 左右。（4）气藏内部收益率从方案设计的 11.8% 提高至 29.73%，增加了近 185% 左右。

表 9-2-1　高石梯—磨溪区块震旦系灯四段气藏开发关键指标对比

指标	勘探阶段	开发评价阶段	2020 年底
百万立方米气井比例 /%	15	40	71
单井产量 /（$10^4\mathrm{m}^3$/d）	5.5	13.4	23.2
单位压降采气量 /（$10^4\mathrm{m}^3$/MPa）	760	1325	2684
动用储量 /$10^8\mathrm{m}^3$	—	1640.9	2510.7
年开发规模 /$10^8\mathrm{m}^3$	—	36	60
亿立方米产能投资 /（亿元 /$10^8\mathrm{m}^3$）	—	3.6	1.9
内部收益率 /%	6.7	11.8	29.73

第三节　深层碳酸盐岩气藏开发示范作用

通过技术攻关，实现示范区整体建成 $150\times10^8\mathrm{m}^3/\mathrm{a}$ 生产能力。磨溪区块龙王庙组气藏 2016 年已建成 $110\times10^8\mathrm{m}^3/\mathrm{a}$ 生产能力，实际配产 $90\times10^8\mathrm{m}^3/\mathrm{a}$ 生产规模；高石梯—磨溪区块灯四段气藏一期和二期开发方案通过审查并实施，截至 2020 年底累计建成 $60\times10^8\mathrm{m}^3/\mathrm{a}$ 生产能力。

"十三五"期间示范区累计生产天然气 $556\times10^8\mathrm{m}^3$，建成国内储量规模最大、产量最高的特大型碳酸盐岩气田——磨溪区块龙王庙组气藏；树立了国内特大型碳酸盐岩气藏高效开发的新标杆——高石梯—磨溪区块震旦系灯四段气藏；示范区龙王庙组气藏和震旦系灯四段气藏成为具有国际代表性的寒武系和震旦系特大型碳酸盐岩气藏开发范例。

成果创新性和实用性强，显著支撑专项标志性成果及"6212"目标实现（表 9-3-1），研究成果对专项标志性成果贡献体现在支撑实现了特大型（$8500\times10^8\mathrm{m}^3$ 探明储量规模）深层古老碳酸盐岩气藏高效开发；对专项"6212"目标实现的支撑体现在：6 大技术系列之一陆上油气田开发配套技术系列的形成、20 项重大技术之一复杂天然气藏高效开发技术的形成以及 22 项示范工程中碳酸盐岩气田开发示范工程的圆满完成，对专项"6212"目标实现的支撑作用体现在两个方面：填补特大型古老碳酸盐岩气藏高效开发技术领域的空白，以及针对特大型、低孔隙度、强非均质、含硫等特性气藏的高效开发技术的升级。

表 9-3-1 对油气开发专项"6212"目标及重大标志性成果的支撑作用

专项标志性成果 （相关部分）	本项目对专项 标志性成果 贡献	专项"6212"目标 （相关部分）		本项目对专项"6212" 目标实现的支撑作用
我国海相和深层天然气勘探开发技术取得重大进展——创新发展海相碳酸盐岩油气成藏理论和勘探开发技术	特大型（8500×10⁸m³探明储量规模）深层古老碳酸盐岩气藏高效开发	6 大技术系列之一：陆上油气田开发配套技术系列	20 项重大技术之一：复杂天然气藏高效开发技术	（1）填补特大型古老碳酸盐岩气藏高效开发技术领域的空白； （2）针对特大型、低孔隙度、强非均质、含硫等特性的高效开发升级技术
		22 项示范工程		（1）国内唯一的特大型超压有水碳酸盐岩气藏高产稳产开发示范； （2）国内唯一的震旦系特大型强非均质低孔隙度碳酸盐岩气藏规模效益开发示范

参 考 文 献

鲍明昱，王磊，齐昌超，等，2019. 浅谈适用于天然气站场管道的无损检测技术［J］. 石油化工应用，39（9）：1-5.

毕雪亮，闫铁，张书瑞，2001. 钻头优选的属性层次模型及应用［J］. 石油学报，22（6）：82-85.

陈新发，曾颖，李清辉，2008. 数字油气建设与实践：新疆油田信息化建设［M］. 北京：石油工业出版社.

陈文，余华利，窦丽媛，2018. 一种低致泡缓蚀剂的制备及评价［J］. 腐蚀与防腐，39（1）：199-200.

董绍华，2007. 管道完整性技术与管理［M］. 北京：中国石化出版社.

董绍华，王东营，董国亮，等，2016. 管道内腐蚀直接评估技术与实践应用［J］. 石油科学通报，1（3）：459-470.

代瑞雪，冉崎，关旭，等，2019. 非均质滩相储层地震反射特征及识别［J］. 西南石油大学学报（自然科学版），41（3）：61-70.

樊顺利，郭学增，1994. 牙轮钻头的模糊综合评判［J］. 石油钻采工艺，16（3）：12-16.

冯曦，彭先，李隆新，等，2018. 碳酸盐岩气藏储层非均质性对水侵差异化的影响［J］. 天然气工业，38（6）：58-66.

冯曦，彭先，李骞，等，2020. 试气阶段评价气井不稳定产能的新方法［J］. 天然气工业，40（4）：59-68.

高岩，刘鹤鸣，2008. 电化学阻抗谱在缓蚀剂研究中的应用进展［J］. 石油化工腐蚀与防护，25（1）：6-10.

贵艳，2010. 聚醚改性合成水溶性消泡剂的研究［D］. 武汉：武汉工程大学.

郭建华，余朝毅，唐庚，等，2011. 高温高压高酸性气井完井管柱优化设计［J］. 天然气工业（5）：70-72，120-121.

耿丽慧，侯加根，李宇鹏，等，2015. 多点地质统计学 DS-MPS 算法在储层沉积相建模中的应用［J］. 大庆石油地质与开发，34（1）：24-29.

黄万书，倪杰，刘维东，2013. 马井气藏 IPM 生产一体化软件数值模拟研究［J］. 天然气技术与经济，8（2）：34-36，78.

何军，杜磊，冯敏，等，2015. 酸性气田集输管道缓蚀剂预膜技术［J］. 全面腐蚀控制（4）：83-86.

胡向阳，李阳，权莲顺，等，2013. 碳酸盐岩缝洞型油藏三维地质建模方法——以塔河油田四区奥陶系油藏为例［J］. 石油与天然气地质，34（3）：383-387.

胡天友，岑岭，何金龙，等，2016. 加氢尾气深度脱硫溶剂 CT8-26 的研究［J］. 石油与天然气化工，45（2）：7-12.

胡勇，彭先，李骞，等，2019a. 四川盆地深层海相碳酸盐岩气藏开发技术进展与发展方向［J］. 天然气工业，39（9）：48-55.

胡勇，等，2019b. 高含硫气藏开采实验新技术［M］. 北京：石油工业出版社.

近藤精一，2007. 吸附科学［M］. 北京：化学工业出版社.

蒋彩云，王维平，李群，2006. SysML：一种新的系统建模语言［J］. 系统仿真学报（6）：1483-1487，1492.

刘家祺，2010. 分离过程［M］. 北京：化学工业出版社.

刘志德，路民旭，肖学兰，等，2012. 高含硫气田元素硫腐蚀机理及其评价方法［J］. 石油与天然气化工，41（5）：495-498.

刘华勋，任东，高树生，等，2015. 边、底水气藏水侵机理与开发对策［J］. 天然气工业，35（2）：47-53.

李文娟，周娟，许人军，等，2014. 油田用缓蚀剂的现状及发展趋势［J］. 辽宁化工，43（8）：1024-1027.

李玉飞，余朝毅，刘念念，等，2016. 龙王庙组气藏高温高压酸性大产量气井完井难点及其对策［J］. 天然气工业，36（4）：60-64.

刘飞，吴建，周长林，等，2018. 四川盆地上震旦统灯四气藏水平井分段酸压工艺优化［J］. 科学技术与工程，18（30）：8-15.

李松，马辉运，张华，等，2018. 四川盆地震旦系气藏大斜度井水平井酸压技术［J］. 西南石油大学学报（自然科学版），40（3）：146-155.

罗文军，刘曦翔，徐伟，等，2018，磨溪地区灯影组顶部石灰岩归属探讨及其地质意义［J］. 天然气勘探与开发，41（2）：1-6.

李阳，吴胜和，侯加根，等，2017. 油气藏开发地质研究进展与展望［J］. 石油勘探与开发，44（4）：569-579.

李玉飞，陈刚，张林，等，2018. 高温高压酸性气藏镍基合金梯形缝衬管完井技术研究与应用——以龙王庙组气藏为例［C］. 2018年全国天然气学术年会.

穆龙新，2000. 油藏描述的阶段性及特点［J］. 石油学报（5）：103-108，1.

马涛，黄文俊，刘景义，等，2015. 石油勘探开发数据模型标准研究及进展［J］. 北京：信息技术与标准化（12）：69-73.

马新华，等，2019. 天然气产业一体化发展模式［M］. 北京：石油工业出版社.

彭达，郗诚，龙隆，等，2019. 基于神经网络井震多信息融合的碳酸盐岩缝洞体预测方法［C］. 2019年油气地球物理学术年会.

任建勋，袁宗明，贺三，等，2013. 气体分压比对20#钢在H_2S/CO_2环境中腐蚀的影响［J］. 中国腐蚀与防护学报，34（8）：706-710.

任静思，等，2019. 西南油气田A区块智能油气田建设模式初探//2019年中国石油石化企业信息技术交流大会论文集［M］. 北京：中国石化出版社.

任静思，赵涵，陈文，等，2021. 西南油气田配产与产量管理信息化创新实践［J］. 中国管理信息化，24（1）：137-139.

师永民，陈广坡，潘建国，等，2004. 储层综合预测技术在塔里木盆地碳酸盐岩中的应用［J］. 天然气工业（12）：51-53，181-187.

唐俊文，邵亚薇，郭金彪，等，2011. 碳钢在90℃、$H_2S—HCl—H_2O$环境下的腐蚀行为Ⅰ——H_2S浓度对碳钢腐蚀行为的影响［J］. 中国腐蚀与防护学报，31（1）：28-33.

滕学清，白登相，宋周成，等，2017. 超深缝洞型碳酸盐岩钻井技术［M］. 北京：石油工业出版社.

唐庚，陆林峰，王汉，等，2020. 深层碳酸盐岩完井方式优化研究——以安岳气田灯影组X井为例［J］. 钻采工艺，43（S1）：108-112.

唐庚，王汉，李玉飞，等，2020. 基于实验测试的完井管柱力学分析方法及应用［J］. 石油化工应用，39（6）：24-28.

翁永基，2003. 油气生产中多相流环境下碳钢腐蚀和磨损模型研究［J］. 石油学报，24（3）：98-103.

吴金桥，张宁生，吴新民，2005. 长庆气田第二净化厂MDEA脱硫溶液发泡原因（Ⅰ）——脱硫装置的拦液原因分析［J］. 天然气工业，25（4）：168-172.

王俊良，刘明，1994. 用灰色关联分析评价和优选钻头［J］. 石油钻采工艺，16（5）：14-18.

王毅辉，李勇，蒋蓉，等，2013. 中国石油西南油气田公司管道完整性管理研究与实践［J］. 天然气工业，33（3）：78-83.

王广建，田爱秀，陈晓婷，等，2017. COS水解催化剂及其脱硫机理研究进展［J］. 煤油技术与工程，47（9）：37-40.

吴奇，等，2017. 高温高压及高含硫井完整性指南［M］. 北京：石油工业出版社.

王传瑶，2018. 永久型封隔器胶筒密封性能及影响因素研究［D］. 重庆：重庆大学.

王洪求，高建虎，陈康，等，2018. 多波振幅属性在碳酸盐岩储层含气性检测中的应用［J］. 石油地球物理勘探，53（S1）：234-241.

汪传磊，唐庚，李玉飞，等，2020. 四川盆地高磨区块震旦系气井效益防腐工艺技术［J］. 钻采工艺，43（S1）：116-120.

徐春春，沈平，杨跃民，等，2014. 乐山—龙女寺古隆起震旦系—下寒武统龙王庙组天然气成藏条件与富集规律［J］. 天然气工业，34（3）：1-6.

肖富森，陈康，冉崎，等，2018. 四川盆地高石梯地区震旦系灯影组气藏高产井地震模式新认识［J］. 天然气工业，38（2）：8-11.

谢南星，汪传磊，李玉飞，等，2020. 预膜时间、腐蚀温度和介质流速对油井管缓蚀剂缓蚀性能的影响［J］. 机械工程材料，44（6）：33-37.

颜晓琴，何培东，何金龙，2014. 天然气净化装置胶状堵塞物形成原因与机理研究［J］. 石油与天然气化工，43（6）：579-584.

颜晓琴，刘艳，吴明鸥，等，2017. 醇胺脱硫溶液中铁离子的来源及其影响研究［J］. 石油与天然气化工，46（6）：8-13，18.

鄢友军，李隆新，徐伟，等，2017. 三维数字岩心流动模拟技术在四川盆地缝洞型储层渗流研究中的应用［J］. 天然气地球科学，28（9）：1425-1432.

闫海军，彭先，夏钦禹，等，2020，高石梯—磨溪地区灯影组四段岩溶古地貌分布特征及其对气藏开发的指导意义［J］. 石油学报，41（6）：658-670.

杨列太，2012. 腐蚀监测技术［M］. 北京：化学工业出版社.

Yang Ralph T，2010. 吸附剂原理与应用［M］. 北京：高等教育出版社.

于润桥，1993. 用"综合指数"方法选择钻头类型［J］. 石油钻探技术，21（3）：46-50.

袁浩，2019. 现行气井机械排水采气工艺技术探讨［J］. 工艺技术，39（5）：217-218.

乐宏，刘飞，张华礼，等，2021. 强非均质性碳酸盐岩气藏水平井精准分段酸压技术——以四川盆地中部高石梯—磨溪震旦系灯四段气藏为例［J］. 天然气工业，41（4）：51-60.

乐宏，郑有成，李杰，等，2020. 精细控压压力平衡法固井技术［M］. 北京：石油工业出版社.

赵振国，2005. 吸附剂作用应用原理［M］. 北京：化学工业出版社.

张华义，汪福勇，任静思，等，2012. 油气田勘探开发数据管理与应用技术体系探索［J］. 天然气工业，32（5）：85-88，109-110.

张仁勇，杨莉娜，巴玺立，等，2013. 高压、高产、高酸性气田地面工程安全技术研究［J］. 石油规划设计，24（1）：34-40.

张春，杨长城，刘义成，等，2017. 四川盆地磨溪区块龙王庙组气藏流体分布控制因素［J］. 地质与勘探，53（3）：599-608.

张福宏，黄平，黄开伟，等，2018. 复杂裂缝地球物理模型制作及地震采集处理研究［J］. 物探与化探，42（1）：87-95.

张春，彭先，李骞，等，2019. 大型低缓构造碳酸盐岩气藏气水分布精细描述——以四川盆地磨溪龙王庙组气藏为例［J］. 天然气勘探与开发，42（1）：49-55.

郑有成，陈刚，李杰，等，2020. 安岳气田龙王庙组气藏钻完井技术［M］. 北京：石油工业出版社.

Bilgesu H I，AI-Rashidi A F，Aminian K，et al.，2000. New Approach for Drill Bit Selection［R］，SPE 65618.

Burne R V，Moore L S.Microbialites，1987. Organosedimentary Deposits of Benthic Microbial Communities［J］. Palaios，2（3）：241-254.

Chen Kang, Ran Qi, Zhang Xuan, et al., 2017. The Elastic Wave Field Modeling of Dual-phase Media Based on Reflectivity Method [R]. SEG.

Hafes Hafez, Yousof A I Mansoori, Jamal Bahamaish, ADNOC, 2018. Large Scale Subsurface and Surface Integrated Asset Modeling-An Effective Outcome Driven Approach [R]. SPE 193049-MS.

Rooney P C, et al., 1997. Effect of Heat Stable Salts on MDEA Solution Corrositivity [J]. Hydr. Proc., 76 (4): 65-71.